Selbstmanagement-Kompetenz
in Unternehmen nachhaltig sichern

Anita Graf

Selbstmanagement-Kompetenz in Unternehmen nachhaltig sichern

Leistung, Wohlbefinden und Balance als Herausforderung

Prof. Dr. Anita Graf
Fachhochschule Nordwestschweiz
Olten, Schweiz

Mitglieder der SGO (Schweizerische Gesellschaft für Organisation und Management) erhalten auf diesen Titel einen Nachlass in Höhe von 10% auf den Ladenpreis.

ISBN 978-3-8349-2952-5　　　　　　　ISBN 978-3-8349-7150-0 (eBook)
DOI 10.1007/978-3-8349-7150-0

Die Deutsche Nationalbibliothek verzeichnet diese Publikation in der Deutschen Nationalbibliografie; detaillierte bibliografische Daten sind im Internet über http://dnb.d-nb.de abrufbar.

Springer Gabler
© Springer Fachmedien Wiesbaden 2012
Das Werk einschließlich aller seiner Teile ist urheberrechtlich geschützt. Jede Verwertung, die nicht ausdrücklich vom Urheberrechtsgesetz zugelassen ist, bedarf der vorherigen Zustimmung des Verlags. Das gilt insbesondere für Vervielfältigungen, Bearbeitungen, Übersetzungen, Mikroverfilmungen und die Einspeicherung und Verarbeitung in elektronischen Systemen.

Die Wiedergabe von Gebrauchsnamen, Handelsnamen, Warenbezeichnungen usw. in diesem Werk berechtigt auch ohne besondere Kennzeichnung nicht zu der Annahme, dass solche Namen im Sinne der Warenzeichen- und Markenschutz-Gesetzgebung als frei zu betrachten wären und daher von jedermann benutzt werden dürften.

Lektorat: Ulrike Lörcher, Renate Schilling
Einbandentwurf: KünkelLopka GmbH, Heidelberg

Gedruckt auf säurefreiem und chlorfrei gebleichtem Papier

Springer Gabler ist eine Marke von Springer DE. Springer DE ist Teil der Fachverlagsgruppe Springer Science+Business Media.
www.springer-gabler.de

Geleitwort

Folgt man der Überlieferung, war über dem Eingang des Tempels von Delphi die Inschrift „gnôthi seautón", auf Deutsch „Erkenne Dich selbst", zu lesen. Erkenntnisse zur „Innenwelt" dienen als Ausgangspunkt zu Problemlösungen in der „Außenwelt".

Ein wichtiger Schritt auf dem Weg zur Selbsterkenntnis ist die Bereitschaft und die Fähigkeit einer Person, die eigene Situation zu hinterfragen und zu verändern. Ist dies gegeben, kann sich etwas ändern. Gleiches gilt für Unternehmen und öffentliche Institutionen. Sie müssen erkennen, dass Arbeitssysteme oft nicht nachhaltig ausgerichtet sind und zu einem Verschleiß von Humanressourcen führen. Diese Erkenntnis bedingt eine Offenheit gegenüber Fragestellungen, die häufig als persönlich und privat angesehen werden. Einstellungen, Werte, Lebenspläne etc. werden im Berufsalltag selten thematisiert. Selbstverständlich behandeln die Bausteine des Selbstmanagements persönliche Dinge. Gleichzeitig beeinflussen diese Überlegungen aber die Leistungsbereitschaft, die Leistungsfähigkeit, das Wohlbefinden und die Work Life Balance von Mitarbeitenden so stark, dass sich Arbeitgebende damit auseinandersetzen müssen. Dabei geht es weniger darum, den Mitarbeitenden bestimmte Werte vorzuschreiben oder deren Lebensentwürfe zu beeinflussen. Die Schaffung von Rahmenbedingungen für eine ganzheitliche Lebensgestaltung steht im Vordergrund. Viele Unternehmen und deren Führungskräfte sind ratlos, wenn sie mit ganzheitlichen Fragestellungen konfrontiert werden. Es gelingt ihnen nicht, die Verbindungen zwischen Selbstmanagement und wirtschaftlichem Erfolg zu sehen.

Genau deshalb ist dieses Buch so wichtig. Es zeigt fundiert auf, wie eine Brücke zwischen der selbstverantwortlichen Persönlichkeitsentwicklung und der Mitarbeitendenförderung zu schlagen ist. Mittels eines gut nachvollziehbaren Modells, das zwischen einer Werte- und Haltungsebene (Selbstverantwortung), einer Reflexionsebene (Selbsterkenntnis) und einer Umsetzungsebene (Selbstentwicklung) differenziert, werden Erklärungsmodelle und konkrete Handlungsempfehlungen dargestellt. Dabei finden u. a. die folgenden Themenbereiche Erwähnung: Ziele als Ordnungsrahmen für Entscheidungen, der Umgang mit Zeit und Informationen, die Förderung der physischen und psychischen Gesundheit, die Pflege sozialer Beziehungen, die umsichtige Selbstregulation und Selbstkontrolle sowie weitere Persönlichkeitsaspekte. Es ist der Autorin ausgezeichnet gelungen, die Vielschichtigkeit des Phänomens Selbstmanagement sowie die hohe Interdependenz seiner Bausteine fundiert und gleichzeitig verständlich darzustellen. Das Buch bietet nützliche Hinweise zur differenzierten Selbsterkenntnis und zur Selbstentwicklung. Die Gratwanderung zwischen der notwendigen, vertieften Behandlung psychologischer und persönlichkeitsbezogener Phänomene einerseits und der konkreten Umsetzung im Berufs- und Lebensalltag andererseits ist gut gelungen. Dabei kann das Buch als Ratgeber zur individuellen Persönlichkeitsentwicklung und als Kompendium zur Gestaltung nachhaltiger Führungssysteme dienen, die auf Leistung, Kompetenzaufbau, Gesundheit und Balance ausgerichtet sind.

Die Stiftung der Schweizerischen Gesellschaft für Organisation und Management (SGO-Stiftung) ist davon überzeugt, dass der disruptive Technologiewandel (z. B. Social Web), veränderte Wertemodelle und Ansprüche sowie neue Geschäftsmodelle ein Umdenken in den Führungsmodellen erfordern. Wir müssen Management neu denken. Eine Management-Revolution ist notwendig. Das Buch „Selbstmanagement-Kompetenz" passt sich optimal in dieses neue Denkmodell ein. Es schafft die Voraussetzungen dafür, dass wir in einer Zeit des „immer mehr und immer schneller" gesund, motiviert und leistungsfähig bleiben. Die SGO-Stiftung hat dieses Projekt unterstützt und freut sich darüber, dass mit diesem Buch die uniscope-Reihe um einen wichtigen Aspekt erweitert wird. Wir danken der Autorin für dieses fundierte und relevante Werk. Es ist mehrfach wertvoll, weil es zur individuellen Persönlichkeitsentwicklung *und* zur nachhaltigen Unternehmensentwicklung dient.

Interlaken, im Juni 2012

Prof. Dr. Robert Zaugg

Stiftungsrat der SGO-Stiftung

Vorwort

Selbstmanagement ist ein Thema, das mich schon viele Jahre begleitet. Einerseits ist es ein Thema, mit dem ich persönlich immer wieder gefordert bin – insbesondere wenn es darum geht, verschiedene Berufsfelder zu verbinden; andererseits verknüpft es verschiedenste berufliche Interessensgebiete und Wege der letzten Jahre. Es fließen jahrelange Erfahrungen in der Personalentwicklung und Führungsausbildung in einer Großbank mit ein, die Erkenntnisse aus der Führung in permanent laufenden Veränderungsprozessen, das Wissen aus verschiedenen therapeutisch ausgerichteten Ausbildungen, Wissen aus dem Durchforsten und Studieren von Literatur zu diesem so breit gefächerten Thema, die Erfahrungen von Teilnehmenden in Weiterbildungen und Trainings zu den Themen Selbstmanagement, Ressourcen- und Stressmanagement sowie Burnout-Prävention und nicht zuletzt die Erkenntnisse aus Coachings, in denen Selbstmanagement häufig ein zentrales und herausforderndes Thema ist.

Das Ziel dieses Buchs wird in der nachfolgenden Einleitung noch näher erläutert. Mein persönlicher Wunsch ist, dass Sie als Leserin oder Leser zahlreiche interessante, anregende und auch neue Impulse erhalten – entweder für Ihr ganz persönliches Selbstmanagement oder für die Förderung der Selbstmanagement-Kompetenz in der Beratung oder in Ihrem Unternehmen. Das Thema Selbstmanagement ist in der heutigen dynamischen Zeit mit den zunehmenden Optionen, Anforderungen und Belastungen enorm wichtig. Es werden Grundfragen der menschlichen Existenz berührt, weil es um die Frage der persönlichen Lebensgestaltung geht. Selbstmanagement ist unumgänglich, wenn Menschen langfristig leistungsfähig, motiviert und gesund bleiben möchten. Selbstmanagement unterstützt Menschen dabei, Wohlbefinden und Ausgeglichenheit in ihr Leben zu integrieren. Das neu entwickelte Modell der Selbstmanagement-Kompetenz bietet zahlreiche Ansatzpunkte, sich dem Thema anzunähern, und hilft, die Vielfalt der involvierten Themen und Aspekte im Bereich der Selbstmanagement-Kompetenz zu strukturieren.

Ein großer Dank geht an die Stiftung der Schweizerischen Gesellschaft für Organisation und Management, die das Projekt angeregt und mit einem Beitrag finanziell unterstützt hat. Speziell ist Prof. Dr. Robert J. Zaugg zu nennen, der die Idee zu diesem Buch gegeben und den Prozess seitens der Stiftung mit viel Engagement bis zum Schluss begleitet hat.

Besonders danken möchte ich Prof. Dr. Guy Ochsenbein, der seitens der Fachhochschule Nordwestschweiz flexible und unterstützende Rahmenbedingungen geschaffen hat, und Prof. Dr. Martina Zölch, Leiterin des Instituts für Personalmanagement und Organisation der Fachhochschule Nordwestschweiz, die immer wieder motivierend zur Seite stand und wichtige Anregungen zum Modell der Selbstmanagement-Kompetenz gegeben hat.

Ein großer Dank geht auch an Marina Prins für ihre kreative und umfassende Herangehensweise an die Systematik des Modells, an Sabine Wohlrab, Sandra Kohler, Stefanie Zechner und Annewien Deinum für ihre wertvollen Anregungen zu Inhalten des Buchs, Renate Schilling und Ulrike Lörcher vom Verlag Springer Gabler für ihre Rückmeldungen zur Gestaltung und ihr Lektorat sowie Stephan Chorrosch für seine aufbauende und geduldige Unterstützung.

Zürich, im Juni 2012 *Anita Graf*

Inhaltsverzeichnis

Teil 1	Grundlagen zur Selbstmanagement-Kompetenz	15

1	Einleitung	17

2	Bedeutung und Begriff der Selbstmanagement-Kompetenz	23
2.1	Bedeutung von Selbstmanagement	23
2.1.1	Trend 1: Steigende Anforderungen	25
2.1.2	Trend 2: Zunahme der psychosozialen Belastungen	29
2.1.3	Trend 3: Steigende Daten- und Informationsmenge	32
2.2	Begriffsverständnis	34
2.3	Ziel von Selbstmanagement-Kompetenz	37
2.3.1	Leistungsfähigkeit	38
2.3.2	Leistungsbereitschaft	38
2.3.3	Wohlbefinden	39
2.3.4	Balance	41
Literatur		42

3	Selbstmanagement-Ansätze	45
3.1	Selbstmanagement-Ansätze im Überblick	45
3.2	Selbstmanagement in der Tradition der behavioralen Lerntheorie	46
3.3	Sozial-kognitive Theorie der Selbstregulation	48
3.4	Ansatz der Selbstführung	51
3.5	Kompensationsmodell von Arbeitsmotivation und Volition	52
3.6	Ressourcenorientierter Selbstmanagement-Ansatz	56
3.7	Selbstmanagement aus lebensspannenpsychologischer Sicht	59
3.8	Selbstmanagement der eigenen beruflichen Entwicklung	61
Literatur		64

4	Modell der Selbstmanagement-Kompetenz	71
4.1	Überblick über die Bausteine der Selbstmanagement-Kompetenz	71
4.2	Dynamisches Kernmodell der Selbstmanagement-Kompetenz	72
4.2.1	Selbstverantwortung (Werte- und Haltungsebene)	74
4.2.2	Selbsterkenntnis (Reflexionsebene)	75
4.2.3	Selbstentwicklung (Umsetzungsebene)	76
4.2.4	Wechselwirkungen zwischen den Bausteinen Selbstverantwortung und Selbsterkenntnis	77
4.2.5	Wechselwirkungen zwischen den Bausteinen Selbsterkenntnis und Selbstentwicklung	78

4.2.6	Wechselwirkungen zwischen den Bausteinen Selbstverantwortung und Selbstentwicklung	79
4.3	Modell der Selbstmanagement-Kompetenz im Überblick	80
Literatur		82

Teil 2	**Bausteine der Selbstmanagement-Kompetenz**	**83**
5	**Baustein Selbstverantwortung**	**86**
5.1	Begriff und Bedeutung von Selbstverantwortung	86
5.2	Frage nach dem Sinn des Lebens	87
5.3	Ausrichten der Lebensgestaltung an Werten und Prinzipien	89
5.4	Persönliches Leitbild als Ausgangspunkt für die Lebensgestaltung entwickeln	92
5.5	Selbstverantwortung im Spannungsfeld von Selbstbestimmung und Fremdbestimmung	95
5.5.1	Konzept der interessierten Selbstgefährdung	95
5.5.2	Herausforderung Selbstverantwortung	98
5.5.2.1	Menschen sind Gestaltende des eigenen Lebens	99
5.5.2.2	Wenn der Körper Nein sagt	100
5.5.2.3	Menschen sind in soziale Dynamiken eingebunden	100
5.5.2.4	Selbstausbeutung und Burnout sind nicht nur ein individuelles Problem	101
5.6	Verhaltensindikatoren und Entwicklungsmaßnahmen	103
5.6.1	Verhaltensindikatoren für Selbstverantwortungskompetenz	103
5.6.2	Selbst- und unternehmensgesteuerte Maßnahmen zur Förderung von Selbstverantwortungskompetenz	105
Literatur		109

6	**Baustein Selbsterkenntnis**	**111**
6.1	Begriff und Bedeutung von Selbsterkenntnis	111
6.1	Quellen von Selbsterkenntnis	113
6.1.1	Selbsterkenntnis durch Introspektion	114
6.1.2	Gewinnen von Selbsterkenntnis durch Selbstreflexion	115
6.1.3	Selbsterkenntnis durch Beobachten des eigenen Verhaltens	115
6.1.4	Gewinnen von Selbsterkenntnis durch Beobachten anderer Menschen	116
6.1.5	Selbsterkenntnis durch Rückmeldung anderer Menschen (Fremdwahrnehmung)	116
6.1.6	Selbsterkenntnis durch meditative Praktiken	117
6.1.7	Selbsterkenntnis durch körperorientierte Methoden	117
6.2	Relevante Themenbereiche für die Gewinnung von Selbsterkenntnis	118
6.2.1	Kenntnis der persönlichen Biografie	119
6.2.2	Kenntnis der eigenen Kompetenzen und des eigenen Potenzials	121
6.2.2.1	Kompetenzen	121

6.2.2.2	Potenzial	122
6.2.2.3	Veränderung von Kompetenzen und Potenzialen im Lebensverlauf	123
6.2.3	Kenntnis der eigenen Werte, Einstellungen und Überzeugungen	125
6.2.3.1	Werte und Wertvorstellungen	125
6.2.3.2	Einstellungen und Überzeugungen	128
6.2.4	Kenntnis der eigenen Bedürfnisse	130
6.2.5	Kenntnis der eigenen Motivationsbereiche	132
6.2.6	Kenntnis der eigenen Verhaltensweisen und -muster	133
6.2.7	Kenntnis der Rollen im Privat- und Berufsleben	134
6.2.8	Kenntnis der personalen und situativen Ressourcen	137
6.2.9	Kenntnis der eigenen Grenzen	140
6.2.10	Kenntnis der eigenen Arbeitstechnik und -organisation	144
6.3	Verständnis für wesentliche Zusammenhänge gewinnen	147
6.4	Verhaltensindikatoren und Entwicklungsmaßnahmen	148
6.4.1	Verhaltensindikatoren für Selbsterkenntniskompetenz	148
6.4.2	Selbst- und unternehmensgesteuerte Maßnahmen zur Förderung von Selbsterkenntniskompetenz	150
Literatur		151

7	**Baustein Selbstentwicklung**	**156**
7.1	Begriff und Bedeutung von Selbstentwicklung	156
7.2	Lernen als Bedingungsfaktor für Selbstentwicklung	158
7.2.1	Übersicht über lerntheoretische Ansätze	158
7.2.2	Bereitschaft zum lebenslangen Lernen	162
7.3	Selbstentwicklung und Handeln	164
7.3.1	Der Rubikon-Prozess - vom Bedürfnis zur Handlung	165
7.3.1.1	Phasen des Rubikon-Prozesses im Überblick	165
7.3.1.2	Phase 1: Das Bedürfnis	166
7.3.1.3	Phase 2: Das Motiv	167
7.3.1.4	Der Übergang über den Rubikon	167
7.3.1.5	Phase 3: Die Intention	168
7.3.1.6	Phase 4: Die präaktionale Vorbereitung	169
7.3.1.7	Phase 5: Die Handlung	170
7.3.2	Handeln in der persönlichen Entwicklung	171
7.4	Veränderung von Einstellungen und Emotionen	173
7.4.1	Veränderung von Einstellungen	173
7.4.2	Erzeugen positiver Emotionen	176
7.5	Verhaltensindikatoren und Entwicklungsmaßnahmen	179
7.5.1	Verhaltensindikatoren für Selbstentwicklungskompetenz	179
7.5.2	Selbst- und unternehmensgesteuerte Maßnahmen zur Förderung von Selbstentwicklungskompetenz	181
Literatur		184

8	**Baustein Ziele**	187
8.1	Begriff und Bedeutung von Zielen	187
8.2	Erfolgskriterien bei der Entwicklung von Zielen	190
8.2.1	Handlungswirksamkeit von Zielen	190
8.2.2	Hohe Identifikation und geschicktes Planen	191
8.2.3	Wahl des geeigneten Zieltyps	192
8.2.3.1	Drei verschiedene Zieltypen	192
8.2.3.2	Ergebnisziele	193
8.2.3.3	Motto-Ziele	195
8.2.3.4	Verhaltensziele	198
8.3	Der Weg zum Wesentlichen	200
8.3.1	Schritt 1: Verbindung zum eigenen Leitbild herstellen	200
8.3.2	Schritt 2: Rollen identifizieren	201
8.3.3	Schritt 3: Ziele für die Rollen definieren	201
8.3.4	Schritt 4: Entscheidungsrahmen schaffen	203
8.3.5	Schritt 5: Integrität im Augenblick der Wahl ausüben	204
8.3.6	Schritt 6: Bewerten	205
8.4	Verhaltensindikatoren und Entwicklungsmaßnahmen	205
8.4.1	Verhaltensindikatoren für Zielkompetenz	205
8.4.2	Selbst- und unternehmensgesteuerte Maßnahmen zur Förderung von Zielkompetenz	207
Literatur		208

9	**Baustein Zeit und Informationen**	211
9.1	Begriff und Bedeutung von Zeit	211
9.2	Generationen des Zeitmanagements	214
9.2.1	Die ersten drei Generationen kritisch beleuchtet	215
9.2.2	Die vierte Generation des Zeitmanagements – der Weg zum Wesentlichen	216
9.3	Begriff und Verständnis von Informationen	217
9.4	Übersicht über Zeitmanagement-Methoden und -Werkzeuge	219
9.5	Berücksichtigen der inneren Rhythmen	222
9.6	Unterschiedliche Zeittypen	225
9.7	Verhaltensindikatoren und Entwicklungsmaßnahmen	227
9.7.1	Verhaltensindikatoren für Zeit- und Informationskompetenz	227
9.7.2	Selbst- und unternehmensgesteuerte Maßnahmen zur Förderung von Zeit- und Informationskompetenz	229
Literatur		230

10	**Baustein physische und psychische Gesundheit**	233
10.1	Begriff und Bedeutung von Gesundheit	233
10.1.1	Unterschiedliche Betrachtungsweisen von Gesundheit	233
10.1.2	Kontinuum zwischen Gesundheit und Krankheit	236

10.1.3	Gesundheit und soziale Schichtzugehörigkeit	238
10.1.4	Gesundheit für die Weltbevölkerung	239
10.2	Physische und psychische Belastungsfaktoren für die Gesundheit	240
10.3	Begriff und Verständnis von Stress	249
10.4	Burnout als Folge von Stress	253
10.5	Strategien zur Förderung von Gesundheit	257
10.5.1	Bewältigung von Stress und Gewinnung von Energie	258
10.5.1.1	Kurz- und langfristige Bewältigungsstrategien	258
10.5.1.2	Kognitives Stressmanagement	259
10.5.1.3	Energiemanagement	260
10.5.2	Bewegung und Ernährung	263
10.5.2.1	Körperliche Aktivität als Gesundheitsverhalten	263
10.5.2.2	Ernährung als Gesundheitsverhalten	266
10.6	Entwicklung von gesundheitsförderlichem Verhalten	269
10.6.1	Schutzmotivationstheorie	269
10.6.2	Transtheoretisches Modell	271
10.7	Verhaltensindikatoren und Entwicklungsmaßnahmen	273
10.7.1	Verhaltensindikatoren für Gesundheitskompetenz	273
10.7.2	Selbst- und unternehmensgesteuerte Maßnahmen zur Förderung von Gesundheitskompetenz	275
Literatur		283

11	**Baustein soziale Beziehungen**	**289**
11.1	Begriff und Bedeutung sozialer Beziehungen und sozialer Unterstützung	289
11.2	Die Entstehung sozialer Beziehungen	293
11.2.1	Emotionen und Verhalten im sozialen Kontakt	294
11.2.2	Anschlussmotivation	295
11.3	Verhaltensindikatoren und Entwicklungsmaßnahmen	297
11.3.1	Verhaltensindikatoren für Beziehungskompetenz	297
11.3.2	Selbst- und unternehmensgesteuerte Maßnahmen zur Förderung von Beziehungskompetenz	298
Literatur		299

12	**Baustein Selbstkontrolle und Selbstregulation**	**301**
12.1	Begriff und Bedeutung von Selbstkontrolle und Selbstregulation	301
12.2	Theorie der Persönlichkeits-System-Interaktionen (PSI-Theorie)	304
12.2.1	Psychische Makrosysteme der PSI-Theorie	305
12.2.2	Zwei Modulationsannahmen	307
12.2.2.1	Willensbahnung	308
12.2.2.2	Selbstwachstum	310
12.2.3	Affektregulatorische Kompetenzen – Handlungs- versus Lageorientierung	311
12.3	Verhaltensindikatoren und Entwicklungsmaßnahmen	314

12.3.1	Verhaltensindikatoren für Selbststeuerungskompetenz (Selbstkontrolle und Selbstregulation)	314
12.3.2	Selbst- und unternehmensgesteuerte Maßnahmen zur Förderung von Selbststeuerungskompetenz	316
Literatur		320

13	**Baustein weitere relevante Aspekte der Persönlichkeit**	**323**
13.1	Begriff und Bedeutung von Persönlichkeit und Persönlichkeitsentwicklung	323
13.2	Selbstwirksamkeitserwartung	325
13.3	Kontrollüberzeugungen	326
13.4	Kohärenzvermögen	327
13.5	Hardiness	328
13.6	Resilienz	329
13.7	Optimismus	331
13.8	Verhaltensindikatoren und Entwicklungsmaßnahmen	332
13.8.1	Verhaltensindikatoren für den bewussten Umgang mit der eigenen Persönlichkeit	332
13.8.2	Selbst- und unternehmensgesteuerte Maßnahmen zur Persönlichkeitsentwicklung	333
Literatur		334

14	**Modell der Selbstmanagement-Kompetenz in der Anwendung**	**337**
14.1	Verhaltensindikatoren der Selbstmanagement-Kompetenz	337
14.2	Verantwortungsbereiche	345
14.3	Abschließende Bemerkungen	351
Literatur		354

Teil 1
Grundlagen zur Selbstmanagement-Kompetenz

1 Einleitung

Selbstmanagement ist ein Thema, das in den letzten Jahren stark an Bedeutung gewonnen hat und mit dem heute viele Menschen in der einen oder anderen Form konfrontiert sind. Die hohe Dynamik, Komplexität und Vernetzung in der Arbeitswelt, neue Kommunikationstechnologien, die ganze Lebens- und Arbeitsfelder nachhaltig verändern, die zunehmende Vielfalt und Menge verfügbarer Informationen oder die Zunahme psychosozialer Belastungen sind nur einige Trends, welche die Notwendigkeit eines umfassenden Selbstmanagements deutlich machen. Menschen sind gefordert, die verschiedenen Aufgaben und Lebensbereiche so zu organisieren und auszubalancieren, dass einerseits die berufliche Tätigkeit erfolgreich und sinngebend gestaltet wird und andererseits genügend Zeit und Energie für andere Lebensbereiche zur Verfügung stehen. Dazu braucht es klare Ziele und Prioritäten, ein geschicktes Zeitmanagement, die Fähigkeit zur Selbstregulation oder auch die bewusste Aktivierung und Nutzung von Ressourcen. Die Unternehmens-, Kommunikations- und Führungskultur, die organisationalen Strukturen und Prozesse oder die Arbeits- und Lernbedingungen können dabei als Belastungsfaktor oder als Ressource wirken.

Die Unternehmen sind gefordert, gesundheitsförderliche Rahmenbedingungen zu schaffen. Dies ist nur möglich, wenn eine umfassende Analyse der Belastungsfaktoren auf allen Ebenen der Organisation vorgenommen wird und mittels entsprechender Maßnahmen auf der Verhaltens- und Verhältnisebene[1] vorhandene Belastungen abgebaut und Ressourcen aktiviert und gefördert werden. Wichtige Ressourcen sind u. a. Handlungsspielraum, Wertschätzung sowie soziale Unterstützung.

Ziel der Selbstmanagement-Kompetenz ist, die eigene Leistungsfähigkeit und Leistungsbereitschaft kurz- und langfristig zu fördern und zu erhalten und im Leben Wohlbefinden und Balance zu ermöglichen. Entscheidend ist, dass Menschen ihr Leben im Spannungsfeld von Selbstbestimmung und Fremdbestimmung selbstverantwortlich und umsichtig steuern.

Selbstmanagement-Kompetenz wird im vorliegenden Buch breiter gefasst als das in der Managementliteratur häufig diskutierte klassische Zeitmanagement oder Ressourcenmanagement. Weitere Aspekte wie Selbstverantwortung, Selbsterkenntnis und Selbstentwicklung, die Notwendigkeit einer konsequenten Ausrichtung der Lebensgestaltung und Zeitplanung an persönlichen Werten und Prinzipien oder die Bedeutung der Regulierung von Gedanken, Emotionen und Verhalten werden in die Betrachtung integriert. Im hier vorgestellten *Modell der Selbstmanagement-Kompetenz* werden insgesamt neun Bausteine und drei Ebenen unterschieden (vgl. Abbildung 1.1).

---

[1] Verhaltensebene = Maßnahmen, die das Verhalten der Menschen in der Organisation beeinflussen und verändern; Verhältnisebene = Maßnahmen, die an den Prozessen, Strukturen, organisationalen Rahmenbedingungen, der Unternehmenskultur etc. ansetzen.

Die neun Bausteine repräsentieren die zentralen Themenbereiche der Selbstmanagement-Kompetenz. Die drei Bausteine Selbstverantwortung, Selbsterkenntnis und Selbstentwicklung mit den dazugehörigen Ebenen bilden das dynamische Kernmodell der Selbstmanagement-Kompetenz. Sie reflektieren den fortwährenden und dynamischen Prozess, der im Rahmen von Selbstmanagement-Kompetenz durchlaufen wird: Selbstmanagement erfordert eine fortwährende und konsequente, aber auch kreative Auseinandersetzung mit der eigenen Lebensgestaltung.

Abbildung 1.1 Modell der Selbstmanagement-Kompetenz

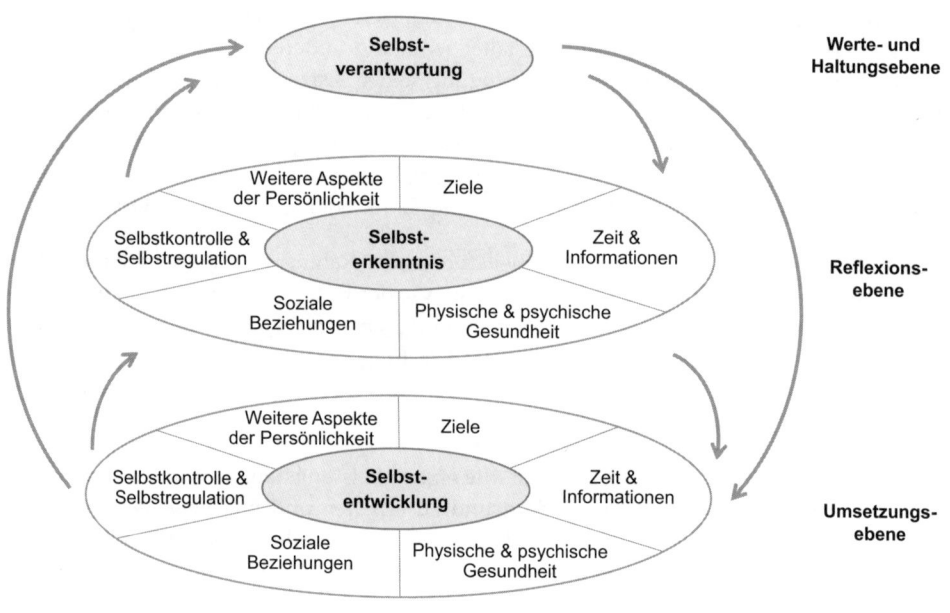

Quelle: Eigene Darstellung

Der Baustein *Selbstverantwortung* bezieht sich auf die **Werte- und Haltungsebene**. Selbstverantwortliches Denken und Handeln ist eine Grundvoraussetzung, damit Selbstmanagement wirkungsvoll gelebt und umgesetzt werden kann. Menschen sind gefordert, ihre Lebensführung an persönlichen Werten und Prinzipien auszurichten. Dazu gehören zentrale Fragestellungen wie: Was für ein Leben will ich führen? In welche Richtung will ich in meinem Leben gehen? Es geht darum, fortlaufend Klarheit zu gewinnen, wohin der eigene Lebensweg führen soll, und ein persönliches Leitbild, eine Lebensvision zu entwickeln und zu realisieren. Selbstmanagement-Kompetenz wird hier als gelebte Selbstverantwortung verstanden. Selbstverantwortliches Denken und Handeln ist Voraussetzung, damit Menschen langfristig Wohlbefinden und Balance erleben und leistungsfähig, motiviert, engagiert und gesund bleiben.

Neben der Auseinandersetzung mit den eigenen Wertvorstellungen braucht es die Auseinandersetzung mit dem Spannungsfeld zwischen Selbstbestimmung (Autonomie) und Fremdbestimmung (Heteronomie). Durch die Einbindung von Menschen in soziale Systeme (z. B. Familie, Verein, Arbeitsplatz) ist ein gewisses Maß an Fremdbestimmung unumgänglich. Diese muss nicht zwangsläufig im Widerspruch zur eigenen Entwicklung stehen. Wichtig ist, ein Bewusstsein dafür zu entwickeln, in welchen Lebensbereichen die Fremdbestimmung zu Konflikten mit den eigenen Wertvorstellungen führt und sich negativ auf das eigene Wohlbefinden und die innere Balance auswirkt. Die Erarbeitung eines persönlichen Leitbilds hilft, eine klare Vorstellung der Werte und Prinzipien zu entwickeln, die im Leben manifestiert werden sollen. Der Spielraum für Selbstbestimmung wird so erhöht.

Auf der *Reflexionsebene* steht der *Baustein Selbsterkenntnis* im Zentrum. Selbsterkenntnis hilft, die zentralen Bedürfnisse im Leben zu erkennen und festzulegen, welche Ziele im Berufs- und Privatleben realisiert werden sollen, in welchen Lebensbereichen Veränderungen notwendig sind und welche Möglichkeiten und Grenzen sich aus den vorhandenen Rahmenbedingungen ergeben. Es geht darum, mittels Selbsterkenntnis Einflussfaktoren auf das persönliche Selbstmanagement zu reflektieren und Einsichten darüber zu gewinnen, welche dieser Einflussfaktoren sich als hindernd (= Belastungsfaktor) oder als fördernd (= Ressource) auswirken. Es gilt, alle Bausteine im Modell der Selbstmanagement-Kompetenz in die Betrachtung mit einzubeziehen: Welche Bausteine repräsentieren eigene Stärken? Welchen Bausteinen wird zurzeit zu wenig Beachtung geschenkt? In welchen Bausteinen finden sich zentrale Belastungsfaktoren oder Ressourcen? In welchen Bausteinen zeigt sich akuter oder langfristiger Handlungsbedarf? Einen hilfreichen Orientierungsrahmen bietet die eingangs vorgestellte Zielsetzung der Selbstmanagement-Kompetenz: Was brauche ich oder was muss geschehen, damit ich meine Leistungsfähigkeit (Wissen, Kompetenzen, Arbeitsmarktfähigkeit, Gesundheit, mentale und körperliche Fitness) und Leistungsbereitschaft (Identifikation, Engagement) langfristig erhalten und fördern sowie Wohlbefinden und Balance im Leben ermöglichen kann? Dabei gilt zu beachten, dass Selbstmanagement ein schrittweiser Prozess ist, der letztlich dazu dient, das Leben in die Richtung zu lenken, die dem entspricht, was der Mensch im Privat- und Berufsleben realisieren möchte.

Der Baustein *Selbstentwicklung* reflektiert die *Umsetzungsebene*. Die auf der Reflexionsebene gewonnenen Einsichten und Erkenntnisse führen idealerweise auf der Umsetzungsebene zu konkreten Handlungen. Hierzu braucht es handlungswirksame Ziele, damit genügend Kraft entfaltet werden kann, um die Umsetzung konsequent zu realisieren. Da zahlreiche Einflussfaktoren auf das persönliche Selbstmanagement einwirken, gestaltet sich die Umsetzung oftmals als anspruchsvoller und teilweise auch als schmerzhafter Prozess. Selbstmanagement hat mit klaren Entscheidungen zu tun, mit Verzichten-Können oder Verzichten-Müssen. Es zeigt sich in Seminaren und Coachings immer wieder, dass Menschen eigentlich ziemlich genau wissen, welche Bereiche es zu verändern gilt. Die eigentliche Hürde scheint im Schritt vom Wissen zum Tun zu liegen. Dies hat u. a. damit zu tun, dass Entscheidungen nicht alleine getroffen werden können (z. B. als Familienvater in Teilzeit zu arbeiten), zu Konflikten führen (z. B. vermehrtes Nein-Sagen beim Übernehmen zusätzlicher Aufgaben), Ängste erzeugen (z. B. Arbeitsplatzunsicherheit), Bedürfnis- oder

Zielkonflikte bestehen (z. B. Wunsch nach finanzieller Sicherheit versus Wunsch nach mehr Freiraum) oder auf der neurobiologischen Ebene die entsprechenden neuronalen Vernetzungen erst gebildet werden müssen (z. B. Schaffen neuer Automatismen). Auf der Umsetzungsebene ist deshalb insbesondere die Fähigkeit zur Selbstkontrolle und Selbstregulation gefordert. Die Entwicklung eines persönlichen Leitbilds hilft, die Kraft und den Mut zu finden, notwendige Entscheidungen zu treffen und umzusetzen. Nicht immer sind jedoch große Schritte oder Schnitte notwendig. Oftmals reichen kleine und unspektakuläre Veränderungen, um eine entscheidende Wirkung zu erzielen, beispielsweise durch eine konsequente und regelmäßige Integration von Bewegung im Alltag, das Festhalten an Treffen mit Freunden oder Freundinnen, eine To-Do-Liste, die jeden Tag neu erstellt wird, den Besuch einer Weiterbildungsveranstaltung oder die Entscheidung, Dinge nicht so persönlich zu nehmen. Selbstmanagement ist ein lebenslanger und vor allem auch dynamischer Prozess, der aus vielen kleinen und größeren Schritten besteht. Wichtig ist, jeden noch so kleinen Schritt in die angestrebte Richtung wertzuschätzen und sich bewusst zu sein, dass jeder Tag eine neue Chance bietet, das Leben in die Richtung zu lenken, welche mit den eigenen Werten und Bedürfnissen kongruent ist.

Ziel dieses Buchs ist, Menschen und Organisationen für die Bedeutung eines umfassenden und gezielten Selbstmanagements zu sensibilisieren und ein Modell vorzustellen, das wesentliche Aspekte der Selbstmanagement-Kompetenz umfassend integriert und Ansatzpunkte aufzeigt, wie die Selbstmanagement-Kompetenz auf den Ebenen Individuum und Organisation erweitert und gefördert werden kann. Dabei gilt es zu beachten, dass die Thematik ausgesprochen vielschichtig, komplex und letztlich auch individuell ist. Einzelne Themen sind vertieft dargelegt, einige sind nur angedeutet und einige bleiben auch unerwähnt. Selbstmanagement ist ein Thema, das von vielen unterschiedlichen Einflussfaktoren aus dem persönlichen und organisatorischen Umfeld geprägt ist. Letztlich muss jedes Individuum und jede Organisation ihren eigenen Weg finden, Selbstmanagement-Kompetenz zu fördern, zu unterstützen und zu leben. Wichtig ist, dass die Bedeutung und Notwendigkeit eines umfassenden Selbstmanagements erkannt wird und entsprechende Maßnahmen auf individueller und organisationaler Ebene konsequent umgesetzt werden. Organisationen kommt die Verantwortung zu, leistungs- und gesundheitsförderliche und entwicklungsorientierte organisationale Rahmenbedingungen, Strukturen und Prozesse zu schaffen. Es gilt, beeinträchtigende Belastungsfaktoren zu erkennen und abzubauen und Ressourcen gezielt aufzubauen, zu nutzen und zu fördern. Menschen haben die Verantwortung, ihr Leben selbstverantwortlich zu steuern und so zu gestalten, dass sie so leistungsfähig, motiviert und gesund wie möglich bleiben und Wohlbefinden und Balance ermöglichen. Das hier vorgestellte, neu entwickelte Modell der Selbstmanagement-Kompetenz dient dabei als Orientierungsrahmen. Es hilft bei der Analyse der relevanten Themenbereiche (z. B. anhand der vorgestellten Verhaltensindikatoren für die Selbstmanagement-Kompetenz), es gibt Anregungen, wo mögliche Problembereiche liegen können, und zeigt Ansatzpunkte für mögliche Maßnahmen auf, die auf individueller und organisationaler Ebene umgesetzt werden können.

Das Buch ist so aufgebaut, dass nach den einführenden Gedanken in Kapitel 1 die Bedeutung und der Begriff der Selbstmanagement-Kompetenz erörtert werden. In Kapitel 3 sind verschiedene Selbstmanagement-Ansätze aus der Psychologie und Managementliteratur ausgeführt. Kapitel 4 ist dem Modell der Selbstmanagement-Kompetenz gewidmet, bevor dann die einzelnen Bausteine der Selbstmanagement-Kompetenz vertieft dargelegt werden (Kapitel 5 bis 13). Hier sind auch einige Übungen und drei Fallbeispiele aus der Praxis integriert. In Kapitel 14 ist einerseits das gesamte Portfolio der Verhaltensindikatoren der Selbstmanagement-Kompetenz integriert und andererseits finden sich einige Anregungen, wie das Modell der Selbstmanagement-Kompetenz in der Praxis genutzt werden kann und wo die Verantwortungsbereiche für die Entwicklung von Selbstmanagement-Kompetenz im Unternehmen liegen.

2 Bedeutung und Begriff der Selbstmanagement-Kompetenz

2.1 Bedeutung von Selbstmanagement

Bereits im letzten Jahrtausend hat Peter Drucker, Vordenker des modernen Managements, in seinem bekannten Artikel „Managing Oneself" auf die Bedeutung von Selbstmanagement hingewiesen. Mitarbeitende müssen in der Lage sein, ihre Laufbahn selbstverantwortlich zu steuern und sich selbst zu führen. Gemäß Drucker liegt es in ihrer Verantwortung, den „eigenen" Platz in der Organisation zu suchen und auszugestalten, die eigene Leistungsfähigkeit und -bereitschaft zu erhalten und zu wissen, wann ein Richtungswechsel angezeigt ist – und zwar während der gesamten Dauer eines Arbeitslebens, das mehr als fünfzig Jahre umfassen kann. Um dies erfolgreich realisieren zu können, braucht es ein tiefes Verständnis für sich selbst – nicht nur bezogen auf die eigenen Stärken und Schwächen, sondern es geht auch darum zu erkennen, wie man lernt, mit anderen erfolgreich zusammenarbeitet, welches die eigenen Werte sind und wo der größte Beitrag geleistet werden kann. Nur wenn Menschen von ihren eigenen Stärken aus handeln, können sie herausragende Leistungen erbringen (vgl. Drucker 2005, reprint of 1999, S. 4 [1]).

Die Bedeutung von Selbstmanagement hat in den letzten Jahren infolge vielfältiger wirtschaftlicher, technologischer, sozio-kultureller und unternehmensbezogener Entwicklungen an Relevanz gewonnen. Die Selbstmanagement-Kompetenz hat sich zu einer **Kernkompetenz von Mitarbeitenden** in Unternehmen entwickelt. Bei Selbstmanagement geht es u. a. darum, eigene Stärken und Schwächen zu erkennen, handlungswirksame berufliche und persönliche Ziele zu setzen, effektiv mit der zur Verfügung stehenden Zeit umzugehen, vorhandene Belastungen zu reduzieren und Ressourcen gezielt zu aktivieren und zu nutzen. Mitarbeitende sind gefordert, ihre Leistungsfähigkeit und Leistungsbereitschaft eigenverantwortlich zu steuern und zu erhalten. Es gilt, den eigenen Arbeits- und Lebensrhythmus immer wieder neu zu definieren und den eigenen Qualifikationsstand fortwährend mit den Anforderungen zu vergleichen und entsprechend anzupassen (vgl. Rump/Eilers 2011, S. 75 f. [2]). Dabei sollten sowohl die heute vorhandenen Anforderungen als auch die aufgrund der vielfältigen Entwicklungen zu erwartenden künftigen Anforderungen mit berücksichtigt werden. Nur so können notwendige Entwicklungs- und Bildungsmaßnahmen entsprechend frühzeitig erkannt und eingeleitet werden. Die zunehmende Instabilität von Arbeitsplätzen und Tätigkeitsbereichen führt dazu, dass der Erhalt und die Förderung von Kompetenzen wichtiger sind als das Streben nach Arbeitsplatzsicherheit. Das Postulat des lebenslangen oder lebensbegleitenden Lernens – und als Grundlage hierfür die Fähigkeit und die Bereitschaft zur Selbstentwicklung – sind wesentliche Voraussetzungen, um die eigene Leistungsfähigkeit und Arbeitsmarktfähigkeit als individuelle immaterielle Vermögenswerte bis zum Austritt aus dem Erwerbsleben und darüber hinaus möglichst umfassend aufrechtzuerhalten (vgl. Graf 2011, S. 219 [3]).

Für die **Unternehmen** besteht *die Bedeutung der Selbstmanagement-Kompetenz* darin, dass Menschen in Organisationen einen entscheidenden Beitrag für den *wirtschaftlichen und sozialen Unternehmenserfolg* leisten (vgl. z. B. Olfert 2010, S. 25 f. [4]). In der betriebswirtschaftlichen Literatur werden Mitarbeitende oftmals als Humanvermögen oder als Humankapital bezeichnet. Darin wird deutlich, dass Mitarbeitende mit ihren Qualifikationen, Kompetenzen und Motivationen der entscheidende Erfolgsfaktor sind, damit Unternehmen langfristig erfolgreich am Markt bestehen können (vgl. z. B. Berthel/Becker 2010, S. 11 [5], Scholz 2011, S. 7 ff. [6]). Eine gezielte und umfassende Förderung der Selbstmanagement-Kompetenz auf den Ebenen Individuum und Organisation hilft, dass Mitarbeitende auch langfristig qualifiziert, engagiert, leistungsstark, kreativ und gesund bleiben. Infolge des *Wertewandels* stellen Mitarbeitende zudem höhere Anforderungen an ein Unternehmen hinsichtlich gesundheitsförderlicher Arbeitsbedingungen:

„Der leistungsfähige, kreativ-innovative, flexible und hoch motivierte Mitarbeiter der Zukunft erwartet von seinem Unternehmen Lösungsansätze, die ihn bei der Gewinnung einer optimalen Gesundheit unterstützen und die nicht am Firmentor halt machen." (Meifert/Kesting 2004, S. 6 [7])

Hier setzen Konzepte des betrieblichen Gesundheitsmanagements oder der Förderung von Work Life Balance an, die wichtige Aspekte bei der Förderung der Selbstmanagement-Kompetenz darstellen. Unternehmen sind gefordert, Arbeits- und Lernbedingungen zu schaffen, die auf dem Arbeitsmarkt attraktiv sind – insbesondere vor dem Hintergrund des zunehmenden *Fachkräftemangels*. Auch *finanzielle Faktoren* sprechen dafür, dass der Förderung der Selbstmanagement-Kompetenz ausreichend Beachtung geschenkt wird.

„Menschen, die sich wohlfühlen, leisten mehr und bessere Arbeit als Menschen, die seelisch oder körperlich beeinträchtigt sind." (Badura 2010, S. 8 f. [8])

Belastende Arbeitsbedingungen erhöhen zudem das **Risiko für Fehlzeiten** (= Arbeitsausfalltage) **und Präsentismus** (= Produktivitätseinbußen bedingt durch beeinträchtigte Gesundheit[2]), womit hohe Kosten für die Unternehmen verbunden sind (vgl. Badura 2010, S. 8 f. [10], vgl. auch die Ausführungen zu den psychosozialen Belastungen in Kapitel 2.1.2).

Parikh zeigt in seinem Werk „Managing Your Self" auf, dass es für die Unternehmen darum geht, Mitarbeitende darin zu unterstützen, ihr Leben ganzheitlich zu reflektieren und zu gestalten. Einerseits soll das Einzigartige jedes Individuums gefördert werden und andererseits braucht es einen Abstimmungsprozess in der Organisation, um ein harmonisches Miteinander zu ermöglichen.

„It is the corporation's objective then, in managing all of its „selves", to enable individuals to consciously reflect on, sort out, and take positions on the "why" (philosophy), "what" (ideology), and "how" (strategy) of their lives. It is this individual and collective process in an organization that

---

[2] Präsentismus wird in der Literatur entweder verstanden als das Verhalten von Mitarbeitenden, trotz Krankheit zur Arbeit zu gehen, oder als Einbuße der Arbeitsproduktivität, die dadurch entsteht, dass Mitarbeitende durch gesundheitliche Beschwerden – v. a. chronische Erkrankungen – in ihrer Arbeit eingeschränkt sind und dadurch unterhalb ihres durchschnittlichen Arbeitspensums liegen (vgl. Steinke/Badura 2011, S. 15 f. [9]).

creates "attunement" within and among the individuals, facilitates "alignment" between the internal culture and the corporate strategy, and thereby generates the required degree of "empowerment", so that individual and corporate performance can be enhanced on a sustained basis. Unless the individual instruments are in harmony with each other in an orchestra, the result would be noise and not music. This is the relevance of managing the self for any organization." (Parikh 1994, S. 7 ff. [11])

Die Bedeutung des Themas der Selbstmanagement-Kompetenz zeigt sich auch in der zunehmenden Anzahl von **Publikationen und Ausbildungsangeboten**, die sich dem Thema widmen. Die Bandbreite der Publikationen reicht von wissenschaftlichen Beiträgen in psychologischen Zeitschriften und Büchern in den Bereichen Management und Psychologie, die einzelne Aspekte der Selbstmanagement-Kompetenz aufgreifen und vertiefen, über medizinische Empfehlungen für ein verbessertes Selbstmanagement bei chronischen Krankheiten bis hin zu einer enormen Anzahl an Selbstmanagement-Ratgebern. Wegen der offensichtlichen Bedeutung des Themas hat sich in letzter Zeit vermehrt auch die Personalpsychologie mit dem Thema befasst (vgl. König/Kleinmann 2006, S. 332 [12]).

Es ist davon auszugehen, dass das Thema Selbstmanagement aufgrund verschiedener Entwicklungen weiter an Bedeutung gewinnen und die Förderung der Selbstmanagement-Kompetenz in den nächsten Jahren eine der wesentlichsten Aufgaben eines modernen Personalmanagements sein wird. In den folgenden Abschnitten werden zur Vertiefung ausgewählte Entwicklungen und Einflussfaktoren näher vorgestellt, welche die zunehmende Bedeutung der Selbstmanagement-Kompetenz aufzeigen.

2.1.1 Trend 1: Steigende Anforderungen

Die heutige Zeit ist geprägt durch eine zunehmende Komplexität von Informationen und Wissen und eine fortwährende Dynamik des Wandels in allen Bereichen unserer Gesellschaft. Die wirtschaftlichen und technologischen Entwicklungen führen in den Unternehmen zu permanenten und beschleunigten Veränderungsprozessen und fordern von den Mitarbeitenden eine stetige Anpassung an sich verändernde Rahmenbedingungen. Mitarbeitende müssen in der Lage sein, sich von vertrauten Strukturen zu lösen, traditionelle Denkhaltungen zu hinterfragen, und den Mut haben, neue Wege zu beschreiten. Das hohe Maß an Flexibilität, das von den Unternehmen gefordert wird, stellt große Anforderungen an die Mitarbeitenden. Gleichzeitig nimmt der Handlungsspielraum ab – auch für Führungskräfte. Auf den Märkten hat der Kostendruck zugenommen und erfordert laufend weitere Kostenoptimierungen.

„Für Mitarbeitende heißt das oft, mit dünnerer Personaldecke in kürzerer Zeit die gleichen oder gar wachsende Aufgaben zu bewältigen." (Schulze 2009, S. 201 [13])

Sind die Anforderungen zu hoch oder zu komplex, kann die damit verbundene quantitative oder qualitative Überforderung zu Erschöpfungszuständen, psychosomatischen Beschwerden oder gar zu Krankheit führen.

„Hoher Arbeitsdruck, gepaart mit geringen individuellen Gestaltungsmöglichkeiten im Arbeitsprozess, zehren an den Energieressourcen der Mitarbeitenden und können zu einer erheblichen Sinnkrise führen – es kann zu einem Burnout kommen." (Schulze 2009, S. 201 [13])

Entwicklungen, die mit steigenden Anforderungen an Mitarbeitende einhergehen und die Bedeutung der Selbstmanagement-Kompetenz verstärken, finden sich innerhalb und außerhalb des Unternehmens. Tabelle 2.1 zeigt eine Auswahl von Einflussfaktoren auf.

Tabelle 2.1   Einflussfaktoren für steigende Anforderungen

Entwicklungen	Erläuterungen
Unternehmensumwelt	
Wirtschaftliche Entwicklungen	Dynamik des Wandels führt zu permanenten Veränderungsprozessen.
	Globalisierung und Internationalisierung der Märkte ermöglichen die weltweite Vernetzung und erhöhen den globalen Konkurrenz- und Preisdruck.
	Wirtschafts- und Finanzkrisen erhöhen den Kostendruck zusätzlich und fördern die Arbeitsplatzunsicherheit.
	Zunahme der Tätigkeiten im Dienstleistungssektor erfordert vermehrt soziale und emotionale Kompetenzen.
Technologische Entwicklungen	Neue Kommunikationstechnologien ermöglichen und verpflichten zu ständiger Verfügbarkeit.
	Zunehmende Fülle an Informationen fördert Informationsüberlastung.
	Kürzere Halbwertszeit des Wissens bringt kontinuierlichen Weiterbildungsbedarf mit sich.
Sozio-kulturelle Entwicklungen	Veränderungen von Berufsfeldern erfordern neue Kompetenzen.
	Trend zu höherer Bildung verlängert die Ausbildungszeit und die finanzielle Belastung.
	Neue Berufs- und Tätigkeitsportfolios schaffen Freiräume und können gleichzeitig den Druck erhöhen (mehrere Berufe oder Tätigkeiten parallel, Teilzeitarbeit und Führung, selbstständige Tätigkeit).
	Gesellschaftlicher Wertewandel verändert die Bedeutung von Karriere und Arbeit, erhöht den Wunsch nach Work Life Balance, Selbstentfaltung und Selbstverwirklichung (dies kann im Widerspruch stehen zu vorhandenen Möglichkeiten oder zu Mehreinsatz bei der Arbeit führen).
	Wertewandel führt zu höheren Erwartungen hinsichtlich Berufserfolg, Wohlstand und einem gehobenen Lebensstil.
	Trend zu späterer Familiengründung kann im Konflikt mit der Karriereentwicklung stehen.
	Veränderung der familialen Lebensformen kann Belastung erhöhen: hohe Scheidungsrate, Zunahme der Ein-Eltern-Familien, verschiedene Arbeitsorte und Karrierevorstellungen der Partner, unterschiedlicher Wohnort der Eltern.

Entwicklungen	Erläuterungen
Innerhalb des Unternehmens	
Wettbewerbs- und Kostendruck	Wettbewerbsdruck erfordert ein hohes Innovationspotenzial und hohe Qualität der Arbeitsprozesse bei gleichzeitig reduzierten Ressourcen. Infolge Kostendrucks werden zur Verfügung stehende Zeitbudgets reduziert, wodurch die Arbeitsbelastung der einzelnen Mitarbeitenden steigt. Kosten- und Wettbewerbsdruck führen zu Abbau von Sozialleistungen, Verlängerung der Arbeitszeiten ohne Lohnausgleich, Loslösen aus tariflichen Bindungen.
Rationalisierungen und Reorganisationen	Standortverlagerungen, Lean Management, Unternehmenskooperationen, Firmenzusammenschlüsse erfordern eine kontinuierliche Anpassungsleistung der Mitarbeitenden (Flexibilität, Veränderungsbereitschaft, Zusatzaufwand).
Leistungsorientierung	Durch konsequente Umsetzung des Leistungsprimats, Intensivierung von Controlling-Prozessen und externe und innerbetriebliche Vergleiche zur Bewertung der Produktivität und Leistung wird der Druck erhöht und kann zu freiwilliger Selbstausbeutung bzw. interessierter Selbstgefährdung führen (vgl. Kapitel 5.5.1).
Internationalisierung	Zunehmende Internationalisierung der Belegschaft erfordert interkulturelle Kompetenzen in der Zusammenarbeit und in der Führung.
Verfügbarkeit	Erwartungen an eine ständige Verfügbarkeit der Mitarbeitenden mittels Internet, Mobiltelefonen und Blackberries kann zu einer hohen Belastung führen und Freiräume für Regeneration reduzieren.
Arbeitsformen und Arbeitszeitregelung	Veränderte Arbeitsformen und Arbeitszeitmodelle können höhere Anforderungen an die Trennung und Ausgewogenheit von Arbeit und Freizeit erfordern, z. B. Telearbeit in Form von Home Office, keine Zeitkontrolle.

Mitarbeitende sind gefordert, Wege zu finden, um mit den hohen Anforderungen verantwortungsbewusst umgehen zu können. Ansatzpunkte dafür finden sich in den verschiedenen Bausteinen der Selbstmanagement-Kompetenz. Nachfolgend sind exemplarisch mögliche *Ansatzpunkte auf der Ebene Individuum* aufgeführt.

- *Baustein Ziele:* Ziele geben Menschen eine klare Ausrichtung und bieten einen wichtigen Orientierungsrahmen für Entscheidungen. Sie helfen, Klarheit darüber zu gewinnen, welche beruflichen und persönlichen Ziele verwirklicht werden sollen und welches die wesentlichen Prioritäten im Leben und in der Arbeit sind (Covey/Merrill/Merrill, 2007 [14]) sprechen hier vom „Weg zum Wesentlichen"). Ziele ermöglichen zielgerichtetes Handeln – insbesondere in hektischen Zeiten. Rollen- und Zielkonflikte sind ein wesentlicher Belastungsfaktor, den es mittels eines umsichtigen Zielmanagements zu reduzieren gilt.

- *Baustein Zeit & Informationen:* Die Auseinandersetzung mit den eigenen Tätigkeiten (z. B. mit Hilfe eines Tätigkeitsprotokolls) zeigt auf, für welche Aktivitäten wie viel Zeit und Energie aufgewendet wird. Dadurch zeigt sich, ob den wesentlichen Dingen im Leben auch genügend Zeit und Priorität eingeräumt wird oder ob der Fokus primär auf dringenden und nicht wichtigen Aktivitäten liegt (Eisenhower-Prinzip). Techniken des Zeitmanagements helfen, die Arbeit effektiv und effizient zu gestalten, die richtigen Prioritäten zu setzen und den Überblick zu bewahren (vgl. z. B. Knoblauch et al. 2011 [15], Seiwert 2008 [16]). Wichtig ist, das eigene Zeitmanagement auf der Grundlage des persönlichen Zeittyps zu gestalten und die Veränderung der Leistungsfähigkeit im Tagesverlauf bei der Zeitgestaltung zu berücksichtigen.

- *Baustein physische & psychische Gesundheit:* Der regelmäßige Wechsel zwischen Anspannung und Entspannung oder zwischen Aktivierung und Regeneration ist wichtig für den langfristigen Erhalt von Gesundheit. Gerade in hektischen und intensiven Zeiten sind Regenerationsquellen essenziell. Mittels Regenerationsinseln (z. B. Entspannungstechniken, Bewegung/Sport, Mikropausen, soziale Kontakte) kann ein Gegengewicht zu den hohen Anforderungen geschaffen werden (= Aktivieren und Nutzen von Ressourcen) (vgl. z. B. Petersen/Stäuble 2004 [17], Steiner 2005 [18], Sterzenbach 2007 [19]).

- *Baustein Selbstentwicklung:* Um mit den zunehmenden Anforderungen umgehen zu können, braucht es kontinuierliches Lernen. Es gilt zu prüfen, in welchen Bereichen eigene Kompetenzen weiterentwickelt werden sollten, und eigenverantwortlich entsprechende Entwicklungsmaßnahmen on-the-job und off-the-job zu suchen. Je nachdem ist auch eine berufliche Umorientierung angezeigt (vgl. z. B. Scheidt 2009 [20], Birkner 2009 [21]).

Ansatzpunkte auf der Ebene Unternehmen ergeben sich auf der Verhaltensebene und Verhältnisebene. Wichtig ist, beide Ebenen gleichermaßen zu berücksichtigen. Der Umgang mit steigenden Anforderungen kann beispielsweise durch ein Angebot an Stressmanagement- oder Ziel- und Zeitmanagement-Seminaren gefördert werden oder durch regelmäßige Gespräche mit Mitarbeitenden, die das Ziel haben, Belastungsfaktoren zu thematisieren und aktiv nach Lösungen zu suchen (= Verhaltensebene). Auf der Verhältnisebene geht es darum, ressourcenorientierte Arbeitsbedingungen zu schaffen. Durch die Überprüfung und den Abbau von Belastungsfaktoren auf organisationaler und auf Team-Ebene (z. B. im Rahmen von Organisations- und Teamentwicklungsprozessen) lassen sich hohe Anforderungen besser abfedern. Konzepte zur Förderung von Work Life Balance oder zur Schaffung familienfreundlicher Strukturen (z. B. Label „Family Friendly Workspace") sind wichtige Eckpfeiler, wenn es darum geht, Mitarbeitende dabei zu unterstützen, mit den hohen Anforderungen in den verschiedenen Lebensbereichen umzugehen und das Privat- und Berufsleben in einer stimmigen Balance zu halten. Weiter gilt es in regelmäßigen Standortbestimmungen zu überprüfen, ob die vorhandenen Kompetenzen noch mit den heutigen und zukünftigen Anforderungen kongruent sind. So können frühzeitig notwendige Entwicklungsmaßnahmen initiiert werden.

2.1.2 Trend 2: Zunahme der psychosozialen Belastungen

In früheren Jahren waren es noch fast ausschließlich physische, physikalische, chemische und biologische Einflüsse, die auf Menschen im Arbeitskontext belastend eingewirkt haben. Durch die fortlaufende Verbesserung von Arbeitsschutz und Arbeitssicherheit konnten diese Einflüsse kontinuierlich in ihrer schädigenden Wirkung reduziert werden. Die Zunahme der psychosozialen Belastungen hängt einerseits mit der Veränderung der Arbeitsformen zusammen, beispielsweise durch eine deutliche Zunahme an Tätigkeiten mit Dienstleistungscharakter, die hohe sozial-emotionale und personale Fähigkeiten voraussetzen. Andererseits hat sich die Arbeitswelt insgesamt verändert, beispielsweise durch die Abnahme der Arbeitsplatzsicherheit, die zunehmende Komplexität der Aufgabenbereiche oder die Zunahme der zur Verfügung stehenden Informationen und Optionen (vgl. Meifert/Kesting 2004, S. 4 f. [22]).

Die World Health Organization (WHO) weist in ihrem Bericht „Psychische Gesundheit und Arbeitsleben" darauf hin, dass langanhaltender arbeitsbedingter Stress nicht nur mit körperlichen Erkrankungen und Gesundheitsproblemen einher geht, sondern auch ein wesentlicher Faktor für das Auftreten *depressiver Verstimmungen* ist (vgl. WHO 2004 [23], Ulich/Wiese 2011, S. 61 ff. [24]). Gemäß Prognosen der WHO werden depressive Verstimmungen auf der globalen Krankheitsliste vom dritten Platz im Jahr 2004 bis auf den ersten Platz im Jahr 2030 vorrücken (vgl. WHO 2008, S. 51 [25]). Im Jahre 1990 waren depressive Verstimmungen noch auf Platz vier zu finden (vgl. Lopez/Murray 1998, S. 1241 [26]). Es ist davon auszugehen, dass depressive Verstimmungen und die damit verbundenen Risiken einer Abwesenheit vom Arbeitsplatz bis hin zur Arbeitsunfähigkeit in den kommenden Jahren in Europa deutlich zunehmen werden.

Das Schweizerische Gesundheitsobservatorium (Obsan) hat die psychische Gesundheit in der Schweiz auf der Basis verschiedener Befragungen untersucht.

„Zwischen 2004 und 2009 hat der Anteil an Personen, die sich sehr häufig optimistisch, kraft- und energievoll fühlen, um ein Drittel abgenommen." (Schuler/Burla 2012, S. 3 [27])

Gut 4% der Bevölkerung fühlen sich „stark" psychisch belastet und rund 13% „mittel stark" psychisch belastet. Dies bedeutet, dass bei etwa jeder sechsten Person das Vorliegen einer psychischen Störung wahrscheinlich ist. Frauen und Jüngere fühlen sich häufiger psychisch belastet als Männer und Ältere. Bei der gezielten Fragen nach Depressionssymptomen berichten 3% von mittleren bis starken Symptomen und fast 16% von schwachen Symptomen. Von schwachen Symptomen sind Frauen und ältere Menschen häufiger betroffen. Mittlere und starke Symptome finden sich bei beiden Geschlechtern und über alle Altersgruppen hinweg etwa gleich häufig. Bei mittleren bis starken Symptomen wird von einer behandlungsbedürftigen Depression ausgegangen. Diese Zahl dürfte jedoch aufgrund der telefonischen Befragung von Privathaushalten noch höher liegen (vgl. Schuler/Burla 2012, S. 3 [27]).

Im Jahre 2010 wurden in Deutschland insgesamt 53,5 Mio. Arbeitsunfähigkeitstage aufgrund von psychischen Belastungen und Verhaltensstörungen registriert. Die Bundesanstalt für Arbeitsschutz und Arbeitssicherheit schätzt den Verlust der Arbeitsproduktivität durch psychische Erkrankungen in Deutschland auf 9 Mrd. Euro (vgl. BMAS 2012, S. 44 [28]). Es sind nicht nur die chronischen Leiden, die sich negativ auf die Arbeit auswirken, sondern auch akute Beeinträchtigungen durch Kopfschmerzen, Schlaflosigkeit, Rückenschmerzen oder Erschöpfung – typische Symptome von zu hoher Belastung oder Stress. Die Ursachen für die Beeinträchtigungen und Erkrankungen können private Sorgen sein (z. B. pflegebedürftige Eltern, Probleme mit Partner/in oder Kindern, finanzielle Sorgen). Gemäß heutigem Kenntnisstand überwiegen jedoch die arbeitsbedingten Probleme deutlich und sind ein wesentlicher Grund für psychische Erkrankungen (vgl. Badura 2010, S. 9 [29]).

Die Auswirkungen psychosozialer Belastungen „auf die Gesellschaft und die Unternehmen sind bereits heute auf dem Sprung, alle anderen wirtschaftlichen Belastungen hinsichtlich Sicherheit und Gesundheit in den Schatten zu stellen." (Thiehoff 2004, S. 62 [30])

Problematisch ist, dass psychosoziale Belastungsfaktoren aufgrund ihres immateriellen Wesens weniger gut messbar und somit für viele Unternehmensverantwortliche auch nur bedingt nachvollziehbar sind (vgl. Meifert/Kesting 2004, S. 4 f. [31]). In einer Auswertung betrieblicher Beschäftigtenbefragungen, die in den Jahren 2004 bis 2009 durchgeführt worden sind und an denen insgesamt rund 28'000 Mitarbeitende teilgenommen haben, wurde deutlich, dass folgende **Faktoren als besonders stark belastend** empfunden werden: ständige Aufmerksamkeit, Termin- oder Leistungsdruck, Störungen und Unterbrechungen bei der Arbeit, ein hohes Arbeitstempo, hohe Verantwortung, zu große Arbeitsmengen, das Risiko, arbeitslos zu werden, und die erforderliches Genauigkeit (vgl. Zok 2010, S. 59 [32]). Arbeit muss jedoch nicht belastend sein: Soziale Unterstützung, Wertschätzung und ausreichender Handlungsspielraum bei der Tätigkeitsgestaltung haben beispielsweise eine ressourcenfördernde Wirkung (vgl. Ulich/Wülser 2010, S. 39 [33]).

Wie in den vorangehenden Ausführungen gezeigt wurde, erhöhen psychosoziale Belastungen das Risiko von Fehlzeiten und Präsentismus. Für die Unternehmen sind damit hohe Kosten und zusätzlicher Aufwand verbunden, z. B. unbesetzte Arbeitsplätze, Lohnfortzahlung ohne Gegenleistung, steigende Versicherungsprämien, Mehrbelastung der anwesenden Mitarbeitenden, Beschaffung von Ersatzpersonal, erschwerte Arbeitseinsatzplanung, unter Umständen Terminverzug und Lieferschwierigkeiten bis hin zu Produktionsausfällen.

Mögliche **Ansatzpunkte** für den Umgang mit psychosozialen Belastungen **auf individueller Ebene** finden sich u. a. in folgenden Bausteinen der Selbstmanagement-Kompetenz:

- **Baustein soziale Beziehungen:** Soziale Unterstützung ist eine bedeutende Ressource, wenn es um den Ausgleich psychosozialer Belastungen geht (vgl. z. B. Kaluza 2011, S. 41 f. [34], Linneweh/Heufelder/Flasnoecker 2010, S. 148 ff. [35], Ulich/Wülser 2010, S. 40 ff. [36]). Wichtig ist die Fähigkeit von Menschen, hilfreiche und vertrauensvolle Beziehungen herzustellen, anzunehmen und aufrechtzuerhalten (vgl. Udris 2006, S. 10 [37]). Selbstmanagement bedeutet, frühzeitig Unterstützung aus dem sozialen Umfeld beizuziehen – sei es von Vorgesetzten, von Freund/innen, Arbeitskolleg/innen, einem Coach oder therapeutischen Fachpersonen. Gerade in einem voranschreitenden Burnout-Prozess besteht die Gefahr, Unterstützung zu spät beizuziehen. Dies kann dann dazu führen, dass die Rückkehr in den Arbeitsprozess erschwert, wenn nicht verunmöglicht wird.

- **Baustein *physische & psychische Gesundheit*:** Eine gezielte und konsequente Nutzung von Ressourcen kann helfen, frühzeitig starke Belastungen auszugleichen, beispielsweise durch aktive Bewegung in der Natur, regelmäßiges Anwenden von körperlichen Meditationstechniken wie Tai Chi, Qi Gong und Yoga oder von Entspannungstechniken wie Progressive Muskelentspannung und Autogenes Training (vgl. z. B. die zahlreichen CDs/DVDs mit Entspannungstechniken oder entsprechende Trainingsangebote). Aktivitäten, die Freude bereiten, Kraft oder Ruhe geben, sind essenziell. Neben dem Aufbau von Ressourcen ist es wichtig, vorhandene Belastungen im Arbeits- und Privatleben gezielt und konsequent abzubauen. Wo sind Änderungen im Leben angezeigt, weil der Preis, der bezahlt wird, letztlich zu hoch ist? Bei großen psychischen Belastungen gilt es, wie bereits oben erwähnt, möglichst frühzeitig Unterstützung zu suchen.

Ein zentraler *Ansatzpunkt auf der Ebene Unternehmen* für den Umgang mit psychosozialen Belastungen liegt im Bereich der Prävention. Die wirtschaftliche Bedeutung der Prävention wird von Unternehmen zunehmend erkannt.

„Die Unternehmen besitzen aus generellen wirtschaftlichen Erwägungen das vergleichsweise stärkste Interesse an der Prävention und an der WLB [Work Life Balance] ihrer Mitarbeiter. Am Arbeitsplatz entsteht ein Großteil der physischen und psychischen Belastungen und Beanspruchungen, die durch geeignete Gestaltung der Arbeitswelt minimiert werden können. Zudem ist die „Einwirkungszeit" präventiver Maßnahmen und damit die Chance auf nachhaltige Verhaltensänderungen hier am größten." (Thiehoff 2004, S. 62 [38], Ergänzung durch Verfasserin)

Ducki (2008, S. 6 [39]) weist darauf hin, dass der erfolgreichste Ansatz für Unternehmen zur Vorbeugung psychischer Erkrankungen ist, einerseits **psychische Belastungen am Arbeitsplatz abzubauen** und andererseits **gezielt Ressourcen aufzubauen.** Der Abbau von Belastungen und der Aufbau von Ressourcen ist primär eine Führungsaufgabe, jedoch immer mehr auch ein wichtiger Fokus der Personal- und Organisationsentwicklung sowie des betrieblichen Gesundheitsmanagements. In den vergangenen Jahren konnte die Effektivität von präventiven Gesundheitsmaßnahmen immer wieder belegt werden (vgl. Richter et al. 2011, S. 53 [40]). Die Entwicklung von Selbstmanagement-Kompetenz in Unternehmen zielt somit darauf ab, die Leistungsfähigkeit und -bereitschaft der Mitarbeitenden langfristig zu erhalten und Arbeits- und Lernbedingungen zu bieten, die für Mitarbeitende attraktiv und gesundheitsförderlich sind. Dies erfordert eine Unternehmensstrategie und -kultur, die auf Nachhaltigkeit ausgelegt sind. Im Zentrum sollte nicht die kurzfristige Gewinnmaximierung stehen, sondern eine nachhaltige und ressourcenschonende Gestaltung der Arbeitsprozesse und Arbeitsbedingungen. Weiter ist wichtig, dass Maßnahmen zur Förderung der Selbstmanagement-Kompetenz sich nicht ausschließlich auf die Verhaltensebene konzentrieren, sondern immer auch die Verhältnisebene mit berücksichtigt wird. So ist es beispielsweise nicht effektiv, Mitarbeitende in Stressmanagement-Kurse zu schicken (Verhaltensebene) und belastende Arbeitsbedingungen unverändert zu lassen (Verhältnisebene).

Ein **betriebliches Gesundheitsmanagement** hat zum Ziel, Belastungsfaktoren im Unternehmen zu minimieren und ressourcenorientierte Strukturen und Prozesse aufzubauen. Die Förderung einer Unternehmenskultur, in der Wertschätzung und partnerschaftliche Zusammenarbeit als Werte gelebt werden, hilft bei der Aktivierung sozialer Unterstützung. Führungskräfte können in Führungsausbildungen für psychosoziale Belastungen sensibilisiert und dabei unterstützt werden, gesundheitsförderliche Arbeitsbedingungen zu schaffen, beispielsweise durch die Erweiterung des Handlungsspielraums der Mitarbeitenden. Ein Coaching-Angebot kann den gezielten Abbau von Belastungsfaktoren im beruflichen und privaten Umfeld und den Aufbau von Ressourcen nachhaltig unterstützen.

2.1.3 Trend 3: Steigende Daten- und Informationsmenge

„Weltumspannende Informations- und Kommunikationssysteme lassen Zeit und Ort verschwimmen." (Seiwert 2006, S. 15 [41])

In den letzten Jahren sind die Möglichkeiten, Informationen zu beschaffen und zu verteilen und sich mittels sozialer Netzwerke auszutauschen, kontinuierlich gestiegen. Mittels Smartphones, Blackberries, Tablet-Computern und Notebooks können Informationen praktisch jederzeit und überall abgefragt werden. Die vorhandenen Informationen und Optionen erscheinen fast grenzenlos.

Durch die **neuen Informations- und Kommunikationstechnologien** wird eine enorme Menge an Daten und Informationen produziert; diese ist in jedem der letzten fünf Jahrzehnte exponenziell gestiegen (vgl. Carlsen 2003, S. 1 [42]). Da die Anzahl der Internetnutzer weltweit weiterhin rapide ansteigt, wird sich die Daten- und Informationsmenge auch in Zukunft stark vermehren. In Europa benutzten Ende 2011 bereits über 500 Millionen Menschen das Internet. Dies entspricht einem prozentualen Anteil von 61,3% der Bevölkerung in Europa (in der Schweiz waren es 84,2%, in Deutschland 82,7% und in Österreich 74,8%; vgl. Internet World Stats 2012 [43]). Das **digitale Universum** (Menge produzierter und replizierter digitaler Informationen) umfasste im Jahre 2011 bereits 1.8 Zetabytes (Zetabyte = 10^{21} Bytes). Bis im Jahre 2020 wird die Datenmenge voraussichtlich auf 35 Zetabytes anwachsen, was nicht zuletzt mit neuen Möglichkeiten der Speicherung von Daten zu tun hat. Würden diese Daten auf DVDs gespeichert, ergäbe dies einen DVD-Stapel von der Erde bis zur Hälfte des Weges zum Mars (vgl. EMC 2012 [44]).

"The next best thing to knowing something is knowing where to find it." (Samuel Johnson)

Die neuen Informations- und Kommunikationstechnologien und die damit verbundenen Möglichkeiten und Grenzen stellen große Anforderungen an das Selbstmanagement. Neue Fähigkeiten wie die Informationskompetenz sind gefordert (Fähigkeit zum Erkennen eines spezifischen Informationsbedarfs, Fähigkeit zur Lokalisierung und zielgerichteten Selektion der benötigten Informationen, Fähigkeit zur Organisation von Informationen etc.; vgl. Sconul 2011 [45]). Die rasante Weiterentwicklung der technologischen Möglichkeiten und Geräte erfordert zudem Offenheit für neue technologische Möglichkeiten und kontinuierliches Lernen. Es geht nicht zuletzt auch darum, klare Grenzen bei der Erreichbarkeit und der Nutzung von E-Mail und Telefon zu setzen. Es ist heute für viele Mitarbeitende eine große Herausforderung, Arbeit und Freizeit klar zu trennen.

„Wir sind eine Gesellschaft, die es verlernt hat zu warten, die immerzu aktiv ist – pausenlos von Montag bis Sonntag. Selbst die kleinsten Unterbrechungen, ob bei der Arbeit, bei Sportereignissen oder im Theater, werden zum Telefonieren oder auch zur Sichtung eingegangener Nachrichten und Informationen genutzt." (Seiwert 2006, S. 15 [46])

Die ungesteuerte Anwendung der neuen mobilen Kommunikationstechnologien kann zu einer Aufmerksamkeits- und Fokussierungskrise oder zum sogenannten *Technostress* führen. Die beiden Hauptursachen dafür sind Informationsüberlastung und die Anforderung, immer mehr Dinge gleichzeitig zu tun (vgl. Meckel 2009, S. 38 [47]). *Informationsüberlastung oder -überflutung* ist ein Phänomen, welches sowohl objektive als auch subjektive Ursachen hat. Objektiv gesehen hat die vorhandene Informationsmenge in den letzten Jahren und Jahrzehnten exponentiell zugenommen. Die subjektive Komponente der Informationsüberlastung hat damit zu tun, dass mehr Informationen verfügbar sind, als ein Mensch mit Leichtigkeit verarbeiten kann. Dies kann zu Stressreaktionen führen, die mit reduziertem geistigen Leistungs- und Urteilsvermögen einhergehen können (vgl. Carlsen 2003, S. 1 [48]).

Ansatzpunkte für den Umgang mit neuen Kommunikationstechnologien und der zunehmenden Informationsmenge finden sich auf der *Ebene Individuum* insbesondere in den Bausteinen Zielmanagement, Zeit- und Informationsmanagement und Selbstentwicklung:

- *Bausteine Ziele und Zeit & Informationen:* Klare Zielsetzungen helfen, die richtigen Prioritäten bei der Zeitgestaltung und Informationsbeschaffung zu setzen. Die vorhandenen Möglichkeiten der neuen Kommunikationstechnologien und die große zur Verfügung stehende Informationsmenge können dazu führen, dass die Zeitverwendung nicht mehr in Übereinstimmung mit den wesentlichen Dingen des Lebens steht. Covey/Merrill/Merrill (2007, S. 35 ff. [49]) unterscheiden hier vier Quadranten anhand der Dimensionen „wichtig" und „dringend" (analog dem Eisenhower-Prinzip). Es geht darum, möglichst viel Zeit in den Quadranten der Qualität (wichtig/nicht dringend) zu investieren. Tätigkeiten und Aktivitäten, die zum Quadranten der Täuschung (nicht wichtig/dringend) und zum Quadranten der Verschwendung (nicht wichtig/nicht dringend) gehören, sollten genau überprüft werden. Die Möglichkeiten der Kommunikationstechnologien können auch dazu führen, dass viel Zeit für nicht wichtige Tätigkeiten eingesetzt wird (z. B. durch ein zu wenig konsequentes Management der E-Mails, durch die Nutzung des Internets, Facebook und Twitter als Ablenkung). Hilfreich ist, klare Zeitfenster für die Bearbeitung von E-Mails zu bestimmen, Störfaktoren und Ablenkungen konsequent zu reduzieren (auch mit gegenseitiger Unterstützung im Team) und Grenzen für die Erreichbarkeit in der Freizeit und in den Ferien zu setzen, um Regeneration zu ermöglichen.

- *Baustein Selbstentwicklung:* Im Konzept des lebenslangen Lernens nehmen Informationskompetenz und die Fähigkeit, mit neuen Kommunikationstechnologien effektiv umgehen zu können, eine wichtige Rolle ein. Die Entwicklung neuer Kommunikationstechnologien schreitet rasant voran und es braucht kontinuierliches Lernen, um mit den vorhandenen Möglichkeiten und Technologien effektiv und effizient umzugehen. Hier kann der Besuch entsprechender Weiterbildungsveranstaltungen (z. B. Kurse für die effektive Nutzung neuer Kommunikationstechnologien, Kurse zur Erweiterung der Informationskompetenz) hilfreich sein.

Mögliche *Ansatzpunkte auf der Ebene Unternehmen* finden sich auf der Verhaltens- und auf der Verhältnisebene. Auf der Verhältnisebene geht es darum, Arbeitsbedingungen zu schaffen und eine Unternehmens-, Führungs- und Kommunikationskultur zu fördern, welche einen bewussten und ausgewogenen Umgang mit den vielfältigen Informations- und Kommunikationstechnologien ermöglicht. Dies bedeutet, dass zeitliche Rahmenbedingungen geschaffen und kulturell verankert werden, die gewisse Grenzen hinsichtlich Erreichbarkeit setzen, beispielsweise durch eine konsequente Umsetzung von Stellvertretungsregelungen, damit in den Ferien ein entsprechender Freiraum geschaffen werden kann, durch ein Angebot an Räumen (physisch und zeitlich), die ungestörtes Arbeiten ermöglichen, oder durch die Förderung einer bewussten E-Mail-Kultur (z. B. dass E-Mails in der Regel nur bis 20 Uhr intern versandt oder dass „zur Kenntnis-Kopien" nur in Ausnahmefällen erstellt werden sollten). Wichtig ist, die Thematik auch in Führungsseminaren aufzugreifen, um eine Führungskultur zu fördern, welche die bewusste Auseinandersetzung mit Möglichkeiten und Grenzen im Kontext von Informationen und Kommunikationstechnologien fördert.

Auf der Verhaltensebene kann ein Angebot an Seminaren und Workshops zur Förderung des persönlichen Ziel- und Zeitmanagements oder der Informationskompetenz hilfreich sein. Dadurch kann das Bewusstsein für die sinnvolle und gesundheitsförderliche Gestaltung von Zeit und den effektiven Umgang mit den neuen Kommunikationstechnologien und der vorhandenen Informationsfülle erweitert werden. Sehr effektiv sind auch individuelle Coachings, in denen der persönliche Umgang mit Zeit und Informationen analysiert wird und entsprechende Handlungsalternativen erarbeitet werden.

2.2 Begriffsverständnis

Welche Themen und Bereiche zum Selbstmanagement gehören, wird von verschiedenen Disziplinen und Autor/innen unterschiedlich definiert. Mit Selbstmanagement oder Selbstführung befassen sich insbesondere die Psychologie (vorwiegend die Personalpsychologie und die Arbeits- und Organisationspsychologie), die Medizin (im Sinne von Selbstmanagement bei Krankheiten wie z. B. Diabetes) und die Managementliteratur. Darüber hinaus gibt es zahlreiche Publikationen im Gesundheits-, Ratgeber- und Selbsthilfe-Bereich.

Die Begriffe *Selbstmanagement, Selbstführung, Selbststeuerung und Selbstregulation* werden häufig synonym verwendet. In der Psychologie wird meist von Selbstregulation (self-regulation), Selbststeuerung (self-monitoring) und Selbstmanagement (self-management) gesprochen, in der Management- und Coachingliteratur meist von Selbstmanagement oder Selbstführung (self-leaderhip).

In Tabelle 2.2 sind einige Definitionen aus der Literatur aus den Bereichen Psychologie und Management aufgeführt, welche die Bandbreite des zugrunde liegenden Verständnisses von Selbstmanagement bzw. Selbstführung aufzeigen.

Tabelle 2.2   Definitionen von Selbstmanagement und Selbstführung in der Literatur

Selbstmanagement umfasst „alle Bemühungen einer Person, das eigene Verhalten zielgerichtet zu beeinflussen." (König/Kleinmann 2006, S. 332 [50])
„Selbstmanagement ist die Fähigkeit, die eigenen Handlungen und Aktivitäten so zu steuern, dass sie dem entsprechen, was man auch tun will." (Storch 2003 [51])
„Selbst-Management heißt, sich bewusst zu führen und zu entwickeln." (Corssen 2004, S. 10 [52])
Es geht bei Selbstmanagement um „die Art und Weise, wie eine Person mit ihren eigenen Motivations- und Willensprozessen umgeht." (Kehr 2002, S. 13 [53])
Managing Your Self focuses on the self-directed functions of managing your body, managing your mind, managing emotion, managing your neurosensory system, and managing consciousness (vgl. Parikh 1994, S. xi ff. [54]).
„Selbstführung umfasst Einstellungen und Methoden zur zielgerichteten Führung der eigenen Person. Selbstführung basiert wesentlich auf Selbstverantwortung, Selbsterkenntnis und Selbststeuerung." (Bensmann 2009, S. 15 [55])
„Selbstführung ist ein Prozess, der sich primär in Personen abspielt. Personen führen sich selbst, indem sie, von für sie bedeutsamen Visionen und Zielvorstellungen geleitet, eine befriedigende individuelle und soziale Identität entwickeln möchten. Geführt werden „innere Mitarbeiter", bei denen es sich um psychische Potenziale und Ressourcen handelt, die bewusst aktiviert und absichtsvoll genutzt werden, um selbst gesetzte Ziele häufiger, schneller und mit besseren Ergebnissen erreichen zu können." (Müller/Braun 2009, S. 13 [56])
Selbstmanagement bezieht sich „auf das Setzen arbeits- und berufsbezogener Ziele sowie den Einsatz von Handlungsmitteln zur Verfolgung der Ziele, einschließlich der Beobachtung und Bewertung von Zielfortschritten. Ein erfolgreiches Selbstmanagement umfasst die zyklische Anpassung von Zielsetzungen und -handeln an sich ändernde personenimmanente sowie externe Möglichkeiten und Restriktionen." (Wiese 2008, S. 153 [57])
„Selbstmanagement ist eine Arbeits- und Lerntechnik, sich selbst so zu führen und zu organisieren (= zu managen), dass man Erfolg hat. [...] Das Ziel ist, mehr aus sich zu machen, sein Leben bewusst zu steuern (Selbstbestimmung) und weniger Spielball der Arbeits- und Lebensverhältnisse anderer (Fremdbestimmung) zu sein." (Seiwert 1996, S. 9 [58])

Der *Begriff Selbstmanagement* stammt ursprünglich aus der Verhaltenstherapie und wurde von Frederick Kanfer geprägt (vgl. Kanfer 1980 [59], Kanfer/Reinecker/Schmelzer 2012 [60]). Im anglo-amerikanischen Sprachraum wird der Begriff Self-Management vorwiegend als Sammelbegriff für verschiedene Therapieansätze verstanden. In der *Psychologie* wird Selbstmanagement in Abhängigkeit des zugrundeliegenden Selbstmanagement-Ansatzes definiert (vgl. Kapitel 3).

In der *Managementliteratur* bezog sich der Begriff Selbstmanagement bis anhin vorwiegend auf das klassische Zeit- und Methodenmanagement. Dieses Verständnis von Selbstmanagement ist auch heute noch breit verankert (siehe hierzu beispielsweise die zahlreichen Websites mit Kursangeboten, in denen Selbstmanagement gleichgesetzt wird mit Zeitmanagement). Im Managementliteratur-Bereich finden sich mittlerweile jedoch vermehrt Werke, die Selbstmanagement umfassender oder auch mit einem anderen Schwerpunkt als Zeitmanagement diskutieren. Dabei werden Aspekte integriert wie Ressourcenmanagement, Energiemanagement, Stressmanagement, Selbstverantwortung, Selbstmotivation, Selbstentwicklung, Work Life Balance (vgl. z. B. Watzke-Ott 2008 [61], Schröder 2006 [62]).

Selbstmanagement und Selbstführung werden im vorliegenden Buch synonym verstanden und verwendet. Im Sinne der Konsistenz wird in den nachfolgenden Ausführungen nur der Begriff Selbstmanagement verwendet.

Der Begriff *Selbstmanagement* hat den Vorteil, dass er im deutschen Sprachraum breit eingesetzt und genutzt wird – in der psychologischen Literatur (z. B. in der Personalpsychologie), in der Managementliteratur, in Weiterbildungsangeboten sowie in der betrieblichen Praxis. Selbstmanagement ist zudem stark an den betrieblichen Kontext gekoppelt. Im anglo-amerikanischen Sprachraum wäre der Begriff Self-Leadership passender, v. a. weil Self-Management hier stark auf den therapeutischen und medizinischen Kontext fokussiert.

Eine mögliche Problematik beim Begriff Selbstmanagement ist, dass mit dem Zusatz „-management" das Bild entstehen könnte, dass es primär darum geht, das eigene Selbst im Sinne eines technokratischen Verständnisses zu verwalten. Das hier zugrunde liegende Verständnis von Selbstmanagement beruht jedoch auf anderen Prinzipien. Es geht bei Selbstmanagement auch darum, effizienter und effektiver zu werden – aber immer verbunden mit einem achtsamen Umgang mit den eigenen Ressourcen. Eine Selbstausbeutung gilt es in jedem Falle zu vermeiden. Die Förderung der eigenen Leistungsfähigkeit wird bei Selbstmanagement mit der Förderung der Leistungsbereitschaft und mit der Förderung von Wohlbefinden und Balance verknüpft. Damit wird der Bezug zu den inneren Bedürfnissen und Werten, zur eigenen Lebensphilosophie und zu den vorhandenen Stärken, Potenzialen und Ressourcen hergestellt.

Durch die Integration des Begriffs Kompetenz wird verdeutlicht, dass es sich bei Selbstmanagement um eine Fähigkeit handelt, die im Unternehmenskontext relevant ist, in Kompetenzmodellen entsprechend berücksichtigt und mittels Personal- und Organisationsentwicklungs-Maßnahmen gefördert werden sollte. Selbstmanagement-Kompetenz ist heute eine der Kernkompetenzen von Mitarbeitenden in Unternehmen.

Der Begriff Selbstmanagement kann auch auf Teams angewandt werden, beispielsweise wenn es um die Selbststeuerung autonomer Gruppen geht. Im Rahmen der Selbstmanagement-Kompetenz bezieht sich Selbstmanagement jedoch ausschließlich auf das Selbstmanagement von Personen. Im Fokus stehen *intraindividuelle Steuerungsprozesse* einer Person und nicht interindividuelle Steuerungsprozesse, wie sie im Team-Selbstmanagement vorkommen (vgl. König/Kleinmann 2006, S. 332 [63]).

Der Schwerpunkt bei den nachfolgenden Ausführungen liegt auf dem *arbeitsbezogenen Selbstmanagement*. Selbstmanagement betrifft letztendlich jedoch sämtliche Lebensbereiche. So zeigen sich häufig ähnliche Verhaltensweisen und Muster im Arbeits- wie auch im Privatleben. Ein effektives Selbstmanagement im Arbeitsleben kann sich positiv auf das Privatleben auswirken, weil beispielsweise mehr Zeit für die Familie zur Verfügung steht. Der enge Zusammenhang wird insbesondere beim Thema Work Life Balance deutlich, welches eng mit Selbstmanagement verknüpft ist.

Das hier zugrunde liegende Verständnis von Selbstmanagement-Kompetenz wird wie folgt definiert:

Definition von Selbstmanagement-Kompetenz

Selbstmanagement-Kompetenz umfasst die Bereitschaft und die Fähigkeit, das eigene Leben selbstverantwortlich zu steuern und so zu gestalten, dass Leistungsfähigkeit, Leistungsbereitschaft, Wohlbefinden und Balance gefördert und langfristig erhalten werden. Selbstmanagement ist gelebte Selbstverantwortung.

2.3 Ziel von Selbstmanagement-Kompetenz

Ziel von Selbstmanagement-Kompetenz ist, *Leistungsfähigkeit* (Wissen, Kompetenzen, Arbeitsmarktfähigkeit, Gesundheit, mentale und körperliche Fitness), *Leistungsbereitschaft* (Identifikation, Engagement), *Wohlbefinden und Balance* zu fördern und langfristig zu erhalten.

Leistungsfähigkeit und Leistungsbereitschaft sind Gegenstand zahlreicher Motivationstheorien. Sie sind Ergebnis eines komplexen Wechselspiels zwischen personalen und situativen Einflussfaktoren. Als Ziel der Selbstmanagement-Kompetenz stehen *personale Aspekte* im Zentrum, wobei zu beachten ist, dass organisationale oder soziale und wirtschaftliche Rahmenbedingungen einen großen Einfluss darauf haben, in welcher Ausprägung Leistungsfähigkeit und Leistungsbereitschaft bei Menschen vorhanden sind und realisiert werden.

Die *vier Zielkomponenten der Selbstmanagement-Kompetenz* werden nachfolgend kurz ausgeführt.

2.3.1 Leistungsfähigkeit

Leistungsfähigkeit bezieht sich auf *Determinanten des Könnens* zur Leistung. Leistungsfähigkeit als Zielsetzung der Selbstmanagement-Kompetenz bedeutet, dass Menschen:

- über die *Kompetenzen* verfügen, die benötigt werden, um einerseits die Anforderungen des Berufslebens erfüllen zu können, aber auch Anforderungen, die sich aus dem Privatleben ergeben. Kompetenzen beinhalten das benötigte Wissen sowie die für die Leistungserbringung notwendigen Fähigkeiten und Fertigkeiten.

- *Arbeitsmarktfähigkeit* besitzen: Es gilt immer wieder zu überprüfen, ob die eigene Arbeitsmarktfähigkeit kurz- und langfristig sichergestellt ist. Infolge der vielfältigen wirtschaftlichen, technologischen und gesellschaftlichen Entwicklungen verändern sich berufliche Anforderungen und notwendiges Wissen veraltet. Heute können Menschen nicht mehr davon ausgehen, ihre Tätigkeit bis zur Pensionierung ausüben zu können. Wichtig ist, möglichst frühzeitig notwendige Kompetenzen zu erwerben und auch darauf zu achten, dass lebenslanges Lernen als Prinzip verinnerlicht wird. So wird die Chance erhöht, bei Bedarf neue berufliche Möglichkeiten zu realisieren.

- über *Gesundheit* verfügen: Gesundheit ist Voraussetzung für Leistungsfähigkeit. Es gilt, gesundheitsförderliches Verhalten zu entwickeln und darauf zu achten, Belastungen abzubauen und Ressourcen zu aktivieren und zu nutzen. Signale des Körpers sollten ernst genommen und entsprechende Anpassungen in der Lebensführung frühzeitig eingeleitet werden. Der eigene Körper liefert zahlreiche Warnzeichen, die auf eine übermäßige Belastungssituation hindeuten. Der harmonische Wechsel zwischen Aktivierung und Regeneration ist essenziell. Regelmäßige Mikro- und Makropausen helfen, die Leistungsfähigkeit langfristig zu erhalten.

- *mentale und körperliche Fitness* haben: Fitness hängt eng mit Gesundheit zusammen, beleuchtet jedoch nochmals einen anderen Aspekt. Hier geht es darum, Körper und Geist durch Anregung, Bewegung, Training langfristig aktiv und fit zu halten. Dies beinhaltet, auf gesunde Ernährung zu achten, sich ausreichend zu bewegen und auch mental Herausforderungen zu suchen, die den Geist trainieren und kreativ stimulieren (z. B. kulturelle Anlässe, Diskussionsgruppen, Gedächtnistraining). So kann Fitness i. d. R. bis ins hohe Alter ermöglicht werden.

2.3.2 Leistungsbereitschaft

Leistungsbereitschaft beinhaltet *Determinanten des Wollens* zur Leistung. Wieso Menschen eine Leistung erbringen wollen und eine entsprechende Handlung auslösen, ist äußerst komplex. Hier werden vereinfacht *Identifikation* und *Engagement* als personale Determinanten von Leistungsbereitschaft im Kontext der Selbstmanagement-Kompetenz integriert. Beide Aspekte beziehen sich auf immaterielle Aspekte von Motivation.

Es gilt zu beachten, dass damit nur ein reduzierter Bereich von Motivation bzw. der Determinanten des Wollens zur Leistung abgedeckt ist. Für weiterführende Ausführungen vgl.

beispielsweise das Leistungsdeterminanten-Konzept von Berthel/Becker (2010, S. 75 ff. [64]), Erläuterungen zu den verschiedenen Motivationstheorien oder den Zusammenhang von Motivation und Handeln (vgl. z. B. Heckhausen/Heckhausen 2010 [65], Stock-Homburg 2010, S. 69 ff. [66], Berthel/Becker 2010, S. 43 ff. [67]).

Leistungsbereitschaft im Kontext von Selbstmanagement-Kompetenz bedeutet, dass Menschen:

- *Identifikation* (Commitment) aufweisen – mit der Aufgabe, die sie ausüben, mit dem Unternehmen, für das sie tätig sind, und mit der Lebensführung insgesamt. Identifikation basiert auf einer Lebensgestaltung, die auf einer Übereinstimmung mit den eigenen Bedürfnissen und Werten beruht. Identifikation zeigt sich darin, dass Menschen mit dem Herzen dabei sind. Sie ermöglicht eine gegenseitige Befruchtung zwischen dem Menschen und dem Gegenüber – sei es ein anderer Mensch, eine Organisation oder eine Sache (z. B. ein Projekt). Identifikation beruht auf einem ausgewogenen Verhältnis von Geben und Empfangen. Identifikation ist die Basis für Begeisterung und Passion.

- über *Engagement* verfügen. Engagement bedeutet, dass Menschen die Bereitschaft haben, sich für etwas einzusetzen – für ein Ziel, eine Sache, eine Person, ein Anliegen. Engagement ermöglicht, Ziele zu erreichen und zu übertreffen, und ist die Basis für Erfolg. Wichtige Voraussetzungen für Engagement sind u. a. eine affektive, positive Einstellung zum angestrebten Ergebnis (z. B. den Sinn einer Handlung zu sehen), die Erwartung, die beabsichtigte Leistung erbringen zu können (z. B. Erfolg zu haben), und die mehr oder weniger bewusste Entscheidung, die eigene Leistungsbereitschaft in einer bestimmten Form und Intensität im Verhalten umzusetzen (Volition oder Wille) (vgl. Berthel/Becker 2010, S. 83 ff. [67]). Engagement zeigt sich selten, wenn der Sinn nicht ersichtlich ist oder wenn die Chance auf Erfolg nur gering ist.

2.3.3 Wohlbefinden

Das hier zugrunde liegende *Verständnis von Wohlbefinden* bezieht sich auf das Begriffsverständnis der positiven Psychologie nach Seligman. Wohlbefinden beruht auf fünf Elementen: positives Gefühl, Engagement, Beziehungen, Sinn, Zielerreichung. Keines dieser Elemente definiert für sich alleine Wohlbefinden, aber jedes trägt dazu bei. Einige Aspekte dieser fünf Elemente werden durch Selbsteinschätzung gemessen, andere sind jedoch auch objektiv messbar (vgl. Seligman 2011, S. 32 ff. [68]).

Die *Abgrenzung zu Leistungsbereitschaft* ist hier nicht vollumfänglich gegeben. Einzelne Aspekte, die zu Wohlbefinden führen, sind auch wesentlich für Leistungsbereitschaft, beispielsweise Engagement und Zielerreichung. Trotzdem werden die Komponenten der Zielsetzung von Selbstmanagement-Kompetenz so stehen gelassen. Leistungsbereitschaft und Wohlbefinden beleuchten andere Kernbereiche. Wohlbefinden ist ein subjektives Empfinden, ein innerer Zustand. Leistungsbereitschaft richtet sich auf die äußere Ebene, die mit Handlungen zusammenhängt.

Wohlbefinden beruht darauf, dass Menschen (vgl. Seligman 2011, S. 27 ff. [68]):

- **ein positives Gefühl** haben. Aspekte davon sind Glücklichsein und Lebenszufriedenheit. Positive Gefühle beruhen auf einer subjektiven Einschätzung und werden im Moment erlebt. Solche Gefühle sind beispielsweise das Gefühl von Inspiration, Wärme, Nähe, Behaglichkeit, Zufriedenheit, Ausgeglichenheit. Wesentlich ist, dass sie zu Wohlbefinden beitragen.

- über *Engagement* verfügen. Engagement wird subjektiv eingeschätzt, beispielsweise mit Fragen wie: „Waren Sie von der Aufgabe vollkommen absorbiert?", „Blieb die Zeit für Sie stehen?" Engagement hängt im Konzept des Wohlbefindens nach Seligman eng mit Flow-Erlebnissen[3] zusammen. Der subjektive Zustand von Engagement lässt sich nur im Rückblick beurteilen, weil Gedanken und Gefühle im Zustand von Flow gewöhnlich nicht vorhanden sind. Im Nachhinein zeigen sich dann Gefühle wie beispielsweise „Das war herrlich", „Das hat Spaß gemacht".

- *positive Beziehungen* haben. Positive Beziehungen sind wesentlich für Wohlbefinden. Positive Gefühle werden oft im Austausch mit anderen Menschen erfahren und erlebt. Andere Menschen sind wesentlich, um die Herausforderungen des Lebens meistern zu können. Forschungen zeigen auch, dass eine freundliche Handlung wesentlich zur Steigerung des eigenen Wohlbefindens beiträgt.

- *Sinn* erfahren. Sinn ergibt sich daraus, zu etwas zu gehören und etwas zu dienen, das als grösser als das Ich eingeschätzt wird. Sinn wird unabhängig von positiven Gefühlen oder Engagement definiert und gemessen. Sinn hat eine subjektive und eine objektive Komponente. Die subjektive Komponente ist beispielsweise: „War dieses Gespräch gestern nicht eines der tiefgründigsten, das wir jemals hatten?" Die objektive Komponente bezieht sich gemäß Seligmann auf eine objektive Beurteilung von Geschichte, Logik und Kohärenz und kann einer subjektiven Beurteilung widersprechen. So kann der eigene Beitrag als sinnlos angesehen werden (z. B. als Tropfen auf den heißen Stein, der nicht wirklich etwas bewirkt hat), aber von außen betrachtet kann der Beitrag als sehr sinnvoll erachtet werden.

- *Zielerreichung/Erfolg* erleben. Zielerreichung bedeutet, Erfolge zu erzielen, etwas zu erreichen und zu verwirklichen – letztendlich, ein erfolgreiches Leben zu führen. Was dabei als erfolgreich beurteilt wird, ist subjektiv unterschiedlich. Damit Wohlbefinden möglich ist, braucht es Erfolge wie beispielsweise erreichte Ziele. Erfolg bedeutet auch, die eigenen Kompetenzen einbringen zu können, Potenziale zu entfalten und etwas beitragen zu können.

---

[3] Das Flow-Konzept wurde von Csikszentmihalyi (1997 [69][69]) entwickelt und besagt, dass Flow dann entstehen kann, wenn sowohl die Herausforderungen wie auch die vorhandenen Fähigkeiten hoch sind. Das Flow-Gefühl beschreibt einen Zustand, in dem eine Person ganz in einer Handlung aufgeht und dabei das Zeitgefühl verliert.

2.3.4 Balance

Balance steht für *Ausgewogenheit, Ausgeglichenheit, Gelassenheit, Work Life Balance*. Es geht im Rahmen der Selbstmanagement-Kompetenz darum, verschiedene Aspekte in ein Gleichgewicht zu bringen bzw. gleichermaßen zu berücksichtigen und so wesentliche Voraussetzungen zu schaffen für Leistungsfähigkeit, Leistungsbereitschaft und Wohlbefinden. Balance zeigt sich darin, dass Menschen u. a. in folgenden Bereichen für Ausgewogenheit sorgen:

- *Balance zwischen Aktivierung/Anspannung und Entspannung/Regeneration:* Um langfristig leistungsfähig zu bleiben, ist der fließende Wechsel bzw. der harmonische Ausgleich zwischen den beiden Polen entscheidend – im Kleinen wie im Großen. Im Kleinen heißt dies beispielsweise, immer wieder Momente von Entspannung und Auftanken im Alltag einzubauen (durchatmen, sich bewegen, kürzere und längere Pausen einbauen, störungsfreie Stunden organisieren), aber auch dafür zu sorgen, dass ausreichend Inspiration und Anregung im Alltag vorhanden sind (z. B. durch interessante Aufgaben, Hobbies). Im Großen bedeutet dies, ausreichend Raum für eine umfassende Regeneration zu ermöglichen (z. B. Ferien) oder aktivierende, inspirierende Inhalte ins Leben zu integrieren (z. B. eine motivierende Weiterbildung zu besuchen, einem Hobby mehr Raum zu geben). Balance bedeutet hier auch, dass Menschen darauf achten, gleichzeitig Belastungen abzubauen und Ressourcen aufzubauen. Ressourcen haben eine Pufferwirkung und spielen im Stressgeschehen eine zentrale Rolle.

- *Balance auf körperlicher Ebene:* Auf der körperlicher Ebene bedeutet Balance beispielsweise, auf eine aufgewogene Ernährung zu achten, für ausreichend Schlaf zu sorgen, regelmäßig Bewegung einzubauen oder Genussmittel nur in Maßen zu konsumieren. Es gilt, die eigenen Rhythmen zu beachten (z. B. die Leistungskurve) und bei der Tagesgestaltung entsprechend zu berücksichtigen.

- *Balance auf emotionaler Ebene:* Hier geht es einerseits darum, innere Gelassenheit und Ausgeglichenheit zu entwickeln. Mittels eines gezielten Emotionsmanagements kann eine negative Aktivierung des Organismus (Anspannung) ausgeglichen werden. Mittels mentaler und emotionaler Techniken können negativ wirkende Emotionen wie Ärger, Nervosität, Aggression, Hilflosigkeit gezielt ausbalanciert bzw. abgefedert werden. Andererseits ist es wichtig, ein Umfeld zu schaffen, das emotionale Balance fördert, beispielsweise einen eigenen Raum für Rückzug, aufbauende soziale Beziehungen, Bewegung in der Natur, ein gut organisierter Arbeitsplatz.

- *Balance auf geistiger Ebene:* Balance zeigt sich hier durch den ausgewogenen Wechsel zwischen Konzentration/Fokus und mentaler Entspannung/Loslassen. Konzentrations- und Meditationstechniken helfen einerseits, Zustände hoher Konzentration zu ermöglichen, und andererseits dienen sie dazu, gezielt Zustände von Regeneration herbeizuführen (z. B. mittels Biofeedback, Alpha-Training).

- *Work Life Balance* schaffen: Selbstmanagement bedeutet, auf eine Ausgewogenheit der verschiedenen Lebensbereiche zu achten. Basis sind die Bedürfnisse und Werte eines

Menschen. Es geht darum, die wesentlichen Dinge im Leben zu kennen und ihnen Priorität einzuräumen. Eine Ausgewogenheit der Lebensbereiche ist wichtig, weil Menschen neben der Arbeit auch soziale Kontakte brauchen. Sozialer Support ist eine der bedeutsamsten Ressourcen überhaupt.

Literatur

[1] Drucker, P. F. (2005): Managing oneself (reprint of article published in 1999), in: Harvard Business Review, On managing yourself, HBR's 10 Must Reads, 2-14.
[2] Rump, J./Eilers, S. (2011): Employability – Die Grundlagen, in: Rump, J./Sattelberger, T. (2011): Employability Management 2.0, Sternenfels, 73-166.
[3] Graf, A. (2011): Arbeitsmarktfähigkeit und Bildung als immaterielle Vermögenswerte, in: Druyen, T. (Hrsg.), Vermögenskultur, Verantwortung im 21. Jahrhundert, Wiesbaden, 219-237.
[4] Olfert, K. (2010): Personalwirtschaft, 14. Aufl., Herne.
[5] Berthel, J./Becker, F. G. (2010): Personal-Management. Grundzüge für Konzeptionen betrieblicher Personalarbeit, 9. Aufl., Stuttgart.
[6] Scholz, C. (2011): Grundzüge des Personalmanagements, München.
[7] Meifert, M. T./Kesting, M. (2004): Gesundheitsmanagement – Ein unternehmerisches Thema? in: Meifert. M. T./Kesting, M. (Hrsg.), Gesundheitsmanagement im Unternehmen. Konzepte – Praxis – Perspektiven, Berlin et al., 3-13.
[8] Badura, B. (2010): Wege aus der Krise, in: Badura, B./Schröder, H./Klose, J./Macco, K. (Hrsg.), Fehlzeiten-Report 2009. Arbeit und Psyche: Belastungen reduzieren – Wohlbefinden fördern, Heidelberg, 1-12.
[9] Steinke, M./Badura. B. (2011): Präsentismus. Ein Review zum Stand der Forschung, Dortmund/Berlin/Dresden.
[10] Badura, B. (2010): Wege aus der Krise, in: Badura, B./Schröder, H./Klose, J./Macco, K. (Hrsg.), Fehlzeiten-Report 2009. Arbeit und Psyche: Belastungen reduzieren – Wohlbefinden fördern, Heidelberg, 1-12.
[11] Parikh, J. (1994): Managing your self. Management by detached involvement, Malden, MA et al.
[12] König, C. J./Kleinmann, M. (2006): Selbstmanagement, in: Schuler, H. (Hrsg.), Lehrbuch der Personalpsychologie, 2. Aufl., Göttingen et al., 329-348.
[13] Schulze, B. (2009): Energiekrise in der Arbeitswelt?, in: PID, 3, 201-208.
[14] Covey, S. R./Merrill A. R./Merrill, R. R. (2007): Der Weg zum Wesentlichen. Der Klassiker des Zeitmanagements, 6. Aufl., Frankfurt/New York.
[15] Knoblauch, J./Wöltje, H./Hausner, M. B./Kimmich, M./Lachmann, S. (2011): Zeitmanagement, Best of-Edition, Freiburg.
[16] Seiwert, L. (2008): Das neue 1 x 1 des Zeitmanagement, 7. Aufl., München.
[17] Petersen, O./Stäuble, P. (2004): Fit und motiviert im Job – das Micropausen-Programm, Reinbek beim Hamburg.
[18] Steiner, V. (2005): Energiekompetenz. Produktiver denken. Wirkungsvoller arbeiten. Entspannter leben, 4. Aufl., München/Zürich.
[19] Sterzenbach, S. (2007): Der perfekte Tag. Die richtige Energie zum richtigen Zeitpunkt, 3. Aufl., München.
[20] Scheidt, B. (2009): Neue Wege im Berufsleben. Ein Ratgeber und Arbeitsbuch zur beruflichen Neuorientierung, 3. Aufl., Offenbach.
[21] Birkner, M. (2009): Kurswechsel im Beruf. Erfolgreicher sein, sich nicht mehr verbiegen, 3. Aufl., Regensburg.
[22] Meifert, M. T./Kesting, M. (2004): Gesundheitsmanagement – Ein unternehmerisches Thema? in: Meifert. M. T./Kesting, M. (Hrsg.), Gesundheitsmanagement im Unternehmen. Konzepte – Praxis – Perspektiven, Berlin et al., 3-13.

Literatur

[23] WHO, World Health Organization (2004): Psychische Gesundheit und Arbeitsleben. Info-Papier für die Europäische Ministerielle WHO-Konferenz Psychische Gesundheit in Helsinki, Kopenhagen.
[24] Ulich, E. /Wiese, B. S. (2011): Life Domain Balance. Konzepte zur Verbesserung der Lebensqualität, Wiesbaden.
[25] WHO, World Health Organization (2008): The global burden of disease, 2004 Update, Geneva.
[26] Lopez, A. D./Murray, C. C. J. L. (1998) : The global burden of disease, 1990–2020, in: Nature Medicine, 11, 1231–1243.
[27] Schuler, D./Burla, L. (2012): Psychische Gesundheit in der Schweiz. Monitoring 2012, Obsan Bericht 52, Neuchatel.
[28] BMAS, Bundesministerium für Arbeit und Soziales (2012) (Hrsg.): Sicherheit und Gesundheit bei der Arbeit 2010, Unfallverhütungsbericht Arbeit, Dortmund/Berlin/Dresden.
[29] Badura, B. (2010): Wege aus der Krise, in: Badura, B./Schröder, H./Klose, J./Macco, K. (Hrsg.), Fehlzeiten-Report 2009. Arbeit und Psyche: Belastungen reduzieren – Wohlbefinden fördern, Heidelberg, 1-12.
[30] Thiehoff, R. (2004): Wirtschaftlichkeit des betrieblichen Gesundheitsmanagement – Zum Return von Investment der Balance zwischen Lebens- und Arbeitswelt, in: Meifert, M. T./Kesting, M. (Hrsg.), Gesundheitsmanagement im Unternehmen. Konzepte, Praxis, Perspektiven, Berlin et al., 57-77.
[31] Meifert, M. T./Kesting, M. (2004): Gesundheitsmanagement – Ein unternehmerisches Thema? in: Meifert. M. T./Kesting, M. (Hrsg.), Gesundheitsmanagement im Unternehmen. Konzepte – Praxis – Perspektiven, Berlin et al., 3-13.
[32] Zok, K. (2010): Gesundheitliche Beschwerden und Belastungen am Arbeitsplatz. Ergebnisse aus Beschäftigtenbefragungen, Berlin.
[33] Ulich, E./Wülser, M. (2010): Gesundheitsmanagement in Unternehmen. Arbeitspsychologische Perspektiven, 4. Aufl., Wiesbaden.
[34] Kaluza, G. (2011). Stressbewältigung. Trainingsmanual zur psychologischen Gesundheitsförderung, 2. Aufl., Berlin/Heidelberg.
[35] Linneweh, K./Heufelder, A./Flasnoecker, M. (2010): Balance statt Burn-out. Der erfolgreiche Umgang mit Stress und Belastungsfaktoren, München et al.
[36] Ulich, E./Wülser, M. (2010): Gesundheitsmanagement in Unternehmen. Arbeitspsychologische Perspektiven, 4. Aufl., Wiesbaden.
[37] Udris, I. (2006): Salutogenese in der Arbeit – ein Paradigmenwechsel? in: Wirtschaftspsychologie, 2/3, 4-13.
[38] Thiehoff, R. (2004): Wirtschaftlichkeit des betrieblichen Gesundheitsmanagement – Zum Return von Investment der Balance zwischen Lebens- und Arbeitswelt, in: Meifert, M. T./Kesting, M. (Hrsg.), Gesundheitsmanagement im Unternehmen. Konzepte, Praxis, Perspektiven, Berlin et al., 57-77.
[39] Ducki, A. (2008): Weiche Faktoren, harte Folgen, in: Gesundheit und Gesellschaft, Spezial 10/08, 4-6.
[40] Richter, P./Buruck, G./Nebel, C./Wolf, S. (2011): Arbeit und Gesundheit – Risiken, Ressourcen und Gestaltung, in: Bamberg, E./Ducki, A./Metz, A.-M. (2011): Gesundheitsförderung und Gesundheitsmanagement in der Arbeitswelt. Ein Handbuch, Göttingen et al., 25-59.
[41] Seiwert, L. (2006): Noch mehr Zeit für das Wesentliche. Zeitmanagement neu entdecken. Kreuzlingen/München.
[42] Carlson, C. R. (2003): Data smog, precision und recall. Retrievalstrategien zur Ballast-Reduzierung bei Internet-Recherchen, in: http://eprints.rclis.org/bitstream/10760/5528/1/ODOK_2003_Vortrag.pdf (zuletzt besucht: 3.3.2012).
[43] Internet World Stats (2012): Internet and facebook usage in Europe, URL: http://www.internetworldstats.com/stats4.htm (zuletzt besucht: 4.4.2012).
[44] EMC (2012): Digital universe, URL: http://www.emc.com/leadership/programs/digital-universe.htm (zuletzt besucht: 4.4.2012).

[45] Sconul, The Society of College, National and University Libraries (2011): The SCONUL seven pillars of information literacy. Core model for higher education, URL: http://www.sconul.ac.uk/groups/information_literacy/publications/coremodel.pdf (zuletzt besucht: 3.3.2012).
[46] Seiwert, L. (2006): Noch mehr Zeit für das Wesentliche. Zeitmanagement neu entdecken. Kreuzlingen/München.
[47] Meckel, M. (2009): Die Aufmerksamkeitskrise. Wie wir uns in einer Kultur der Zerstreuung wieder versammeln können, in: OrganisationsEntwicklung, 4, 38-42.
[48] Carlson, C. R. (2003): Data smog, precision und recall. Retrievalstrategien zur Ballast-Reduzierung bei Internet-Recherchen, in: http://eprints.rclis.org/bitstream/10760/5528/1/ODOK_2003_Vortrag.pdf (zuletzt besucht: 3.3.2012).
[49] Covey, S. R./Merrill A. R./Merrill, R. R. (2007): Der Weg zum Wesentlichen. Der Klassiker des Zeitmanagements, 6. Aufl., Frankfurt/New York.
[50] König, C. J./Kleinmann, M. (2006): Selbstmanagement, in: Schuler, H. (Hrsg.), Lehrbuch der Personalpsychologie, 2. Aufl., Göttingen et al., 329-348.
[51] Storch, M. (2003): Selbstmanagement erlernen. In: ALPHA Der Kadermarkt der Schweiz. 26. Oktober 2003; oder in: http://www.majastorch.de/download/alpha.pdf (zuletzt besucht am 4.3.2012).
[52] Corssen, J. (2004): Der Selbst-Entwickler. Das Corssen Seminar, Wiesbaden.
[53] Kehr, H. M. (2002): Souveränes Selbstmanagement. Ein wirksames Konzept zur Förderung von Motivation und Willensstärke, Weinheim/Basel.
[54] Parikh, J. (1994): Managing your self. Management by detached involvement, Malden, MA et al.
[55] Bensmann, B. (2009): Die Kunst der Selbstführung. Erkenntnisse aus Interviews mit Führungskräften und führenden Kräften, Norderstedt.
[56] Müller, G. F./Braun, W. (2009): Selbstführung. Wege zu einem erfolgreichen und erfüllten Berufs- und Arbeitsleben, Bern.
[57] Wiese, B. S. (2008): Selbstmanagement im Arbeits- und Berufsleben, in: Zeitschrift für Personalpsychologie, 4, 153–169.
[58] Seiwert, L. J. (1996): Selbstmanagement. Persönlicher Erfolg, Zielbewusstsein, Zukunftsgestaltung, 6. Aufl., Offenbach.
[59] Kanfer, F. H. (1980): Self-management methods. In: Kanfer, F. H./Goldstein, A. P. (Eds.), Helping people change. A textbook of methods, 2nd ed., New York, 178-220.
[60] Kanfer, F. H./Reinecker, H./Schmelzer, D. (2012): Selbstmanagement-Therapie. Ein Lehrbuch für die klinische Praxis, 5. Aufl., Berlin/Heidelberg.
[61] Watzke-Ott, S. (2008): Selbstmanagement. Erfolgsfaktoren beachten und systematisch nutzen, Reihe Pocket Business, Berlin.
[62] Schröder, J.-P. (2005): Selbstmanagement. Wie persönliche Veränderungen wirklich gelingen, Offenbach.
[63] König, C. J./Kleinmann, M. (2006): Selbstmanagement, in: Schuler, H. (Hrsg.), Lehrbuch der Personalpsychologie, 2. Aufl., Göttingen et al., 329-348.
[64] Berthel, J./Becker, F. G. (2010): Personal-Management. Grundzüge für Konzeptionen betrieblicher Personalarbeit, 9. Aufl., Stuttgart.
[65] Heckhausen, J./Heckhausen, H. (2010) (Hrsg.): Motivation und Handeln, 4. Aufl., Heidelberg.
[66] Stock-Homburg, R. (2010): Personalmanagement. Theorien – Konzepte – Instrumente, 2. Aufl., Wiesbaden.
[67] Berthel, J./Becker, F. G. (2010): Personal-Management. Grundzüge für Konzeptionen betrieblicher Personalarbeit, 9. Aufl., Stuttgart.
[68] Seligman, M. (2011): Flourish. Wie Menschen aufblühen. Die Positive Psychologie des gelingenden Lebens, München.
[69] Csikszentmihalyi, M. (1997): Finding flow. The psychology of engagement with everyday life, New York.

3 Selbstmanagement-Ansätze

3.1 Selbstmanagement-Ansätze im Überblick

Selbstmanagement-Ansätze sind vorwiegend in der psychologischen Literatur zu finden. Nachfolgend wird eine Auswahl besonders bedeutsamer Selbstmanagement-Ansätze vorgestellt. Sie zeigen die unterschiedliche Herangehensweise an das Thema auf (für eine Übersicht und weitere Ansätze vgl. König/Kleinmann 2006 [70] und Wiese 2008 [71]).

Der älteste Selbstmanagement-Ansatz in der Literatur basiert auf klassischen lerntheoretischen Überlegungen (vgl. z. B. Cautela 1969 [72], Goldiamond 1965 [73], Mahoney 1972 [74]). Die Lerntheorie ging davon aus, dass ein Verhalten, das zu etwas Positivem führt, häufiger gezeigt wird (= positive Verstärkung) als ein Verhalten, welches negative Konsequenzen nach sich zieht (= Bestrafung). Bei *Selbstmanagement in der Tradition der behavioralen Lerntheorie* geht es darum, dass Menschen durch verhaltensbezogene Selbstkontrolle die Wahrscheinlichkeit verändern, mit der ein bestimmten Verhalten bei ihnen auftritt, d. h. es soll ein Verhalten initiiert werden, welches vorhandenen Verhaltensimpulsen entgegensteht – im Sinne einer selbstdisziplinierenden Einflussnahme (vgl. Luthans/Davis, 1979 [75], König/Kleinmann 2006, S. 332 f. [76]). Der Selbstmanagement-Ansatz in der Tradition der behavioralen Lerntheorie wird in Kapitel 3.2 vorgestellt.

Der behaviorale Ansatz wurde später weiterentwickelt. Besonders bedeutsam sind die *sozial-kognitive Lerntheorie* nach Bandura (1977 [77]) sowie die damit assoziierte *Theorie der Selbstregulation* (vgl. Bandura 1991 [78]). Bandura hatte auf die Wichtigkeit kognitiver Konstrukte hingewiesen, denen in der Folge eine größere Rolle zugewiesen wurde. Ein wesentliches kognitives Konstrukt ist die Selbstwirksamkeit, d. h. die Erwartung, ein bestimmtes Verhalten ausführen zu können (vgl. König/Kleinmann 2006, S. 333 f. [79]). Der Ansatz der sozial-kognitiven Theorie der Selbstregulation wird in Kapitel 3.3 dargelegt.

Ein weiterer Selbstmanagement-Ansatz ist der *Ansatz der Selbstführung* (insbesondere von Manz 1986 [80] bzw. Neck/Manz 1996 [80] und 2010 [82]). Dieser wurde auf der Basis des (kognitiv-)behavioralen Ansatzes in eine noch stärker kognitive Richtung weiterentwickelt. Selbstführung bedeutet hier, sich mit seinen Zielen, Werten und kognitiven Bewertungen auseinanderzusetzen. Selbstführungsstrategien setzen auf einer höheren Ebene der Selbstregulation an und gehen aus diesem Grunde weiter als Strategien des (kognitiv-)behavioralen Ansatzes. Bei den zusätzlichen Strategien ist der Fokus auf die natürliche Belohnung und auf konstruktive Gedanken ausgerichtet (vgl. König/Kleinmann 2006, S. 337 [83]). Der Ansatz der Selbstführung wird in Kapitel 3.4 erläutert.

Ein neuerer Selbstmanagement-Ansatz ist das *Kompensationsmodell von Arbeitsmotivation und Volition* (= Wille) von Kehr. Dieser Ansatz fußt auf der modernen Motivationspsychologie, die willenspsychologische Herangehensweisen untersucht. Im Modell von Kehr (2002 [84], 2004a [85], 2004b [86]) wird der Zusammenhang zwischen impliziten Motiven, expliziten Motiven (Zielen) und vorhandenen Fähigkeiten und die daraus resultierte Wirkung auf die Handlung erläutert. Weiter wird aufgezeigt, wie auftretende Diskrepanzen mit Willensstrategien überwunden werden können. Das Modell wird in Kapitel 3.5 beschrieben.

Einen *ressourcenorientierten Selbstmanagement-Ansatz* verfolgt das Zürcher Ressourcen Modell, welches von Storch/Krause (2011 [87]) entwickelt worden ist. Diesem Modell liegen neurowissenschaftliche und motivationspsychologische Erkenntnisse zugrunde. Selbstmanagement nach dem Zürcher Ressourcen Modell ist eine Methode, mit der einerseits gezielt persönliche Handlungsoptionen ausgearbeitet werden und andererseits die Motivation gefördert wird, die für die Zielerreichung notwendigen Ressourcen zu aktivieren. Wesentliche Grundlagen des Ansatzes werden in Kapitel 3.6 vorgestellt.

Selbstmanagement kann auch *aus lebensspannenpsychologischer Sicht* betrachtet werden. Bei diesem Ansatz wird davon ausgegangen, dass Menschen ihre eigene Entwicklung innerhalb biologischer und gesellschaftlicher Grenzen aktiv mitgestalten (vgl. z. B. Baltes/Baltes 1990 [88], Brandstädter 1998 [89]). Menschen stehen vor der Herausforderung, mit den sich während des Lebens wandelnden Bedürfnissen, Entwicklungsmöglichkeiten und -restriktionen umzugehen. Es geht um Fragestellungen, wie sich spezifische Selbstmanagement-Strategien über die Lebensspanne entwickeln und wie Menschen vorgehen, um ihre eigene Entwicklung zu gestalten (vgl. Wiese 2008, S. 159 [90]). In Kapitel 3.7 wird Selbstmanagement aus dieser Perspektive beleuchtet.

Ein jüngerer Ansatz betrachtet *Selbstmanagement im Kontext der eigenen beruflichen Entwicklung*. Die traditionelle Sichtweise einer einzigen lebenslangen Berufslaufbahn mit einer Abfolge von aufeinander aufbauenden Karrierestufen wird ersetzt durch eine Betrachtungsweise, in der Laufbahn aus einer Serie kürzerer Lern- und Anpassungszyklen sowie aus Wechseln in andere Tätigkeitsfelder und Beschäftigungsformen besteht (vgl. Hall 1996 [91] und 2001 [92], Arthur/Rousseau 1996 [93]). Viele erwerbstätige Menschen stehen vor der Herausforderung, sich auch nach dem Berufseinstieg immer wieder neue berufliche Ziele zu setzen. In diesem Selbstmanagement-Ansatz wird auch der Bezug zu *Life-Management* hergestellt (vgl. Wiese 2008, S. 161 ff. [94]). Selbstmanagement der eigenen beruflichen Entwicklung wird in Kapitel 3.8 aufgegriffen.

3.2 Selbstmanagement in der Tradition der behavioralen Lerntheorie

Beim behavioralen Ansatz bedeutet Selbstmanagement, dass eine Person durch eine verhaltensbezogene Selbstkontrolle die Wahrscheinlichkeit verändert, mit der sie bestimmte Verhaltensweisen zeigt (vgl. Luthans/Davis, 1979 [95], Mahoney, 1972 [96]). Eine Person hat dazu drei Möglichkeiten (vgl. Wiese 2008, S. 153 f. [97], König/Kleinmann 2006, S. 333 [98]):

- *Selbstverstärkung:* Eine Person kann sich beispielsweise positiv verstärken, indem sie sich für eine gute Leistung lobt oder sich etwas gönnt, das ihr gut tut. Eine negative Selbstverstärkung wäre, wenn sich die Person für einen Tag einer unangenehmen Tätigkeit entzieht, die eigentlich erledigt werden müsste. Gemäß dem Premack-Prinzip kann ein Verhalten, das mit einer höheren Präferenz ausgeübt wird, als Verstärker für ein Verhalten dienen, das mit einer niedrigeren Wahrscheinlichkeit gezeigt wird (vgl. Premack 1962 [99]). So könnte sich eine Person auferlegen, dass sie zuerst eine unangenehme Aufgabe fertig stellt, bevor sie mit Kund/innen telefoniert – eine Tätigkeit, die sie gerne macht.

- *Selbstbestrafung:* Eine Person kann beispielsweise einen Mittagstermin absagen, auf den sie sich gefreut hat, weil sie eine unangenehme Aufgabe nicht wie von ihr geplant am Vormittag erledigt hat.

- *Stimuluskontrolle:* Hier versucht die Person zu verhindern, dass Schlüsselreize auftreten, die mit einem unerwünschten Verhalten verknüpft sind. Eine solche Kontrolle ist beispielsweise, wenn das automatische Anzeigen von eingehenden E-Mails ausgeschaltet wird, um zu verhindern, dass Nachrichten sofort gelesen werden.

Der behaviorale Ansatz wurde vorwiegend für klinisch-psychologische Fragestellungen entwickelt. Auch heute ist der Ansatz und insbesondere die **Weiterentwicklung zur Selbstmanagement-Therapie nach Kanfer (= (kognitiv)-behavioraler Selbstmanagement-Ansatz)**, für die klinische Psychologie immer noch wichtig (vgl. Kanfer/Reinecker/Schmelzer 2012 [100], König/Kleinmann 2006, S. 333 [101]). Der typische Ablauf einer (kognitiv-)behavioralen Selbstmanagement-Intervention umfasst die in Abbildung 3.1 aufgeführten Schritte.

Als erster Schritt geht es darum, das Problem zu identifizieren und das Verhalten konkret zu beschreiben. Anschließend wird das Problem beobachtet, um mehr über Antezedentien (= etwas Vorausgegangenes, ein Grund, eine Ursache oder Prämisse) und Konsequenzen zu erfahren: Wann tritt das Verhalten auf? Welche Konsequenzen resultieren daraus? Typischerweise werden die Ergebnisse in einer Art Tagebuch festgehalten (Ort, Zeit, Beschreibung der vorangehenden internen und externen Ereignisse, kognitive Reaktionen, daraus entstandenes Verhalten). Eine genaue Selbstbeobachtung muss oft erst geübt werden. Auf dieser Basis wird eine Zielsetzung definiert. Diese sollte spezifisch, verhaltensbezogen, möglichst erreichbar und auch realistisch sein. Es kann hier hilfreich sein, das Ziel öffentlich zu machen. In einem nächsten Schritt kommen dann Techniken der Selbstverstärkung, Selbstbestrafung und Stimuluskontrolle zur Anwendung. Am Schluss der Intervention werden Transfertechniken eingesetzt, die den langfristigen Erfolg der Intervention gewährleisten sollen. Da bei einer Selbstmanagement-Intervention eine externe und kontrollierende Person fehlt (z. B. Therapeutin, die erwünschtes Verhalten verstärkt), kann es relativ leicht passieren, dass eine Veränderung nur von kurzer Dauer ist. Transfertechniken sind beispielsweise Erstellen eines Selbstvertrags (am besten in Anwesenheit anderer), Rückfallprophylaxe (Bewusstmachen des Rückfalls, Identifizieren von Risikosituationen, Aufrechterhaltung des Selbstbewusstseins bei einem Rückfall), Wiederholen (wiederholtes Üben, dies kann auch in der Vorstellung durchgeführt werden) (vgl. König/Kleinmann 2006, S. 334 f. [101]).

Abbildung 3.1 Typischer Ablauf einer (kognitiv-)behavioralen Selbstmanagement-Intervention – ohne Rückkoppelungsschlaufen

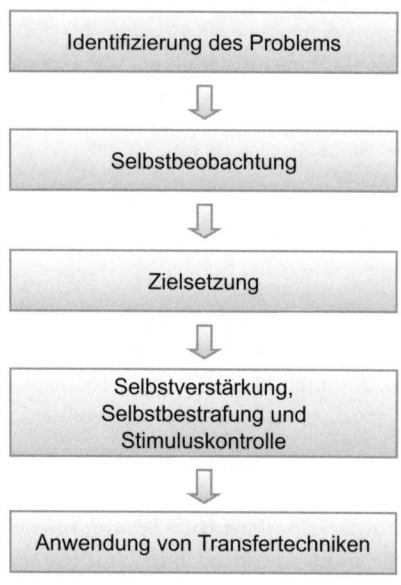

Quelle: vgl. König/Kleinmann 2006, S. 334 [101]

Klein/König/Kleinmann (2003 [102]) haben auf der Basis der Weiterentwicklung des behavioralen Selbstmanagement-Ansatzes nach Kanfer (kognitiv-behavioraler Selbstmanagement-Ansatz) ein *Selbstmanagement-Training* entwickelt und evaluiert. 53 Teilnehmende berichteten drei Monate nach dem Training unter anderem von verbesserten Selbstmanagement-Fertigkeiten und einer erhöhten Lebenszufriedenheit. Gemäß König/Kleinmann (2006, S. 336 [103]) bietet der (kognitiv-)behaviorale Ansatz des Selbstmanagements eine gute Grundlage für die Konzeption und Durchführung von Selbstmanagement-Trainings. Sie empfehlen, nicht-evaluierte Trainings, wie sie in der Praxis üblich sind, eher zu vermeiden.

3.3 Sozial-kognitive Theorie der Selbstregulation

Beim sozial-kognitiven Ansatz wird kognitiven Konstrukten eine umfassendere Rolle zugewiesen, als dies beim behavioralen Ansatz der Fall war. Der *sozial-kognitiven Lerntheorie* nach Bandura (1977 [104]) und der damit assoziierten *Theorie der Selbstregulation* (vgl. Bandura 1991 [105]) kommt eine besondere Bedeutung zu.

Ein zentrales kognitives Konstrukt nach Bandura ist die **Selbstwirksamkeit**, d. h. die Erwartung, ein bestimmtes Verhalten ausführen zu können (vgl. Bandura 1997 [106] und 1977 [107]).

„Ich kann!" oder
„Ich weiß, dass ich (es) kann!"

Die Selbstwirksamkeitserwartung bezieht sich auf die subjektive Einschätzung der persönlichen Handlungsfähigkeit.

Jonas/Lebherz (2007, S. 570 [108]) definieren Selbstwirksamkeitserwartung als die „subjektive Erwartung bezogen auf die eigene Fähigkeit, bestimmte Bereiche der Umwelt zu kontrollieren und wichtige Ziele in einem bestimmten Bereich erreichen zu können."

Die tatsächlich vorhandenen Handlungsressourcen müssen jedoch nicht zwingend den vorhandenen Erwartungen entsprechen (vgl. Bandura 1997, S. 61 ff. [109]). Es kann zwischen allgemeiner und spezifischer Selbstwirksamkeitserwartung unterschieden werden. **Allgemeine Selbstwirksamkeitserwartung** ist die Überzeugung, generell mit im Leben auftauchenden Schwierigkeiten und Herausforderungen gut umgehen zu können. Diese Überzeugung ist die Essenz aus vielen spezifischen Selbstwirksamkeitserwartungen. **Spezifische Selbstwirksamkeitserwartungen** beziehen sich auf spezifische Fähigkeiten. Sie kennzeichnen die Überzeugung einer Person, ein bestimmtes Verhalten erfolgreich ausführen zu können (vgl. Schwarzer 2004, S. 21 ff. [110]).

Tabelle 3.1 Allgemeine und spezifische Selbstwirksamkeitserwartungen

Allgemeine Selbstwirksamkeitserwartung zeigt sich beispielsweise in folgenden Überzeugungen:
„Wenn eine neue Herausforderung auf mich zukommt, kann ich damit umgehen."
„Schwierigkeiten sehe ich gelassen entgegen, weil ich mich auf meine Fähigkeiten jederzeit verlassen kann."
„Wenn ein Problem auftaucht, kann ich es aus eigener Kraft meistern."

Spezifische Selbstwirksamkeitserwartungen sind beispielsweise:
„Ich schaffe es, mich gesund zu ernähren, auch wenn ich dafür viel Neues über Ernährung lernen muss."
„Ich könnte auch dann dem Rauchen widerstehen, wenn ich mich angespannt oder nervös fühle."
„Ich bin sicher, dass ich mein Leben auf einen körperlich aktiven Lebensstil umstellen kann."

Quelle: vgl. Schwarzer 2004, S. 12 ff. [110]

Bandura rückte die Kognitionen als Vermittler zwischen Selbstmanagement und bestimmten abhängigen Variablen wie beispielsweise Leistung in den Vordergrund. Im Gegensatz zur behavioralen Lerntheorie besagt die sozial-kognitive Lerntheorie, dass Belohnung und

Bestrafung die Selbstwirksamkeit zwar beeinflussen, jedoch nicht determinieren können. Die *Selbstwirksamkeit* kann auch durch andere Maßnahmen beeinflusst und verändert werden (vgl. Bandura 1997, S. 79 ff. [111]):

- *Eigene Erfahrung:* Durch die erfolgreiche Bewältigung von schwierigen Anforderungen macht die Person die Erfahrung, dass die eigenen Anstrengungen zu den gewünschten Änderungen geführt haben. Diese durch direkte Erfahrung erworbene Selbstwirksamkeit ist am stärksten gefestigt. Es ist somit wichtig, dass Menschen Erfolgserlebnisse haben. Im betrieblichen Kontext gilt es, mit den Mitarbeitenden herausfordernde, aber auch erreichbare Ziele zu vereinbaren (Management by Objectives).

- *Lernen am Modell:* Dies ist ein kognitiver Lernprozess, bei dem eine Person das Verhalten einer anderen Person und die darauffolgenden Konsequenzen beobachtet, sich neue Verhaltensweisen aneignet oder schon bestehende Verhaltensmuster verändert. Wichtig für diesen Lernprozess sind eine weitgehende *Identifikation* der beobachtenden Person mit dem Modell (in der Wahrnehmung der beobachtenden Person gibt es ausreichend ähnliche Merkmale wie z. B. Alter, Bildung, Intelligenz) sowie die *stellvertretende Verstärkung* (wenn die beobachtende Person die Konsequenzen für das Modell nach einem bestimmten Verhalten sieht, wirkt sich das auf das eigene Handeln aus).

- *Überzeugungsversuche anderer Menschen* können ebenfalls eine Verhaltensänderung bewirken. Ein typisches Beispiel ist, wenn Eltern ihre Kinder mit Aussagen wie „Du schaffst es schon" unterstützen.

- *Kontrolle von physiologischen Reaktionen:* Emotionale Erregung kann unterschiedlich wahrgenommen und interpretiert werden. Je nach Ursachenzuschreibung kann die Erregung entweder als Zeichen einer Bedrohung oder als Herausforderung gedeutet werden. Solche physiologischen Reaktionen sind beispielsweise schnellerer Herzschlag oder Schwitzen. Eine negative Selbstwirksamkeitserwartung ist, wenn die Person diese Reaktionen auf mangelnde Kompetenz zurückführt.

Motivationale, kognitive wie auch affektive Prozesse werden durch die subjektive Einschätzung und Überzeugung der eigenen Kompetenz gesteuert. Menschen, die sich als selbstwirksam erleben, erachten neue oder schwierige Aufgaben als Herausforderung und können Probleme dadurch besser meistern. Selbstwirksamkeitserwartungen haben in der Folge eine positive Wirkung auf die Leistung, das Wohlbefinden und die Zufriedenheit (vgl. Tietjens/Ungerer-Röhrich 2007, S. 230 [112]). Misserfolge und Erfolge werden selbstwertförderlicher verarbeitet. Menschen mit hoher Selbstwirksamkeitserwartung stellen sich Erfolgsszenarien vor, bevor sie eine Aufgabe erledigen, haben ein höheres Anspruchsniveau und zeigen mehr Anstrengung und Ausdauer. Sie sind flexibler bei der Suche nach Lösungen und haben ein effektiveres Zeitmanagement (vgl. Bandura 1997 [113]).

Neben der Selbstwirksamkeit ist die *Erwartung hinsichtlich Handlungsfolgen* ein weiteres wichtiges Konstrukt nach Bandura (1977 [114]). Es geht hier um die Erwartung, inwiefern ein Verhalten zu einem bestimmten Ergebnis führt. Ein Beispiel ist: „Wenn ich das geforderte Wissen lerne, dann werde ich die Prüfung auch bestehen." Dadurch wird das eigene Verhalten beeinflusst.

Die Berücksichtigung kognitiver Steuerungsprozesse ist bedeutsam für das arbeits- und berufsbezogene Selbstmanagement, gerade weil Selbstverstärkung und -bestrafung alleine nicht zur Erklärung von selbstgesteuertem Verhalten im Arbeitskontext ausreichen (vgl. Brief/Hollenbeck 1985 [115]).

3.4 Ansatz der Selbstführung

Dieser Ansatz integriert Annahmen der sozial-kognitiven Theorie, steht jedoch auch in besonderem Maße in der Tradition der humanistischen Psychologie. Der Ansatz der Selbstführung besagt, dass Mitarbeitende sich weiterentwickeln und vielseitig gefordert werden möchten. Die Erfüllung externer Anforderungen ist dabei nur ein Bestandteil adaptiver Selbststeuerung. Ein weiterer Bestandteil ist die intrinsische Motivation, die einen Einfluss auf die Qualität der ausgeführten Arbeit hat. Bei Selbstführung geht es um die Bereitschaft und die Fähigkeit, sich die eigenen Ziele so zu setzen oder Arbeitsaufgaben so zu definieren, dass sie intrinsisch motivierend wirken (vgl. Wiese 2008, S. 157 [116]). Die arbeits- und organisationspsychologische Selbstmanagement-Forschung hat wichtige Impulse durch die Arbeiten der Forschergruppe um Manz erhalten (vgl. Manz 1986 [117], Neck/Manz 1996 [118] und 2010 [119]).

Der Ansatz der Selbstführung nach Manz bzw. Neck/Manz umfasst einerseits die in der behavioralen Tradition des Selbstmanagements verankerten Elemente Selbstbeobachtung, Definieren von Zielen, Selbstverstärkung/Selbstbestrafung/Stimuluskontrolle (= verhaltensorientierte Strategien). Andererseits setzt sich die Person bei diesem Ansatz mit ihren Zielen, Werten und kognitiven Bewertungen auseinander. In jüngeren Publikationen werden drei unterschiedliche *Ansätze von Selbstführungsstrategien* unterschieden (vgl. Andreßen/Konradt 2007, S. 118 [120], Neck/Manz 2010 [121]). Dies sind verhaltensorientierte Strategien, natürliche Belohnungsstrategien und Strategien zur Veränderung von typischen Gedankenmustern (vgl. Wiese 2008, S. 157 [122], König/Kleinmann 2006, S. 337 [123]):

- *Verhaltensorientierte Strategien:* Verhaltensorientierte Strategien sollen die Handlungsorganisation erleichtern und das Erreichen von Zielen ermöglichen. Sie beinhalten die Schritte Selbstbeobachtung, Definieren von Zielen, Einsetzen spezifischer Techniken wie Selbstbelohnung, Selbstbestrafung, Stimuluskontrolle.
- *Natürliche Belohnungsstrategien:* Hier geht es darum, intrinsisch motivierende Aspekte in die Arbeitstätigkeit einzufügen und die Wahrnehmung auf die Belohnungsaspekte zu richten. Der Arbeitskontext oder der Arbeitsprozess sollen so angereichert werden, dass die Person bei der Erledigung der Aufgaben mehr Spaß hat. Beispielsweise kann eine monotone Arbeit dadurch erleichtert werden, dass die Person gleichzeitig Radio hört.

- *Strategien zur Veränderung von typischen Gedankenmustern:* Die gedankliche Selbstführung soll helfen, dysfunktionale Gedanken zu erkennen, neue Gedankenmuster aufzubauen und bestehende Gedankenmuster in die erwünschte Richtung zu verändern. Mögliche Techniken dafür sind beispielsweise:
  - *Selbstverbalisierung,* bei der sich die Person beispielsweise Mut zuredet, ihre eigenen Handlungen positiv kommentiert und demzufolge konstruktiv mit sich selbst spricht. Dadurch sollte sich die Leistung verbessern.
  - *Mentale Vorstellung:* Eine Person stellt sich wichtige Ereignisse mental vor (in der positiven Variante), beispielsweise wie sie eine Präsentation hält und dabei frei spricht und natürlich auftritt. Als Folge sollte der Vortrag besser laufen als ohne die vorangehende gedankliche Probehandlung.

3.5 Kompensationsmodell von Arbeitsmotivation und Volition

Dieser neue Selbstmanagement-Ansatz von Kehr (2002 [124], 2004 [125]) basierte ursprünglich auf einem Schnittstellenmodell von Motivation und Volition (= Wille). Motivation entsteht gemäß Kehr aus dem Zusammenspiel von Motiven der Person und Anreizen der Situation.

Abbildung 3.2 Zusammenspiel von Motiven und situativen Reizen

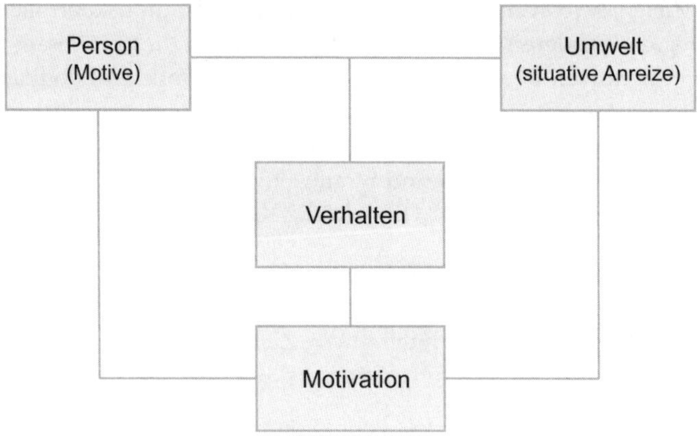

Quelle: vgl. Kehr 2002, S. 16 [126]

„Motivation im Sinne einer Verhaltensbereitschaft […] ist das Ergebnis eines Prozesses, in dem Motive durch situativ gegebene Anreize angeregt werden. Vereinfacht ausgedrückt: Motivation ist als Zustand angeregter Motive zu verstehen. Das resultierende Verhalten […] hat Auswirkungen

auf die Situation [...] und auf die Person selbst (ihre Motive sind befriedigt oder auch nicht)." (Kehr 2002, S. 16 [126])

Die Prozesse können bewusst oder unbewusst ablaufen – oft spielen sie sich weitgehend im Unbewussten ab. Eine spontane, durch unwillkürlich angeregte Motive erzeugte Motivation ist deutlich von der Handlungsbereitschaft zu unterscheiden, die sich aus bewusst verfolgten Zielen und Plänen herleitet (vgl. Kehr 2002, S. 17 [126]). In der Motivationspsychologie werden Motive als überdauernde Dispositionen verstanden, die das Erleben und das Verhalten von Individuen prägen. Das Modell von Kehr unterscheidet implizite und explizite Motivsysteme. Diese Unterscheidung geht ideengeschichtlich auf McClelland zurück (vgl. McClelland/Koestener/Weinberger 1989 [127], Kehr 2002, S. 16 ff. [128]):

- *Implizite Motive (= Motive)* sind Assoziationen zwischen Situationen, Emotionen und Verhaltensimpulsen. Implizite Motive können auch als Bedürfnisse oder affektive Präferenzen bezeichnet werden. Diese sind dem Bewusstsein nicht oder nur sehr schwer zugänglich. Implizite Motive werden bereits durch frühkindliche Erfahrungen geprägt.

- *Explizite Motive (= Ziele oder kognitive Präferenzen)* sind alle Begründungen, die Personen für ihr Verhalten angeben. Explizite Motive sind stark durch die soziale Umgebung geprägt. Erwartungen anderer Personen, Normen und Regeln spielen eine wesentliche Rolle. Explizite Motive können mittels Fragebogen gemessen werden.

Stimmen implizite und explizite Motive überein, dann resultiert gemäß Kehr ein gelungener Handlungsvollzug, ohne dass es einer Willensanstrengung bedarf. Zwischen impliziten und expliziten Motiven können jedoch auch Diskrepanzen auftreten. Diese führen zu einem inneren Konflikt (= psychischer Konflikt). Dieser Konflikt zeigt sich in Handlungsbarrieren, wie beispielsweise das Aufschieben einer Handlung. Wenn implizite und explizite Motivsysteme miteinander im Konflikt stehen, dann können Strategien helfen, die Kehr unter dem Begriff **Volition** (Wille) zusammenfasst. Volitionale Strategien unterdrücken einerseits störende Verhaltensimpulse. Andererseits werden diejenigen expliziten Motive unterstützt, die nicht zu den aktuellen impliziten Motiven passen und deren motivationale Stützung zu gering ist. Beispiele für *volitionale Strategien* sind: **Aufmerksamkeitskontrolle**, **Motivationskontrolle** (Entwicklung positiver oder negativer Fantasien, um eine dem Ziel förderliche Motivation herzustellen) und **Emotionskontrolle** (Versuch, willkürlich einen Stimmungswechsel herbeizuführen). Volitionale Strategien sollen Motivationsprobleme kompensieren, die durch die unterschiedliche Anregung von impliziten und expliziten Motiven entstehen (vgl. König/Kleinmann 2006, S. 338 [129], Kehr 2002, 16 ff. [130]).

Der Einsatz der Volition ist mit verschiedenen *Problembereichen* verbunden (vgl. Kehr 2004, S. 93 ff. [131]):

- *Ineffektivität:* Es ist nicht garantiert, dass volitionale Strategien zum Erfolg führen – im Gegenteil: Volitionale Handlungssteuerung ist in ihrer Anwendung häufig nicht zielführend. Die Handlungsausführung bei volitionaler Steuerung kann beispielsweise durch aversive Emotionen und störende Gedanken behindert werden. Studien zeigen, dass der Emotionskontrolle Grenzen gesetzt sind, beispielsweise unter Stress. Aufmerksamkeitskontrolle kann daran scheitern, dass eine bewusste Verarbeitung Zeit braucht und somit nur begrenzt in die automatische Verhaltenssteuerung i. e. S. eingreifen kann (sie kann jedoch dazu dienen, bewusst erlebte Handlungskonflikte zu lösen). Zur Wirksamkeit von Motivationskontrolle fehlen entsprechende Studien. Gemäß Kehr ist es nicht verwunderlich, dass Volition insgesamt nicht immer erfolgreich ist, wenn einzelne volitionale Strategien ihr Ziel häufig verfehlen.

- *Ressourcenverbrauch:* Es gibt Befunde in Studien, die darauf hindeuten, dass Volition als eine limitierte Ressource angesehen werden muss. Eine Person, die gerade volitionale Strategien für ein Problem eingesetzt hat, kann weniger volitionale Ressourcen für ein neues Problem zur Verfügung stellen als eine Person, die vorher keine volitionalen Strategien anwenden musste (= Erschöpfung des volitionalen Systems).

- *Unerwünschte Nebenwirkungen:* Unerwünschte Nebenwirkungen volitionaler Handlungssteuerung umfassen einerseits unmittelbar erlebbare Phänomene, wie beispielsweise Anstrengung, negative Emotion und Unlust, aber auch längerfristige mentale und physische Folgen. Verschiedene Studien zeigen, dass mit steigender Diskrepanz von expliziten Motiven (Zielen) und impliziten Motiven das emotionale Wohlbefinden im Alltag leidet.

„Insgesamt erlaubt die Befundlage [...] den Schluss, dass langfristig betrachtet volitionale Handlungssteuerung nicht adaptiv ist, zumal die auf dem kontinuierlichen Konflikt beruhende Erschöpfung volitionaler Reserven [...] zu Depression [...], Stress [...] und einem Gefühl der Entfremdung [...] führen kann." (Kehr 2004, S. 101 [131]).

Eine flexiblere Art der Volition (= Selbstregulation) ist gegenüber einer autoritären Form der volitionalen Handlungssteuerung, in der sämtliche verhaltensrelevanten Subsysteme einem Ziel untergeordnet werden (= Selbstkontrolle) zu bevorzugen (vgl. Kuhl 1996 [132]).

Das ursprüngliche Schnittmengenmodell von impliziten und expliziten Motiven wurde von Kehr (2004, S. 483 ff. [133]) um den Aspekt der **subjektiven Fähigkeiten** erweitert. Kehr spricht vom Kompensationsmodell von Arbeitsmotivation und Volition oder vom 3K-Modell, welches die drei Komponenten von Motivation symbolisiert (deshalb wird von Kehr die Abkürzung 3K-Modell verwendet). Für die drei Komponenten stehen auch die Metaphern Kopf, Bauch und Hand (vgl. Kehr 2011, S. 66 [134]). Abbildung 3.3 zeigt, wie implizite, explizite Motive und die subjektiven Fähigkeiten zusammenspielen. Die subjektiven Fähigkeiten sind im Kompensationsmodell situationsspezifisch konzipiert, d. h. es geht um die Wahrnehmung der Verhaltensroutinen für eine bestimmte Handlung und nicht um eine allgemeine Einschätzung der eigenen Fähigkeiten. Skriptgestütztes Verhalten bezeichnet häufig geübte und automatisierte Handlungsabläufe, die keine zusätzlichen Problemlöseaktivitäten benötigen (vgl. Kehr 2004, S. 489 [135]).

Abbildung 3.3 Kompensationsmodell von Arbeitsmotivation und Volition

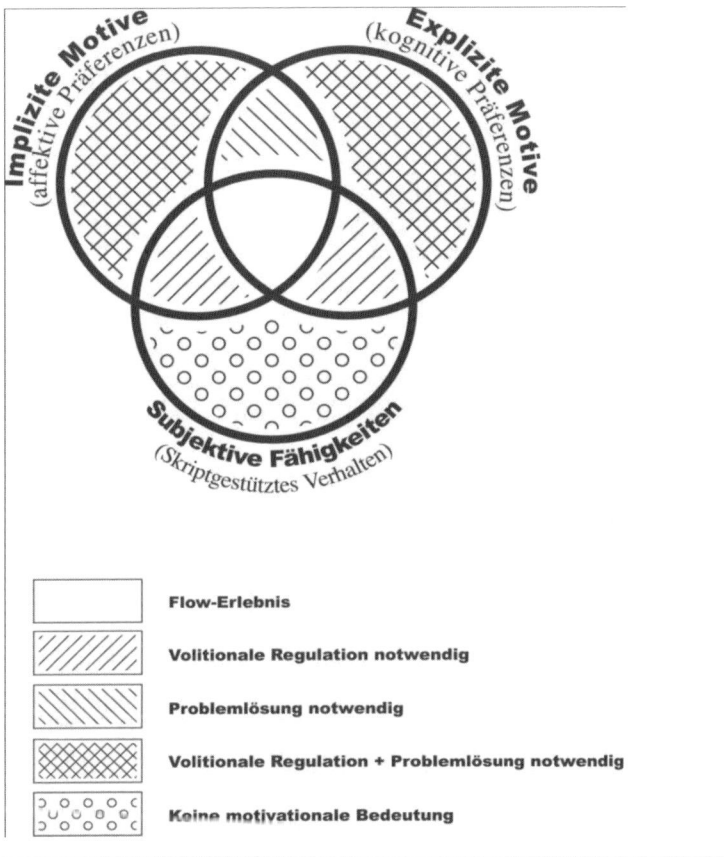

Quelle: vgl. Kehr 2004, S. 490 [135], Original auf Deutsch von Kehr

Das Kompensationsmodell von Arbeitsmotivation und Volition oder das 3K-Modell umfasst folgende Elemente (vgl. Kehr 2004, S. 489 ff. [135]):

- Ein *Flow-Erlebnis* entsteht, wenn implizite und explizite Motive ein Verhalten erfordern, für das die Person die notwendigen Fähigkeiten besitzt. Für Kehr (2011, S. 68 [136]) kann ein Flow-Erlebnis erst dann entstehen, wenn alle drei Motivationskomponenten des 3K-Modells erfüllt sind.

- *Volitionale Regulation:* Wenn Diskrepanzen zwischen impliziten und expliziten Motiven bestehen, die Person jedoch über die notwendigen Fähigkeiten verfügt, dann sind volitionale Strategien gefordert.

- *Problemlösung notwendig:* Wenn einer Person die Fähigkeiten zur Bewältigung der Handlung fehlen, implizite und explizite Motive jedoch in Übereinstimmung sind, können mittels Problemlösestrategien die fehlenden Fähigkeiten kompensiert werden.

- *Volitionale Regulation und Problemlösung* sind gefordert, wenn einerseits Diskrepanzen zwischen impliziten und expliziten Motiven bestehen und auch die geforderten Fähigkeiten fehlen.

Kehr/Rosenstiel (2006 [137]) haben auf der Basis des Kompensationsmodells von Arbeitsmotivation und Volition ein *Selbstmanagement-Training* entwickelt, welches in der Anwendung gute Erfolge zeigt. Ziel dieses Trainings ist, den Teilnehmenden das Wissen und die Fähigkeiten zu vermitteln, wie sie ihre Ziele ihren impliziten Motiven anpassen und sie mit der Unterstützung volitionaler Strategien erreichen können. Das 3K-Modell wird auch in *Führungskräftetrainings* (Führung durch Motivation) eingesetzt. Hier wird u. a. thematisiert, auf welchen Komponenten Motivation beruht und wie Führungskräfte auf dieser Basis die Motivation von Mitarbeitenden stärken können, beispielsweise indem auf die Übereinstimmung zwischen Fähigkeiten und Zielen geachtet wird (vgl. Kehr 2011, S. 66 [138]).

3.6 Ressourcenorientierter Selbstmanagement-Ansatz

Ein ressourcenorientierter Selbstmanagement-Ansatz ist das *Zürcher Ressourcen Modell (ZRM)* von Storch/Krause. Es wurde in den 1990er-Jahren an der Universität Zürich mit dem Ziel entwickelt, angehenden Lehrkräften eine Sammlung von Selbstmanagement-Methoden zur Burnout-Prophylaxe zur Verfügung zu stellen. Das Zürcher Ressourcen Modell ist ein systematischer Ansatz, der Elemente und Methoden unterschiedlicher psychotherapeutischer Ansätze sowie Erkenntnisse aus den Neurowissenschaften integriert. Auswahlkriterien für Storch/Krause waren der Nutzen für die Praxis und die Verwendung von empirisch solide belegten Theorien. Das im Zürcher Ressourcen Modell verwendete Ressourcenverständnis beruht auf neurobiologischen Erkenntnissen (vgl. Storch/Krause 2011, S. 17 ff. [139]).

Als Ressource gilt alles, „[...] was gesundheitsförderliche neuronale Netze aktiviert und entsprechende Ziele fördern hilft." (Krause/Storch 2006, S. 33 [140])

Das Zürcher Ressourcen Modell wurde als Selbstmanagement-Gruppentraining entwickelt, eignet sich jedoch auch als Coaching-Instrument für die Einzelberatung (vgl. Storch/Schett 2009 [141], Krause/Storch 2006 [142]). Es unterstützt Menschen dabei, Klarheit über ihre persönlichen Ziele zu gewinnen, die eigene Motivation zu steigern sowie die Fähigkeit zu erlangen, die für zielorientiertes Handeln notwendigen Ressourcen zu aktivieren. Dadurch werden Selbstmanagement-Kompetenzen entwickelt und erweitert. Das Zürcher Ressourcen Modell umfasst insgesamt *fünf Phasen,* die während eines Trainings- oder Coaching-Prozesses durchlaufen werden (vgl. Storch/Krause 2011, S. 83 ff. [143]):

- Phase 1: Das Thema.
- Phase 2: Vom Thema zum Ziel.
- Phase 3: Vom Ziel zum Ressourcenpool.
- Phase 4: Die Ressourcen gezielt einsetzen.
- Phase 5: Integration und Transfer.

Wesentliche *Grundelemente* des Zürcher Ressourcen Modells sind somatische Marker, der Rubikon-Prozess, Haltungsziele und Embodiment.

Ein *somatischer Marker* ist eine den Körper betreffende Wahrnehmung, die hilft zu unterscheiden, ob etwas als positiv oder als negativ eingestuft wird. Dieses biologische Bewertungssystem nach Damasio (2007 [144]) entsteht durch Erfahrung und verläuft über Körpersignale und/oder emotionale Signale: Jede Situation oder jedes Objekt, mit denen ein Organismus Erfahrung sammelt, hinterlässt einen somatischen Marker, der eine Bewertung dieser Begegnung speichert. Diese Bewertung ist positiv („gut gewesen, wieder aufsuchen") oder negativ („schlecht gewesen, das nächste Mal lieber meiden"). Somatischen Markern kommt in *Entscheidungssituationen* eine zentrale Rolle zu. Sie können wahrgenommen werden und als Entscheidungshilfen eingesetzt werden. Sie zeigen sich in spontanen Körperreaktionen. Ein einfaches und auch sehr häufig zu beobachtendes Beispiel ist, wenn spontan ein Lächeln auftaucht. Andere Symptome, die einzeln oder kombiniert auftreten, sind: Aufatmen, deutliches Aufrichten, Erröten, feucht werdende Augen, ein Leuchten in den Augen, Veränderung im Klang der Stimme etc. (vgl. Storch/Krause 2011, S. 104 ff. [145], Krause/Storch 2006, S. 33 [146]).

Das *Rubikon-Modell* gibt einen Überblick über die verschiedenen Reifungsstadien, die ein Wunsch durchläuft, bevor eine Person so weit mobilisiert und aktiv ist, dass dieser Wunsch zu einem Ziel wird, welches mit Willenskraft verfolgt und aktiv in Handlung umgesetzt wird. Die fünf Phasen des Rubikon-Prozesses sind (vgl. Storch/Krause 2011, S. 63 ff. [147]; für eine ausführlichere Erläuterung vgl. Kapitel 7.3.1.1):

- In der ersten *Phase Bedürfnis* geht es darum, in einem Bewusstwerdungsprozess herauszufinden, welche Bedürfnisse auf der unbewussten Ebene vorhanden sind, die in den Entwicklungsprozess mit einbezogen werden sollten.

- Die *Phase Motiv (oder Ziel)* ist das Stadium des Wünschens und Abwägens. Kennzeichen eines Motivs ist seine bewusste Verfügbarkeit. Bewusste Motive werden gegeneinander – mit dem Ziel, eindeutige Intentionen herauszubilden – abgewogen (z. B. Soll ich lieber 60% Teilzeit arbeiten und mehr Zeit für das Fußball-Training zur Verfügung haben oder ist es doch besser, 80% zu arbeiten und mehr zu verdienen?).

- Der *Schritt über den Rubikon* repräsentiert den Schritt vom Wählen (ein Ziel setzen) zum Wollen (ein Ziel verfolgen). Eine klare Absicht wird herausgebildet. Dies lässt sich mittels somatischer Marker feststellen. Der Unterschied zwischen den Phasen Motiv und Intention wird entscheidend durch Gefühle bestimmt.

- In der *Phase Intention* hat ein Mensch die feste Absicht, sein Ziel in eine Handlung zu überführen. Die Stärke der Intention ist das Produkt aus Wünschbarkeit (Stärke der Motivation) und Realisierbarkeit – beides muss dabei hoch sein.

- Die *Phase präaktionale Vorbereitung* ist notwendig, wenn der direkte Schritt von der Phase Intention zur Phase Handlung nicht erfolgen kann, d. h. wenn Handlungen trotz vorhandener Intentionen nicht umgesetzt werden können. Hier werden Vorbereitungen getroffen, damit die Wahrscheinlichkeit erhöht wird, dass die neue Intention auch im Ernstfall umgesetzt werden kann (z. B. durch bewusstes oder unbewusstes Lernen).

- In der *Phase Handlung* erfolgt dann das zielrealisierende Handeln. Teilweise braucht es noch zusätzliches Lernen, damit auch in Situationen, die überraschend und unvorhersehbar auftreten oder mit Druck verbunden sind, die beabsichtigte Handlung konsequent realisiert werden kann.

Ein weiteres zentrales Element des Zürcher Ressourcen Modells sind *Haltungsziele*. Ein Haltungsziel ist ein kurzer Satz, der die innere Haltung beschreibt, welche die Person anstrebt (z. B. „Ich atme Glück", „Ich fülle meinen Entspannungskorb" oder „Mutig schreite ich in meine Freizeit"). Es werden hier bewusst keine Ergebnisziele im Sinne der S.M.A.R.T.-Regel definiert, sondern Haltungs- oder Motto-Ziele. Die zugrundeliegende Idee ist, dass eine Person eine stärkere emotionale Bindung erzeugt, wenn es sich um ein Haltungsziel handelt. Dadurch wird mehr Energie bereitgestellt, um den Schritt über den Rubikon zu unterstützen. Ein Haltungsziel kann angepasst und auf neue Situationen adaptiert werden (im Gegensatz zu einem Ergebnisziel, welches ein bestimmtes Verhalten in einer voraus bedachten Situation definiert). Zudem handelt es sich im Kontext von Selbstmanagement oftmals um Themenbereiche, die eine Veränderung der Lebensführung betreffen – also typischerweise komplexe Aufgaben. Diese lassen sich meist nicht mit einfachen Verhaltensänderungen erreichen (vgl. Storch 2009, S. 17 ff. [148]). Trotzdem kann es sinnvoll sein, konkrete Ziele zu entwickeln. Konkrete Ziele machen dann Sinn, wenn eine starke motivationale Basis gegeben ist, d. h. wenn der Rubikon bereits überschritten ist. Wenn die motivationale Basis noch nicht gegeben ist, erleiden konkrete Ziele das Schicksal von „Neujahrsvorsätzen" (vgl. Storch/Schett 2009, S. 15 [149], vgl. hierzu auch die Ausführungen zu den verschiedenen Zieltypen im Baustein Ziele, Kapitel 8.2.3).

Mittels *Embodiment* wird im Zürcher Ressourcen Modell der Körper als Ressource aktiviert. Es werden drei Embodiment-Hauptformen unterschieden: Körpercheck, Körperhaltung und Körperbewegung. Körperressourcen können – wenn sie aus zielimaginierten Zuständen abgeleitet bzw. generiert werden – als Antreiber für zieldienliches Handeln wirken (vgl. Meier/Storch 2010, S. 53 [150]).

Unter Embodiment kann vereinfacht „alles Körpergeschehen (Körperzustände, -ausdruck, -haltung, -spannung, -stellungen-, -bewegungen ...) verstanden werden, welches aus kognitiven und emotionalen Zuständen heraus stattfindet. Die Wechselwirkung von Kognitionen und Emotionen mit diesem Körpergeschehen ist zirkulär-kausal. Das heißt, sie beeinflussen sich je gegenseitig, so dass das Körpergeschehen sowohl als Indikator wie auch als Treibstoff, als Antreiber oder als Motivator für zielgerechtes Handeln wirken kann." (Meier/Storch 2010, S. 53 [150])

Im Rahmen von Embodiment versetzen sich Personen zuerst mental in einen aus dem ZRM-Training oder ZRM-Coaching hergeleiteten Zielerreichungszustand und nehmen darin positive somatische Marker wahr (positive körperliche Empfindungen, Bewegungen oder Körperstellungen). Diese können dann später als Ressource für zielrealisierendes Handeln genutzt werden. Dies wird möglich, weil der Körper direkt mit dem Denken und Fühlen vernetzt ist. Da der Körper jederzeit verfügbar ist, bietet er eine große Quelle für gewolltes Handeln (vgl. Meier/Storch 2010, S. 53 [150]).

Das Zürcher Ressourcen Modell wird laufend durch wissenschaftliche Begleitung auf seine nachhaltige Wirkung hin überprüft. So wurde beispielsweise in einer mit 54 gesunden männlichen Versuchspersonen durchgeführten Studie gezeigt, dass jene Personen, die im Rahmen eines ZRM-Trainings gelernt hatten, wie sie ihre unbewussten (automatischen) Verarbeitungskapazitäten optimal instruieren und zielgerichtet aktivieren können, nach drei Monaten in einem standardisierten Stresstest eine signifikant geringere Menge des Stresshormons Cortisol ausschütteten als die Teilnehmenden der Kontrollgruppe. Die Unterschiede waren darauf zurückzuführen, dass trainierte Versuchspersonen im Hinblick auf die bevorstehende Stresssituation einerseits von vornherein ruhig und gelassen bleiben konnten und andererseits auch in der Lage waren, das neuronale Netz, auf dem diese innere Haltung gründete, während des gesamten Tests aktiv zu halten. Die Resultate zeigen, dass ein ressourcenbasiertes Stressmanagement-Training endokrine Stressreaktionen bei gesunden Erwachsenen reduzieren kann (vgl. Storch et al. 2007 [151]).

Selbstmanagement nach dem Zürcher Ressourcen Modell ist eine Methode zur gezielten Entwicklung von Handlungspotenzialen. Teilnehmende des ZRM-Trainings lernen, die eigenen Ressourcen zu entdecken und zu nutzen, den eigenen Entscheidungsspielraum zu vergrößern, das persönliche Handlungsrepertoire zu erweitern und neue Handlungsmuster zu entwickeln, die in schwierigen Situationen im Beruf und Alltag abgerufen und optimal angewandt werden können. Die eigene Handlungskompetenz wird langfristig und nachhaltig trainiert (vgl. ISMZ 2012 [152]).

3.7 Selbstmanagement aus lebensspannenpsychologischer Sicht

Eine weitere Betrachtungsweise von Selbstmanagement stellt den individuellen Lebenszyklus des Menschen ins Zentrum. In der Lebensspannenpsychologie wird Entwicklung als Prozess verstanden, der das ganze Leben umfasst (vgl. z. B. Baltes/Baltes 1990 [153], Brandstädter 1998 [154]).

Menschen stehen vor der Herausforderung, mit den sich während des Lebens verändernden Entwicklungsmöglichkeiten und -restriktionen umzugehen. Das intentionale Verhalten ist dabei einerseits Ergebnis und andererseits auch treibende Kraft der Entwicklung. Aus entwicklungspsychologischer Sicht wird Selbstmanagement unter zwei Gesichtspunkten betrachtet (vgl. Wiese 2008, S. 159 f. [155]):

- Wie entwickeln sich spezifische Selbstmanagement-Strategien über die Lebensspanne hinweg?
- Wie gehen Personen vor, um ihre Entwicklung zu gestalten?

„Für die arbeits- und organisationspsychologische Selbstmanagementforschung ergeben sich zwei wesentliche Anknüpfungspunkte. Einerseits können Erwerbstätige verschiedener Altersgruppen im Arbeitsalltag unterschiedliche Selbstmanagement-Kompetenzen oder -Vorlieben haben. Andererseits kann die Berufsentwicklung vor dem Hintergrund lebensspannenpsychologischer Annahmen analysiert werden." (Wiese 2008, S. 160 [155])

Kompetenzen von Menschen können sich über die **Lebensspanne** hinweg verändern (vgl. hierzu die Ausführungen in Kapitel 6.2.2). Verschiedene Studien zeigen beispielsweise, dass die Emotionsregulationskompetenz (= individuelle Versuche der Einflussnahme bezogen auf den Ausdruck und das Erleben von Emotionen) im Erwachsenenalter noch weiter zunimmt. Labouvie-Vief (1998 [156]) konnte aufzeigen, dass das Wissen über uns selbst (Selbsterkenntnis) und über andere Menschen im Umfeld mit zunehmendem Alter weiter wächst – inklusive Kenntnisse darüber, wie Emotionen beeinflusst werden können. Gemäß Carstensen (1991 [157]) scheinen die subjektive Bedeutung emotionaler Ziele und der Wunsch nach angenehmen sozialen Interaktionen wichtiger zu werden. Selbstberichtsstudien sprechen dafür, dass die Motivation und die Fähigkeit zu kognitiver Umbewertung mit zunehmendem Alter steigen (vgl. Gross et al. 1997 [158]). So wenden ältere Mitarbeitende häufiger effektive Strategien im Umgang mit Emotionen an (= Modulation der empfundenen Emotion anstelle Modulation der Emotionsexpression). Diese Erkenntnisse sind auch bedeutend für die Emotionsarbeit, bei der versucht wird, sich entsprechend organisational vorgegebenen emotionalen Darstellungsregeln zu verhalten (vgl. Wiese 2008, S. 160 [159]).

Verschiedene Modelle der Lebensspannenentwicklung thematisieren die biografisch relevante **entwicklungssteuernde Funktion** verschiedener Selbstmanagementstrategien. Eines der bekanntesten Modelle ist das **SOK-Modell** (Modell der Selektion, Optimierung und Kompensation), welches Entwicklungsmechanismen erfolgreichen Alterns beschreibt (vgl. Lang/Rohr/Williger 2011, S. 63 ff. [160], Baltes et al. 1999 [161] , Baltes/Baltes 1990 [162]). Es geht um die Optimierung der Leistungsfähigkeit durch Selektion und Kompensation mittels bestimmter motivationaler und kognitiver Fähigkeiten und Ressourcen. Bei der Selektion wird die Anzahl oder das Ausmaß der selbst gesetzten Ziele reduziert. Bei der Optimierung geht es um die Verbesserung des Funktionsniveaus durch Üben und Trainieren, bei der Kompensation um den Umgang mit Beeinträchtigungen, um unter den gegebenen Bedingungen die Zielerreichung dennoch zu ermöglichen. So können beispielsweise altersbedingte Verzögerungen des Reaktionsvermögens und der Informationsverarbeitung durch größere Arbeits- und Berufserfahrung und mehr Geübtheit in speziellen beruflichen Fähigkeiten kompensiert werden. Bei dieser Strategie werden somit Zugewinne, die sich aus dem Altern ergeben, optimal genutzt und gleichzeitig wird der Einfluss der eintretenden Verluste an Fähigkeiten oder Ressourcen minimiert. Typische Optimierungsstrategien sind Übung, Modell-Lernen, Beharrlichkeit und die Bereitschaft zum Belohnungsaufschub (vgl. Zimbardo/Gerrig 2004, S. 461 [163], Wiese 2008, S. 160 [164]).

Gemäß Wiese (2008, S. 161 [164]) ergibt sich die Bedeutung der lebensspannenpsychologischen Handlungsregulationsforschung für das arbeits- und berufsbezogene Selbstmanagement u.a. daraus, dass ganz explizit altersbedingte oder präziser alterskorrelierte Veränderungen der Motivationslage betrachtet werden. So ist beispielweise damit zu rechnen, dass für Mitarbeitende unterschiedlicher Altersgruppen teilweise auch andere Ziele bzw. Zielorientierungen wichtig sind (vgl. Kanfer/Ackermann 2004 [165]). Es gibt auch Hinweise auf Altersunterschiede beruflicher Zielvorstellungen: Jüngere Erwachsene legen den Schwerpunkt eher auf Wachstumsziele, während ältere Mitarbeitende eher auch Ziele formulieren, die auf den Erhalt des bereits Erreichten ausgerichtet sind (vgl. Cross/Markus 1991 [166]). Die Altersunterschiede, die sich in karrierebezogenen Zielen von jüngeren und älteren Erwerbstätigen zeigen, könnten erklären, warum in Arbeitsteams mit einer zunehmenden Altersdiversität die Wahrscheinlichkeit emotionaler Konflikte sinkt (vgl. Pelled/Eisenhardt/Xin 1999 [167]).

„Eine hohe Altersähnlichkeit geht vermutlich mit vergleichbaren Karrierezielen (z. B. Übernahme einer Leitungsfunktion) einher, was zu Rivalitäten führen kann. Ältere Arbeitsgruppenmitglieder, welche die von jüngeren Mitgliedern angestrebten Ziele bereits realisiert haben oder aus Altersgründen nicht mehr erreichen können, werden vermutlich als weniger bedrohlich wahrgenommen. Außerdem fällt es ihnen wahrscheinlich aufgrund des im mittleren Erwachsenenalter ausgeprägteren Bedürfnisses nach Generativität leichter, sich unterstützend den beruflichen Zielen und Interessen anderer zuzuwenden." (Wiese 2008, S. 161 [168])

3.8 Selbstmanagement der eigenen beruflichen Entwicklung

Selbstmanagement kann auch bezogen auf die Steuerung der eigenen beruflichen Entwicklung betrachtet werden. Mitarbeitende sind heute mehr denn je gefordert, neben dem Erhalt und der Förderung ihrer Leistungsfähigkeit und Leistungsbereitschaft auch ihre berufliche Laufbahn selbstverantwortlich zu steuern. Wichtig ist die Bereitschaft, berufliche Vorstellungen flexibel den vorhandenen Möglichkeiten und Rahmenbedingungen anzupassen und offen zu sein für neue berufliche Wege und Karrieremöglichkeiten (z. B. bei einem Mangel an offenen Lehrstellen, bei einer Kündigung, fehlenden Möglichkeiten auf dem Arbeitsmarkt, zu großer Belastung infolge des zunehmenden Drucks) (vgl. Graf 2012, S. 22 f. [169]). Auf der einen Seite ist heute die Planbarkeit von Laufbahnen reduziert, auf der anderen Seite erhöht sich jedoch die Notwendigkeit individueller Planung, da den Mitarbeitenden eine hohe Eigenverantwortung bei der Steuerung der beruflichen Laufbahn zukommt. Es gilt, auch jenseits des Berufseinstiegs immer wieder neue berufliche Ziele zu setzen und diese auch zu realisieren (vgl. Wiese 2008, S. 161 [170]).

Es gibt zahlreiche **Einflussfaktoren und Trends,** die auf die beruflichen Möglichkeiten, Karrierechancen und das Karriereverständnis einwirken. Dies sind beispielsweise die Tendenz zu längerer Ausbildungszeit (Zunahme des Grads formaler Bildung, Trend zu höherer Qualifikation, längere Verweildauer im Bildungssystem), die abnehmende Bedeutung der

Erstausbildung und damit verbunden die zunehmende Bedeutung von Weiterbildungen und Umschulungen, die Veränderung von Berufsbildern, die Veränderung der Bedeutung von Arbeit und Freizeit infolge des Wertewandels, der zunehmende Wunsch von Männern nach Teilzeitarbeit, Trend zu Portfolio-Arbeit (Ausüben mehrerer Berufe gleichzeitig), zunehmende Bedeutung einer flexiblen Gestaltung der beruflichen Laufbahn (z. B. Einstieg mittels eines befristeten Arbeitsvertrags, Wechsel des beruflichen Tätigkeitsgebiets in der mittleren Karrierephase). Trends mit Bezug zur demografischen Entwicklung sind u. a. die Sicherung des Nachwuchses durch die Förderung eines schnelleren Eintritts jüngerer Menschen ins Arbeitsleben sowie die Verlängerung der Lebensarbeitszeit und damit verbunden die zunehmende Bedeutung des beruflichen Ausstiegs bzw. Umstiegs – insbesondere in Berufen, die körperliche und psychische Belastungen in sich bergen (vgl. Graf 2012, S. 22 [171]).

Im Lebensverlauf sollte der eigene *Arbeits- und Lebensrhythmus* immer wieder reflektiert und neu definiert werden. Dabei gilt es, die eigenen Bedürfnisse, Kompetenzen und Potenziale sowie die am Arbeitsplatz und privat vorhandenen Anforderungen, Möglichkeiten und Rahmenbedingungen zu berücksichtigen. In Zukunft wird es noch wichtiger werden, den eigenen Qualifikationsstand laufend mit den heute vorhandenen und in Zukunft zu erwartenden beruflichen Anforderungen zu vergleichen und frühzeitig entsprechende Bildung- und Entwicklungsmaßnahmen einzuleiten. Durch die wirtschaftlichen und technologischen Entwicklungen, die damit verbundenen steigenden Anforderungen und Unsicherheiten und durch die zunehmende Instabilität von Arbeitsplätzen und Tätigkeitsbereichen werden der *Erhalt und die Förderung von Kompetenzen* wichtiger werden als das Streben nach Arbeitsplatzsicherheit (vgl. hierzu z. B. Sattelberger T. (2011) [172], Rump/Eilers 2011 [173]). *Lebenslanges Lernen* wird zum entscheidenden Faktor, um bis zur Pensionierung und darüber hinaus arbeitsfähig und motiviert zu bleiben.

Das *klassische Karrierekonzept* eines kontinuierlichen Aufstiegs in der Hierarchie innerhalb eines Unternehmens ist für immer weniger Mitarbeitende zutreffend. Klassische Berufslaufbahnen und Karrieren sind heute zunehmend schwieriger zu realisieren. Dies betrifft immer mehr auch jüngere Menschen beim Eintritt ins Berufsleben. Aber auch Mitarbeitende anderer Generationen sind zunehmend gefordert, ihre Laufbahn den sich verändernden Anforderungen anzupassen (vgl. Graf 2012, S. 23 [174]). Die traditionelle Sichtweise einer lebenslangen Berufslaufbahn mit einer Serie von aufeinander aufbauenden Karrierestufen wird ersetzt durch ein neues Karriereverständnis. Dieses ist gekennzeichnet durch Serien kürzerer Lern- und Anpassungszyklen sowie Wechsel in andere Berufe, Tätigkeitsbereiche und Beschäftigungsformen (vgl. Arthur/Rousseau 1996 [175]). Das Karrierekonzept der *Protean Career Orientation* von Hall (1996 [176]) bzw. von Hall/Chandler (2005 [177]) kennzeichnet diese neue Sichtweise.

The Protean Career is „[...] a career that is driven by the person, not the organization, and that will be reinvented by the person from time to time, as the person and the environment change. [...] The traditional psychological contract in which an employee entered a firm, worked hard, performed well, was loyal and committed, and thus received ever-greater rewards and job security, has been replaced by a new contract based on continuous learning and identity change, guided by the search for what Herb Shepard called 'the path with a heart'." (Hall 1996, S. 8 [178])

Im Zentrum des Konzepts steht nicht mehr die organisationale Karriere der Mitarbeitenden (z. B. vertikale/horizontale Laufbahn), sondern das kontinuierliche Lernen und die Persönlichkeitsentwicklung. Das Konzept der Karrierephasen wird dabei durch das **Konzept der Lernphasen** abgelöst. Wichtig ist hier, dass Mitarbeitende sich ihrer Werte und Bedürfnisse bewusst werden und auch realisieren, dass sich diese im Verlaufe des Lebens verändern können. Dies bedeutet beispielsweise, dass Mitarbeitende erkennen, dass früher getroffene Karriereentscheidungen im Alter von vierzig Jahren nicht mehr stimmen müssen. Die Protean Career Orientation zeigt sich im Bedürfnis nach der Gestaltung der eigenen Karriere in Übereinstimmung mit den eigenen Werten. Die Verfolgung der Protean Career erfordert großes Selbstbewusstsein und persönliches Verantwortungsgefühl. Manche Mitarbeitende schätzen die Unabhängigkeit, die diese Form der Karriere bietet; bei anderen hingehen ruft diese Freiheit Angst und Unsicherheit hervor. Je mehr Mitarbeitende lernen, sich an die sich wandelnden Arbeitsbedingungen anzupassen und neue Bilder der eigenen Identität zu entwickeln, desto mehr lernen sie auch, wie Lernen möglich ist. Lernfähigkeit ist deshalb eine der wichtigsten Kompetenzen, die erfolgreiche Mitarbeitende heute aufweisen müssen (vgl. Hall 1996, S. 8 ff. [178]).

Eine neue Betrachtungsweise der beruflichen Entwicklung von Mitarbeitenden ist das **Konzept der lebenszyklusorientierten Personalentwicklung** (vgl. Graf 2002 [179], 2009 [180], 2012 [181]). Hier werden Veränderungen des individuellen Lebenszyklus im Lebensverlauf betrachtet, wobei fünf verschiedene Teilzyklen unterschieden und berücksichtigt werden: biosozialer, familiärer, beruflicher, laufbahnbezogener und stellenbezogener Lebenszyklus. Daraus ergeben sich einerseits Ansatzpunkte für die selbstverantwortlich gesteuerte Entwicklung der beruflichen Laufbahn (unter Berücksichtigung des gesamten Lebensentwurfs) und andererseits Ansatzpunkte für die Entwicklung von Mitarbeitenden in Organisationen aus Sicht des Human Resource Managements und der Personalentwicklung.

Selbstmanagement der eigenen beruflichen Entwicklung im Kontext des Konzepts der lebenszyklusorientierten Personalentwicklung bedeutet, dass eine Person im Rahmen der selbstverantwortlichen Steuerung der Laufbahn prüft, in welcher Phase der verschiedenen Teil-Lebenszyklen sie sich befindet. Hieraus ergeben sich bestimmte Herausforderungen, Fragestellungen und Erfordernisse für die berufliche wie auch für die persönliche (physische, mentale, soziale, geistige) Weiterentwicklung. Durch eine integrative Betrachtung aller Teil-Lebenszyklen werden bei der Steuerung der beruflichen Laufbahn immer auch biosoziale und familiäre Aspekte mit berücksichtigt. Diese Perspektive deckt sich mit der Aussage von Wiese (2008, S. 163 [182]), dass die individuelle Steuerung beruflicher Entwicklung letztlich nur Teil eines umfassenderen **Life-Management-Konzepts** ist. Bei den meisten Erwachsenen im erwerbstätigen Alter kommt dem Beruf zwar ein zentraler Stellenwert zu. Neben dem Wunsch nach einer erfolgreichen und zufriedenstellenden Berufstätigkeit steht jedoch auch ein glückliches Privatleben an der Spitze persönlicher Ziele (vgl. z. B. Wiese/Freund/Baltes 2000 [183]). Für viele Erwerbstätige steht die übergeordnete Frage nach einer erfolgreichen Lebensgestaltung im Zentrum – im Sinne der Koordination des Verhältnisses von Berufs- und Privatleben (vgl. Hoff et al. 2005 [184]). Diese Fragestellung wird in der Literatur häufig unter dem Aspekt von Work Life Balance oder Life-Domain-Balance diskutiert (vgl. z. B. Ulich/Wiese 2011 [185], Esslinger/Schobert (2007 [186]).

Idealerweise sollte das Zielsystem einer Person so aufgebaut sein, dass zwischen den verschiedenen Zielen, die sich aus den vielfältigen Lebensrollen ergeben, möglichst unterstützende Beziehungen bestehen. Es gibt Hinweise darauf, dass im Laufe des Erwachsenenalters die Wahrscheinlichkeit unterstützender Zielsysteme zunimmt. Es kann jedoch auch vorkommen, dass in einem der Lebensbereiche während einer gewissen Zeit Prioritäten gesetzt werden müssen; dies sollte jedoch nicht vorschnell als problematisch betrachtet werden. Insbesondere bei hoch qualifizierten jüngeren Erwerbstätigen finden sich nicht wenige, die sich durch eine ausgesprochen arbeitszentrierte Lebensgestaltung auszeichnen. Diese Art der Lebensführung wird jedoch vorwiegend als temporäre Notwendigkeit betrachtet, und es besteht oftmals der Wunsch, längerfristig ein ausgewogenes Verhältnis zwischen Beruf und Privatleben zu leben. Wenn sich berufliche Ziele nicht wie geplant verwirklichen lassen, kann es sinnvoll sein, über alternative Strategien der Zielerreichung nachzudenken. Eine Person sollte zudem in der Lage sein, von einem Ziel Abstand zu nehmen und sich alternative Ziele zu setzen oder das Anspruchsniveau entsprechend anzupassen (vgl. Wiese 2008, S. 163 [187]).

Literatur

[70] König, C. J./Kleinmann, M. (2006): Selbstmanagement, in: Schuler, H. (Hrsg.), Lehrbuch der Personalpsychologie, 2. Aufl., Göttingen et al., 329-348.
[71] Wiese, B. S. (2008): Selbstmanagement im Arbeits- und Berufsleben, in: Zeitschrift für Personalpsychologie, 4, 153-169.
[72] Cautela, J. R. (1969): Behavior therapy and self-control. Techniques and implications, in: Franks, C. M. (Ed.), Behavior therapy: appraisal and status, New York, 323-340.
[73] Goldiamond, I. (1965): Self-control procedures in personal behaviour problems, in: Psychological Reports, 17, 851-868.
[74] Mahoney, M. J. (1972): Research issues in self-management, in: Behavior Therapy, 3, 45-63.
[75] Luthans, F./Davis, T. R. V. (1979): Behavioral self-management. The missing link in managerial effectiveness, in: Organizational Dynamics, 8, 42-60.
[76] König, C. J./Kleinmann, M. (2006): Selbstmanagement, in: Schuler, H. (Hrsg.), Lehrbuch der Personalpsychologie, 2. Aufl., Göttingen et al., 329-348.
[77] Bandura, A. (1977): Social learning theory, Englewood Cliffs, NJ.
[78] Bandura, A. (1991): Social cognitive theory of self-regulation, in: Organisational Behavior and Human Decision Processes, 50, 248-287.
[79] König, C. J./Kleinmann, M. (2006): Selbstmanagement, in: Schuler, H. (Hrsg.), Lehrbuch der Personalpsychologie, 2. Aufl., Göttingen et al., 329-348.
[80] Manz, C. C. (1986): Self-leadership. Toward an expanded theory of self-influence processes in organizations, in: Academy of Management Review, 11, 585-600.

[81] Neck, C. P. & Manz, C. C. (1996): Thought self-leadership. The impact of mental strategies training on employee cognition, behaviour, and affect, in: Journal of Organizational Behavior, 17, 445-465.
[82] Neck, C. P. & Manz, C. C. (2010): Mastering self-leadership. Empowering yourself for personal excellence, 5th ed., New Jersey.
[83] König, C. J./Kleinmann, M. (2006): Selbstmanagement, in: Schuler, H. (Hrsg.), Lehrbuch der Personalpsychologie, 2. Aufl., Göttingen et al., 329-348.
[84] Kehr, H. M. (2002): Souveränes Selbstmanagement. Ein wirksames Konzept zur Förderung von Motivation und Willensstärke, Weinheim/Basel.
[85] Kehr, H. M. (2004a): Integrating implicit motives, explicit motives, and perceived abilities. The compensatory model of work motivation and volition, in: Academy of Management Review, 3, 479-499.
[86] Kehr, H. M. (2004b): Motivation und Volition. Funktionsanalysen, Feldstudien mit Führungskräften und Entwicklung eines Selbstmanagement-Trainings (SMT). Göttingen.
[87] Storch, M./Krause, F. (2011): Selbstmanagement – ressourcenorientiert. Grundlagen und Trainingsmanual für die Arbeit mit dem Zürcher Ressourcen Modell (ZRM), 3. Nachdruck der 4. Aufl., Bern.
[88] Baltes, P. B./Baltes, M. M. (1990): Psychological perspectives on successful aging. The model of selective optimization with compensation, in: Baltes, P. B./Baltes, M. M. (Eds.), Successful aging. Perspectives from the behavioral sciences, Cambridge, 1-34.
[89] Brandtstädter, J. (1998): Action perspectives on human development, in: Damon, W. (Series Ed.)/Lerner, R. M. (Vol. Ed.), Handbook of child psychology, Vol. 1, Theoretical models of human development, 5th ed., New York, 807-863.
[90] Wiese, B. S. (2008): Selbstmanagement im Arbeits- und Berufsleben, in: Zeitschrift für Personalpsychologie, 4, 153-169.
[91] Hall, D. T. (1996): Protean careers of the 21st century, in: Academy of Management Executive, 10, 8-16.
[92] Hall, D. T. (2001): Careers in and out of organizations, Thousand Oaks et al.
[93] Arthur, M. B./Rousseau, D. M. (Eds.) (1996): The boundaryless career. A new employment principle for a new organizational era, New York.
[94] Wiese, B. S. (2008): Selbstmanagement im Arbeits- und Berufsleben, in: Zeitschrift für Personalpsychologie, 4, 153-169.
[95] Luthans, F./Davis, T. R. V. (1979): Behavioral self-management. The missing link in managerial effectiveness, in: Organizational Dynamics, 8, 42-60.
[96] Mahoney, M. J. (1972): Research issues in self-management, in: Behavior Therapy, 3, 45-63.
[97] Wiese, B. S. (2008): Selbstmanagement im Arbeits- und Berufsleben, in: Zeitschrift für Personalpsychologie, 4, 153-169.
[98] König, C. J./Kleinmann, M. (2006): Selbstmanagement, in: Schuler, H. (Hrsg.), Lehrbuch der Personalpsychologie, 2. Aufl., Göttingen et al., 329-348.
[99] Premack, D. (1962): Reversibility of the reinforcement relation, in: Science, 136, 255-257.
[100] Kanfer, F. H./Reinecker, H./Schmelzer, D. (2012): Selbstmanagement-Therapie. Ein Lehrbuch für die klinische Praxis, 5. Aufl., Berlin/Heidelberg.
[101] König, C. J./Kleinmann, M. (2006): Selbstmanagement, in: Schuler, H. (Hrsg.), Lehrbuch der Personalpsychologie, 2. Aufl., Göttingen et al., 329-348.
[102] Klein, S./König, C. J./Kleinmann, M. (2003): Sind Selbstmanagement-Trainings effektiv? Zwei Trainingsansätze im Vergleich, in: Zeitschrift für Personalpsychologie, 2, 157-168.
[103] König, C. J./Kleinmann, M. (2006): Selbstmanagement, in: Schuler, H. (Hrsg.), Lehrbuch der Personalpsychologie, 2. Aufl., Göttingen et al., 329-348.
[104] Bandura, A. (1977): Social learning theory, Englewood Cliffs, NJ.
[105] Bandura, A. (1991): Social cognitive theory of self-regulation, in: Organisational Behavior and Human Decision Processes, 50, 248-287.
[106] Bandura, A. (1997): Self-efficacy. The exercise of control, New York.
[107] Bandura, A. (1977): Social learning theory, Englewood Cliffs, NJ.

[108] Jonas, K./Lebherz, C. (2007): Angewandte Sozialpsychologie, in: Jonas, K./Stroebe, W./Hewstone, M. (Hrsg.), Sozialpsychologie. Eine Einführung, 5. Aufl., Heidelberg, 533-584.
[109] Bandura, A. (1997): Self-efficacy. The exercise of control, New York.
[110] Schwarzer, R. (2004): Psychologie des Gesundheitsverhaltens, 3. Aufl., Göttingen et al.
[111] Bandura, A. (1997): Self-efficacy. The exercise of control, New York.
[112] Tietjens, M./Ungerer-Röhrich, U./Strauß, B. (2007): Sportwissenschaft und Schulsport. Trends und Orientierungen (6). Sportpsychologie, in: Sportunterricht, 8, 227-233.
[113] Bandura, A. (1997): Self-efficacy. The exercise of control, New York.
[114] Bandura, A. (1977): Social learning theory, Englewood Cliffs, NJ.
[115] Brief, A. P./Hollenbeck, J. R. (1985): An exploratory study of self-regulating activities and their effects on job performance, in: Journal of Occupational Behavior, 6, 197-208.
[116] Wiese, B. S. (2008): Selbstmanagement im Arbeits- und Berufsleben, in: Zeitschrift für Personalpsychologie, 4, 153-169.
[117] Manz, C. C. (1986): Self-leadership. Toward an expanded theory of self-influence processes in organizations, in: Academy of Management Review, 11, 585-600.
[118] Neck, C. P. & Manz, C. C. (1996): Thought self-leadership. The impact of mental strategies training on employee cognition, behaviour, and affect, in: Journal of Organizational Behavior, 17, 445-465.
[119] Neck, C. P. & Manz, C. C. (2010): Mastering self-leadership. Empowering yourself for personal excellence, 5th ed., New Jersey.
[120] Andreßen, P./Konradt, U. (2007): Messung von Selbstführung. Psychometrische Überprüfung der deutschsprachigen Version des Revised Self-Leadership Questionnaire, in: Zeitschrift für Personalpsychologie, 6, 117-128.
[121] Neck, C. P. & Manz, C. C. (2010): Mastering self-leadership. Empowering yourself for personal excellence, 5th ed., New Jersey.
[122] Wiese, B. S. (2008): Selbstmanagement im Arbeits- und Berufsleben, in: Zeitschrift für Personalpsychologie, 4, 153-169.
[123] König, C. J./Kleinmann, M. (2006): Selbstmanagement, in: Schuler, H. (Hrsg.), Lehrbuch der Personalpsychologie, 2. Aufl., Göttingen et al., 329-348.
[124] Kehr, H. M. (2002): Souveränes Selbstmanagement. Ein wirksames Konzept zur Förderung von Motivation und Willensstärke, Weinheim/Basel.
[125] Kehr, H. M. (2004): Motivation und Volition. Funktionsanalysen, Feldstudien mit Führungskräften und Entwicklung eines Selbstmanagement-Trainings (SMT). Göttingen.
[126] Kehr, H. M. (2002): Souveränes Selbstmanagement. Ein wirksames Konzept zur Förderung von Motivation und Willensstärke, Weinheim/Basel.
[127] McClelland, D. C./Koestener, R./Weinberger, J. (1989): How do self-attributed and implicit motives differ? In: Psychological Review, 96, 690-702.
[128] Kehr, H. M. (2002): Souveränes Selbstmanagement. Ein wirksames Konzept zur Förderung von Motivation und Willensstärke, Weinheim/Basel.
[129] König, C. J./Kleinmann, M. (2006): Selbstmanagement, in: Schuler, H. (Hrsg.), Lehrbuch der Personalpsychologie, 2. Aufl., Göttingen et al., 329-348.
[130] Kehr, H. M. (2002): Souveränes Selbstmanagement. Ein wirksames Konzept zur Förderung von Motivation und Willensstärke, Weinheim/Basel.
[131] Kehr, H. M. (2004): Motivation und Volition. Funktionsanalysen, Feldstudien mit Führungskräften und Entwicklung eines Selbstmanagement-Trainings (SMT). Göttingen.
[132] Kuhl, J. (1996): Wille und Freiheitserleben. Formen der Selbststeuerung, in: Kuhl, J./Heckhausen, H. (Hrsg.), Enzyklopädie der Psychologie, Serie IV: Motivation, Volition und Handlung, Bd. 4, Göttingen et al., 665-765.
[133] Kehr, H. M. (2004): Integrating implicit motives, explicit motives, and perceived abilities. The compensatory model of work motivation and volition, in: Academy of Management Review, 3, 479-499.
[134] Kehr, H. M. (2011): Implizite Motive, explizite Ziele und die Steigerung der Willenskraft, in: Personalführung, 4, 66-71.

[135] Kehr, H. M. (2004): Integrating implicit motives, explicit motives, and perceived abilities. The compensatory model of work motivation and volition, in: Academy of Management Review, 3, 479-499.
[136] Kehr, H. M. (2011): Implizite Motive, explizite Ziele und die Steigerung der Willenskraft, in: Personalführung, 4, 66-71.
[137] Kehr, H. M./Rosenstiel, L. v. (2006): Self-management training (SMT): Theoretical and empirical foundations for the development of a metamotivational and metavolitional intervention program, in: Frey, D./Mandl, H./Rosenstiel, L. v. (Eds.), Knowledge and action, Göttingen, 103-141.
[138] Kehr, H. M. (2011): Implizite Motive, explizite Ziele und die Steigerung der Willenskraft, in: Personalführung, 4, 66-71.
[139] Storch, M./Krause, F. (2011): Selbstmanagement – ressourcenorientiert. Grundlagen und Trainingsmanual für die Arbeit mit dem Zürcher Ressourcen Modell (ZRM), 3. Nachdruck der 4. Aufl., Bern.
[140] Krause, F./Storch, M. (2006): Ressourcenorientiert coachen mit dem Zürcher Ressourcenmodell - ZRM, in: Psychologie in Österreich, 1, 32-43.
[141] Storch, M./Schett, J. (2009): Den Rubikon überschreiten. Lerncoaching als Beitrag zum selbstgesteuerten Lernen, in: Lernende Schule, 45, 12-15.
[142] Krause, F./Storch, M. (2006): Ressourcenorientiert coachen mit dem Zürcher Ressourcenmodell - ZRM, in: Psychologie in Österreich, 1, 32-43.
[143] Storch, M./Krause, F. (2011): Selbstmanagement – ressourcenorientiert. Grundlagen und Trainingsmanual für die Arbeit mit dem Zürcher Ressourcen Modell (ZRM), 3. Nachdruck der 4. Aufl., Bern.
[144] Damasio, A. R. (2007): Descartes' Irrtum. Fühlen, Denken und das menschliche Gehirn, 5. Aufl., Berlin.
[145] Storch, M./Krause, F. (2011): Selbstmanagement – ressourcenorientiert. Grundlagen und Trainingsmanual für die Arbeit mit dem Zürcher Ressourcen Modell (ZRM), 3. Nachdruck der 4. Aufl., Bern.
[146] Krause, F./Storch, M. (2006): Ressourcenorientiert coachen mit dem Zürcher Ressourcenmodell - ZRM, in: Psychologie in Österreich, 1, 32-43.
[147] Storch, M./Krause, F. (2011): Selbstmanagement – ressourcenorientiert. Grundlagen und Trainingsmanual für die Arbeit mit dem Zürcher Ressourcen Modell (ZRM), 3. Nachdruck der 4. Aufl., Bern.
[148] Storch, M. (2009): Motto-Ziele, S.M.A.R.T.-Ziele und Motivation, in: Birgmeier, B. (Hrsg.), Coachingwissen. Denn sie wissen nicht, was sie tun? Wiesbaden, 183-205.
[149] Storch, M./Schett, J. (2009): Den Rubikon überschreiten. Lerncoaching als Beitrag zum selbstgesteuerten Lernen, in: Lernende Schule, 45, 12-15.
[150] Meier, R./Storch, M. (2010): Körper und Bewegung als Ressource nutzen (ZRM und Embodiment), in: Knörzer, W./Schley, M. (Hrsg.), Neurowissenschaft bewegt, Hamburg, 53-57.
[151] Storch, M./Gaab, J./Küttel, Y./Stüssi, A.-C./Fend, H. (2007): Psychoneuroendocrine effects of resource-activating stress management training, in: Health Psychology, 26, 4, 456-463.
[152] ISMZ (2012): ZRM®-Grundkurs, URL: http://www.ismz.ch/index.php?option=com_content& view =article&id=119&Itemid=158 (zuletzt besucht 5.4.2012).
[153] Baltes, P. B./Baltes, M. M. (1990): Psychological perspectives on successful aging. The model of selective optimization with compensation, in: Baltes, P. B./Baltes, M. M. (Eds.), Successful aging. Perspectives from the behavioral sciences, Cambridge, 1-34.
[154] Brandtstädter, J. (1998): Action perspectives on human development, in: Damon, W. (Series Ed.)/Lerner, R. M. (Vol. Ed.), Handbook of child psychology, Vol. 1, Theoretical models of human development, 5th ed., New York, 807-863.
[155] Wiese, B. S. (2008): Selbstmanagement im Arbeits- und Berufsleben, in: Zeitschrift für Personalpsychologie, 4, 153-169.
[156] Labouvie-Vief, G. (1998): Cognitive-emotional integration in adulthood, in: Annual Review of Gerontology and Geriatrics, 17, 206-237.

[157] Carstensen, L. L. (1991): Socioemotional selectivity theory. Social activity in life-span context, in: Annual Review of Gerontology and Geriatrics, 11, 195-217.
[158] Gross, J. J./Carstensen, L. C./Pasupathi, M./Tsai, J./Gottestam, K./Hsu, A. Y. C. (1997): Emotion and aging. Experience, expression, and control, in: Psychology and Aging, 12, 590-599.
[159] Wiese, B. S. (2008): Selbstmanagement im Arbeits- und Berufsleben, in: Zeitschrift für Personalpsychologie, 4, 153-169.
[160] Lang, F. R./Rohr, M./Williger, B. (2011): Modeling success in life-span psychology. The principles of selection, optimization, and compensation, in: Fingermann, K. L./Berg, C. A., Smith, J./Antonucci, T. C. (Eds.), Handbook of life-span development, New York, 57-85.
[161] Baltes, P. B./Baltes, M. M./Freund, A. M./Lang, F. (1999): The measurement of selection, optimization, and compensation (SOC) by self report. Technical report 1999, Berlin.
[162] Baltes, P. B./Baltes, M. M. (1990): Psychological perspectives on successful aging. The model of selective optimization with compensation, in: Baltes, P. B./Baltes, M. M. (Eds.), Successful aging. Perspectives from the behavioral sciences, Cambridge, 1-34.
[163] Zimbardo, P. G./Gerrig, R. J. (2004): Psychologie, 16. Aufl., München et al.
[164] Wiese, B. S. (2008): Selbstmanagement im Arbeits- und Berufsleben, in: Zeitschrift für Personalpsychologie, 4, 153-169.
[165] Kanfer, R./Ackermann, P. L. (2004): Aging, adult development, and work motivation, in: Academy of Management Review, 29, 440-458.
[166] Cross, S./Markus, H. (1991): Possible selves across the life span, in: Human Development, 34, 230-255.
[167] Pelled, L. H./Eisenhardt, K. M./Hin, K. R. (1999): Exploring the black box. An analysis of work group diversity, conflict, and performance, in: Administrative Science Quarterly, 44, 1-28.
[168] Wiese, B. S. (2008): Selbstmanagement im Arbeits- und Berufsleben, in: Zeitschrift für Personalpsychologie, 4, 153-169.
[169] Graf, A. (2012): Life cycle oriented personnel development, in: Lifelong Learning in Europe, Vol. XVII, 1, 20-30.
[170] Wiese, B. S. (2008): Selbstmanagement im Arbeits- und Berufsleben, in: Zeitschrift für Personalpsychologie, 4, 153-169.
[171] Graf, A. (2012): Life cycle oriented personnel development, in: Lifelong Learning in Europe, Vol. XVII, 1, 20-30.
[172] Sattelberger, T. (2011): Wurzeln von Employability: Grundlegende Einführung, in: Rump, J./Sattelberger, T. (2011): Employability Management 2.0, Sternenfels, 73-166.
[173] Rump, J./Eilers, S. (2011): Employability – Die Grundlagen, in: Rump, J./Sattelberger, T. (2011): Employability Management 2.0, Sternenfels, 73-166.
[174] Graf, A. (2012): Life cycle oriented personnel development, in: Lifelong Learning in Europe, Vol. XVII, 1, 20-30.
[175] Arthur, M. B./Rousseau, D. M. (Eds.) (1996): The boundaryless career. A new employment principle for a new organizational era, New York.
[176] Hall, D. T. (1996): Protean careers of the 21st century, in: Academy of Management Executive, 10, 8-16.
[177] Hall, D. T./Chandler, D. E. (2005): Psychological success. When the career is calling, in: Journal of Organizational Behavior, 26, 155-176.
[178] Hall, D. T. (1996): Protean careers of the 21st century, in: Academy of Management Executive, 10, 8-16.
[179] Graf, A. (2002): Lebenszyklusorientierte Personalentwicklung. Ein Ansatz für die Erhaltung und Förderung von Leistungsfähigkeit und -bereitschaft während des gesamten betrieblichen Lebenszyklus, Bern et al.
[180] Graf, A. (2009): Standortbestimmung - Kernelement einer lebenszyklusorientierten Personalentwicklung, in: Zölch, M./Mücke, A./Graf, A./Schilling A.. (Hrsg.), Fit für den demografischen Wandel? Ergebnisse, Instrumente, Ansätze guter Praxis, Bern, 197-218.
[181] Graf, A. (2012): Life cycle oriented personnel development, in: Lifelong Learning in Europe, Vol. XVII, 1, 20-30.

[182] Wiese, B. S. (2008): Selbstmanagement im Arbeits- und Berufsleben, in: Zeitschrift für Personalpsychologie, 4, 153-169.

[183] Wiese, B. S./Freund, A. M./Baltes, P. B. (2000): Selection, optimization, and compensation. An action-related approach to work and partnership, in: Journal of Vocational Behavior, 57, 273-300.

[184] Hoff, E.-H./Grote, S./Dettmer, S./Hohner, H.-U./Olos, L. (2005): Work-Life-Balance. Berufliche und private Lebensgestaltung von Frauen und Männern in hoch qualifizierten Berufen, in: Zeitschrift für Arbeits- und Organisationspsychologie, 49, 196-207.

[185] Ulich, E. /Wiese, B. S. (2011): Life Domain Balance. Konzepte zur Verbesserung der Lebensqualität, Wiesbaden.

[186] Esslinger, A. S./Schobert, D. B. (2007) (Hrsg.): Erfolgreiche Umsetzung von Work-Life Balance in Organisationen. Strategien, Konzepte, Maßnahmen, Wiesbaden.

[187] Wiese, B. S. (2008): Selbstmanagement im Arbeits- und Berufsleben, in: Zeitschrift für Personalpsychologie, 4, 153-169.

4 Modell der Selbstmanagement-Kompetenz

Im Modell der Selbstmanagement-Kompetenz sind wesentliche Bausteine, die für ein effektives Selbstmanagement wichtig sind, umfassend integriert. Das Modell unterstützt eine gesamtheitliche Betrachtungsweise von Selbstmanagement und grenzt sich dadurch von Konzepten ab, die jeweils einzelne Aspekte auf individueller und/oder organisationaler Ebene vertiefen (z. B. betriebliche Gesundheitsförderung, Ressourcen- oder Stressmanagement, Zeitmanagement). Die Basis für die Modellentwicklung bildeten Erkenntnisse aus der Literatur und Erfahrungen aus Trainings und Coachings.

In diesem Kapitel werden die verschiedenen Elemente des Modells der Selbstmanagement-Kompetenz vorgestellt: die neun Bausteine sowie das dynamische Kernmodell mit den drei Ebenen und den Wechselwirkungen zwischen den drei Ebenen. Die einzelnen Bausteine werden dann in Teil 2 des Buchs ausführlich vertieft.

4.1 Überblick über die Bausteine der Selbstmanagement-Kompetenz

Im Modell der Selbstmanagement-Kompetenz werden insgesamt *neun Bausteine* unterschieden, die für ein erfolgreiches Selbstmanagement bedeutsam sind (vgl. Tabelle 4.1). Die neun Bausteine sind in einem integrativen und dynamischen Modell zusammengefügt. Jeder Baustein bezieht sich auf einen Schwerpunktbereich, der für ein effektives Selbstmanagement besonders relevant ist.

Für jeden Baustein lassen sich Verhaltensindikatoren (= beobachtbare Verhaltensmerkmale) identifizieren, die erforderlich sind, um im jeweiligen Baustein über die entsprechende Selbstmanagement-bezogene Kompetenz zu verfügen. Zusammen ergibt sich daraus ein idealtypisches *Portfolio an Verhaltensindikatoren für die Selbstmanagement-Kompetenz.* In den einzelnen Bausteinen des Modells lassen sich auf dieser Basis Stärken und Schwächen bezogen auf das individuelle Selbstmanagement identifizieren. Diese wirken entsprechend fördernd oder hindernd, um die Zielsetzung der Selbstmanagement-Kompetenz zu realisieren: Leistungsfähigkeit, Leistungsbereitschaft, Wohlbefinden und Balance zu fördern und langfristig zu erhalten. Damit die Zielsetzung der Selbstmanagement-Kompetenz erreicht werden kann, ist es wesentlich, vorhandene Stärken zu erkennen und auf ihnen aufzubauen, notwendige Veränderungspotenziale zu identifizieren und diese mittels gezielter Entwicklungsmaßnahmen zu realisieren.

Tabelle 4.1   Die neun Bausteine der Selbstmanagement-Kompetenz im Überblick

Bausteine des dynamischen Kernmodells (= Wirkungskräfte)
Selbstverantwortung (→ Werte- und Haltungsebene)
Selbsterkenntnis (→ Reflexionsebene)
Selbstentwicklung (→ Umsetzungsebene)

Weitere Bausteine
Ziele
Zeit & Informationen
Physische & psychische Gesundheit
Soziale Beziehungen
Selbstkontrolle & Selbstregulation
Weitere relevante Aspekte der Persönlichkeit

Zwischen den Bausteinen bestehen vielseitige **Wechselwirkungen.** In der Regel hat eine Veränderung in einem Baustein Auswirkungen auf andere Bausteine und auf die Selbstmanagement-Kompetenz insgesamt. Wichtig ist herauszufinden, wo die zentralen Ansatzpunkte für notwendige Veränderungen und Entwicklungsschritte sind.

Das Portfolio an Verhaltensindikatoren der Selbstmanagement-Kompetenz dient somit als Orientierungsrahmen, um die eigene Selbstmanagement-Kompetenz bzw. die von Mitarbeitenden zu beurteilen und zu entwickeln.

4.2   Dynamisches Kernmodell der Selbstmanagement-Kompetenz

Die Bausteine *Selbstverantwortung, Selbsterkenntnis* und *Selbstentwicklung* bilden mit ihren Wechselwirkungen das dynamische Kernmodell der Selbstmanagement-Kompetenz. Für die drei Bausteine wird deshalb auch der Begriff *Wirkungskräfte der Selbstmanagement-Kompetenz* verwendet. Damit soll zum Ausdruck gebracht werden, dass Selbstverantwortung, Selbsterkenntnis und Selbstentwicklung die zentralen Kräfte sind, damit Selbstmanagement zielgerichtet, ganzheitlich und nachhaltig erfolgen kann.

Selbstverantwortung, Selbsterkenntnis und Selbstentwicklung sind im Modell an drei Ebenen gekoppelt. Der Baustein Selbstverantwortung repräsentiert die Werte- und Haltungsebene, der Baustein Selbsterkenntnis die Reflexionsebene und der Baustein Selbstentwicklung die Umsetzungsebene (vgl. Abbildung 4.1).

Abbildung 4.1 Das dynamische Kernmodell der Selbstmanagement-Kompetenz

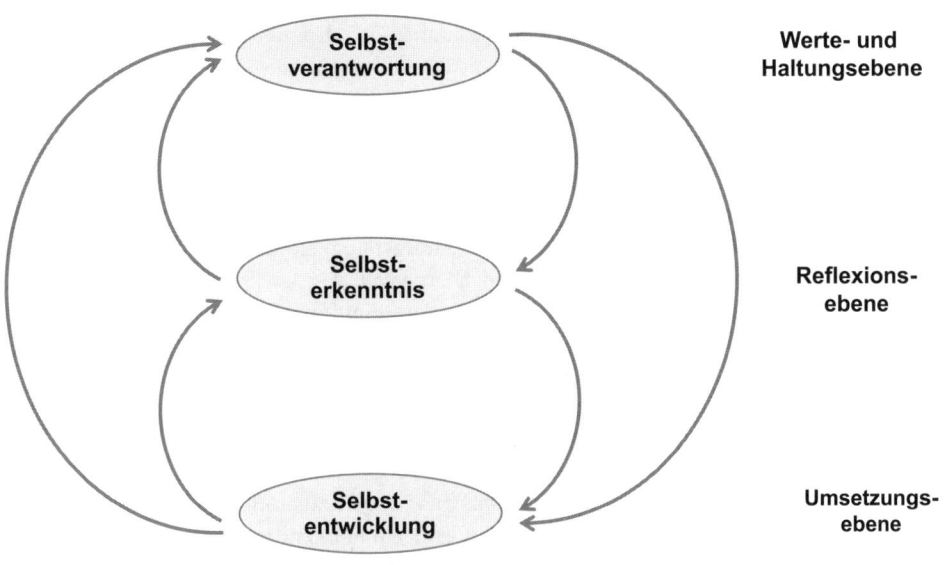

Quelle: Eigene Darstellung

Das *dynamische Kernmodell* verdeutlicht einerseits, dass die Entwicklung der Selbstmanagement-Kompetenz ein fortwährender Prozess ist, der in verschiedenen Schritten erfolgt und aus zahlreichen Wechselwirkungen besteht. Andererseits wird aufgezeigt, dass immer alle drei Wirkungskräfte gleichermaßen zu berücksichtigen sind: Selbstverantwortung, Selbsterkenntnis und Selbstentwicklung. Fehlt eine der drei Wirkungskräfte, wird das Ziel der Selbstmanagement-Kompetenz (= Leistungsfähigkeit, Leistungsbereitschaft, Wohlbefinden und Balance fördern und langfristig erhalten) nicht oder nicht vollumfänglich erreicht. Dies wird beispielsweise deutlich, wenn mittels Selbsterkenntnis die klare Einsicht vorhanden ist, was im Leben verändert werden sollte, aber wenn der Schritt zum Tun (Baustein Selbstentwicklung) nicht realisiert wird; dann bleibt es bei nicht umgesetzten Absichten. Oder: Die Anwendung von Zeitmanagement-Techniken kann zwar die eigene Effizienz erhöhen (Baustein Zeit & Informationen auf der Umsetzungsebene), aber wenn die Auseinandersetzung mit der Lebensphilosophie fehlt (Baustein Selbstverantwortung), kann dies dazu führen, dass trotz höherer Effizienz wesentliche Dinge im Leben unberücksichtigt bleiben und dadurch Wohlbefinden und Balance eingeschränkt sind.

Nachfolgend sind die drei Bausteine des dynamischen Kernmodells der Selbstmanagement-Kompetenz kurz ausgeführt, bevor dann auf die Wechselwirkungen im Modell eingegangen wird (für eine ausführliche Erörterung der Bausteine vgl. Kapitel 5 bis 7).

4.2.1 Selbstverantwortung (Werte- und Haltungsebene)

Der *Baustein Selbstverantwortung* repräsentiert die *Werte- und Haltungsebene* des Menschen. Selbstverantwortliches Denken und Handeln ist das übergeordnete Prinzip der Selbstmanagement-Kompetenz und Bedingung für effektives Selbstmanagement.

Selbstverantwortungskompetenz bedeutet, dass Menschen ihr Leben aktiv steuern und gestalten. Sie zeigen die Fähigkeit und Bereitschaft, für sich und ihre Bedürfnisse, Ziele und Werte einzustehen, und sie übernehmen Verantwortung für ihre Gedanken, Einstellungen, Emotionen und Verhaltensweisen. Sie gestalten ihr Leben so, dass einerseits Wohlbefinden und Balance ermöglicht und andererseits Leistungsfähigkeit und Leistungsbereitschaft kurz- und langfristig sichergestellt bzw. wiederhergestellt werden. Sie sind sich bewusst, in welche Richtung sie im Leben gehen wollen, so dass Sinn entsteht. Sie haben für sich ein persönliches Leitbild definiert und gestalten ihr Leben so, dass die wesentliche Dinge genügend Raum und Priorität erhalten. Sie sind sich ihrer Grenzen bewusst und können diese respektieren, vertreten und durchsetzen. Sie wissen, wann ein Nein zu anderen ein Ja zu sich selbst ist. Sie kommunizieren ihre Anliegen und sind bereit, Dinge oder Personen, die ihnen nicht guttun, loszulassen und nicht in der Vergangenheit verhaftet zu bleiben. Sie sind in der Lage, die dafür notwendigen Entscheidungen zu treffen und durchzustehen. Der Raum für Selbstbestimmung wird genutzt und wo notwendig, sukzessive und konsequent erweitert. Selbstverantwortungskompetenz bedeutet weiter, dass Menschen Verantwortung für sich übernehmen, indem sie Überlastungen anzeigen und Selbstfürsorglichkeit leben. Sinnkrisen werden als Chance für persönliches Wachstum erkannt und bei Bedarf wird frühzeitig Unterstützung aktiviert.

Im Baustein Selbstverantwortung ist somit die *Sinnfrage* verankert. Es geht darum, die eigene Grundhaltung im Leben zu definieren und ein persönliches Leitbild (Lebensphilosophie und Lebensvision) zu entwickeln. Die Auseinandersetzung mit grundsätzlichen Lebensfragen ist essenziell, damit das Leben in die Richtung gesteuert wird, die mit den persönlichen Bedürfnissen, Zielen, Werten und Grenzen kongruent ist. Im Baustein Selbstverantwortung geht es darum, den *Kompass* einzustellen. In welche Richtung möchte ich mein Leben lenken? Welche Lebensprinzipien möchte ich verwirklichen? Für was will ich im Leben einstehen? Hier geht es somit letztlich um die Frage nach dem Sinn des eigenen Lebens.

Selbstverantwortung heißt auch, im *Spannungsfeld von Selbstbestimmung und Fremdbestimmung* für die eigenen Bedürfnisse und Werte einzustehen und sich aktiv dafür einzusetzen. Wichtig ist, das Bewusstsein dafür zu entwickeln, in welchen Lebensbereichen die Fremdbestimmung zu Konflikten mit eigenen Wertvorstellungen führt und sich negativ auf das eigene Wohlbefinden und die innere Balance auswirkt.

Selbstverantwortliches Denken und Handeln bedeutet, Schritt für Schritt Gestalter oder Gestalterin des eigenen Lebens zu werden. Wichtig ist, positive Erlebnisse zu ermöglichen, welche die Selbstwirksamkeit stärken, beispielsweise mittels Zielen, die einerseits motivierend und andererseits realistisch sind. Werden Ziele erreicht, hat dies einen positiven Einfluss auf die zukünftige Zielrealisierung.

4.2.2 Selbsterkenntnis (Reflexionsebene)

Der *Baustein Selbsterkenntnis* bezieht sich auf die *Reflexionsebene,* auf der Einsichten und Erkenntnisse gewonnen werden, die für das individuelle Selbstmanagement wesentlich sind. Selbsterkenntnis wird hier definiert als die Hinwendung des Erkennens auf das eigene Selbst (vgl. Häcker/Stapf 2009, S. 897 [188]).

Selbsterkenntniskompetenz bedeutet, dass Menschen über die Fähigkeit und die Bereitschaft verfügen, neue Erkenntnisse und Einsichten über sich selbst zu gewinnen. Sie nutzen verschiedene Quellen zur Gewinnung von Selbsterkenntnis und sind befähigt, eigene Gedanken, Emotionen und Verhaltensweisen zu reflektieren. Sie erkennen ihre Bedürfnisse, Motivationsbereiche und Werte und sind sich ihrer Kompetenzen und Potenziale bewusst. Sie betrachten Signale ihres Körpers als wichtige Informationsquelle für das eigene Wohlbefinden. Sie verfügen über die Fähigkeit, das eigene Leben reflektierend zu betrachten, und Ressourcen, aber auch Belastungsfaktoren und Problembereiche zu erkennen. Sie verschaffen sich ein klares Bild über die Ausprägung ihrer Leistungsfähigkeit und Leistungsbereitschaft, über ihr aktuelles Wohlbefinden und ihren Balancezustand. Sie erkennen, in welchen Bereichen von Selbstmanagement ihre Stärken liegen und in welchen Bereichen Veränderungen notwendig sind.

Es gibt verschiedene *Quellen*, mit denen Selbsterkenntnis gefördert werden kann. Neben Selbstreflexion sind dies Introspektion (nach innen gerichtete Selbstbeobachtung), Beobachtung des eigenen Verhaltens, Beobachtung anderer Menschen, Rückmeldungen anderer Menschen (Feedback, Fremdbild), meditative Praktiken sowie körperorientierte Methoden. Hilfreiche Fragen auf der Reflexionsebene beginnen häufig mit Interrogativpronomen wie: Wohin? Wie (zeigt es sich)? Welche/welcher/welches? Was? Wessen? Inwiefern? Inwieweit? Warum? Wieso? Wieso nicht? Weshalb? Wozu? Manchmal helfen jedoch Fragen, welche die kognitive Ebene ansprechen, nur bedingt weiter. Wesentliche Einsichten und Antworten werden auch mittels konzentrativer, körperorientierter oder kreativer Methoden und Techniken gefunden, wie beispielsweise Meditation, Focusing, Arbeit mit somatischen Markern, kreatives Schreiben oder Führen von Emotionstagebüchern.

Auf der Reflexionsebene werden mittels der Gewinnung von Selbsterkenntnis die Grundlagen für die *Entwicklung von Zielen* gelegt. Dies können Haltungsziele im Sinne des Zürcher Ressourcen Modells sein, Ergebnisziele im Sinne von SMART-Zielen oder auch Verhaltensziele (vgl. hierzu die Ausführungen im Baustein Ziele, Kapitel 8.2.3). Die Entwicklung von Zielen wird hier im Modell der Reflexionsebene zugeordnet, weil es im Rahmen der Zielbildung um die Klärung von Bedürfnissen und Motiven geht: Was will ich tun? Was will ich erreichen? Die Realisierung der Ziele erfolgt dann auf der Umsetzungsebene.

4.2.3 Selbstentwicklung (Umsetzungsebene)

Auf der *Umsetzungsebene* steht der *Baustein Selbstentwicklung* im Zentrum. Selbsterkenntnis bildet die Basis, damit Selbstentwicklung zielgerichtet erfolgen kann.

Selbstentwicklungskompetenz bedeutet, dass Menschen die Fähigkeit und die Bereitschaft besitzen, zu lernen, zu wachsen und sich weiterzuentwickeln. Sie haben lebenslanges Lernen als Prinzip verinnerlicht. Sie sind in der Lage, Bedürfnisse und persönliche Entwicklungsziele in Handlungen zu überführen und so das Leben in die Richtung zu steuern, die dem entspricht, was sie erreichen möchten. Sie können sich von Zielen und Ansprüchen lösen, die unerreichbar geworden sind, und besitzen Flexibilität in Bezug auf ihre Lebensgestaltung. Selbstentwicklungskompetenz heißt weiter, dass Menschen ihre Zukunft aktiv gestalten. Sie steuern ihre berufliche Laufbahn selbstverantwortlich, so dass Kompetenzen und Potenziale eingesetzt werden können, Erfolge erzielt werden und Wohlbefinden und Balance im Leben vorhanden sind. Sie schaffen in sich die Voraussetzungen, um ein privates Umfeld zu gestalten, das den eigenen Vorstellungen entspricht – materiell und immateriell. Sie ergreifen Handlungsspielräume, probieren neue Verhaltensweisen aus und gehen auch Risiken ein, um das Leben so zu gestalten, dass es mit den eigenen Bedürfnissen, Zielen, Werten und Grenzen in Einklang ist. Sie sind befähigt, gewünschte Einstellungen, Emotionen und Verhaltensweisen zu erzeugen, und suchen sich die dafür notwendige Unterstützung. Sie sind fähig und auch bereit, gesundheitsförderliches Verhalten zu entwickeln. Selbstentwicklungskompetenz bedeutet letztlich, dass Menschen in der Lage sind, sich selbst so zu entwickeln und zu verändern, dass Leistungsfähigkeit, Leistungsbereitschaft, Wohlbefinden und Balance gefördert und langfristig erhalten werden. Selbstentwicklung dient somit dazu, durch konkrete Handlungen und Entwicklungsschritte Selbstmanagement-Kompetenz zu erweitern und zu sichern.

Beim Baustein Selbstentwicklung sind Fragestellungen hilfreich, die beispielsweise mit folgenden Interrogativpronomen anfangen: Wie? Wann? Bis wann? Wo? Mit Unterstützung durch wem? Es geht darum festzulegen, welche der im Rahmen von Selbsterkenntnis gewonnenen Einsichten, Erkenntnisse und Ziele in Handlungen überführt werden sollen. Auf der Umsetzungsebene geht es insbesondere darum, konkrete *Maßnahmen, Handlungsschritte und Pläne* zu entwickeln, die anschließend schrittweise realisiert werden. Es gibt eine Fülle von Techniken und Methoden, die beispielsweise helfen, die richtigen Prioritäten zu setzen, übersichtliche Pläne zu erstellen und eine funktionierende Tagesplanung aufzustellen. Wichtig ist zu beachten, dass Menschen unterschiedliche Persönlichkeitsstrukturen haben. Es gibt Menschen, die sehr gut mit detaillierten Plänen umgehen können und sich dadurch nicht eingeengt fühlen. Andere fühlen sich jedoch durch Pläne in ihrer Kreativität beeinträchtigt und in ihrem Freiraum eingeschränkt. Jede Person ist gefordert, ihre ganz persönliche Form der Effizienz und Effektivität zu finden.

Auf der Umsetzungsebene sind insbesondere *Fähigkeiten zur Selbstkontrolle und Selbstregulation* erforderlich. Der Mensch ist mit Hilfe des Willens (= Selbstkontrolle) in der Lage, entgegen inneren Impulsen und Gewohnheiten Ziele zu verfolgen und in Handlungen zu überführen. Er kann die Anstrengung aufbringen, den vorhandenen inneren und äußeren

Ablenkungen von einer definierten Zielvorgabe entgegenzuwirken – auch wenn dabei andere Bedürfnisse oder beabsichtigte Handlungen zurückgestellt werden müssen. Bei der Selbstregulation geht es u. a. darum, positive Gefühle wiederherzustellen, die bei schwierigen Aufgaben verloren gehen können (= Selbstmotivierung), und die Fähigkeit zu entwickeln, negative Gefühle abwechselnd auszuhalten und zu bewältigen (= Selbstberuhigung) (vgl. Martens/Kuhl 2009, S. 78 [189]).

4.2.4 Wechselwirkungen zwischen den Bausteinen Selbstverantwortung und Selbsterkenntnis

Die durch verschiedene Quellen von Selbsterkenntnis erlangten Einsichten und Erkenntnisse helfen einerseits, Antworten auf existenzielle Lebensfragen und -themen auf der Werte- und Haltungsebene zu finden. Dies wird durch den *Pfeil vom Baustein Selbsterkenntnis zum Baustein Selbstverantwortung* verdeutlicht (vgl. Abbildung 4.1).

Selbsterkenntnis liefert Antworten zu grundlegenden Fragestellungen, welche den Baustein Selbstverantwortung bestreffen: Welche Bedürfnisse habe ich auf der physischen, mentalen, sozialen und geistigen/spirituellen Ebene? Welches sind meine zentralen Werte? Welche Anliegen möchte ich im Leben realisieren? Was erzeugt für mich Sinn? Mittels der Gewinnung von Selbsterkenntnis werden auch wichtige Einsichten und Erkenntnisse erlangt, welche die anderen Bausteine der Selbstmanagement-Kompetenz betreffen, beispielsweise wie der Umgang mit der Ressource Zeit ist, welche Belastungen im persönlichen und beruflichen Umfeld vorhanden sind oder welche Kompetenzen im Beruf noch weiter entwickelt werden sollten. Die Gewinnung von Selbsterkenntnis führt gesamthaft zu mehr Klarheit und zur Einsicht, wie sich *gelebte Selbstverantwortung* im beruflichen und persönlichen Kontext ausdrückt und manifestiert (z. B. Ansprechen von belastenden Situationen, Erkennen, wo Grenzen gesetzt werden müssen, Einstehen für die eigenen Werte, Bereitschaft entwickeln, die notwendigen Konsequenzen zu ziehen).

Der *Pfeil vom Baustein Selbstverantwortung zum Baustein Selbsterkenntnis* macht deutlich, dass die *Haltung,* aus der heraus Selbstverantwortung gelebt wird, sich auch darin zeigt, wie eingehend, umfassend und ehrlich Selbstreflexion betrieben wird (vgl. Abbildung 4.1). Ist beispielsweise die Bereitschaft da, die eigene Lebenssituation unvoreingenommen zu betrachten oder die Wirkung von Verhaltensweisen zu erkennen? Werden Signale des Körpers ausreichend ernst genommen? Selbstverantwortung stärkt die Bereitschaft, sich in allen Facetten zu begegnen und Körpersignale sowie Rückmeldungen von außen ernst zu nehmen. Für manche Menschen kann es besonders wichtig sein, die eigenen Stärken zu erkennen und anzunehmen oder die eigene Kraft zu spüren und zuzulassen. Für andere Menschen kann es ein wichtiger Entwicklungsschritt sein, persönliche Schwächen zu ergründen und anzunehmen. Selbsterkenntnis braucht den Mut, sich selbst zu begegnen. Hier hilft die Auseinandersetzung mit den eigenen Werten und Visionen, die zum Baustein Selbstverantwortung gehört.

4.2.5 Wechselwirkungen zwischen den Bausteinen Selbsterkenntnis und Selbstentwicklung

Der Unterschied zwischen der Reflexions- und der Umsetzungsebene besteht darin, dass auf der Reflexionsebene die Gewinnung von Erkenntnissen und die Herausarbeitung von Bedürfnissen und Zielen im Fokus steht – also vorbereitende Tätigkeiten und Prozesse, die auf der Umsetzungsebene dann in konkrete Handlungen münden sollten. Dieser Prozess wird durch den *Pfeil vom Baustein Selbsterkenntnis zum Baustein Selbstentwicklung* gekennzeichnet (vgl. Abbildung 4.1).

Damit ein Motiv oder Ziel erfolgreich in eine Handlung überführt werden kann, wird die Herausbildung einer klaren Intention benötigt. Im Rubikon-Prozess (vgl. Kapitel 7.3.1.1) wird dies mit dem Schritt über den Rubikon beschrieben (vgl. Storch/Krause 2011, S. 63 ff. [190]). Der *Schritt über den Rubikon* repräsentiert den Schritt vom Wählen (= ein Ziel setzen) zum Wollen (= ein Ziel verfolgen) und symbolisiert im Modell der Selbstmanagement-Kompetenz gleichzeitig den Schritt von der Reflexionsebene auf die Umsetzungsebene. Ob dieser Schritt erfolgt ist und ob sich eine Person auf der Umsetzungsebene befindet, kann mittels *somatischer Marker* festgestellt werden. Ein somatischer Marker ist gemäß Damasio (2007, S. 237 ff. [191]) eine den Körper betreffende Wahrnehmung, die hilft zu unterscheiden, ob etwas als positiv oder als negativ eingestuft wird. Damasio weist jedoch auch darauf hin, dass somatische Marker nicht so zu verstehen sind, dass sie das Denken ersetzen. Somatische Marker helfen, die Genauigkeit und Nützlichkeit von Entscheidungsprozessen zu erhöhen. In normalen menschlichen Entscheidungsprozessen finden anschließend häufig noch ein logischer Denkprozess und eine abschließende Selektion statt.

Auf der Reflexionsebene werden somit die Voraussetzungen geschaffen, damit klare Intentionen für Veränderungsprozesse und Entwicklungsziele herausgebildet werden und Handlungen erfolgen können. Die *Stärke der Intention* ist das Produkt aus Wünschbarkeit (Stärke der Motivation) und Realisierbarkeit – beides muss hoch sein. Sie wird auf der Reflexionsebene (Gewinnung von Selbsterkenntnis) geprüft. Auf der Umsetzungsebene braucht es dann gegebenenfalls noch weitere Maßnahmen, damit der Schritt von der Intention zur Handlung erfolgen kann. Im Rubikon-Prozess gehört dies in die Phase „Präaktionale Vorbereitung". Hier werden Vorbereitungen getroffen, damit die Wahrscheinlichkeit erhöht werden kann, dass die neue Intention auch im Ernstfall umgesetzt wird (z. B. durch bewusstes oder unbewusstes Lernen). In der *Phase Handlung* erfolgt dann das zielrealisierende Handeln. Teilweise braucht es noch zusätzliches Lernen, damit auch in Situationen, die überraschend und unvorhersehbar auftreten oder mit Druck verbunden sind, die beabsichtigte Handlung konsequent realisiert werden kann (vgl. Storch/Krause 2011, S. 78 ff. [192]).

Der *Pfeil vom Baustein Selbstentwicklung zum Baustein Selbsterkenntnis* symbolisiert, dass Menschen durch ihre Handlungen und Entwicklungsprozesse viel über sich selbst erfahren (vgl. Abbildung 4.1). Durch Beobachten des eigenen Verhaltens, das auf der Umsetzungsebene sichtbar wird, oder durch Feedback von anderen Menschen zum eigenen Verhalten wird Selbsterkenntnis gefördert. Die Art und Weise, wie Ziele umgesetzt und erreicht werden, generiert zahlreiche wichtige Einsichten über innere Steuerungsprozesse (Selbstkontrolle und Selbstregulation). Dadurch wird beispielsweise deutlich, welche Zielerreichungs- und Selbstmotivierungsstrategien erfolgreich sind und welche nicht. Handlungen zeigen, wie ein Mensch auf Ablenkungen, Störungen und Unterbrechungen reagiert und wie sich dies auf die Leistung auswirkt. Handlungen haben einen Einfluss auf die Zufriedenheit und das subjektive Wohlbefinden und ermöglichen so Rückschlüsse, ob eine Handlung mit wesentlichen inneren Bedürfnissen kongruent ist. Auf der Umsetzungsebene wird zudem deutlich, welche Rahmenbedingungen ein Mensch braucht, um Ziele bestmöglich zu erreichen (z. B. kann ein Großraumbüro fokussiertes Arbeiten verhindern).

Das Ergebnis von Entwicklungsprozessen wird ebenfalls auf der Umsetzungsebene sichtbar und zeigt auf, in welcher Ausprägung der beabsichtigte Entwicklungsschritt bereits vollzogen werden konnte (z. B. Gelassenheit bewahren, wenn eine Vorgabe des Vorgesetzten sich kurzfristig ändert, oder mindestens zweimal pro Woche Sport betreiben). Dies erlaubt Rückschlüsse auf die innere Motivationslage oder inwiefern geforderte Kompetenzen bereits entwickelt worden sind bzw. welche weiteren Entwicklungsschritte noch anstehen. Wenn Menschen sich auf der Handlungsebene als kompetent erleben, stärkt dies die eigene Selbstwirksamkeitserwartung und das Selbstvertrauen.

4.2.6 Wechselwirkungen zwischen den Bausteinen Selbstverantwortung und Selbstentwicklung

Die Handlungen eines Menschen sind Ausdruck der eigenen Werte und Prinzipien bzw. sie zeigen auch auf, inwiefern diese konsequent im beruflichen und privaten Alltag berücksichtigt werden. Gelebte Selbstverantwortung wird auf der Umsetzungsebene sichtbar – durch Handlungen, die realisiert werden, und solche, die nicht oder nicht vollumfänglich stattfinden bzw. gelingen. Es geht darum, das persönliche Leitbild auf der Umsetzungsebene zu manifestieren und den wesentlichen Dingen im Leben Raum und Priorität einzuräumen. Dieser Zusammenhang wird durch den *Pfeil vom Baustein Selbstverantwortung zum Baustein Selbstentwicklung* symbolisiert (vgl. Abbildung 4.1).

Bleibt es nur bei Absichten, dann wird Selbstverantwortung nicht vollumfänglich gelebt. Die Bereitschaft, die eigenen Gedanken, Emotionen und Handlungen so zu regulieren, dass persönliche Ziele erreicht werden können und dass das Leben in die Richtung gelenkt wird, die mit den eigenen Grundwerten und Haltungen kongruent ist, ist entscheidend. Dies kann sehr viel Kraft und Mut erfordern. Menschen sind in soziale Systeme eingebunden, wodurch Fremdbestimmung, Abhängigkeiten und auch Gruppendruck erzeugt werden.

Der *Pfeil vom Baustein Selbstentwicklung zum Baustein Selbstverantwortung* verdeutlicht, dass das Leben in einen fortwährenden dynamischen Entwicklungsprozess integriert ist (vgl. Abbildung 4.1). Erfahrungen aus Entwicklungsprozessen können sich auf die Werte- und Haltungsebene auswirken. Positive Erfahrungen und Rückmeldungen können beispielsweise die Haltung stärken, noch konsequenter für die eigenen Prinzipien und Werte einzustehen. Manchmal hilft der erste Schritt auf der Umsetzungsebene, einen kontinuierlichen Prozess von Veränderung und Entwicklung in Gang zu setzen, beispielsweise sich für eine Weiterbildung in einem neuen Berufsfeld anzumelden, die dann später im Leben zu einer Tätigkeit führt, die mit den eigenen Werten übereinstimmt. Auf der Umsetzungsebene zeigt sich, ob die Ziele von Selbstmanagement-Kompetenz erreicht sind (Leistungsfähigkeit, Leistungsbereitschaft, Wohlbefinden und Balance fördern und langfristig erhalten). Wenn nicht, dann bedeutet dies, dass Selbstverantwortung noch nicht ausreichend wahrgenommen und gelebt wird.

4.3 Modell der Selbstmanagement-Kompetenz im Überblick

Abbildung 4.2 zeigt das Modell der Selbstmanagement-Kompetenz im Überblick. Bei der Bezeichnung der Bausteine wird keine Unterscheidung gemacht, ob sie auf der Reflexions- oder der Umsetzungsebene angesiedelt sind. Bei allen Bausteinen sind immer beide Ebenen relevant.

Abbildung 4.2 Modell der Selbstmanagement-Kompetenz

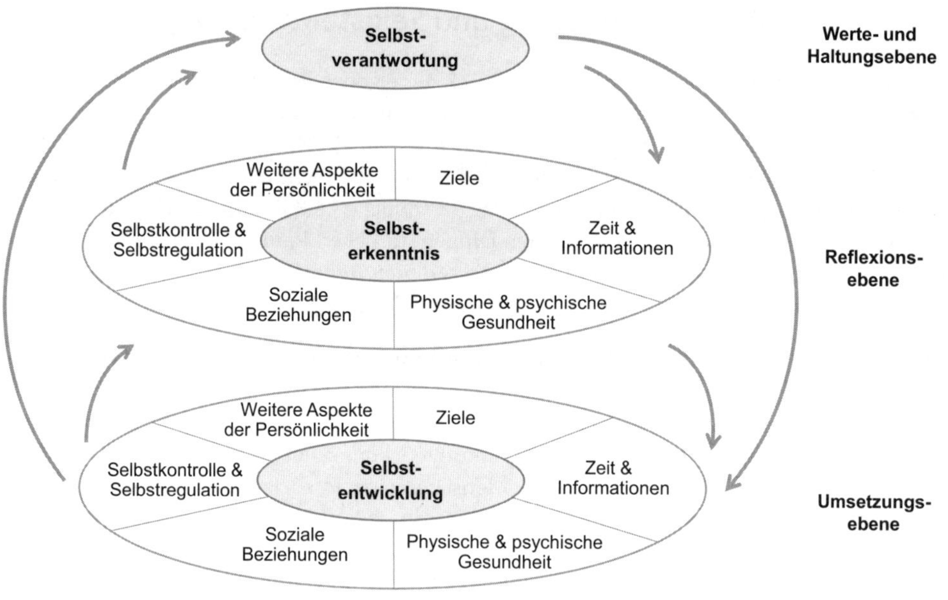

Quelle: Eigene Darstellung

Die verschiedenen Bausteine sind eng miteinander verknüpft und beeinflussen sich gegenseitig. Eine Veränderung in einem Bereich kann Auswirkungen auf andere Bereiche haben.

In der Regel werden Intentionen und Handlungen in verschiedenen Bausteinen benötigt, um gewünschte oder notwendige Veränderungen herbeizuführen. So kann beispielsweise die Entscheidung, das eigene Leben selbst in die Hand zu nehmen und sich nicht so stark von den Meinungen anderer beeinflussen zu lassen (Baustein Selbstverantwortung), die notwendige Energie geben, für sich neue Ziele zu definieren (Baustein Ziele) und notwendige Veränderungen zu initiieren – sei es, sich mehr Freiräume zu schaffen (Baustein Zeit & Informationen oder Gesundheit & Stress), eine neue Stelle zu suchen (Baustein Selbstentwicklung) oder sich von begrenzenden Beziehungen zu lösen (Baustein soziale Beziehungen). Oder wenn eine Person Klarheit bezüglich ihrer beruflichen Zielsetzungen geschaffen hat, kann dies helfen, notwendige Prioritäten zu setzen (Baustein Ziele) und auch die Disziplin aufzubringen, etwas konsequent weiterzuverfolgen (z. B. Bewerbungen schreiben, eine Weiterbildung machen) (Baustein Selbstkontrolle & Selbstregulation).

Nachfolgend sind zwei Beispiele ausgeführt, wie sich Selbstmanagement-Kompetenz zeigen kann und wie verschiedene Bausteine interagieren.

Beispiel 1

Sabine Meier ist 35 Jahre alt und fühlt sich in ihrem Job nicht mehr gefordert. Sie hat sich intensiv mit ihren Stärken und Bedürfnissen auseinandergesetzt und realisiert, dass einige ihrer Fähigkeiten in der jetzigen Funktion zu wenig genutzt werden (Baustein Selbsterkenntnis). Sie entscheidet sich, eine neue berufliche Herausforderung zu suchen (Baustein Selbstverantwortung). Da sie nicht genau weiß, wie diese Herausforderung aussehen soll und welche Möglichkeiten sie hat, geht sie zu einer Berufs- und Laufbahnberatung. Dort erhält Frau Meier Unterstützung, um für sich eine klare neue berufliche Zielsetzung zu finden und zu formulieren (Baustein Ziele). Um ihre Chancen auf dem Arbeitsmarkt zu erhöhen, benötigt sie eine zusätzliche Qualifizierung. Frau Meier studiert verschiedene Weiterbildungsangebote und entscheidet sich für eine zweijährige berufsbegleitende Ausbildung (Baustein Selbstentwicklung). Frau Meier muss nun verschiedene Prioritäten setzen. Sie entscheidet sich, während der Ausbildungszeit ihre Funktion als Trainerin der lokalen Volleyball-Mannschaft ihrer Stellvertreterin zu überlragen (Baustein Zeit & Informationen); dafür möchte sie jedoch mit der zweiten Ligamannschaft trainieren. Sie ist sich bewusst, dass sie einen Ausgleich zum Lernen braucht (Baustein physische und psychische Gesundheit).

Beispiel 2

Heinz Küng ist 52 Jahre alt, Vater von zwei Kindern im Alter von zwei und sechs Jahren und lebt mit seiner Familie in einem kleinen Haus in einem Vorort von Bern. Vor neun Monaten hat Herr Küng eine neue herausfordernde Funktion übernommen. Er wurde befördert und leitet nun ein Team von sieben Personen. Das Arbeitsumfeld ist sehr dynamisch und es kommt häufig vor, dass Herr Küng am Abend länger im Büro bleiben muss. Auch die letzten Wochenenden musste er zu Hause noch E-Mails beantworten und Unterlagen studieren. Er merkt, dass er zunehmend von der Arbeit absorbiert wird und nicht mehr genügend Zeit für seine Familie aufbringen kann. Er hat auch den Eindruck, dass er teilweise zu wenig organisiert ist und sich zu sehr von eingehenden Mails ablenken lässt (Baustein Selbsterkenntnis).

Nach einem Gespräch mit einem Arbeitskollegen entscheidet sich Herr Küng, dass er sein Leben anders organisieren und mehr Zeit für die Familie haben möchte. Wichtig ist ihm insbesondere, dass er seine Kinder auch unter der Woche regelmäßig sieht (Bausteine Selbstverantwortung und Ziele).

Zusammen mit seiner Partnerin vereinbart er, dass er an zwei Abenden pro Woche (Dienstag und Freitag) früher aus dem Büro kommt und seine Kinder ins Bett bringt (Baustein Zeit & Informationen). Herr Küng entscheidet sich auch, seine Arbeitsorganisation nochmals eingehend zu überprüfen. Er kauft sich ein Zeitmanagement-Buch und setzt während der nächsten drei Wochen jeweils am Wochenende zwei Stunden dafür ein, um das Buch zu lesen und durchzuarbeiten (Baustein Selbstentwicklung).

In beiden Beispielen haben sich die Personen entschieden, etwas zu verändern. Dieser Impuls ist essenziell: Menschen benötigen den Willen und die Motivation, das eigene Leben in die Richtung zu steuern, die dem entspricht, was sie wollen. Dies ist gelebte Selbstverantwortung.

Literatur

[188] Häcker, H. O./Stapf, K.-H. (Hrsg.) (2009): Dorsch. Psychologisches Wörterbuch, 15. Aufl., Bern.
[189] Martens, J.-U./Kuhl, J. (2009): Die Kunst der Selbstmotivierung. Neue Erkenntnisse der Motivationsforschung praktisch nutzen, 3. Aufl., Stuttgart.
[190] Storch, M./Krause, F. (2011): Selbstmanagement – ressourcenorientiert. Grundlagen und Trainingsmanual für die Arbeit mit dem Zürcher Ressourcen Modell (ZRM), 3. Nachdruck der 4. Aufl., Bern.
[191] Damasio, A. R. (2007): Descartes' Irrtum. Fühlen, Denken und das menschliche Gehirn, 5. Aufl., Berlin.
[192] Storch, M./Krause, F. (2011): Selbstmanagement – ressourcenorientiert. Grundlagen und Trainingsmanual für die Arbeit mit dem Zürcher Ressourcen Modell (ZRM), 3. Nachdruck der 4. Aufl., Bern.

Teil 2
Bausteine der Selbstmanagement-Kompetenz

In Teil 2 werden sämtliche Bausteine der Selbstmanagement-Kompetenz vertieft betrachtet. Einleitend wird eine *begriffliche Klärung* vorgenommen und auf die *Bedeutung des jeweiligen Bausteins* eingegangen. Im Anschluss werden bei jedem Baustein *ausgewählte relevante Themenstellungen* vertieft. Im letzten Abschnitt jedes Bausteins werden in einer Übersicht relevante *Verhaltensindikatoren* aufgeführt, die es braucht, damit eine Person über Kompetenz im jeweiligen Baustein verfügt. Hier sind auch mögliche Fragen integriert, die helfen können, das eigene Verhalten zu reflektieren. Die Zusammenstellung aller Verhaltensindikatoren gibt eine umfassende Konkretisierung von erfolgreichem Verhalten bezogen auf die Selbstmanagement-Kompetenz (das vollständige Portfolio an Verhaltensindikatoren findet sich in Kapitel 14.1). Zusätzlich werden im Überblick mögliche *Maßnahmen* aufgezeigt, wie Personen und Unternehmen die Kompetenz im jeweiligen Baustein entwickeln und fördern können. Diese Übersicht ist nicht als abschließend zu verstehen, sondern soll Impulse geben und die Vielfalt möglicher Maßnahmen aufzeigen.

Bei ausgewählten Bausteinen sind zur Veranschaulichung und Anregung *Übungen* integriert, die der Leser oder die Leserin selbst durcharbeiten kann. Es gibt unzählige Methoden, Techniken und Instrumente, die helfen können, die eigene Selbstmanagement-Kompetenz zu erweitern. Hier wird nur eine kleine Auswahl vorgestellt.

Bei den Bausteinen Selbstverantwortung und physische & psychische Gesundheit sind auch *Fallbeispiele aus Unternehmen* integriert. Hier wird anhand konkreter Beispiele aufgezeigt, wie Unternehmen die Selbstmanagement-Kompetenz – bezogen auf den entsprechenden Baustein – fördern können.

Tabelle	Die neun Bausteine der Selbstmanagement-Kompetenz im Überblick
	Bausteine des dynamischen Kernmodells (= Wirkungskräfte)
	Selbstverantwortung (→ Werte- und Haltungsebene)
	Selbsterkenntnis (→ Reflexionsebene)
	Selbstentwicklung (→ Umsetzungsebene)
	Weitere Bausteine
	Ziele
	Zeit & Informationen
	Physische & psychische Gesundheit
	Soziale Beziehungen
	Selbstkontrolle & Selbstregulation
	Weitere relevante Aspekte der Persönlichkeit

5 Baustein Selbstverantwortung

„Wenn wir weiterhin tun, was wir tun, bekommen wir auch in Zukunft, was wir jetzt bekommen."
(Covey/Merrill/Merrill 2007, S. 30 [193])

5.1 Begriff und Bedeutung von Selbstverantwortung

> *Selbstverantwortung* bedeutet, Verantwortung für das eigene Denken und Handeln zu übernehmen und das eigene Leben so zu steuern, dass Leistungsfähigkeit, Leistungsbereitschaft, Wohlbefinden und Balance gefördert und langfristig erhalten werden. Selbstverantwortung ist das übergeordnete Prinzip der Selbstmanagement-Kompetenz und *Bedingung für effektives Selbstmanagement*. Selbstverantwortung heißt, für sich und die eigenen Bedürfnisse, Ziele und Werte im Spannungsfeld von Selbstbestimmung und Fremdbestimmung einzustehen und *Verantwortung für die eigene Lebensgestaltung* in all ihren Facetten zu übernehmen.

Selbstverantwortung ist die treibende Kraft, damit Selbstmanagement-Kompetenz entwickelt und im Alltag gelebt wird.

> *Gelebte Selbstverantwortung* wird sichtbar, indem Menschen in den verschiedenen Bausteinen der Selbstmanagement-Kompetenz effektives Verhalten zeigen und so die Zielsetzung der Selbstmanagement-Kompetenz realisieren.

Selbstverantwortung beinhaltet konkret, sich mit der eigenen Lebensphilosophie und -vision auseinanderzusetzen und das Leben so zu gestalten, dass es Sinn schafft. Sie zeigt sich darin, dass der für die Gewinnung von Selbsterkenntnis notwendige Rahmen geschaffen wird, um die wesentlichen Dinge im Berufs- und Privatleben erkennen zu können. Die zur Verfügung stehende Zeit wird so gestaltet, dass die wesentlichen Dinge im Leben auch genügend Raum haben und nicht die Dringlichkeit die treibende Kraft ist. Ziele sind so definiert, dass sie handlungswirksam und somit stärkend sind. Es werden keine unrealistischen Erwartungen an die eigenen Fähigkeiten und Möglichkeiten gestellt. Selbstverantwortung impliziert, hilfreiche unterstützende Zeitmanagement-Methoden und -Techniken auszuprobieren, diese konsequent anzuwenden und eine zweckmäßige Tages-, Wochen- sowie Jahresplanung zu implementieren, damit die eigenen Ziele erreicht werden können. Selbstverantwortung bedeutet, vorhandene Ressourcen zu nutzen und neue Ressourcen zu aktivieren, Entspannungstechniken für den Umgang mit Belastungen anzuwenden, die eigene Energie und Vitalität mittels geeigneter Techniken aufzubauen und gesundheitsförderliches Verhalten zu entwickeln. Selbstverantwortung heißt weiter, ein soziales Beziehungsnetz aufzubauen und zu pflegen, welches eine Quelle von Rückhalt und Freude ist. Notwendige Unterstützung wird frühzeitig gesucht. Methoden der Selbstkontrolle und Selbstregulation werden genutzt, um zielrealisierendes Handeln zu ermöglichen. Die Bedeutung von lebenslangem Lernen ist erkannt und entsprechende Maßnahmen werden frühzeitig umgesetzt.

Selbstverantwortung bedeutet somit, das eigene Leben eigenverantwortlich zu gestalten und nicht primär äußere Umstände für die aktuelle Lebenssituation verantwortlich zu machen. Vorhandene Einflussbereiche werden genutzt, Grenzen erkannt und neue Einflussmöglichkeiten und Gestaltungsbereiche gesucht und im Rahmen der Möglichkeiten sukzessive erweitert. Menschen, die tendenziell aus einer Opferhaltung heraus reagieren, tendieren dazu, Entschuldigungen und Ausreden zu finden, die belegen sollen, dass ihnen keine Schuld zukommt, wenn etwas nicht geklappt hat oder wenn bestimmte Ziele, von denen sie vor einigen Tagen so begeistert gesprochen haben, nun doch nicht zu erreichen sind. Diese Strategie kann kurzfristig Entlastung bringen, aber sie bedeutet auch, wichtige Gestaltungsmöglichkeiten zu vermeiden, die zu selbstverantwortlichem Denken und Handeln gehören (vgl. Martens/Kuhl 2009, S. 65 [194]).

Die bekannte *Darstellung der drei Affen* kann als Metapher herangezogen werden, um wesentliche Aspekte von Selbstverantwortung darzulegen.[4] Selbstverantwortung bedeutet:

- *Die Augen öffnen:* Das eigene Selbst und die aktuelle Arbeits- und Lebenssituation offen und vorbehaltlos zu betrachten, eigene Stärken und Schwächen zu erkennen, die Wirkung von Gedanken, Einstellungen, Emotionen und Verhaltensweisen zu sehen, die eigene Lebenssituation mit all ihren angenehmen und unangenehmen Aspekten wahrzunehmen und anzunehmen. Es geht um die Schaffung von Klarheit.

- *Die Ohren öffnen:* Auf die innere Stimme zu hören und den inneren und äußeren Raum zu schaffen, so dass sie auch gehört werden kann. Es geht weiter darum, im sozialen Umfeld Feedback zu suchen und so das eigene Selbstbild zu überprüfen und zu erweitern.

- *Den Mund öffnen:* Dies bedeutet, die eigene Wahrheit auszusprechen, für sich einzustehen, die eigene Meinung zu vertreten, Grenzen zu setzen, nein zu sagen, aber auch ja zu sagen, Bedürfnisse zu äußern, Konflikte anzusprechen und um Unterstützung zu bitten.

5.2 Frage nach dem Sinn des Lebens

Ein wichtiger Aspekt von Selbstverantwortung ist, das eigene Leben so zu gestalten, dass es Sinn ergibt und schafft. Mögliche Antworten auf die Frage nach dem Sinn des Lebens be-

---

4   Die ursprüngliche Bedeutung der drei Affen in Japan kommt in folgendem Zitat von Konfuzius zum Ausdruck: „Was nicht dem Gesetz der Schönheit [= angemessenes Verhalten] entspricht, darauf schaue nicht; was nicht dem Gesetz der Schönheit entspricht, darauf höre nicht; was nicht dem Schönheitsideal entspricht, davon rede nicht; was nicht dem Schönheitsideal entspricht, das tue ich nicht." (Wilmer 1975, S. 121 [195], Ergänzung durch Autorin)

ruhen häufig auf philosophischen oder religiösen Überzeugungen. Meist beschäftigen sich Menschen im Alltag nicht mit der Sinnfrage. Wenn jedoch Ereignisse auftreten, die sich nicht in das vorhandene Sinnkonzept integrieren lassen, kann dies zu einer existenziellen Sinnkrise führen (z. B. Enttäuschungen, Krankheiten, Scheidung, Verlust einer nahestehenden Person oder Anforderungen einer neuen Lebensphase). Solche Krisen können dann dazu führen, dass sich Menschen vertieft mit der Frage nach dem Sinn des Lebens auseinandersetzen. Damit verbunden sind auch die Fragen nach Glück oder dem Sinn von Leiden. Die Frage nach dem Sinn des Lebens ist zudem eng an die Frage nach den wesentlichen Dingen im Leben geknüpft.

Viktor Frankl, Begründer der Logotherapie, weist in seinen Ausführungen auf die Bedeutung des Sinns des Lebens für die eigene Lebensfähigkeit hin. Der Mensch kann in seinen Augen nur dann überleben, wenn er auf etwas hin lebt. Frankl sieht den Sinn des Menschseins darin, **einer Sache zu dienen oder einen Menschen zu lieben** (vgl. Frankl 2005a, S. 125 [196]).

„Menschsein weist über sich selbst hinaus, es verweist auf etwas, das nicht wieder es selbst ist. Auf etwas oder auf jemanden. Auf einen Sinn, den zu erfüllen es gilt, oder auf anderes menschliches Sein, dem wir begegnen. Auf eine Sache, der wir dienen, oder auf eine Person, die wir lieben. Und Menschsein ist in dem Maße gestört, in dem es diese Selbst-Transzendenz nicht verwirklicht und auslebt." (Frankl 2005a, S. 125 [196])

Covey/Merrill/Merrill (2007, S. 44 ff. [197]) verfolgen einen Ansatz, dass es im Leben darum geht, **inneres Feuer** zu entfachen. Dieses entsteht, wenn die vier Bedürfniskategorien des Menschen ganzheitlich berücksichtigt sind: leben (physische Ebene), lieben (soziale Ebene), lernen (mentale Ebene) und ein Lebenswerk erschaffen (spirituelle Ebene). Wird eine Ebene vernachlässigt, ist die Lebensqualität eingeschränkt (vgl. hierzu auch die Ausführungen in Kap. 6.2.4).

Für einen Menschen geht es im Leben darum, sinnvoll zu leben bzw. einen Sinn zu finden, der jedoch wandelbar und hinterfragbar ist (vgl. Frankl 2005b, S. 306 [197]). Der Sinn des Lebens kann nicht von außen vorgegeben oder von jemandem erzeugt werden, sondern Sinn kann von einem Menschen nur gefunden werden (vgl. Frankl 2005a, S. 25 [199]). Das Ziel der Frage nach dem Sinn kann gemäß Frankl nicht sein, den absoluten Sinn des Lebens zu finden – dazu ist der Mensch nicht in der Lage. Es muss vielmehr danach gefragt werden, was der Sinn für eine konkrete Person und konkrete Situation ist. **Sinn zeigt sich somit immer personen- und situationsbezogen** (vgl. Frankl 2005b, S. 306 [200]).

Für Frankl ist das Fragen und Ringen um Sinn und damit verbunden die Sinnkrise etwas, das den Menschen als Menschen auszeichnet. Er empfiehlt, Sinnkrisen und entsprechende Durststrecken durchzustehen und die Sinnzweifel nicht so schnell wie möglich durch einen verfrühten Zugriff auf irgendein Sinnangebot zu beseitigen (vgl. Raskob 2005, S. 6 und S. 176 [201]).

Wichtig ist jedoch, dass ein **Gefühl von Sinnlosigkeit** – sei es im Leben allgemein oder im Berufsleben – ernst genommen wird und entsprechende Schritte eingeleitet werden. Bezogen auf die berufliche Tätigkeit kann beispielsweise mittels einer Standortbestimmung ergründet werden, welches die Ursachen für das Gefühl von Sinnlosigkeit oder Leere sind. Diese Erkenntnisse bilden die Basis, um zu prüfen, ob die jetzige Tätigkeit neu ausgestaltet werden kann/soll oder ob eine berufliche Veränderung angezeigt ist.

„Standortbestimmungen unterstützen Mitarbeitende dabei, [...] eine berufliche Tätigkeit zu finden, die mit den eigenen Werten, Wünschen sowie beruflichen und privaten Zielvorstellungen übereinstimmt, und letztlich kann sie wichtige Impulse geben, wie das Leben sinngebend und erfüllend gestaltet wird." (Graf 2009, S. 198 f. [202])

Die Beantwortung der folgenden Fragen im Rahmen einer persönlichen Standortbestimmung ist hilfreich, um **Antworten auf die Frage nach dem Sinn** zu finden: „Was für ein Leben will ich führen?", „In welche Richtung will ich im Leben gehen?", „Was sind die wesentlichen Dinge in meinem Leben?". Diese Fragen bilden auch eine wichtige Grundlage, um ein persönliches Leitbild zu entwickeln, das als Orientierungsrahmen (= Kompass) für die kurz- und langfristige Lebensplanung und -gestaltung dient (auf das Vorgehen zur Entwicklung eines persönlichen Leitbilds wird in Kapitel 5.4 eingegangen). Auf dieser Basis können dann einerseits sinnvolle berufliche und persönliche Ziele definiert und andererseits die Zeit so gestaltet werden, dass die wesentlichen Dinge im Leben ausreichend Raum und Priorität haben.

5.3 Ausrichten der Lebensgestaltung an Werten und Prinzipien

Eng mit der Frage nach dem Sinn des Lebens ist auch die Frage nach den persönlichen Werten und Wertvorstellungen verbunden. Das Berücksichtigen von Werten bei der Lebensgestaltung ist ein wesentlicher Aspekt des Bausteins Selbstverantwortung.

„Von klein auf begegnen Menschen ihrer Umwelt nicht nur erkennend, sondern auch wertend. Als Einzelne wie als Gruppen machen sich Menschen eine Vorstellung davon, was gut, wünschenswert und vorzüglich ist – aber ebenso von dessen Gegenteil! So erwerben sie nicht nur eine Vorstellung des Wertvollen, sie entwickeln diese auch weiter (Wertewandel, Wertekombination), sie versuchen das subjektiv Wertvolle zu verallgemeinern (objektive Werte, Grundwerte); und sie wollen diese „ihre" Werte an die Nachkommen weitergeben (Werteerziehung, Wertekommunikation, Wertetradierung)." (BAGJKS 2012 [203])

Werte beinhalten Vorstellungen, die ein Individuum als wünschenswert erachtet und die ihm Orientierung verleihen. Forschungen konnten zeigen, dass persönliche Werte das Handeln von Menschen direkt beeinflussen (vgl. Borkowski 2011, S. 40 [204]). Wertvorstellungen sind kulturell geprägt (vgl. z. B. Hofstede/Hofstede 2011 [205]) und verändern sich über Generationen hinweg (vgl. z. B. Bruch/Kunze/Böhm 2010 [206]. Werte liegen an der Schnittstelle zwischen der Gesellschaft und dem Individuum. Für die Gesellschaft und deren Organisationen stellen sie eine Legitimationsgrundlage dar. Für ein Individuum bieten Werte eine Möglichkeit, sich mit dem umgreifenden System zu identifizieren (vgl. Rosenstiel 2006, S. 26 [207]).

Infolge des **Wertewandels** verändert sich auch die Bedeutung von Karriere und Arbeit über die Generationen hinweg. Im Erwerbsleben lassen sich derzeit *vier Generationen* unterscheiden: Nachkriegsgeneration (bis 1955 geboren), Baby-Boomer-Generation (zwischen 1955 und 1965 geboren), Generation X (zwischen 1965 und 1975 geboren) und Generation Y (ab 1975 geboren, wird auch Generation dot.com genannt). Gemäß Rump/Eilers haben die Nachkriegsgeneration und die Baby-Boomer-Generation ähnliche Werte – die Einstellung vieler Mitarbeitenden weist eine hohe Leistungsorientierung, einen hohen Berufsbezug und die Suche nach Beständigkeit auf. Im Gegensatz dazu weicht die Generation X schon in Teilen davon ab, und bei der Generation Y zeigen sich deutliche Unterschiede. Bei einer Vielzahl der Beschäftigten der jüngeren Generationen lässt sich keine Eindeutigkeit in der Werteorientierung finden. Diese Menschen bewegen sich eher in Spannungsfeldern: Lebensgenuss vs. Leistungsorientierung, Familie vs. Beruf, Individualisierung vs. Orientierung an gemeinsamen Zielen, Flexibilität vs. Suche nach Beständigkeit (vgl. Rump/Eilers 2006, S. 15 f. [208]).

Viele jüngere Menschen versuchen, Leistungsorientierung und Lebensgenuss miteinander zu verbinden. Sie suchen einerseits nach neigungsgerechten, herausfordernden Aufgaben und Entwicklungschancen; andererseits spielen Spaß an der Arbeit sowie Mitwirkung an Gestaltungs- und Entscheidungsprozessen eine immer wichtigere Rolle. Wenn die Aufgabenstellung motivierend ist und mit dem persönlichen Wertesystem und den individuellen Entwicklungsplänen übereinstimmt, zeigen diese Menschen ein hohes Maß an Leistungsstreben (vgl. Wunderer/Dick 2002, S. 26 ff. [209]).

Im Zuge des Wertewandels legen immer mehr Menschen Wert auf eine ausgewogene **Work Life Balance.** Der **Wunsch nach Teilzeitarbeit** steigt – auch bei Familienvätern. Nicht umgesetzte Wünsche nach Teilzeitarbeit können negative Folgen mit sich bringen, beispielsweise persönliche Unzufriedenheit, Motivationsverlust in der Arbeit, Absentismus, Minderleistungen, Spannungen in der Partnerschaft, schlechtes Gewissen. Eine ausgewogene Balance der verschiedenen Lebensbereiche ist nicht nur wesentlich für die Gesundheitserhaltung, sondern erhöht auch die Zufriedenheit (vgl. Schär Moser 2002, S. 142 ff. [210]).

Auf den Begriff Wert und verschiedene Kategorisierungen von Werten wird im Baustein Selbsterkenntnis vertieft eingegangen (vgl. Kapitel 6.2.3.1). Im Kontext des Bausteins Selbstverantwortung ist insbesondere relevant, dass die *persönlichen Grundwerte bei der Lebensgestaltung berücksichtigt* und *Wertekonflikte erkannt und bearbeitet werden*. Werte haben einen großen Einfluss darauf, ob sich Menschen in einer Umgebung und bei einer Handlung wohlfühlen. Wenn beispielsweise die persönlichen Werte eines Menschen nicht mit den in einem Unternehmen vorherrschenden Werten (die sich z. B. in der Strategie und Kultur oder im Führungsstil ausdrücken) übereinstimmen, kann dies zu Wertekonflikten führen. Diese können einen großen – teilweise auch unbewussten – Belastungsfaktor darstellen. Mögliche Folgen sind u. a. eine reduzierte Leistungserbringung (im Vergleich zum

Leistungspotenzial), innere Kündigung oder Präsentismus. Auch die im Bereich von Work Life Balance vorhandenen Rollenkonflikte beruhen häufig auf Wertekonflikten.

Im Kontext von Selbstmanagement ist wichtig, dass Menschen wissen, welches ihre Werte im Arbeits- und Privatleben sind und wo Wertekonflikte bestehen. So kann die eigene Lebensgestaltung in Richtung „Übereinstimmung mit grundlegenden Werten" gesteuert werden. Wertekonflikte lassen sich jedoch nicht immer ganz vermeiden und gehören auch zum Leben.

„Wertekonflikte sind im Wirtschaftsalltag […] nicht die Ausnahme, sondern die Regel." (Hamburger Stiftung für Wirtschaftsethik o. J., S. 6 [211])

Dilemma-Situationen bergen jedoch auch Handlungsspielraum und können Raum für Innovation und Entwicklung schaffen. Wichtig ist zu erkennen, wann solche Konflikte zu stark werden und negative Konsequenzen nach sich ziehen, beispielsweise für die Arbeitszufriedenheit, die Motivation und die Gesundheit. Dann ist entweder eine Anpassung der Einstellung oder eine Veränderung in der Lebensgestaltung angezeigt.

Die nachfolgende Übung dient dazu, sich mit den persönlichen Werten auseinanderzusetzen und zu reflektieren, wie sich die Werte im Alltag ausdrücken und wo Wertekonflikte bestehen.

> **Übung: Erkennen persönlicher Werte**
>
> 1. *Zusammentragen:* Welche Werte sind für Sie wichtig? Versuchen Sie, 5 – 10 Werte zu finden, die für Sie wesentlich sind. Notieren Sie diese entweder auf einem Blatt Papier oder auf Karten.
>
> 2. *Auswählen:* Markieren Sie anschließend die drei Werte, die für Sie am wichtigsten sind.
>
> 3. *Reflektieren:* Nehmen Sie sich mindestens 30 – 45 Minuten Zeit, um über folgende Fragen nachzudenken: Wie wirken diese drei Werte in Ihrem Leben? Woran sind diese Werte in Ihren Handlungen erkennbar – für sich und für andere? Wo bestehen gegebenenfalls Wertekonflikte? Wenn Sie diesen Werten mehr Raum geben würden, inwiefern würde sich Ihr Leben verändern?
>
> 4. *Aufschreiben:* Schreiben Sie Ihre Erkenntnisse auf und beobachten Sie in den nächsten Tagen, wie diese drei Werte und allfällige Wertekonflikte im beruflichen und privaten Alltag zum Ausdruck kommen.

Neben der Ausrichtung der Lebensgestaltung an Werten gilt es auch, gewisse *allgemeingültige Prinzipien* zu beachten. Wenn Menschen heute etwas säen, dann wird sich in der Zukunft auch das zeigen, was gesät wurde. Covey/Merrill/Merrill sprechen hier vom *Gesetz der Ernte*.

„Die Probleme im Leben entstehen daraus, dass man etwas sät und etwas ganz anderes ernten möchte." (Covey/Merrill, Merrill 2007, S. 54 [212])

Diese Gesetzmäßigkeit lässt sich auf alle Bedürfniskategorien anwenden (physische, soziale, mentale und geistige/spirituelle Bedürfnisse): So ist Gesundheit beispielsweise Ergebnis von gesundheitsförderlichem Verhalten, wertvolle Beziehungen bauen auf dem Prinzip von Vertrauen auf, Weiterentwicklung basiert auf echtem Engagement für kontinuierliches Lernen und Wachstum, und wie die Weisheitsliteratur aus Jahrtausenden aufzeigt, wird Erfüllung dadurch geschaffen, dass andere Menschen unterstützt werden (vgl. Covey/Merrill/Merrill 2007, S. 52 ff. [212]).

5.4 Persönliches Leitbild als Ausgangspunkt für die Lebensgestaltung entwickeln

Ein wesentliches Element, um Selbstverantwortung wahrzunehmen, ist die *Entwicklung eines persönlichen Leitbilds*. Dieses dient als Grundlage für die eigene Lebensgestaltung und als Orientierungsrahmen für die Selbstmanagement-Kompetenz. Fragen wie „Was ist mir am wichtigsten im Leben?", „Was will ich in meinem Leben sein und tun?" helfen, die notwendige Klarheit zu schaffen, die es für selbstverantwortliches Denken und Handeln und somit für Selbstmanagement-Kompetenz braucht (vgl. Tabelle 5.1). Die Antworten wirken sich darauf aus, welche persönlichen und beruflichen Ziele definiert und welche Entscheidungen getroffen werden. Die Lebensführung insgesamt wird davon beeinflusst.

> In einem *persönlichen Leitbild*, so wie es im Rahmen der Selbstmanagement-Kompetenz verstanden wird, werden Kernelemente der *Lebensphilosophie und Lebensvision* integriert. Ein persönliches Leitbild beschreibt, was Menschen mit ihrem Leben anfangen möchten, auf welchen Prinzipien ihr Tun und Sein beruhen soll. Es verdeutlich die wesentlichen Bedürfnisse und Werte eines Menschen. In einem persönlichen Leitbild zeigt sich, wie ein Mensch für sich den Sinn des Lebens definiert.

Die Begriffe Lebensphilosophie und Lebensvision hängen eng zusammen. Sie werden in der Alltagssprache häufig synonym verwendet, können jedoch auch wie folgt differenziert werden:

- Die *Lebensphilosophie* zeigt auf, wie ein Mensch leben möchte, was ihm wichtig ist, worin sich Sinn entfaltet, welche Bedeutung sozialen Beziehungen zukommt, welche Lebensform angestrebt wird etc. In Brockhaus (2012 [213]) wird Lebensphilosophie als „die Gesamtheit der Lebensweisheiten und -anschauungen eines Menschen" definiert. Bei Duden (2012 [214]) geht es um die „Art und Weise, das Leben zu betrachten".

- Wird von *Lebensvision* gesprochen, liegt der Fokus darauf, was Menschen im Leben erreichen möchten. Sie dient als Kompass oder als Leitstern, um die Richtung, den Weg zu definieren: Was will ich im Leben sein und tun? Wenn ich am Ende des Lebens zurückblicke, was möchte ich über mein Leben sagen können?

Die Kenntnis der eigenen Bedürfnisse und die konsequente Priorisierung wesentlicher Dinge im Leben sind von entscheidender Bedeutung für die *Lebensqualität*. Die Lebensqualität hängt jedoch nicht nur davon ab, dass Bedürfnisse erfüllt sind, sondern auch, wie Menschen nach ihrer Erfüllung streben. Die Antworten auf die nachfolgenden Fragen geben Auskunft darüber, was im Leben eines Menschen an erster Stelle steht.

Tabelle 5.1   Fragen für die Erstellung eines persönlichen Leitbilds

Was ist mir am wichtigsten?

Was gibt meinem Leben Sinn?

Was will ich in meinem Leben sein und tun?

Quelle: Covey/Merrill/Merrill 2007, S. 77 [215]

Die Antworten können in einem schriftlichen persönlichen Credo (= Leitbild) zusammengefasst werden. Es gibt dabei verschiedene mögliche Formen, beispielsweise als zusammenfassenden Text, in Briefform oder als eine Auflistung einzelner Punkte bzw. Aussagen in Form einer Checkliste. Die Aussagen in einem persönlichen Leitbild beschreiben, was ein Mensch mit seinem Leben anfangen will und auf welchen Prinzipien sein Sein und Handeln beruhen. Die Klarheit der drei aufgeführten Fragen ist wichtig, weil die Antworten einen Einfluss auf das gesamte Leben ausüben – auf die persönlichen und beruflichen Ziele, auf Entscheidungen und die Lebensführung insgesamt (vgl. Covey/Merrill/Merrill 2007, S. 77 f. [215]). Die nachfolgend aufgeführten Anweisungen helfen, die wesentlichen Bereiche im Leben noch weiter zu konkretisieren.

Tabelle 5.2   Zusätzliche Fragen für die Konkretisierung des persönlichen Leitbilds

Listen Sie die drei oder vier Dinge auf, die für Sie im Leben an erster Stelle stehen.
Erinnern Sie sich an langfristige Ziele, die Sie sich vielleicht gesetzt haben.
Denken Sie an die wichtigsten Beziehungen in Ihrem Leben.
Denken Sie an Beiträge zum Allgemeinwohl, die Sie leisten wollen.
Bekräftigen Sie die Gefühle, die Sie in Ihrem Leben haben wollen – Frieden, Zuversicht, Glück, Zugehörigkeit, Sinn.
Denken Sie darüber nach, wie Sie diese Woche verbringen würden, wenn Sie nur noch ein halbes Jahr zu leben hätten.

Quelle: Covey/Merrill/Merrill 2007, S. 80 [215]

Darüber hinaus können auch die im nachfolgenden Baustein Selbsterkenntnis aufgeführten Inhalte wichtige Hinweise für die Formulierung eines persönlichen Leitbilds geben (z. B.

Werte, Bedürfnisse, Kompetenzen). Nachfolgend ist zusammenfassend als Übung dargestellt, wie bei der Erstellung eines persönlichen Leitbilds vorgegangen werden kann.

Übung: Entwickeln eines persönlichen Leitbilds

1. *Beantworten der drei Fragen:* Beantworten Sie die in Tabelle 5.1 aufgeführten Fragen: Was ist am wichtigsten (in meinem Leben)? Was gibt meinem Leben Sinn? Was will ich in meinem Leben sein und tun?

   Es gibt verschiedene Möglichkeiten, diese Aufgabenstellung zu bearbeiten: Entweder Sie versuchen, die wichtigsten Punkte in max. 20 Minuten festzuhalten, oder Sie nehmen sich hierfür so viel Zeit, wie Sie brauchen. Erfahrungen aus Seminaren zeigen, dass 20 Minuten oft schon ausreichen, um die wesentlichsten Punkte zu finden. Es kann sich jedoch auch lohnen, mehr Zeit zu investieren und beispielsweise zuerst ein Bild zu malen oder eine Collage zu machen oder die Fragen während mehrerer Wochen in einem laufenden Prozess zu ergänzen.

2. *Formulieren Ihres Leitbilds:* Formulieren Sie anschließend für sich ein persönliches Leitbild – in Form eines Fließtexts, als Checkliste, als Mind-Map etc. Lassen Sie Ihrer Kreativität freien Lauf. Vielleicht möchten Sie die einzelnen Punkte auch mit Symbolen ergänzen oder ein Bild dazu malen.

3. *Überprüfen des Leitbilds:* Wenn Sie Ihr Leitbild schriftlich niedergelegt haben, überprüfen Sie es: Sind die wesentlichen Dinge in Ihrem Leben aufgeführt? Sind alle Bedürfniskategorien (physische, emotionale, mentale, geistige/spirituelle Ebene) berücksichtigt? Eine Möglichkeit ist auch, das Leitbild mit einer Ihnen nahestehenden Person zu besprechen. Legen Sie das Leitbild anschließend an einen besonderen Ort und definieren Sie für sich, wann sie das Leitbild wieder hervornehmen werden.

4. *Review:* Nehmen Sie das Leitbild am bestimmten Zeitpunkt (z. B. am Geburtstag) hervor. Inwiefern spiegelt das Leitbild Ihre jetzige Lebensgestaltung wider? Was müssten Sie an Ihrer Lebensgestaltung anpassen, damit das Leitbild mehr zum Tragen kommt? Bei Bedarf können Sie das Leitbild auch ergänzen. Es empfiehlt sich, das Leitbild nicht neu zu machen, sondern weiterzuentwickeln. Es spiegelt Ihre Entwicklungsgeschichte wider.

Gemäß Covey/Merrill/Merrill (2007, S. 78 f. [215]) ist die Verbindung zum eigenen Leitbild Voraussetzung für das Handeln nach dem Paradigma des Wesentlichen. Das Leitbild dient als Basis für die Bestimmung beruflicher und persönlicher Ziele und die anschließende Zeitplanung und -gestaltung. So wird sichergestellt, dass den wesentlichen Dingen im Leben genügend Raum und Priorität eingeräumt wird. Der Prozess der Bestimmung von Zielen – auf der Basis von Rollen – wird beim Baustein Ziele vorgestellt (vgl. Kapitel 8.3).

Im nächsten Kapitel wird nun das Thema Selbstverantwortung im Spannungsfeld von Selbstbestimmung und Fremdbestimmung erörtert.

5.5 Selbstverantwortung im Spannungsfeld von Selbstbestimmung und Fremdbestimmung

Wo fängt Selbstverantwortung an und wo hört sie auf? Selbstverantwortung ist in das Spannungsfeld zwischen Selbstbestimmung und Fremdbestimmung eingebunden. Nachfolgend wird dieses Spannungsfeld zuerst mit dem Konzept der interessierten Selbstgefährdung verdeutlicht, bevor weitere Aspekte unter dem Thema „Herausforderung Selbstverantwortung" bearbeitet werden.

5.5.1 Konzept der interessierten Selbstgefährdung

Das Konzept der interessierten Selbstgefährdung macht das Spannungsfeld von Selbstbestimmung und Fremdbestimmung deutlich. *Interessierte Selbstgefährdung* ist ein Verhalten, bei dem Menschen sich selbst dabei zusehen, wie das eigene Arbeitshandeln die eigene Gesundheit gefährdet – und zwar aus Interesse am beruflichen und unternehmerischen Erfolg. Menschen kommen zur Arbeit, auch wenn sie krank sind, sie verzichten regelmäßig auf Erholungspausen, sie arbeiten oftmals am Wochenende oder im Urlaub, sie arbeiten länger als zehn Stunden am Tag oder leisten in einem hohen Maß unbezahlte Überstunden. Diese Dynamik wird oftmals durch produktivitätssteigernde Managementkonzepte ausgelöst (vgl. Krause/Dorsemagen/Peters (2010a, S. 43 ff. [216]). Das folgende Beispiel veranschaulicht das Spannungsfeld von Selbstbestimmung und Fremdbestimmung.

> „Herr A. ist Produktionsleiter in dem Motorenwerk eines Automobilkonzerns. Eines Tages sucht der Konzern für den Motor des neuen Kleinwagens Kiwi einen Produktionsstandort, und der Vorstand bittet ihn um ein Angebot. Dabei macht er deutlich, dass auch die drei weiteren Werke des Konzerns um Offerten gebeten wurden. Herr A. weiß: Dieser Auftrag muss unbedingt an sein Werk gehen. Denn es hat beim letzten unternehmensinternen Vergleich als zweitschlechtestes Werk abgeschnitten. […] Er erarbeitet gemeinsam mit seinen vier Abteilungsleitern einen Kostenvoranschlag. Der ist knapp kalkuliert, aber noch realistisch. Als Antwort erhält Herr A. die Kostenvoranschläge der drei weiteren Werke. Zwei liegen etwas über, eines deutlich unter dem eigenen Angebot. Die Konzernleitung bittet alle Werksleitungen zu überprüfen, ob das eigene Angebot optimiert werden kann […]." (Krause/Dorsemagen/Peters 2010b, S. 33 [217]). Herr A. steht nun gemeinsam mit den Abteilungsleitern und Vertreter/innen von der Belegschaft vor der Herausforderung, entweder die Kosten in der Offerte tiefer anzusetzen, was bedeuten würde, dass zwar die Arbeitsplätze für die drei nächsten Jahre gesichert wären, aber alle Mitarbeitenden in den kommenden Jahren weit über ihre vereinbarten Arbeitszeiten hinaus arbeiten würden, oder aber das Risiko einzugehen, den Zuschlag nicht zu bekommen, wobei die Produktionsstätte aus Kostengründen gegebenenfalls ins Ausland verlagert werden würde. Was ist die richtige Entscheidung? Herr A. hat sich gemeinsam mit der Belegschaft für die erste Variante entschieden und den Zuschlag für die Produktion bekommen. Der Preis dafür ist die Verschlechterung der Arbeitsbedingungen zur

> Rettung zahlreicher Arbeitsplätze (vgl. Krause/Dorsemagen/Peters 2010b, S. 33 [217]). Dies ist ein Beispiel für interessierte Selbstgefährdung.

Es können *vier Faktoren* unterschieden werden, die im Unternehmen auf das Vorhandensein von interessierter Selbstgefährdung hinweisen (vgl. Krause/Dorsemagen/Peters 2010a, S. 43 f. [218]):

- *Leistungssteuerung im Unternehmen erfolgt über quantifizierbare Ziele, Ertragsorientierung und/oder Benchmarking:* Im Management by Objectives-Prozess (Führen durch Zielvereinbarung) werden die individuellen Ziele der Mitarbeitenden und die Ziele auf Team- oder Abteilungsebene mit Bezug zu Ertragskennzahlen oder quantitativen Kennzahlen gesetzt (z. B. Umsatz, Marktanteil, Produktionskosten, Budgetabweichungen, termingerechte Aussendungen, Kundenzufriedenheit, Kundenbeschwerden etc.). Auf der Basis dieser Kennzahlen werden externe und innerbetriebliche Vergleiche zur Bewertung der Produktivität und zur Identifizierung von Höchstleistungen und Minderleistungen vorgenommen. Hieraus werden Konsequenzen abgeleitet wie beispielsweise Bestwerte als Zielgröße für alle. Die eingesetzte Zeit (Anwesenheitszeit, Arbeitszeit) verliert an Bedeutung. Dies kann auch zu Konkurrenz der Teammitglieder untereinander führen und zu einer Verschlechterung des Arbeitsklimas insgesamt.

- *Mitarbeitende haben ein ausgeprägtes Kostenbewusstsein und rechnen mit, ob sich ihre Arbeit für das Unternehmen rentiert, oder sie vergleichen ihre Arbeitsergebnisse mit Kennzahlen:* Im Unternehmen werden Instrumente und Vorgaben eingesetzt, die dazu führen, dass die Beschäftigten ein ausgeprägtes Kostenbewusstsein entwickeln. Sie orientierten sich an der Frage, ob sich die eigene Arbeit oder die des Teams für das Unternehmen rentiert. Vergleiche mit anderen Personen, Teams oder Abteilungen werden systematisch vorgenommen und regelmäßig zurückgemeldet.

- *Das Arbeitsleben der Mitarbeitenden bewegt sich zwischen Extremen:* Das eine Extrem zeigt sich darin, dass mit hohem Engagement und euphorischen Gefühlen überlange Arbeitszeiten absolviert werden. Die Mitarbeitenden arbeiten regelmäßig abends, am Wochenende oder im Urlaub. Sie erleben starke Glücksgefühle durch den beruflichen Erfolg (verbunden mit Selbstwirksamkeit und einem hohen Selbstwertgefühl). Diese Erfolge werden auch gemeinsam gefeiert („Wir sind die Besten!"). Die Freizeit und das Privatleben werden vernachlässigt. Das andere Extrem ist gekennzeichnet durch Zweifel an der eigenen Leistungsfähigkeit und Angst vor Jobverlust. Mitarbeitende vergleichen sich mit anderen Personen oder Teams, die scheinbar mehr leisten. Sie leiden unter einem schlechten Gewissen, weil fachliche Aspekte aufgrund der ökonomischen Anforderungen vernachlässigt werden. Das Misstrauen und die Konkurrenzorientierung gegenüber Arbeitskolleg/innen und Vorgesetzten nehmen zu.

- *Mitarbeitende zeigen ohne Aufforderung Verhaltensweisen, von denen sie wissen, dass sich diese auf die Dauer negativ auf sie selbst auswirken:* Mitarbeitende arbeiten trotz Krankheit oder stark eingeschränkter Leistungsfähigkeit weiter. Sie nehmen Medikamente und verzichten auf Aktivitäten, die eine gesundheitsförderliche Wirkung haben (z. B. Sport, kulturelle Aktivitäten, Erholungsphasen, Arztbesuche). Betriebliche

Schutzvorschriften wie z. B. Arbeitszeitregelungen werden bewusst umgangen. Nicht arbeitsbezogene Aktivitäten werden auf die Arbeit ausgerichtet (z. B. Fastfood am Schreibtisch).

Diese Verhaltensweisen können zu Erschöpfung oder Burnout führen. Selbstausbeutung findet sich häufig bei freiberuflich und selbstständig tätigen Menschen und insbesondere bei Unternehmensgründungen. Wenn Kunden abspringen oder der Umsatz einbricht, wenn also die Existenz des Unternehmens bedroht ist, arbeiten Menschen oft ohne Rücksicht auf sich selbst. Dauern wirtschaftliche Schwierigkeiten über längere Zeit an, kann dies eine Person psychisch und physisch praktisch zermürben (vgl. Kieschke 2011, S. 743 [218]). Interessierte Selbstgefährdung zeigt sich auch, wenn sich einmalige Erfolgschancen oder neue Perspektiven für die eigene berufliche Entwicklung bieten. Immer mehr findet sich interessierte Selbstgefährdung jedoch auch bei angestellten Mitarbeitenden. In ergebnisorientierten Unternehmen lassen sich zunehmend *bestimmte psychische Beanspruchungen* beobachten (vgl. Krause/Dorsemagen/Peters 2010a, S. 44 [220]):

- *Zunehmende Konflikte zwischen fachlichem Gewissen und unternehmerischem Gewissen:* Dieser innere Konflikt zeigt sich beispielsweise, wenn die für Patient/innen eingesetzte Pflegezeit und Zuwendung aufgrund der knappen Personalressourcen reduziert werden muss, obwohl die eigenen Werte eine umfassende Pflege als wichtig für den Heilungsprozess erachten; oder wenn aus Kostengründen ein Softwareprogramm freigegeben werden muss, das noch Programmierfehler enthält und dies im Widerspruch mit dem eigenen Qualitätsverständis dem Kunden gegenüber steht.

- *Innere Zerrissenheit:* Innere Konflikte führen dazu, dass Menschen aus innerem Antrieb heraus Überstunden leisten oder krank zur Arbeit kommen, um den eigenen Erfolg zu sichern. Diese innere Zerrissenheit wird durch Arbeitsplatzunsicherheit noch verstärkt.

- *Schulderleben:* Mitarbeitende sehen sich selbst als Mitverursacher/in des zunehmenden Leistungsdrucks, indem sie beispielsweise in der jährlichen Zielvereinbarung hohe Ziele akzeptiert oder sogar selbst formuliert haben. Sie fühlen sich innerlich verpflichtet, diese auch zu erreichen – auch dann, wenn die Ziele unrealistisch sind.

- *Gruppendruck:* Mitarbeitende entwickeln zunehmend ein persönliches Interesse, dass ihre Arbeitskolleg/innen die gleiche Leistung wie sie erbringen. Leistungsschwächere oder Erkrankte werden zum Problem und sind nicht gerne gesehen. Ist das Unternehmen nicht bereit, bei Personalmangel oder Krankheit Ersatzpersonal zur Verfügung zu stellen, dann nehmen der Gruppendruck und damit die Bereitschaft zu, über die eigenen Leistungsgrenzen hinauszugehen.

- *Vereinzelung, Mangel an offener Kommunikation:* In besonders stark leistungsorientierten Unternehmen gilt: „Wer ein Problem hat, ist das Problem". Dies führt dazu, dass Menschen ihre Schwächen verheimlichen. Psychische Probleme werden nicht angesprochen. Dies kann so weit gehen, dass auch in Befragungen von Mitarbeitenden beschönigende Angaben gemacht werden. Gründe hierfür sind, dass Probleme verleugnet oder negative Konsequenzen befürchtet werden (z. B. stagnierende Karriere, Kündigung, Isolation im Team).

Interessierte Selbstgefährdung ist ein Thema, das Maßnahmen seitens der Unternehmen erfordert. Die Managementsysteme und -prozesse und die Unternehmenskultur sollten dahingehend überprüft werden, ob interessierte Selbstgefährdung gefördert wird und welche Hierarchieebenen betroffen sind (vgl. Krause/Dorsemagen/Richter 2010a, S. 45 [220]). Hierzu braucht es einen offenen Dialog zwischen Führung, Human Resource Management und Mitarbeitenden. Dies kann beispielsweise durch einen hierarchieübergreifenden und sanktionsfreien Mitarbeitendenbeirat ermöglicht werden. Wichtig ist, dass ein Rahmen von Vertrauen geschaffen wird, in dem Probleme offen angesprochen und Lösungen gesucht werden.

Auf der Ebene Management gilt es, sich mit den Schattenseiten der Produktivitätsgewinne auseinanderzusetzen, Belastungsfaktoren im Unternehmen zu erkennen und die Bereitschaft zu haben, diese auch abzubauen. Hier kann ein betriebliches Gesundheitsmanagement einen wichtigen Beitrag leisten, wenn es von der Unternehmensleitung und vom Management entsprechend unterstützt wird und gesundheitsförderliches Verhalten vorgelebt wird. Denn ein betriebliches Gesundheitsmanagement kann nur bedingt etwas bewirken, wenn krankmachende Arbeitsbedingungen nicht von Grund auf verändert werden. Es braucht die Bereitschaft der Unternehmensleitung und der Managementebene, gesundheitsförderliche Prozesse und Strukturen zu schaffen und interessierter Selbstgefährdung oder Selbstausbeutung konsequent entgegenzuwirken. Ansonsten wird ein Dilemma erzeugt, welches das Spannungsfeld zwischen Selbstbestimmung und Fremdbestimmung als schier unlösbar erscheinen lässt. Auf diesen Punkt wird in den nachfolgenden Ausführungen nochmals eingegangen.

5.5.2 Herausforderung Selbstverantwortung

Das Spannungsfeld zwischen Selbstbestimmung und Fremdbestimmung tangiert einen grundsätzlichen Konfliktbereich im Bereich von Selbstmanagement. *Wo fängt Selbstverantwortung an bzw. wo hört Selbstverantwortung auf?* Dies ist eine anspruchsvolle Frage, die an grundlegende Fragestellungen des menschlichen Lebens anknüpft und hier nicht abschließend beantwortet werden kann. Es ist auf jeden Fall eine Frage, die sich lohnt, im Unternehmen vertieft zu diskutieren – unter dem Aspekt der Zielsetzungen der Selbstmanagement-Kompetenz: Leistungsfähigkeit, Leistungsbereitschaft, Wohlbefinden und Balance fördern und langfristig erhalten. Was ist der Beitrag und die Verantwortung des Unternehmens? Welche Strukturen, Prozesse, Instrumente und kulturelle Rahmenbedingungen unterstützen und ermöglichen selbstverantwortliches und gesundheitsförderliches Denken und Handeln der Mitarbeitenden? Wo sind Grenzen seitens der Unternehmen? Was liegt im Verantwortungsbereich der Führungskräfte? Was ist die Selbstverantwortung jedes und jeder Mitarbeitenden bezogen auf das eigene Selbstmanagement?

5.5.2.1 Menschen sind Gestaltende des eigenen Lebens

Selbstmanagement bedeutet, achtsam mit den eigenen Bedürfnissen und Leistungsgrenzen umzugehen. Eine Grenze zu ziehen, **Stopp oder Nein** zu sagen, Unterstützung zu suchen, liegt somit grundsätzlich im Verantwortungsbereich jeder Person. Niemand sonst kann diese Verantwortung übernehmen. **Selbstmanagement ist nicht delegierbar.** Gewisse Einschränkungen gibt es bei Kindern oder psychisch kranken Menschen, wo Grenzen der Selbstverantwortung fließend sind und individuell definiert werden müssen.

Auch bei existenzbedrohenden Umständen „verfügt der gestaltungsfähige Akteur noch über einen Handlungsantrieb, der durchaus als intentional und damit zielgerichtet zu bezeichnen ist." (Moosbrugger 2008, S. 142 [221])

Menschen sind ihrer Verhaltensumwelt nicht wehrlos ausgeliefert. Menschen nehmen „aktiv Einfluss auf den eigenen Werdegang. Und im Berufsleben gilt: Das Individuum ist weniger passives Medium von Entwicklung als vielmehr deren kreativer Agent [...]." (Kieschke 2011, S. 744 f. [222])

Wichtig ist, dass Menschen lernen, Verantwortung für sich zu übernehmen, indem sie Überlastungen frühzeitig anzeigen (vgl. Becke/Bleses/Schmidt 2011, S. 688 f. [223]). Zudem gilt es, realistische Erwartungen an die eigene Leistungsfähigkeit zu entwickeln und sich nicht fortwährend das Äußerste abzufordern. Dies gilt in besonderem Maße für Hochqualifizierte, die dazu neigen, sich über herausragende Leistungen zu definieren. Hier gilt es, Ansprüche an Anerkennung zu reduzieren (vgl. Moosbrugger 2008, S. 92 f. [224]).

Nachfolgend ein Zitat von Heckhausen/Heckhausen, das die Möglichkeiten von Menschen, Gestaltende ihres Lebens und ihrer Entwicklung zu sein, verdeutlicht:

„Das Individuum muss sich in den durch biologische und gesellschaftliche Einflüsse diktierten Gelegenheitsstrukturen orientieren, mit Engagement Wege einschlagen, die Handlungsoptionen eröffnen und andere außer Reichweite rücken. Dabei gestaltet der Einzelne nicht nur die eigene Zukunft, sondern nimmt aktiven Einfluss auf die eigene Entwicklungsökologie und damit auf den Handlungshorizont für das eigene zukünftige Leben. Wiewohl die biologischen (z. B. genetische Ausstattung, biologischer Reife- oder Alterungsstatus) und gesellschaftlichen Gegebenheiten (z. B. allgemeine Bedingungen der sozialen Mobilität in einer Gesellschaft, soziale Herkunft des Individuums) die Entwicklungspotenziale des Individuums vorprägen und einschränken, so bleibt dem Einzelnen nicht nur die Freiheit, das Beste daraus zu machen, sondern er kann darüber hinaus versuchen, diese Bedingungen der eigenen Entwicklung durch Selektion, Evokation und Manipulation selbst mitzugestalten. In vielen Fällen geschieht dies nicht bewusst und auch nicht immer zum Vorteil dessen, der nolens volens durch eigene Wahlen (z. B. eines Berufs oder eines Lebenspartners) und Handlungen die eigene soziale Umwelt entscheidend mitgestaltet. Gleichwohl ist der handelnde Einfluss des Individuums auf die Regulation der eigenen Entwicklung ein mächtiges Wirksamkeitsinstrument, das weit über den unmittelbaren Effekt auf die Nahumwelt die eigene Zukunft und ihr Entwicklungspotenzial entscheidend mitgestaltet." (Heckhausen/Heckhausen 2010, S. 487 [225])

5.5.2.2 Wenn der Körper Nein sagt

Der Körper sendet oftmals zahlreiche Signale aus, um Grenzen von Leistungsfähigkeit und Wohlbefinden anzuzeigen. Zuerst sind dies meist feinere Signale wie Müdigkeit, Spannungskopfschmerzen, vermehrte Erkältungen, Gefühle von Unwohlsein, Anspannung oder Ungeduld. Bleiben Belastungen weiter bestehen oder werden diese mit Ressourcen nicht ausreichend abgefedert, reagiert der Körper häufig mit verstärkten Symptomen, die über einen längeren Zeitraum andauern, wobei die Gefahr einer Chronifizierung der Beschwerden besteht, beispielsweise Magen- und Darmbeschwerden, Einschlaf- und Durchschlafstörungen, Hautausschläge, Erschöpfungszustände bis hin zu chronischer Müdigkeit. Wenn sich die Spirale weiterdreht und keine ausreichenden Veränderungen in der Lebensführung vorgenommen werden, kann dies dazu führen, dass der Körper das „Nein" übernimmt. Er setzt klare Grenzen. Dies äußert sich beispielsweise in Form von Burnout, Depression oder Herzinfarkt. Manchmal ist es für Menschen erst dann möglich, für sich klare Grenzen und Prioritäten zu definieren und mit der notwendigen Konsequenz durchzusetzen. Der Körper hilft dann, Ja zu sich zu sagen, Ja zu den eigenen Bedürfnissen und Werten, zu Regeneration und zum eigenen kreativen Ausdruck. Diese Dynamik ist ausgesprochen komplex und gehört manchmal zu einem jahrelangen Entwicklungs- und Wachstumsprozess, bei dem eigene Bedürfnisse und Grenzen schrittweise wahrgenommen, respektiert und durchgesetzt werden. Dies erfordert oft auch Mut, Konfliktfähigkeit und die Bereitschaft, neue Wege zu gehen und gewisse Dinge im Leben loszulassen.

Selbstmanagement-Kompetenz bedeutet, aus der Spirale auszusteigen, *Signale des Körpers ernst zu nehmen,* den *Raum und den Rahmen* zu schaffen, um entsprechende Signale überhaupt wahrnehmen und reflektieren zu können sowie mögliche (Aus-)Wege und Maßnahmen zu finden bzw. einzuleiten. Dies kann eine kürzere oder längere Auszeit sein, eine Standortbestimmung, ein Coaching, ein Wochenende mit einer guten Freundin in den Bergen oder eine Meditationswoche. Damit Menschen aus der Spirale aussteigen können, braucht es Selbsterkenntnis und das Bewusstsein, dass Belastungen auf die Dauer krank machen können. Selbstverantwortung bedeutet, sich das Recht auf Grenzen zuzusprechen und frühzeitig Unterstützung zu suchen. Wichtig ist die Einsicht, dass Unterstützung anzufordern kein Zeichen von Schwäche, sondern selbstverantwortliches Handeln ist. Gerade im Burnout-Kreislauf wird Unterstützung oftmals viel zu spät gesucht.

5.5.2.3 Menschen sind in soziale Dynamiken eingebunden

Menschen sind grundsätzlich soziale Wesen und übernehmen Verantwortung für das Wohl der Gruppe. Sie sind geprägt vom menschlich tief verankerten Bedürfnis nach Zugehörigkeit zu einer Gruppe. Menschen passen sich den sozialen Normen der Gruppe an – ihren impliziten und expliziten Regeln für akzeptables Verhalten, ihren Werten und Einstellungen. Hieraus kann *Gruppendruck* entstehen. Menschen fühlen sich innerlich verpflichtet, das zu tun, was der Gruppe dient oder was die Gruppe will. Dies kann dazu führen, dass eigene Leistungsgrenzen überschritten werden oder Menschen in belastenden Situationen verharren, ohne Problembereiche anzusprechen.

Die **Wirkung des sozialen Einflusses** ist enorm. Dies wird an der Konformität von Menschen, an deren Gehorsam und am Einfluss von Gruppen deutlich. **Konformität** nimmt zu, wenn (vgl. Myers 2008, S. 646 [226]):

- Menschen dazu gebracht werden, sich inkompetent oder unsicher zu fühlen.
- die Gruppe aus mindestens drei Personen besteht.
- die Gruppenmitglieder sich einig sind (durch die abweichende Meinung nur einer einzigen Person wird der Mut deutlich gestärkt, ebenfalls anderer Meinung zu sein).
- der Status und die Attraktivität der Gruppe hoch eingeschätzt wird.
- sich die Person nicht vorher in irgendeiner Weise auf eine Antwort festgelegt hat.
- die Person von den anderen Gruppenmitgliedern beobachtet wird.
- die eigene Kultur Menschen besonders ermutigt, soziale Standards zu respektieren.

Menschen neigen dazu, sich nach ihrer Gruppe auszurichten und ihr Denken und Handeln der Gruppe entsprechend anzupassen. Häufig geschieht dies, weil Menschen Ablehnung vermeiden wollen oder nach sozialer Anerkennung streben. Dies hat mit **normativem sozialen Einfluss** zu tun. Menschen orientieren sich an sozialen Normen und zeigen das erwartete und anerkannte Verhalten, weil sie ansonsten möglicherweise einen hohen Preis bezahlen, wenn sie anders sind (vgl. Myers 2008, S. 646 f. [226]).

Ist der „soziale Anpassungsmechanismus erst einmal in Gang gesetzt, bestimmt nicht mehr der subjektive Wille den weiteren Verlauf, sondern ein strukturdynamischer Prozess: Nunmehr gehen abweichungsverstärkende Dynamiken in abweichungsdämpfende über. Soziale Kontrollmechanismen und ein „Prisoner's Dilemma" sorgen mit dieser Blickrichtung dafür, dass freiwillige Selbstausbeutung passieren kann und auf hohem Niveau aufrecht erhalten bleibt: Und zwar als Struktureffekt, der sich im Zeitablauf zu institutionalisieren beginnt. Im Alltag wird dies vor allem bei projektförmiger Arbeit sichtbar, denn diese Arbeitsform baut auf Teamkonstellationen auf. So kann selbst das gut begründbare Fernbleiben eines Einzelnen innerhalb einer eingeschworenen Kollegengruppe negativ sanktioniert werden: Bedingt durch die wechselseitige Beobachtungsmöglichkeit entwickelt sich nämlich hinter dem Rücken der Involvierten eine neue Arbeitsmoral. Teamgeist und Professionalisierungsstreben übernehmen ab sofort normative Kontrollfunktion." (Moosbrugger 2008, S. 143 [227])

Bei **Gehorsam** zeigen Menschen die Bereitschaft, sich Anordnungen von oben zu beugen und sich so der eigenen Verantwortung zu entziehen. Experimente haben gezeigt, dass Menschen insbesondere in Drucksituationen eine hohe Bereitschaft zu Gehorsam zeigen, was zu menschlichen Tragödien führen kann (vgl. Myers 2008, S. 648 ff. [228]).

5.5.2.4 Selbstausbeutung und Burnout sind nicht nur ein individuelles Problem

Es gibt durchaus kritische Stimmen, dass Selbstausbedeutung als „frühe Burnout-Symptomatik" und auch Burnout heute nicht in erster Linie ein individuelles Problem sind, sondern ein wirtschaftliches und gesellschaftliches Problem darstellen. Jüngere Forschungsarbeiten zeigen, dass gewandelte Berufsbilder und erhöhte Anforderungen im Erwerbsprozess eine wichtige Rolle spielen. Soziologisch bedeutsam ist, dass von einer weithin beobachtbaren Überforderung auszugehen ist, was ein grundsätzliches gesellschaftliches Problem deutlich macht. Der Ernst der Lage wird in letzter Zeit zunehmend thematisiert. Mit der sich verschärfenden Burnout- und Depressions-Problematik sind weitreichende gesellschaftliche und wirtschaftliche Konsequenzen verbunden (vgl. Moosbrugger 2008, S. 147 ff. [229]):

„So wird ein Berufstätiger, der bedingt durch ein Burnout aus dem Erwerbsleben ausscheiden muss und im Unternehmen nicht mehr integrierbar ist, unweigerlich aus der Leistungsversorgung des Wirtschaftssystems ausgeschlossen. Die Folgen sind weitreichend. Denn droht die Arbeitslosigkeit, müssen nicht nur der Konsum und die Freizeitaktivitäten eingeschränkt werden, auch der Zugang zu Gesundheitsleistungen oder zu Bildungswegen bleibt mitunter versperrt. Und zwar nicht nur für die Betroffenen selbst, sondern möglicherweise auch für die Mitglieder des jeweiligen Familienverbandes." (Moosbrugger 2008, S. 149 [229])

Erwerbstätige Menschen sind in ein ökonomisches Abhängigkeits- und Wettbewerbsverhältnis eingebunden, das neben Einkommen auch Karrierechancen und Beschäftigungssicherheit verspricht (vgl. Moosbrugger 2008, S. 142 f. [229]). Wenn die eigene Existenz und je nachdem auch die der Familie von der Arbeitsstelle abhängt, sind Menschen in schier unlösbare Dilemmata eingebunden. Sie finden keinen Weg zur Veränderung, selbst wenn sie das Problem erkannt haben und auch darunter leiden. Was bedeutet in diesem Kontext selbstverantwortliches Denken und Handeln? Wichtig ist sicher, nach Möglichkeiten der Kooperation zu suchen und nicht vorzeitig aufzugeben, beispielsweise durch ein gemeinsames Vorgehen mit anderen Teammitgliedern, das Ansprechen der vorhandenen Belastungen (z. B. im Team, zuhause in der Familie), den gezielten Aufbau von Ressourcen im Privatleben, das Aufsuchen einer Beratungsstelle oder die Inanspruchnahme eines Coachings. Soziale Unterstützung ist in solchen Situationen essenziell. Wenn sich die Situation nicht oder nur bedingt verändern lässt, dann geht es primär darum, einen anderen Umgang mit der Belastungssituation zu finden, gezielt Ressourcen zu aktivieren oder neue berufliche Wege zu suchen (z. B. im Rahmen einer Standortbestimmung). Solche Situationen stellen jedoch große Herausforderungen dar und lassen sich oftmals nicht einfach verändern. Es braucht die Bereitschaft, eigene Vorstellungen loszulassen und Lebensumstände schrittweise zu verändern.

Erwerbstätige können sich ihrer „Mit-Verantwortung nicht entledigen. Wäre dies der Fall, würde [ihnen] ja auch jegliche Gestaltungskompetenz abgesprochen." (Moosbrugger 2008, S. 152 [229], Änderung durch die Autorin)

Ein wichtiger Hebel für die Entschärfung der Problematik liegt in der Hand – und demzufolge im Verantwortungsbereich – der Unternehmen. Diese haben den Handlungsspielraum, konsequent und umfassend organisationale Belastungen abzubauen, Führungskräfte entsprechend zu sensibilisieren und zu schulen und organisationale Ressourcen gezielt zu aktivieren und zu fördern – durch Organisationsentwicklungsprozesse, durch die Förderung einer Kultur der Wertschätzung und des sozialen Supports und durch ein betriebliches Gesundheitsmanagement, das von der Unternehmensleitung unterstützt und getragen wird. Für Kleinunternehmen ergeben sich hier Möglichkeiten durch unternehmensübergreifende Kooperationen.

Die vorangehenden Ausführungen verdeutlichen die Herausforderung von Selbstverantwortung. Selbstverantwortung stellt jedoch auch eine große *Chance* dar, indem Menschen ihr Leben so gestalten, dass es mit den eigenen Bedürfnissen, Werten und Kompetenzen übereinstimmt. Selbstverantwortliches Denken und Handeln ermöglicht, die verschiedenen Lebensbereiche so auszubalancieren, dass die wesentlichen Dinge im Leben möglichst umfassend berücksichtigt werden.

Abschließend werden Verhaltensindikatoren und Entwicklungsmaßnahmen für Selbstverantwortungskompetenz vorgestellt.

5.6 Verhaltensindikatoren und Entwicklungsmaßnahmen

5.6.1 Verhaltensindikatoren für Selbstverantwortungskompetenz

Die *Verhaltensindikatoren für Selbstverantwortungskompetenz* beziehen sich insbesondere darauf, Verantwortung für die eigene Lebensgestaltung in allen Facetten zu übernehmen. Es geht darum, das Leben sinnvoll und in Übereinstimmung mit den eigenen Bedürfnissen, Zielen, Werten und Grenzen zu gestalten und Verantwortung dafür zu übernehmen, dass Leistungsfähigkeit, Leistungsbereitschaft, Wohlbefinden und Balance gefördert und langfristig erhalten werden. Selbstverantwortung findet im Spannungsfeld zwischen Selbstbestimmung und Fremdbestimmung statt. Wichtig ist zu prüfen, in welchen Bereichen Fremdbestimmung zu Konflikten führt und eigene Bedürfnisse und Werte vernachlässigt werden. In Tabelle 5.3 sind die Verhaltensindikatoren für den Baustein Selbstverantwortung sowie mögliche Reflexionsfragen, die Selbsterkenntnis bezogen auf die eigene Selbstverantwortungskompetenz fördern, aufgeführt.

Tabelle 5.3 Baustein Selbstverantwortung – Verhaltensindikatoren und Fragen

Verhaltensindikatoren	Auswahl möglicher Reflexionsfragen
Sinn im Leben finden bzw. sinnvoll leben. Persönliches Leitbild (Lebensphilosophie, Lebensvision) definieren und Leben auf dieser Basis gestalten. Verantwortung für das eigene Leben und die eigene Lebensführung übernehmen, Gestalter/Gestalterin des Lebens sein:	Was ist mir am wichtigsten im Leben? Was gibt meinem Leben Sinn? Was will ich in meinem Leben sein und tun? Welches sind meine Grundwerte? Worin sind diese im Leben erkennbar? Wo bestehen gegebenenfalls Wertekonflikte? An welchen Werten möchte ich mich im Leben stärker orientieren? Wo sind meine selbstbestimmten Räume? Wo

Verhaltensindikatoren	Auswahl möglicher Reflexionsfragen
– Lebensgestaltung auf die eigenen Werte und grundsätzliche Prinzipien ausrichten (z. B. das säen, was man ernten möchte). – Verantwortung für die eigenen Gedanken, Einstellungen, Emotionen und Verhaltensweisen übernehmen – auch für das, was nicht gesagt und getan wird. – Schuld für die jetzige Lebenssituation und die Umstände nicht externalisieren, sondern Einflussmöglichkeiten schaffen und Einflussbereiche ausnutzen. – Gedanklich nicht in der Vergangenheit verhaftet bleiben, loslassen können, Ist-Situation bewusst als Ausgangslage akzeptieren. Den wesentlichen Dingen im Leben Raum und Priorität einräumen, physische, soziale, mentale und geistige/spirituelle Bedürfnisse bei der Lebensgestaltung gleichermaßen berücksichtigen, für eine stimmige Work Life Balance sorgen. Für sich und die eigenen Bedürfnisse, Ziele, Werte und Grenzen im Spannungsfeld von Selbstbestimmung und Fremdbestimmung einstehen Raum für Selbstbestimmung erweitern, bei Überlastungen frühzeitig Unterstützung suchen, Selbstfürsorglichkeit leben. Sinnkrisen durchstehen, allfällige Sinnzweifel nicht vorschnell durch Zugriff auf irgendein „Sinnangebot" beseitigen. Leben so steuern, dass Leistungsfähigkeit, Leistungsbereitschaft, Wohlbefinden und Balance gefördert und langfristig erhalten werden.	wirkt sich Fremdbestimmung negativ auf mein Wohlbefinden aus? Wie könnte und sollte ich den Grad an Selbstbestimmtheit im Leben erhöhen? Weise ich die Schuld für meine Lebenssituation externen Faktoren zu? Wo ja, wo nein? Inwiefern hindert mich dies, etwas im Leben loszulassen, zu verändern, was wichtig wäre? Gibt es Bereiche, wo ich mich selbst ausbeute? Welches Nein kommuniziere ich nicht, das ich kommunizieren sollte? Wo stehe ich nicht genügend für mich ein? Was sind die Gründe? Was könnte mir helfen, allfällige Ängste abzubauen? Wo delegiere ich Verantwortung an andere, die ich selbst übernehmen könnte und sollte? Übernehme ich ausreichend Verantwortung für den Erhalt meiner Leistungsfähigkeit (Wissen, Kompetenzen, Arbeitsmarktfähigkeit, Gesundheit, körperliche und mentale Fitness)? Übernehme ich ausreichend Verantwortung für den Erhalt meiner Leistungsbereitschaft (Identifikation, Engagement)? Übernehme ich ausreichend Verantwortung für mein Wohlbefinden (positive Gefühle, Engagement, positive Beziehungen, Sinn, Zielerreichung/Erfolg)? Übernehme ich ausreichend Verantwortung für meine Balance (Balance zwischen Aktivierung/Anspannung und Entspannung/Regeneration, Balance auf körperlicher, emotionaler, geistiger Ebene, Work Life Balance)?

Selbstverantwortungskompetenz bedeutet, dass Menschen ihr Leben aktiv steuern und gestalten. Sie zeigen die Fähigkeit und Bereitschaft, für sich und ihre Bedürfnisse, Ziele und Werte einzustehen, und sie übernehmen Verantwortung für ihre Gedanken, Einstellungen, Emotionen und Verhaltensweisen. Sie gestalten ihr Leben so, dass einerseits Wohlbefinden und Balance ermöglicht und andererseits Leistungsfähigkeit und Leistungsbereitschaft kurz- und langfristig sichergestellt bzw. wiederhergestellt werden. Sie sind sich bewusst, in welche Richtung sie im Leben gehen wollen, so dass Sinn entsteht. Sie haben für sich ein persönliches Leitbild definiert und gestalten ihr Leben so, dass die wesentlichen Dinge genügend Raum und Priorität erhalten. Sie sind sich ihrer Grenzen bewusst und können diese respektieren, vertreten und durchsetzen. Sie wissen, wann ein Nein zu anderen ein Ja zu sich selbst ist. Sie kommunizieren ihre Anliegen und sind bereit, Dinge oder Personen, die ihnen nicht guttun, loszulassen und nicht in der Vergangenheit verhaftet zu bleiben. Sie sind in der Lage, die dafür notwendigen Entscheidungen zu treffen und durchzustehen. Der Raum für Selbstbestimmung wird genutzt und, wo notwendig, sukzessive und konsequent erweitert. Selbstverantwortungskompetenz bedeutet weiter, dass Menschen Verantwortung für sich übernehmen, indem sie Überlastungen anzeigen und Selbstfürsorglichkeit leben. Sinnkrisen werden als Chance für persönliches Wachstum erkannt und bei Bedarf wird frühzeitig Unterstützung aktiviert.

5.6.2 Selbst- und unternehmensgesteuerte Maßnahmen zur Förderung von Selbstverantwortungskompetenz

Die *selbstgesteuerten Maßnahmen* zur Förderung von Selbstverantwortungskompetenz haben viel mit „Entscheidungen treffen" zu tun. Die Grundentscheidung ist, Verantwortung für die eigene Lebensgestaltung zu übernehmen und dafür zu sorgen, Leistungsfähigkeit, Leistungsbereitschaft, Wohlbefinden und Balance gezielt zu fördern und langfristig zu erhalten.

Unternehmensgesteuerte Maßnahmen fokussieren insbesondere darauf, Selbstverantwortung fördernde Arbeits- und Rahmenbedingungen zu schaffen, die Führungskräfte für das Thema zu sensibilisieren und sie dabei zu unterstützen, Selbstverantwortung bei den Mitarbeitenden und im Team zu fördern und zu ermöglichen. Eine Möglichkeit ist, dass Führungskräfte das eigene Führungshandeln kritisch hinterfragen. Wichtige Fragen sind gemäß Radatz (2008, S. 9 [230]):

- Welches Denken, welche Grundannahmen haben heute bei den Mitarbeitenden oder im Team Selbstverantwortung erschwert?
- Was habe ich heute getan, um Selbstverantwortung zu verhindern?
- Wie habe ich die Selbstverantwortungskette bei den Mitarbeitenden oder im Team unterbrochen?
- Wo habe ich etwas getan (oder vielmehr unterlassen), das Selbstverantwortung gefördert hat?

Tabelle 5.4 Maßnahmen zur Förderung von Selbstverantwortungskompetenz

Selbstgesteuerte Maßnahmen	Maßnahmen seitens des Unternehmens
Entscheidung treffen, die Verantwortung für die eigene Lebensgestaltung (im Berufs- und im Privatleben) zu übernehmen.	Förderung einer Kultur, die selbstverantwortliches Denken und Handeln unterstützt.
Entscheidung treffen, Leben so zu gestalten, dass Leistungsfähigkeit, Leistungsbereitschaft, Wohlbefinden und Balance gefördert und langfristig erhalten werden; die dafür notwendigen Maßnahmen einleiten und realisieren.	Schaffen von Prozessen und Strukturen, die Selbstverantwortung fördern und ermöglichen.
	Gestaltung von Personal- und Personalentwicklungsprozessen und -instrumenten, die Selbstverantwortung fordern, fördern und zulassen.
Frühzeitig Unterstützung suchen (z. B. bei der vorgesetzten Person, einem Coach, bei	Verhindern von Management-Strukturen und -prozessen, die interessierte Selbstgefährdung

Selbstgesteuerte Maßnahmen	Maßnahmen seitens des Unternehmens
Freund/innen, einer Beratungsstelle). Bearbeiten von Übungen, die selbstverantwortliches Denken und Handeln fördern oder Durchführung einer Standortbestimmung (für sich alleine, mit Unterstützung eines Coachs oder im Rahmen eines Seminares): – Entwickeln eines persönlichen Leitbilds (Lebensphilosophie, Lebensvision), um die wesentlichen Dinge im Leben zu erkennen und ihnen entsprechend Priorität in der Zeitgestaltung einräumen zu können. – Herausarbeiten der persönlichen Grundwerte und wie das Leben in Übereinstimmung mit diesen gestaltet werden kann und soll. – Auseinandersetzung mit dem Sinn des Lebens. Teilnahme an Diskussionsgruppen oder Seminaren bzw. Lesen von Büchern, die sich mit Themen im Kontext von Selbstverantwortung auseinandersetzen.	oder Selbstausbeutung systematisch fördern. Sensibilisierung der Führungskräfte für die Wichtigkeit von Selbstverantwortung und ihrer Vorbildfunktion im Rahmen von Führungsseminaren. Schulung der Führungskräfte, dass Selbstverantwortung ein entsprechendes Führungsverhalten erfordert und wie sich dieses zeigt. Etablieren von Peer-Coachings der Führungskräfte, um selbstverantwortungsförderliche Arbeitsbedingungen zu schaffen. Schaffen von Lernzirkeln, die sich mit dem Thema Förderung und Leben von Selbstverantwortung auseinandersetzen.

Nachfolgend ist ein Praxisbeispiel aufgeführt, wie Selbstverantwortung, Selbsterkenntnis und Selbstentwicklung in Organisationen gefördert werden kann.

Praxisbeispiel LGT Academy, Liechtenstein:
Förderung von Selbstverantwortung, Selbsterkenntnis und Selbstentwicklung in der Führungskräfteentwicklung

Kurzvorstellung Unternehmen

Die Liechtenstein Academy Foundation ist eine eigenständige Stiftung, welche vor über 15 Jahren aus der LGT heraus entstanden ist. Schwerpunktmäßig bietet die Stiftung Ausbildungsprogramme im Bereich ganzheitlicher Persönlichkeitsentwicklung für die Mitarbeitenden der LGT an. Die Stiftung kann auf ein großes Netzwerk an Expert/innen aus Wissenschaft und Praxis zurückgreifen.

Die LGT Group ist ein international tätiges, in Vaduz (Liechtenstein) domiziliertes Wealth & Asset Management Haus. Das Unternehmen ist seit nunmehr achtzig Jahren im Besitz des Fürstenhauses von Liechtenstein. Mit rund 1'900 Mitarbeitenden ist die LGT Group an 29 Standorten in Europa, Asien und dem Mittleren Osten vor Ort präsent.

Ausgangslage

Der Gründervater der Liechtenstein Academy, S.D. Prinz Philipp von und zu Liechtenstein, war schon im Jahre 1995 der Überzeugung, dass der Schlüssel zum Erfolg in der Persönlichkeit bzw. dem Bewusstsein über die eigene Persönlichkeit liegt. Dies hat ihn damals dazu bewogen, die Academy ins Leben zu rufen.

Seit damals ist die LGT Group zudem kontinuierlich, in gewissen Jahren sogar stark, gewachsen. Mitarbeitende aus unterschiedlichsten Kulturen sind neu zur Firma gestoßen. Es galt und gilt, die LGT Kultur erlebbar bzw. die LGT Werte wie Langfristigkeit, Tradition und Innovation auch für Mitarbeitende spürbar zu machen.

Das Ziel der Liechtenstein Academy ist, einen Kontext für eine wirkungsvolle und ganzheitliche Persönlichkeitsentwicklung zu schaffen. Dazu werden verschiedene Programme angeboten, welche unterschiedliche Zielgruppen ansprechen, jedoch auch eine persönliche Entwicklung über die Jahre hinweg zulassen. Am Beispiel des Programms „LGT Academy I" wird im Folgenden aufgezeigt, wie die Liechtenstein Academy das Thema Selbstverantwortung, Selbsterkenntnis und Selbstentwicklung der LGT Mitarbeitenden unterstützt.

Umsetzung am Beispiel der LGT Academy I: Umfassende Persönlichkeitsentwicklung

Jeder Einzelne ist aufgefordert, seine eigene Kompetenz-, Potenzial- und Selbstentwicklung zu reflektieren und zu steuern. Die Lebensbereiche hängen miteinander zusammen. Deshalb kann nur ein integrativer Ansatz, der alle Lebensbereiche reflektiert, eine echte Standortbestimmung ermöglichen. Es liegt auch auf der Hand, dass einfache „Tools" wie Zeitmanagementtechniken zwar nützlich sind, aber nicht ausreichen, um die eigene Lebensführung grundsätzlich und fundiert zu überdenken.

Das Programm „LGT Academy I" umfasst insgesamt fünf Bildungswochen, die aufgeteilt sind in zwei Sequenzen à zwei Wochen sowie eine Woche Praktikum in einer sozialen Institution (Seitenwechsel). Zwischen den beiden Bildungssequenzen liegt ein Zeitraum von ca. 18 Monaten. Das Programm richtet sich an Führungs- und erfahrene Fachkräfte der LGT.

Die Zielsetzungen der LGT Academy I

- *Stärkung des Körperbewusstseins:* Erkennen einer gesunden Balance zwischen (beruflichem) Alltag, Ernährung und Bewegung.
- *Mental Literacy:* Erlernen, wie mit einfachen Mitteln die Gedächtnisleistung erhöht und somit die Arbeitsbewältigung effizienter gestaltet werden kann.
- *Kreativität:* Erkennen und Fördern der eigenen Kreativität, Entwickeln von Offenheit gegenüber Neuem.
- *Umgang mit Komplexität:* Fördern des Denkens in Varianten, Entwickeln einer eigenen Taktik.
- *Selbstkontrolle:* Einsatz von kontemplativen Techniken (z. B. Meditation, Tai Chi) als Schlüssel zur Steuerung und Optimierung von Leistungsbereitschaft, Entscheidungsfähigkeit und emotionaler Kontrolle.
- *Networking:* Pflege von Networking im Rahmen des „Spirit of the Academy".

Grundsätzlich geht es im Programm darum, die Selbstverantwortung der Teilnehmenden zu stärken bzw. das Bewusstsein für sich selbst und das Umfeld zu schärfen. Zum einen werden aktuelle wissenschaftliche Inhalte zu relevanten persönlichen Fragestellungen wie „Was ist wichtig in meinem Leben?", „Wie gehe ich mit Belastungen um?", „Wie lerne ich?", „Wie agiere ich in meinem Umfeld?" usw. vermittelt, zum anderen unterstützen regelmäßige Reflexionen und Aufgaben die persönliche Verarbeitung der Inhalte. Gleichzeitig wird der Transfer in die Lebens- und Arbeitswelt der Teilnehmenden mit praktischen Übungen/Techniken unterstützt (z. B. Atemtraining, Entspannungstechniken etc.). Die Themenübergänge sind fließend; so hat beispielsweise das Thema Ernährung auch Auswirkungen auf die eigene Hirnleistung und auch auf die persönliche Stresstoleranz etc. Bei der Vermittlung der Inhalte wird auf ein ganzheitliches Verständnis Wert gelegt, welches den Teilnehmenden bewusst macht, wie vernetzt der Mensch funktioniert und dass es keine Standardlösungen gibt, sondern jeder für sich selbst die Verantwortung trägt.

Nehmen wir das Beispiel „Umgang mit Belastung": Den Teilnehmenden werden wissenschaftlich fundierte Inhalte rund um Stress, Stressoren, Stressverarbeitung, Stressreaktion, mögliche Folgen etc. vermittelt. Gleichzeitig werden die Teilnehmenden aufgefordert, die eigene Situation zu reflektieren, und es wird darüber gesprochen, wie mit Stress und Belastungen umgegangen werden kann. Dabei werden Methoden wie Verhaltensanalyse, kognitives Stressmanagement, Gedankenstopps, Selbstwirksamkeit etc. erläutert und aufgezeigt. Mit Atemtraining, Meditation, Muskelentspannung nach Jacobsen, Malen usw. erleben die Teilnehmenden weitere Techniken, mit dem Thema Belastung umzugehen. Sie können erste Erfahrungen sammeln und herausfinden, ob eine Methode ihnen entspricht.

Herausforderung

Grundsätzlich werden die Seminare von den Teilnehmenden sehr geschätzt und sind mittlerweile ein wichtiger Bestandteil der LGT Kultur geworden. Dass eine Arbeitgeberin in diese Art von Ausbildung investiert, schätzen die Teilnehmenden, was klar zur Verbundenheit/Identifikation mit der Firma beiträgt.

Die Herausforderung liegt darin, die Teilnehmenden zu ermuntern, sich auf einer sehr persönlichen Ebene mit den Themen auseinanderzusetzen. Die selbstreflexive Kompetenz ist keine Selbstverständlichkeit bzw. die Brücke in die eigene Lebensrealität wird oft nicht automatisch geschlagen. Themen, die am persönlichen Weltbild rütteln, können Widerstände auslösen. Es wird versucht, diesen Haltungstendenzen mit verschiedenen Maßnahmen entgegenzuwirken:

- *Intensive Vorbereitungsphase:* Die Teilnehmenden machen sich bereits im Vorfeld zum Seminar mit ausgewählten Inhalten und Fragestellungen vertraut.

- *Raum für Reflexion und Umsetzung:* Während des Seminars wird neben der Inhaltsvermittlung konsequent Raum für Reflexion und Umsetzung eingeplant.

- *Umsetzung in den Alltag:* Am Ende des Seminars werden ganz konkrete und praktische Tipps für den Alltag gegeben. Zudem erhalten die Teilnehmenden im Nachgang des Seminars regelmäßig neue Impulse oder kleine Erinnerungen über das Gelernte zugeschickt, mit dem Ziel, die Teilnehmenden zu ermutigen, sich weiterhin mit gewissen Themen auseinanderzusetzen.

Schlussendlich kann die Academy die Teilnehmenden jedoch nur für die Bedeutung von Selbstverantwortung sensibilisieren und die Rahmenbedingungen für die persönliche Entwicklung schaffen, indem sie begeistert, Neugier weckt, die Teilnehmenden ermutigt, sich mit gewissen Themen auseinanderzusetzen, und ihnen Instrumente mitgibt, welche eine Integration in den Alltag unterstützen. Es geht um den langfristigen Erhalt von Leistungsfähigkeit, Motivation, Gesundheit und Wohlbefinden. Die Verantwortung für die Umsetzung liegt bei den Teilnehmenden.

Autorin: Manuela Steiner, Executive Head, Liechtenstein Academy Foundation

Literatur

[193] Covey, S. R./Merrill A. R./Merrill, R. R. (2007): Der Weg zum Wesentlichen. Der Klassiker des Zeitmanagements, 6. Aufl., Frankfurt/New York.
[194] Martens, J.-U./Kuhl, J. (2009): Die Kunst der Selbstmotivierung. Neue Erkenntnisse der Motivationsforschung praktisch nutzen, 3. Aufl., Stuttgart.
[195] Wilhelm, R. (1975): Kungfutse. Lun Yü. Gespräche, Düsseldorf/Köln.
[196] Frankl, V. E. (2005a): Der Wille zum Sinn, 5. Aufl., Bern.
[197] Covey, S. R./Merrill A. R./Merrill, R. R. (2007): Der Weg zum Wesentlichen. Der Klassiker des Zeitmanagements, 6. Aufl., Frankfurt/New York.
[198] Frankl, V. E. (2005b): Der leidende Mensch. Anthropologische Grundlagen der Psychotherapie, Bern.
[199] Frankl, V. E. (2005a): Der Wille zum Sinn, 5. Aufl., Bern.
[200] Frankl, V. E. (2005b): Der leidende Mensch. Anthropologische Grundlagen der Psychotherapie, Bern.
[201] Raskob, H. (2005): Die Logotherapie und Existenzanalyse Vikor Frankls. Systematisch und kritisch, Wien/New York.
[202] Graf, A. (2009): Standortbestimmung - Kernelement einer lebenszyklusorientierten Personalentwicklung, in: Zölch, M./Mücke, A./Graf, A./Schilling A.. (Hrsg.), Fit für den demografischen Wandel? Ergebnisse, Instrumente, Ansätze guter Praxis, Bern, 197-218.
[203] DAGKJS, Bundesarbeitsgemeinschaft Katholische Jugendsozialarbeit (2012): Du bist wertvoll, in: URL: http://www.du-bist-wertvoll.info/207 (zuletzt besucht: 25.5.2012).
[204] Borkowski, J. (2011): Respektvolle Führung. Wie sie geht, was sie fördert und warum sie sinnvoll ist, Wiesbaden.
[205] Hofstede, G./Hofstede, G. J. (2011): Lokales Denken, globales Handeln. Interkulturelle Zusammenarbeit und globales Management, München.
[206] Bruch, H./Kunze, F./Böhm, S. (2010): Generationen erfolgreich führen. Konzepte und Praxiserfahrungen zum Management des demografischen Wandels, Wiesbaden.
[207] Rosenstiel, L. v. (2006): Die Bedeutung von Arbeit, in: Schuler, H. (Hrsg.), Lehrbuch der Personalpsychologie, 2. Aufl., Göttingen et al., 15-43.
[208] Rump, J./Eilers, S. (2006): Managing Employability, in: Rump, J./Sattelberger, T./Fischer, H. (Hrsg.), Employability Management. Grundlagen. Konzepte. Perspektiven, Wiesbaden, 13-73.
[209] Wunderer, R./Dick, P. (2002): Personalmanagement - Quo vadis? Analysen und Prognosen zu Entwicklungstrends bis 2010, 3. Aufl., Neuwied.
[210] Schär Moser, M. (2002): Teilzeitarbeit für Männer, in: Baillod, J./Blum, A. (Hrsg.), Chance Teilzeitarbeit. Argumente und Materialien für Verantwortliche, Zürich, 133-154.
[211] Hamburger Stiftung für Wirtschaftsethik (o. J.): Welche Werte verbinden uns? Hamburg.

[212] Covey, S. R./Merrill A. R./Merrill, R. R. (2007): Der Weg zum Wesentlichen. Der Klassiker des Zeitmanagements, 6. Aufl., Frankfurt/New York.
[213] Brockhaus (2012): Lebensphilosophie, in: Brockhaus – Die Enzyklopädie in 30 Bänden, Online-Ausgabe, Leipzig/Mannheim.
[214] Duden (2012): Lebensphilosophie, in: Duden – Das große Wörterbuch der deutschen Sprache in 10 Bänden Online-Version, Mannheim.
[215] Covey, S. R./Merrill A. R./Merrill, R. R. (2007): Der Weg zum Wesentlichen. Der Klassiker des Zeitmanagements, 6. Aufl., Frankfurt/New York.
[216] Krause, A./Dorsemagen, C./Peters, K. (2010a): Interessierte Selbstgefährdung: Was ist das und wie geht man damit um?, in: HR Today, 4, 43-45.
[217] Krause, A./Dorsemagen, C./Peters, K. (2010b): Interessierte Selbstgefährdung: Nebenwirkung moderner Managementkonzepte, in: Wirtschaftspsychologie aktuell, 2, 33-35.
[218] Krause, A./Dorsemagen, C./Peters, K. (2010a): Interessierte Selbstgefährdung: Was ist das und wie geht man damit um?, in: HR Today, 4, 43-45.
[219] Kieschke, U. (2011): Gesundheitsmanagement bei Existenzgründungen, in: Bamberg, E./Ducki, A./Metz, A.-M. (2011): Gesundheitsförderung und Gesundheitsmanagement in der Arbeitswelt. Ein Handbuch, Göttingen et al., 741-758.
[220] Krause, A./Dorsemagen, C./Peters, K. (2010a): Interessierte Selbstgefährdung: Was ist das und wie geht man damit um?, in: HR Today, 4, 43-45.
[221] Moosbrugger, J. (2008): Subjektivierung von Arbeit: Freiwillige Selbstausbeutung. Ein Erklärungsmodell für die Verausgabungsbereitschaft von Hochqualifizierten, Wiesbaden.
[222] Kieschke, U. (2011): Gesundheitsmanagement bei Existenzgründungen, in: Bamberg, E./Ducki, A./Metz, A.-M. (2011): Gesundheitsförderung und Gesundheitsmanagement in der Arbeitswelt. Ein Handbuch, Göttingen et al., 741-758.
[223] Becke, G./Bleses, P./Schmidt, S. (2011): Betriebliche Gesundheitsförderung in flexiblen Arbeitsstrukturen der Wissensökonomie, in: Bamberg, E./Ducki, A./Metz, A.-M. (2011): Gesundheitsförderung und Gesundheitsmanagement in der Arbeitswelt. Ein Handbuch, Göttingen et al., 671-691.
[224] Moosbrugger, J. (2008): Subjektivierung von Arbeit: Freiwillige Selbstausbeutung. Ein Erklärungsmodell für die Verausgabungsbereitschaft von Hochqualifizierten, Wiesbaden.
[225] Heckhausen, J./Heckhausen, H. (2010): Motivation und Entwicklung, in: Heckhausen, J./Heckhausen, H. (Hrsg.), Motivation und Handeln, 4. Aufl., Heidelberg, 427-488.
[226] Myers, D. G. (2008): Psychologie, 2. Aufl., Heidelberg.
[227] Moosbrugger, J. (2008): Subjektivierung von Arbeit: Freiwillige Selbstausbeutung. Ein Erklärungsmodell für die Verausgabungsbereitschaft von Hochqualifizierten, Wiesbaden.
[228] Myers, D. G. (2008): Psychologie, 2. Aufl., Heidelberg.
[229] Moosbrugger, J. (2008): Subjektivierung von Arbeit: Freiwillige Selbstausbeutung. Ein Erklärungsmodell für die Verausgabungsbereitschaft von Hochqualifizierten, Wiesbaden.
[230] Radatz, S. (2008): Die Schlüssel zur Selbstverantwortung bei den Mitarbeitern, in: Zeitschrift Lernende Organisation, 44, 7-11.

6 Baustein Selbsterkenntnis

Von der Selbsterkenntnis
Und ein Mann sagte: Sprich uns von der Selbsterkenntnis.
Und er antwortete und sagte:
Eure Herzen kennen im Stillen die Geheimnisse der Tage und Nächte.
Aber eure Ohren dürsten nach den Klängen des Wissens in euren Herzen. Ihr wollt in Worten wissen, was ihr in Gedanken immer gewusst habt.
Ihr wollt mit den Händen den nackten Körper eurer Träume berühren. Und das ist gut so.
Die verborgene Quelle eurer Seele muss unbedingt emporsteigen und murmelnd zum Meer fließen.
Und der Schatz eurer unendlichen Tiefen möchte euren Augen offenbart werden.
Aber wiegt den unbekannten Schatz nicht mit Waagschalen.
Und erforscht die Tiefen eures Wissens nicht mit Messstock oder Senkschnur. Denn das Ich ist ein Meer, grenzenlos und unermesslich.
Sagt nicht: „Ich habe den Pfad der Seele gefunden."
Sagt lieber: „Ich habe die Seele auf meinem Pfad wandelnd getroffen." Denn die Seele wandelt auf allen Pfaden.
Die Seele wandelt nicht auf einer Linie, noch wächst sie wie ein Schilfrohr. Die Seele entfaltet sich wie eine Lotosblume mit zahllosen Blättern.

(Khalil Gibran – Der Prophet)

6.1 Begriff und Bedeutung von Selbsterkenntnis

„Wach nenne ich den, der mit dem Verstand und Bewusstsein sich selbst, seine innersten unvernünftigen Kräfte, Triebe und Schwächen kennt und mit ihnen zu rechnen weiß."
(Hermann Hesse – Narziß und Goldmund)

Selbsterkenntnis ist ein **Begriff aus der Philosophie und Psychologie.** Die Forderung nach Selbsterkenntnis ist eine der ältesten und nach wie vor eine der wichtigsten Forderungen der Philosophie gegenüber dem Menschen. Bereits in der griechischen Antike wurde Selbsterkenntnis als Voraussetzung für die Entfaltung und Gestaltung der eigenen Persönlichkeit gefordert. So steht auf dem Apollotempel in Delphi der bekannte Ausspruch

Gnôthi seautón – Erkenne dich selbst!

In der Geschichte sind sowohl Befürworter der Forderung nach Selbsterkenntnis (Pascal, Kant) als auch skeptische Stimmen (Goethe, Nietzsche) zu finden. Kritiker weisen u. a. auf die Neigung des Menschen hin, sich (auch) vor sich selbst zu maskieren. Diese Erkenntnis wurde von der Psychoanalyse in zahlreichen Untersuchungen hinreichend bestätigt (vgl. Häcker/Stapf 2009, S. 897 [231]).

In der **Enzyklopädie Philosophie und Wissenschaftstheorie** wird Selbsterkenntnis (im Englischen self-knowledge) definiert als

„*Bezeichnung sowohl für die alltagsweltlich-gelegentliche als auch für die ausdrückliche philosophische bzw. psychologische Bemühung, zu einem Wissen über die eigenen geistigen bzw. seelischen Zustände zu gelangen.*" (Mittelstraß 1996, S. 760 [232], im Original teilweise fett)

Im **Psychologischen Wörterbuch** findet sich folgende Definition von Selbsterkenntnis:

„*Hinwendung des Erkennens auf das eigene Ich. Das Selbst als eine gestaltete und überdauernde Vorstellung in der Erfahrung des Menschen wird auf seine Eigenarten untersucht (eigenes Sein, Verhalten, Anlagen, Fähigkeiten, Einstellungen, Motivationen). Diese Vorstellung hat ihre eigene Entwicklungsgeschichte und ist jedem Individuum in je für ihn einzigartiger Weise vorgegeben.*" (Häcker/Stapf 2009, S. 897 [233])

Bei Selbsterkenntnis geht es somit darum, Antworten auf die Fragen „*Wie bin ich?*" und „*Wer bin ich?*" (= Identität) zu finden. Selbsterkenntnis beruht einerseits auf Selbstbeobachtung und andererseits auf Rückempfindungen, die aus der zwischenmenschlichen Kommunikation sowie aus der Auseinandersetzung mit Problemen in der Umwelt erfasst werden (vgl. Häcker/Stapf 2009, S. 897 [233]). Selbsterkenntnis ist eng verbunden mit **Selbstreflexion** (= sich selbst beobachten, Nachdenken über sich selbst) und **Selbstkritik** (= Hinterfragen der eigenen Einstellungen und Handlungen) (vgl. Kranz 2011, S. 105 [234], Brockhaus 2012 [235]). Die Fähigkeit zu Selbsterkenntnis setzt die Existenz von **Selbstbewusstsein** (= reflexives, besonnenes Bewusstsein des eigenen Ich) voraus. Zudem ist eine gewisse **Objektivität** der Selbstbeobachtung und des Selbstbilds wesentlich. Es geht um die „richtige Beurteilung der Eigenschaften, Dispositionen, Kräfte, Werte des Selbst, geschöpft aus der Vergleichung der Betätigungen und Reaktionen des Ich im Leben, in der sozialen Gemeinschaft" (Eisler 1904, S. 354 [236]). Das Selbst kann in ganz bestimmter Weise erkannt und verkannt werden und so besteht die Möglichkeit der **Selbsttäuschung**. Dies kann dazu führen, dass Schwierigkeiten auftreten, sich realitätsnah an eine gegebene Umwelt anzupassen (vgl. Häcker/Stapf 2009, S. 897 [237]).

Durch die Fähigkeit zur Selbsterkenntnis lernen Menschen sich selbst besser kennen und können ihre Stärken, Schwächen und Entwicklungsmöglichkeiten realistischer einschätzen. Dies ist eine wesentliche Voraussetzung, um beispielsweise einen Beruf, eine Funktion oder einen Arbeitsbereich zu wählen, der einem entspricht, Freude bereitet und Sinn erzeugt. Je besser Menschen wissen, was sie wollen und können, desto eher sind sie in der Lage, ihr privates und arbeitsbezogenes Leben darauf abzustimmen und ihr Leben in eine Richtung zu lenken, die mit den eigenen Bedürfnissen, Werten und Kompetenzen kongruent ist. Mittels Selbsterkenntnis werden die Voraussetzungen geschaffen, um langfristig die Zielsetzungen der Selbstmanagement-Kompetenz (= Leistungsfähigkeit, Leistungsbereitschaft, Wohlbefinden und Balance fördern und langfristig erhalten) zu erreichen.

Selbsterkenntnis erfordert den Mut, sich selbst zu begegnen. Im Spiegel der Selbstreflexion sehen wir uns in allen Facetten. Es zeigen sich Aspekte, die wir mögen, und solche, die wir nicht schätzen oder gar verachten. Für viele Menschen ist es ein großer Entwicklungsschritt, persönliche Schwächen zu akzeptieren und zu lernen, mit negativen Verhaltensweisen konstruktiv umzugehen. Durch die Arbeit an den inneren Persönlichkeitsebenen gelingt es, aktuelle Arbeits- und Lebensbereiche klar zu betrachten, Stärken gezielt zu nutzen und mit Schwächen professionell umzugehen. Auf diese Weise kann echtes *Selbstbewusstsein* und *Wertschätzung* sich selbst gegenüber entwickelt werden. Dies stärkt nicht nur innerlich, sondern wird auch für das Umfeld spürbar. Selbsterkenntnisprozesse schulen die Fähigkeit, die Aufmerksamkeit vermehrt nach innen zu richten und auf diese Weise Möglichkeiten und Lösungen für die täglichen Herausforderungen zu entdecken. Je mehr sich Menschen wahrnehmen und je besser sie verstehen, was sie im Umgang mit anderen erleben und wie sie auf das Umfeld wirken, desto wirkungsvoller, kraftvoller und erfolgreicher werden sie (vgl. Kranz 2011, S. 13 [238]).

Auch für die *Führung von Mitarbeitenden* ist Selbsterkenntnis wichtig. Je besser Führungskräfte sich selbst kennen, desto mehr sind sie fähig, wertschätzend mit ihren Mitarbeitenden umzugehen und im Team ein Klima zu schaffen, das geprägt ist von Engagement für das gemeinsame Ziel und gegenseitiger sozialer Unterstützung. Führungskräfte, die ihre eigenen Stärken und Schwächen realistisch einschätzen können, sind eher in der Lage, Emotionslagen auszubalancieren und zu erkennen, welche Wirkung ihre Einstellungen und Verhaltensweisen auf die Produktivität, das Klima im Team und auf das Befinden der einzelnen Mitarbeitenden haben. Sie erkennen, wo sie selbst Belastungsfaktor und wo sie Ressource sind. Sie sind sich bewusst, wo ihre Möglichkeiten und Grenzen in der Rolle als Führungskraft liegen, und haben ein klares Bild davon, wie es um ihr eigenes Wohlbefinden steht. Mittels Selbsterkenntnis wird die Basis geschaffen, damit Führungskräfte für ihre Leistungsfähigkeit und Leistungsbereitschaft, ihr Wohlbefinden und ihre Balance einstehen und so eine Vorbildfunktion übernehmen.

Jeder Selbsterkenntnisprozess braucht Zeit. Das Innere ist vielschichtig und in seiner Komplexität und Umfassendheit nur schwer zu ergründen und zu erfassen. Entwicklung und Veränderung setzen Erkennen voraus. Was hilft, ist die Bereitschaft, stetig dranzubleiben und immer wieder Momente des Innehaltens einzubauen. Fragen sind ein wichtiges Instrument, um neue Aspekte des Selbst zu ergründen – hier kann ein Coaching-Prozess sehr unterstützend sein. Meditation hilft, neue Einsichten zu gewinnen. Der Körper liefert zahlreiche, oft ungefilterte Informationen über das eigene Befinden.

> Selbsterkenntnis ist ein lebenslanger Prozess, der uns mit jedem Erkennen näher an das heranführt, wer wir sind.

6.1 Quellen von Selbsterkenntnis

Selbsterkenntnis kann durch unterschiedliche Methoden und Vorgehensweisen gewonnen werden. In der Sozialpsychologie finden sich insbesondere Introspektion (Selbstbeobachtung), Beobachten des eigenen Verhaltens, Beobachten anderer Menschen und Gewinnen von Erkenntnis durch Rückmeldung anderer Menschen (Feedback). Zusätzlich sind in diesem Kapitel Selbstreflexion, körperorientierte Methoden und Meditation als mögliche Quellen zur Gewinnung von Selbsterkenntnis integriert.

> Zur Gewinnung von Selbsterkenntnis dienen alle erwähnten Quellen. Empfehlenswert ist jeweils eine Kombination verschiedener Quellen.

6.1.1 Selbsterkenntnis durch Introspektion

Bei der *Introspektion* oder *Selbstbeobachtung* steht die Wahrnehmung und Erforschung eigener Vorgänge im Zentrum. Diese können sowohl verdeckt ablaufen wie auch äußerlich feststellbar sein. Gegenstand von Introspektion sind vorwiegend Gedanken, Emotionen, Affekte, Stimmungen und Antriebe (vgl. Brockhaus 2012 [239]). Es geht somit um die Beobachtung und Analyse seelischer Vorgänge und Zustände sowie körperlicher Prozesse und Signale.

Introspektion unterstützt das Individuum, einen Teil der Inhalte des Bewusstseins aufzudecken, garantiert jedoch kein gültiges Wissen über die eigene Person. Die Methode wird wegen ihrer mangelnden Objektivität von Forschenden (insbesondere von Behavioristen) kritisiert. **Kritikpunkte** an der Introspektion sind u. a. (vgl. Caspar 2009, S. 896 [240], Simon/Trötschel 2007, S. 156 f. [241], Aronson/Wilson/Akert 2004, S. 157 f. [242]):

- Es besteht die Gefahr der Selbsttäuschung, insbesondere wenn die Introspektion zugleich eine Selbstbeurteilung provoziert oder eine moralische bzw. soziale Bewertung mit einschließt. Menschen sind zudem in der Regel motiviert, ungewollte Gedanken, Gefühle oder Erinnerungen vom Bewusstsein fernzuhalten. Gleichzeitig werden sie jedoch – ohne es zu bemerken – weiterhin von den verdrängten Inhalten beeinflusst.

- Gründe für Gefühle und Verhalten können sich der bewussten Wahrnehmung entziehen.

- Es stellt sich die Frage, inwiefern es gelingen kann, gleichzeitig ein Erlebnis zu haben und dieses auch zu beobachten.

- Jede Beobachtung als solche verändert das zu beobachtende Phänomen.

- Sprache kann an Grenzen stoßen, wenn es darum geht, die außerordentlich differenzierten und veränderlichen, flüchtigen psychischen Vorgänge auszudrücken.

- Das Kriterium der Vergleichbarkeit kann nicht erfüllt werden.

Für die Introspektion spricht, „dass sie für das individuelle Erleben der Wahrnehmung, des Denkens, Fühlens, des Bedürfnisses etc. den einzig möglichen direkten Zugang bildet. Die Schwächen dieser Methode können durch Ergänzungsverfahren (z. B. Ausdrucksbeobachtung, Analyse psychopathologischer Erscheinungen, Studium von Selbstbiografien) etwas gemildert werden." (Caspar 2009, S. 896 [243])

Einen Aufschwung erlebt die Methode zurzeit in der Angewandten Psychologie – insbesondere im Bereich Gesundheitspsychologie und Sportpsychologie. Sportler und Sportlerinnen werden während des Trainings und des Wettkampfs dazu aufgefordert, ihre Gedanken zu beobachten. Auf dieser Grundlage wird analysiert, wie die mentale Einstellung verbessert werden kann. In der Gesundheitspsychologie werden Patienten und Patientinnen dazu angeleitet, sich selbst, ihre Einstellung und ihre Körperfunktion besser zu beobachten. So soll Rückfällen und weiteren Krankheiten (z. B. erneuter Herzinfarkt) vorgebeugt werden (vgl. Brockhaus 2009 [244]).

6.1.2 Gewinnen von Selbsterkenntnis durch Selbstreflexion

Im Rahmen von *Selbstreflexion* finden Prozesse des Nachdenkens und Besinnens, des Überlegens und Betrachtens, des vergleichenden und prüfenden Denkens sowie der Vertiefung in einen Gedankengang statt. Selbstreflexion spielt eine wichtige Rolle in der Psychotherapie – insbesondere in der psychoanalytisch ausgerichteten Psychotherapie (Brockhaus 2009 [245]).

Im Gegensatz zur Introspektion steht nicht das Beobachten und Analysieren im Zentrum, sondern das *Reflektieren*. Dabei geht die Person mit sich in Kontakt und nimmt wahr, was gerade geschieht (im Körper, in den Empfindungen und Gefühlen, in den Erinnerungen und Wünschen, in den Vorstellungen, der Fantasie und im Denken). Dabei können assoziative Verknüpfungen (Assoziationsketten) entstehen, bei denen zwei oder mehrere verschiedene Erlebnisinhalte oder Gedanken miteinander verbunden werden. Dadurch wird „die Welt erweitert". Ziel dieses Reflexionsprozesses ist, neue Erkenntnisse zu gewinnen, die dann in Handlungen zum Ausdruck kommen.

Gemäß Kranz (2011, S. 13 ff. und 105 ff. [246]) ist die Fähigkeit zur Selbstreflexion eine wichtige Voraussetzung für die Gewinnung von Selbsterkenntnis. Durch die Bereitschaft zur Selbstreflexion gewinnen Menschen an Stärke und Klarheit. Sie erkennen ihre Möglichkeiten in Bezug auf ihre Arbeitssituation und haben einen effizienten und achtsamen Umgang mit den eigenen Ressourcen und den Ressourcen des Unternehmens.

6.1.3 Selbsterkenntnis durch Beobachten des eigenen Verhaltens

Eine weitere erfolgversprechende Quelle für Selbsterkenntnis ist die *Beobachtung des eigenen Verhaltens*. Damit befasst sich die *Selbstwahrnehmungstheorie*. Anstatt mittels Selbstbeobachtung (Introspektion) zu versuchen, einen direkten Zugang zu den eigenen Gedanken, Gefühlen und Motiven zu erhalten, schließen Menschen häufig von ihrem gezeigten Verhalten auf ihre inneren Zustände. Eine Person bemerkt beispielsweise, dass sie es gewöhnlich vermeidet, auf große Partys zu gehen, und stattdessen lieber zu Hause ein Buch liest oder Musik hört. Sie könnte zu Recht darauf schließen, introvertiert zu sein (vgl. Simon/Trötschel 2007, S. 157 [247]).

Durch Selbstwahrnehmung (und den damit verbundenen Schlussfolgerungsprozess) können somit korrekte Rückschlüsse auf unbewusste innere Zustände gezogen werden. Dabei kann es jedoch auch zu Irreführungen kommen, beispielsweise wenn aufgrund von Selbstwahrnehmungsprozessen auf einen inneren Zustand geschlossen wird, der nicht korrekt ist oder vorher nicht existiert hat. Wichtig ist, wahre Selbsterkenntnis von falschen Schlussfolgerungen zu unterscheiden (vgl. Simon/Trötschel 2007, S. 157 [247]).

6.1.4 Gewinnen von Selbsterkenntnis durch Beobachten anderer Menschen

Normalerweise vergleicht eine Person ihre Meinung mit einer Person, die einer für sie relevanten Gruppe angehört. Meinungen anderer Menschen, die als zutreffend erscheinen, werden übernommen und in das eigene Meinungsbild integriert. *Soziale Vergleiche* sind auch Basis, wenn es um Leistungsvergleiche geht oder darum, die eigenen Fähigkeiten abzuschätzen (vgl. Simon/Trötschel 2007, S. 157 [247]).

Menschen bewerten Verhaltensweisen, das körperliche Erscheinungsbild und andere Merkmale (z. B. Gestik, Sprache) und entwickeln daraus eine Einstellung zu sich selbst sowie ihr Selbstwertgefühl. Dieses kann auf einem Kontinuum von positiv bis negativ variieren. Solche Vergleiche können schwerwiegende Folgen für die *Selbstbewertung* und das *Selbstwertgefühl* haben. In Abhängigkeit davon, wie wichtig der verglichene Bereich für die Selbstdefinition ist, ist das Selbstwertgefühl bedroht (vgl. Simon/Trötschel 2007, S. 157 [247]).

Im Gegensatz dazu sind eine positive Selbstbewertung oder ein hohes Selbstwertgefühl förderlich für die Gesundheit und für eine erfolgreiche Anpassung ans Leben – sogar wenn es sich um eine „positive Illusion" handelt, die nicht mit der Wirklichkeit übereinstimmt (vgl. Taylor/Brown 1988 [248]).

6.1.5 Selbsterkenntnis durch Rückmeldung anderer Menschen (Fremdwahrnehmung)

Wenn mehrere andere Personen in ihren Wahrnehmungen übereinstimmen, dann dürften sie vermutlich etwas wahrnehmen, was tatsächlich zutrifft. Diskrepanzen zwischen den gemeinsamen Wahrnehmungen anderer Personen und der Selbstwahrnehmung lassen auf Persönlichkeitsmerkmale oder Motive schließen, die eine Person andernfalls nicht erkennen kann oder will. Feedback von anderen Menschen hat einen Einfluss auf das Selbstwertgefühl. In Bereichen, in denen das Selbstwertgefühl auf dem Spiel steht, scheinen Menschen gegenüber ungünstigem Feedback besonders verletzlich zu sein (vgl. Simon/Trötschel 2007, S. 157 [249]).

Es gilt zu beachten, dass andere Menschen – auch wenn diese noch so nahestehend sind und die Person sehr gut kennen – letztendlich nur erahnen können, wie es im Inneren eines anderen Menschen aussieht. Feedbacks, Ratschläge und Anweisungen sind eine wertvolle Unterstützung und Hilfestellung zur Selbsterkenntnis. Trotzdem ist ein gesundes Maß an Vorbehalt angebracht. Jeder Mensch muss für sich entscheiden, was stimmig ist. Wichtig ist, dass die Person sich selbst gegenüber ehrlich ist (vgl. Kranz 2011, S. 26 f. [250]).

6.1.6 Selbsterkenntnis durch meditative Praktiken

Das Wort „Meditieren" stammt vom lateinischen Wort „meditari" ab und bedeutet *nachdenken, sinnen, eigentlich ermessen, geistig abmessen* (vgl. Duden 2007 [251]). Meditation wird in vielen Religionen und Kulturen praktiziert. Sie unterstützt Menschen dabei, sich zu besinnen oder zu sammeln. Bei Meditation geht es um eine Abwendung von der Betriebsamkeit der Außenwelt hin zur Innerlichkeit. Ziel ist, die wahre Wirklichkeit, den eigentlichen Grund der wechselnden und zufälligen Erscheinungsvielfalt der Welt zu erfassen (vgl. Brockhaus 2012 [252]).

*„Zu den **Meditationstechniken** zählen Sitzhaltungen, Körperübungen, Atemkontrolle, Übungen der Konzentration (z. B. auf einen Gegenstand oder ein Wort, u. a. im Sinne einer systematisch fortschreitenden Abstraktion; auf eine sinnlos erscheinende Aussage, Kōan; Wiederholung einer heiligen Silbe oder Formel, Mantra; Visualisierungen) und des Rückzugs von der Bilderwelt des Bewusstseins (ungegenständliche Meditation). Die Kontrolle des Körpers, der Seele und des Denkens soll zum „Loslassen", zur „Durchlässigkeit" des Meditierenden für die Erfahrung der Wahrheit führen."* (Brockhaus 2012 [252])

Die Meditationspraxis unterstützt Menschen einerseits dabei, Erkenntnisse über sich selbst zu gewinnen, und ist andererseits sehr hilfreich, um Ausgeglichenheit, innere Ruhe und Zentriertheit zu fördern. Kabat-Zinn gibt in seinem Werk „Gesund durch Meditation" eine Einführung in die **Achtsamkeitsmeditation.** Hier wird auch deutlich, inwiefern Meditation dazu dienen kann, Selbsterkenntnis zu fördern.

„Durch das bewusste Wahrnehmen des Augenblicks wird alles zum Lehrer: die Signale des Körpers und des Geistes, jeder Schmerz, jede Freude, unsere Erfolge und Misserfolge, unsere Mitmenschen und unsere Beziehung zur Natur. Wenn Sie die innere Einstellung der Achtsamkeit in jedem Augenblick Ihres Lebens pflegen, gibt es nichts, keine Handlung und keine Erfahrung, die Ihnen nicht etwas Wesentliches über Sie selbst offenbart, einfach dadurch, dass sie Ihnen das Spiegelbild Ihres Geistes und Körpers vorhält." (Kabat-Zinn 2011, S. 202 [253])

6.1.7 Selbsterkenntnis durch körperorientierte Methoden

Einige Meditationsformen sind körperorientiert ausgelegt, wie beispielsweise die im vorangehenden Abschnitt erwähnte Achtsamkeitsmeditation. Darüber hinaus sind körperorientierte Methoden zur Gewinnung von Selbsterkenntnis insbesondere in der **körperorientierten Psychotherapie** zu finden. Teilweise werden sie auch in Trainings und Coachings eingesetzt, die ergänzend mit körperorientierter Wahrnehmung arbeiten. Die meisten Therapieformen verwenden als Zugang zur körperlichen Ebene Berührungen, Bewegungen und Temperaturreize, optische und akustische Eindrücke oder Riecheindrücke (vgl. Brockhaus 2012 [254]). Körperorientierte Therapieformen und -methoden sind beispielsweise Bioenergetik, Psychodrama, Focusing oder Feldenkrais.

Im Zürcher Ressourcen Modell wird der Zugang über den Körper einerseits mittels **somatischer Marker** genutzt, um zu prüfen, ob eine klare Intention für ein Ziel herausbildet worden ist (vgl. Storch/Krause 2011, S. 104 ff. [255]). Andererseits können Körperressourcen dazu genutzt werden, Entwicklungs- und Veränderungsziele umzusetzen (vgl. Meier/Storch 2010, S. 55 [256]).

Körpersignale geben entscheidende Hinweise auf das *körperliche und physische Wohlbefinden* eines Menschen. Sie können dazu genutzt werden, zusätzlich wichtige Informationen hinsichtlich Leistungsfähigkeit, Leistungsbereitschaft, Wohlbefinden und Balance zu erhalten. Wichtig ist, nicht nur über den Körper nachzudenken, sondern einen direkten Zugang zu den Erfahrungen des Körpers zu gewinnen. Neben den Körpersignalen, die beispielsweise auf Belastungen hindeuten (z. B. Verspannungen, Magenbeschwerden) erfolgt über den Körper auch der Zugang zu den eigenen *Emotionen.* Emotionen sind in ihrer Wurzel eine somatische Erfahrung. Emotionen werden im Körper und durch den Körper erfahren. Negative Einstellungen zu den eigenen Emotionen können deshalb dazu führen, dass Menschen sich immer weiter von ihrem Körperempfinden entfernen. Dies wiederum kann zur Folge haben, dass der Zugang zu den eigenen Emotionen noch schwieriger wird. Menschen müssen oft erst wieder den Zugang zu den Informationen des Körpers finden, um Körpersignale wahrnehmen zu können (vgl. Ray 2010, S. 31 ff. [257]). Die *Hirnforschung* zeigt jedoch auch auf, dass sich Menschen zu jedem Zeitpunkt im Leben neu konstruieren können, indem sie eines der alten motorischen, sensorischen oder affektiven Muster verlassen, d. h. sie fangen an, anders zu sehen, zu fühlen oder zu handeln als bisher. Wenn es gelingt, auf einer dieser Ebenen ein neues Muster auszubilden, so werden alle anderen Ebenen dadurch „mitgezogen" (vgl. Hüther 2010, S. 92 [258]).

6.2 Relevante Themenbereiche für die Gewinnung von Selbsterkenntnis

Die Themenbereiche, die im Baustein Selbsterkenntnis ergründet werden können, sind ausgesprochen vielfältig. Die in Abbildung 6.1 aufgeführten Bereiche stellen eine Auswahl besonders relevanter Aspekte bezogen auf die Selbstmanagement-Kompetenz dar. Diese Auswahl ist nicht abschließend. Um dies zu kennzeichnen, wurde in der Übersicht der Kreis „weitere Bereiche" integriert.

Abbildung 6.1 Themenbereiche für die Gewinnung von Selbsterkenntnis

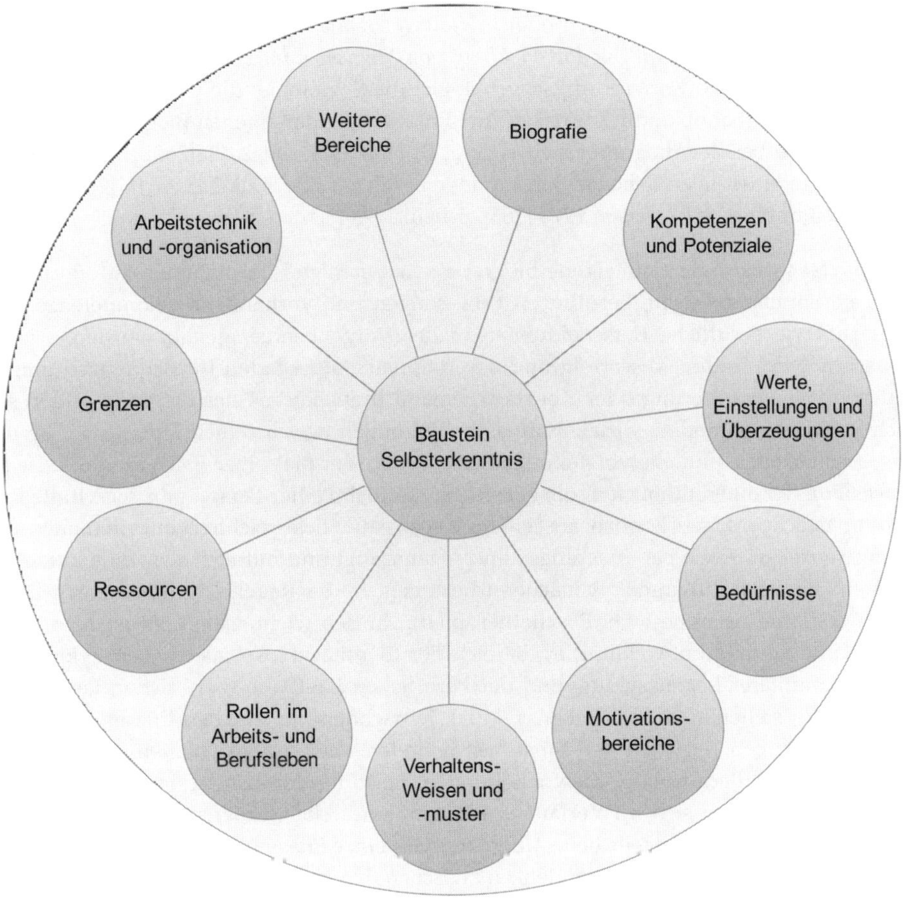

Baustein Selbsterkenntnis:
- Weitere Bereiche
- Biografie
- Kompetenzen und Potenziale
- Werte, Einstellungen und Überzeugungen
- Bedürfnisse
- Motivationsbereiche
- Verhaltens-Weisen und -muster
- Rollen im Arbeits- und Berufsleben
- Ressourcen
- Grenzen
- Arbeitstechnik und -organisation

Quelle: Eigene Darstellung

Der Fokus der nachfolgenden Ausführungen liegt eher auf dem beruflichen Kontext, auch wenn bei der Selbstmanagement-Kompetenz der private und der berufliche Lebensbereich sehr eng miteinander verknüpft sind.

6.2.1 Kenntnis der persönlichen Biografie

Biografie steht für „Lebensbeschreibung". In einem umfassenderen Sinne ist sie Darstellung des Lebenslaufs und der Lebensleistung (vgl. Caspar 2009, S. 152 [259]).

Die eigene Biografie gibt wichtige Hinweise auf den *roten Faden* im Leben. Sie zeigt beispielsweise auf, wie ein Mensch aufgewachsen ist, welche Stationen im Leben durchlaufen wurden, welche Lebenserfahrungen besonders prägend waren, auf welcher Basis berufliche Entscheidungen getroffen wurden oder inwiefern soziale Strukturen den eigenen Lebensentwurf geprägt haben. Mit der *Entwicklung von Menschen im Lebensverlauf* beschäftigen sich insbesondere die Entwicklungspsychologie, die Soziologie, die Gerontologie und die Berufs- und Laufbahnberatung. Ansätze zur Erforschung der eigenen Biografie finden sich beispielsweise bei der Biografiearbeit (vgl. z. B. Hölzle/Jansen 2011 [260], Burkhard 2011 [261]) und in biosozialen Lebenszyklusmodellen (vgl. z. B. Graf 2002, S. 47 ff. [262], Erikson 1995 a [263]und b [264], Levison 1978 [265], Schein 1978 [266]).

Im *Arbeitskontext* liefert die eigene Biografie u. a. wichtige Informationen zu bildungsbezogenen Voraussetzungen, beruflichen Erfahrungen und vorhandenen Kompetenzen. Sie zeigt auf, wie berufliche Entscheidungen in der Vergangenheit gefällt wurden, wie ein Mensch mit Erfolg und Misserfolg und den daraus resultierenden Konsequenzen umgeht und wie viel Veränderung oder Konstanz jemand braucht. Aus der Biografie zeigen sich auch familiäre und andere soziale Rahmenbedingungen, welche einen Einfluss auf berufliche Möglichkeiten und Zielvorstellungen haben. Ein Beispiel einer Kurz-Biografie ist der *Lebenslauf,* der einen Einblick in die berufliche Laufbahn einer Person gibt. Geschulte Rekrutierungsfachpersonen können aus einem Lebenslauf viele wichtige Informationen und Hinweise ziehen. Auch bei Coachings kann es angezeigt und hilfreich sein, eine kurze biografische Bestandsaufnahme zu machen (diese geht in der Regel jedoch weniger weit als die biografische Anamnese bei Psychotherapien). Zu den wichtigsten *Lebensfeldern* gehören die individuelle Entwicklung im Bereich der Identität (biosozialer Lebenszyklus), der Familie (familiärer Lebenszyklus) und der beruflichen Laufbahn (beruflicher, laufbahnbezogener und stellenbezogener Lebenszyklus). Je nachdem, in welchen Phasen dieser fünf verschiedenen Lebenszyklen sich Menschen befinden, sind andere Themen und Fragestellungen relevant. Bedürfnisse, Zielvorstellungen, Leistungsvoraussetzungen und Karrierepotenziale verändern sich im Verlauf des Lebens und Älterwerdens. Besonders kritische Situationen zeigen sich jeweils beim Übergang von einer Phase in die nächste bzw. infolge von Überschneidungen/Interdependenzen zwischen den verschiedenen Lebenszyklen.

Als Folge kann es zu einer Häufung anspruchsvoller Situationen kommen. Dies ist beispielsweise der Fall, wenn der Berufseintritt mit einer Veränderung im familiären Lebenszyklus (z. B. infolge Heirat, Kinder) zusammenfällt. Solche Situationen können mehr Zeit und Energie benötigen, als einem Individuum im Moment zur Verfügung stehen. Mögliche Verhaltensweisen sind, dass entweder das Engagement in einem der beiden betroffenen Lebenszyklen reduziert oder aber eine radikal herbeigeführte Veränderung angestrebt wird (vgl. Graf 2012, S. 21 ff. [267], Graf 2002, S. 45 ff. [268]).

6.2.2 Kenntnis der eigenen Kompetenzen und des eigenen Potenzials

6.2.2.1 Kompetenzen

Die *Kenntnis der eigenen Kompetenzen* ist eine wesentliche Voraussetzung für die Wahl geeigneter Tätigkeiten, Funktionen und Berufsfelder. Es geht darum zu erkennen, welches persönliche Stärken sind, die noch vermehrt genutzt werden können, und in welchen Bereichen die geforderten Kompetenzen nicht vorhanden sind (= Schwächen oder Entwicklungsbereiche).

> Der Begriff *Kompetenz* bedeutet hier, dass eine Person unterschiedliche Dispositionen (Anlagen, Fähigkeiten, Bereitschaften) in selbstorganisierte Handlungen umsetzen kann (vgl. Erpenbeck/Heyse 2007, S. 158 ff. [269]).

Die folgende Übersicht gibt einen umfassenden Überblick über mögliche *Kompetenzbereiche* und die *Zuordnung von Kompetenzen* zu je einem Bereich.

Tabelle 6.1 Übersicht über Kompetenzbereiche und Kompetenzen

Kompetenzbereiche	Beschreibung	Kompetenzen
Personale Kompetenzen	Dispositionen einer Person, reflexiv selbstorganisiert zu handeln, d. h. sich selbst einzuschätzen, produktive Einstellungen, Werthaltungen, Motive und Selbstbilder zu entwickeln, eigene Begabungen, Motivationen, Leistungsvorsätze zu entfalten und sich im Rahmen der Arbeit und außerhalb kreativ zu entwickeln und zu lernen.	Bereitschaft zur Selbstentwicklung Selbstreflexionsbereitschaft Leistungsfähigkeit Lernfähigkeit und -bereitschaft Offenheit Risikobereitschaft Belastbarkeit Glaubwürdigkeit Emotionalität Flexibilität
Aktivitäts- und umsetzungsbezogene Kompetenzen	Dispositionen einer Person, aktiv und gesamtheitlich selbstorganisiert zu handeln und dieses Handeln auf die Umsetzung von Absichten, Vorhaben und Plänen zu richten – entweder für sich selbst oder auch für andere und mit anderen, im Team, im Unternehmen, in der Organisation. Diese Dispositionen erfassen damit das Vermögen, die eigenen Emotionen, Motivationen, Fähigkeiten und Erfahrungen und alle anderen Kompetenzen – personale, fachlich-methodische und sozial-kommunikative – in die eigenen Wissensantriebe zu integrieren und Handlungen erfolgreich zu gestalten.	Entscheidungsfähigkeit Gestaltungswille Tatkraft Belastbarkeit Optimismus Beharrlichkeit Mobilität Initiative

Kompetenzbereiche	Beschreibung	Kompetenzen
Fachlich-methodische Kompetenzen	Dispositionen einer Person, bei der Lösung von sachlich-gegenständlichen Problemen geistig und physisch selbstorganisiert zu handeln, d. h. mit fachlichen und instrumentellen Kenntnissen, Fertigkeiten und Fähigkeiten kreativ Probleme zu lösen, Wissen sinnorientiert einzuordnen und zu bewerten; das schließt Dispositionen ein, Tätigkeiten, Aufgaben und Lösungen methodisch selbstorganisiert zu gestalten, sowie die Methoden kreativ weiterzuentwickeln	*Fachkompetenzen* Allgemeinwissen, Fachwissen Organisatorische Fähigkeiten Betriebswirtschaftliche Kenntnisse, EDV-Wissen Fachliche Fähigkeiten und Fertigkeiten Markt-Know-how Sprachkenntnisse Unternehmerisches Denken und Handeln *Methodenkompetenzen* Analytisches Denken Konzeptionelle Fähigkeiten Strukturierendes Denken Erkennen von Zusammenhängen und Wechselwirkungen Ganzheitliches Denkvermögen Gefühl für künftige Entwicklungen Kreativität und Innovationsfähigkeit
Sozial-kommunikative Kompetenzen	Dispositionen einer Person, kommunikativ und kooperativ selbstorganisiert zu handeln, d. h. sich mit anderen kreativ auseinander- und zusammenzusetzen, sich gruppen- und beziehungsorientiert zu verhalten und neue Pläne, Aufgaben und Ziele zu entwickeln.	Teamfähigkeit Einfühlungsvermögen Kommunikationsfähigkeit Kooperationsbereitschaft Konfliktlösungsbereitschaft Partnerzentrierte Interaktion Kulturelles und interkulturelles Verständnis

Quelle: vgl. Erpenbeck/Heyse 2007, S. 159 ff. [269], ergänzt um den (inter-)kulturellen Aspekt

Wichtig ist, zu beachten, dass sich infolge der vielfältigen Entwicklungen im wirtschaftlichen, technologischen und sozio-kulturellen Bereich die Anforderungen fortwährend verändern und je nachdem Kompetenzen frühzeitig entweder ausgebaut oder neu erworben werden müssen. Dies ist eine entscheidende Voraussetzung für den langfristigen Erhalt der Arbeitsmarktfähigkeit.

6.2.2.2 Potenzial

Der Begriff **Potenzial** bezieht sich auf vorhandene Kompetenzen, die zurzeit noch nicht oder nicht im vollen Umfang genutzt werden bzw. die sich im Zeitablauf durch entsprechende Entwicklungsmaßnahmen entfalten lassen.

Es kann zwischen **latentem, sofort realisierbarem Potenzial** und **latentem, später realisierbarem Potenzial** unterschieden werden. Ersteres kann bei Bedarf sofort eingesetzt werden (z. B. wenn eine Mitarbeiterin Fremdsprachen beherrscht, die Sprachen jedoch bei ihrer aktuellen Tätigkeit nicht braucht). Letzteres ist eine Fähigkeit, die noch nicht ausgebildet und möglicherweise auch noch gar nicht erkannt ist. Es wird jedoch vermutet, dass entsprechende Anlagen und Talente vorhanden sind, die im Zeitablauf durch entsprechende Selbstentwicklungs- und/oder Personalentwicklungsmaßnahmen realisiert werden können. Das latente, später realisierbare Potenzial ist nicht direkt beobachtbar, sondern muss durch Interpretation von beobachtetem Verhalten oder durch Tests erschlossen werden. Es kommt erst nach einer Phase des Trainings und der Entwicklung voll zur Geltung (vgl. Graf 2002, S. 236 [270], Berthel/Becker 2010, S. 273 f. [271]).

Bezogen auf das Potenzial geht es darum zu erkennen, welche **Laufbahn** (Führungslaufbahn, Fachlaufbahn, Projektlaufbahn) auf der Basis der vorhandenen Kompetenzen für eine Person geeignet ist. Ungenutzte Potenziale können zudem neue und interessante Aufgabenbereiche eröffnen. Die Kenntnis der eigenen Kompetenzen und Potenziale ermöglicht dem Menschen zu erkennen:

- in welchen Tätigkeitsbereichen die persönlichen Stärken liegen und auch voll zum Tragen kommen.

- welche neuen Tätigkeits- und Berufsfelder offen stehen und eine Chance für Weiterentwicklung bieten.

- welche neuen herausfordernden und motivierenden Aufgaben und Funktionen im Unternehmen oder auch außerhalb des Unternehmens übernommen werden könnten.

Es geht im Rahmen der Selbstmanagement-Kompetenz darum, dass Menschen eine Tätigkeit finden und ausüben, die Sinn ergibt, erfüllend ist und für welche die geforderten Kompetenzen vorhanden sind. Die Kenntnis der eigenen Kompetenzen (Was kann ich?) und Potenziale (Was könnte ich noch?) liefert eine wichtige Grundlage, um realistische berufliche und persönliche Ziele zu entwickeln und zu definieren (Was will ich konkret?).

6.2.2.3 Veränderung von Kompetenzen und Potenzialen im Lebensverlauf

Kompetenzen und Potenziale verändern sich im Verlauf des Lebens. Menschen stehen vor der Herausforderung, mit den sich während des Lebens verändernden Entwicklungsmöglichkeiten und -restriktionen umzugehen. Es gibt zahlreiche Untersuchungen, wie sich die Leistungsfähigkeit und andere Kompetenzen während des Älterwerdens verändern. Wesentlich ist, dass mit zunehmendem Alter eine Umschichtung innerhalb des Fähigkeits- und Leistungsprofil stattfindet. Die körperliche und geistige Leistungsfähigkeit kann zudem mit Training positiv beeinflusst werden. Teilweise werden rückläufige Leistungsvoraussetzungen auch durch andere Fähigkeiten kompensiert (vgl. Rading 2008 [272], S. 17, Uepping 1997, S. 173 [273]).

In Tabelle 6.2 sind Veränderungstendenzen von Fähigkeiten im Verlaufe des Älterwerdens aufgeführt. Die Zusammenstellung stammt von Rading, welche die Erkenntnisse verschiedener Autoren und Autorinnen aus der gerontologischen und arbeitswissenschaftlichen Psychologie zusammengetragen hat. Verschiedene Studien zeigen jedoch teilweise unterschiedliche Ergebnisse; so werden beispielsweise Kooperations-, Kommunikations- und Entscheidungsfähigkeit als steigend oder gleichbleibend eingestuft.

Tabelle 6.2 Umschichtung im Kompetenzprofil mit steigendem Lebensalter

Mit steigendem Lebensalter		
erhöhen sich	bleiben weitgehend gleich	verringern sich
Körperliche Eigenschaften und Fähigkeiten		
Geübtheit (in Abhängigkeit von Art und Dauer der Tätigkeit)	Widerstandsfähigkeit gegen physische Dauerbelastungen (unterhalb der Belastungsgrenze)	Widerstandsfähigkeit gegen kurzfristige Belastungen und belastende Umwelteinflüsse
		Seh- und Hörvermögen, Muskelkraft, Beweglichkeit
Geistige Eigenschaften und Fähigkeiten		
Pragmatisch-handlungsorientiertes Denken = kristalline Intelligenz (geistig-sprachliche Fähigkeiten, die auf Wissen und Erfahrung aufbauen)	Fähigkeit zur Informationsaufnahme und Informationsverarbeitung	Abstrakt-logisches Denken = fluide Intelligenz (Zahlenrechnen, Abstraktionsfähigkeit, Analogiebildung)
Führungsfähigkeit, soziale Kompetenz, Überblick über soziale Verknüpfungen, Kommunikationsfähigkeit	Widerstandsfähigkeit gegen übliche psychische Belastungen	Geistige Beweglichkeit und Umstellungsfähigkeit
Positive Einstellung zur Arbeit, Identifikation mit Unternehmen, berufliches Engagement	Wissensumfang und Allgemeinwissen	Geschwindigkeit bei der Informationsaufnahme und -verarbeitung
	Lernfähigkeit	
Erfahrung, Überblicks- und Expertenwissen, Fachkenntnisse	Aufmerksamkeit	Risikobereitschaft
	Langzeitgedächtnis	Reaktionsgeschwindigkeit
	Kooperationsfähigkeit	Kurzzeitgedächtnis
Selbstständigkeit, Kenntnis eigener Fähigkeiten und Prioritäten	Leistungs- und Zielorientierung	Karrierebewusstsein
Urteilsvermögen, Entscheidungs- und Handlungsökonomie	Systemdenken	Konzentrationsfähigkeit unter Stress und über längeren Zeitraum
Sicherheitsbewusstsein		Veränderungsbereitschaft
Beständigkeit, emotionale Stabilität, Zuverlässigkeit, Ausgeglichenheit		
Verantwortungsbewusstsein, Qualitätsbewusstsein		

Quelle: Rading 2008, S. 18 [274]

Es gilt zu beachten, dass innerhalb von Altersgruppen große interindividuelle Unterschiede bestehen können. Mit zunehmendem Alter sind – abhängig von der individuellen Lern- und Berufsbiographie – größere Leistungsunterschiede innerhalb einer Altersgruppe als zwischen verschiedenen Altersgruppen erkennbar (vgl. Lehr 1997, S. 73 [275]).

„Die berufliche Leistungsfähigkeit ist weniger vom kalendarischen Alter als von der Arbeitsaufgabe, den Arbeitsbedingungen, der Qualifikation und der inneren Einstellung abhängig." (Rading 2008, S. 16 [275])

6.2.3 Kenntnis der eigenen Werte, Einstellungen und Überzeugungen

6.2.3.1 Werte und Wertvorstellungen

Der *Wertebegriff* wird in der Literatur nicht einheitlich verwendet, da Werte und Wertorientierungen Untersuchungsgegenstände verschiedener Wissenschaftsdisziplinen sind (z. B. Psychologie, Soziologie, Theologie, Philosophie, Pädagogik, Jurisprudenz, Politologie).

Werte sind verinnerlichte Verhaltensstandards, die von einem Individuum im Prozess der Erziehung bzw. Sozialisation erworben werden (vgl. Hepp 1994, S. 4 [277]). Wertvorstellungen oder Werte werden als grundlegende, zentrale und allgemeine *Zielvorstellungen* und *Orientierungsleitlinien für menschliches Handeln und Zusammenleben* verstanden – innerhalb einer Subkultur, Kultur oder sogar im Rahmen der Menschheit (vgl. Hillmann 2007, S. 962 [278]). Werte sind somit kulturspezifisch geprägt. *Werthaltungen* beinhalten die Gesamtheit der normativen Auffassungen einer Person, die in die Motivation eingehen und dadurch das Verhalten beeinflussen (vgl. Brockhaus 2012 [279]).

Eine klassische und immer noch populäre Wertedefinition stammt von Kluckhohn (vgl. Six 2009, S. 1090 [280], Becker 2008, S. 74 [281]):

> Ein *Wert* ist „eine Auffassung vom Wünschenswerten, die explizit oder implizit [...] für ein Individuum oder eine Gruppe kennzeichnend ist und die Auswahl der zugänglichen Werte, Mittel oder Ziele des Handelns beeinflusst." (Kluckhohn 1951, S. 395 [282])

Für die *Operationalisierung* von Wertvorstellungen oder Werten gibt es keine verbindlichen Regeln. Vielfach werden Erhebungen zu Interessen, Einstellungen, Motivkategorien, Dilemma-Entscheidungsbegründungen etc. herangezogen, um Aussagen zu Werten, Werthaltungen oder Wertemustern machen zu können (vgl. Stiksrud 2006, S. 848 f. [283]).

Es können *zwei grundlegende Wertekategorien* unterschieden werden: terminale Werte und instrumentelle Werte (vgl. Becker 2008, S. 75 [284]):

- *Terminale Werte:* Sie umfassen einen wünschenswerten Zielzustand, d. h. das Lebensziel eines Menschen.

- *Instrumentelle Werte:* Sie beziehen sich auf die Art der Lebensführung, d. h. auf Verhaltensweisen, mit denen ein existenzieller Zielzustand erreicht werden soll.

Tabelle 6.3 zeigt die Werte des *Rokeach Value Survey*, welcher auf einem Rangordnungsverfahren beruht. Er umfasst insgesamt achtzehn terminale und achtzehn instrumentelle Werte. Diese werden entsprechend einer individuell bedeutsamen Hierarchie geordnet. Rokeach geht davon aus, dass die Gesamtzahl der Werte relativ klein ist und jeder Mensch über die gleichen Werte verfügt, jedoch in unterschiedlichem Ausmaß. Rokeach weist darauf hin, dass diese Liste aufgrund der intuitiven Itemauswahl keine abschließende und allgemein gültige Auswahl darstellt und dass andere Forscher durchaus zu abweichenden Listen kommen können (vgl. Rokeach 1973 [285], zit. n. Becker 2008, S. 75 [286]).

Tabelle 6.3 Terminale und instrumentelle Werte nach Rokeach

Terminale Werte	Instrumentelle Werte
Komfortables Leben	Ehrgeizig
Aufregendes Leben	Offenherzig
Gefühl der Erfüllung	Fähig
Friedliche Welt	Fröhlich
Schöne Welt	Sauber
Gleichheit	Mutig
Familiäre Geborgenheit	Gütig
Freiheit	Hilfsbereit
Glück/Zufriedenheit	Ehrlich
Inneres Gleichgewicht	Phantasievoll
Reife Liebe	Unabhängig
Nationale Sicherheit	Klug
Vergnügen	Logisch
Erlösung	Liebend
Selbstachtung	Gehorsam
Soziale Anerkennung	Höflich
Wahre Freundschaft	Verantwortungsbewusst
Weisheit	Beherrscht

Quelle: vgl. Rokeach 1973 [287], zit. n. Becker 2008, S. 75 [288]

Schwartz (2003 [289]) beschreibt zehn motivational unterschiedliche **Wertetypen**. Diese leitet er von universellen Herausforderungen ab, denen sich Menschen zu stellen haben. Jeder Wertetyp kann durch sein zentrales motivationales Ziel beschrieben werden. Tabelle 6.4 zeigt die zehn Wertetypen, die zugrundeliegenden motivationalen Ziele und die Einzelwerte, welche diese Ziele hauptsächlich ausdrücken, auf (vgl. Schmidt et al 2007, S. 262 [290]).

Tabelle 6.4 Wertetypen, zugrundeliegende motivationale Ziele und repräsentierende Einzelwerte nach Schwartz

Wertetyp	Motivationale Ziele	Repräsentierende Einzelwerte
Macht	Sozialer Status und Prestige, Kontrolle oder Dominanz über Menschen und Ressourcen	Soziale Macht, Autorität, Reichtum, öffentliches Ansehen wahren
Leistung	Persönlicher Erfolg durch Demonstration von Kompetenz bezüglich sozialer Standards	Erfolgreich, fähig, ehrgeizig, einflussreich
Hedonismus	Vergnügen und sinnliche Belohnung für einen selbst	Vergnügen, das Leben genießen
Stimulation	Aufregung, Neuheit und Herausforderungen im Leben	Wagemutig, ein aufregendes Leben, ein abwechslungsreiches Leben
Selbstbestimmung	Unabhängiges Denken und Handeln, schöpferisches Tätigsein, Erforschen	Kreativität, Freiheit, unabhängig, neugierig, eigene Ziele auswählen
Universalismus	Verständnis, Wertschätzung, Toleranz und Schutz des Wohlergehens aller Menschen und der Natur	Toleranz, Weisheit, soziale Gerechtigkeit, Gleichheit, eine Welt in Frieden, eine Welt voll Schönheit, Einheit mit der Natur, die Umwelt schützen
Benevolenz	Bewahrung und Erhöhung des Wohlergehens der Menschen, zu denen man häufig Kontakt hat	Hilfsbereit, ehrlich, vergebend, treu, verantwortungsbewusst
Tradition	Respekt vor, Verbundenheit mit und Akzeptanz von Gebräuchen und Ideen, die traditionelle Kulturen und Religionen für ihre Mitglieder entwickelt haben	Fromm, die eigene Stellung im Leben akzeptieren, demütig, Achtung vor der Tradition, gemäßigt
Konformität	Beschränkung von Handlungen, Neigungen und Impulsen, die andere beleidigen oder verletzen könnten oder gegen soziale Erwartungen und Normen verstoßen	Gehorsam, Selbstdisziplin, Höflichkeit, Ehrerbietung gegenüber Eltern und älteren Menschen
Sicherheit	Sicherheit, Harmonie und Stabilität der Gesellschaft, der Beziehungen und des Selbst	Familiäre Sicherheit, nationale Sicherheit, soziale Ordnung, sauber, niemandem etwas schuldig bleiben

Quelle: vgl. Schmidt et al. 2007, S. 262 [290], Schwartz 2003, S. 267 ff. [291]

Handlungen, die der Verwirklichung eines Wertetyps dienen, haben gemäß Schwartz psychologische, praktische und soziale Konsequenzen hinsichtlich der Verwirklichung eines anderen Wertetyps. Die Handlungsorientierung von Wertetypen kann entweder übereinstimmen oder in Konflikt stehen. So kann beispielsweise die Orientierung an Neuheit und Veränderung (= Stimulationswerte) die Bewahrung von bewährten Gebräuchen und Gewohnheiten (= Traditionswerte) einschränken. Im Gegensatz dazu ist aber beispielsweise die Orientierung an Traditionswerten kongruent mit der Verwirklichung von Konformitätswerten. Beide motivieren zu Handlungen, die sich an der Erfüllung von externalen Erwartungen orientieren (vgl. Schmidt et al. 2007, S. 262 [292]).

Im Rahmen von Selbsterkenntnis ist wichtig, dass sich Menschen ihrer Werte bewusst sind, damit sie das eigene Leben in Übereinstimmung mit den eigenen Wertvorstellungen gestalten können. Wichtig ist zudem, Wertekonflikte zu erkennen. Diese können belastend wirken und sich negativ auf die Zielsetzungen der Selbstmanagement-Kompetenz auswirken (Leistungsfähigkeit, Leistungsbereitschaft, Wohlbefinden und Balance fördern und langfristig erhalten).

6.2.3.2 Einstellungen und Überzeugungen

Die Kenntnis der eigenen Einstellungen und Überzeugungen ist wesentlich, da sie einen entscheidenden Einfluss darauf haben können, ob Vorsätze und Ziele erreicht werden. Sie wirken auch dahingehend, ob Personen es sich zutrauen, eine Aufgabe oder Funktion zu übernehmen. Auch Beziehungen zu anderen Menschen werden durch Überzeugungen geprägt, beispielsweise wie offen wir einer anderen Person begegnen oder ob Konflikte angesprochen werden.

> Eine *Einstellung* ist gemäß Six (2009, S. 247 [293]) eine seelische Haltung gegenüber einer Person, einer Idee oder Sache, die mit einer Wertung oder einer Erwartung verbunden ist.
>
> *Überzeugungen oder das Überzeugungs-/Glaubenssystem* beinhalten persönliche Auffassungen und Einstellungen – meist bezogen auf einen bestimmten Sachverhalt. Sie beeinflussen die Wahrnehmung der Umwelt und der eigenen Person wie auch das Zusammenwirken der beiden Aspekte (vgl. Heinecke 2009, S. 1039 [294]).
>
> In der Literatur wird meist keine eindeutige Unterscheidung zwischen den beiden Begriffen Überzeugung und Einstellung vorgenommen. Sie werden hier auch synonym verwendet oder gleichzeitig aufgeführt.

Überzeugungen haben einen **prägenden Einfluss** auf das Leben. Einige Überzeugungen sind den Menschen **bewusst;** viele sind jedoch auch **unbewusst** und prägen das Leben, ohne dass sich dies einer Person offenbart. In Tabelle 6.5 sind beispielhaft einige positiv und negativ wirkende Überzeugungen aufgeführt. Hier gilt zu beachten, dass die Wirkung gleicher Überzeugungen individuell unterschiedlich sein kann. Beispielsweise kann eine Überzeugung wie „Leistung zahlt sich aus" dazu führen, dass sich eine Person voll und ganz für eine Sache oder Aufgabe engagiert. Sie kann aber auch zur Folge haben, dass sich die Person überfordert und ihre Grenzen nicht respektiert. Negative Überzeugungen haben oft mit Vorurteilen zu tun.

Tabelle 6.5 Beispiele für Überzeugungen

Positiv wirkende Überzeugungen	Negativ wirkende Überzeugungen
Ich darf ein glückliches Leben führen.	Ich werde das nie schaffen.
Wenn ich Hilfe brauche, dann werde ich sie auch bekommen.	Ich muss mich zurücknehmen, damit mich die anderen mögen.
Leistung zahlt sich aus.	Ich bin nicht attraktiv genug.
Ehrlich währt am längsten.	Es geht immer alles schief.
Sport ist gesund.	Ich darf nicht erfolgreicher sein als mein älterer Bruder.
Wenn ich mich einsetze, werde ich es auch erreichen.	Ich werde im Alter dieselben Gebrechen haben wie meine Mutter.
Ich bin okay, so wie ich bin.	
Jeder Mensch hat einen guten Kern.	Die Welt ist ungerecht.
Umweltschutz ist wichtig.	Ausländer wollen nur profitieren.
Menschen verdienen es, so behandelt zu werden, wie ich behandelt werden möchte.	Es interessiert niemanden, wie es mir geht.
Als Führungskraft habe ich eine Vorbildfunktion.	Wenn ich meine Mitarbeitenden nicht kontrolliere, machen sie nur Fehler.
Gemeinsam können wir mehr erreichen.	Was Hänschen nicht lernt, lernt Hans nimmermehr.

Wenn Menschen Überzeugungen haben, die nicht erreichbar sind, und sie es dennoch immer wieder versuchen, entsteht ein Gefühl des Versagens (vgl. Brockhaus 2009 [295]). Positive Überzeugungen hingegen verleihen Kraft und Energie.

Das Thema Überzeugungen wurde bereits bei den Ausführungen zur sozial-kognitiven Lerntheorie aufgegriffen (vgl. Kapitel 2.3). Die dort vorgestellten kognitiven Konstrukte *Selbstwirksamkeit* und *Erwartung hinsichtlich Handlungsfolgen* beinhalten Überzeugungen eines Menschen. Eine allgemeine Selbstwirksamkeitserwartung ist beispielsweise die Überzeugung: „Wenn ein Problem auftaucht, kann ich es aus eigener Kraft meistern." Eine spezifische Selbstwirksamkeitserwartung ist die Überzeugung: „Ich werde die Prüfung bestehen, auch wenn ich eine Lernpause von zwei Wochen einschalte und in die Ferien fahre." Erwartungen hinsichtlich Handlungsfolgen haben damit zu tun, dass das Verhalten durch Überzeugungen bezogen auf das erreichte Ergebnis gesteuert wird.

Die Kenntnis der eigenen Überzeugungen ist wichtig, da diese einen entscheidenden Einfluss darauf haben können, ob Vorsätze und Ziele im Kontext von Selbstmanagement erreicht werden. Sie wirken weiter dahingehend, ob Personen es sich zutrauen, eine neue Aufgabe oder Funktion zu übernehmen. Auch Beziehungen zu anderen Menschen werden durch Überzeugungen geprägt, beispielsweise ob eine Person sich traut, um Unterstützung zu bitten, Grenzen zu setzen, offen auf andere Menschen zuzugehen oder einen belastenden Konflikt zu thematisieren.

6.2.4 Kenntnis der eigenen Bedürfnisse

Bedürfnisse wurden bereits im *Kompensationsmodell von Motivation und Volition* von Kehr diskutiert (= implizite Motive). Wesentlich war dort, inwiefern die impliziten Motive mit den expliziten Motiven (= Ziele) übereinstimmen – in Relation zu den wahrgenommenen Fähigkeiten (vgl. Kapitel 3.5). Im *Zürcher Ressourcen Modell* wurde darauf hingewiesen, dass Bedürfnisse noch nicht ausreichend bewusst sind – im Gegensatz zu Motiven. Es geht darum, in einem Bewusstwerdungsprozess zu explorieren, ob und welche Bedürfnisse auf einer unbewussten Ebene vorhanden sind, die in den Entwicklungsprozess mit einbezogen werden sollten. Geschieht diese Bewusstwerdung nicht, so planen Menschen beispielsweise eine Handlung, tun aber aufgrund unbewusster Bedürfnisse etwas ganz anderes (vgl. Kapitel 3.6).

> Ein Bedürfnis „ist der Ausdruck dessen, was ein Lebewesen zu seiner Erhaltung und Entfaltung notwendig braucht". (Berguis 2009, S. 114 [296]). Der Begriff *Bedürfnis* wird auch definiert als „Zustand eines physiologischen oder psychischen Mangels. Der als Mangel empfundene Erlebniszustand ist mit dem Streben nach Behebung (Befriedigung) verbunden." (vgl. Brockhaus 2012 [297])

Bedürfnisse können unterschiedlich kategorisiert werden. Je nach Einteilungsgesichtspunkt werden beispielsweise soziale, primitive und (kulturell) wertvolle, natürliche und künstliche, künstlerische, religiöse und kollektive Bedürfnisse unterschieden (vgl. Brockhaus 2009 [298]).

Weiter kann zwischen primären und sekundären Bedürfnissen unterschieden werden (vgl. Brockhaus 2009 [298], Fröhlich 2010, S. 95 [299]):

- *Primäre Bedürfnisse* (auch Trieb- oder Vitalbedürfnisse genannt) sind biophysische Mangelzustände, z. B. Hunger, Durst, Schutz vor Gefahr.

- *Sekundäre Bedürfnisse* sind durch Sozialisation erlernt oder anerzogen. Sie entstehen aus der Verinnerlichung familiärer und sozialer Normen und sind materiell und geistig ausgerichtet, z. B. Bedürfnis nach Besitz, Bedürfnis nach sozialem Status oder nach Zugehörigkeit zu einer bestimmten Berufsgruppe.

Eine hilfreiche *Kategorisierung von Bedürfnissen* findet sich bei Covey/Merrill/Merrill (2007, S. 43 f. [300]). Sie unterscheiden vier verschiedene Bedürfniskategorien:

- *Physische Bedürfnisse:* Bedürfnis zu leben, Bedürfnis nach Essen, Kleidung, einer Wohnung, wirtschaftlichem Wohlergehen, Gesundheit.

- *Soziale Bedürfnisse:* Bedürfnis nach Beziehungen zu anderen Menschen, nach Liebe und Geborgenheit.

- *Mentale Bedürfnisse:* Bedürfnis nach Wachstum und Entwicklung.

- *Spirituelle Bedürfnisse:* Bedürfnis nach Sinn, Orientierung, persönlichem Einklang, Bedürfnis, einen Beitrag zum Allgemeinwohl zu leisten.

Abbildung 6.2 Bedürfniskategorien nach Covey/Merrill/Merrill

Quelle: vgl. Covey/Merrill/Merrill 2007, S. 48 [300]

Oder, anders ausgedrückt, geht es im Leben darum, zu leben (physische Ebene), zu lieben (soziale Ebene), zu lernen (mentale Ebene) und ein Lebenswerk zu schaffen (spirituelle Ebene). Jede dieser vier Bedürfniskategorien ist von zentraler Bedeutung. Wenn eine unerfüllt bleibt, wird die Lebensqualität vermindert. Die Bedürfnisbereiche sind eng miteinander verknüpft und weisen in den Überschneidungsbereichen starke Synergien auf. Echtes inneres Gleichgewicht, tiefe Erfüllung und Freude lassen sich erst dort finden, wo sich die vier Bedürfniskategorien überschneiden (vgl. Abbildung 6.2). Wird die kritische Masse der Integration der vier Bedürfniskategorien erreicht, entstehen starke Synergien, wodurch das innere Feuer entfacht wird. Dieses verleiht dem Leben eine Vision, Leidenschaftlichkeit (Passion) und Abenteuergeist (vgl. Covey/Merrill/Merrill 2007, S. 44 ff. [300]).

„Den Schlüssel zum inneren Feuer bildet unser spirituelles Bedürfnis, ein Lebenswerk zu schaffen. Es verwandelt andere Bedürfnisse in Fähigkeiten, einen Betrag zum Allgemeinwohl zu leisten. Essen, Geld, Gesundheit, Bildung und Liebe werden so zu Ressourcen, die der Erfüllung von Bedürfnissen anderer dienen." (Covey/Merrill/Merrill 2007, S. 48 [300])

Es gibt somit eine Ebene, in der Menschen letztlich ihre Erfüllung darin finden, wenn sie sich für das kollektive Wohlergehen einsetzen. Dies kann beispielsweise ein politisches Engagement in der Gemeinde sein, die Übernahme einer ehrenamtlichen Tätigkeit in einem Verein, der sich für gesundheitliche Themen in Schulen einsetzt, die Unterstützung von hilfsbedürftigen Menschen im In- oder Ausland, die Mitarbeit in einem Tierschutz- oder Umweltschutzprojekt oder die Mitarbeit in einem Unternehmensprojekt im Bereich Corporate Social Responsibility. Die Möglichkeiten sind vielfältig.

Im Rahmen der Selbstmanagement-Kompetenz geht es darum, Bedürfnisse bewusst zu machen und auf dieser Grundlage stimmige persönliche und berufliche Ziele zu entwickeln. Bedürfnisse spielen zudem eine wichtige Rolle, wenn es darum geht, die persönliche Lebensgestaltung zu optimieren; wenn beispielsweise das Bedürfnis nach mehr Freiraum besteht, kann mittels einer klaren Prioritätensetzung diesem Bedürfnis vermehrt Rechnung getragen werden.

6.2.5 Kenntnis der eigenen Motivationsbereiche

Motivation bezeichnet Prozesse, die dem Verhalten Intensität und eine bestimmte Richtung und Ablaufform verleihen. Das Motivationskonstrukt dient im weitesten Sinne der Erklärung, warum und wie Verhalten sich in spezifischen Situationen an bestimmten Zielen orientiert und in Richtung auf die Zielerreichung gesteuert wird (vgl. Fröhlich 2010, S. 328 [301]).

Motivation „wird im Zusammenhang mit biologisch-homöostatischen Bedürfnissen (Trieben, Antrieben, z. B. Hunger), mit erfahrungsgeprägten Gewohnheiten und Erwartungen, mit Einstellungen und bewussten Vorsätzen (determinierende Tendenzen; Gerichtetheiten, Strebungen, Wünschen), mit Interessen und Werthaltungen sowohl im Selbst- als auch im Sozialbezug als Inbegriff der dynamischen Richtungs- und Organisationskomponente des zielorientierten Handelns diskutiert." (Fröhlich 2010, S. 328 [301])

Die Bedeutung von Erfolg hat einen Einfluss darauf, welche Ziele sich Menschen setzen und welche Leistungen sie im beruflichen und privaten Umfeld tagtäglich erbringen. Dieser Einfluss zeigt sich darin, in welchen Lebensbereichen wie viel Energie investiert wird. Er lässt Rückschlüsse zu, was Menschen motiviert und zu bestimmten Handlungen veranlasst. Erfolg bedeutet für jeden Menschen etwas anderes. Es lassen sich drei verschiedene *Motivationsbereiche* unterscheiden:

- *Leistungsmotivation:* Solche Menschen möchten lernen und Leistungen erbringen, z. B. Aufgaben eigenständig meistern oder ein Projekt erfolgreich abschließen (vgl. z. B. Brunstein/Heckhausen 2010 [302]).

- *Beziehungsmotivation:* Hier steht das Bedürfnis nach sozialem Kontakt im Vordergrund, z. B. besteht Erfolg darin, eine Partnerin zu finden, mit der man ein Leben lang gerne zusammen ist, eine Familie zu gründen oder gute Freunde zu haben (vgl. z. B. Sokolowski/Heckhausen 2010 [303]).

- *Machtmotivation:* Diese Menschen sind bestrebt, Einfluss auszuüben und Kontrolle über andere zu haben; sie wollen unabhängig handeln, andere überzeugen und führen (vgl. z. B. Schmalt/Heckhausen 2010 [304]).

Die individuelle Ausprägung der drei Motivationsbereiche ist bei jedem Menschen unterschiedlich. Verfolgt ein Mensch nun Ziele, die nicht seinem eigentlichen Motivationsbereich entsprechen, kann dies negative Auswirkungen nach sich ziehen: Diese Diskrepanz kann nicht nur die Lebenszufriedenheit und das Wohlbefinden senken, sondern auch einen Risikofaktor für die psychische Gesundheit darstellen (vgl. Baumann/Kaschel/Kuhl 2005, S. 795

f. [305]). Auf der anderen Seite kann die einseitige Betonung eines Motivationsbereichs zur Frustration vieler anderer Bedürfnisse führen. Hierdurch wird ebenfalls umfassende Zufriedenheit und subjektives Wohlbefinden reduziert, weil trotz aller Erfolge zu viele andere Bedürfnisse der Person verletzt werden (z. B. kann durch die einseitige Betonung auf „Streben nach Geld" das Bedürfnis nach Liebe und Nähe zu anderen Menschen oder das Bedürfnis nach Erholung zu kurz kommen) (vgl. Kuhl/Koole 2005, S. 123 [306]). Wenn bestimmte Ziele nur verfolgt werden, weil dies von außen verlangt wird, d. h. ohne dass diese in den eigenen Gefühlen verankert sind, zeigen sich besonders dann ungünstige Auswirkungen auf Wohlbefinden und Gesundheit, wenn belastende Faktoren (z. B. Unsicherheit am Arbeitsplatz, soziale Konflikte) hinzukommen (vgl. Martens/Kuhl 2009, S. 32 [307]).

Die Förderung des entsprechenden Motivationsbereichs, beispielsweise durch das Bewusstmachen von Motiven, kann zu mehr Wohlbefinden und effektiverem Arbeiten beitragen. Motive zeigen, was Menschen antreibt, ihr Leben auf eine bestimmte Art und Weise zu leben. Dadurch wird Verhalten selektiert, energetisiert und ausgerichtet. Motive sind im Gegensatz zu Zielen meist unbewusst (= implizit). Motive können beispielsweise mit dem „Thematischen Auffassungstest oder Apperzeptionstest (TAT)" ermittelt werden. Hier schreiben Personen Geschichten zu Bildern. Anschließend werden spezifische Wendungen und Ausdrücke gezählt, die auf typische implizite Motive hinweisen (zum TAT vgl. z. B. Brunstein/Heckhausen 2006, S. 145 ff. [308]).

6.2.6 Kenntnis der eigenen Verhaltensweisen und -muster

> Ein *Verhaltensmuster* „ist ein Komplex von Verhaltenseinheiten, die in charakteristischer Weise miteinander verbunden sind und gleichzeitig oder in zeitlicher Abfolge auftreten, wie z. B. das „Schreckmuster" [...], das aus einer Anzahl bestimmter einzelner muskulärer und vegetativer Reaktionen besteht." (Häcker/Stapf 2009, S. 1064 [309])
>
> *Verhalten* ist „die allgemeine Bezeichnung für die Gesamtheit aller beobachtbaren, feststellbaren oder messbaren Aktivitäten des lebenden Organismus, meist aufgefasst als Reaktion auf bestimmte Reize oder Reizkonstellationen, mit denen der Organismus in experimentellen oder lebensweltlichen Situationen konfrontiert wird bzw. konfrontiert ist." (Fröhlich 2010, S. 500 [310])

Verhalten bezieht sich somit auf alle direkt beobachtbaren Veränderungen wie beispielsweise Muskelbewegungen, Körperstellungen, Drüsensekretionen, vasomotorische Reaktionen oder Laut- und Sprachäußerungen (vgl. Häcker/Stapf 2009, S. 1060 [311]). Das Verhalten lässt sich in Einzelkomponenten gliedern und besteht aus ererbten (angeborenen) und erworbenen Anteilen.

Angeborene Anteile „sind die Reflexe, Automatismen und Instinktbewegungen (Erbkoordination). Der übergeordnete, im Zentralnervensystem verankerte Koordinationsmechanismus für die Ordnung und Aufeinanderfolge der verschiedenen Verhaltensweisen sind die Instinkte. Verhalten wird in der Regel durch bestimmte Umweltreize ausgelöst, wobei jedoch aufgrund eines inneren Auslösemechanismus immer nur ein kleiner Teil der Umweltreize beantwortet wird. Ein bestimmter Reiz kann aber je nach Handlungsbereitschaft und Motivation auf unterschiedliche Weise beantwortet werden (ein Angriff etwa durch Kampf- oder Fluchtverhalten." (Brockhaus 2012 [312])

Im Leben gibt es Verhaltensweisen und Verhaltensmuster, die förderlich sind, und solche, die sich hindernd oder negativ auswirken. Ein förderliches Verhaltensmuster ist beispielsweise, wenn eine Person in Belastungssituationen den Rhythmus von Pausen ändert und häufiger Kurzpausen einschaltet. Ein hinderliches Verhaltensmuster wäre, wenn eine Person, wenn sie um Unterstützung angefragt wird, regelmäßig zusagt, obwohl sie eigentlich „Nein" sagen möchte bzw. sollte. Im Rahmen des Bausteins Selbsterkenntnis geht es darum, dass Menschen ein Bewusstsein dafür entwickeln, wie sie sich in verschiedenen Situationen verhalten und welche Wirkung dieses Verhalten hat – auf sie selbst und auf andere. Inwiefern Verhalten verändert werden kann, gehört dann zu den Bausteinen Selbstentwicklung sowie Selbstkontrolle & Selbstregulation.

6.2.7 Kenntnis der Rollen im Privat- und Berufsleben

Im sozialpsychologischen Verständnis wird **Rolle** verstanden als „die Summe von Erwartungen an das soziale Verhalten eines Menschen, der eine bestimmte soziale Position innehat; ein gesellschaftlich bereitgestelltes Verhaltensmuster, das in bestimmten Situationen ausgeführt werden kann oder muss." (Brockhaus 2012 [313])

Rollenverhalten „sind gesellschaftlich bereitgestellte Verhaltensmuster, die erlernt und von einer Person in einer bestimmten Situation gewählt werden können oder gespielt werden müssen (z. B. die Rolle des Patienten, die jemand in der Klinik erlernen muss, wenn er dort erstmals behandelt wird)." (Brockhaus 2012 [314])

Rollen lassen sich hinsichtlich verschiedener **Kategorien** unterscheiden (vgl. Brockhaus 2009 [315]):

- **Primär- und Sekundärrollen:** Primärrollen beziehen sich auf unveränderbare Merkmale einer Person (z. B. Alter und Geschlecht). Sekundärrollen sind erworben bzw. frei wählbar (z. B. die berufliche Rolle).
- **Zentrale und periphere Rollen:** Zentrale Rollen umfassen die von einer Person notwendigerweise zu erfüllenden Erwartungen (z. B. Rolle als Mann, als Frau, als Künstlerin, als Führungskraft). Periphere Rollen werden von einer Person freiwillig und nur zeitweise ausgeübt (z. B. als Tangotänzer während der Freizeit).

Menschen sind in ein Bündel von unterschiedlichen **Rollenerwartungen** eingebunden. Abbildung 6.3 gibt einen Überblick über mögliche Rollenerwartungen, die gleichzeitig auf eine einzelne Person wirken können (vgl. Berthel/Becker 2010, S. 130 [316]).

Abbildung 6.3 Überblick über mögliche Rollenerwartungen

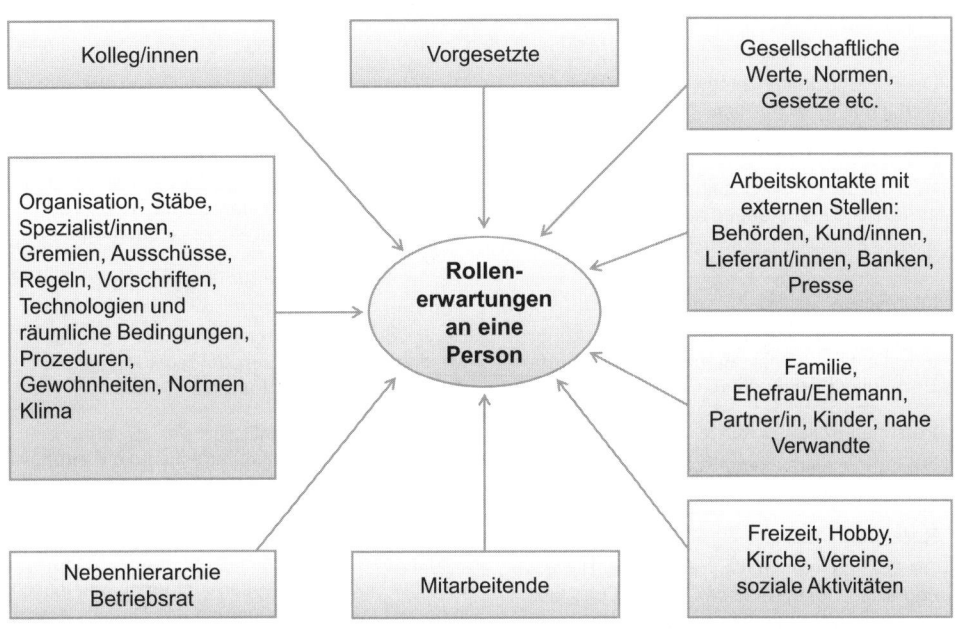

Quellen: vgl. Berthel/Becker 2010, S. 131 [316], Neuberger 2000, S. 320 [317]

Rollen im Arbeitskontext sind verhältnismäßig strukturierter und formalisierter, eher hierarchisch gegliedert sowie spezialisierter und auch abgegrenzter als andere Rollen.

Wenn die Erwartungen an eine Rolle kein klares Bild ergeben und unterschiedliche Vorstellungen bezüglich Rollenverhalten vorherrschen, besteht eine **Rollenambiguität**. Diese kann von Unternehmen intendiert sein, um durch sie Freiräume (Rollenselbstgestaltung) und innovativen Druck zu ermöglichen. Rollenambiguität bedeutet einen möglichen Rollenkonflikt. *Rollenkonflikte* können sich als *Intrarollenkonflikt* zeigen, wenn gleichzeitig verschiedene Erwartungen an eine Rolle gestellt werden (z. B. ungestörtes Gespräch mit Mitarbeitenden führen vs. dringender Anruf eines Vorstandsmitglieds). *Interrollenkonflikte* bestehen, wenn zwischen verschiedenen Rollen Spannungsfelder bestehen (z. B. zwischen der Rolle als Führungsperson und der Rolle als Vater). In Tabelle 6.6 sind mögliche Rollenkonflikte am Beispiel einer Führungsperson dargelegt (vgl. Berthel/Becker 2010, S. 130 [318]).

Tabelle 6.6 Mögliche Rollenkonflikte

Konfliktart	Beispiel
Intra-Sender-Konflikt Die Führungskraft richtet widersprüchliche Erwartungen an sich selbst.	Die Führungskraft verlangt von sich selbst schnelle und zugleich fehlerfreie Aufgabenerledigung.
Inter-Sender-Konflikt Verschiedene Positionsinhabende richten widersprüchliche Erwartungen an die Führungskraft.	Der Vorgesetzte der Führungskraft erwartet eine erfolgreiche Durchsetzung unpopulärer Entscheidungen, während die Mitarbeitenden Abschirmung, Verständnis und Rücksichtnahme wünschen.
Inter-Rollen-Konflikt Aufgrund unterschiedlicher Rollenzugehörigkeiten ist die Führungskraft mit widersprüchlichen Erwartungen konfrontiert.	Der mit der Führungsrolle verbundene Zeitaufwand von 50-60 Wochenstunden kollidiert mit Anforderungen in der Familie.
Personen-Rollen-Konflikte Die Führungskraft kann Rollenerwartungen nicht mit ihrem Selbstbild in Einklang bringen.	Die Führungskraft identifiziert sich zu sehr mit ihren Fachaufgaben und betrachtet die Führungsrolle als lästige Nebenaufgabe.
Rollen-Ambiguität Die Erwartungen an die Führungskraft sind zu unpräzise, nur in Umrissen skizziert und lauten informell ganz anders.	Die Führungskraft wird von ihrem Vorgesetzten aufgefordert, das angeschlagene Arbeitsklima in der Abteilung zu verbessern. Informell wird jedoch in erster Linie eine Steigerung des Outputs erwartet.
Rollen-Überlastung Die Menge der positionsspezifischen Anforderungen überfordert die Führungskraft. Sie wird gezwungen, Abstriche zu machen und Prioritäten zu setzen.	Die Führungskraft soll an einem Tag zugleich zwei Kundenbesuche absolvieren, an einer Konferenz teilnehmen, mehrere Einstellungsgespräche führen und einen wichtigen Vortrag vorbereiten.

Quelle: vgl. Berthel/Becker 2010, S. 132 [318], beim letzten Beispiel wurden Anpassungen vorgenommen.

Rollendruck entsteht, wenn die verschiedenen Komponenten der sozialen Rolle eine Person stark belasten. Dies wird als Stress empfunden. Viele Menschen sind mit Rollenkonflikten konfrontiert (vgl. Berthel/Becker 2010, S. 131 f. [318]). Das Thema Work Life Balance ist u. a. von solchen Rollenkonflikten geprägt.

Rollenkonflikte und Rollenambiguität sind „maßgeblich an der Entstehung des Burnout-Syndroms beteiligt." (Schulze 2009, S. 205 [319])

Im Rahmen des Bausteins Selbsterkenntnis geht es darum, sich vertieft mit den verschiedenen Rollen auseinanderzusetzen, Rollenkonflikte zu erkennen und Ziele für die verschiedenen Rollen zu erarbeiten, die realistisch und motivierend sind. Wichtig ist hier, Erwartungen an die verschiedenen Rollen zu präzisieren, zu reduzieren, aufeinander abzustimmen und nach Synergien zwischen den Rollen zu suchen. Hierzu müssen oftmals eigene Erwartungen angepasst werden und in der Auseinandersetzung mit dem Umfeld Rollenerwartungen konkretisiert, geklärt und auch neu definiert werden. Die Veränderung von Erwartungen ist wichtig, um Belastungen zu reduzieren. Wichtig ist auch, sich von einer Rolle distanzieren zu können. Gegebenenfalls müssen gewisse Rollen auch in bestimmten Lebensphasen aufgegeben werden.

6.2.8 Kenntnis der personalen und situativen Ressourcen

Der Begriff Ressource wurde in den Sozialwissenschaften von Bandura (1981 [320]) eingeführt. Heute werden die Begriffe Ressource oder ressourcenorientiert sehr breit verwendet und sind nicht immer präzise definiert (vgl. Schiepek/Cremers 2003, S. 147 [320]). Exemplarisch finden sich nachfolgend zwei Definitionen des Begriffs Ressourcen:

> Krause/Storch (2006, S. 33 [322]) verwenden einen neurobiologisch fundierten Ressourcenbegriff: „Demnach gilt als Ressource alles, was gesundheitsförderliche neuronale Netze aktiviert und entsprechende Ziele fördern hilft."
>
> Für Bamberg/Busch/Ducki (2003, S. 55 [323]) sind Ressourcen „[...] Faktoren, die Entwicklungspotentiale und Gesundheit fördern, die Handlungsregulation, Selbstorganisation und den Umgang mit Stress unterstützen oder erleichtern."

Ressourcen können entweder durch Merkmale der Situation (= situative Ressourcen) oder durch Merkmale der Person (= personale Ressourcen) gegeben sein:

- *Situative Ressourcen (= externe Ressourcen)* stehen im Umfeld der Person zur Verfügung (= äußere, soziale Ressourcen, Handlungsbedingungen). Dazu gehören beispielsweise eine gesunde Umwelt, materielle Sicherheit, gute Wohnverhältnisse, funktionierende familiäre und soziale Beziehungen, Gestaltungs- und Beteiligungsbedingungen oder kooperatives Arbeitsklima. Die Vielfalt von möglichen externen Ressourcen ist groß. In arbeitspsychologischen Untersuchungen zeigt sich hier insbesondere die große Bedeutung von Handlungsspielraum und sozialer Unterstützung. Beispielsweise sind Unterbrechungen bei der Arbeit nicht so problematisch, wenn die Möglichkeit besteht, bei Störungen einfachere Aufgaben zu erledigen – wenn also Handlungsspielraum vorhanden ist (vgl. Bamberg/Busch/Ducki 2003, S. 55 [323]). Kernen/Meier (2012, S. 91 ff. [324]) haben eine Kategorisierung der externen Ressourcen vorgenommen und unterscheiden zwischen soziokulturellen, ökonomischen, psychosozialen, biologischen, technischen sowie physikalischen-/Infrastruktur-Ressourcen (vgl. Abbildung 6.4).

Abbildung 6.4 Modell mit internen (personalen) und externen (situativen) Ressourcen

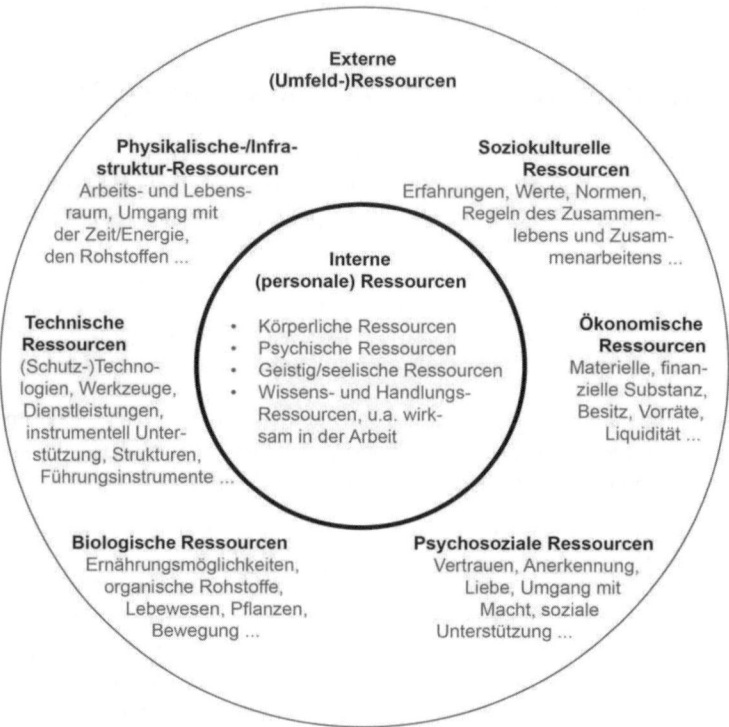

Quelle: vgl. Kernen/Meier 2012, S. 92 [324]

- *Personale Ressourcen (= interne Ressourcen)* sind eng an die Person gebunden. Kernen/Meier (2012, S. 91 ff. [324]) haben die zahlreichen personalen Ressourcen kategorisiert und unterscheiden zwischen körperlichen, psychischen, geistig/seelischen sowie Wissens- und Handlungsressourcen (vgl. Abbildung 6.4):
  - *Körperliche Ressourcen* sind z. B. das Atmungs- und Herz-Kreislauf- System, die Nahrungsaufnahme und -verwertung, die Sinne, die Motorik mit den Dimensionen Kraft, Schnelligkeit, Koordination, Ausdauer etc. Hierunter fallen somit Ressourcen wie gesunde Ernährung und körperlicher Ausgleich (Sport, Spaziergänge etc.).
  - *Psychische Ressourcen* sind z. B. Grundhaltungen wie Zuversicht, Stabilität, Optimismus, Vertrauen, Kontrollüberzeugungen, Selbstwirksamkeitserwartung, Kohärenzvermögen.

- *Geistig-seelische Ressourcen* sind z. B. Sinnhaftigkeit, philosophische und spirituelle Überzeugungen.
- *Wissens- und Handlungsressourcen* umfassen das im Leben erworbene Wissen und die Erfahrung. Hierzu gehören weitere Kompetenzen, Fähigkeiten und Fertigkeiten (z. B. Problemlösekompetenzen, Änderungskompetenzen, soziale Kompetenzen, aus Erfahrung lernen können), Verhaltens-, Handlungs- und Bewältigungsstile (Zielorientierung, Konfliktbewältigung) – letztlich alles, was einem Menschen hilft, wirkungsvoll zu handeln.

Es besteht ein enger *Zusammenhang zwischen personalen und situativen Ressourcen* (vgl. Bamberg/Busch/Ducki 2003, S. 56 [325]):

- Personale Ressourcen spielen bei der Nutzung situativer Ressourcen eine Rolle, beispielsweise können Handlungsspielräume nur dann eine positive Wirkung im Stressgeschehen haben, wenn sie auch erkannt und genutzt werden. Oder: Die sozialen Kompetenzen einer Person haben einen Einfluss auf die soziale Unterstützung, die sie erhält.

- Die Bewertung der Handhabbarkeit eines Ereignisses (= personale Ressource) hängt davon ab, inwiefern dieses Ereignis aufgrund der gegebenen situativen Rahmenbedingungen als kontrollierbar eingestuft wird. Die Bewertung, ob Prozesse nachvollziehbar sind, hängt auch davon ab, wie transparent diese sind.

- Personale Ressourcen sind insbesondere bei Menschen stark ausgeprägt, die auch über zahlreiche situative Ressourcen verfügen wie beispielsweise große berufliche Entscheidungsspielräume, ein hohes Einkommen, privilegierte soziale Positionen.

Für den Menschen hängen Energie, Lebensfreude, Wille, Mut und auch die Belastbarkeit von den zur Verfügung stehenden und *aktiv genutzten Ressourcen* ab. Im Rahmen der Selbstmanagement-Kompetenz ist somit ein umfassendes und konsequentes Ressourcenmanagement von entscheidender Bedeutung. Es geht darum, unterstützende personale und situative Ressourcen zu erkennen, diese gezielt zu aktivieren und umfassend zu nutzen.

Übung: Persönliche Ressourcen erkennen, aktivieren und nutzen

1. *Zusammentragen:* Welches sind Ihre persönlichen Ressourcen? Halten Sie auf einem Blatt Papier alle Ressourcen, die Ihnen in den Sinn kommen, fest. Sie können diese Ressourcen mittels Worten, Bildern oder Symbolen festhalten; häufig ist auch eine Kombination hilfreich. Achten Sie darauf, dass Sie Ressourcen auf der physischen, sozialen, mentalen und geistigen Ebene integrieren.

2. *Überprüfen:* Welche Ressourcen sind für Sie besonders wichtig? Welche Ressourcen geben Ihnen Kraft und Vitalität? Welche Ressourcen helfen Ihnen, sich zu entspannen und zu regenerieren? Wie regelmäßig nutzen Sie diese Ressourcen im beruflichen und persönlichen Alltag? Welche Ressourcen nutzen Sie in der jetzigen Lebensphase zu wenig? Wie könnten Sie für Sie wichtige Ressourcen im Alltag noch mehr aktivieren, nutzen, einbauen? Wie können Sie dies konkret tun? Wer könnte Sie hier unterstützen?

3. *Anwendung im Alltag planen:* Wählen Sie 1-3 Ressourcen aus, die Sie in den nächsten vier Wochen gezielt aktivieren bzw. nutzen möchten. Machen Sie sich eine möglichst konkrete Vorstellung davon, wie Sie diese Ressourcen nutzen werden: Wann? Wie? Wo? Wie häufig? Hilfreich ist auch, für jede Ressource, die Sie nutzen möchten, ein handlungswirksames Ziel zu entwickeln (positiv formuliert, realistisch, motivierend, aus eigener Kraft realisierbar) und die Vorgehensschritte, die es für die Umsetzung braucht, festzuhalten.

   Überprüfen Sie dann, ob Ihr Ziel und Ihr Vorgehen vollumfänglich realistisch sind. Wenn nein, passen Sie beides so an, bis Sie sowohl ein realistisches Ziel als auch ein realistisches Vorgehen definiert haben.

   Überprüfen Sie weiter, ob Ihr Ziel und Ihr geplantes Vorgehen ausreichend motivierend sind. Haben Sie eine positive Reaktion (auf körperlicher, emotionaler Ebene), wenn Sie sich das Ziel und das Vorgehen vorstellen? Wenn nein, verändern Sie Ihr Ziel oder Ihr Vorgehen dahingehend, bis Sie eine positive Reaktion auf emotionaler und/oder körperlicher Ebene spüren).

4. *Reflektieren während der Umsetzung:* Führen Sie ein Reflexionstagebuch, in dem Sie abends festhalten, wie es Ihnen bei der Umsetzung ergangen ist: Was ist Ihnen gelungen? Was war einfach? Wo tauchten Schwierigkeiten auf? Was hat Sie gegebenenfalls von Ihrem Plan weggeführt? Welches waren innere und äußere Saboteure bzw. Verführungen? Braucht es eine Anpassung des Ziels oder des Vorgehens?

5. *Reflektieren nach Abschluss der Übung:* Was haben Sie am Ende der vier Wochen über sich gelernt? Was hat Sie bei der Umsetzung unterstützt? Inwiefern könnten diese Erkenntnisse auf andere Situationen übertragen werden, um in Ihrem Leben mehr Wohlbefinden und Balance zu schaffen? Falls Sie keine positive Erfahrung gemacht haben: Was könnten Sie tun, um doch noch einen Erfolg zu ermöglichen (z. B. mit einem realistischeren Ziel)?

6.2.9 Kenntnis der eigenen Grenzen

„Zwischen dem Ja und dem Nein liegt der Gestaltungsraum des Selbst." (Martens/Kuhl 2009, S. 33 [326])

Die Erfahrung von und die Auseinandersetzung mit Grenzen berühren Grundfragen menschlicher Existenz. Ob Grenzen gesetzt werden können, hat einen großen Einfluss auf die Leistungsfähigkeit, die Leistungsbereitschaft und das Wohlbefinden. Grenzen sind der Schlüssel für eine ausgewogene Work Life Balance. Grenzen können jedoch auch Hindernisse darstellen, indem sie Menschen davon abhalten, neue Herausforderungen im Leben zu suchen. In Coachings und Selbstmanagement-Seminaren zeigt sich immer wieder, dass das Thema Grenzen bei vielen Menschen ein wichtiges Thema ist und oftmals auch eine große Herausforderung darstellt.

„Der wohl wichtigste und für viele Menschen zugleich schwierigste Punkt [...] ist das Neinsagen, d. h. Forderungen oder Bitten anderer auch einmal abzulehnen. Das Bestreben, niemals andere zu enttäuschen und es immer allen recht machen zu wollen, behindert meist ein sich selbst schützendes ‚Nein'." (Kaluza 2007, S. 94 f. [327])

Grenzen können danach unterschieden werden, ob es **personeninhärente Grenzen** sind (z. B. bezüglich Leistungsfähigkeit) oder ob es **Grenzen im Kontakt mit dem räumlichen oder sozialen Umfeld** sind. Weiter stellt sich die Frage, ob es echte oder vermeintliche, fremdbestimmte oder selbstgezogene Grenzen sind. Malik (2006, S. 10 [328]) betrachtet das Thema Grenzen als eine der wichtigsten Führungsaufgaben, indem Mitarbeitende dabei unterstützt werden, ihre eigenen Grenzen auszuloten und zu überschreiten. Malik arbeitet mit **vier Fragestellungen,** um sich mit den eigenen Grenzen auseinanderzusetzen oder in der Führung die Grenzthematik mit Mitarbeitenden zu thematisieren (für die nachfolgenden Ausführungen zu den vier Fragen vgl. Malik 2006, S. 10 ff. [328]):

1. Erfahre ich subjektive oder objektive Grenzen?
2. Sind es Grenzen der Leistungsfähigkeit oder der Arbeitsweise?
3. Geht es auch um Grenzen der Lebensweise?
4. Handelt es sich um die Grenzen der Stärken oder der Schwächen?

Frage 1: Erfahre ich subjektive oder objektive Grenzen?

Wenn Menschen noch nicht systematisch mit den eigenen Grenzen und ihrer Überwindung experimentiert haben, kann es schwierig sein, zwischen objektiven Leistungsgrenzen und subjektiv empfundenen Leistungslimits zu unterscheiden. Dies zeigt sich beispielsweise im Ausdauersport, wenn es um die Überwindung des sogenannten „toten Punkts" geht, wo Menschen das Gefühl haben, nicht mehr weiterrennen zu können. Sporttraining hat u. a. den Zweck, die Fähigkeit zu erwerben, Leistungseinbrüche und tote Punkte zu überwinden, d. h. vermeintliche Grenzen zu durchbrechen. Auch in anderen Bereichen geht es immer wieder darum, eigene Grenzen zu überwinden und Erfolgserlebnisse zu schaffen, beispielsweise wenn sich Menschen zu wenig zutrauen. „Ich kann nicht" ist eine negative Überzeugung, die Grenzen dort setzen kann, wo es sie objektiv möglicherweise gar nicht gibt. In der Führung geht es darum, gemeinsam Wege zu finden, um subjektiv empfundene Grenzen, die es objektiv nicht gibt, zu überwinden. Die Überwindung von Grenzen ist lernbar. Das eigene Potenzial kennenzulernen und auszuschöpfen hat damit zu tun, **subjektive Grenzen** zu überschreiten. Dies ist auch ein wichtiges Thema, wenn es um Personalentwicklung, Laufbahnplanung und Talent Management geht.

„Menschen brauchen die Erfahrung, dass Grenzen nicht dort existieren, wo sie sich zeigen, sondern weiter draußen, in der Regel viel weiter weg liegen, als viele es für möglich halten." (Malik 2006, S. 11 [328])

Werden jedoch **objektive Grenzen** überschritten, kann dies zu quantitativer oder qualitativer Überforderung führen.

Überforderung ist eine „quantitative oder qualitative Überschreitung der Grenzen der Leistungs- und Beanspruchungsfähigkeit eines Menschen unter arbeitsphysiologischem und psychologischem Aspekt in einer Belastungssituation; [sie] kann zu Abwehrreaktionen (Schlaflosigkeit, Schlafsucht, Depressivität) und v. a. psychosomatischen Störungen führen. Unterschiedliche Formen der Überforderung liegen oft auch dem Stress zugrunde." (Brockhaus 2012 [329], Ergänzung durch Autorin)

Im Rahmen der Selbstmanagement-Kompetenz geht es darum, dass Menschen lernen, objektive Grenzen bewusst wahrzunehmen, zu respektieren und Wege zu suchen, diese auch zu wahren.

Frage 2: Grenzen der Leistungsfähigkeit oder der Arbeitsweise ?

Oft sind Grenzen der physischen und fachlichen Leistungsfähigkeit in der zurzeit angewandten Arbeitsmethodik begründet.

„Nicht die Grenze der Möglichkeiten ist erreicht, sondern die Grenze der Art und Weise, wie wir etwas tun bzw. wie wir arbeiten. Ich habe in meiner Berufspraxis keinen erfolgreichen Manager kennen gelernt, der nicht mehrmals im Laufe seines Lebens seine Arbeitsmethodik geändert hat – und dies nicht im Sinne von kleinen Justierungen, sondern von Grund auf." (Malik 2006, S. 11 [330])

Wird die Arbeitsmethodik geändert, erschließen sich Menschen dadurch neue Leistungshorizonte. Die Arbeitsmethodik ist bei Menschen individuell sehr unterschiedlich. Wichtig ist, die eigene Methodik zu finden bzw. zu entwickeln. Sie muss sowohl auf die Person als auch auf die Aufgabe bzw. die Situation abgestimmt sein. Dieses Thema wird insbesondere im Kontext von Zeitmanagement eingehend diskutiert. Hier finden sich zahlreiche Methoden und Instrumente, um die eigene Arbeitsweise zu optimieren.

Frage 3: Geht es auch um Grenzen der Lebensweise?

Die Lebensweise eines Menschen kann umfassende Grenzen setzen. Für gute Leistungen oder Höchstleistungen bei gleichzeitig innerer Ausgeglichenheit sind gemäß Malik insbesondere folgende Punkte wichtig: eine sinnvolle Aufgabe auszuüben, intakte private Beziehungen zu führen, persönliche Interessen zu fördern und die körperliche Fitness zu wahren.

Wird die eigene Lebensweise verändert, kann dies neue Energien und Kräfte freisetzen. Die Auseinandersetzung mit dem persönlichen Selbstmanagement und der Wirkung eigener Verhaltensweisen bringt wichtige Erkenntnisse darüber, welche Veränderungen in der Lebensweise wichtig wären.

Frage 4: Sind es Grenzen der Stärken oder der Schwächen?

Menschen können an Grenzen stoßen, weil sie auf Gebieten oder auf eine Art und Weise tätig sind, wo ihre Schwächen ins Gewicht fallen. Wichtig ist, Menschen dort einzusetzen, wo sie auf ihren Stärken aufbauen können. Werden Menschen in ihren Stärken unterstützt, können sie herausragende Leistungen erbringen und sind aus sich heraus motiviert. Wenn eine Person jedoch falsch eingesetzt ist, wird sie in der Regel weder herausragende Leistungen zeigen noch wirklich motiviert sein. In der Unternehmenspraxis geht es jedoch häufig um die Beseitigung von Schwächen und nicht darum, sich auf Stärken zu konzentrieren.

„Das Geheimnis erfolgreicher Unternehmen ist die kompromisslose Ausrichtung auf das, was die vorhandenen Menschen können. Wer gezwungen ist, wegen unüberlegter Gestaltung seiner Stelle, wegen fehlerhaftem Job-Design, auch nur in geringem Umfange so zu arbeiten, dass seine Schwächen zum Tragen kommen, wird binnen kürzester Zeit an unüberwindbare Grenzen stoßen. Das bedeutet nicht, dass man Schwächen ignorieren soll, im Gegenteil. Schwächen muss man kennen, und zwar sehr genau. Dies aber nicht, um sie zu beseitigen, wie es durchwegs das Ziel von Personalentwicklungsmaßnahmen ist, sondern aus einem ganz anderen Grund: Um nicht den Fehler zu begehen, Menschen dort einzusetzen, wo ihre Schwächen liegen." (Malik 2006, S. 14 [330])

Ein wichtiger zusätzlicher Punkt zu den Ausführungen von Malik sind Grenzen im Umgang mit anderen Menschen und Gruppen.

Eigene Grenzen im Umgang mit anderen Menschen kennenlernen und respektieren

Höglinger gibt in seinem Buch „Grenzen setzen" zahlreiche Impulse, wie persönliche Grenzen bei Erwachsenen erkannt, gesetzt und verteidigt werden können. Einige Gedanken daraus sind (vgl. Höglinger 2010, S. 13 ff. [331]):

- *Grenzen sind Teil des Lebens:* Sie sind dazu da, das Leben und die Interessen von Menschen und von Gruppen zu schützen. Leben benötigt örtliche, zeitliche und emotionale Grenzen – sei es in der Arbeit oder in Beziehungen.

- Grenzen sind im Wesentlichen in folgenden *Bereichen* zu orten:
  - *Eigener Körper:* physische Außengrenze, Distanzzonen, z. B. wann fühle ich mich nicht mehr wohl, wenn Menschen zu nahe stehen. Wenn jemand zu nahe kommt, wird dies als Grenzverletzung gewertet.
  - *Eigene Territorien:* Territorien sind Bereiche, die Menschen als ihr Revier betrachten. Dies sind z. B. der eigene Arbeitsbereich (Büro, Schreibtisch), Aufgaben, für die sich Menschen verantwortlich fühlen, bestimmte Plätze.
  - *Gegenstände:* Gegenstände, die Menschen gehören oder für die sie verantwortlich sind, z. B. im Beruf sind dies Arbeitsmittel, Telefon, PC, Unterlagen; im Privatleben können dies Bücher, Werkzeuge, die persönliche Kaffeetasse sein.

- Menschen kennen *drei Arten von Grenzen:*
  - *Toleranzgrenze:* Eine Projektsitzung ist für 17 Uhr vereinbart. Mehrere Teilnehmende kommen 2 – 3 Minuten zu spät. Hier ist eine Grenzverletzung gegeben, die jedoch von der Projektleitung akzeptiert wird.
  - *Schmerzgrenze:* Herr K. kommt nun schon das fünfte Mal 10 Minuten zu spät zur Sitzung. Es könnte nun sein, dass dies von einem anderen Projektmitglied oder von der Projektleitung nicht mehr toleriert und thematisiert wird.
  - *Absolute Grenze:* Herr K. hat an den letzten drei Projektsitzungen nicht teilgenom-

men und hat ausrichten lassen, dass man ihm doch die Protokolle schicken solle. Dies würde ihm ausreichen. Hier könnte eine absolute Grenze überschritten worden sein.

Welche dieser Grenzen jemand erreicht oder überschritten hat, ist oftmals von der eigenen Tagesverfassung abhängig.

- Wenn Menschen ihre Grenzen nicht kennen, können sie Grenzverletzungen von anderen nicht verhindern.
- Grenzen oder Grenzübertritte werden im sozialen Kontakt häufig nicht so deutlich signalisiert. Sie werden vielmehr im Verhalten angedeutet, beispielsweise wenn sich jemand im Gespräch zurückzieht, bei Entscheidungen ohne ersichtlichen Grund dagegen ist.

Ein wichtiger und für Menschen zugleich schwieriger Punkt ist das Neinsagen, also Forderungen und Bitten anderer Menschen auch einmal abzulehnen. Dies fällt engagierten, leistungsorientierten und hilfsbereiten Menschen besonders schwer. Kaluza betont, wie wichtig es ist, Grenzen zu setzen, um einem schleichenden Leistungsabfall und Burnout vorzubeugen. Hilfreich ist, Grenzen durch klare Signale sichtbar zu machen, beispielsweise Türen schließen, Telefon umleiten, feste Sprechzeiten einrichten, zeitliches Limit für Besprechungen setzen und einhalten, häufiger „nein", „jetzt nicht" und „ohne mich" sagen (vgl. Kaluza 2007, S. 94 f. [332]).

„Sage nicht JA, wenn du NEIN sagen willst." (Höglinger 2010, S. 37 [333])

Es sind oftmals Ängste, die Menschen daran hindern, ihre Grenzen klar zu kommunizieren und zu verteidigen – häufig die Angst, die Liebe, die Zuwendung oder das Vertrauen von Personen zu verlieren (vgl. Höglinger 2010, S. 52 [333]).

Im Kontext von Selbstmanagement-Kompetenz ist es sehr wichtig, dass Menschen ihre Grenzen erkennen, respektieren und konsequent ziehen. Im Baustein Selbsterkenntnis geht es u. a. darum, die Wirkung von nicht gesetzten Grenzen zu reflektieren, zu erkennen, wo Grenzen für die Förderung von Leistungsfähigkeit, Leistungsbereitschaft, Wohlbefinden und Balance essenziell sind und dann mittels handlungswirksamer Ziele und der notwendigen Unterstützung (z. B. im Rahmen eines Coachings) die Umsetzung in der Praxis zu gestalten.

6.2.10 Kenntnis der eigenen Arbeitstechnik und -organisation

Die Begriffe *Arbeitstechnik, Arbeitsmethodik, Arbeitsorganisation und Arbeitsstil* beziehen sich alle auf die Art und Weise, wie Menschen ihre Arbeit organisieren, welche Methoden und Techniken sie zur Planung und Gestaltung der Arbeit einsetzen und wie sie ihre Zeit verwenden.

Arbeitstechnik und -organisation sind Themenbereiche, die insbesondere im Kontext von Zeitmanagement und Organisationsgestaltung behandelt werden. Bei der Arbeitstechnik kann das Arbeitsverhalten und die Arbeitsplatzgestaltung analysiert werden (vgl. Züger 2007, S. 7 ff. [334]):

- Zur *Analyse des Arbeitsverhaltens* gehört beispielsweise, welche Arbeitsgewohnheiten Menschen haben, wie viel Zeit für welche Tätigkeiten eingesetzt wird, auf welcher Basis Prioritäten festgelegt werden, wie der Umgang mit Pausen ist, wie sich die persönliche Leistungskurve im Tagesverlauf verändert.

- Bei der *Analyse der Arbeitsplatzgestaltung* werden beispielsweise die Einrichtung und die Organisation des Büro-Arbeitsplatzes untersucht, ergonomische Gesichtspunkte berücksichtigt, die Zweckmäßigkeit des Ablagesystems überprüft, das Raumklima analysiert.

Zentrale *Facetten der Arbeitstechnik und -organisation* sind der konzeptionelle Arbeitsstil, die Schreibtischorganisation, das Berücksichtigen der persönlichen Leistungsfähigkeit bei der Selbstorganisation und das Zeitmanagement bzw. das konsequente Arbeitsverhalten (vgl. Abbildung 6.5).

Abbildung 6.5   Facetten der Arbeitstechnik und -organisation

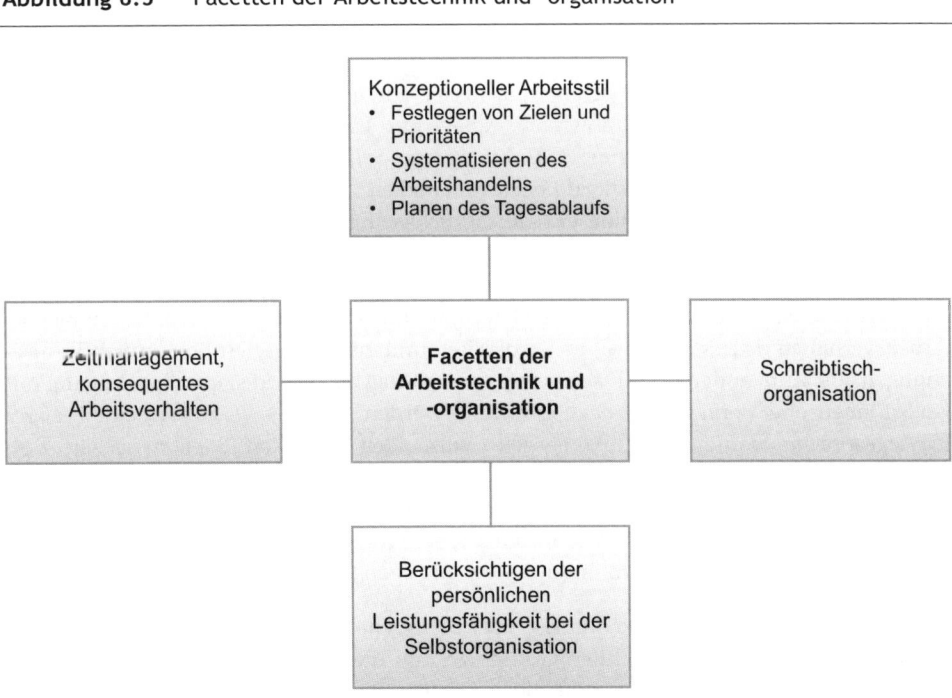

Quelle: vgl. Stock-Homburg 2010, S. 862 [335]

Der Bereich *konzeptioneller Arbeitsstil* ist insbesondere für Mitarbeitende wichtig, die ihre Arbeitstätigkeit in inhaltlicher und zeitlicher Hinsicht relativ frei gestalten können (vgl. Stock-Homburg 2010, S. 862 ff. [335]:

- Ein erster Ansatzpunkt für die Verbesserung des konzeptionellen Arbeitsstils ist das *Festlegen von Zielen und Prioritäten*. Realistisch definierte Ziele können eine Richtung vorgeben und einen motivierenden Rahmen für das Handeln schaffen. Unrealistisch gesteckte Ziele können zu erhöhtem Zeitdruck und zu Demotivation führen.

- Ein zweiter Ansatzpunkt konzentriert sich auf das *Systematisieren des Arbeitshandelns*. Fehlende Systematik drückt sich in Extremform in blindem Aktionismus aus. Zeitdruck kann dazu führen, dass die Systematik des Arbeitshandelns verloren geht. Ansatzpunkte sind das Minimieren von Terminen, das möglichst einmalige Bearbeiten von Aufgaben, die gedankliche Fokussierung auf eine einzelne Sache sowie das regelmäßige Aufarbeiten von Rückständen.

- Beim *Planen des Tagesablaufs* hilft die Systematisierung von Aufgaben und Terminen nach ihrer Wichtigkeit und Dringlichkeit, das Einschätzen des Umfangs der Aufgaben, das Einplanen von Pufferzeiten, das Bilanzieren des Arbeitstags in den letzten 15 Minuten der Arbeitszeit, das Sich-über-erledigte-Aufgaben-Freuen, das Übertragen von unerledigten Dingen auf einen Tag, an dem sie mit hoher Wahrscheinlichkeit erledigt werden können.

Eine erhebliche Zeitersparnis kann durch eine systematische *Schreibtischorganisation* erreicht werden. Diese zeichnet sich beispielsweise durch einen schnellen Zugriff auf benötigte Unterlagen und eine funktionierende Ablage aus. Eine weitere Facette ist das *Berücksichtigen der persönlichen Leistungsfähigkeit bei der Selbstorganisation*. Untersuchungen haben gezeigt, dass die menschliche Leistungsfähigkeit zu verschiedenen Tageszeiten unterschiedlich hoch ist. Durch eine gezielte Berücksichtigung der Leistungskurve können Leistungstiefs vermieden und die Arbeitsleistung gesteigert werden (vgl. hierzu die Ausführungen in Kapitel 9.5). *Zeitmanagement und ein konsequentes Arbeitsverhalten* sind ebenfalls eine wichtige Facette von Arbeitstechnik und Arbeitsorganisation. Konsequentes Arbeitsverhalten drückt sich u. a. im Vorbereiten und zielorientierten Führen von Besprechungen aus. Zum anderen kann auch ein gewisses Maß an Selbstdisziplin im Umgang mit Kolleg/innen und Vorgesetzten dazu gerechnet werden, beispielsweise Vermeiden langer Privatgespräche während der Arbeitszeit, Vermeiden von Konflikten zwischen Kolleg/innen (vgl. Stock-Homburg 2010, S. 864 ff. [335]). Es gibt zahlreiche Methoden und Werkzeuge, um das eigene Zeitmanagement zu verbessern. Eine Auswahl wird bei den Ausführungen zum Baustein Zeit & Informationen vorgestellt (vgl. Kapitel 9.4). Auf die unterschiedlichen *Zeittypen* wird in Kapitel 9.6 eingegangen.

Selbsterkenntnis hilft somit, Erkenntnisse über die eigene Arbeitstechnik und -organisation zu gewinnen. Dies ist eine wichtige Grundlage, um die Arbeitsprozesse und Sachmittel effizient zu organisieren und die vorhandene Arbeitszeit effektiv zu gestalten.

6.3 Verständnis für wesentliche Zusammenhänge gewinnen

Die vorangehenden Ausführungen haben zahlreiche Themenbereiche aufgezeigt, die im Rahmen der Gewinnung von Selbsterkenntnis relevant sind. Der Prozess, der auf der Reflexionsebene stattfindet, kann auch unter dem Aspekt der *Gewinnung eines größeren Verständnisses für wesentliche Zusammenhänge* betrachtet werden. Bei Selbsterkenntnis geht es darum, aus einzelnen Informationen größere Zusammenhänge herzustellen und so die Grundlage für *weise Entscheidungen* zu schaffen.

Ein im Kontext von Wissens- und Informationsmanagement häufig zitiertes Modell, das sich hierfür gut eignet, ist die von Russel Ackoff entwickelte *DIKW-Hierarchie* (Data, Information, Knowledge, Wisdom). Gemäss Ackoff (1989 [336]) lassen sich sämtliche Inhalte des menschlichen Geistes in fünf Kategorien einteilen: *Daten, Informationen, Wissen, Verständnis und Weisheit* (der Name des DIKW-Modells stammt von den englischen Bezeichnungen für das ursprünglich nur vierstufige Modell). Verständnis ist dabei das Bindeglied zwischen jeder Hierarchiestufe (vgl. Mayer 2006, S. 74 [337]).

Abbildung 6.6 Das zweidimensionale DIKW-Modell

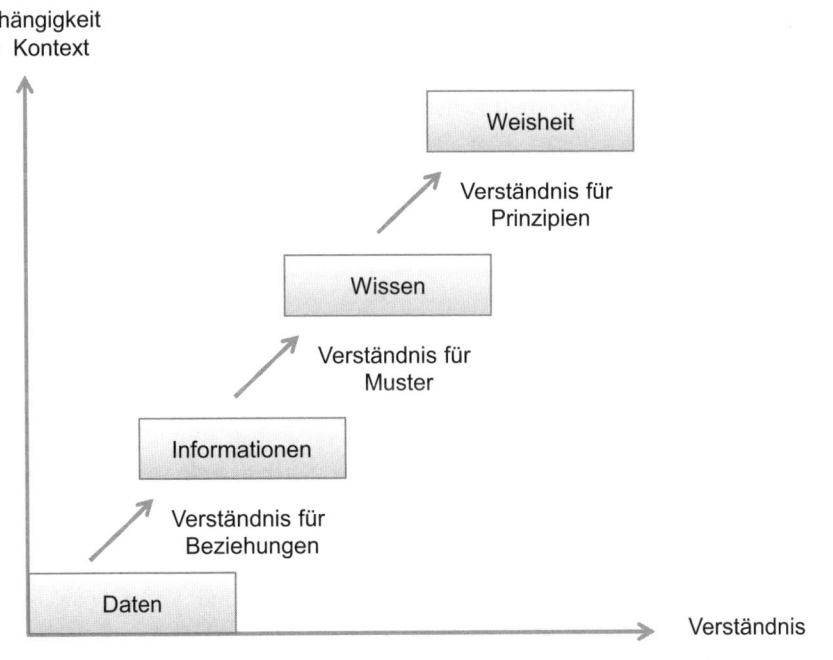

Quellen: vgl. Mayer 2006, S. 78 [337], Bellinger/Castro/Mills 2012 [338]

Bellinger/Castro/Mills (2012 [338]) entwickelten auf der Basis von Ackoff das *zweidimensionale DIKW-Modell*. Es zeigt auf, wie mit jeder Hierarchiestufe (1. Daten, 2. Informationen, 3. Wissen, 4. Weisheit) einerseits mehr Unabhängigkeit vom Kontext erreicht und andererseits ein größerer Verständniszusammenhang erkennbar wird. Sie haben auf dem Weg von Daten zu Weisheit bei jeder Stufe eine neue Stufe von Verständnis integriert (vgl. Abbildung 6.6).

Von der Stufe Daten (z. B. „Ich fühle mich vital"; „Ich habe in den letzten Wochen regelmäßig Sport gemacht") zur Stufe Informationen wird *Verständnis für Beziehungen* zwischen einzelnen Daten und Fakten geschaffen (z. B. „Ich fühle mich vitaler als vor einigen Monaten, weil ich in den letzten Wochen regelmäßig Sport betrieben habe."). Von der Stufe Informationen zur Stufe Wissen wird *Verständnis für Muster* geschaffen (z. B. „Regelmäßige körperliche Bewegung erhöht meine körperliche und geistige Fitness, ich kann mich bei der Arbeit besser konzentrieren und ich bin grundsätzlich gelassener, wenn es hektisch zu und her geht. Auch meine Mitarbeitenden profitieren davon, weil ich wieder häufiger lache."). Von der Stufe Wissen zu Weisheit wird *Verständnis für Prinzipien* geschaffen (z. B. „Regelmäßige körperliche Bewegung ist entscheidend, wenn ich bis ins hohe Alter gesund bleiben will, weil mein Körper seine Flexibilität nur behält, wenn ich mich regelmäßig dehne und bewege. Wenn ich gelassen durchs Leben gehen will, dann brauche ich einen körperlichen Ausgleich – mindestens zweimal pro Woche. Ich bin es mir wert, mir dafür die Zeit zu nehmen. Und es ist mir wichtig, eine ausgeglichene Chefin zu sein – so sind alle im Team zufriedener.").

Letztlich geht es bei Selbsterkenntnis darum, Verständnis für Prinzipien zu gewinnen und so die Stufe **Weisheit** zu erlangen. Der nächste Schritte auf der Umsetzungsebene ist dann, die Erkenntnisse, Intentionen und Ziele in konkreten Handlungen zum Ausdruck zu bringen. Weisheit bedeutet immer, dass das gewonnene Wissen umsichtig genutzt und zum Wohle von sich und anderen eingesetzt wird. Selbsterkenntnis hilft, durch das Gewinnen von Einsichten und Erkenntnissen die Voraussetzungen dafür zu schaffen, dass Menschen sich und andere so führen, dass es dem Wohle des Ganzen dient.

6.4 Verhaltensindikatoren und Entwicklungsmaßnahmen

6.4.1 Verhaltensindikatoren für Selbsterkenntniskompetenz

Die *Verhaltensindikatoren für Kompetenz hinsichtlich Selbsterkenntnis* zielen darauf ab, Erkenntnisse und Einsichten über sich selbst zu gewinnen, beispielsweise über eigene Stärken und Schwächen, Bedürfnisse, Werte, Einstellungen und Verhaltensweisen. Für die Gewinnung von Selbsterkenntnis braucht es die Bereitschaft, sich und das eigene Leben möglichst vorbehaltlos zu betrachten. Nur so kann die notwendige Klarheit für Selbstmanagement-Kompetenz geschaffen werden. Hier kann die umgedeutete *Metapher mit den drei Affen,* die im vorangehenden Baustein Selbstverantwortung vorgestellt wurde, als Orientierungsrahmen dienen: die Augen öffnen (hinsehen, mit Offenheit und Klarheit betrachten, es so sehen, wie es ist, erkennen, was da ist und was nicht), die Ohren öffnen (in sich hinein hören, zuhören, auf die Signale des Körpers hören), den Mund öffnen (Bedürfnisse mitteilen, Grenzen aussprechen, Überlastungen ansprechen, Gefühle mitteilen, Unterstützung anfragen).

Damit Menschen Selbsterkenntnis gewinnen können, braucht es die **Fähigkeit zur Selbstreflexion.** Diese Fähigkeit wird in der Literatur auch als Reflexionskompetenz bezeichnet.

Reflexionskompetenz beinhaltet gemäß Peer (2010 [339]) „die Fähigkeit – und auch den Mut –, sich vom eigenen Denk-, Verhaltens- und Wertesystem zu lösen".

Kranz (2011, S. 105 [340]) definiert Reflexion und die Fähigkeit zur Selbstreflexion wie folgt: „Reflexion in Bezug auf die eigene Person bedeutet, sich selbst zu beobachten und kritisch die eigene Einstellung und das eigene Handeln zu durchleuchten. Selbstreflexion ist die Fähigkeit, die es Ihnen ermöglicht, nicht ausschließlich über äußere Faktoren nachzudenken, sondern vielmehr durch Ihren inneren, persönlichen Reflexionsprozess Erkenntnisse zu erlangen. Dies kann aber nur dann geschehen, wenn Sie einerseits die eigene, selbstbezogene Wahrnehmung überwinden, andererseits aber auch jene Aspekte in Ihr Leben einbeziehen, die Sie vielleicht lieber ausblenden. Echte Selbstreflexion ist zusätzlich der Versuch, die „Wirklichkeit" zu erkennen und der „Wahrheit" möglichst nahezukommen."

> **Selbsterkenntniskompetenz** bedeutet, dass Menschen über die Fähigkeit und die Bereitschaft verfügen, neue Erkenntnisse und Einsichten über sich selbst zu gewinnen. Sie nutzen verschiedene Quellen zur Gewinnung von Selbsterkenntnis und sind befähigt, eigene Gedanken, Emotionen und Verhaltensweisen zu reflektieren. Sie erkennen ihre Bedürfnisse, Motivationsbereiche und Werte und sind sich ihrer Kompetenzen und Potenziale bewusst. Sie betrachten Signale ihres Körpers als wichtige Informationsquelle für das eigene Wohlbefinden. Sie verfügen über die Fähigkeit, das eigene Leben reflektierend zu betrachten und Ressourcen, aber auch Belastungsfaktoren und Problembereiche zu erkennen. Sie verschaffen sich ein klares Bild über die Ausprägung ihrer Leistungsfähigkeit und Leistungsbereitschaft, über ihr aktuelles Wohlbefinden und ihren Balancezustand. Sie erkennen, in welchen Bereichen von Selbstmanagement ihre Stärken liegen und in welchen Bereichen Veränderungen notwendig sind.

In Tabelle 6.7 findet sich eine Übersicht über die Verhaltensindikatoren, die für den Baustein Selbsterkenntnis relevant sind. Zusätzlich sind in der rechten Spalte einige Reflexionsfragen aufgeführt. Deren Beantwortung hilft, Erkenntnisse über sich selbst zu gewinnen.

Tabelle 6.7 Baustein Selbsterkenntnis – Verhaltensindikatoren und Fragen

Verhaltensindikatoren	Auswahl möglicher Reflexionsfragen
Fähigkeit und Bereitschaft zeigen, Erkenntnisse über das eigene Selbst zu gewinnen, regelmäßig Standortbestimmungen durchführen. Unterschiedliche Quellen für die Gewinnung von Selbsterkenntnis nutzen: Introspektion, Selbstreflexion, Beobachten des eigenen Verhaltens, Beobachten anderer Menschen, Rückmeldung anderer Menschen (Feedback), meditative Praktiken, körperorientierte Methoden. Aus Informationen sinnvolle Zusammenhänge bilden (Verständnis für Beziehungen, Muster und Prinzipien haben), Grundlage für weise Entscheidungen schaffen. Unbefriedigende Situationen frühzeitig erkennen, Problembewusstsein entwickeln. Bewusstsein über die eigenen Werte, Haltungen, Bedürfnisse, Überzeugungen, Emotionen und Verhaltensmuster haben. Eigene Kompetenzen (Fähigkeiten, Fertigkeiten, Wissen) kennen, ungenutzte Potenziale erkennen. Stärken und Schwächen realistisch einschätzen. Erkennen, in welchen Bereichen die Selbstmanagement-Kompetenz entwickelt werden sollte.	Was sind meine herausragenden Kompetenzen (Fähigkeiten, Fertigkeiten, Wissen)? Bringe ich meine Erfahrungen im Beruf ein? Wo liegen ungenutzte Potenziale? Welches sind meine Stärken und Schwächen bezogen auf mein Selbstmanagement? Wie steht es um meine Leistungsfähigkeit? Meine Leistungsbereitschaft? Mein Wohlbefinden? Meine Balance? Was sagt mir mein Körper darüber aus, wie es mir geht? Was würde meine beste Freundin/mein bester Freund dazu sagen, wie es mir geht? Welche Einstellungen und Verhaltensmuster prägen mich? Welche sind förderlich? Welche nicht?

6.4.2 Selbst- und unternehmensgesteuerte Maßnahmen zur Förderung von Selbsterkenntniskompetenz

Es gibt zahlreiche Quellen, Methoden, Techniken und Instrumente, mit denen Selbsterkenntnis gefördert werden kann. Bei den *selbstgesteuerten Maßnahmen* geht es insbesondere darum, mittels verschiedener Quellen relevante Themenbereiche bezogen auf die Selbstmanagement-Kompetenz zu ergründen. Seitens des *Unternehmens stehen Maßnahmen* im Zentrum, welche mittels Reflexionsfenstern die Gewinnung von Selbsterkenntnis ermöglichen (z. B. im Rahmen von Seminaren) oder Feedback zu wichtigen Komponenten der Selbstmanagement-Kompetenz geben.

In Tabelle 6.8 sind mögliche Maßnahmen für die Gewinnung von Selbsterkenntnis aufgeführt. Eine wichtige Voraussetzung bei allen Maßnahmen ist die Bereitschaft der einzelnen Personen, hinzuschauen und offen zu sein für neue Erkenntnisse über hilfreiche und weniger hilfreiche Aspekte der Persönlichkeit.

Tabelle 6.8 Maßnahmen zur Förderung von Selbsterkenntniskompetenz

Selbstgesteuerte Maßnahmen	Maßnahmen seitens des Unternehmens
Nutzen von Quellen zur Gewinnung von Selbsterkenntnis: Introspektion, Selbstreflexion, Beobachten des eigenen Verhaltens, Beobachten anderer Menschen, meditative Praktiken, körperorientierte Methoden.	Förderung einer wertschätzenden Feedback-Kultur.
Einholen von Feedback im privaten und beruflichen Umfeld.	Management by Objectives: offenes und wertschätzendes Feedback im Rahmen der Leistungsbeurteilung.
Persönliche Reflexion – periodisch oder regelmäßig, z. B. mittels Führen von Tagebüchern, Reflexionsprotokollen, Durchführen von Tages-Rückblicken (z. B. Wie habe ich mich heute gefühlt? Was ist mir gut gelungen? Wo habe ich Kraft und Energie gewonnen? Wo verloren?).	Kompetenzbeurteilung auf der Basis von Anforderungs- und Rollenprofilen, Aufzeigen von Entwicklungsschritten.
	Vorgesetztenbeurteilung durch die Mitarbeitenden.
	Potenzialeinschätzung durch Vorgesetzte oder mittels Development Center.
	Leistungs-, Verhaltens-, Persönlichkeitstests.
Lesen von Büchern mit Inhalten, die Selbsterkenntnis fördern, Durcharbeiten entsprechender Übungen.	Angebot für die Durchführung einer Standortbestimmung.
Besuch von Seminaren oder Workshops mit Inhalten und Methoden, welche die Selbsterkenntnis fördern.	Analyse von individuellen und organisationalen Belastungsfaktoren und Ressourcen, Feedback an die Vorgesetzten und Mitarbeitenden.
	Coaching-Angebote.
Teilnahme an Standortbestimmungen, Coaching-Sitzungen, Laufbahnberatungen.	Seminare mit Inhalten, die Selbsterkenntnis fördern (durch Erfahrungslernen oder Übungen, z. B. zu Werten, Führungsstil-Analyse).
Therapeutische Arbeit – einzeln oder in Gruppen.	Entwicklung on-the-job, z. B. durch die Möglichkeit, dass Mitarbeitende ausprobieren können, ob die notwendigen Fähigkeiten vorhanden sind (Stellvertretung, Mitarbeit in Projekten etc.).

Literatur

[231] Häcker, H. O./Stapf, K.-H. (Hrsg.) (2009): Dorsch. Psychologisches Wörterbuch, 15. Aufl., Bern.
[232] Mittelstrass, J. (1995): Enzyklopädie Philosophie und Wissenschaftstheorie, Bd. 3: P-So, Stuttgart/Weimar.
[233] Häcker, H. O./Stapf, K.-H. (Hrsg.) (2009): Dorsch. Psychologisches Wörterbuch, 15. Aufl., Bern.
[234] Kranz, C. (2011): Durch Selbstreflexion zum Erfolg. Potenziale erkennen. Persönlichkeit entwickeln. Ziele erreichen, 2. Aufl., Triesen.
[235] Brockhaus (2012): Selbstkritik, in: Brockhaus – Die Enzyklopädie in 30 Bänden, Online-Ausgabe, Leipzig/Mannheim.
[236] Eisler, R. (1904): Wörterbuch der philosophischen Begriffe, 2. Aufl., Berlin.
[237] Häcker, H. O./Stapf, K.-H. (Hrsg.) (2009): Dorsch. Psychologisches Wörterbuch, 15. Aufl., Bern.
[238] Kranz, C. (2011): Durch Selbstreflexion zum Erfolg. Potenziale erkennen. Persönlichkeit entwickeln. Ziele erreichen, 2. Aufl., Triesen.
[239] Brockhaus (2012): Selbstbeobachtung, in: Brockhaus – Die Enzyklopädie in 30 Bänden, Online-Ausgabe, Leipzig/Mannheim.
[240] Caspar, F. (2009): Selbstbeobachtung, in: Häcker, H. O./Stapf, K.-H. (Hrsg.), Dorsch. Psychologisches Wörterbuch, 15. Aufl., Bern, 895-896.

[241] Simon, B./Trötschel, R. (2007): Das Selbst und die Soziale Identität, in: Jonas, K./Stroebe, W./Hewstone, M. (Hrsg.), Sozialpsychologie. Eine Einführung, 5. Aufl., Heidelberg, 147-185.
[242] Aronson, E./Wilson, T. D./Akert, R. M. (2004): Sozialpsychologie, 4. Aufl., München et al.
[243] Caspar, F. (2009): Selbstbeobachtung, in: Häcker, H. O./Stapf, K.-H. (Hrsg.), Dorsch. Psychologisches Wörterbuch, 15. Aufl., Bern, 895-896.
[244] Brockhaus (2009): Introspektion, in: Der Brockhaus in Text und Bild 2009, Download-Version, Mannheim.
[245] Brockhaus (2009): Reflexion, in: Der Brockhaus in Text und Bild 2009, Download-Version, Mannheim.
[246] Kranz, C. (2011): Durch Selbstreflexion zum Erfolg. Potenziale erkennen. Persönlichkeit entwickeln. Ziele erreichen, 2. Aufl., Triesen.
[247] Simon, B./Trötschel, R. (2007): Das Selbst und die Soziale Identität, in: Jonas, K./Stroebe, W./Hewstone, M. (Hrsg.), Sozialpsychologie. Eine Einführung, 5. Aufl., Heidelberg, 147-185.
[248] Taylor, S. E./Brown, J. D. (1988): Illusion and well-being. A social psychological perspective on mental health, in: Psychological Bulletin, 103, 193-210.
[249] Simon, B./Trötschel, R. (2007): Das Selbst und die Soziale Identität, in: Jonas, K./Stroebe, W./Hewstone, M. (Hrsg.), Sozialpsychologie. Eine Einführung, 5. Aufl., Heidelberg, 147-185.
[250] Kranz, C. (2011): Durch Selbstreflexion zum Erfolg. Potenziale erkennen. Persönlichkeit entwickeln. Ziele erreichen, 2. Aufl., Triesen.
[251] Duden (2007): Meditieren, in: Duden – Deutsches Universalwörterbuch, 6. Aufl., Mannheim et al.
[252] Brockhaus (2012): Meditation, in: Brockhaus – Die Enzyklopädie in 30 Bänden, Online-Ausgabe, Leipzig/Mannheim.
[253] Kabat-Zinn, J. (2011): Gesund durch Meditation. Full Catastrophe Living. Das vollständige Grundlagenwerk, Neuübersetzung, München.
[254] Brockhaus (2012): Körperorientierte Psychotherapien, in: Brockhaus – Die Enzyklopädie in 30 Bänden, Online-Ausgabe, Leipzig/Mannheim.
[255] Storch, M./Krause, F. (2011): Selbstmanagement – ressourcenorientiert. Grundlagen und Trainingsmanual für die Arbeit mit dem Zürcher Ressourcen Modell (ZRM), 3. Nachdruck der 4. Aufl., Bern.
[256] Meier, R./Storch, M. (2010): Körper und Bewegung als Ressource nutzen (ZRM und Embodiment), in: Knörzer, W./Schley, M. (Hrsg.), Neurowissenschaft bewegt, Hamburg, 53-57.
[257] Ray, R. A. (2010): Die Intelligenz des Körpers. Buddhistisch inspirierte Körperarbeit als Schlüssel zur Heilung und Selbstverwirklichung, Oberstdorf.
[258] Hüther, G. (2011): Wie Embodiment neurobiologisch erklärt werden kann, in: Storch, M./Cantieni, B./Hüther, G./Tschacher, W., Embodiment. Die Wechselwirkung von Körper und Psyche verstehen und nutzen, 1. Nachdruck der 2. Aufl., Bern, 73-97.
[259] Caspar, F. (2009): Biografie, in: Häcker, H. O./Stapf, K.-H. (Hrsg.), Dorsch. Psychologisches Wörterbuch, 15. Aufl., Bern, 152.
[260] Hölzle, C./Jansen, I. (2011) (Hrsg.): Ressourcenorientierte Biografiearbeit. Grundlagen – Zielgruppen – Kreative Methoden, 2. Aufl., Wiesbaden.
[261] Burkhard, G. (2011): Schlüsselfragen zur Biografie. Ein Arbeitsbuch, 7. Aufl., Stuttgart.
[262] Graf, A. (2002): Lebenszyklusorientierte Personalentwicklung. Ein Ansatz für die Erhaltung und Förderung von Leistungsfähigkeit und -bereitschaft während des gesamten betrieblichen Lebenszyklus, Bern et al.
[263] Erikson, E. H. (1995a): Der vollständige Lebenslauf, 3. Aufl., Frankfurt.
[264] Erikson, E. H. (1995b): Identität und Lebenszyklus, 15. Auf., Frankfurt.
[265] Levinson, D. J. (1978). The seasons of a man's life, New York.
[266] Schein, E. H. (1978): Career dynamics. Matching individual and organizational needs. Reading et al.
[267] Graf, A. (2012): Life cycle oriented personnel development, in: Lifelong Learning in Europe, Vol. XVII, 1, 20-30.

[268] Graf, A. (2002): Lebenszyklusorientierte Personalentwicklung. Ein Ansatz für die Erhaltung und Förderung von Leistungsfähigkeit und -bereitschaft während des gesamten betrieblichen Lebenszyklus, Bern et al.
[269] Erpenbeck, J./Heyse, V. (2007): Die Kompetenzbiographie. Wege der Kompetenzentwicklung, 2. Aufl., Münster et al.
[270] Graf, A. (2002): Lebenszyklusorientierte Personalentwicklung. Ein Ansatz für die Erhaltung und Förderung von Leistungsfähigkeit und -bereitschaft während des gesamten betrieblichen Lebenszyklus, Bern et al.
[271] Berthel, J./Becker, F. G. (2010): Personal-Management. Grundzüge für Konzeptionen betrieblicher Personalarbeit, 9. Aufl., Stuttgart.
[272] Rading, J. (2008): Lebenszyklusorientierte Personalentwicklung in Zeiten des demografischen Wandels. Eine empirische Untersuchung mit dem Ziel, das Konzept zu validieren und Zusammenhänge mit personalstrategisch relevanten Variablen aufzuzeigen. Diplomarbeit an der Freien Universität Berlin.
[273] Uepping, H. (1997): Die Leistung der Erfahrung - Altersorientierte Personalentwicklung, in: Kayser, F./Uepping, H. (Hrsg.), Kompetenz der Erfahrung. Personalmanagement im Zeichen demographischen Wandels, Neuwied, 166-185.
[274] Rading, J. (2008): Lebenszyklusorientierte Personalentwicklung in Zeiten des demografischen Wandels. Eine empirische Untersuchung mit dem Ziel, das Konzept zu validieren und Zusammenhänge mit personalstrategisch relevanten Variablen aufzuzeigen. Diplomarbeit an der Freien Universität Berlin.
[275] Lehr, U. (1997): Der veränderte Lebenszyklus – Die biologische Uhr läuft konträr zur sozialen Uhr, in: Kayser, F./Uepping, H. (Hrsg.), Kompetenz der Erfahrung. Personalmanagement im Zeichen demographischen Wandels, Neuwied, 67-76.
[276] Rading, J. (2008): Lebenszyklusorientierte Personalentwicklung in Zeiten des demografischen Wandels. Eine empirische Untersuchung mit dem Ziel, das Konzept zu validieren und Zusammenhänge mit personalstrategisch relevanten Variablen aufzuzeigen. Diplomarbeit an der Freien Universität Berlin.
[277] Hepp, G. (1994): Wertewandel. Politikwissenschaftliche Grundfragen, München/Wien.
[278] Hillmann, K.-H. (2007): Wörterbuch der Soziologie, 5. Aufl., Stuttgart.
[279] Brockhaus (2012): Werthaltung, in: Brockhaus – Die Enzyklopädie in 30 Bänden, Online-Ausgabe, Leipzig/Mannheim.
[280] Six, B. (2009): Werte, in: Häcker, H. O./Stapf, K.-H. (Hrsg.), Dorsch. Psychologisches Wörterbuch, 15. Aufl., Bern, 1090-1091.
[281] Becker, M. (2008): Messung und Bewertung von Humanressourcen. Konzepte und Instrumente für die betriebliche Praxis, Stuttgart.
[282] Kluckhohn, C. (1951): Values and value-orientations in the theory of action: an exploration in definition and classification, in: Parson, T./Shils, E. (Eds.), Toward a general theory of action, Cambridge 388-434.
[283] Stiksrud, A. (2006): Art. Wertewandel, in: Asanger, R./Wenninger, G. (Hrsg.), Handwörterbuch Psychologie, Weinheim, 848-854.
[284] Becker, M. (2008): Messung und Bewertung von Humanressourcen. Konzepte und Instrumente für die betriebliche Praxis, Stuttgart.
[285] Rokeach, M. (1973): The nature of human values, New York.
[286] Becker, M. (2008): Messung und Bewertung von Humanressourcen. Konzepte und Instrumente für die betriebliche Praxis, Stuttgart.
[287] Rokeach, M. (1973): The nature of human values, New York.
[288] Becker, M. (2008): Messung und Bewertung von Humanressourcen. Konzepte und Instrumente für die betriebliche Praxis, Stuttgart.
[289] Schwartz, S. H. (2003): A proposal for measuring value orientations across nations, in: ESS European Social Survey (Ed.), Questionnaire development report, chapter 7, in: URL: http://www.europeansocialsurvey.org/index.php?option=com_docman&task=doc_view&gid=126&Itemid=80 (zuletzt besucht: 26.5.2012).

[290] Schmidt, P./Bamberg, S./Davidov, E./Herrmann, J./Schwartz, S. H. (2007): Die Messung von Werten mit dem „Portraits Value Questionnaire", in: Zeitschrift für Sozialpsychologie, 38, 4, 261-275.
[291] Schwartz, S. H. (2003): A proposal for measuring value orientations across nations, in: ESS European Social Survey (Ed.), Questionnaire development report, chapter 7, in: URL: http://www.europeansocialsurvey.org/index.php?option=com_docman&task=doc_view&gid=126&Itemid=80 (zuletzt besucht: 26.5.2012).
[292] Schmidt, P./Bamberg, S./Davidov, E./Herrmann, J./Schwartz, S. H. (2007): Die Messung von Werten mit dem „Portraits Value Questionnaire", in: Zeitschrift für Sozialpsychologie, 38, 4, 261-275.
[293] Six, B. (2009): Einstellung, in: Häcker, H. O./Stapf, K.-H. (Hrsg.), Dorsch. Psychologisches Wörterbuch, 15. Aufl., Bern, 247-248.
[294] Heinecke, M. (2009): Überzeugungssystem, Glaubenssystem, in: Häcker, H. O./Stapf, K.-H. (Hrsg.), Dorsch. Psychologisches Wörterbuch, 15. Aufl., Bern, 1039.
[295] Brockhaus (2009): Überzeugung, in: Der Brockhaus in Text und Bild 2009, Download-Version, Mannheim.
[296] Berguis, R. (2009): Bedürfnis, in: Häcker, H. O./Stapf, K.-H. (Hrsg.), Dorsch. Psychologisches Wörterbuch, 15. Aufl., Bern, 114-115.
[297] Brockhaus (2012): Bedürfnis, Psychologie, in: Brockhaus – Die Enzyklopädie in 30 Bänden, Online-Ausgabe, Leipzig/Mannheim.
[298] Brockhaus (2009): Bedürfnis, in: Der Brockhaus in Text und Bild 2009, Download-Version, Mannheim.
[299] Fröhlich, W. D. (2010): Wörterbuch Psychologie, 27. Aufl., München.
[300] Covey, S. R./Merrill A. R./Merrill, R. R. (2007): Der Weg zum Wesentlichen. Der Klassiker des Zeitmanagements, 6. Aufl., Frankfurt/New York.
[301] Fröhlich, W. D. (2010): Wörterbuch Psychologie, 27. Aufl., München.
[302] Brunstein, J./Heckhausen, H. (2010): Leistungsmotivation, in: Heckhausen, J./Heckhausen, H. (Hrsg.), Motivation und Handeln, 4. Aufl., Heidelberg, 145-192.
[303] Sokolowski, K./Heckhausen, H. (2010): Soziale Bindung. Anschlussmotivation und Intimitätsmotivation, in: Heckhausen, J./Heckhausen, H. (Hrgs.), Motivation und Handeln, 4. Aufl., Heidelberg, 193-210.
[304] Schmaldt, H.-D./Heckhausen, H. (2010): Machtmotivation, in: Heckhausen, J./Heckhausen, H. (Hrsg.), Motivation und Handeln, 4. Aufl., Heidelberg, 211-236.
[305] Baumann, N./Kaschel, R./Kuhl, J. (2005): Striving for unwanted goals: Stress-dependent discrepancies between explicit and implicit achievement motives reduce subjective well-being and increase psychosomatic symptoms, in: Journal of Personality and Social Psychology, 89, 5, 781-799.
[306] Kuhl J./Koole, S. (2005): Wie gesund sind Ziele? Intrinsische Motivation, Affektregulation und das Selbst, in: Vollmeyer, R./Brunstein, J. C. (Hrsg.), Motivationspsychologie und ihre Anwendung, Stuttgart, 109-127.
[307] Martens, J.-U./Kuhl, J. (2009): Die Kunst der Selbstmotivierung. Neue Erkenntnisse der Motivationsforschung praktisch nutzen, 3. Aufl., Stuttgart.
[308] Brunstein, J./Heckhausen, H. (2006): Leistungsmotivation, in: Heckhausen, J./Heckhausen, H. (Hrsg.), Motivation und Handeln, 3. Aufl., Heidelberg, 143-191.
[309] Häcker, H. O./Stapf, K.-H. (Hrsg.) (2009): Dorsch. Psychologisches Wörterbuch, 15. Aufl., Bern.
[310] Fröhlich, W. D. (2010): Wörterbuch Psychologie, 27. Aufl., München.
[311] Häcker, H. O./Stapf, K.-H. (Hrsg.) (2009): Dorsch. Psychologisches Wörterbuch, 15. Aufl., Bern.
[312] Brockhaus (2012): Verhalten, in: Brockhaus – Die Enzyklopädie in 30 Bänden, Online-Ausgabe, Leipzig/Mannheim.
[313] Brockhaus (2012): Rolle, in: Brockhaus in 15 Bänden, Online-Auflage, Leipzig/Mannheim.
[314] Brockhaus (2012): Rolle, in: Brockhaus – Die Enzyklopädie in 30 Bänden, Online-Ausgabe, Leipzig/Mannheim.
[315] Brockhaus (2009): Rolle, in: Der Brockhaus in Text und Bild 2009, Download-Version, Mannheim.

[316] Berthel, J./Becker, F. G. (2010): Personal-Management. Grundzüge für Konzeptionen betrieblicher Personalarbeit, 9. Aufl., Stuttgart.
[317] Neuberger, O. (2000): Das 360°-Feedback, München et al.
[318] Berthel, J./Becker, F. G. (2010): Personal-Management. Grundzüge für Konzeptionen betrieblicher Personalarbeit, 9. Aufl., Stuttgart.
[319] Schulze, B. (2009): Energiekrise in der Arbeitswelt?, in: PID, 3, 201-208.
[320] Bandura, A. (1981): Soziale Unterstützung und chronische Krankheit, Frankfurt.
[321] Schiepek, G./Cremers, S. (2003): Ressourcenorientierung und Ressourcendiagnostik in der Psychotherapie, in: Schimmel, H./Schaller, I. (Hrsg.), Ressourcen. Ein Hand- und Lesebuch zur therapeutischen Arbeit, Tübingen, 147-193.
[322] Krause, F./Storch, M. (2006): Ressourcenorientiert coachen mit dem Zürcher Ressourcenmodell - ZRM, in: Psychologie in Österreich, 1, 32-43.
[323] Bamberg, E./Busch, C./Ducki, A. (2003): Stress- und Ressourcenmanagement. Strategien und Methoden für die neue Arbeitswelt, Bern et al.
[324] Kernen, H./Meier, G. (2012): Achtung Burn-out! Leistungsfähig und gesund durch Ressourcenmanagement, 2. Aufl., Bern et al.
[325] Bamberg, E./Busch, C./Ducki, A. (2003): Stress- und Ressourcenmanagement. Strategien und Methoden für die neue Arbeitswelt, Bern et al.
[326] Martens, J.-U./Kuhl, J. (2009): Die Kunst der Selbstmotivierung. Neue Erkenntnisse der Motivationsforschung praktisch nutzen, 3. Aufl., Stuttgart.
[327] Kaluza, G. (2007): Gelassen und sicher im Stress, 3. Aufl., Heidelberg.
[328] Malik, F. (2006): Jeder kann über seine Grenzen hinauswachsen, in: io new management, 6, 10-15.
[329] Brockhaus (2012): Überforderung, in: Brockhaus – Die Enzyklopädie in 30 Bänden, Online-Ausgabe, Leipzig/Mannheim.
[330] Malik, F. (2006): Jeder kann über seine Grenzen hinauswachsen, in: io new management, 6, 10-15.
[331] Höglinger, A. (2010): Grenzen setzen bei Erwachsenen, Linz.
[332] Kaluza, G. (2007): Gelassen und sicher im Stress, 3. Aufl., Heidelberg.
[333] Höglinger, A. (2010): Grenzen setzen bei Erwachsenen, Linz.
[334] Züger, R.-M. (2007): Selbstmanagement – Leadership-Basiskompetenz. Theoretische Grundlagen und Methoden mit Beispielen, Praxisaufgaben, Repetitionsfragen und Antworten, 2. Aufl., Zürich.
[335] Stock-Homburg, R. (2010): Personalmanagement. Theorien – Konzepte – Instrumente, 2. Aufl., Wiesbaden.
[336] Ackoff, R. L. (1989): From Data to Wisdom, in: Journal of Applied System Analysis, 16, 3-9.
[337] Mayer, U. (2006): Aufbau einer Wissenskomponente für das aspektorientierte Prozessmanagement, Dissertation an der technischen Fakultät der Universität Erlangen-Nürnberg.
[338] Bellinger, G./Castro, D./Mills, A. (2012): Data, information, knowledge, and wisdom, URL: http://www.systems-thinking.org/dikw/dikw.htm (zuletzt besucht: 10.4.2012).
[339] Peer, C. (2010): Durch Reflexionskompetenz und Feedback zu Feedforward, September 2010, URL: http://www.peercommunication.ch/www/pdf/PC_Reflexionskompetenz.pdf (zuletzt besucht: 12.4.2012).
[340] Kranz, C. (2011): Durch Selbstreflexion zum Erfolg. Potenziale erkennen. Persönlichkeit entwickeln. Ziele erreichen, 2. Aufl., Triesen.

7 Baustein Selbstentwicklung

"Gelingendes Lebensmanagement hat nicht nur mit der Erreichung von Zielen zu tun, sondern auch mit der Fähigkeit, sich von Zielen zu lösen, die unerreichbar geworden sind, und unproduktiv gebundene Ressourcen in neue Ziele und Projekte zu investieren." (Brandtstädter 2007, S. IV [341])

7.1 Begriff und Bedeutung von Selbstentwicklung

Selbstentwicklung ist eng mit Lernen, zielgerichtetem Handeln bezogen auf die eigene Entwicklung und innerem Wachstum verbunden.

Selbstentwicklung beruht auf der Fähigkeit und der Bereitschaft, Neues auszuprobieren, Einstellungen und persönliche Grenzen zu verändern, sich neue Verhaltensweisen anzueignen, Kompetenzen zu erweitern, neue Laufbahn- und Entwicklungswege zu suchen, Lebenspläne umzugestalten und letztlich als Mensch zu wachsen und ein gelingendes Leben zu führen. *Ziel von Selbstentwicklung* im Kontext der Selbstmanagement-Kompetenz ist, die notwendigen Handlungen, Entwicklungsschritte und persönlichen Lern- und Anpassungsleistungen zu realisieren, die benötigt werden, um die Zielsetzung der Selbstmanagement-Kompetenz (Leistungsfähigkeit, Leistungsbereitschaft, Wohlbefinden und Balance fördern und langfristig erhalten) zu erreichen.

> *Selbstentwicklung* umfasst den lebenslangen adaptiven „Prozess von Änderungen von sich selbst, durch sich selbst und letztlich auch für sich selbst." (Berthel/Becker 2010, S. 403 [342])

Voraussetzung, damit Menschen sich entwickeln können, ist *Selbsterkenntnis* und als ein Element davon Selbstwahrnehmung. Dies bedeutet, dass ein Mensch in der Lage ist, sich selbst zu beobachten, die eigenen Gefühle wahrzunehmen und sich über die eigenen Einstellungen und Handlungen bewusst zu sein. Wichtig ist die klare Einschätzung, inwiefern die vorhandenen Kompetenzen den heutigen und zukünftigen Anforderungen genügen und mittels welcher Lern- und Entwicklungsschritte die eigene Arbeitsmarktfähigkeit langfristig erhalten werden kann. Hier spielt die *Bereitschaft zum lebenslangen Lernen* eine wichtige Rolle.

Selbstentwicklung ist mit *Selbstverwirklichung* verbunden. Selbstverwirklichung ist Ausdruck des individuellen Strebens nach Autonomie. Dieses soll durch die Tendenz zur bestmöglichen Umsetzung der eigenen Kompetenzen (Wissen, Fähigkeiten, Fertigkeiten) in Handlungen optimal zur Geltung gebracht werden. Selbstverwirklichung bedeutet auf der Basis der Philosophie von C. G. Jung, Widersprüche zwischen dem Bewussten und dem Unbewussten auf dem Weg der Individuation aufzuheben und die eigene Lebensvision zu realisieren bzw. die beabsichtigten Lebensziele zu erreichen (vgl. Fröhlich 2010, S. 435 [343]).

Selbstentwicklung als Selbstverwirklichung kann auch als Erreichen bzw. Durchbruch zu „höheren" Entwicklungsstufen verstanden werden, etwa in der Dimension von Persönlichkeitsreife und -potenzialen (vgl. Berthel/Becker 2003, S. 275 [344]).

Selbstentwicklung im Sinne von *Persönlichkeitsentwicklung* ist wesentlich komplexer, als wenn es beispielsweise um eine fachliche Höherqualifizierung geht (vgl. Berthel/Becker 2003, S. 275 [344]). Es gibt eine Reihe empirischer Untersuchungen, die sich mit der *Stabilität bzw. der Veränderbarkeit von Persönlichkeitseigenschaften* im Lebensverlauf befasst haben. Die Ergebnisse der Studien sind teilweise widersprüchlich und lösen auch Verunsicherung hinsichtlich der Frage aus, was Persönlichkeit ist und ob sich diese verändern lässt. Diese Schwierigkeit besteht darin, dass gründliche Längsschnittstudien, in denen dieselben Personen über viele Jahre oder Jahrzehnte beobachtet wurden, fehlen und bei Querschnittstudien, in denen Personen verschiedener Altersgruppen gleichzeitig untersucht werden, Kohorteneffekte auftreten (vgl. Krampen/Greve 2008, S. 657 ff. [345], Brandstätter 2006, S. 61 ff. [346]).

Selbstentwicklung findet im *Lebensverlauf* statt und kann bezogen auf das eigene *Älterwerden* betrachtet werden. Dies ist insbesondere Gegenstand der Entwicklungspsychologie. Diese befasst sich u. a. damit, wie Persönlichkeitsmerkmale in der frühen Kindheit und in der Jugend entstehen und wie sie sich im Lebensverlauf verändern (vgl. z. B. Oerter/Montada 2008 [347], Brandtstädter/Lindenberger 2007 [348]). Menschliche Entwicklung ist ein lebenslanger Prozess. Dieser kann kontinuierlich (kumulativ) und/oder diskontinuierlich (innovativ bzw. destruktiv) verlaufen. Ein Beispiel für die kontinuierliche Entwicklung ist die fortlaufende Erweiterung von Wissen auf der Basis von bestehendem Wissen. Entwicklung vollzieht sich multidirektional zwischen verschiedenen Personen und auch zwischen verschiedenen Handlungsbereichen der Person. Entwicklung ist mit Gewinnen und Verlusten verbunden, wobei die Bilanz mit dem Älterwerden tendenziell zunehmend negativ ausfällt. Entwicklung von Menschen ist formbar, was im Begriff „Plastizität" Ausdruck findet. Das Ausmaß der Plastizität ist einerseits von den bisherigen Lebenserfahrungen, der Lernvergangenheit und der Lebensgeschichte abhängig. Andererseits spielt die Qualität der Kontextbedingungen, die eine Person vorfindet, eine wichtige Rolle, beispielsweise der Zugang zu Bildungsaktivitäten (vgl. Berthel/Becker 2003, S. 275 f. [349]). Methodisch sorgfältig konzipierte Längsschnittstudien zeigen, dass die Lernfähigkeit und die intellektuelle Leistungsfähigkeit von Menschen zwischen dem 40. und 60. Lebensjahr nur wenig und dann allmählich deutlicher abnehmen. Eine verstärkte Abnahme lässt sich erst ab dem 75. Lebensjahr feststellen und dies nicht generell, sondern in individuell sehr unterschiedlichem Ausmaße (vgl. Brandstätter 2006, S. 68 [350], vgl. hierzu auch die Ausführungen zu den Veränderungen von Kompetenzen im Lebensverlauf in Kapitel 6.2.2.3).

Ein weiterer wichtiger Aspekt im Kontext von Selbstentwicklung ist die Veränderung von Einstellungen und das Erzeugen positiver Emotionen. Emotionen sind eine wichtige Voraussetzung für kognitive Leistungen. Es gibt beispielsweise Befunde in der Motivationsforschung, die eine Verbesserung kreativer Leistungen nachweisen, wenn positive Gefühle auftreten bzw. negative Gefühle bewältigt werden. Die Bewältigung negativer Gefühle kann dabei besonders tiefe positive Gefühle auslösen (vgl. z. B. Baumann/Kuhl 2002 [351],

Isen 2002 [352], Bolte/Goschke/Kuhl 2003 [353]). Erfolgreiches Lernen ist ebenfalls an emotionale Erfahrungen gekoppelt (vgl. z. B. Hüther 2011, S. 82 ff. [354]). Dies gilt es auch bei der Entwicklung von gesundheitsförderlichem Verhalten zu beachten.

Die *Hirnforschung* zeigt, dass sich Menschen zu jedem Zeitpunkt im Leben neu konstruieren können, indem sie eines der alten motorischen, sensorischen oder affektiven Muster verlassen, d. h. sie fangen an, anders zu sehen, zu fühlen oder zu handeln als bisher. Wenn es gelingt, auf einer dieser Ebenen ein neues Muster auszubilden, so werden alle anderen Ebenen dadurch „mitgezogen" (vgl. Hüther 2011, S. 92 [354]).

Selbstentwicklung ist ein Thema, das mit zahlreichen Themenbereichen verbunden ist. Nachfolgend werden einige ausgewählte Themenbereiche, die im Kontext von Selbstmanagement-Kompetenz relevant sind, näher vorgestellt. Zuerst werden die Themen „Lernen als Bedingungsfaktor für Selbstentwicklung" und „Selbstentwicklung und Handeln" vertieft. Weiter wird auf die Veränderung von Einstellungen und die Entwicklung positiver Emotionen eingegangen. Abschließend werden die Verhaltensindikatoren für Selbstentwicklungskompetenz aufgeführt und mögliche Entwicklungsmaßnahmen für die Förderung von Selbstentwicklung auf individueller und organisationaler Ebene dargestellt.

7.2 Lernen als Bedingungsfaktor für Selbstentwicklung

„Niemand wird sich gegen seinen eigenen Willen verändern." (Schröder 2005, S. 81 [355])

Selbstentwicklung im Rahmen der Selbstmanagement-Kompetenz hat viel mit *Lernen* zu tun – mit der Fähigkeit und der Bereitschaft, neue Wissensstrukturen aufzubauen, neue Kompetenzen zu erwerben und neue Verhaltens- und Denkweisen zu verinnerlichen. Ein wichtiger Aspekt ist auch die Bereitschaft zum lebenslangen Lernen.

7.2.1 Übersicht über lerntheoretische Ansätze

Lernen ist eine wichtige Voraussetzung für Selbstentwicklung. Es stellt sich die Frage, unter welchen Voraussetzungen Lernen stattfindet und wie Lernprozesse optimal gestaltet werden können. Es gibt zahlreiche Ansätze, wie Lernen – insbesondere in Organisationen – gestaltet werden kann. Neben dem individuellen Lernen gibt es hier auch Lernformen auf Teamebene (z. B. Team-Supervision) und auf Organisationsebene (z. B. organisationales Lernen). In Tabelle 7.1 findet sich eine Übersicht über verschiedene bekannte lerntheoretische Ansätze, die nachfolgend ergänzend kurz ausgeführt sind (vgl. Schaper 2007, S. 43 ff. [356]):

- *Lernen als Verhaltensänderung:* Bekannt sind insbesondere die sozial-kognitive Lerntheorie nach Badura (vgl. Kapitel 3.3) und die Theorie der operanten Konditionierung. Die *Theorie der operanten Konditionierung* geht davon aus, dass Verhaltensweisen, die angenehme Konsequenzen haben (im Sinne einer Verstärkung), von Menschen häufiger gezeigt werden als Verhaltensweisen, denen unangenehme Konsequenzen folgen (im Sinne einer Bestrafung). Gemäß bestimmten Verstärkungs- bzw. Bestrafungsprinzipien und Verstärkungsplänen kann so ein bestimmtes gewünschtes Verhalten sehr wirkungsvoll aufgebaut bzw. abgebaut werden. Die Prinzipien der operanten Konditionierung werden beispielsweise bei der Mitarbeitendenführung und beim feedbackorientierten Lernen angewandt. Bei der *sozial-kognitiven Lerntheorie* geht es im Kern um Prozesse der Beobachtung und des Nachahmens von Verhaltensweisen anderer Menschen (Modell-Lernen). Wichtig ist, für eine angemessene kognitive Aneignung und praktische Einübung des beobachtbaren Verhaltens zu sorgen, die Aufmerksamkeit der lernenden Person gezielt auf relevante Lernaspekte zu lenken und Prinzipien der Selbstverstärkung zu nutzen, um die Anwendung des erlernten Verhaltens zu fördern.

Tabelle 7.1 Übersicht über ausgewählte lerntheoretische Ansätze

Lerntheoretischer Ansatz	Beispielhafte theoretische Konzepte bzw. Elemente	Beispielhafte lernpraktische Anwendungen
Lernen als Verhaltensänderung	Operante Konditionierung Sozial-kognitive Lerntheorie	Selbstmanagement-Training Modell-Lernen
Lernen als Wissenserwerb	Schemabasiertes Lernen Erwerb mentaler Modelle	Visualisierungstechniken Gestaltung computergestützter Simulation
Erwerb von Handlungskompetenz	Lernrelevante Phasen der Handlungssteuerung Aufbau operativer Abbildsysteme	Leittexte Lernaufgabensysteme Kognitives Training
Lernen als konstruktiver Prozess	Annahme des situierten Lernens	Cognitive Apprenticeship-Ansatz Gestaltung problemorientierter Lernumgebungen
Lernen als motivationaler Prozess	Erwarteter Nutzen des Lernens Intrinsische vs. extrinsische Motivation	Origin Training
Lernen als selbstgesteuerter Prozess	Kognitive und motivationale Lernvoraussetzungen selbstgesteuerten Lernens	Direkte Förderungsansätze Indirekte Förderungsansätze

Quelle: vgl. Schaper 2007, S. 44 [356]

- *Lernen als Wissenserwerb:* Wie Wissen erworben, mental repräsentiert und abgerufen bzw. genutzt wird, hängt in entscheidendem Maße von der kognitiven Struktur des Informationsverarbeitungsprozesses ab. Wichtig ist, Vorwissen ausreichend zu berücksichtigen und bei der Lerngestaltung Mechanismen menschlicher Informationsverarbeitung zu beachten. *Schemabasiertes Lernen* bezieht sich darauf, neue Schemata herauszubilden oder bestehende Schemata auszudifferenzieren bzw. grundlegend zu verändern. Schemata sind vereinfacht Wissensstrukturen, in denen – basierend auf Erfahrungen – typische Zusammenhänge eines Realitätsbereichs repräsentiert sind (z. B. Qualitätsmerkmale von gesundem Essen). Hier empfehlen sich insbesondere Methoden zur Visualisierung von Wissen, die den Lernenden mit einbeziehen. Der *Ansatz mentaler Modelle* beruht darauf, dass Menschen interne Modelle der inneren und äußeren Realität aufbauen. Dies erlaubt, Vorhersagen zu machen, Phänomene zu verstehen, Entscheidungen zu treffen und auch, Ereignisse stellvertretend zu erfahren. Hier kommen computergestützte Simulationen zum Einsatz, welche mit dem Realitätsausschnitt so gut wie möglich übereinstimmen sollten.

- *Lernen als Erwerb von Handlungskompetenz:* Der Erwerb operativer Abbildsysteme und Handlungskompetenzen erfordert eine aktive und zunehmend selbstständige Auseinandersetzung mit der zu erlernenden Tätigkeit oder Aufgabe. Der Lernprozess wird so gestaltet, dass zuerst mit einfachen Formen der Tätigkeit begonnen wird, die jedoch bereits wesentliche Aspekte der Handlungsstruktur einer Aufgabe oder Tätigkeit beinhalten. Die Lernaufgabe wird dann stufenweise zunehmend komplexer konzipiert, bis schließlich die Schwierigkeit und Vielfalt realer Aufgaben repräsentiert ist. Wichtig ist, alle wesentlichen Phasen der Handlungssteuerung zu berücksichtigen: Orientierungs-, Zielbildungs-, Planungs-, Ausführungs-, Kontroll- und Reflexionsphase. Leittexte, die aus Leitfragen, Leitsätzen und Teilaufgaben bestehen, können helfen, die Auseinandersetzung mit den Lerninhalten in den verschiedenen Phasen der Handlungssteuerung zu fördern.

- *Lernen als konstruktiver Prozess:* Den Lernenden werden Lernsituationen angeboten, „deren wesentliche Gestaltungsprinzipien darin bestehen, dass sie auf authentischen Aufgaben oder komplexen Anwendungskontexten beruhen, die die Anwendung des Wissens in vielfältigen Zusammenhängen und/oder unter unterschiedlichen Sichtweisen vorsehen und kooperatives Lernen in sozialen Kontexten fördern." (Schaper 2007, S. 47 [356]). Wichtig ist, dass eigene Konstruktionsleistungen möglich sind, Lernen kontextgebunden erfolgen kann und ausreichend Instruktionen eingebaut sind. Diese Lernform wird beim Cognitive Apprenticeship-Ansatz umgesetzt.

- *Lernen als motivationaler Prozess:* Die Lernmotivation übt einen bedeutsamen Einfluss auf das Lernverhalten und die Lernleistungen aus. Für die Lernmotivation spielt insbesondere der erwartete Nutzen in Bezug auf die Erfüllung der eigenen Ziele eine bedeutsame Rolle. Die intrinsische Motivation schafft günstigere Ausgangsbedingungen für das Lernen als eine extrinsische Motivation. Wichtig ist somit, Interesse an der Tätigkeit zu wecken und ein Gefühl des selbstbestimmten und kompetenten Tätigseins bezogen auf die Lernaktivitäten zu wecken.

- *Lernen als selbstgesteuerter Prozess:* Bei dieser Form des Lernens wird die lernende Person – mit oder ohne Hilfe anderer – selbst initiativ, um die eigenen Lernbedürfnisse festzustellen, Lernziele zu formulieren, notwendige personenbezogene und materielle Ressourcen für das Lernen zu identifizieren, die angemessene Lernstrategie zu wählen und zu realisieren und die Lernergebnisse zu evaluieren. Je nach Lernsituation erfordert selbstgesteuertes Lernen nicht nur angemessene kognitive, sondern auch geeignete motivational-emotionale Lernvoraussetzungen. Kognitive Lernvoraussetzungen sind beispielsweise inhaltliches Vorwissen oder das Beherrschen bestimmter Informationsverarbeitungs- und Lernstrategien. Wichtige motivationale Voraussetzungen sind u. a. Selbstwirksamkeitsüberzeugungen (z. B. das Vertrauen zu haben, beim Lernen auch erfolgreich zu sein) oder die Fähigkeit, die Lernabsicht gegen konkurrierende Handlungsmotive abschirmen zu können. Der *Personalentwicklung* kommt bei der Selbstentwicklung die Aufgabe der Hilfe zur Selbsthilfe zu. Es gibt zwei Möglichkeiten, die Fähigkeit zum selbstgesteuerten Lernen bzw. zur Selbstentwicklung zu fördern:

- *Direkter Ansatz:* Der Person werden die notwendigen kognitiven und motivationalen Komponenten selbstgesteuerten Lernens durch ein Training „direkt" vermittelt (z. B. Vermittlung eines Repertoires lernförderlicher Strategien und Techniken). Ziel ist, dass die lernende Person auch bei suboptimalen Lernbedingungen erfolgreich selbstgesteuert lernen kann.
- *Indirekter Ansatz:* Lernumgebungen werden so gestaltet, dass sie der Person Möglichkeiten für selbstgesteuertes Lernen eröffnen bzw. selbstgesteuertes Lernen erfordern.

Gemäß Schaper (2007, S. 49 [356]) ist wichtig, dass bei der Anwendung der Lerntheorien geprüft wird, ob sie die Eigenschaften der jeweiligen Lernziele und -inhalte, die Lernvoraussetzungen der Lernenden und die organisationalen Gegebenheiten angemessen berücksichtigen.

Für Selbstentwicklung besonders relevant ist der selbstgesteuerte Ansatz. Es können jedoch Aspekte aus den anderen Lerntheorien genutzt werden, um Selbstentwicklung zu fördern, beispielsweise indem mit Belohnungsanreizen gearbeitet wird (Lernen als Verhaltensänderung), bei der Umsetzung von gesundheitsförderlichem Verhalten mit einfachen Tätigkeiten begonnen wird (z. B. 20 Minuten Bewegung dreimal pro Woche), was dem Lernen als Erwerb von Handlungskompetenz entspricht, oder dass für ausreichend intrinsische Motivation gesorgt wird, indem der Nutzen des veränderten Verhaltens deutlich herausgearbeitet wird (Lernen als motivationaler Prozess). In den verschiedenen Lerntheorien wird die Vielfalt deutlich, mit der Lernen ermöglicht werden kann.

Erkenntnisse aus der *Hirnforschung* zeigen, dass Lernen immer dann am besten funktioniert, wenn (vgl. Hüther 2011, S. 94. [357]):

- die Aufmerksamkeit der lernenden Person hinreichend geweckt ist.
- die Lerninhalte unter Einbezug möglichst vieler verschiedener Sinneskanäle vermittelt werden.
- die lernende Person ein unmittelbares Feedback erhält und die Lernleistung durch positive Emotionen und Belohnungen unterstützt wird.
- das Gelernte für die Person eine persönliche Bedeutung besitzt sowie nützlich und anwendbar ist.

- der Lernstoff einerseits ausreichend neu und aktuell ist und die lernende Person andererseits aber auch gut an bereits bestehendes Wissen anknüpfen kann.
- keine Überreizung erzeugt wird und kein Druck vorhanden ist.
- ausreichend Wiederholungen eingebaut werden.

Diese Aspekte gilt es beim Lernen im Kontext von Selbstentwicklung ausreichend zu beachten.

7.2.2 Bereitschaft zum lebenslangen Lernen

„Wir sind nicht frei, zu lernen oder nicht zu lernen, wenn wir als Menschen leben und überleben wollen." (Mader 1997, S. 89 [358])

Die Betrachtung der biosozialen Entwicklungsgeschichte zeigt, dass der Mensch ein Lebewesen ist, das in jeglicher Hinsicht existenziell vom Lernen abhängig ist (vgl. Mader 1997, S. 89 [358]). Damit die Zielsetzung der Selbstmanagement-Kompetenz (Leistungsfähigkeit, Leistungsbereitschaft, Wohlbefinden und Balance fördern und langfristig erhalten) erreicht werden kann, ist *lebenslanges Lernen* ein wichtiger Bedingungsfaktor.

In der *bildungspolitischen Diskussion* der letzten Jahrzehnte hat die Thematik des lebenslangen Lernens stark an Bedeutung gewonnen. Die Kommission der Europäischen Gemeinschaften (2000, S. 10 [359]) hält in ihrem „Memorandum über lebenslanges Lernen" ausdrücklich fest, dass lebenslanges Lernen sich auf alle sinnvollen Lernaktivitäten beziehen und alle Lernprozesse gleichermaßen berücksichtigen sollte. Lernen lässt sich in *drei Kategorien* unterteilen (vgl. Alheit/Dausien 2002, S. 566 [360]):

- *Formale Lernprozesse,* wie sie in klassischen Bildungsinstitutionen stattfinden. Diese werden i. d. R. mit anerkannten Zertifikaten und Diplomen abgeschlossen. Formale Lernprozesse werden auch im Rahmen unternehmensinterner Aus- und Weiterbildungen ermöglicht.
- *Nicht-formale Lernprozesse* laufen gewöhnlich jenseits etablierter Bildungseinrichtungen oder unternehmensinterner Kurse ab, beispielsweise am Arbeitsplatz (learning by doing), in Vereinen oder Verbänden, in zivilgesellschaftlichen Initiativen und Aktivitäten oder auch beim Ausüben sportlicher oder musischer Interessen.
- *Informelle Lernprozesse:* Sie sind nicht notwendigerweise intendiert und laufen im alltäglichen Leben nebenher mit.

Im Kontext des lebenslangen Lernens ist wichtig, dass auch die Ressourcen des informellen und alltäglichen Lernens entdeckt und in ein Gesamtkonzept des lebenslangen Lernens mit einbezogen sind. Nur so kann das Lernen außerhalb des institutionalisierten und organisierten Lernens ausreichend mit berücksichtigt werden (vgl. Mader 1997, S. 96 [361]). Bezogen auf formelle Lernprozesse hat die *Bologna-Reform* neue Möglichkeiten eröffnet, indem die Durchlässigkeit zwischen beruflicher Bildung und Hochschulbildung gefördert wurde. Ziel ist, durch ein Angebot an flexiblen Lernwegen, berufsbegleitenden Studiengängen und eine vielfältige Angebotsstruktur (durch Kooperationen zwischen Hochschulen und beruflicher Aus- und Weiterbildung) u. a. das lebenslange Lernen und den beruflichen Aufstieg mittels Bildung und Zertifizierung von Kompetenzen zu fördern.

"Lebenslanges Lernen ist das gemeinsame Dach, unter dem sich alle Arten des Lehrens und Lernens zusammenfinden sollten. Die Umsetzung von lebenslangem Lernen in die Praxis erfordert eine effektive Zusammenarbeit zwischen allen Beteiligten – als Individuen und in Organisationen." (Kommission der Europäischen Gemeinschaften 2000, S. 4 [362])

Das Postulat des lebenslangen oder des lebensbegleitenden Lernens wird in der personalwirtschaftlichen Literatur im Kontext **des Erhalts der Arbeitsmarktfähigkeit** diskutiert. Die wirtschaftlichen, technologischen und gesellschaftlichen Entwicklungen sind mit steigenden Anforderungen verbunden (vgl. hierzu die Ausführungen in Kapitel 2.1.1). Mitarbeitende sind gefordert, ihre Qualifikationen und Kompetenzen regelmäßig mit den Anforderungen zu vergleichen und frühzeitig anzupassen. Die Instabilität der Arbeitsplätze führt dazu, dass der erlernte Beruf nicht mehr ein ganzes Leben lang trägt. Es ist vielmehr damit zu rechnen, dass das Arbeitsfeld im Verlauf des beruflichen Lebenszyklus sieben- bis achtmal wechseln wird. Damit sind nicht selten berufliche Um- bzw. Neuorientierungen verbunden (vgl. Rump/Eilers 2011, S. 75 f. [363]).

"Daraus resultiert, dass dem Erhalt der Qualifikation bzw. der Anpassung des Kompetenzstandes mehr Gewicht eingeräumt werden sollte als dem Streben nach Arbeitsplatzsicherheit. Verantwortung für sich selbst und die berufliche Entwicklung wird zur Schlüsselqualifikation und Kernkompetenz, Employability zur Wettbewerbfähigkeit des Einzelnen auf internen und externen Arbeitsmärkten. [...] Dies impliziert die Fähigkeit, lebenslang zu lernen, flexibel und anpassungsfähig zu sein, mit neuen ungewohnten Situationen umgehen zu können und sich relativ schnell in neue Tätigkeitsfelder einzuarbeiten." (Rump/Eilers 2011, S. 75 [363])

Bausteine der Arbeitsmarktfähigkeit sind sämtliche Faktoren, die einen Menschen dazu befähigen, eine bestehende Beschäftigung entweder zu behalten oder bei Bedarf eine neue Beschäftigung zu finden. Die benötigten Kompetenzen können sowohl innerhalb als auch außerhalb der aktuellen beruflichen Tätigkeit erworben worden sein. Im Rahmen der Selbstmanagement-Kompetenz erfolgt der Erhalt der Arbeitsmarktfähigkeit proaktiv. Reaktive Maßnahmen in Zeiten von Arbeitslosigkeit kommen gemäß Rump/Eilers häufig zu spät. Unter der Belastung einer eingetretenen Arbeitslosigkeit ist es oftmals schwer, Menschen davon zu überzeugen, dass sie sich beruflich neu orientieren müssen, wenn diese zuvor niemals an diese Denkweise herangeführt worden sind und über Jahrzehnte die gleiche Tätigkeit im Unternehmen ausgeführt haben. Umso wichtiger ist die Förderung eines kontinuierlichen Bewusstseins für die Notwendigkeit von Flexibilität und Offenheit für Neues in Zeiten der aktiven Berufstätigkeit. So wird die Basis gelegt, in schwierigen und unerwarteten Situationen adäquat handeln zu können (vgl. Rump/Eilers 2011, S. 79 f. [363]).

Arbeitsmarktfähigkeit "ist die Fähigkeit, fachliche, soziale und methodische Kompetenzen unter sich wandelnden Rahmenbedingungen zielgerichtet und eigenverantwortlich anzupassen und einzusetzen, um eine Beschäftigung zu erlangen oder zu erhalten." (Rump/Eilers 2011, S. 81 [363])

Ein wichtiges Instrument für den Erhalt der Arbeitsmarktfähigkeit sind **Standortbestimmungen**. Auf individueller Ebene schaffen Standortbestimmungen eine gute Grundlage für die realistische Einschätzung der eigenen Möglichkeiten und Rahmenbedingungen – in Abstimmung mit den vorhandenen Bedürfnissen, Werten und Zielvorstellungen. Für eine Person geht es darum, neue Lernfelder zu schaffen und neue berufliche Möglichkeiten zu entdecken: Welche beruflichen Felder würden mich sonst noch interessieren? Welche Potenziale sind da, die nicht genutzt werden und brachliegen? Weiter soll frühzeitig erkannt werden, welche beruflichen Veränderungen notwendig sind: Wie lange kann ich meinen Beruf, meine Tätigkeit in dieser Form noch ausüben? Wie verändert sich mein Berufsfeld oder mein Tätigkeitsbereich in den nächsten zwei, fünf oder zehn Jahren? Standortbestimmungen zeigen auf, welche Vor- und Nachteile mit bestimmten Wechseln im Berufsleben verbunden sind, und unterstützen notwendige und sinnvolle berufliche Neuorientierungen, beispielsweise durch die Übernahme von neuen Aufgabenbereichen, die besser mit den eigenen Stärken im Einklang stehen, die mehr Herausforderung und Freude bzw. mehr Entlastung bieten und die den langfristigen Erhalt der Gesundheit fördern oder ermöglichen. Standortbestimmung kann somit auch als *präventive Maßnahme* für die Gesunderhaltung angesehen werden, beispielsweise zur frühzeitigen Verhinderung von Erschöpfungsdepressionen und Burnout oder durch eine frühzeitige Weiterentwicklung in neue Berufe und Tätigkeitsbereiche, die den vorhandenen Leistungspotenzialen besser entsprechen (vgl. Graf 2009, S. 202 [364]).

Eine *lebenszyklusorientierte Personalentwicklung* unterstützt den Erhalt der Arbeitsmarktfähigkeit, indem sie einerseits den Fokus auf die gezielte und systematische Entwicklung sämtlicher Mitarbeitenden eines Unternehmens legt, unabhängig von Alter, Dauer der Betriebszugehörigkeit, Führungspotenzial, Hierarchiestufe etc. Andererseits berücksichtigt sie, in welcher Phase des Lebenszyklus sich Mitarbeitende befinden und welche Personalentwicklungsmaßnahmen in jeder Phase besonders effektiv sind. Es geht u. a. darum, jüngere Mitarbeitende konsequent zu fördern und an das Unternehmen zu binden (= Retention), Mitarbeitende im mittleren Alterssegment leistungsfähig und motiviert zu halten und ältere Mitarbeitende gezielt zu entwickeln, sodass sie bis zur Pensionierung und darüber hinaus die notwendigen Fähigkeiten besitzen, gesund bleiben und Freude an der Arbeit haben. Im Fokus der lebenszyklusorientierten Personalentwicklung steht nicht primär das Alter, sondern die Zugehörigkeit zu einer Phase des laufbahnbezogenen und stellenbezogenen Lebenszyklus – neben der Betrachtung des Verlaufs des biosozialen, familiären und beruflichen Lebenszyklus (vgl. Graf 2012 [365], 2009 [366], 2002 [367]).

7.3 Selbstentwicklung und Handeln

Selbstentwicklung und Handeln ist ein weiteres wichtiges Thema bezogen auf den Baustein Selbstentwicklung. Das Thema wird hier anhand von zwei Themenbereichen vertieft: die Phasen, die durchlaufen werden, damit ein Bedürfnis bzw. ein Ziel in eine Handlung münde kann (Rubikon-Prozess), und Handeln bezogen auf die persönliche Entwicklung und damit verbunden die Bedeutung der beiden adaptiven Grundprozesse Persistenz (Zielverfolgung) und Flexibilität (Zielanpassung).

7.3.1 Der Rubikon-Prozess - vom Bedürfnis zur Handlung

Der *Rubikon-Prozess* beinhaltet wesentliche Grundlagen, damit ein Ziel oder ein Entwicklungsziel nicht nur Wunschvorstellung bleibt, sondern konkret in der Realität als Handlung manifestiert werden kann. Auf den Rubikon-Prozess wurde bereits bei der Erläuterung des ressourcenorientierten Selbstmanagement-Ansatzes (Zürcher Ressourcen Modell) kurz eingegangen (vgl. Kapitel 3.6). Das Modell ist für verschiedene Bausteine der Selbstmanagement-Kompetenz relevant (insbesondere Selbstentwicklung, Ziele, Selbstregulation & Selbstkontrolle). Die vertieften Ausführungen zum Rubikon-Prozess werden hier im Baustein Selbstentwicklung integriert, weil Selbstentwicklung stark mit zielrealisierendem Handeln verbunden ist (für die nachfolgenden Ausführungen zum Rubikon-Prozess vgl. Storch/Krause 2011, S. 63 ff. [368] sowie Krause/Storch 2006 [369]).

7.3.1.1 Phasen des Rubikon-Prozesses im Überblick

Der Rubikon-Prozess im Zürcher Ressourcen Modell beinhaltet fünf Phasen, die aufzeigen, welche Reifestadien durchlaufen werden, bis ein Wunsch sich in einer konkreten Handlung manifestiert (vgl. Abbildung 7.1). Der Rubikon-Prozess kann beispielsweise im Rahmen eines Coachings als Diagnose-Instrument genutzt werden, um mit einer Person zu klären, wo sie hinsichtlich einer Entscheidung steht und was sie benötigt, um klare Entscheidungen bezogen auf ihre persönliche Entwicklung zu treffen und so Handlungsfähigkeit zu erlangen.

Die Betrachtung der *inneren Bedürfnis- und Ziellandschaft* macht deutlich, dass Bedürfnisse, Ziele und Wünsche in unterschiedlichen Ausprägungen vorhanden sind. So gibt es Bedürfnisse, die eher diffus anmuten. Andere Bedürfnisse sind hingegen bereits als klare Zielsetzungen vorhanden. Bei einigen Zielen besteht ein klarer Umsetzungsplan, bei anderen ist erst die Absicht, etwas zu tun und zu verändern, als Zielsetzung formuliert. Für bestimmte Ziele gibt ein Individuum alles, um diese auch zu erreichen – es setzt sich voll und ganz dafür ein und kämpft mit allen Möglichkeiten und Mitteln. Bei anderen Themen hingegen ist erst das Gefühl da, dass „sich etwas anbahnt". Menschen verfolgen normalerweise gleichzeitig mehrere Ziele. Hieraus können sich Zielkonflikte ergeben, weil die verschiedenen Ziele nicht miteinander harmonisieren (z. B. das Ziel, beruflich die nächste Karriereleiter emporzusteigen, und das Ziel, mehr Zeit für die Familie zu haben).

Abbildung 7.1 Phasen des Rubikon-Prozesses nach dem Zürcher Ressourcen Modell

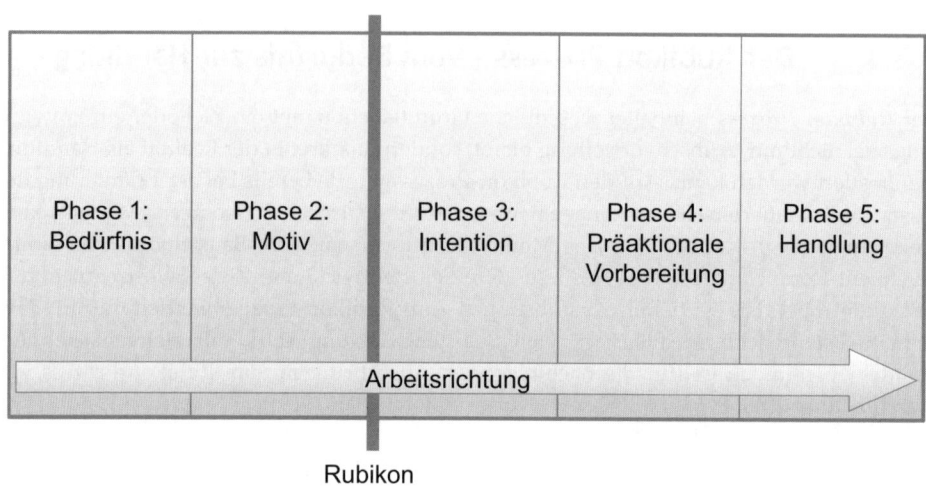

Quelle: vgl. Storch/Krause 2011, S. 65 [370]

7.3.1.2 Phase 1: Das Bedürfnis

In diesem ersten Reifestadium befinden sich Bedürfnisse und Wünsche, die noch nicht oder noch nicht ausreichend bewusst sind. Bedürfnisse, Antriebe und Wünsche werden – wie in den Neurowissenschaften diskutiert – zu einem wesentlichen Teil vom limbischen System beeinflusst.

> *„Hier befindet sich der Sitz des emotionalen Erfahrungsgedächtnisses, in dem gespeichert ist, was dem psycho-biologischen Wohlbefinden des Individuums dienlich war und was nicht. Dieses Wissen ist zwar gespeichert, dies heißt aber nicht, dass dieses Wissen auch jederzeit verfügbar ist. […] Solange die Inhalte des emotionalen Erfahrungsgedächtnisses aber noch nicht bewusst sind, können sie nicht für die bewusste Handlungsplanung eingesetzt werden."* (Storch/Krause 2011, S. 66 f. [370])

Im Kontext von Selbstmanagement geht es darum, in einem **Bewusstwerdungsprozess** zu explorieren, ob und welche Bedürfnisse auf einer unbewussten Ebene vorhanden sind, die in den Entwicklungsprozess mit einbezogen werden sollten. Geschieht diese Bewusstwerdung nicht, so planen Menschen beispielsweise eine Handlung, tun aber aufgrund unbewusster Bedürfnisse etwas ganz anderes und können die geplante Handlung nicht umsetzen – aus ihnen nicht nachvollziehbaren Gründen. Ein noch unbewusstes Bedürfnis kann somit die Umsetzung eines bewussten Motivs verhindern. Ein typisches Beispiel ist, „Nein" sagen zu wollen, es aber nicht zu tun, obwohl die Person auf der Bewusstseinsebene wirklich „Nein" sagen will und auch weiß, wie wichtig es beispielsweise in einer Situation großer Arbeitsüberlastung wäre. Oft taucht dann im Rahmen der Exploration ein unbewusstes Bedürfnis nach Nähe und Geborgenheit auf.

Die Exploration der Bedürfnisse spielt auch eine wichtige Rolle, wenn Personen über diffuse schlechte Gefühle oder generelles Unbehagen klagen. Dieser Zustand kann als sehr belastend empfunden werden, weil mit bewusster Überlegung keine Abhilfe geschaffen werden kann.

Diese Personen „sind noch nicht in der Lage, einen Prozess des zielrealisierenden Handelns in die Wege zu leiten, weil alle wesentlichen Bedürfnisse noch unbewusst sind und darum nicht in die bewusste Handlungsplanung mit einbezogen werden können. […] In diesen Fällen muss das Bedürfnis überhaupt erst einmal in die Welt ‚geboren' werden, es muss greifbar und fassbar werden, damit die Lebensgestaltung danach ausgerichtet werden kann." (Storch/Krause 2011, S. 68 [370])

7.3.1.3   Phase 2: Das Motiv

Kennzeichen eines Motivs (oder Ziels) im Zürcher Ressourcen Modell ist seine **bewusste Verfügbarkeit.** Ein Handlungsziel kann in dieser Phase des Reifungsmodells kommuniziert werden. Möglicherweise vorhandene Motivkonflikte sind bewusst geworden und stehen als sich widersprechende Motive im Raum. Wenn die Motive, die aus den unbewussten Bedürfnissen entstanden sind, miteinander harmonieren, kann der nächste Schritt im Prozess zielrealisierenden Handelns rasch erfolgen. Andernfalls müssen die verschiedenen Motive zunächst in irgendeiner Form gegeneinander auf- und abgewogen werden. Solche Motivkonflikte sind beispielsweise: Geldverdienen vs. Lebensqualität, Abenteuerlust vs. Bedürfnis nach Sicherheit, Freiheitsdrang vs. Bedürfnis nach Geborgenheit, elegante Stadtwohnung vs. Bauernhaus auf dem Land, vernünftiger Gebrauchtwagen vs. Traumauto.

Es ist das **Stadium des Wünschens und Abwägens.** Es geht um das Sammeln von Informationen, die Diskussion mit Familie, Freund/innen und Arbeitskolleg/innen über Vor- und Nachteile der verschiedenen Varianten. Im günstigen Fall kommt diese Phase des Abwägens zu einem Abschluss und ein Motiv setzt sich durch. Oftmals ergibt sich auch eine Kombinationslösung, in der scheinbar widersprüchliche Motive gleichzeitig verfolgt werden können. Im ungünstigen Fall bleiben Menschen jedoch lange in der Abwägephase stecken und es kommt zu keiner Entscheidung. Es gelingt keinem Motiv, sich durchzusetzen und dadurch das Weiterkommen in die nächste Phase zu ermöglichen. Vor- und Nachteile halten sich die Waage, kein System zur Entscheidungsfindung hilft weiter. Für Menschen, die in solchen Situationen feststecken und alleine nicht mehr weiterkommen, ist die Begleitung dieses Schritts durch eine Fachperson (z. B. Coach) hilfreich. Sie können den motivationalen Klärungsprozess und die **Herausbildung eindeutiger Intentionen** unterstützen (= Schritt über den Rubikon).

7.3.1.4   Der Übergang über den Rubikon

Vom menschlichen Erleben her kann der **Unterschied zwischen Motiven und eindeutiger Intention** verglichen werden mit dem Unterschied zwischen Wählen (goal setting = Ziel setzen) und Wollen (goal striving = ein Ziel verfolgen) (vgl. Gollwitzer 1991, S. 31 [371]). Der Schritt über den Rubikon symbolisiert diesen Schritt vom Wählen zum Wollen. Der Unterschied zwischen beiden Phasen wird dabei entscheidend durch Gefühle bestimmt.

Dabei werden sowohl ein Gefühl des Entschlossen-Seins als auch eine Handlungsgewissheit benötigt. Ein starker positiver Affekt, ein gutes Gefühl hilft dabei, den Rubikon zu überqueren. Ob die Überquerung des Rubikons stattgefunden hat, lässt sich mittels *somatischer Marker* feststellen (vgl. Damasio 2007, S. 237 ff. [372]). Sie dienen als Hilfsmittel in der Diagnose, um wahrzunehmen, ob ein definiertes Ziel mit einem positiven Gefühl verbunden ist. Erst dann entspricht es einem Handlungsziel, das ausreichend attraktiv ist, um auch umgesetzt zu werden. Dahinter steht die Erkenntnis aus den Neurowissenschaften, dass *Emotionen* in die Verhaltensplanung und -steuerung eingreifen, indem sie bei der Handlungsauswahl mitwirken und dadurch bestimmte Verhaltensweisen fördern. Sie energetisieren beispielsweise als „Wille" bestimmte Handlungen bei ihrer Ausführung. Andere Handlungen werden hingegen aus Furcht oder Abneigung unterdrückt (vgl. Roth 2003, S. 549 f. [373]).

7.3.1.5 Phase 3: Die Intention

Damit konkrete Ziele erfolgreich sein können, ist wichtig, die intrinsische Motivation für die Zielerreichung sicherzustellen. Die Person muss einen Sinn im Ziel sehen und sich diesem Ziel innerlich verpflichtet fühlen. Es dürfen keine bewussten oder unbewussten Zielkonflikte bestehen und die Art der Aufgabe, auf die sich das Ziel bezieht, sollte ergebnisorientiert und klar strukturiert sein (vgl. Storch 2009, S. 6 [374]).

In der Phase der Intention hat ein Mensch die *feste Absicht, sein Ziel in eine Handlung umzusetzen.* Er hat aus der Vielfalt der Motive links des Rubikon eine Auswahl getroffen und eine eindeutige Präferenz gebildet. Es geht nicht mehr darum, weiter auszusortieren, sondern darum, das gewählte und definierte Ziel konsequent zu verfolgen. Informationen, welche die Realisierung gefährden können, werden „abgeschirmt" (vgl. Kuhl 2001, S. 143 [375]).

„Es wurde experimentell nachgewiesen, dass in diesem Stadium absichtsgefährdende Informationen durch selektive Nichtbeachtung und Abwertung aus der innerpsychischen Bedürfnis- und Ziellandschaft ausgeblendet werden. Durch diese hochspezifische Informationsaufnahme rechts des Rubikon wird die einmal getroffene Entscheidung bestätigt und stabilisiert. Intentionen sind dann besonders handlungswirksam, wenn sie besonders stark gewollt werden." (Storch/Krause 2011, S. 72 [376])

Die Stärke der Intention ist das **Produkt aus Wünschbarkeit und Realisierbarkeit** und kann anhand dieser beiden Parameter überprüft werden:

- *Wünschbarkeit eines Ziels:* Diese kann erhöht werden, indem der erwartete Nutzen erwogen wird. In diesem Prozess macht sich ein Individuum Gedanken darüber, „[…] welche positiven und negativen, unmittelbaren und langfristigen Folgen (Anreize) mit welcher Wahrscheinlichkeit mit der Realisierung des Wunsches verknüpft sind" (Gollwitzer 1991, S. 41 [377]). Da ein wesentlicher Teil dieses Prozesses unbewusst verläuft, geben somatische Marker wesentliche Hinweise. Lässt sich ein eindeutiger positiver Marker identifizieren, so weist dies gemäß Storch/Krause darauf hin, dass die Wünschbarkeit vorhanden ist.

- **Realisierbarkeit einer Intention:** Hier wird die Frage geklärt, ob die gewünschten Ergebnisse durch eigenes Handeln erreicht werden können (= Handlungs-Ergebnis-Erwartung) (vgl. Gollwitzer 1991, S. 40 [377]).

"Das Schlüsselelement des Erlebens von Realisierbarkeit ist, ob das eigene Handeln zur Verwirklichung der Intention beitragen kann." (Storch/Krause 2011, S. 73 [378])

In Coaching- oder Therapie-Prozessen ist demzufolge entscheidend, die Aufmerksamkeit der Klientin oder des Klienten systematisch auf diejenigen Elemente der Intention zu richten, deren Veränderung selbst beeinflusst werden kann.

7.3.1.6 Phase 4: Die präaktionale Vorbereitung

Ist eine eindeutige Intention vorhanden, können viele Menschen sofort mit dem zielrealisierenden Handeln beginnen. Es gibt jedoch auch Fälle, in denen die Intentionsbildung alleine nicht ausreicht.

"Obwohl ein Mensch sich ein Ziel gesetzt hat, das von einem positiven somatischen Marker begleitet ist, in hohem Maße wünschbar und auch von ihm selbst realisierbar, kommt es trotzdem immer wieder vor, dass der Alltag die guten Vorsätze gewissermaßen ‚verschluckt'." (Storch/Krause 2011, S. 73 [378])

Können neu gebildete Intentionen nicht umgesetzt werden, kann dies auch damit zusammenhängen, dass für das mit der Intention verknüpfte Handlungsmuster noch keine genügend elaborierten und neuronal gebahnten Automatismen im Gehirn vorliegen. Erkenntnisse aus den Neurowissenschaften zeigen, dass wesentliche Teile der Handlungssteuerung aus Teilen des Gehirns erfolgen, die dem Bewusstsein nicht zugänglich sind und somit unbewusst verlaufen. Es ist deshalb notwendig, neu entwickelte Intentionen in den *impliziten Modus* zu überführen (= unbewusste Handlungssteuerung). Diese Art der Handlungssteuerung benötigt keine Aufmerksamkeit und steht auch in chaotischen und zeitkritischen Situationen handlungsleitend zur Verfügung – im Gegensatz zum expliziten Modus, der mit Bewusstsein verbunden ist und sprachlich vermittelt werden kann, jedoch Aufmerksamkeit sowie logische und bewusste Operationen benötigt.

Solange eine Intention „nur im expliziten Modus zur Verfügung steht, besteht die Gefahr, dass sie in schwierigen Situationen, also eigentlich genau dann, wenn es darauf ankommt, nicht zur Handlungssteuerung eingesetzt wird, weil das Gehirn dann auf den impliziten Modus umschaltet." (Storch/Krause 2011, S. 74 [378])

Wenn Handlungen trotz vorhandener Intention nicht umgesetzt werden können, geht es in der präaktionalen Phase darum, entsprechende Vorbereitungen zu treffen und so die Wahrscheinlichkeit zu erhöhen, dass die neue Intention auch im Ernstfall in Handlung umgesetzt werden kann. Die unbewusste Handlungssteuerung kann über zwei Wege erlernt werden (vgl. auch Seger 1994, S. 163 ff. [379]):

- **Bewusstes Lernen durch häufiges Wiederholen, Trainieren und Üben:** Mittels dieser Lernform können allmählich Automatismen herausgebildet werden. Dies ist gut nachvollziehbar am Beispiel des Autofahren-Lernens. Diese Art des Lernens ist an die Ausführung der entsprechenden Handlung gekoppelt.

- **Unbewusstes Lernen (Priming):** Durch Priming werden Emotionen, Einstellungen, Ziele und Absichten unbewusst aktiviert. In einer Coaching-Sitzung werden gezielt Inhalte mit einbezogen, die mit dem zu erreichenden Ziel zu tun haben, ohne dass dies jedoch von einer Klientin oder einem Klienten bewusst wahrgenommen wird. Bestimmte Informationen werden somit unbewusst aufgenommen. Diese unbewusste Aktivierung hat nachweislich einen Einfluss darauf, wie Menschen in entsprechenden Situationen denken und handeln.

Eine weitere Möglichkeit, in der präaktionalen Phase die Umsetzung von Zielen zu fördern, ist, bewusste und sorgfältige Ausführungsintentionen im Sinne von „Wenn-Dann-Plänen" zu bilden. Eine Ausführungsintention lautet beispielsweise: „Ich beabsichtige, X in folgender Weise zu tun, wenn Y eintrifft." Diese Form der Intention ist spezifischer als eine Zielintention wie: „Ich beabsichtige, X zu tun."

„Zielintentionen, die in Ausführungsintentionen umgewandelt wurden, werden dreimal so oft in Handlung umgesetzt wie Zielintentionen, bei denen dies nicht der Fall war. Weil sie an situationale Bedingungen gekoppelt sind, haben Ausführungsintentionen nachhaltige Effekte. Sie entfalten ihre Wirkung auch noch lange Zeit, nachdem die Intention gebildet wurde, wenn die spezifische Situation eintritt. [...] Die Bildung von Ausführungsintentionen automatisiert den Beginn von zielrealisierenden Handlungen." (Storch/Krause 2011, S. 77 [380])

7.3.1.7 Phase 5: Die Handlung

Wenn eine Zielintention in eine präzise Ausführungsintention umgesetzt wurde und genügend Gelegenheiten zum Priming hergestellt worden sind, dann sollte eine Person in der Lage sein, mit dem zielrealisierenden Handeln zu beginnen. Trotzdem kann es sein, dass in bestimmten Situationen die gewünschte Handlung immer noch nicht umgesetzt werden kann. Dies ist vorwiegend dann der Fall, wenn Situationen überraschend und unvorhersehbar eintreten. In solchen Situationen unter Druck muss daran gearbeitet werden, eine alte und unerwünschte Verhaltensroutine durch eine neue Handlungsroutine zu ersetzen. Die Erreichung solcher Änderungen ist jedoch schwierig und erfordert den langen Weg des bewussten Lernens, Übens und Trainierens. Benötigt wird Ausdauer – kurzfristige Erfolge sind eher die Ausnahme.

„Von einer neu gebildeten Intention kann nicht erwartet werden, dass sie in Situationen des Handelns unter Druck nachhaltig wirkt, selbst wenn gute Primingbedingungen und präzise formulierte Ausführungsintentionen vorliegen. Für einen Menschen, der damit beginnt, auf eine neue Art zu handeln, kann es sehr entlastend sein, dies zu wissen." (Storch/Krause 2011, S. 81 [380]).

Die vorangehenden Ausführungen haben gezeigt, welche Phasen durchlaufen werden, bis aus einem unbewussten Bedürfnis eine Handlung entsteht. Damit Handlung im Rahmen von Selbstentwicklung ermöglicht wird, braucht es somit die Herausbildung klarer Intentionen. Ohne Schritt über den Rubikon besteht bei Entwicklungszielen die Gefahr, dass es bei Vorsätzen bleibt, die nicht umgesetzt werden. Weitere Aspekte, die im Rahmen von zielrealisierendem Handeln – bezogen auf Selbstentwicklung aber auch generell – relevant sind, finden sich in den Bausteinen Ziele sowie Selbstkontrolle & Selbstregulation. Im folgenden Abschnitt wird nun Handeln in der persönlichen Entwicklung aus einer anderen Perspektive heraus beleuchtet.

7.3.2 Handeln in der persönlichen Entwicklung

„Handeln in der persönlichen Entwicklung kann als ein Navigationsprozess verstanden werden, der darauf ausgerichtet ist, zukunftsgerichtete Selbst-Projektionen zu verwirklichen [...]; Repräsentationen gewünschter und möglicher Entwicklungsverläufe, Vorstellungen gelingender Entwicklung und erfolgreichen Alterns sind gleichsam Leuchtfeuer, an denen sich individuelle Planungen, Entscheidungen und Zielsetzungen orientieren." (Brandtstädter 2007, S. 40 [381])

Das Handeln von Menschen richtet sich stark darauf aus, **Zielvorstellungen zu verwirklichen**, die sie von sich selbst und von ihrer Zukunft haben. Diese Vorstellungen und die damit verbundenen Aktivitäten der Selbstgestaltung und Lebensplanung sind für ein Individuum wesentliche Antriebsmomente der persönlichen Entwicklung. Gleichzeitig sind sie jedoch auch Entwicklungsergebnisse. Vorstellungen entstehen und verändern sich in einem Kräftefeld von individuellen Interessen und Handlungsmöglichkeiten und von sozialen Entwicklungsangeboten und Entwicklungserwartungen (vgl. Brandtstädter 2007, S. IV [381]).

Menschliche Entwicklung vollzieht sich in einem **weiten Spielraum von Möglichkeiten**. Hiervon kann der Mensch nur einen geringen Teil realisieren – teils aufgrund von heteronom gesetzten Bedingungen und teils aufgrund von Bedingungen, die sich aus eigenen Handlungen und Entscheidungen ergeben. Die Frage nach einer guten, womöglich bestmöglichen **Auswahl unter den gegebenen Optionen** wird vor dem Hintergrund der vorhandenen Wahl- und Entscheidungshorizonte und der konstitutionell gegebenen und kulturell verstärkten Möglichkeiten der Steuerung von Entwicklungsverläufen und der planvollen Selektion unter verschiedenen Optionen getroffen. Hierin wird auch die grundsätzliche Schwierigkeit deutlich, eine solche Wahl zu treffen (vgl. Brandtstädter 2011, S. 13 [382]).

Wenn Menschen sich für ihre persönliche Entwicklung Ziele setzen, versuchen sie im Allgemeinen auch klare Vorstellungen davon zu gewinnen, was diese Ziele bedeuten und wie diese zu erreichen sind. Solche Vorstellungen sind die Grundlagen für Pläne und Projekte, die kürzere oder längere Zeiträume, gegebenenfalls sogar die gesamte Lebensspanne umfassen können. Zukunfts- und zielgerichtetes Planen ist ein Grundprozess von **intentionaler Selbstentwicklung**. Das Selbst ist hier zugleich Subjekt und Objekt der Planung. Planung hilft, zeitlich ausgedehntes Handeln zu steuern und zu stabilisieren. Das Planen der persönlichen Entwicklung unterliegt jedoch selbst der Entwicklung (vgl. Brandtstädter 2007, S. 101 [383]).

„Die charakteristische Problematik planvoller Lebensorganisation besteht darin, dass wesentliche Bedingungen des inneren und äußeren Handlungskontextes – Ziele, Interessen, Handlungsressourcen, normative Erwartungen, Überzeugungen, Wissensbestände – selbst veränderlich sind; wir

haben es mit einem wandelbaren, teilweise schwer überschaubaren „Problemraum" zu tun, der von vornherein offene und flexible Planungsformen begünstigt [...]. Zukunftsgerichtetes Planen dient der Herbeiführung und Stabilisierung gewünschter Lebensumstände und Entwicklungsergebnisse; die gesetzten Ziele müssen dabei einerseits gegen Erschwernisse und auftretende Schwierigkeiten durchgesetzt, andererseits aber veränderten Handlungsressourcen und Lebensumständen angepasst werden." (Brandtstädter 2007, S. 101 [383])

Die **Bedingungsstrukturen,** in denen sich die eigene Lebensgeschichte entfaltet, sind für einen Menschen somit nur in Grenzen transparent und beeinflussbar. Selbst von den eigenen Motiven und Interessen besitzt ein Individuum nur eine unvollständige Kenntnis, und langfristige Veränderungen der eigenen Überzeugungen und Wünsche sind kaum absehbar. So entstehen in einem Lebensverlauf auch Überraschungen und Momente von Misserfolg und Reue. *Faktische und geplante Lebensabläufe* decken sich nur in seltenen Fällen, und selbst in solchen Ausnahmefällen kann nicht immer von glücklichen Ausnahmen gesprochen werden (vgl. Brandtstädter 2007, S. IV [383]).

„Ein umfassendes Verständnis von positiver Entwicklung und „erfolgreichem" Altern muss daher neben Aspekten wirksamer Zielverwirklichung und Bedürfniserfüllung auch jene Prozesse und Mechanismen berücksichtigen, die dazu beitragen, Divergenzen zwischen gewünschten und faktischen Lebens- und Entwicklungsverläufen zu bewältigen." (Brandtstädter 2007, S. IV [383])

Diese **Bewältigung bestehender Divergenzen** kann in Form einer aktiv-offensiven Auseinandersetzung mit entstandenen Problemen geschehen, bei der an bisherigen Zielen und Plänen festgehalten wird, oder sie geschieht dadurch, dass Ziele und Ambitionen an gegebene Umstände angepasst werden. Beide Formen sind bedeutsame *adaptive Grundprozesse.* Es braucht die Balance zwischen Zielbindung und Ablösung, zwischen hartnäckiger Zielverfolgung und flexibler Zielanpassung, um über die Lebensspanne hinweg eine positive Selbst- und Lebensperspektive zu bewahren – dies nicht zuletzt auch, um alterstypische Beschränkungen und Verluste zu bewältigen. Die Herausforderung eines adaptiven Lebensmanagements besteht gemäß Brandtstädter somit nicht nur darin, angestrebte Ziele zu erreichen, sondern auch den jeweils optimalen Zeitpunkt zu finden, bis zu dem an Zielen und eingeschlagenen Wegen festgehalten werden soll bzw. ab wann diese revidiert oder gegebenenfalls aufgegeben werden müssen – sofern nicht umfassendere Lebensinteressen beschädigt werden sollen. Die adaptiven Kompetenzen (assimilative Persistenz und akkommodative Flexibilität) kommen hier in besonderer Weise zur Geltung (vgl. Brandtstädter 2007, S. IV und S. 101 [383]).

Glück, Wohlbefinden und ein gelingendes Leben haben somit nicht nur mit Bedürfniserfüllung zu tun, sondern mit der **Einstellung zu Grenzen und Beschränkungen** (vgl. Brandtstädter 2011, S. 13 [384]). Akkommodative Flexibilität ist auch eine wichtige Bewältigungsressource im *Alter,* indem es Menschen gelingt, ihre Zielsetzungen, Ansprüche und Lebensorganisation bei gesundheitlichen Problemen, chronischen Krankheiten und Behinderungen flexibel anzupassen. Belastungseffekte der genannten Art sind bei Personen mit hohen Werten auf der Flexibilitätsskala deutlich abgeschwächt. Akkommodative Flexibilität wirkt hier als Puffer, indem die negativen Effekte von alterstypischen Einschränkungen und Verlusten auf das subjektive Wohlbefinden gemindert werden (vgl. Brandtstädter

2007, S. 145 ff. [385], auch für weiterführende Ausführungen zu den adaptiven Kompetenzen).

„In der Fähigkeit, Irreversibles und „Unabänderliches" gelassen hinzunehmen, wird oft ein Merkmal von Weisheit gesehen – vor allem, wenn sie sich mit der sprichwörtlichen Fähigkeit verbindet, sinnvolle Unterscheidungen zu treffen zwischen dem, was zu ändern ist, und dem, was nicht geändert werden kann." (Brandtstädter 2011, S. 13 [386])

7.4 Veränderung von Einstellungen und Emotionen

Im Kontext von Selbstentwicklung ist die Veränderung von Einstellungen und Emotionen ein wichtiger Aspekt, um Wohlbefinden und Balance im Leben zu fördern. Dies wurde bereits in den vorangehenden Ausführungen deutlich und wird nachfolgend nochmals unter einem anderen Blickwinkel betrachtet.

7.4.1 Veränderung von Einstellungen

„Du kannst dir die Situationen in deinem Leben nicht schnitzen, aber du kannst die Einstellung schnitzen, die zu den Situationen passt." (Zig Zaglar)

Sich selbst zu entwickeln bedeutet, persönliche Einstellungen zu verändern. Äußere Umstände lassen sich nicht immer verändern, aber die eigenen Einstellungen können bearbeitet werden. *Einstellungen* sind im Alltag fast allgegenwärtig. Die Kenntnis einer Einstellung von Menschen erleichtert die Orientierung in der sozialen Umgebung. Dadurch kann zukünftiges Verhaltens vorausgesagt oder beeinflusst werden (vgl. Becker 2008, S. 83 [386]). Einstellungen sind oftmals nur schwer veränderbar – insbesondere wenn sie mit dem eigenen Selbstbild verbunden sind (vgl. Martens 1998, S. 125 [388]). Menschen brauchen ein konsistentes Weltbild und Selbstbild – beide werden auf der Basis von Einstellungen gebildet. Die Welt wird in Kategorien eingeteilt und diese werden beurteilt. Dieses und jenes ist gut, ist nützlich, anderes schadet oder ist sogar gefährlich. Einstellungen sind oft nur schwer zu verändern, da sie im Wertesystem des Menschen verankert sind. Es gibt eine Reihe von Mechanismen, die darauf fokussieren, die eigenen Einstellungen gegen außen abzuschirmen und unangreifbar bzw. unveränderbar zu machen. Dies kann durchaus sinnvoll sein, beispielsweise wenn die Einflüsse von außen Menschen von ihren eigenen Bedürfnissen und Zielen wegführen würden. Es gibt jedoch auch innere Kräfte, die eine Einstellungsänderung verhindern. Die Dissonanztheorie besagt, dass Menschen dazu neigen, möglichst wenig Widersprüche zwischen den verschiedenen Wahrnehmungen und Überzeugungen erleben wollen. Dies kann dazu führen, dass neue Einstellungen nicht übernommen werden, weil sie nicht zu den bereits abgespeicherten Erfahrungen und Überzeugungen passen würden (vgl. Martens/Kuhl 2009, S. 103 [389]).

Bei der Veränderung von Einstellungen ist entscheidend, sich der eigenen Überzeugungen bewusst zu werden, einen ersten Schritt zu machen und sich Erfolgserlebnisse zu verschaffen. Martens führt eine Reihe von Regeln auf, die bei der Änderung von Einstellungen zu beachten sind bzw. Unterstützung bieten können. Diese beruhen auf zahlreichen Untersuchungen, die sich damit auseinandergesetzt haben, wie sich Einstellung von Menschen beeinflussen lassen (z. B. im Rahmen verkaufsfördernder Maßnahmen, Kampagnen, mentaler Umprogrammierungen). Diese Erkenntnisse können gemäß Martens für die Änderung der eigenen Einstellungen genutzt werden. Zehn der insgesamt 21 Regeln sind nachfolgend kurz erläutert. Die restlichen Regeln sind aufgelistet; sie wurden teilweise für die Förderung des Verständnisses umformuliert (sofern keine anderen Quellen angeben sind vgl. Martens 2009, S. 131 ff. [390], Martens 1998, S. 122 ff. [391], auch für weiterführende Ausführungen, Untersuchungsergebnisse und Beispiele zu den Regeln):

- *Gefühle ansprechen:* Damit Einstellungen verändert werden können – insbesondere solche, die einen engen Bezug zum Selbstbild haben – ist es notwendig, Gefühle anzusprechen. Dies kann beispielsweise dadurch geschehen, dass sich eine Person bewusst Reizen aussetzt, welche die eigenen Gefühle anregen (z. B. Buchtexte, Bilder, Filme), und sich dann in diesem Zustand mit der neuen Einstellung, die übernommen werden soll, auseinanderzusetzen.

- *Persönliche Ansprache:* Der Inhalt der Einstellungsänderung muss so dargestellt werden, dass sich eine Person persönlich angesprochen fühlt. Bei der Suche nach Informationen, die bei der Einstellungsänderung helfen sollen, muss darauf geachtet werden, dass diese Informationen eine persönliche Bedeutung haben. Wichtig ist, eine persönliche Betroffenheit zu erzeugen, beispielsweise bewirkt ein persönliches Gespräch mit einer anderen Person oftmals mehr als eine abstrakte Statistik.

- *Der Einfluss von Angst:* Es kann hilfreich und notwendig sein, sich mit den negativen Auswirkungen auseinanderzusetzen, wenn eine neue Einstellung nicht übernommen wird. Wichtig ist jedoch, dabei nicht zu übertreiben, da sonst die Gefahr besteht, dass die Auseinandersetzung mit dem Thema ganz vermieden wird. Am wirksamsten ist eine Kombination zwischen der Vorstellung der negativen Konsequenzen und dem Bewusstmachen der Chancen, die in der Übernahme der neuen Einstellung liegen. Selbstmotivierung durch negative Gefühle ist oft unvermeidbar, wenn es in erster Linie um die Vermeidung von negativen Konsequenzen geht.

- *Argumente suchen:* Einstellungen lassen sich auch beeinflussen, indem Zusammenhängen zwischen der gewünschten, neuen Einstellung und den bereits vorhandenen Haltungen, welche die neue Einstellung unterstützen können, hergestellt werden. Wichtig ist, bei einer geplanten Änderung von Einstellungen zu prüfen, inwiefern diese mit anderen Zielen kongruent sind. Unbewusste Zielkonflikte können verhindern, dass neue Einstellungen übernommen werden.

- *Entdeckendes Lernen:* Der Wunsch nach einer Einstellungsänderung muss selbst entdeckt werden können. Wenn eine Person die eigenen Einstellungen selbst beeinflussen will, dann muss sie Argumente suchen, die der neuen Einstellung entsprechen. Besonders wirksam ist, diese Argumente schriftlich, beispielsweise in einem Tagebuch festzuhalten. Eine wirksame Übung ist beispielsweise, jeden Abend positive Erlebnisse während des Tages in einem Tagebuch festzuhalten.

- *Indirektes Vorgehen bei der Veränderung zentraler Einstellungen:* Grundsätzliche Einstellungen können nur dann geändert werden, wenn vermieden wird, dass sie direkt „angegriffen" werden. Ansonsten wird ein zu starker Widerstand ausgelöst. Die Veränderung solcher Einstellungen gelingt nur, wenn eine größere Anzahl damit zusammenhängender, aber nicht so grundlegender, Einstellungen verändert wird. Hierdurch wird eine kognitive Dissonanz erzeugt. Der bewusste Umgang mit den erzeugten Widersprüchen hilft dann, die Einstellung zu ändern.

- *Zweiseitige Darstellung:* Eine zweiseitige Darstellung der Information, in der die positiven und negativen Aspekte beleuchtet werden, ist wirkungsvoller als eine einseitige Information. Wichtig ist, sich mit Kritikpunkten der neuen Einstellung auseinanderzusetzen. „Was ist an dieser Argumentation nicht richtig?", „Warum gilt dies nur in einem sehr eingeschränkten Masse?".

- *Reframing:* Wenn die Einstellung zu einer bestimmten Person oder einem Ereignis verändert werden soll (z. B. wenn man sich über jemanden oder etwas ärgert), dann hilft es, diese Person oder das Ereignis in einen neuen Bedeutungszusammenhang zu stellen und diesen so zu interpretieren, das es der neuen und gewünschten Einstellung entspricht.

- **Belohnen:** Wenn eine neue Einstellung erworben wird, so geht diese wieder verloren, wenn sie bzw. das auf ihr beruhende Verhalten nicht belohnt wird.

„Wenn wir unsere eigenen Einstellungen verändern wollen, müssen wir sicherstellen, dass wir uns selbst belohnen. [...] Die Belohnung kann in zweierlei Form praktiziert werden: entweder, indem man dafür sorgt, dass ein Verhalten, das auf der neuen Einstellung beruht, tatsächlich zu positiven Konsequenzen führt (belohnt wird) oder indem man sich vorstellt, welche positiven Konsequenzen das neue Verhalten haben wird, d. h. man führt sich immer wieder vor Augen, welche Vorteile die neue Einstellung mit sich bringt" (Martens/Kuhl 2009, S. 109 f. [392]).

Besonders wirksam ist, eine **Doppelstrategie** zu verfolgen, beispielsweise sich mit den Vorteilen eines Fitnesstrainings durch Lesen entsprechender Literatur vertieft auseinanderzusetzen und anschließend auf dieser Grundlage einem Freund die Vorteile eines regelmäßigen Trainings zu erläutern. Dadurch kann der Lerneffekt der Information vertieft werden. Die Belohnung für eigene Fortschritte sollte dann jedoch auch in realer Form passieren. Das Belohnen kann materieller Natur (z. B. Hören von Musik nach dem Besuch des Fitnesscenters, Besuch einer Oper am Wochenende, Buchen eines Wellness-Wochenendes) oder aber auch ideeller Natur sein (sich vorstellen, was man dadurch an Willensstärke und Selbstbestimmung gewonnen hat). Wichtig ist für sich selbst herauszufinden, welche Belohnungen besonders wirksam sind. Eine Möglichkeit, dies herauszufinden ist, verschiedenen Belohnungen auszuprobieren (vgl. Martens/Kuhl 2009, S. 110 [392]).

- **Gewohnheiten aufbauen:** Wenn eine Einstellung dauerhaft verändert werden soll, so muss das Verhalten, das der neuen Einstellung entspricht, zur Gewohnheit werden. Einstellungen bestimmen das Verhalten eines Menschen. Es gilt aber auch das Umgekehrte: Das Verhalten bestimmt auch die Einstellungen. Gollwitzer und sein Team haben beispielsweise in vielen Untersuchungen gezeigt, dass sich Vorsätze besser umsetzen lassen, wenn Gewohnheiten aus ihnen gemacht werden. Dies funktioniert am besten, wenn etwas regelmäßig ausgeführt wird (z. B. jeden Abend zwanzig Minuten spazieren gehen, bis die Handlung automatisiert ist). Die Untersuchungen zeigen jedoch auch, dass es oft schon ausreicht, die Zeit und den Ort einer beabsichtigten Handlung festzulegen und konkret zu sagen, wie diese ausgeführt werden soll (z. B. am Mittwoch gehe ich um fünf Uhr aus dem Büro und gehe direkt ins Fitnessstudio) (vgl. Gollwitzer 1999 [393], zit. n. Martens/Kuhl 2009, S. 101 [394]).

- **Weitere Regeln sind:** Stärkung des Ich, das Denken beeinflussen, Einstellungsänderung durch entsprechendes Handeln fördern, auf den inneren Monolog oder Dialog achten, Erfahrungen steuern, Vorteile erkennen (lassen), Hilfe durch Bezugsgruppen suchen (wichtige Eigenschaften von Bezugspersonen mit einbeziehen, Freunde und Bekannte bewusst auswählen, auf Einfluss von Massenmedien achten und diesen bewusst nutzen, Gruppendruck nutzen, Einstellungen öffentlich machen).

Die folgende Übung zur Veränderung von Einstellungen verbindet verschiedene der aufgeführten Regeln.

Übung: Veränderung von Einstellungen
(vgl. Martens/Kuhl 2009, S. 106 f. [395])

1. *Einstellung auswählen:* Wählen Sie eine Einstellung aus, die Sie gerne verändern möchten. Welche neue Einstellung würde Ihrem Leben eine positive Wende geben? Beispiele: Positive Haltung gegenüber einer Aktivität, offene Einstellung gegenüber einer Person, Verständnis für eine gegensätzliche Meinung.

2. *Aufsatz schreiben:* Schreiben Sie einen Aufsatz zu der von Ihnen gewünschten neuen Einstellung. Dies kann in Form eines Tagebucheintrags oder eines ausführlichen Briefs sein. Es geht darum, sich eingehend mit der neuen Einstellung auseinanderzusetzen. Achten Sie darauf, dass Sie einseitig positive Beschreibungen vermeiden. Integrieren Sie auch Nachteile der neuen Haltung. Konkret bedeutet dies, dass Sie so oft wie möglich auch den gegensätzlichen Standpunkt mit einbeziehen und berücksichtigen.

3. *Wahrnehmen:* Nehmen Sie in den nächsten Tagen und Wochen wahr, was sich verändert hat.

7.4.2 Erzeugen positiver Emotionen

Wie können positive Gefühle erzeugt werden? Wie bereits Paul Watzlawick (1988 [396]) im Buch „Anleitung zum Unglücklichsein" aufgezeigt hat, kann Glücklichsein nicht als Ziel vorgegeben oder verfolgt werden – es tritt eher das Gegenteil ein. Es ist paradoxerweise umso schwieriger, positive Gefühle zu wecken, je mehr sich ein Mensch darum bemüht. Der Grund ist, dass positive Gefühle an Spontaneität gebunden sind, die nicht verordnet werden kann – weder sich selbst noch anderen. Es ist hilfreicher, sich auf das **Gegenteil von dem zu konzentrieren, das man sich wünscht** (vgl. Martens/Kuhl 2009, S. 37 f. [397]).

„Wer lernt, was man anstellen muss, um unglücklich zu sein, der weiß dann intuitiv auch, welche negativen Gedanken und Einstellungen er besser vermeidet. Irgendwann schwenkt jemand, der sich damit beschäftigt, was er tun muss, um sich unglücklich zu fühlen, „ganz spontan" auf das Gegenteil um. [...] Der Weg in ein wirklich erfolgreiches und zufriedenes Leben ist kein direkter, aber man kann die Bedingungen herstellen, die die Wahrscheinlichkeit erhöhen, dass sich spontan Glücksgefühle einstellen" (Martens/Kuhl 2009, S. 37 [397]).

Ein Ansatz für das Erzeugen positiver Emotionen ist, die **persönliche Einstellung zu verändern**. Äußere Umstände lassen sich nicht immer verändern, aber die eigenen Einstellungen können bearbeitet werden. Auf diesen Aspekt wurde bereits im vorangehenden Abschnitt eingegangen.

Positive Gefühle können weiter durch **Nachahmung** erzeugt werden, beispielsweise durch die Beobachtung von Menschen, die eine positive Haltung haben (vgl. Martens/Kuhl 2009, S. 40 [397]).

„Wer eine positivere Haltung entwickeln möchte, sollte sich ganz gezielt mit positiven Menschen umgeben oder sich das Verhalten positiver Menschen oft in Erinnerung rufen" (Martens/Kuhl 2009, S. 40 [397]).

Je tiefer verwurzelt die positive Haltung ist, desto eher kann es sich eine Person leisten, auch schmerzhafte Erlebnisse zu beachten, anstatt sich durch Ablenkung oder Beschönigen die Chance zu nehmen, aus ihnen zu lernen (vgl. Martens/Kuhl 2009, S. 41 [397]). Wird die Generierung motivierender Emotionen aus **neurobiologischer Sicht** betrachtet, geht es darum, eine neue „Leitung" zwischen dem Selbstsystem und dem emotionsgenerierenden System, welches die Gefühle entstehen lässt, zu schaffen. Wichtig ist, diese beiden Systeme innerhalb eines kleinen Zeitfensters, d. h. kurz hintereinander zu aktivieren (vgl. hierzu die Ausführungen zur PSI-Theorie im Baustein Selbstkontrolle & Selbstregulation in Kapitel 12.2). Ohne hier im Detail auf diesen komplexen Prozess einzugehen, soll das folgende Vorgehen aufzeigen, wie die Entstehung dieser neurologischen Verbindung und somit die Entstehung positiver Emotionen gefördert werden kann.

Vorgehen zur Entwicklung der Fähigkeit, positive Emotionen zu generieren
(vgl. Martens/Kuhl 2009, S. 120 f. [397])

1. *Variante 1 - geeignete Unterstützung suchen:* Sich eine Person suchen, die in der Lage ist, sowohl das Selbstsystem als auch das emotionsgenerierende System zu aktivieren. Das Selbstsystem wird aktiviert, wenn man einerseits Gefühle äußert und sich andererseits von der anderen Person verstanden fühlt und eine persönliche Beziehung zu ihr erlebt (ansonsten schaltet das eigene Selbstsystem ab und kann auch nicht mit der Affektregulation verknüpft werden). Die andere Person muss einen

zudem gezielt ermutigen, in gute Laune versetzen können und dies gerade dann, wenn man eine negative Selbstäußerung gezeigt hat (z. B. wenn etwas als schwierig oder unangenehm empfunden wird). Hierdurch wird das Emotionssystem zur Bildung positiver, motivierender Gefühle angeregt. Der Beizug einer externen Person ist sehr hilfreich, wenn es darum geht, positive Emotionen zu erzeugen.

2. **Variante 2 – Motivationslage beobachten und gezielt intervenieren** (wenn keine geeignete Person zur Verfügung steht, können durch das folgende Vorgehen recht gute Fortschritte beim Erzeugen positiver Emotionen erreicht werden): In einem ersten Lernschritt geht es darum zu üben, jedes Nachlassen der eigenen Motivation zu bemerken (Strichliste führen). Der zweite Lernschritt ist, sich immer dann, wenn ein Nachlassen der eigenen Motivation bemerkt wird, ein positives Bild oder einen ermutigenden Satz ins Bewusstsein zu holen (z. B. einen Stabhochspringer oder den Satz „Ich werde es schaffen"). Wird diese Übung regelmäßig durchgeführt, so wird sich dies positiv auswirken.

Die Entwicklung positiver Emotionen kann auch über den Körper gesteuert werden. Es gibt einen direkten Zusammenhang zwischen *Körperhaltung und Emotionen (Body-Feedback).* Einerseits können mittels Selbstwahrnehmung bezogen auf bestimmte Körperhaltungen und -reaktionen Rückschlüsse auf vorhandene Emotionen gezogen werden. Wenn eine Person in einem Gespräch mit einem Arbeitskollegen beispielsweise feststellt, dass sie den Kiefer aufeinander beißt, kann ihr dadurch bewusst werden, dass der Kollege sich bereits seit 10 Minuten über ein Druckerproblem beklagt, welches die Person eigentlich gar nicht interessiert, da ein wichtiges Protokoll fertiggestellt und versandt werden müsste. Das Body-Feedback „Kiefer zusammenbeißen" kann im Rahmen des sozialen Kontexts als Ärger interpretiert werden. Diese Interpretation steuert dann das weitere Verhalten, beispielsweise dass der Kollege mehr oder weniger abrupt unterbrochen wird (vgl. Storch 2011, S. 44 [398]).

Andererseits können Emotionen mittels Körperhaltung beeinflusst werden. Studien haben gezeigt, dass durch eine eingenommene *Körperhaltung bestimmte Emotionen erzeugt* werden können. Eine Studie zeigte beispielsweise, dass eine gekrümmte Körperhaltung im Sitzen während acht Minuten einen negativen Einfluss auf das Durchhaltevermögen bei einer anschließend durchgeführten frustrierenden Aufgabe hatte. Durch eine gekrümmte Körperhaltung werden im psychischen System Themen wie Depression, Aufgeben, Mutlosigkeit etc. aktiviert. Dies führt dann zu einer kognitiven Voreinstellung, die in einer schwierigen Situation schneller zu Mutlosigkeit führt. Hierdurch werden entsprechende Verhaltenskonsequenzen erzeugt, die ansonsten ohne diese Voreinstellung nicht vorhanden gewesen wären. In einer anderen Studie wurde der Zusammenhang untersucht, inwiefern eine vorher gekrümmte Körperhaltung einen Einfluss darauf hat, wie ein fiktives Lob bezogen auf das Resultat eines Intelligenztests entgegen genommen wird. Personen, die das fiktive Lob hinsichtlich des überdurchschnittlich guten Abschneidens im Intelligenztest in einer aufrechten Haltung empfangen haben, waren signifikant stolzer als Personen, die das fiktive Lob in einer gekrümmten Haltung entgegen genommen haben (vgl. Storch 2011, S. 44 ff. [398], auch für die Ausführung weiterer Studien).

Der Zusammenhang von Körperhaltung und Emotion wird im Züricher Ressourcen Modell genutzt, um mittels Embodiment bestimmte psychische Verfassung loszuwerden oder zu erzeugen (vgl. Storch 2011, S. 62 ff. [398]). Unter *Embodiment* wird vereinfacht alles Körpergeschehen verstanden, das aus kognitiven und emotionalen Zuständen heraus stattfinden (z. B. Körperzustände, Körperausdruck, Körperhaltung, Körperspannung, Körperbewegungen). Das Körpergeschehen wird dabei als Indikator verwendet und als Antreiber oder Motivator für zielgerichtetes Handeln (vgl. Meier/Storch 2010, S. 53 [399], für weitergehende Ausführungen vgl. Storch 2011 [400]).

7.5 Verhaltensindikatoren und Entwicklungsmaßnahmen

7.5.1 Verhaltensindikatoren für Selbstentwicklungskompetenz

Die *Verhaltensindikatoren von Selbstentwicklungskompetenz* fokussieren insbesondere darauf, dass Menschen die Fähigkeit und Bereitschaft besitzen, die notwendigen Handlungen, Entwicklungsschritte und persönlichen Lern- und Anpassungsleistungen zu realisieren, die es braucht, um die Zielsetzung der Selbstmanagement-Kompetenz (Leistungsfähigkeit, Leistungsbereitschaft, Wohlbefinden und Balance fördern und langfristig erhalten) zu erreichen. Die Facetten, die mit Selbstentwicklung zusammenhängen sind ausgesprochen vielfältig. Tabelle 7.2 zeigt wesentliche Verhaltensindikatoren auf, die es braucht, um Kompetenz hinsichtlich Selbstentwicklung zu zeigen. In der rechten Spalte sind Fragen integriert, die eine Reflexion hinsichtlich Selbstentwicklung ermöglichen.

Tabelle 7.2   Baustein Selbstentwicklung - Verhaltensindikatoren und Fragen

Verhaltensindikatoren	Auswahl möglicher Reflexionsfragen
Fähigkeit besitzen, die für Selbstmanagement-Kompetenz notwendigen Handlungen und Entwicklungsschritte einzuleiten und umzusetzen.	Lebe ich das Prinzip des lebenslangen Lernens? Wie zeigt sich dies konkret – bezogen auf mein privates und berufliches Leben?
Lebenslanges Lernen und persönliches Wachstum als Leitsatz verinnerlichen.	Ist meine Arbeitsmarktfähigkeit langfristig gesichert?
Eigenverantwortliche Steuerung der beruflichen Entwicklung und Laufbahn, Arbeitsmarktfähigkeit gezielt erhalten, frühzeitig geforderte Kompetenzen entwickeln und neue Laufbahn- und Entwicklungswege suchen.	Welche Anforderungen und organisationalen Rahmenbedingungen könnten sich in den nächsten Jahren bezogen auf meine berufliche Tätigkeit verändern? Welche Kompetenzen könnten in meinem Beruf in Zukunft wichtiger werden?
Klare Intentionen für die persönliche Entwicklung herausbilden (d. h. realistische und motivierende Entwicklungsziele setzen), Lernprozess selbstgesteuert gestalten.	Wie kann ich mein Tätigkeitsfeld erweitern, so dass meine Potenziale zum Tragen kommen?
	Was würde mein bester Freund oder meine

Verhaltensindikatoren	Auswahl möglicher Reflexionsfragen
Bereitschaft haben, Neues auszuprobieren, persönliche Grenzen zu erweitern und Möglichkeitsspiel(t)räume zu vergrößern, z. B. grösser denken, Blickwinkel verändern. Mut aufbringen, etwas zu riskieren, um dem Leben eine positive Wende zu geben. Lebenspläne flexibel umgestalten und sich von Zielen lösen, die unerreichbar geworden sind, Ansprüche und Lebensorganisation flexibel an die Lebensumstände anpassen. Eigene Einstellungen verändern können. Körper als Werkzeug für Selbstentwicklung nutzen (z. B. Körperhaltung), somatische Marker als Kriterien für das Treffen von Entscheidungen hinzuziehen. Unterstützung suchen, um Selbstentwicklung optimal zu realisieren.	beste Freundin zur Frage sagen, wie groß meine Bereitschaft sei, Neues zu lernen? Was würde ich im Leben noch gerne lernen, erfahren, wissen, tun? Wo schränke ich mich in meinen Möglichkeiten ein? Was kann ich nicht loslassen, das mich in meiner Entfaltung behindert? Welche Einstellungen sind in meinem Leben hinderlich für meine Entwicklung? Für mein Wohlbefinden? Gelingt es mir, positive Emotionen zu generieren? Wie ist meine Körperhaltung jetzt gerade in diesem Moment? Nutze ich den Körper, um positive Emotionen zu generieren? Wie könnte ich Körper-Feedback im Alltag besser nutzen?

Selbstentwicklungskompetenz bedeutet, dass Menschen die Fähigkeit und die Bereitschaft besitzen zu lernen, zu wachsen und sich weiterzuentwickeln. Sie haben lebenslanges Lernen als Prinzip verinnerlicht. Sie sind in der Lage, Bedürfnisse und persönliche Entwicklungsziele in Handlungen zu überführen und so das Leben in die Richtung zu steuern, die dem entspricht, was sie erreichen möchten. Sie können sich von Zielen und Ansprüchen lösen, die unerreichbar geworden sind, und besitzen Flexibilität in Bezug auf ihre Lebensgestaltung. Selbstentwicklungskompetenz heißt weiter, dass Menschen ihre Zukunft aktiv gestalten. Sie steuern ihre berufliche Laufbahn selbstverantwortlich, so dass Kompetenzen und Potenziale eingesetzt werden können, Erfolge erzielt werden und Wohlbefinden und Balance im Leben vorhanden sind. Sie schaffen in sich die Voraussetzungen, um ein privates Umfeld zu gestalten, das den eigenen Vorstellungen entspricht – materiell und immateriell. Sie ergreifen Handlungsspielräume, probieren neue Verhaltensweisen aus und gehen auch Risiken ein, um das Leben so zu gestalten, dass es mit den eigenen Bedürfnissen, Zielen, Werten und Grenzen in Einklang ist. Sie sind befähigt, gewünschte Einstellungen, Emotionen und Verhaltensweisen zu erzeugen und suchen sich die dafür notwendige Unterstützung. Sie sind fähig und auch bereit, gesundheitsförderliches Verhalten zu entwickeln. Selbstentwicklungskompetenz bedeutet letztlich, dass Menschen in der Lage sind, sich selbst so zu entwickeln und zu verändern, dass Leistungsfähigkeit, Leistungsbereitschaft, Wohlbefinden und Balance gefördert und langfristig erhalten werden. Selbstentwicklung dient somit dazu, durch konkrete Handlungen und Entwicklungsschritte Selbstmanagement-Kompetenz zu erweitern und zu sichern.

7.5.2 Selbst- und unternehmensgesteuerte Maßnahmen zur Förderung von Selbstentwicklungskompetenz

Bei den *selbstgesteuerten Maßnahmen* zur Förderung von Selbstentwicklungskompetenz steht das Prinzip des lebenslangen Lernens und des persönlichen Wachstums im Lebensverlauf im Zentrum. Auf der beruflichen Ebene geht es insbesondere um die langfristige Sicherung der Arbeitsmarktfähigkeit. Wichtig ist, die eigenen Qualifikationen und Kompetenzen regelmäßig mit den heutigen und zukünftigen Anforderungen zu vergleichen und frühzeitig entsprechende Entwicklungsmaßnahmen einzuleiten. Zudem gilt es, Tätigkeitsfelder zu suchen und zu realisieren, die mit den eigenen Bedürfnissen, Zielen, Kompetenzen und Potenzialen in Einklang sind. Förderung von Selbstentwicklungskompetenz heißt, immer wieder neue Spielräume für Lernen zu suchen – und zwar auf formaler (z. B. Besuch einer Weiterbildung) und auf nicht-formaler Ebene (z. B. Learning on-the-job). Es gilt auch, informelle Lernprozesse zu erkennen und in ein Lernkonzept zu integrieren. Wesentlich ist zudem die Bereitschaft, sich flexibel an Anforderungen, Lebensumstände und individuelle Rahmenbedingungen anzupassen.

Mögliche *Maßnahmen seitens Unternehmen* zur Förderung von Selbstentwicklungskompetenz konzentrieren sich gemäß Berthel/Becker (2010, S. 404 ff. [401]) auf die Stärkung von Könnens-Komponenten und auf Wollens-Komponenten von Selbstentwicklung. Die Förderung von Selbstentwicklung über die **Könnens-Komponenten** bezieht sich auf die eigentliche Lernfähigkeit des Menschen sowie auf das Qualifikationsrepertoire spezifischer Fähigkeiten, Verhaltensweisen und Einstellungen, die für Selbstentwicklung relevant sind. Unterstützende Maßnahmen der Personalentwicklung für die Förderung von Könnens-Komponenten setzen entweder direkt bei der Vermittlung der benötigten Kompetenzen (Wissen, Fähigkeiten, Fertigkeiten) zur Selbstentwicklung an oder schaffen Rahmenbedingungen für Arbeiten und Lernen, die Selbstentwicklung fördern. Wichtig ist zu beachten, dass Selbstentwicklung immer die Bereitschaft und die Fähigkeit der Mitarbeitenden voraussetzt, bewusst an der eigenen Entwicklung zu arbeiten.

„Qualifikationsänderungen geschehen an und in Personen und sind ohne deren Mitwirkung nicht erfolgreich zu bewirken." (Berthel/Becker 2010, S. 403 [401])

Die **Förderung der Selbstentwicklung über die Wollens-Komponente** findet in einem ersten Schritt über Aktivitäten statt, von denen ein Anstoß zu einem individuellen beruflichen Lebensplan zu erwarten ist. Ansatzpunkte für unterstützende Maßnahmen der Personalentwicklung sind beispielsweise Selbstanalyse und -bewertung, Definition und Offenlegung eines Selbstkonzepts, Gestaltung entwicklungsunterstützender Bedingungen sowie Stimulation über Herausforderungen (vgl. auch Berthel/Becker 2010, S. 404 f. [401]):

- *Selbstanalyse und -bewertung, Definition und Offenlegung eines Selbstkonzepts:* Mitarbeitende werden von der Personalentwicklung in geeigneter Form aufgefordert, eine Selbstanalyse und -bewertung durchzuführen. Dies geschieht beispielsweise durch die Offenlegung und Auseinandersetzung mit den eigenen Motiven, Werten, Einstellungen und Fähigkeiten. So können u. a. Einsichten über die Selbstverantwortung sowie die

Selbststeuerung bzw. Steuerbarkeit der eigenen Karriere vermittelt werden. Am Ende eines solchen Prozesses kann die Definition und Offenlegung eines Selbstkonzepts stehen.

- *Gestaltung von entwicklungsunterstützenden Bedingungen:* Eine allgemeine Förderung der Wollens-Komponenten der Selbstentwicklung kann von Aktivitäten ausgehen, mit denen entwicklungsunterstützende Bedingungen bewusst gestaltet werden. Solche Bedingungen sind beispielsweise Ermutigung zum Experimentieren, Tolerieren von Fehlern und Misserfolgen, Förderung der Zusammenarbeit, Respektieren individueller und kultureller Unterschiede sowie Schaffen einer Atmosphäre von Vertrauen.

- *Stimulation über Herausforderungen:* Selbstentwicklung kann auch über erkennbare Herausforderungen, welche einen gewissen Problemdruck erzeugen, gefördert werden. Erreicht wird dies beispielsweise über das Setzen anspruchsvoller Ziele, häufige Rollen-, Aufgaben- und Funktionswechsel sowie Ambiguität und Unsicherheit als erklärte Aufgabenmerkmale.

Im Rahmen der betrieblichen Personalentwicklung ist Selbstentwicklung der Mitarbeitenden von entscheidender Bedeutung. Selbstentwicklung geschieht nicht immer von selbst, d. h. aus eigenem Antrieb heraus bzw. mit den erwünschten Inhalten und Ergebnissen. Die Personalentwicklung hat hier die Aufgabe, Selbstentwicklung im Sinne von „Hilfe zur Selbsthilfe" zu fördern (vgl. Berthel/Becker 2010, S. 404 [401]).

In Tabelle 7.3 sind im Überblick mögliche Maßnahmen für Förderung von Selbstentwicklungskompetenz aufgeführt. Diese dient als Anregung und ist nicht abschließend. Selbstentwicklungskompetenz kann durch die Schaffung kreativer Lernmöglichkeiten vielfältig stimuliert und gefördert werden.

Im Kontext von Selbstentwicklung braucht es das Bewusstsein, dass **Verhaltensänderungen Zeit brauchen und häufig stufenweise verlaufen.** Erkenntnisse aus der Neurobiologie zeigen, dass wiederholtes Üben notwendig ist, bis im Gehirn die entsprechenden Bahnungen im neuronalen Netzwerk gebildet worden sind. Wie bereits im Rubikon-Prozess beschrieben, ist zudem die Herausbildung einer klaren Intention (= der Schritt über den Rubikon) eine wesentliche Voraussetzung, damit geplante Verhaltensänderungen auch umgesetzt werden können. Weitere Anregungen zur Selbstentwicklung finden sich insbesondere auch im Baustein Selbstkontrolle & Selbstregulation (vgl. Kapitel 12).

Tabelle 7.3 Maßnahmen zur Förderung von Selbstentwicklungskompetenz

Selbstgesteuerte Maßnahmen	Maßnahmen seitens des Unternehmens
Bewusste Auseinandersetzung mit der Bedeutung von lebenslangem Lernen und persönlichem Wachstum – alleine und im Austausch mit anderen Menschen.	Schaffen lern- und entwicklungsförderlicher Arbeits- und Lernbedingungen: – Aufgabenstruktur: z. B. abwechslungsreiche und ganzheitlich gestaltete Aufgaben, Freiheitsgrade bei der Aufgabengestaltung, Experimentierchancen, Möglichkeiten des Lernens aus Versuch und Irrtum, periodischer Wechsel von Arbeitshandlungen in bekannten und Lernhandlungen in neuen Handlungssystemen, Stimulation von Lernen durch die Arbeitsumgebung, Feedback zum Arbeitsergebnis (vgl. auch Berthel/Becker 2010, S. 405 [401]). – Unternehmenskultur: z. B. lern- und entwicklungsförderliche Kultur, lernende Organisation, Kultur des gegenseitigen Lernens, entwicklungsorientierte Führungskultur.
Regelmäßige Überprüfung der eigenen Arbeitsmarktfähigkeit – bei Bedarf mit Unterstützung der vorgesetzten Person, der Personalabteilung oder einer externen Fachperson (z. B. Personalberatung).	
Durchführen einer persönlichen und beruflichen Standortbestimmung, Besuch einer Laufbahnberatung.	
Suchen und Schaffen neuer Lern- und Wachstumsmöglichkeiten – im Privat- und im Berufsleben.	
Ausprobieren neuer Verhaltensweisen, gezielter Erwerb neuer Kompetenzen – insbesondere auch solche, mit denen Freude verbunden ist, z. B. im Rahmen einer Weiterbildung oder mittels Lernen on-the-job.	Sensibilisierung der Mitarbeitenden und Führungskräfte hinsichtlich der Bedeutung des lebenslangen Lernens (in Führungsseminaren, mittels Organisationsentwicklungsprozessen).
Suchen von Einblicken in neue Gebiete, z. B. Kurs belegen, der neue Themengebiete berührt, Bücher lesen, die nicht ins angestammte Gebiet fallen, eine andere Art von Ferien machen.	Implementation von Maßnahmen, welche die Arbeitsmarktfähigkeit der Mitarbeitenden gezielt fördern, z. B. regelmäßige Standortbestimmungsgespräche zwischen Mitarbeiter/in und der vorgesetzten Person.
Besuch eines Trainings mit Inhalten, die Selbstentwicklung unterstützen (z. B. ZRM-Training).	Gezieltes Erkennen und Fördern von Lernpotenzialen, Erstellen individueller Entwicklungspläne, die fortwährendes Lernen fördern und fordern, inkl. Integration von Selbstevaluationen.
Durchführen eine körperorientierten Therapie, um den Zugang zur Körperebene zu fördern.	Lebenszyklusorientierte Ausrichtung der Personalentwicklung: Fokus auf die gezielte und systematische Entwicklung sämtlicher Mitarbeitenden während der gesamten Dauer ihrer Unternehmenszugehörigkeit, Berücksichtigen des individuellen Lebenszyklus bei der Wahl geeigneter Personalentwicklungsmaßnahmen.
Durcharbeiten von Büchern mit dem Fokus, Einstellungen zu verändern oder Emotionen zu steuern, Durchführen entsprechender Übungen, Unterstützung durch einen Coach suchen.	
	Einbau von selbstgesteuerten Lernelementen in die Aus- und Weiterbildung.
	Angebot an Seminaren mit Fokus Förderung von Selbstentwicklung, Angebot an Standortbestimmungen.
	Vermittlung der für Selbstentwicklung notwendigen Fähigkeiten.

Literatur

[341] Brandtstädter, H. (2007): Das flexible Selbst. Selbstentwicklung zwischen Zielbindung und Ablösung, München.
[342] Berthel, J./Becker, F. G. (2010): Personal-Management. Grundzüge für Konzeptionen betrieblicher Personalarbeit, 9. Aufl., Stuttgart.
[343] Fröhlich, W. D. (2010): Wörterbuch Psychologie, 27. Aufl., München.
[344] Berthel, J./Becker, F. G. (2003): Personal-Management, 7. Aufl., Stuttgart.
[345] Krampen, G./Greve, W. (2008): Persönlichkeits- und Selbstkonzeptentwicklung über die Lebensspanne, in: Oerter, R./Montada, L. (Hrsg.), Entwicklungspsychologie, 6. Aufl., Weinheim/Basel, 652-686.
[346] Brandstätter, H. (2006): Veränderbarkeit von Persönlichkeitsmerkmalen aus sozial- und differenzialpsychologischer Sicht, in: Schuler, H./Sonntag, K. (Hrsg.), Handbuch Arbeits- und Organisationspsychologie, Göttingen et al., 57-83.
[347] Oerter, R./Montada, L. (2008) (Hrsg.): Entwicklungspsychologie, 6. Aufl., Weinheim/Basel.
[348] Brandtstädter, J./Lindenberger, U. (2007) (Hrsg.): Entwicklungspsychologie der Lebensspanne. Ein Lehrbuch, Stuttgart.
[349] Berthel, J./Becker, F. G. (2003): Personal-Management, 7. Aufl., Stuttgart.
[350] Brandstätter, H. (2006): Veränderbarkeit von Persönlichkeitsmerkmalen aus sozial- und differenzialpsychologischer Sicht, in: Sonntag, K. (Hrsg.), Personalentwicklung in Organisationen, 3. Aufl., Göttingen et al., 57-83.
[351] Baumann, N./Kuhl, J. (2002): Intuition, affect, and personality: Unconscious coherence judgments and self-regulation of negative affect, in: Journal of Personality and Social Psychology, 83, 1213-1223.
[352] Isen, A. M. (2002): Missing in action in the AIM: Positive affect's facilitation of cognitive flexibility, innovation, and problem solving, in: Psychological Inquiry, 13, 57-65.
[353] Bolte, A./Goschke, T./Kuhl, J. (2003): Emotion and intuition, in: Psychological Science, 14, 416-422.
[354] Hüther, G. (2011): Wie Embodiment neurobiologisch erklärt werden kann, in: Storch, M./Cantieni, B./Hüther, G./Tschacher, W., Embodiment. Die Wechselwirkung von Körper und Psyche verstehen und nutzen, 1. Nachdruck der 2. Aufl., Bern, 73-97.
[355] Schröder, J.-P. (2005): Selbstmanagement. Wie persönliche Veränderungen wirklich gelingen, Offenbach.
[356] Schaper, N. (2007): Lerntheorien, in: Schuler, H./Sonntag, K. (Hrsg.), Handbuch Arbeits- und Organisationspsychologie, Göttingen et al., 43-50.
[357] Hüther, G. (2011): Wie Embodiment neurobiologisch erklärt werden kann, in: Storch, M./Cantieni, B./Hüther, G./Tschacher, W., Embodiment. Die Wechselwirkung von Körper und Psyche verstehen und nutzen, 1. Nachdruck der 2. Aufl., Bern, 73-97.
[358] Mader, W. (1997): Lebenslanges Lernen oder die lebenslange Wirksamkeit von emotionalen Orientierungssystemen, in: Faulstich-Wieland, H./Nuissl, E./Siebert, H./Weinberg, J. (Hrsg.), Lebenslanges Lernen – selbstorganisiert? Report 39. DIE, Deutsches Institut für Erwachsenenbildung, 88-100.
[359] Kommission der Europäischen Gemeinschaften (2000): Memorandum über Lebenslanges Lernen. Arbeitsdokument der Kommissionsdienststellen, Brüssel.
[360] Alheit, P./Dausien, B. (2002): Bildungsprozesse über die Lebensspanne und lebenslanges Lernen, in: Tippelt, R. (Hrsg.), Handbuch Bildungsforschung, Opladen, 565-585.
[361] Mader, W. (1997): Lebenslanges Lernen oder die lebenslange Wirksamkeit von emotionalen Orientierungssystemen, in: Faulstich-Wieland, H./Nuissl, E./Siebert, H./Weinberg, J. (Hrsg.), Lebenslanges Lernen - selbstorganisiert? Report 39. DIE, Deutsches Institut für Erwachsenenbildung, 88-100.
[362] Kommission der Europäischen Gemeinschaften (2000): Memorandum über Lebenslanges Lernen. Arbeitsdokument der Kommissionsdienststellen, Brüssel.

[363] Rump, J./Eilers, S. (2011): Employability – Die Grundlagen, in: Rump, J./Sattelberger, T. (2011): Employability Management 2.0, Sternenfels, 73-166.
[364] Graf, A. (2009): Standortbestimmung - Kernelement einer lebenszyklusorientierten Personalentwicklung, in: Zölch, M./Mücke, A./Graf, A./Schilling A.. (Hrsg.), Fit für den demografischen Wandel? Ergebnisse, Instrumente, Ansätze guter Praxis, Bern, 197-218.
[365] Graf, A. (2012): Life cycle oriented personnel development, in: Lifelong Learning in Europe, Vol. XVII, 1, 20-30.
[366] Graf, A. (2009): Standortbestimmung - Kernelement einer lebenszyklusorientierten Personalentwicklung, in: Zölch, M./Mücke, A./Graf, A./Schilling A.. (Hrsg.), Fit für den demografischen Wandel? Ergebnisse, Instrumente, Ansätze guter Praxis, Bern, 197-218.
[367] Graf, A. (2002): Lebenszyklusorientierte Personalentwicklung. Ein Ansatz für die Erhaltung und Förderung von Leistungsfähigkeit und -bereitschaft während des gesamten betrieblichen Lebenszyklus, Bern et al.
[368] Storch, M./Krause, F. (2011): Selbstmanagement – ressourcenorientiert. Grundlagen und Trainingsmanual für die Arbeit mit dem Zürcher Ressourcen Modell (ZRM), 3. Nachdruck der 4. Aufl., Bern.
[369] Krause, F./Storch, M. (2006): Ressourcenorientiert coachen mit dem Zürcher Ressourcenmodell - ZRM, in: Psychologie in Österreich, 1, 32-43.
[370] Storch, M./Krause, F. (2011): Selbstmanagement – ressourcenorientiert. Grundlagen und Trainingsmanual für die Arbeit mit dem Zürcher Ressourcen Modell (ZRM), 3. Nachdruck der 4. Aufl., Bern.
[371] Gollwitzer, P. M. (1991): Abwägen und Planen, Göttingen.
[372] Damasio, A. R. (2007): Descartes' Irrtum. Fühlen, Denken und das menschliche Gehirn, 5. Aufl., Berlin.
[373] Roth, G. (2003): Fühlen, Denken, Handeln. Wie das Gehirn unser Verhalten steuert, Frankfurt.
[374] Storch, M. (2009): Motto-Ziele, S.M.A.R.T.-Ziele und Motivation, in: Birgmeier, B. (Hrsg.), Coachingwissen. Denn sie wissen nicht, was sie tun? Wiesbaden, 183-205.
[375] Kuhl, J. (2001): Motivation und Persönlichkeit. Interaktionen psychischer Systeme, Göttingen et al.
[376] Storch, M./Krause, F. (2011): Selbstmanagement – ressourcenorientiert. Grundlagen und Trainingsmanual für die Arbeit mit dem Zürcher Ressourcen Modell (ZRM), 3. Nachdruck der 4. Aufl., Bern.
[377] Gollwitzer, P. M. (1991): Abwägen und Planen, Göttingen.
[378] Storch, M./Krause, F. (2011): Selbstmanagement – ressourcenorientiert. Grundlagen und Trainingsmanual für die Arbeit mit dem Zürcher Ressourcen Modell (ZRM), 3. Nachdruck der 4. Aufl., Bern.
[379] Seger, C. A. (1994): Implicit learning, in: Psychological Bulletin, 115, 163-196.
[380] Storch, M./Krause, F. (2011): Selbstmanagement – ressourcenorientiert. Grundlagen und Trainingsmanual für die Arbeit mit dem Zürcher Ressourcen Modell (ZRM), 3. Nachdruck der 4. Aufl., Bern.
[381] Brandtstädter, H. (2007): Das flexible Selbst. Selbstentwicklung zwischen Zielbindung und Ablösung, München.
[382] Brandtstädter, H. (2011): Positive Entwicklung. Zur Psychologie gelingender Lebensführung, Heidelberg.
[383] Brandtstädter, H. (2007): Das flexible Selbst. Selbstentwicklung zwischen Zielbindung und Ablösung, München.
[384] Brandtstädter, H. (2011): Positive Entwicklung. Zur Psychologie gelingender Lebensführung, Heidelberg.
[385] Brandtstädter, H. (2007): Das flexible Selbst. Selbstentwicklung zwischen Zielbindung und Ablösung, München.
[386] Brandtstädter, H. (2011): Positive Entwicklung. Zur Psychologie gelingender Lebensführung, Heidelberg.

[387] Becker, M. (2008): Messung und Bewertung von Humanressourcen. Konzepte und Instrumente für die betriebliche Praxis, Stuttgart.
[388] Martens, J.-U. (1998): Verhalten und Einstellungen ändern. Veränderung durch gezielte Ansprache des Gefühlsbereiches. Ein Lehrkonzept für Seminarleiter, 4. Aufl., Hamburg.
[389] Martens, J.-U./Kuhl, J. (2009): Die Kunst der Selbstmotivierung. Neue Erkenntnisse der Motivationsforschung praktisch nutzen, 3. Aufl., Stuttgart.
[390] Martens, J. -U. (2009): Einstellungen erkennen, beeinflussen und nachhaltig verändern. Von der Kunst, das Leben aktiv zu gestalten, Stuttgart.
[391] Martens, J.-U. (1998): Verhalten und Einstellungen ändern. Veränderung durch gezielte Ansprache des Gefühlsbereiches. Ein Lehrkonzept für Seminarleiter, 4. Aufl., Hamburg.
[392] Martens, J.-U./Kuhl, J. (2009): Die Kunst der Selbstmotivierung. Neue Erkenntnisse der Motivationsforschung praktisch nutzen, 3. Aufl., Stuttgart.
[393] Gollwitzer, P. M. (1999): Implementation intentions: strong effects of simple plans, in: American Psychologist, 54, 493-503.
[394] Martens, J.-U./Kuhl, J. (2009): Die Kunst der Selbstmotivierung. Neue Erkenntnisse der Motivationsforschung praktisch nutzen, 3. Aufl., Stuttgart.
[395] Martens, J.-U./Kuhl, J. (2009): Die Kunst der Selbstmotivierung. Neue Erkenntnisse der Motivationsforschung praktisch nutzen, 3. Aufl., Stuttgart.
[396] Watzlawick, P. (1988): Anleitung zum Unglücklichsein, München.
[397] Martens, J.-U./Kuhl, J. (2009): Die Kunst der Selbstmotivierung. Neue Erkenntnisse der Motivationsforschung praktisch nutzen, 3. Aufl., Stuttgart.
[398] Storch, M. (2011): Wie Embodiment in der Psychologie erforscht wurde, in: Storch, M./Cantieni, B./Hüther, G./Tschacher, W., Embodiment. Die Wechselwirkung von Körper und Psyche verstehen und nutzen, 1. Nachdruck der 2. Aufl., Bern, 35-72.
[399] Meier, R./Storch, M. (2010): Körper und Bewegung als Ressource nutzen (ZRM und Embodiment), in: Knörzer, W./Schley, M. (Hrsg.), Neurowissenschaft bewegt, Hamburg, 53-57.
[400] Storch, M. (2011): Wie Embodiment in der Psychologie erforscht wurde, in: Storch, M./Cantieni, B./Hüther, G./Tschacher, W., Embodiment. Die Wechselwirkung von Körper und Psyche verstehen und nutzen, 1. Nachdruck der 2. Aufl., Bern, 35-72.
[401] Berthel, J./Becker, F. G. (2010): Personal-Management. Grundzüge für Konzeptionen betrieblicher Personalarbeit, 9. Aufl., Stuttgart.

8 Baustein Ziele

„Ohne Ziele sind Handlungen undenkbar. Sie steuern den Einsatz der Fähigkeiten und Fertigkeiten von Menschen bei ihren Handlungen und richten ihre Vorstellungen und ihr Wissen auf die angestrebten Handlungsergebnisse hin aus." (Kleinbeck 2010, S. 285 [402])

8.1 Begriff und Bedeutung von Zielen

Der Begriff *Ziel* hat in der Alltagssprache wie auch in der psychologischen Literatur – in Abhängigkeit des zugrundeliegenden theoretischen Konzepts – unterschiedliche Bedeutungen (vgl. Elliott/Fryer 2008, S. 235 [403]). Nachfolgend findet sich exemplarisch eine Definition von Brockhaus, welche den Zusammenhang zwischen Ziel und Handlung verdeutlicht. Diese Definition zeigt auch auf, dass Ziele eng mit Selbstentwicklung verbunden sind.

> Ein *Ziel* ist ein „durch freie individuelle Wahl und Entscheidung oder gesellschaftlich-politische Entscheidungen und Entscheidungsprozesse projektierter zukünftiger Zustand, der durch Handeln verwirklicht werden soll und für Planung und Realisierung des Handelns leitend ist. Alles absichtsvolle Handeln ist durch Ziele bestimmt und durch Motive begründet, die dem jeweiligen Ziel einen Wert beimessen, um dessentwillen es als erstrebenswert gilt." (Brockhaus 2009 [404])

Ziele bilden den Dreh- und Angelpunkt, wenn es um die ***Steuerung menschlichen Handelns*** geht (vgl. Kleinbeck 2010, S. 286 [405]):

- Ziele *veranlassen Handlungen*, die auf angestrebte Ergebnisse hin organisiert werden.
- Ziele liefern die *Beurteilungsgrundlage*, um zu kontrollieren, ob zwischen dem angestrebten Ziel und den (rückgemeldeten) tatsächlich erreichten Ergebnissen auf dem Weg zum Ziel eine Differenz besteht.
- Ziele dienen als Grundlage für die *Bewertung von Handlungsergebnissen* hinsichtlich Erfolg oder Misserfolg.

Ziele haben somit eine *handlungsregulierende Funktion*. Sie stehen im Zentrum zahlreicher theoretischer Konzepte, die in verschiedenen psychologischen Teildisziplinen entwickelt und überprüft worden sind. Das Ziel dieser Konzepte ist, herauszufinden, warum Menschen sich zu einem bestimmten Zeitpunkt dafür entscheiden, eine bestimmte Handlung aufzunehmen, auszuführen und zu beenden (vgl. Kleinbeck 2010, S. 286 [405]).

Ziele werden auf der Grundlage von thematisch unterschiedlichen *persönlichen Präferenzen* gebildet und verfolgt (vgl. Kleinbeck 2010, S. 286 [405]):

- *Soziale Ziele:* Sie dienen dazu, soziale Kontakt aufzubauen und zu pflegen.

- *Leistungsthematische Ziele:* Sie eignen sich, um leistungsbezogene Aufgaben zu lösen und Feedback über das eigene Leistungsvermögen zu erhalten. Hier wird in der Unternehmenspraxis häufig zwischen quantitativen und qualitativen Zielen unterschieden.

- *Emotionale Ziele:* Sie richten sich auf emotionale Handlungsergebnisse aus, beispielsweise Erleben von Freude und Stolz oder Vermeiden von Ärger. Emotionale Ziele sind oftmals nicht oder weniger bewusst, während bei eher kognitiv repräsentierten Zielen meist Bewusstsein über die Existenz entsprechender Zielvorstellungen besteht.

Ziele haben einen so großen Einfluss auf das menschliche Handeln, weil sie ein *zentraler Auslöser von Motivation* sind. Das Konstrukt Ziel wird deshalb auch von vielen Autoren und Autorinnen in ihre Definition von Motivation integriert (vgl. Elliott/Fryer 2008, S. 235 [406]). Tabelle 8.1 zeigt das *Motivationspotenzial von Zielen* auf, wenn diese bewusst sind. Die hier integrierten Beispiele beziehen sich auf den Arbeitskontext.

Tabelle 8.1 Motivationspotenzial von Zielen

Motivationspotenzial	Beschreibung
Bewusste Lenkung der Aufmerksamkeit	Ziele dienen dazu, die Aufmerksamkeit und Bemühungen in eine bestimmte Richtung zu lenken (z. B. eine Mitarbeiterin arbeitet intensiv an der Erstellung einer Imagebroschüre).
Konsequente (Weiter-) Verfolgung von Aufgaben	Ziele helfen, Aufgaben beharrlich und ausdauernd weiterzuverfolgen. Etwas misslingt oder man wird abgelenkt, wendet sich aber wieder der Aufgabe zu.
Vereinfachung von Strategien	Ziele vereinfachen die Entwicklung und Umsetzung von Aufgabenstrategien. Eine Person entwickelt innovative Methoden, um ein Ziel effizienter zu erreichen. Eine andere Person bricht eine abstrakte Strategie auf konkrete Ziele herunter.
Orientierungsmarke	Ziele, die gemeinsam mit Mitarbeitenden und Vorgesetzten festgelegt werden, tragen eine größere Verbindlichkeit in sich. Auf diese Ziele wird bewusst hingearbeitet, sie stellen einen Orientierungsrahmen dar.
Kontroll- und Evaluierungshilfe	Ziele und deren Erreichungsfeststellung sind eine wichtige Grundlage für eine systematische Kontrolle und i. d. R. auch im Kontext der Gesamtzielsetzung einer Organisation einzuordnen. Eine zeitnahe Überprüfung der Erreichung der (Teil-)Ziele und deren Reflexion stellt im Rahmen eines Evaluierungsansatzes ein wichtiges Element im Managementzyklus dar.

Quelle: vgl. Weinert 2004, S. 215 [407]

In den letzten Jahren hat die *Zielpsychologie* einen immer größeren Stellenwert im Rahmen der motivationspsychologischen Forschung eingenommen. Die Zielpsychologie untersucht, wie Menschen Ziele setzen, wie die Zielrealisierung erfolgt und welche selbstregulatorischen Prozesse durch Ziele aktiviert werden. Letztlich geht es um die Frage, welche Art von Zielen die höchste Erfolgsrate für die Realisierung aufweist. Hier lassen sich zwei Forschungsrichtungen unterscheiden. Die eine Forschungsrichtung untersucht, wie konkret und spezifisch ein Ziel definiert und geplant sein muss, um optimal umgesetzt werden zu können. Die andere Forschungsrichtung fokussiert darauf, wie sehr ein Ziel von der zielsetzenden Person selbst angestrebt wird. Diese beiden Elemente sind jedoch nicht zwangsweise Gegensätze, sondern können als die beiden **Komponenten von Volition** verstanden werden – beide Komponenten sind wichtige Erfolgsfaktoren für eine geglückte Zielerreichung (vgl. Storch 2009, S. 2 [408]).

Ein weiterer wichtiger Aspekt ist, dass die gesetzten Ziele mit den eigenen Bedürfnissen, Motivationsbereichen und Werten kongruent sind. Es gibt Studien, die aufzeigen, dass eine fehlende Übereinstimmung zwischen Bedürfnissen und Zielen dazu führen kann, dass die Lebenszufriedenheit und das subjektive Wohlbefinden sinken (vgl. Kuhl/Koole 2005, S. 109 ff. [409], Baumann/Kaschel/ Kuhl 2005, S. 795 f. [410]).

„Menschen, die mit besonderen Belastungen und Unsicherheiten im beruflichen und privaten Leben nicht gut fertig werden […], verfolgen oft Leistungsziele, die nicht zu ihren Motiven passen, was das Risiko erhöht, psychosomatische Symptome, wie Kopf- oder Magenschmerzen, Depressionen oder eine erhöhte Infektanfälligkeit zu entwickeln […]." (Martens/Kuhl 2009, S. 32 [411])

Deshalb ist es wichtig, das Zielniveau den vorhandenen Kompetenzen und Ressourcen anzupassen und zu prüfen, ob die **intrinsische Motivation** für ein Ziel ausreichend gegeben ist (z. B. mittels Abfragen somatischer Marker). **Zielkonflikte** können die Belastungssituation eines Menschen erhöhen. Hier geht es darum, Zielkonflikte entweder aufzulösen bzw. zu mindern (z. B. mittels Änderung der Einstellung) oder ausreichend durch entsprechende Ressourcen abzufedern. Wichtig ist weiter, dass Ziele *realistisch* sind, was gemäß Kuhl/Koole (2005, S. 123 [412]) durch Vergleiche mit allen relevanten Lebenserfahrungen geprüft werden kann. Hilfreich kann auch sein, andere Personen für die Beurteilung der Realisierbarkeit mit einzubeziehen.

Im Rahmen des Modells der Selbstmanagement-Kompetenz sind Ziele entscheidend, um die im Baustein Selbsterkenntnis gewonnenen Erkenntnisse in konkrete Handlungen zu überführen. Ziele sind Voraussetzung für gezieltes Handeln. Sie wirken als Katalysator, um physische, soziale, mentale und geistige Bedürfnisse sowie Veränderungsabsichten im privaten wie beruflichen Bereich zu konkretisieren bzw. zu realisieren. Ziele können sich im Verlaufe des Lebens ändern – je nach Lebensphase, Lebenssituation und Persönlichkeitsentwicklung haben Menschen andere Bedürfnisse, Kompetenzen sowie Potenziale. Aus diesem Grund ist es wichtig, einmal gesetzte Ziele immer wieder zu überprüfen und gegebenenfalls anzupassen – insbesondere, wenn es sich um langfristige Ziele handelt. Im Baustein Selbstentwicklung wurde bereits deutlich, dass Flexibilität hinsichtlich der eigenen Ansprüche und Ziele im Lebensverlauf wichtig ist. Bei Bedarf müssen Ziele, die nicht mehr erreichbar sind, auch losgelassen werden (vgl. hierzu die Ausführungen in Kapitel

7.3.2). Nachfolgend wird eine Auswahl an Erfolgskriterien vorgestellt, die es bei der Entwicklung von Zielen zu beachten gilt.

8.2 Erfolgskriterien bei der Entwicklung von Zielen

8.2.1 Handlungswirksamkeit von Zielen

Damit sich Ziele erfolgreich umsetzen lassen, ist wichtig, bei der Entwicklung und Konkretisierung der Ziele darauf zu achten, dass sie handlungswirksam sind. Grund ist, dass die *Handlungswirksamkeit von Zielen* ihre Realisierung wesentlich begünstigt. Storch/Krause (2011, S. 98 ff. [413]) unterscheiden *drei Kriterien*, die für die Handlungswirksamkeit von Zielen gegeben sein muss:

- *Annäherungsziel und kein Vermeidungsziel:* Ziele sollten positiv formuliert werden, also das beschreiben, was erwünscht ist bzw. gewünscht wird. Welches Verhalten will ich in bestimmten Situationen zeigen? Welche Art der Tätigkeit würde ich in Zukunft gerne ausüben? Welche Gefühle möchte ich haben, wenn ich morgens zur Arbeit fahre? Vermeidungsziele bewirken, dass das Gehirn fortwährend an das erinnert wird, was es nicht tun sollte. Sie sind somit kontraproduktiv.

- *Vollständig unter der eigenen Kontrolle:* Die Zielerreichung muss allein und ausschließlich durch die betreffende Person zu bewerkstelligen sein, d. h. nicht von einer anderen Person abhängig sein oder davon, dass sich bestimmte Rahmenbedingungen zuerst verändern. Dies stärkt das Selbstwirksamkeitserleben von Menschen. Zudem wird so ein Rahmen für eine angemessene Übernahme von Verantwortung gesetzt. Dies ermöglicht einerseits eine klare Erfolgskontrolle und kann die Zielhandlung nachhaltig positiv verstärken. Andererseits lässt sich dadurch vermeiden, dass Misserfolge, die außerhalb des persönlichen Einflussbereiches liegen, dem eigenen Versagen zugeschrieben werden. Es geht darum zu verhindern, dass jemand Verantwortung für Dinge und Ereignisse übernimmt, die nicht in der eigenen Macht stehen. Dies beugt auch Überlastung vor.

- *Ein gutes Gefühl geben:* Ein Ziel, das nicht mit einem guten Gefühl verbunden ist, kann Handlungswirksamkeit nur schwer entfalten. Die intrinsische Motivation fehlt. Ob ein Ziel ein gutes Gefühl gibt, kann anhand von positiven somatischen Markern festgestellt werden. Unangenehme Ziele werden so umformuliert, dass ein positiver zu erreichender Zustand in den Mittelpunkt gestellt wird. Dies kann ein übergeordnetes Ziel sein (z. B. anstelle von „Ich stelle meine Masterarbeit vor den Sommerferien fertig" ein übergeordnetes Ziel: „Ich komme in meinem Studium einen großen Schritt weiter").

8.2.2 Hohe Identifikation und geschicktes Planen

Koestner et al. (2002 [414]) konnten auf der Basis von Metaanalysen nachweisen, dass eine hohe Identifikation mit dem angestrebten Ziel in Verbindung mit einer geschickt ausgeführten konkreten Planung die *höchsten Effekte hinsichtlich Zielerreichung* zeigt. Für eine erfolgreiche Zielerreichung braucht es beide Komponenten.

Es lassen sich drei *Hauptfaktoren* identifizieren, weshalb Ziele bzw. eine Liste mit Zielen in der Praxis häufig nicht effektiv umgesetzt werden (vgl. Koestner et al. 2002, S. 231[414]):

- *Ziele sind nicht ausreichend strukturiert und ausgestaltet:* Es werden zu viele Ziele gesetzt, Zielkonflikte werden nicht ausreichend berücksichtigt, die Ziele sind zu ambitiös ausgelegt oder zu schwierig zu erreichen oder sie fokussieren zu weit in die Zukunft hinaus. So sind sie zu wenig handlungsleitend oder -steuernd. Es gibt zahlreiche Hinweise in der Forschung, dass spezifische, zeitlich nahe gelegene und optimal herausfordernde Ziele am ehesten erfolgreich umgesetzt werden – insbesondere wenn Menschen eine hohe Selbstwirksamkeitserwartung haben.

- *Ziele werden aufgrund von äußeren Erwartungen verfolgt:* Es wird bei der Zieldefinition nicht ausreichend berücksichtigt, aus welchem Grund ein Ziel verfolgt werden soll. Anstelle Ziele zu setzen, welche die eigenen Bedürfnisse und Werte reflektieren, werden Ziele angestrebt, die auf äußeren Erwartungen beruhen (z. B. sozialer Druck oder Erwartungen von Drittpersonen). Der Grund, wieso ein bestimmtes Ziel verfolgt wird, hat einen direkten Einfluss auf die Ausgestaltung der Zielverfolgung und die Erfolgschance einer Zielerreichung. Werden Ziele nicht in Übereinstimmung mit den inneren Bedürfnissen und Werten festgelegt, führt dies oftmals zu inneren Konflikten. Im Gegensatz dazu ermöglichen Ziele, mit denen Menschen eine hohe Identifikation aufweisen, dass Leistungskapazitäten (volitionale Ressourcen) freigesetzt werden.

- *Handlungspläne sind nicht ausreichend ausgestaltet:* Häufig fehlen ausreichende Handlungspläne, wie die Zielverfolgung konkret umgesetzt werden soll. Der Zeitpunkt ist nicht klar oder es wird nicht ausreichend reflektiert, wie bei auftretenden Schwierigkeiten und Hindernissen die Zielerreichung trotzdem sichergestellt werden kann. Forschungen haben gezeigt, dass es hilfreich ist, sich vorgängig mit möglicherweise auftretenden Hindernissen auseinanderzusetzen, weil dadurch eine gewisse Automatisierung beim Reagieren ermöglicht wird. Dies ist volitional nicht gleich anspruchsvoll, wie wenn kontinuierlich Entscheidungen gefällt werden müssen, wann und wie man sich verhalten soll, um das Ziel doch noch zu erreichen.

8.2.3 Wahl des geeigneten Zieltyps

Ein weiteres Erfolgskriterium bei der Entwicklung von Zielen ist, den richtigen Zieltyp zu wählen.

8.2.3.1 Drei verschiedene Zieltypen

Es gibt unterschiedliche Typen von Zielen, die sich jeweils für andere Gegebenheiten eignen. Storch hat eine *Zielpyramide* entwickelt, in der drei verschiedene Typen von Zielen unterschieden werden: Haltungsziele, Ergebnisziele und Verhaltensziele (vgl. Abbildung 8.1).

Abbildung 8.1 Zielpyramide nach Storch

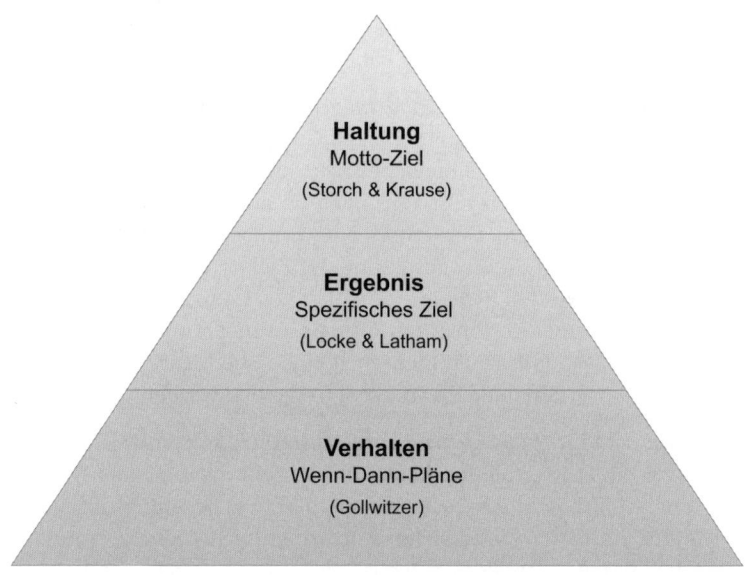

Quelle: vgl. Storch 2009, S. 13 [415]

Die *Haltungsebene* ist die abstrakteste Konzeptualisierung eines Ereignisses. Ein Haltungsziel beschreibt eine generelle Einstellung, die ein Mensch einem Thema gegenüber hat, beispielsweise „Ich möchte ein guter Mensch sein", „Ich möchte ein sinnvolles Leben führen", „Ich möchte gesund bleiben", „Ich möchte Freude bei der Arbeit haben". Die *Ergebnisebene* beinhaltet konkrete und ergebnisorientierte Ziele. Hier werden Aussagen gemacht, die spezifizieren, was erreicht werden soll, beispielsweise „Ich werde meine Weiterbildung bis Ende Juni erfolgreich abschließen", „Ich werde in den nächsten drei Monaten zweimal pro Woche 40 Minuten Nordic Walking betreiben". Die *Verhaltensebene* beschreibt ein genaues Verhalten, das benötigt wird, um ein bestimmtes Haltungs- oder Ergebnisziel in einer konkreten Situation umzusetzen. Auf dieser Ebene befinden sich präzise Pläne, die stark kontextgebunden und bis ins Detail ausgearbeitet sind (vgl. Storch 2009, S. 12 f. [415]).

Die verschiedenen Zieltypen sind in den folgenden Ausführungen näher erläutert. Dabei wird zuerst auf den bekanntesten Zieltyp, Ergebnisziele, eingegangen.

8.2.3.2 Ergebnisziele

Ergebnisziele fokussieren, wie der Begriff deutlich macht, darauf, ein bestimmtes Ergebnis zu erreichen. Eine in der betrieblichen Praxis bekannte Regel, wenn es um die Bestimmung und Formulierung von ergebnisorientierten Zielen geht, ist die sogenannte *SMART-Regel*. Die Beachtung der SMART-Regel wird in der Praxis insbesondere bei der Formulierung von Zielen im Rahmen eines Zielvereinbarungsprozesses empfohlen. SMART steht gemäß Büser/Gülpen (2008, S. 638 [416]) (in der Literatur und der Unternehmenspraxis finden sich auch andere Bezeichnungen) für:

- *Spezifisch (S):* Ziele sollten spezifisch, präzise und eindeutig sein. So können Fehlinterpretationen vermieden werden.

- *Messbar (M):* Ziele sollten messbar, überprüfbar und kontrollierbar sein. Messkriterien für quantitative Ziele sind Kennzahlen und absolute Werte (z. B. Reduktion der Absenzenrate um 5%). Qualitative Ziele orientieren sich nicht unmittelbar an Zahlen und sind deshalb schwieriger messbar zu machen. Sie müssen mittels Ersatzmaßstäben quantifizierbar gemacht werden (z. B. das Ziel „Reduktion der Belastungssituation im Team bis Ende Juni" kann durch Kriterien wie „Abbau von zwei im Rahmen eines Teamworkshops ermittelten Belastungsfaktoren" oder „verbessertes Feedback der Teammitglieder zur Belastungssituation bei der nächsten Befragung der Mitarbeitenden im September" operationalisiert werden). Wichtig ist, dass für alle Beteiligten klar ist, anhand welcher Messkriterien die Zielerreichung später überprüft wird.

- *Attraktiv (A):* Ziele sollten attraktiv, anspruchsvoll und herausfordernd sein – damit enthalten sie auch eine motivierende Wirkung. Wesentlich ist, dass Mitarbeitende bei der Zielerreichung etwas lernen und sich weiterentwickeln können. Wichtig ist auch, Ziele positiv und in der Gegenwartsform zu formulieren.

- *Realistisch (R):* Ziele sollten realistisch und überschaubar sein. Die Menge der zu erreichenden Ziele darf nicht zu groß sein, damit sich Mitarbeitende nicht verzetteln. Andererseits ist wichtig, dass eine termingerechte Zielerreichung mit den vorhandenen Ressourcen und Fähigkeiten realistischerweise erreichbar ist.

- *Terminiert (T):* Für jedes Ziel sollte ein fester Termin vereinbart werden, bis zu dem es zu erreichen ist.

Die SMART-Regel beruht auf der empirisch gut abgesicherten *Zielsetzungstheorie* nach Locke & Latham (1990 [417]). Diese besagt, dass Ziele mit einer hohen Erfolgsaussicht möglichst hoch im Sinne von anforderungsreich und möglichst spezifisch formuliert sein sollten. Im Kontext von Selbstmanagement ist wichtig, dass Ziele nicht unrealistisch hoch angesetzt werden, sondern es sollte sichergestellt sein, dass Ziele erreichbar sind, motivierend wirken und trotz Anspruchsniveau immer noch gesundheitsförderlich sind.

Die SMART-Regel hilft, die in der Praxis weit verbreiteten „Do your best"-Ziele zu präzisieren. „Do your best"-Ziele sind beispielsweise: „Sie müssen mehr Engagement zeigen" oder „Ich will, dass das Sekretariat reibungslos funktioniert". Der Nachteil von „Do your best"-Zielen ist, dass das erwartete Verhalten zu wenig deutlich wird. Geht es darum, die Ablage zu verbessern, oder darum, mit Reklamationen kundenorientierter umzugehen, oder bezieht sich die Anweisung darauf, Informationen rascher weiterzuleiten? (vgl. Storch 2009, S. 3 [418]).

Werden Zielerreichungsprozesse mittels Ergebnis- oder SMART-Zielen gesteuert, so besteht das Risiko, dass die innere Motivation nicht ausreichend überprüft wird. In der betrieblichen Praxis wird dem Aspekt „A = Attraktiv" oftmals zu wenig Gewicht gegeben. Storch/Krause (2011, S. 92 ff. [419]) weisen darauf hin, dass Ergebnisziele nicht geeignet sind, um den Schritt über den Rubikon zu vollziehen, d. h. eine klare Intention herauszubilden. Der Grund ist, dass für eine Überquerung des Rubikons starke positive Affekte benötigt werden (= somatische Marker). Diese entspringen dem emotionalen Erfahrungsgedächtnis, das durch bildhafte und metaphorische Formulierungen eher angeregt wird als durch trockene, realistische und konkrete Vorsätze. Ergebnisziele sind hilfreich, wenn der Schritt über den Rubikon erfolgt ist und es darum geht, die weiteren Schritte zu konkretisieren.

Der Anwendung von Ergebniszielen sind zudem deutliche Grenzen gesetzt, sobald eine Person sich in einem komplexen, dynamischen Umfeld befindet, in dem nicht von vorneherein geklärt werden kann, wie denn „richtiges Handeln" konkret aussieht. Wenn eine Führungskraft oder auch ein Coach mittels eines Ergebnisziels Erfolge erzielen will, sollten, bevor ein solches Ziel definiert wird, folgende Punkte sichergestellt werden (vgl. Storch 2009, S. 4 ff. [420]):

- Die Art der Aufgabe ist für diesen Zieltyp geeignet, d. h. die Aufgabe ist einfach strukturiert und ergebnisorientiert.

- Die Person ist für dieses Ziel intrinsisch motiviert, d. h. sie sieht einen Sinn darin und fühlt sich dem Ziel innerlich verpflichtet.

- Es bestehen keine Zielkonflikte – weder bewusste noch unbewusste.

Die Beachtung dieser Punkte ist wichtig, wenn Ziele bezogen auf die Entwicklung von Selbstmanagement-Kompetenz definiert werden. Selbstmanagement-Prozesse sind oftmals komplex und ohne eine ausreichende intrinsische Motivation auch nur bedingt zu erreichen – v. a. wenn es um längerfristige und tiefgreifende Entwicklungsprozesse geht. Hierfür eignet sich der Zieltyp Haltungsziele (Motto-Ziele) i. d. R. besser.

Dies zeigt sich auch in einer Studie von Bruggmann, in der die Wirksamkeit von Motto-Zielen und SMART-Zielen überprüft wurde. Mit 23 Personen wurden Motto-Ziele herausgebildet, mit 24 Personen SMART-Ziele. Eineinhalb Jahre nach erfolgter Zielbildung wurden beide Gruppen hinsichtlich zielrelevanter Parameter befragt. Die beiden Gruppen unterschieden sich im Mann-Whitney-U-Test signifikant bezogen auf die Zielerreichung ($p=0.0019$) und die persönliche Identifikation mit dem Ziel ($p=0.009$) (vgl. Storch 2009, S. 19 [420], Bruggmann 2003 [421]).

Sind die kritischen Punkte berücksichtigt, dann können Ergebnisziele jedoch auch sehr hilfreich sein. Durch sie wird in der Unternehmenspraxis beispielsweise sichergestellt, dass tätigkeitsbezogene Ziele ausreichend klar definiert sind, präzise formuliert werden, realistisch sind und motivierend wirken. Zudem wird ein klarer Zeitrahmen gesetzt. Entscheidend ist, bei der Festlegung von Ergebniszielen eine realistische Einschätzung zu haben, was in welcher Zeit mit den zur Verfügung stehenden Kompetenzen und Hilfsmitteln und unter Berücksichtigung der vorhandenen Rahmenbedingungen überhaupt zu erreichen ist. Es gibt Menschen, die dazu neigen, sich unrealistisch hohe Ziele zu setzen, die viel Druck erzeugen und nicht oder nur teilweise erreichbar sind. Im Baustein Selbstverantwortung wurde auch auf das Risiko einer Leistungssteuerung über Ergebnisziele und Ertragsorientierung und/oder Benchmarking eingegangen. Hierdurch kann – wenn weitere Faktoren dazukommen – interessierte Selbstgefährdung gefördert werden (vgl. Kapitel 5.5.1). Werden Ziele zudem nicht oder nur in ungenügendem Ausmaß erreicht, besteht die Gefahr des Enttäuscht-Seins oder Entmutigt-Seins, wodurch ein negativer Einfluss auf das Selbstwertgefühl entsteht. Zudem werden durch zu hohe bzw. nicht erreichbare Ziele psychische Beanspruchungen und damit zusammenhängend negative gesundheitliche Effekte und Burnout gefördert. Werden Ziele hingegen erreicht, hat dies einen positiven Effekt auf die Selbstwirksamkeitserwartung und setzt Kräfte frei, neue Ziele in Angriff zu nehmen.

8.2.3.3 Motto-Ziele

Der *Zieltyp Motto-Ziele* wurde im Rahmen des Selbstmanagement-Trainings nach dem Zürcher Ressourcen Modell entwickelt. Mittels Motto-Zielen wird sichergestellt, dass die intrinsische Motivation gegeben ist, ein Sinnerleben erzeugt wird und eine Einstellungsänderung angeregt werden kann (vgl. Storch 2009, S. 7 [422]).

„Motivation tritt grundsätzlich immer dann auf, wenn ein angestrebter Zustand (Sollwert) von einem aktuellen Zustand (Istwert) abweicht. Von extrinsischer Motivation spricht man, wenn die Aktivierung sich auf ein konkretes Ziel oder auf ein Ergebnis richtet, bei der intrinsischen Motivation sind die Handlungsanreize in der Tätigkeit selbst zu finden. Die Sollwerte werden bei der extrinsischen Motivation auf der Basis von Zielvorgaben, bei der intrinsischen Motivation auf der Basis von persönlichen Werten und Gefühlen festgelegt." (Storch 2009, S. 8 [422])

Motto-Ziele beruhen auf **vier theoretischen Elementen:** die Theorie der Persönlichkeits-System-Interaktionen (PSI-Theorie) von Kuhl (2001 [423]), die Rolle affektiver Bewertungen beim Zustandekommen von Motivation, die Konstruktionsebenen, auf denen Ziele entwickelt werden können, sowie die sprachliche Form, die geeignet ist, um Zielbindung und Attraktivität zu erzeugen.

Auf die *Persönlichkeits-System-Interaktionen-Theorie* wird beim Baustein Selbstkontrolle & Selbstregulation eingegangen (vgl. Kapitel 12.2). Hier werden zusammenfassend einige Aspekte aufgeführt, die für das Verständnis von Motto-Zielen hilfreich sind.

Dem Menschen stehen vier Systeme zur Verfügung, die Welt zu erfassen und zu verarbeiten. Für das Thema Motivation sind zwei dieser Systeme bedeutsam – das Intentionsgedächtnis und das Extensionsgedächtnis (vgl. Storch 2009, S. 8 ff. [424][423], zur PSI-Theorie vgl. auch Martens/Kuhl 2009, S. 75 ff. [425], Kuhl 2001 [426]):

- Das *Intentionsgedächtnis* ist das Gedächtnis für bewusste Absichten, die eine Person verfolgen will. Bei der Aktivierung des Intentionsgedächtnisses müssen positive Affekte, die spontane Handlungen auslösen, gehemmt werden. Dies ist wichtig, um schwierige und/oder langfristige Absichten verfolgen zu können und sich nicht von Umgebungsreizen ablenken zu lassen. Dies entspricht im Modell der Selbstmanagement-Kompetenz dem Verständnis von Selbstkontrolle.

- Das *Extensionsgedächtnis* enthält die aktuelle Befindlichkeit, alle autobiographischen Erfahrungen, Bedürfnisse, Motive, Ziele, Normen und Werte einer Person. Das Extensionsgedächtnis besitzt – im Gegensatz zum Intentionsgedächtnis – eine breite neuronale Ausdehnung in zahlreiche verschiedene Gehirnbereiche sowie eine enge Anbindung an das autonome Nervensystem. Hier werden in Bruchteilen von Sekunden Entscheidungen getroffen, ob Menschen etwas als „gut" oder als „schlecht" bewerten. Diese Entscheidungsprozesse sind nicht an das Bewusstsein gebunden.

- Wenn nun eine Person *Ziele bewusst* entwickelt – also mit dem Intentionsgedächtnis – dann werden diese Ziele zuerst einmal unabhängig davon gebildet, wie die „gefühlte" Bewertung dieser Ziele ist. Das Extensionsgedächtnis kennt so etwas wie spezifische und konkrete Ziele nicht. Ob das Extensionsgedächtnis ein Ziel als erstrebenswert einstuft, wird nicht auf der Basis logischer Argumente überprüft, sondern auf der Basis von somato-affektiven Signalen (somatische Marker). Diese sind als Basalaffekte wahrnehmbar, d. h. noch nicht als ausdifferenzierte Emotion. Sie zeigen sich als duale Bewertungen im Sinne von plus – minus, gut – schlecht, aufsuchen – vermeiden. Hierin lässt sich somit die intrinsische Motivation für ein Ziel erkennen.

„Menschen, die nicht in der Lage sind, ihre somatischen Marker wahrzunehmen, haben keinen Zugang zu der Bewertung des [Erfahrungsgedächtnisses] und haben deswegen keine Möglichkeit, bewusst gefasste Ziele daraufhin abzuprüfen, ob sie der eigenen Erfahrungs- und Wertewelt entsprechen." (Storch 2009, S. 9 [427], Ergänzung durch Autorin)

- Hier geschieht auch das, was als *Selbstinfiltration* bezeichnet werden kann, worunter die Unterwanderung des eigenen Selbst durch fremde Zielvorstellungen verstanden wird. Dies kann durch die Überprüfung eines Ziels mittels somatischer Marker verhindert werden. Besteht eine Diskrepanz zwischen einem mit dem Intentionsgedächtnis bewusst gefassten Ziel und der Bewertung des Extensionsgedächtnisses, muss entweder das bewusst gefasste Ziel aufgegeben bzw. adaptiert werden, oder die Person übergeht ihre innere negative Bewertung und tut etwas Vernünftiges oder Unumgängliches (= Selbstkontrolle). Dies ist für eine zeitlich beschränkte Intervention wie den Besuch des Zahnarztes oder das Fertigstellen eines Berichts gut machbar. Werden jedoch über eine längere Zeit persönliche oder berufliche Ziele verfolgt, die im Widerspruch zum Extensionsgedächtnis stehen, wird eine Person entweder scheitern oder dies mit einem dauerhaften Gefühl von Selbstentfremdung und Missbehagen bezahlen. Dies kann bis zu Burnout oder Depression führen (vgl. Baumann/Kaschel/Kuhl 2005, S. 795 f. [428]).

- Die Abstimmung von Zielen aus dem Intentionsgedächtnisses mit den Erfahrungen und Werten, die sich im Extensionsgedächtnis befinden, kann bei der Lösung *von Zielkonflikten* helfen. Das Extensionsgedächtnis ist das einzige Erkennungssystem, das alle Widersprüche gleichzeitig präsent haben kann, da es alle persönlich relevanten Erfahrungen gleichzeitig berücksichtigt. Mit dessen Hilfe kann aus einer Überblicksposition heraus nach einer ganzheitlichen Lösung für den Zielkonflikt gesucht werden.

Haltungsziele sind im Gegensatz zu ergebnisorientierten Zielen *allgemeine Ziele*, beispielsweise „Ich vertrete meine Meinung klar und selbstbewusst". Dieselbe Absicht ergebnisorientiert formuliert wäre beispielsweise: „Ich stelle in der nächsten Klausurtagung den Antrag, dass im Rahmen einer Befragung der Mitarbeitenden die Belastungsfaktoren in der Abteilung erhoben werden".

Gemäß Storch/Krause werden allgemein formulierte Ziele als stärker zum eigenen Selbst gehörend erlebt und sind typischerweise mit starken Emotionen verbunden. Solche Ziele können unter Umständen ihre Gültigkeit und ihren richtungsweisenden Charakter ein ganzes Leben lang behalten. Haltungsziele können situationsspezifisch oder situationsübergreifend konzipiert sein. *Situationsspezifisch* bedeutet, dass sich das Ziel nur auf eine ganz konkrete Situation bezieht, die unter Umständen nur eine kurze Zeitspanne des gesamten menschlichen Lebens umfasst, beispielsweise „Ich möchte in der nächsten Prüfung ruhig und konzentriert sein". *Situationsübergreifend* formuliert könnte das Ziel dann wie folgt heißen: „Ich gehe Herausforderungen ruhig und gelassen an". Der Geltungsbereich von situationsübergreifenden Zielen wird von Menschen i. d. R. mit „immer" angegeben. Er führt oftmals weit in die Zukunft hinein, manchmal ist der Fokus auch auf das gesamte Leben bezogen (vgl. Storch/Krause 2011, S. 92 f. [429]).

Haltungsziele beschreiben in einer allgemeinen Formulierung eine bestimmte *innere Verfassung*. Diese hat zwar bestimmte Verhaltensweisen zur Folge, diese werden jedoch in der Zielformulierung nicht thematisiert (vgl. Storch/Krause 2011 S. 94 [429]).

Im Zürcher Ressourcen Modell wird bewusst auf der Haltungsebene gearbeitet, bis der Schritt über den Rubikon erfolgt ist. Der Grund ist, dass mit konkreten Zielen (d. h. Ergebniszielen oder Verhaltenszielen) – insbesondere wenn sie schwierig sind – das Intentionsgedächtnis aktiviert wird, welches den positiven Affekt herunterreguliert. Zur Überquerung des Rubikon werden jedoch starke positive Affekte benötigt (positive somatische Marker). Diese entspringen dem Extensionsgedächtnis, welches durch bildhafte, metaphorische und schwelgerische Formulierungen angeregt wird. Diese können bis zur Grenze zum Kitsch gehen (vgl. Storch/Krause 2011, S. 94 f. [429]).

Tabelle 8.2	Beispiele von Haltungszielen (Motto-Zielen)
	Ich erlaube mir Macht.
	Ich atme Glück.
	Mein Panther pflückt den Tag.
	Ich wecke den Hund in mir.
	Ich tanze auf dem Regenbogen.
	Ich vertraue dem Blühen des Lebens.
	Ich fülle meinen Entspannungskorb.
	Mutig schreite ich in meine Freiheit.
	Ich lebe in bodenständiger Schwebe.
	Eruption on demand.

Quelle: vgl. Storch 2009, S. 19[430] [430]

8.2.3.4 Verhaltensziele

Verhaltensziele beschreiben ein konkretes Verhalten, damit bestimmte Haltungs- oder Ergebnisziele in einer Situation umgesetzt werden können. Gollwitzer (1999 [431]) empfiehlt, die Realisierung von Zielen zu planen, indem gedanklich vorweggenommen wird, wann, wo und auf welche Art und Weise das definierte Ziel erreicht werden soll. Zielintentionen werden zu diesem Zweck mit **Wenn-Dann-Plänen** ergänzt: „Wenn Situation X eintritt, dann will ich Verhalten Y ausführen". Durch solche Pläne werden somit Verknüpfungen zwischen antizipierten situativen Stimuli und zielgerichtetem Verhalten spezifiziert (vgl. Faude-Koivisto/Gollwitzer 2009, S. 208 [432]).

Wenn-Dann-Pläne fördern eine *hohe Aktivierung* der entsprechend spezifizierten Situation. Dadurch wird deren kognitive Zugänglichkeit erhöht, was wiederum einen positiven Einfluss auf die Wahrnehmungs-, Aufmerksamkeits- und Gedächtnisfunktion im Hinblick auf die betreffende Situation ausübt. Sie wird in der Folge schneller als günstige Möglichkeit zur Durchführung zielfördernden Verhaltens wahrgenommen und zieht – selbst bei starker Ablenkung – mehr Aufmerksamkeit auf sich. Zusätzlich kann sich eine Person besser an eine Situation erinnern, wenn sie mit einem Wenn-Dann-Plan unterlegt worden ist (vgl. Faude-Koivisto/Gollwitzer 2009, S. 212 [432]).

Wenn-Dann-Pläne fördern zudem die *Automatisierung* der im Plan vorgenommenen Handlung. Die Situation löst dann, sobald sie eintritt, das Verhalten automatisch aus (dies infolge der hergestellten Verknüpfung zwischen einer bestimmten Situation und einem bestimmten zielgerichteten Handeln). Dies bedeutet, dass die Kontrolle des Verhaltens strategisch vom Handelnden weg an die Umwelt (d. h. an die spezifizierte Situation) übertragen wird. Die Handlung ist somit nicht mehr von den jeweiligen inneren Zuständen der handelnden Person abhängig (z. B. Grad der Wachheit oder der Energie), sondern vom Eintreten der im Plan definierten Situation (vgl. Faude-Koivisto/Gollwitzer 2009, S. 212 [432]).

Die Wirkung von **Wenn-Dann-Plänen** als effektive Form von Selbstregulation wurde empirisch abgesichert. Zahlreiche Studien aus unterschiedlichen Handlungsfeldern konnten zeigen, dass Ziele, die mit Wenn-Dann-Plänen unterlegt sind, eine höhere Erfolgsrate aufweisen als Ziele ohne solche Pläne. Wenn eine Person somit ihre Ziele mit einem Wenn-Dann-Plan ergänzt, hat sie eine bessere Chance, das angestrebte Ziel auch tatsächlich zu erreichen (vgl. Faude-Koivisto/Gollwitzer 2009, S. 208 ff. [432]und z. B. Webb/Sheeran 2006 [433], Bayer et al. 2009 [434]).

„Um einen Wenn-Dann-Plan zu fassen, muss eine Person zunächst eine kritische Situation oder Bedingung antizipieren. Es kann sich hierbei um einen bestimmten Ort, Gegenstand oder Zeitpunkt, eine bestimmte Person, aber auch einen kritischen inneren Zustand wie z.B. sich ärgern handeln. Als nächstes überlegt sich die Person unterschiedliche Möglichkeiten, wie auf die kritischen äußeren oder inneren Stimuli so reagiert werden kann, dass dieses Verhalten zielfördernd ist. […] Das tatsächliche Fassen des Plans ist dann der mentale Akt der Verknüpfung der antizipierten Situation mit der zielfördernden Handlung in einem „Wenn-Dann" Format […]." (Faude-Koivisto/Gollwitzer 2009, S. 211 [435])

Für die Formulierung der Wenn-Dann-Pläne gilt, dass die Situation so spezifisch wie möglich ausformuliert werden sollte. Grund ist, dass mit einem höheren Konkretisierungsgrad eine höhere Aktivierung der Situation zu erwarten ist. Es empfiehlt sich zudem nicht, mehrere Handlungsweisen mit der gleichen Situation zu verknüpfen, außer die Handlungen haben eine logische Abfolge (vgl. Faude-Koivisto/Gollwitzer 2009, S. 219 [435], auch für weiterführende Ausführungen).

Tabelle 8.3   Beispiele von Verhaltenszielen (Wenn-Dann-Pläne)

> Wenn ich um sieben Uhr nach Hause komme, dann ziehe ich mich um und gehe ins Fitnessstudio.
> Wenn der Wecker um sechs Uhr klingelt, dann stehe ich auf und mache vier Dehnungsübungen.
> Wenn mein Chef mich das nächste Mal kritisiert, dann atme ich dreimal tief durch und stelle mir eine grüne Wiese vor.
> Wenn ich befürchte, die Prüfung nicht zu schaffen, dann stelle ich mir vor, wie der Lehrer mir das Diplom überreicht und gratuliert.

Im nächsten Kapitel wird als weiterer Aspekt des Bausteins Ziele der **Weg zum Wesentlichen** vorgestellt. Hierdurch kann Work Life Balance entscheidend gefördert werden.

8.3 Der Weg zum Wesentlichen

„Die Schmerzen in unserem Leben rühren meist von dem Gefühl her, dass der Erfolg in einer Rolle zulasten anderer geht, die womöglich noch wichtiger sind." (Covey/Merrill/Merrill 2007, S. 81 [436])

Bei Covey/Merrill/Merrill findet sich ein Vorgehen, wie die wesentlichen Dinge im Leben bestimmt und mittels Planung in die Lebensgestaltung integriert werden können – und zwar so, dass den wesentlichen Dingen Priorität eingeräumt wird. Der *Weg zum Wesentlichen* umfasst in Anlehnung an Covey/Merrill/Merrill (2007, S. 73 ff. [436]) sechs Schritte:

- Schritt 1: Verbindung zum eigenen Leitbild herstellen.
- Schritt 2: Rollen identifizieren.
- Schritt 3: Ziele für die Rollen definieren.
- Schritt 4: Entscheidungsrahmen schaffen.
- Schritt 5: Integrität im Augenblick der Wahl ausüben.
- Schritt 6: Bewerten.

Der Weg zum Wesentlichen integriert drei Bausteine der Selbstmanagement-Kompetenz: Schritt 1 gehört zum Baustein Selbstverantwortung, die Schritte 2 und 3 zum Baustein Ziele und die Schritte 4 bis 6 zum Baustein Zeit & Informationen. Das gesamte Vorgehen wird für das einfachere Verständnis hier beim Baustein Ziele integriert, obwohl Schritte 4 bis 6 zum nachfolgenden Baustein Zeit & Informationen gehören (vgl. für die nachfolgenden Ausführungen zum Weg des Wesentlichen Covey/Merrill/Merril 2007, S. 73 ff. [436]).

8.3.1 Schritt 1: Verbindung zum eigenen Leitbild herstellen

Das *persönliche Leitbild* kann anhand der folgenden drei Fragen erstellt werden:

- Was ist mir am wichtigsten?
- Was gibt meinem Leben Sinn?
- Was will ich im Leben sein und tun?

Viele Menschen fassen die Antworten auf diese Fragen in einem schriftlichen persönlichen Credo oder einem *persönlichen Leitbild* zusammen. Die integrierten Aussagen beschreiben, was ein Mensch mit seinem Leben anfangen will und auf welchen Prinzipien sein Tun und Sein beruhen. Die Klarheit in diesen Fragen ist von entscheidender Bedeutung, weil sich die Antworten auf alles andere auswirken – auf die Ziele, die Entscheidungen, die Lebensführung insgesamt.

Auf diesen Schritt wurde bereits im Baustein Selbstverantwortung eingegangen, da darin die Lebensphilosophie und Lebensvision verankert sind (vgl. Kapitel 5.4).

8.3.2 Schritt 2: Rollen identifizieren

Menschen haben bestimmte *Rollen*, die sie im Leben ausfüllen – in der Arbeit, in der Familie, in der Gemeinschaft oder in anderen Lebensbereichen. Rollen stehen für Verpflichtungen, Beziehungen und Beiträge zum Allgemeinwohl. Die Rollen eines Menschen entwickeln sich aus dem Leitbild. Gleichgewicht zwischen den Rollen bedeutet dabei nicht nur, dass sich ein Mensch mit jeder Rolle befasst, sondern dass sich aus dem Zusammenwirken dieser Rollen die Erfüllung der Lebensziele ergibt. Hier ist auch ein wichtiger Aspekt zur Sicherung von *Work Life Balance* verankert.

Eine Rolle ist standardmäßig vorgegeben: *Die Säge schärfen.* Diese Metapher wird als Sinnbild für individuelle Entwicklung verwendet. Wenn die eigene Säge nicht geschärft wird, ist es, wie wenn versucht wird, mit einem stumpfen Sägeblatt einen Baum zu fällen. Selbstentwicklung ist so wichtig, dass dieser Aspekt zwingend immer betrachtet werden muss und demzufolge eine eigene Rolle darstellt. Wesentlich ist hier, den Bezug zu den vier Bedürfniskategorien herzustellen: physische, emotionale, mentale und geistige/spirituelle Bedürfnisse. Sie alle sollten in der Rolle „die Säge schärfen" ausreichend beachtet sein.

Daneben können bis zu *sechs weitere Rollen* bestimmt werden, welche die wesentlichen Lebensbereiche betreffen. Untersuchungen haben gezeigt, dass sich mehr als sieben Kategorien mental nicht optimal beherrschen lassen.

8.3.3 Schritt 3: Ziele für die Rollen definieren

Für die verschiedenen Rollen werden im dritten Schritt *Ziele* entwickelt. Covey/Merrill/Merrill wählen vom Vorgehen her den Bezugsrahmen von einer Woche für die Bestimmung von Zielen. In Trainings und Coachings hat sich jedoch gezeigt, dass es hilfreich ist, zuerst die Ziele pro Rolle für den Zeitraum von einem Jahr und dann entweder für einen Monat oder quartalsweise (oder auch beides) festzulegen, bevor der Bezugsrahmen von einer Woche gewählt wird.

Auf dem Weg zum Wesentlichen werden *Ergebnisziele* entwickelt, da hier der direkte Bezug zur Zeitplanung hergestellt wird. Wichtig ist, wie die vorangehenden Ausführungen zu den Erfolgskriterien von Zielen gezeigt haben (vgl. Kapitel 8.2), bei jedem Ziel sorgfältig zu prüfen, ob es handlungswirksam ist, und somit sicherzustellen, dass die intrinsische Motivation und die Realisierbarkeit vollumfänglich gegeben sind.

Die nachfolgende Übung integriert die Schritte 2 und 3: Bestimmung von Rollen und von sogenannten Quadrant-II-Zielen. Quadrant-II- Ziele sind Ziele, die wichtig und nicht dringend sind. Sie repräsentieren demzufolge Aktivitäten aus dem Quadranten der Qualität (vgl. Abbildung 8.2).

Übung: Rollen und Ziele definieren

1. *Definition der Rollen:* Listen Sie die verschiedenen Rollen auf, die Sie im Leben ausfüllen. Einige Lebensbereiche beinhalten vielleicht mehrere Rollen (z. B. Leitung Fachstelle Forschung, Abteilungsleitung, Mitglied der erweiterten Geschäftsleitung). Sie können diese Rollen entweder zusammenfassen oder auch einzeln ausführen. Wichtig ist, dass sie möglichst alle wesentlichen Lebensbereiche abdecken und insgesamt neben der Rolle „die Säge schärfen" nur sechs weitere Rollen definieren.

2. *Das Wichtigste in jeder Rolle:* Beantworten Sie die folgenden Fragen und halten Sie die Antworten in Stichworten schriftlich fest. Eine Möglichkeit ist, die Antworten auf verschiedenen Karten festzuhalten (und z. B. pro Rolle eine Farbe auszuwählen). Sie sind zudem frei, andere Zeithorizonte zu wählen, die für Sie sinnvoller erscheinen.

    a) Was ist das Wichtigste, das ich in jeder Rolle *im nächsten Jahr* erreichen möchte? (Oder anders ausgedrückt: Was ist das Wichtigste, das ich im nächsten Jahr in jeder Rolle tun könnte, um die größtmögliche positive Wirkung zu erzielen?)

    b) Was ist das Wichtigste, das ich in jeder Rolle *im nächsten Monat* erreichen möchte?

    c) Was ist das Wichtigste, das ich in jeder Rolle *in der nächsten Woche* erreichen möchte?

3. *Ziele ausformulieren:* Formulieren Sie auf der Basis Ihrer Erkenntnisse aus Schritt 2 handlungswirksame Ziele. Sie können zuerst alle Ziele für den Zeithorizont von einem Jahr konkretisieren oder zuerst alle Ziele pro Rolle für alle Zeithorizonte ausformulieren.

4. *Zielkonflikte und mögliche Synergien überprüfen:* Überprüfen Sie anschließend jedes der Ziele, ob es vollumfänglich realistisch und motivierend ist und ob zwischen den verschiedenen Zielen Konflikte bestehen. Wenn ja, wie können Sie diese minimieren? Gibt es gegebenenfalls Synergien zwischen den Rollen, die genutzt werden können (z. B. Kinder häufiger sehen und mehr Sport machen könnte bedeuten, mit den Kindern Sport zu machen).

Der Weg zum Wesentlichen

Abbildung 8.2 Die vier Quadranten als Entscheidungsrahmen für Ziele und Planung

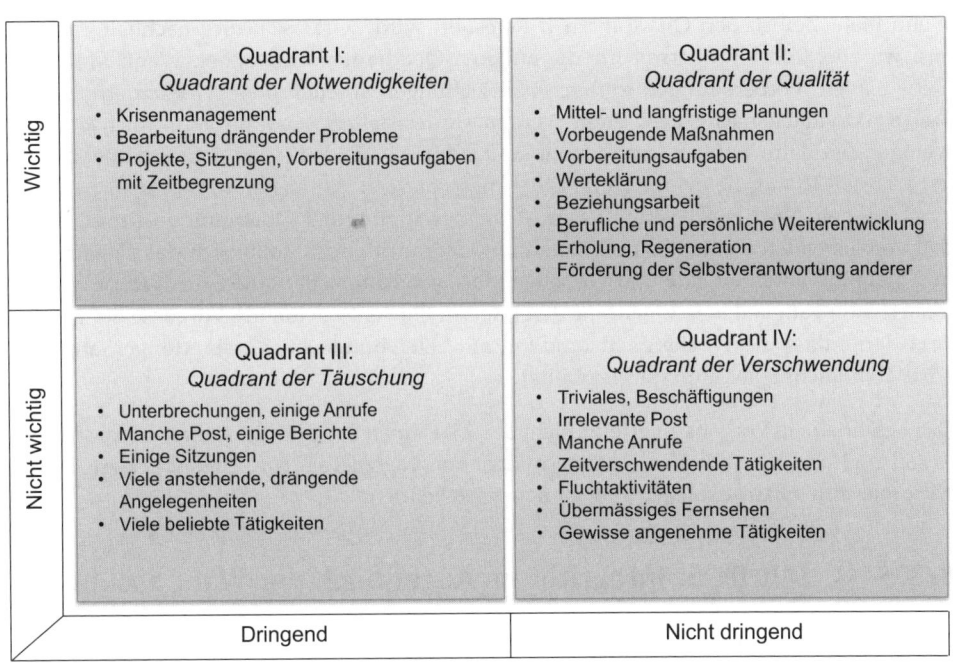

Quelle: vgl. Covey 2008, S. 167 [437]

8.3.4 Schritt 4: Entscheidungsrahmen schaffen

Die *zeitliche Planung* ist ein zentraler Schritt auf dem Weg zum Wesentlichen. Wenn den Tätigkeiten, die mit den qualitativen Zielen pro Rolle verbunden sind, nicht absolute Priorität eingeräumt wird, können dringende Tätigkeiten aus den Quadranten I und III leicht überhand nehmen (vgl. Abbildung 8.2).

Wichtig ist, die wesentlichen Dinge, die sich in den qualitativen Zielen pro Rolle ausdrücken, so früh wie möglich in die Zeitplanung (Agenda, Kalender, Quartalsplan, Jahresplan) zu integrieren. Dadurch wird sichergestellt, dass der Entscheidungsrahmen so gestaltet ist, dass den wesentlichen Dingen Priorität eingeräumt wird. Die anderen Aktivitäten werden dann nach Bedarf „drum herum" platziert. Wenn die qualitativen oder Quadrant-II-Aktivitäten an ihrem Platz sind, können zusätzlich andere Prioritäten des Tages integriert werden.

Ein wichtiger Schritt ist zudem, jede Aktivität dahingehend zu überprüfen, aus welchem Quadranten sie stammt. Eine sorgfältige Analyse wird vermutlich einige Aktivitäten aus dem Quadranten III zu Tage fördern. Wenn Menschen mehr Zeit für den Quadranten II suchen, dann ist zu empfehlen, den Quadranten III eingehender zu analysieren.

Wenn mehr Zeit in den Quadranten II investiert wird, wirkt sich dies nachhaltig darauf aus, wie viel Zeit eine Person für die anderen Quadranten aufwendet. Wenn Menschen mehr planen, Vorbereitungen treffen, an Beziehungen arbeiten oder wirklich erholsamen Freizeitaktivitäten nachgehen, dann werden sie feststellen, dass sie vermutlich deutlich weniger Zeit dafür aufwenden müssen, in Quadrant I „die Scherben aufzusammeln" oder in Quadrant III auf die dringenden Forderungen anderer zu reagieren. Das anzustrebende Ideal auf dem Weg zum Wesentlichen ist die Beseitigung der Quadranten III und IV. Bei den verbleibenden wichtigen Tätigkeiten in Quadrant I und II sollte sich das Gewicht immer mehr auf vorbereitende und vorbeugende sowie Fähigkeiten und Selbstverantwortung freisetzende Tätigkeiten in Quadrant II verlagern. Eine entscheidende Voraussetzung dafür liegt darin, dass die Woche nicht randvoll mit zeitgebundenen Verabredungen angefüllt wird. Es braucht Spielraum für Flexibilität.

Das beschriebene Vorgehen verfolgt nicht das Ziel, einen Zeitplan zu zementieren, sondern es soll ein Rahmen geschaffen werden, in dem von Tag zu Tag, von Augenblick zu Augenblick relevante *Entscheidungen* getroffen werden können.

8.3.5 Schritt 5: Integrität im Augenblick der Wahl ausüben

Ausüben von Integrität im Augenblick der Wahl heißt, dass das persönliche Leitbild (Lebensphilosophie, Lebensvision) mit Gelassenheit und Zuversicht auf den Augenblick übertragen wird – gleichgültig, ob es sich dabei um die Durchführung eines Plans oder um eine vom Gewissen diktierte Änderung dieses Plans handelt. Alle bisher zurückgelegten Schritte sind darauf ausgelegt, die Voraussetzungen zu schaffen, um im entscheidenden Moment die Verbindung zum inneren Kompass herstellen zu können und die richtigen Entscheidungen zu treffen.

Die *Ausrichtung auf den eigenen Kompass* kann mit folgenden Aktivitäten gefördert werden:

- *Vorausschau auf den Tag:* Vor Tagesbeginn einige Momente den Tagesablauf durchgehen, sich orientieren, den Kompass überprüfen, den Tag im Kontext der gesamten Woche betrachten. Es geht darum, die Perspektive aufzufrischen, die ein sinnvolles Reagieren auf unvorhergesehene Chancen oder Herausforderungen ermöglicht.

- *Prioritäten setzen (zumindest die wichtigsten):* Aktivitäten als Quadrant-I- oder Quadrant-II-Tätigkeit identifizieren (sichergehen, dass keine Quadrant-III-Tätigkeit dabei ist). Bei Bedarf kann den einzelnen Quadrant-I- oder Quadrant-II-Aktivitäten ein Status zugewiesen werden (eine einfache Rangfolge oder A, B, C und dann werden zuerst die A's durchgearbeitet). Die wichtigste Priorität sollte jeweils kenntlich gemacht sein.

8.3.6 Schritt 6: Bewerten

Wichtig ist, am Ende der Woche eine Rückschau vorzunehmen und folgende Fragen zu beantworten:

- Welche Ziele habe ich in der vergangenen Woche erreicht?
- Welchen Herausforderungen bin ich begegnet?
- Welche Entscheidungen habe ich getroffen?
- Hatte bei diesen Entscheidungen das Wesentliche Priorität?

So können die Erfahrungen der Woche als Grundlage für eine gesteigerte Effektivität in der Folgewoche genutzt werden. Lernen aus Erfahrungen funktioniert nur dann, wenn die gemachten Erfahrungen auch ausgewertet und entsprechende Rückschlüsse für das Handeln in der Zukunft gezogen werden.

Im Buch „Der Weg zum Wesentlichen" von Covey/Merrill/Merrill (2007, S. 75 ff. [438]) ist der gesamte Prozess ausführlich erläutert. Es sind auch viele unterstützende Fragen integriert, die dabei helfen, die verschiedenen Prozessschritte zu bearbeiten.

Bezogen auf die Selbstmanagement-Kompetenz ist es essenziell, das Leben immer mehr in Richtung „die wesentlichen Dinge tun, die dem Leben Sinn und Erfüllung geben" zu lenken – im Gegensatz zu „von den dringenden Dingen gesteuert" zu werden. Wie der Baustein Ziele gezeigt hat, bilden Ziele, die auf dem persönlichen Leitbild beruhen, hierfür eine entscheidende Grundlage.

8.4 Verhaltensindikatoren und Entwicklungsmaßnahmen

8.4.1 Verhaltensindikatoren für Zielkompetenz

Die *Verhaltensindikatoren im Baustein Ziele* beziehen sich insbesondere darauf, handlungswirksame berufliche und persönliche Ziele und die entsprechenden Umsetzungsschritte und -pläne zu entwickeln, damit das Leben in die Richtung gelenkt wird, die ein Mensch will. Ein wichtiger Aspekt ist, die wesentlichen Dinge im Leben zu erkennen und ihnen entsprechend Priorität einzuräumen. Hierfür helfen die Definition von Rollen und die Entwicklung qualitativer Ziele. Letztlich ist entscheidend, dass definierte Ziele auch umgesetzt werden (können). Sind wesentliche Voraussetzungen beachtet, wie beispielsweise die Handlungswirksamkeit von Zielen oder existierende Zielkonflikte, ist die Chance einer erfolgreichen Umsetzung bedeutend erhöht bzw. überhaupt erst gegeben. Trotzdem können im Rahmen der Umsetzung auch unvorhergesehene Herausforderungen und Hindernisse auftreten, die teilweise aus der Person selbst, jedoch auch aus dem Umfeld erwachsen (z. B. unvorhergesehene Ereignisse im privaten Umfeld, Veränderungen in der

Organisation, Erkennen eigener Grenzen infolge gesundheitlicher Probleme). Hier gilt es, die Ziele entsprechend zu überprüfen und anzupassen – immer unter Berücksichtigung des definierten persönlichen Leitbilds.

In Tabelle 8.4 finden sich die Verhaltensindikatoren für den Baustein Ziele sowie mögliche Fragen zur Reflexion hinsichtlich der eigenen Zielkompetenz.

Tabelle 8.4 Baustein Ziele – Verhaltensindikatoren und Fragen

Verhaltensindikatoren	Auswahl möglicher Reflexionsfragen
Die wesentlichen Dinge im Leben mittels Entwicklung von Zielen für die verschiedenen Rollen erkennen und so die Voraussetzung schaffen, dass den wesentlichen Dingen Priorität eingeräumt wird.	Welches sind meine zentralen Rollen im Berufs- und Privatleben?
Handlungswirksame persönliche und berufliche Ziele definieren.	Welche Ziele möchte ich im nächsten Jahr in meinen verschiedenen Rollen verwirklichen?
Ziele konsequent bezogen auf ihre Realisierbarkeit und intrinsische Motivationswirkung analysieren (mittels somatischer Marker).	Spiegeln diese Ziele meine Lebensphilosophie, meine Bedürfnisse und Werte ausreichend wider?
Ziele hinsichtlich Kongruenz mit dem persönlichen Leitbild (Lebensphilosophie, Lebensvision) und den eigenen Werten überprüfen.	Sind die Ziele realistisch und motivierend? Spüre ich eine klare Intention auf der Körperebene (somatische Marker), diese Ziele auch umzusetzen?
Eine weitgehende Harmonie zwischen persönlichen und beruflichen Zielen schaffen und so die Work Life Balance fördern, Zielkonflikte erkennen und auflösen, reduzieren oder mittels Ressourcen abfedern.	Wo bestehen gegebenenfalls Zielkonflikte? Wie lassen sich diese vermindern oder lösen? Wenn sie sich nicht lösen lassen, wie wirkt sich dies in meinem Leben aus? Was könnte mich unterstützen, um damit verbundene Belastungen zu reduzieren oder abzufedern?
Ziele ausreichend strukturieren, Zielniveau auf der Basis der vorhandenen Kompetenzen und Ressourcen optimal festlegen, Ziele nach Bedeutung priorisieren.	Wo sind mögliche Schwierigkeiten und Hindernisse auf dem Weg zur Erreichung meiner wesentlichen Ziele? Wie kann ich adäquat reagieren, wenn Hindernisse auftauchen?
Den geeigneten Zieltyp wählen (Handlungsziel, Ergebnisziel oder Verhaltensziel), das Erreichen von Handlungs- und Ergebniszielen mit Wenn-Dann-Plänen unterstützen.	Wie konsequent verfolge ich meine Ziele? Wieso lohnt es sich durchzuhalten?
Umsetzungsstrategie festlegen, konkrete Handlungspläne für die Zielerreichung umfassend ausgestalten, z. B. unterstützende Maßnahmen und Ressourcen für die Umsetzung.	
Prozess der Zielrealisierung überprüfen, Sicherstellen der Zielerreichung bei Hindernissen und Schwierigkeiten.	

Zielkompetenz bedeutet, dass ein Mensch die Fähigkeit und die Bereitschaft besitzt, persönliche und berufliche Ziele so zu definieren, dass die wesentlichen Dinge im Leben ausreichend Berücksichtigung finden. Die formulierten Ziele sind mit dem persönlichen Leitbild kongruent und unterstützen so die Erreichung der grundsätzlichen Lebensziele. Zielkompetenz heißt weiter, dass Menschen den geeigneten Zieltyp für eine bestimmte Grundsituation bestimmen und definierte Ziele konsequent hinsichtlich ihrer Handlungswirksamkeit überprüfen – insbesondere dass diese vollumfänglich realistisch und intrinsisch motivierend sind. Sie können, in Abstimmung mit den eigenen Kompetenzen und den vorhandenen Ressourcen, ein optimales Anforderungsniveau für die Ziele festlegen und Ziele ausreichend strukturieren. Sie haben die Fähigkeit, Bedürfnis-Ziel-Konflikte und Konflikte zwischen den Zielen zu erkennen und Harmonie zwischen persönlichen und beruflichen Zielen zu schaffen. Sie sind in der Lage, geeignete Umsetzungsstrategien für die definierten Ziele zu entwickeln und Handlungspläne für die Zielerreichung so auszugestalten, dass diese die Zielerreichung unterstützen (inkl. Anwendung von Wenn-Dann-Plänen). Sie überprüfen den Prozess der Zielrealisierung und setzen sich konkret damit auseinander, wie Ziele bei allfällig auftretenden Schwierigkeiten und Hindernissen trotzdem realisiert werden können, und legen so die Basis für Handlungskompetenz.

8.4.2 Selbst- und unternehmensgesteuerte Maßnahmen zur Förderung von Zielkompetenz

Es gibt verschiedene Maßnahmen, Methoden und Techniken, die Zielkompetenz fördern. Bei den *selbstgesteuerten Maßnahmen* stehen Aktivitäten im Zentrum, die den Rahmen schaffen, um persönliche und berufliche Ziele in Abstimmung mit dem persönlichen Leitbild zu entwickeln. Wichtig ist auch, zu beachten, dass jeweils eine sorgfältige Planung der Umsetzungsstrategie erfolgt: Welche Schritte sind notwendig bzw. zweckmäßig, um die Ziele Schritt für Schritt zu erreichen? Welche Hindernisse können auftreten? Wie kann diesen begegnet werden? Welche Ressourcen können für die Umsetzung aktiviert werden? Sinnvollerweise wird ein konkreter Handlungsplan erstellt, in dem die verschiedenen Schritte, die notwendigen Maßnahmen und Ressourcen sowie der Termin festgehalten werden. Hier kann es auch angezeigt sein, Prioritäten zu setzen. Manchmal ist es auch besser, sich einige „große" Ziele zu setzen als viele „kleine" oder sich auf einige ausgewählte Ziele zu beschränken im Sinne von „weniger ist mehr". Basis für jegliche Zieldefinition sollte immer das persönliche Leitbild sein.

Mögliche *Maßnahmen seitens des Unternehmens* konzentrieren sich auf Angebote, die die Mitarbeitenden bei der Entwicklung und Definition von beruflichen (und persönlichen) Zielen unterstützen. In Tabelle 8.5 sind mögliche Maßnahmen aufgeführt.

Tabelle 8.5 Maßnahmen zur Förderung von Zielkompetenz

Selbstgesteuerte Maßnahmen	Maßnahmen seitens des Unternehmens
Lesen von Büchern und Bearbeiten von Übungen, welche sich mit der Entwicklung beruflicher und persönlicher Zielen befassen, z. B. "Der Weg zum Wesentlichen".	Management by Objectives: Förderung von Zielvereinbarungsprozessen, welche die intrinsische Motivation und die Realisierbarkeit von Zielen konsequent berücksichtigen.
Besuch eines Standortbestimmungsseminars bzw. eines Coachings, in dem konkrete persönliche und berufliche Zielvorstellungen entwickelt werden.	Schulung der Vorgesetzten für die Aktivierung intrinsischer Motivationspotenziale durch handlungswirksame Ziele.
Besuch einer Laufbahn- oder Berufsberatung.	Etablierung des Führungszirkels oder von Peer-Coachings mit Fokus Motivation durch handlungswirksame Ziele.
Besuch von Weiterbildungen, die sich mit Entwicklung von handlungswirksamen Zielen und/oder der Entwicklung von Haltungszielen befassen (z. B. ZRM-Training).	Angebot an Seminaren, in denen „Der Weg zum Wesentlichen" durchgearbeitet wird.
Unterstützung suchen von Arbeitskolleg/innen oder dem/der Vorgesetzten, um so die Qualität der Umsetzungsstrategien und der Handlungspläne von Zielen zu optimieren und auftretende Hindernisse überwinden zu können.	Angebot an Standortbestimmungsseminaren oder eines Coachings mit Fokus „berufliche und persönliche Ziele entwickeln", z. B. meine Ziele 45 Plus.
	Unterstützung von Kulturveränderungsprozessen durch Entwicklung von Motto-Zielen.

Literatur

[402] Kleinbeck, U. (2010): Handlungsziele, in: Heckhausen, J./Heckhausen, H. (Hrsg.), Motivation und Handeln, 4. Aufl., Heidelberg, 285-307.
[403] Elliott, A./Fryer, J. (2008): The goal construct in psychology, in: Shah, J./Gardner, W. (Eds.), Handbook of Motivation Science, New York, 235-250.
[404] Brockhaus (2009): Ziel, in: Der Brockhaus in Text und Bild 2009, Download-Version, Mannheim.
[405] Kleinbeck, U. (2010): Handlungsziele, in: Heckhausen, J./Heckhausen, H. (Hrsg.), Motivation und Handeln, 4. Aufl., Heidelberg, 285-307.
[406] Elliott, A./Fryer, J. (2008): The goal construct in psychology, in: Shah, J./Gardner, W. (Eds.), Handbook of Motivation Science, New York, 235-250.
[407] Weinert, A. B. (2004): Organisations- und Personalpsychologie, Weinheim.
[408] Storch, M. (2009): Motto-Ziele, S.M.A.R.T.-Ziele und Motivation, in: Birgmeier, B. (Hrsg.), Coachingwissen. Denn sie wissen nicht, was sie tun? Wiesbaden, 183-205.
[409] Kuhl J./Koole, S. (2005): Wie gesund sind Ziele? Intrinsische Motivation, Affektregulation und das Selbst, in: Vollmeyer, R./Brunstein, J. C. (Hrsg.), Motivationspsychologie und ihre Anwendung, Stuttgart, 109-127.
[410] Baumann, N./Kaschel, R./Kuhl, J. (2005): Striving for unwanted goals: Stress-dependent discrepancies between explicit and implicit achievement motives reduce subjective well-being and increase psychosomatic symptoms, in: Journal of Personality and Social Psychology, 89, 5, 781-799.
[411] Martens, J.-U./Kuhl, J. (2009): Die Kunst der Selbstmotivierung. Neue Erkenntnisse der Motivationsforschung praktisch nutzen, 3. Aufl., Stuttgart.

[412] Kuhl J./Koole, S. (2005): Wie gesund sind Ziele? Intrinsische Motivation, Affektregulation und das Selbst, in: Vollmeyer, R./Brunstein, J. C. (Hrsg.), Motivationspsychologie und ihre Anwendung, Stuttgart, 109-127.
[413] Storch, M./Krause, F. (2011): Selbstmanagement – ressourcenorientiert. Grundlagen und Trainingsmanual für die Arbeit mit dem Zürcher Ressourcen Modell (ZRM), 3. Nachdruck der 4. Aufl., Bern.
[414] Koestner, R./Lekes. N./Powers, T. A./Chicoine, E. (2002): Attaining personal goals. Self-concordance plus implementation intentions equals success, in: Journal of Personality and Social Psychology, 83, 213-244.
[415] Storch, M. (2009): Motto-Ziele, S.M.A.R.T.-Ziele und Motivation, in: Birgmeier, B. (Hrsg.), Coachingwissen. Denn sie wissen nicht, was sie tun? Wiesbaden, 183-205.
[416] Büser, T./Gülpen, B. (2008): Zielvereinbarungen und Mitarbeitergespräche, in: Brückermann, R./Müller-Vorbrüggen, M. (Hrsg.), Handbuch Personalentwicklung. Die Praxis der Personalbildung, Personalförderung und Arbeitsstrukturierung, 2. Aufl., Stuttgart, 629-639.
[417] Locke, E./Latham, G. (1990): A theory of goal setting and task performance, Englewood Cliffs, NJ.
[418] Storch, M. (2009): Motto-Ziele, S.M.A.R.T.-Ziele und Motivation, in: Birgmeier, B. (Hrsg.), Coachingwissen. Denn sie wissen nicht, was sie tun? Wiesbaden, 183-205.
[419] Storch, M./Krause, F. (2011): Selbstmanagement – ressourcenorientiert. Grundlagen und Trainingsmanual für die Arbeit mit dem Zürcher Ressourcen Modell (ZRM), 3. Nachdruck der 4. Aufl., Bern.
[420] Storch, M. (2009): Motto-Ziele, S.M.A.R.T.-Ziele und Motivation, in: Birgmeier, B. (Hrsg.), Coachingwissen. Denn sie wissen nicht, was sie tun? Wiesbaden, 183-205.
[421] Bruggmann, N. (2003): Persönliche Ziele. Ihre Funktion im psychischen System und ihre Rolle beim Einleiten von Veränderungsprozessen, Empirische Lizentiatsarbeit, Lehrstuhl für Pädagogische Psychologie I der Universität Zürich.
[422] Storch, M. (2009): Motto-Ziele, S.M.A.R.T.-Ziele und Motivation, in: Birgmeier, B. (Hrsg.), Coachingwissen. Denn sie wissen nicht, was sie tun? Wiesbaden, 183-205.
[423] Kuhl, J. (2001): Motivation und Persönlichkeit. Interaktionen psychischer Systeme, Göttingen et al.
[424] Storch, M. (2009): Motto-Ziele, S.M.A.R.T.-Ziele und Motivation, in: Birgmeier, B. (Hrsg.), Coachingwissen. Denn sie wissen nicht, was sie tun? Wiesbaden, 183-205.
[425] Martens, J.-U./Kuhl, J. (2009): Die Kunst der Selbstmotivierung. Neue Erkenntnisse der Motivationsforschung praktisch nutzen, 3. Aufl., Stuttgart.
[426] Kuhl, J. (2001): Motivation und Persönlichkeit. Interaktionen psychischer Systeme, Göttingen et al.
[427] Storch, M. (2009): Motto-Ziele, S.M.A.R.T.-Ziele und Motivation, in: Birgmeier, B. (Hrsg.), Coachingwissen. Denn sie wissen nicht, was sie tun? Wiesbaden, 183-205.
[428] Baumann, N./Kaschel, R./Kuhl, J. (2005): Striving for unwanted goals: Stress-dependent discrepancies between explicit and implicit achievement motives reduce subjective well-being and increase psychosomatic symptoms, in: Journal of Personality and Social Psychology, 89, 5, 781-799.
[429] Storch, M./Krause, F. (2011): Selbstmanagement – ressourcenorientiert. Grundlagen und Trainingsmanual für die Arbeit mit dem Zürcher Ressourcen Modell (ZRM), 3. Nachdruck der 4. Aufl., Bern.
[430] Storch, M. (2009): Motto-Ziele, S.M.A.R.T.-Ziele und Motivation, in: Birgmeier, B. (Hrsg.), Coachingwissen. Denn sie wissen nicht, was sie tun? Wiesbaden, 183-205.
[431] Gollwitzer, P. M. (1999): Implementation intentions: strong effects of simple plans, in: American Psychologist, 54, 493-503.
[432] Faude-Koivisto, G./Gollwitzer, P. (2009): Wenn-Dann Pläne: eine effektive Planungsstrategie aus der Motivationspsychologie, in: Birgmeier, B. (Hrsg.), Coachingwissen. Denn sie wissen nicht, was sie tun? Wiesbaden, 207-225.
[433] Webb, T. L./Sheeran, P. (2006): Does changing behavioral intentions engender behavior change? A meat-analysis of the experimental evidence, in: Psychological Bulletin, 132, 249-268.

[434] Bayer, u. C./Achtziger, A./Gollwitzer, P. M./Moskowitz, G. (2009): Responding to subliminal clues: Do if-then plans cause action preparation and initiation without conscious intent?, in: Social Cognition, 27, 183-201.

[435] Faude-Koivisto, G./Gollwitzer, P. (2009): Wenn-Dann Pläne: eine effektive Planungsstrategie aus der Motivationspsychologie, in: Birgmeier, B. (Hrsg.), Coachingwissen. Denn sie wissen nicht, was sie tun? Wiesbaden, 207-225.

[436] Covey, S. R./Merrill A. R./Merrill, R. R. (2007): Der Weg zum Wesentlichen. Der Klassiker des Zeitmanagements, 6. Aufl., Frankfurt/New York.

[437] Covey, S. R. (2008): Die 7 Wege zur Effektivität. Prinzipien für persönlichen und beruflichen Erfolg, 11. Aufl., Offenbach.

[438] Covey, S. R./Merrill A. R./Merrill, R. R. (2007): Der Weg zum Wesentlichen. Der Klassiker des Zeitmanagements, 6. Aufl., Frankfurt/New York.

9 Baustein Zeit und Informationen

„Der hektische pulsierende Rhythmus des modernen Lebens bringt uns dazu, nur flüchtig die Oberfläche der Erfahrungen zu streifen und uns dann schnell etwas Neuem zuzuwenden." (Stephan Rechtschaffen)

Menschen treffen laufend Entscheidungen über ihre Zeitverwendung und Zeitgestaltung. In den letzten Jahren ist der Umgang mit Informationen ein immer wichtigerer und herausfordernderer Aspekt für eine sinnvolle und effektive Zeitgestaltung geworden. Aus diesem Grund werden in der Bezeichnung dieses Bausteins „Informationen" explizit als zweites Element neben „Zeit" aufgeführt. Nachfolgend wird zuerst auf den Begriff und das Verständnis von Zeit eingegangen, bevor einige ausgewählte Aspekte aus dem Bereich Umgang mit Informationen vorgestellt werden.

9.1 Begriff und Bedeutung von Zeit

„Zeit ist gewaltig, unfassbar." (Lenz 2005, S. 41 [439])

„Die Zeit kann man nicht managen – nur sich selbst." (Covey/Merrill/Merrill 2007, S. 7 [440])

> **Zeit** ist „das im menschlichen Bewusstsein unterschiedlich erlebte Vergehen von Gegenwart; die nicht umkehrbare, nicht wiederholbare Abfolge des Geschehens, die als Vergangenheit, Gegenwart und Zukunft am Entstehen und Vergehen der Dinge erlebt wird. Wir erfahren die Welt als gerichteten Prozess, der eine begriffliche Aufspaltung in Raum und Zeit zulässt. Zeit ist somit der durch Abstraktion herausgehobene Verlaufsaspekt der veränderlichen Zustände der Realität. Soweit wir heute wissen, ist es nicht möglich, die Zeitlichkeit der Natur mittels Theorien auf fundamentalere Eigenschaften zurückzuführen. Die Eigenschaften der Zeit lassen sich deshalb beschreiben, aber die Zeit kann nicht erklärt werden." (Brockhaus 2012 [441])

Menschen treffen fortwährend Entscheidungen über ihre Zeiteinteilung – sei es, wann welche Sitzung stattfinden soll, wann sie wen treffen möchten, welche Aktivitäten heute erledigt werden sollen und welche auf die nächste Woche verschoben werden können, wann sie in die Ferien fahren, ihre Kinder zum Sport fahren oder ihren nächsten Zahnarzttermin wahrnehmen.

Zeit hat eine objektive und eine subjektive Dimension. **Objektiv** lässt sich Zeit messen – am einfachsten mit einer Uhr. Zeit verrinnt, Sekunde um Sekunde – unumgänglich, fortwährend. Menschen brauchen eine bestimmte Zeit, um von einem Ort zu einem anderen zu gelangen. Der Abschluss eines Projekts ist bis zu einem gewissen Datum geplant. Der Kunde erwartet einen Rückruf bis um 10 Uhr. Menschen werden jedes Jahr um ein Geburtsjahr älter. In der heutigen Gesellschaft und Wirtschaft ist die Zeitdauer ein wichtiger Maßstab und Wert. Zeit ist eng an Kosten und an wirtschaftlichen und beruflichen Erfolg gekoppelt und kann Auslöser von Motivation und Freude, aber auch von Druck und Hektik sein.

Subjektiv erleben Menschen Zeit ganz unterschiedlich. Manchmal vergeht sie wie im Fluge, manchmal will sie nie zu Ende gehen. Das Erleben von Zeitqualität ist etwas ganz Individuelles und Persönliches.

Was bedeutet Zeit für mich? Wie erlebe ich Zeit? Welche Qualität möchte ich im Zeiterleben erfahren? Diese Fragen helfen, das eigene Verständnis von Zeit zu reflektieren. Es gibt zahlreiche und unterschiedliche Zugänge zum *Phänomen Zeit:* Zeit und Endlichkeit, Zeit und Ewigkeit, Vergangenheit, Zukunft und das Jetzt, Kontinuität der Zeit oder Zeit-Teilchen, materialistische und nichtmaterialistische Auffassungen von Zeit. Tabelle 9.1 zeigt die Vielfalt der Zugänge zu Zeit auf.

Tabelle 9.1   Zugänge zum Phänomen Zeit

Bereich	Zugänge	Beschreibung
Zeitskalen in der Natur	Zeit und Mathematik	Berechnung der durchschnittlichen Lebensdauer von Teilchen, z. B. Proton mit 10^{31} Jahren
		Kalender in verschiedenen Kulturen
	Zeit in der Physik	Die Entstehung von Welt und Zeit
		Relativitäts- und Quantentheorie
		Zeitpfeile, z. B. Existenz von Zeit seit dem Urknall
		Zeit und die Zukunft des Universums
	Astronomie und Zeitmessung	Jahreszeiten, Sternbilder, Tierkreis
		Die Länge der Tage
		Der Mond und seine Periodizitäten
		Jahre und andere Zyklen im Sonnensystem
	Zeit in der Erdgeschichte	Geologische Zeit-Schichten
		Radiologische Uhren
	Biologische Zeitlichkeit	Biologische Uhren, z. B. Biorhythmen, Körperrhythmen (Organzeiten, Herzschlag, Notwendigkeit von Schlaf etc.)
		Sinnesorgane als Zeitmesser: z. B. Anzahl Schwingungen innerhalb eines Frequenzbereichs; Zahl der Schwingungen pro Sekunde ruft differenzierte Sinneseindrücke hervor
		Zeit im Leben der Pflanzen, z. B. Wachstum zu bestimmten Jahreszeiten
Die Zeit des Menschen	Menschwerdung und Zeitbegriff	Kulturperioden der Menschheit
		Zeitbewusstsein und Zeiterleben, z. B. Gleichzeitigkeit Aufeinanderfolge, Dauer
		Gedächtnis und Zeitpfeil: z. B. Ultrakurzzeit-Gedächtnis, Kurzzeit-Gedächtnis, Langzeit-Gedächtnis

Bereich	Zugänge	Beschreibung
	Zeit und Sprache	Vom „hier und jetzt" zum „vorher und nachher"
		Zeitformen der Sprache
		Begriffe abstrakter Zeit (Chronos, Kairos)
	Individuelles Zeitempfinden	Zeitgefühl und Sprache, z. B. schnell, gemächlich, später, unendlich, Langeweile
		Zeiterfahrung aus wissenschaftlicher Sicht, z. B. qualitative Unterschiede beim Zeitempfinden durch verschiedene langanhaltende Emotionen wie Freude, Sorge, Trauer
		Zeit in der Kunst, z. B. Musik, Zeitdarstellungen in der Literatur oder mittels Bildern (z. B. zerfließende Zeit des Surrealisten Salvatore Dali)
		Gesellschaftlich bestimmtes Zeitempfinden: Ökonomische, soziale, kulturelle, religiöse und ästhetische Gesichtspunkte prägen Menschen – es entsteht eine Kombination aus objektiver und subjektiver Zeiterfahrung
	Zeit und Gesellschaft	Zeit in Religionen und Mythen
		Geschichtliche Zeit
		Zeit und Ökonomie
Höhepunkte im Lauf der Zeiten	Spezielle Tage und Höhepunkte	Feste, Feiertage, Gedenktage, persönliche Festanlässe

Quelle: vgl. Lenz 2005 [442]

Im Rahmen der Selbstmanagement-Kompetenz geht es darum, das eigene Verständnis von Zeit und die eigene Zeitverwendung zu reflektieren und für sich – in Abstimmung mit anderen Menschen – festzulegen, wie die zur Verfügung stehende Zeit gestaltet werden soll. *Zeitmanagement* hilft, die zur Verfügung stehende Zeit so zu nutzen, dass die im Baustein Ziele definierten persönlichen und beruflichen Ziele erreicht werden können. Zeitmanagement ist zu vergleichen mit einer Toolbox mit vielen verschiedenen hilfreichen Werkzeugen, die Menschen dabei unterstützen, ihre Zeit so einzusetzen und zu planen, dass sie effektiv und sinnvoll eingesetzt und genutzt und ein stetiger Wechsel von Aktivität und Regeneration ermöglicht wird.

Das *traditionelle Zeitmanagement* geht von der Annahme aus, dass durch eine effizientere Planung und Erledigung der Aufgaben und Aktivitäten letztlich Kontrolle über das eigene Leben gewonnen werden kann. Durch dieses höhere Maß an Kontrolle kann in der Folge im Leben mehr Erfüllung erreicht werden.

Andere Zeitmanagement-Autoren stellen diesen Ansatz infrage (vgl. z. B. Seiwert 2009 [443], Covey/Merrill/Merrill 2007 [444]). Sie weisen darauf hin, dass es nicht primär darum geht, die Zeit in den Griff zu bekommen, sondern dass das Wichtigste an die erste Stelle gerückt wird. Viele Menschen fühlen sich hin- und hergerissen zwischen Dingen, die sie tun möchten, zwischen Forderungen und Erwartungen, die an sie gestellt werden, und zwischen den vielfältigen Verantwortungen, die bestehen und die wahrgenommen werden wollen. Menschen stehen Tag für Tag und von Augenblick zu Augenblick vor der Herausforderung, Entscheidungen darüber zu treffen, wie sie ihre Zeit am besten nutzen können. Covey/Merrill/Merrill benutzen die Symbole **Uhr** und **Kompass,** um zwei unterschiedliche Philosophien von Zeitmanagement aufzuzeigen (traditionelles Zeitmanagement vs. Weg zum Wesentlichen).

„Die Uhr steht für unsere Zusagen, Verabredungen, Zeitpläne, Ziele und Tätigkeiten – also dafür, was wir mit unserer Zeit anfangen und wie wir sie einteilen. Der Kompass repräsentiert Vision, Werte, Prinzipien, Leitbild, Gewissen und Orientierung – also das, was wir für wichtig halten und wie wir unser Leben führen. […] Das Ringen entsteht, wenn wir eine Kluft zwischen der Uhr und dem Kompass spüren, wenn unser Handeln nichts zu den wichtigen Dingen in unserem Leben beiträgt." (Covey/Merrill/Merrill 2007, S. 19 [444])

Jede Entscheidung bezüglich Zeit hat eine Konsequenz, mit der Menschen leben müssen. Entscheidend ist, wie tief die Kluft zwischen der tatsächlichen Lebensführung und den eigentlich wichtigen Lebensinhalten ist. Je nachdem, wie groß diese Diskrepanz ist, können Gefühle von Sinnlosigkeit, Orientierungslosigkeit und Unbehagen entstehen.

9.2 Generationen des Zeitmanagements

Covey/Merrill/Merrill (2007, S. 21 ff. [444]) haben zahlreiche Publikationen und Zeitmanagement-Ansätze untersucht. Ein wesentlicher Unterschied findet sich zwischen traditionellen Modellen und jenen Modellen, die gegen die traditionellen Paradigmen angehen, wie beispielsweise ein fernöstlicher Ansatz, der Menschen dazu auffordert, dem natürlichen Rhythmus des Lebens zu folgen. Ziel ist, die „zeitlosen" Momente der Freude wahrzunehmen, in denen es keine Uhr mehr gibt (für die nachfolgenden Ausführungen zu den Generationen des Zeitmanagements vgl. Covey 2008, S. 163 ff. [445] und Covey/Merrill/ Merrill 2007, S. 15 ff. [446]).

Mittlerweile können vier *Generationen des Zeitmanagements* unterschieden werden (wobei die ersten drei dem traditionellen Zeitmanagement-Verständnis entsprechen und die vierte Generation den Fokus auf die wesentlichen Dinge im Leben legt):

- *Erste Generation:* Diese Generation beruht auf dem Prinzip von Gedächtnishilfen: Notizen und Checklisten dienen als Erinnerungshilfen, die aufzeigen, was alles zu erledigen ist. Am Ende des Tages sind dann hoffentlich möglichst viele Dinge auf der Liste abgehakt. Unerledigte Aktivitäten werden auf die To-Do-Liste für den nächsten Tag gesetzt.
- *Zweite Generation:* Hier geht es um Planung und Vorbereitung. Im Zentrum steht das Führen von Terminkalendern. Schwerpunkte der zweiten Generation sind Effizienz, persönliche Verantwortung sowie die kluge Zielsetzung und Terminplanung.
- *Dritte Generation:* Diese Generation fokussiert auf Planung, Prioritätensetzung und Kontrolle. Der erste Schritt ist, Werte zu evaluieren und Prioritäten zu bestimmen. Im zweiten Schritt werden lang-, mittel- und kurzfristige Ziele für die Verwirklichung die-

ser Werte definiert und die täglichen Aufgaben nach Prioritäten geordnet. Hier lassen sich zahlreiche Hilfsmittel nutzen, wie Planer und Organisationshilfen mit detaillierten Vordrucken für die Tagesplanung.

- *Vierte Generation:* Probleme entstehen, weil das Paradigma der Dringlichkeit überwiegt und das Paradigma der Wichtigkeit vernachlässigt wird. In der vierten Generation des Zeitmanagements geht es darum, die wesentlichen Dinge im Leben zu bestimmen und diese in Einklang mit den äußeren Realitäten umzusetzen. So wird inneres Feuer ermöglicht (vgl. hierzu auch Kapitel 6.2.4).

9.2.1 Die ersten drei Generationen kritisch beleuchtet

Die ersten drei Generationen des Zeitmanagements ermöglichen große Effizienzgewinne. Mittels Effizienz, Planung, Prioritätensetzung, Werteklärung und Zielsetzung können viele positive Wirkungen erzeugt werden. Doch bleiben wesentliche Aspekte des Lebens unberücksichtigt. Für viele Menschen bleibt trotz eines effizienten Zeitmanagements die Kluft zwischen dem, was für sie wirklich zählt, und dem, wie sie ihre Zeit verbringen, bestehen. Covey/Merrill/Merrill äußern sich kritisch zu verschiedenen Paradigmen, die dem traditionellen Zeitmanagement-Verständnis der ersten drei Zeitmanagement-Generationen zugrunde liegen:

- *Kontrolle:* Kontrollmöglichkeiten und -räume sind begrenzt. Menschen können zwar ihre Entscheidungen kontrollieren, jedoch nicht die Konsequenzen dieser Entscheidungen. Auch andere Menschen lassen sich nicht oder nur begrenzt kontrollieren – viele Tätigkeiten und Aufgaben werden jedoch zusammen mit anderen Menschen verrichtet. Dies wird von klassischen Zeitmanagement-Ansätzen nicht ausreichend berücksichtigt.

- *Effizienz:* Beim Effizienz-Paradigma wird oft vergessen, dass Effizienz nicht mit Effektivität gleichgesetzt werden darf. „Mehr" und „schneller" ist nicht zwingend auch „besser". Auch in der Zusammenarbeit und im Zusammenleben mit Menschen ist Effizienz zudem oft eher hindernd als fördernd.

- *Werte:* Werte sind wichtig und bestimmen Entscheidungen und Handlungen. Menschen können viele Dinge wertschätzen – Liebe, Sicherheit, materielle Güter, Status, Anerkennung. Wertschätzung alleine garantiert jedoch nicht, dass die Lebensqualität auch erhöht wird. Wenn die eigenen Werte mit wesentlichen Prinzipien, die über inneren Frieden und Lebensqualität entscheiden, im Widerspruch stehen, wird auf Sand gebaut (z. B. das Gesetz der Ernte: Menschen ernten das, was sie säen).

- *Unabhängige Leistung:* Im Zentrum steht der Leistungsgedanke, und andere Menschen werden als Mittel betrachtet, durch die Dinge schneller erledigt werden können. Wenn Menschen nicht nach den eigenen Vorstellungen funktionieren, sind sie Hindernisse oder Störfaktoren. Die Beziehung ist hier im Wesentlichen transaktional. Die größten Leistungen und Freuden im Leben beruhen jedoch auf Beziehungen, die transformativ sind.

„Die Menschen werden durch die Interaktion verändert, transformiert. Es entsteht etwas Neues, das von keinem der Beteiligten kontrolliert wird. Keiner hätte es vorhersehen können. Es handelt sich nicht um eine Folge von Effizienz, sondern um eine Folge von Verstehen, Lernprozessen und Begeisterung über diese Lernprozesse. Die transformative Kraft dieser interdependenten Synergie bildet den Schlüssel zu einer sinnvollen Lebens- und Zeitgestaltung." (Covey/Merrill/Merrill 2007, S. 26 [446])

- **Chronos:** Zeitmanagement setzt auf Chronos (= chronologische Zeit), welche die lineare Abfolge von Momenten beschreibt. Die einzelnen Zeiteinheiten sind alle gleichwertig und die Uhr bestimmt den Rhythmus des Lebens. Im Gegensatz dazu liegt der Fokus von Kairos (= günstige Zeit) auf dem Erleben. Die Zeit ist hier subjektiv und existenziell. Es geht darum, wie viel Qualität eine Zeitsequenz beinhaltet, und nicht, wie viel Chronos-Zeit verstreicht.

- **Kompetenz:** Persönliche Effektivität und Lebensqualität kann nicht nur durch die Entwicklung von Kompetenzen erreicht werden, sondern entscheidend ist auch Charakterbildung, was in der Weisheitsliteratur über viele Jahrhunderte hinweg immer wieder betont wird.

- **Management:** Zeitmanagement betont die Managementperspektive und nicht die Führungsperspektive. Wichtig ist jedoch, Führung vor Management zu setzen: „Mache ich das Richtige?", bevor gefragt wird: „Mache ich es richtig?". Nur dann erhalten die wichtigen Dinge im Leben die höchste Priorität.

Die vierte Generation stellt ein neues Paradigma ins Zentrum – das Paradigma des Wesentlichen.

9.2.2 Die vierte Generation des Zeitmanagements - der Weg zum Wesentlichen

„Mehr Dinge schneller zu tun ist kein Ersatz dafür, das Richtige zu tun." (Covey/Merrill/Merrill 2007, S. 31 [446])

Manche Menschen haben sich so sehr an einen hohen Adrenalinspiegel gewöhnt, dass sie nur daraus ein Gefühl von Stärke und Begeisterung gewinnen können. Die Lösung dringender und wichtiger Krisen kann ein vorübergehendes Hochgefühl erzeugen. Dringlichkeit kann aufregend sein. Sie kann ein Gefühl der Nützlichkeit erzeugen und die Bestätigung geben, erfolgreich und anerkannt zu sein. In der heutigen Leistungsgesellschaft wird zudem oft erwartet, dass Menschen beschäftigt bis überarbeitet sind. Beschäftigt zu sein heißt, wichtig zu sein. Durch diese Geschäftigkeit wird ein Gefühl von Sicherheit erzeugt. Sie dient jedoch auch als Vorwand, sich nicht mit den wichtigen Dingen auseinandersetzen zu müssen. In der Zeitmanagement-Literatur wird der Begriff der Dringlichkeitssucht verwendet:

„Dringlichkeitssucht ist ein selbstzerstörerisches Verhalten, das vorübergehend eine durch unerfüllte Bedürfnisse entstehende Leere ausfüllt. Die Instrumente und Ansätze des Zeitmanagements fördern

diese Abhängigkeit oft noch zusätzlich, weil sie uns darauf festlegen, Tag für Tag die dringlichen Angelegenheiten nach Prioritäten zu ordnen, statt die wirklichen Bedürfnisse zu erfüllen. [...] Die Sucht der Dringlichkeit ist nicht weniger gefährlich als andere allgemein bekannte Abhängigkeiten." (Covey/Merrill/Merrill 2007, S. 34 [446])

Das Problem liegt nicht in der Dringlichkeit selbst, sondern darin, dass Dringlichkeit zum beherrschenden Faktor wird. Wichtige Dinge werden dann nur noch in dringenden Dingen erkannt. Menschen sind dann so in ihre Tätigkeiten eingebunden, dass sie nicht mehr darüber nachdenken, ob diese wirklich nötig sind. Hierdurch wird die Diskrepanz zwischen Kompass und Uhr vergrößert.

„Wir versuchen, noch schneller zu arbeiten, noch schneller zu leben, noch mehr Zeit zu sparen. Aber: Von all der Zeit, die wir mit hektischen Aktivitäten, eiligem Multitasking oder schonungsloser Mehrarbeit einsparen wollen, bleibt am Ende doch nichts übrig. Obwohl wir jede Sekunde unseres Tages und jeden Augenblick unseres Lebens verplanen, zerrinnt die Zeit uns zwischen den Fingern. Auf rätselhafte Weise werden die Tage immer kürzer und kürzer, unser Leben immer leerer und leerer." (Seiwert 2009, S. 10 [447])

Viele Dinge, die dem Leben Sinn verleihen und zu den persönlichen Lebenszielen beitragen, wirken nicht direkt auf das Individuum ein und bedrängen nicht – somit ist es schwieriger, ihnen den entsprechenden Platz einzuräumen. Gerade weil wichtige Dinge oft auch nicht dringend sind, muss die Einwirkung seitens des Individuums erfolgen.

„Nur wer das Wichtige kennt und auch tut, statt bloß auf Dringendes zu reagieren, kann den Weg zum Wesentlichen finden." (Covey/Merrill/Merrill 2007, S. 31 [448])

9.3 Begriff und Verständnis von Informationen

Nachfolgend wird nun auf den zweiten Aspekt im Baustein Zeit & Informationen eingegangen: den Umgang mit Informationen.

Die Menge der zur Verfügung stehenden Information ist in den letzten Jahren kontinuierlich und spürbar gestiegen. Diese nimmt nicht nur zu, weil mehr Informationen produziert werden, sondern auch, weil sie durch die neuen Technologien einfacher zu transportieren und zu verteilen sind. Die Bewältigung der Informationsmenge entwickelt sich in der modernen Wissensgesellschaft immer stärker zu einem bedeutenden Erfolgsfaktor. Der Zeit- und Kostenaufwand für die Informationsbeschaffung und -verarbeitung beeinflusst die Produktivität von Unternehmen. Die Zunahme der Informationen zeigt sich insbesondere auch bei der teilweise kaum mehr handhabbaren Menge an eingehenden E-Mails. Hier setzen insbesondere Methoden für ein effektives Zeitmanagement an. Es braucht eine klare Prioritätensetzung und die konsequente Umsetzung einiger grundlegender Regeln der Arbeitsplanung und -methodik (auf die steigende Daten- und Informationsmenge und die damit verbundenen Herausforderungen für das Selbstmanagement wurde bereits in Kapitel 2.1.3 eingegangen).

Die sich sehr schnell entwickelnden Informations- und Kommunikationstechnologien fördern die Virtualisierung, Digitalisierung, Mediatisierung und Mobilisierung der Arbeitswelt. Es werden neue Möglichkeiten der räumlichen und zeitlichen Unabhängigkeit geschaffen und enorme Zeitersparnisse ermöglicht. Gleichzeitig lässt sich aber mit dem zunehmenden technologischen Fortschritt auch eine *Beschleunigung* beobachten. Dies ist in der Arbeitswelt, aber auch im Privatleben deutlich zu spüren (vgl. Rump/Biegel 2011, S. 51 [449]).

„Menschen im elektronischen Zeitalter müssen neu leben lernen, weil sich die Maßstäbe und die Geschwindigkeit des Lebens fundamental ändern." (Rump/Biegel 2011, S. 51 [449])

Es existiert eine **Interdependenz zwischen der Dimension Zeit und dem Einsatz technologischer Geräte.** Durch die Nutzung technologischer Hilfsmittel kann Zeit gespart werden, die dann für andere Arbeits- und Freizeitbeschäftigungen zur Verfügung steht. Gleichzeitig liegt hier jedoch auch ein Problembereich. Das Mehr an Zeit, das durch den Einsatz der neuen Technologien zur Verfügung steht, weckt häufig den Wunsch nach vermehrtem Technikkonsum. Die gewonnene Zeit wird wieder aufgebraucht – oftmals ohne ausreichende Reflexion, ob dies mit den wesentlichen Dingen im Leben kongruent ist. Zudem verwischen sich die Grenzen von Arbeit und Freizeit. Menschen sind immer und überall erreichbar. In der Freizeit werden E-Mails gelesen und bearbeitet. In der Arbeit werden private Kontakte via Facebook gepflegt. Der Mensch lebt in einem Zustand von Dauerbelastung. Regeneration im Sinne von Entspannung wird zur Herausforderung (vgl. Rump/Biegel 2011, S. 51 f. [449]).

Die technologischen Möglichkeiten führen in vielen Bereichen zu einer **Verdichtung von Zeit.** Menschen versuchen, immer mehr gleichzeitig zu tun – beispielsweise beim Autofahren telefonieren, während des Telefonierens noch rasch eine E-Mail schreiben, auf dem Weg zur Arbeit das nächste Meeting vorbereiten oder das Mittagessen vor dem Computer einnehmen (vgl. Rump/Biegel 2011, S. 52 [449]). Studien zeigen jedoch, dass das menschliche Gehirn bei der Verarbeitung von visuellen oder sprachlichen Reizen bei einer Ablenkung durch weitere äußere Reize – wie beispielsweise beim **Multitasking** – in der Aufgabenbearbeitung langsamer wird. Eine Studie am Center for Cognitive Brain Image der Carnegie Mellon University im Jahre 2001 untersuchte beispielsweise Zusammenhänge zwischen kognitiven Aktivitäten des menschlichen Gehirns und äußeren Kommunikationsreizen. Während die 18 Studienteilnehmenden verschiedene sprachliche und visuelle Aufgaben lösten, wurde alle drei Sekunden eine Messung der Gehirnaktivität mittels Kernspintomographie vorgenommen. Wenn den Teilnehmenden bei der Aufgabenbearbeitung gleichzeitig Sätze vorgelesen wurden, dann wurden diese bei der Lösung der Aufgaben erheblich langsamer. Die Gehirnaktivität reduzierte sich bei der Lösung von Bildaufgaben um durchschnittlich 29 Prozent, bei der Lösung von sprachlichen Aufgaben gar um 53 Prozent (vgl. Just et al. 2001 [450], Meckel 2009, S. 40 f. [451]). Die gleichzeitige Verarbeitung mehrerer Reize kann die Leistungsfähigkeit reduzieren. Es braucht deshalb klare Strategien, um mit dem heute vorhandenen Zuwachs an Reizen und Mitteilungen umgehen zu können.

Die neuen technologischen Möglichkeiten erhöhen zudem die Möglichkeit von **Unterbrechungen und Störungen**. In Zeitmanagement-Ratgebern wird immer wieder auf die negativen Konsequenzen von Unterbrechungen und Störungen hingewiesen. Mark/Gonzales/Harris sprechen hier von **Fragmentierung der Arbeit**. Diese wird durch zwei Dimensionen beeinflusst: die zeitliche Dauer, die ein Mitarbeiter oder eine Mitarbeiterin mit einer Aktivität zubringt, und die Häufigkeit der Unterbrechungen. Eine Untersuchung mit Mitarbeitenden im Informationsbereich zeigte beispielsweise, dass die einzelnen Mitarbeitenden im Durchschnitt nicht mehr als zweieinhalb Minuten auf eine Information, Aufgabe oder Interaktion fokussierten, bevor sie sich einer anderen Aufgabe zuwandten – entweder eigenständig oder durch einen äußeren (in der Regel einen Kommunikations-)Reiz. Zwei Drittel der Aufgaben, in deren Bearbeitungsverlauf eine Unterbrechung stattfand, wurden am selben Tag wieder aufgenommen. Die Mitarbeitenden brauchten dann allerdings durchschnittlich mehr als 25 Minuten, um zur eigentlichen Aufgabe zurückzukehren. In der Zwischenzeit waren sie mit mindestens zwei anderen Aufgabenfeldern beschäftigt. Unterbrechungen können je nach Kontext vorteilhaft oder nachteilig sein. Unterbrechungen wurden von den Studienteilnehmenden dann als negativ bewertet, wenn sie während der Bearbeitung von Aufgaben auftraten, die eine besonders hohe Konzentration erforderten, wenn der Gedankenfluss unterbrochen oder durch die Unterbrechung der Arbeitskontext gewechselt wurde (vgl. Mark/Gonzales/Harris 2005 [452]). Durch die neuen Informations- und Kommunikationstechnologien werden häufige Unterbrechungen forciert und es braucht ein konsequentes Zeit- und Informationsmanagement, um hier Grenzen zu setzen.

Nachfolgend werden nun ausgewählte Zeitmanagement-Methoden und -Werkzeuge vorgestellt. Der Umgang mit Informationen ist hier integriert.

9.4 Übersicht über Zeitmanagement-Methoden und -Werkzeuge

„Die Zeit ist wie der Wind: richtig genutzt, bringt sie uns an jedes Ziel." (Seiwert 2008, S. 6 [453])

Die Fülle von Werkzeugen, Methoden und Techniken, die sich in der Zeitmanagement-Literatur finden lassen, ist beeindruckend. In Tabelle 9.2 findet sich ein Überblick über eine Auswahl bekannter Zeitmanagement-Techniken und -Tools. Diese Übersicht ist nicht abschließend, sondern soll einen Einblick in die vorhandene Vielfalt ermöglichen. Menschen entwickeln auch ihre eigenen Werkzeuge, um ihre Arbeit, ihre Zeit und den Umgang mit Informationen zu organisieren.

Tabelle 9.2 Übersicht über Zeitmanagement-Methoden und -Werkzeuge

Fokus	Zeitmanagement-Tools und -Techniken
Ziele setzen	**Mit Zielen arbeiten** Handlungswirksame berufliche und persönliche Ziele definieren, Umsetzungsschritte festlegen, Aktionsplan erstellen. **Der Weg zum Wesentlichen** Lebensphilosophie entwickeln, Lebensrollen bestimmen, Qualitätsziele für die verschiedenen Rollen definieren und in die Planung einfließen lassen.
Übersicht schaffen	**Mind Mapping** Überblick über Ausgangssituation und Ziele verschaffen. **Ziel-Mittel-Analyse** Welche Mittel und Fähigkeiten stehen zur Verfügung? Welches sind Vor- und Nachteile der verschiedenen Wege? **Checklisten** Listen mit den zu erledigenden Aufgaben erstellen.
Prioritäten setzen	**Eisenhower-Prinzip oder ABC-Analyse** Anhand der Dimensionen Wichtigkeit und Dringlichkeit werden A-, B- und C-Aufgaben sowie der Papierkorb unterschieden. Für A-Aufgaben sollte die meiste Zeit aufgewendet werden. Nicht wichtige und dringliche Aufgaben gehören in den Papierkorb. **Pareto-Prinzip** 80%-Regel berücksichtigen. Viele Aufgaben lassen sich mit einem Mitteleinsatz von 20% so erledigen, dass sie zu 80% fertig sind. **Getting Things Done (GTD)** nach Allen Alle anstehenden Tätigkeiten in einem logischen und vertrauenswürdigen System notieren (= außerhalb des Kopfs). GTD trennt Termine und Aufgaben: Termine in einem Kalender festhalten und Aufgaben systematisch durch Kontextlisten schleusen. **Delegieren** Aufgaben oder Teilaufgaben und die dafür notwendige Handlungskompetenz weitergeben mit dem Ziel, sich zu entlasten.
Planen	**Tages-, Wochen-, Monats-, Quartals- und Jahrespläne** erstellen. **Ziel- und Zeitplanbuch** Ziele und damit zusammenhängende Aufgaben festhalten, Aufgaben in die entsprechenden Pläne (Tages-, Wochenpläne etc.) übertragen auf der Basis des Prinzips: Wichtige Aufgaben haben Vorrang. **A-L-P-E-N Methode:** Einige Minuten pro Tag werden für die Erstellung eines schriftlichen Tagesplans verwendet. - Aufgaben, Termine und geplante Aktivitäten notieren (in Tagesplan eintragen). - Länge schätzen = voraussichtlich benötigte Zeit für jede Aufgabe festlegen. - Pufferzeiten einplanen: max. 60% der täglichen Arbeit verplanen. - Entscheidungen treffen: Durch Prioritäten setzen, Kürzen und Delegieren den Umfang der Arbeitszeit beschränken. - Nachkontrolle: Am Ende des Tages wird eine Statistik über geplante und erledigte Aufgaben erstellt, Unerledigtes wird auf den nächsten Tag übertragen.

Fokus	Zeitmanagement-Tools und -Techniken
	Leistungskurve/Biorhythmus Tag auf der Basis der persönlichen Leistungskurve gestalten. **Goldene Stunde** Für eine Stunde pro Tag sämtliche Störungen ausschalten (keine Telefonate und E-Mails, Büro-Türe zu). **Zeitfenster** Zeitfenster für Aufgaben, die Konzentration erfordern, oder für die E-Mail-Bearbeitung definieren. **Bündelung** Gleichartige Arbeiten zusammenfassen, damit diese in einem Schritt erledigt werden können. **Salami-Taktik** Große, unübersichtliche Aufgaben in kleinere, überschaubare Schritte zerlegen (z. B. für die Weitergabe an Mitarbeitende, hier darf aber der Gesamtumfang der Arbeit nicht verschwiegen werden).
Motivation	**Selbstwirksamkeit stärken** Im Sinne von „Ich kann die Aufgaben und Probleme bewältigen und wenn nötig delegieren". **Erfolgskontrolle** Tägliche Erfolgskontrolle kann sehr motivierend sein, z. B. Abhaken von Aufgaben auf der Liste. **Erfolgserlebnisse** Erfolge genießen und feiern.
Weitere Aspekte	**Störungen, Unterbrechungen, Zeitdiebe reduzieren** Telefon umleiten, feste Sprechzeiten einplanen, Multitasking einschränken. **Grenzen definieren, Nein sagen** Grenzen des Machbaren erkennen, Grenzen kommunizieren und durchsetzen, z. B. zeitliches Limit für Besprechungen setzen und einhalten, Zuständigkeiten klären. **Besprechungen effektiv und effizient gestalten** Sitzungen und Besprechungen vorbereiten, effektiv und effizient gestalten, Zeiten einhalten. **Ablagesystem optimieren** Übersichtliches Ablage- und Archivierungssystem erstellen (physisch und in Outlook). **Unterstützung** frühzeitig suchen und annehmen.

Quellen: vgl. Allen 2009 [454]und 2008 [455], Covey/Merrill/Merrill 2007 [456], Knoblauch et al. 2012 [457], Pifko 2005 [458], Seiwert 2009 [459], 2008a [460]und 2008b [461]

Im Rahmen der Selbstmanagement-Kompetenz wird der Fokus darauf gelegt, die für sich am besten geeigneten Methoden bzw. Werkzeuge zu finden. Hilfreich ist hierbei eine vorgängige Analyse des eigenen Arbeitsstils. *Ziel der Nutzung* solcher Zeitmanagement-Tools ist einerseits, die verschiedenen Aktivitäten im Arbeits- und Privatleben möglichst effizient und effektiv zu organisieren und zu gestalten. Im Zentrum steht hier die Förderung der eigenen Leistungsfähigkeit durch eine gute Planung und Organisation. Zeitmanagement-Expert/innen betonen, dass eine effiziente Planung und gezielte Steuerung der Aufgabenbearbeitung eine wesentliche Grundlage für den Erfolg sei (vgl. z. B. Seiwert 2008a, S. 6 [462]).

Andererseits geht es bei der Nutzung von Zeitmanagement-Tools auch darum, das eigene Leben so zu gestalten, dass den wesentlichen Dingen im Leben ausreichend Priorität beigemessen wird und für sie genügend Zeitraum vorhanden ist bzw. zur Verfügung gestellt wird. Das eigene (Arbeits-)Leben soll beispielsweise so organisiert werden, dass die wichtigen Dinge in der Wochenplanung entsprechend berücksichtigt werden.

9.5 Berücksichtigen der inneren Rhythmen

Die Kenntnis der *inneren Rhythmen* ist ein wichtiger Aspekt für die Förderung der Leistungsfähigkeit. Indem Menschen die Wahrnehmung für ihre inneren Rhythmen schärfen und die Zeitgestaltung darauf ausrichten, können sie ihre Leistungsfähigkeit optimieren, sei es u. a. durch:

- eine auf die persönliche Leistungs- oder Energiekurve ausgerichtete Tagesplanung, welche die Hochs und Tiefs berücksichtigt.
- eine Wochenplanung, die Wechsel zwischen Belastung und Entlastung, Anspannung und Entspannung gezielt steuert.
- die Förderung eines ausgewogenen Wach- und Schlafrhythmus bzw. einer guten Schlafhygiene.

Im Verlauf eines Tages ist jeder Mensch in seiner Leistungsfähigkeit Schwankungen unterworfen. Diese Schwankungen vollziehen sich in einem bestimmten Rhythmus und sind im Voraus absehbar. Die REFA-Normkurve beschreibt die statistische, durchschnittliche tägliche Leistungsbereitschaft und ihre Schwankungsbreite (vgl. Abbildung 9.1). Durch Ernährungsgewohnheiten und andere persönliche Merkmale gibt es zwar eine Reihe individueller Unterschiede, welche die Leistungsfähigkeit beeinflussen. Grundsätzlich kann jedoch folgendes Muster festgestellt werden (vgl. Seiwert 2008, S. 67 f. [462]):

- Der Leistungshöhepunkt zeigt sich am Vormittag, dieses Niveau wird dann während des gesamten Tages nicht mehr erreicht.
- Am Nachmittag tritt dann das allgemein bekannte Nach-Mittagstief ein, welches von manchen Menschen durch den Genuss von Kaffee bekämpft, dadurch jedoch verlängert wird.
- Am frühen Abend kommt es zu einem erneuten Zwischenhoch, dann fällt die Leistungskurve kontinuierlich ab und erreicht einige Stunden nach Mitternacht ihren absoluten Tiefpunkt.

Abbildung 9.1 REFA-Normkurve

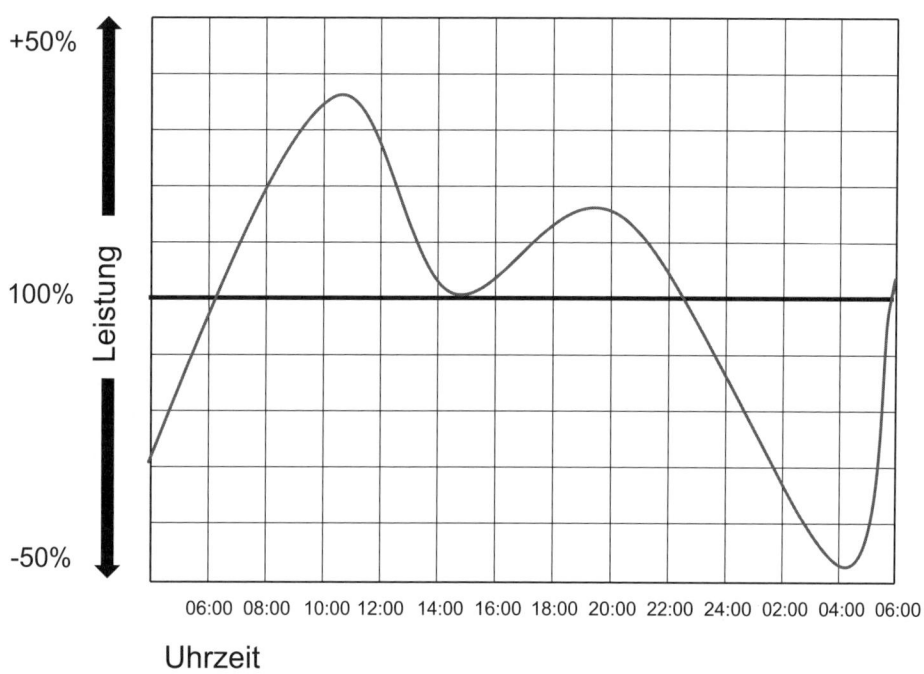

Quelle: vgl. Seiwert 2008a, S. 67 [462]

Grundsätzlich lassen sich zwei verschiedene Rhythmustypen unterscheiden: der Morgen- und der Abendtyp. Mittels der nachfolgenden Übung kann herausgefunden werden, zu welchem Rhythmustyp eine Person gehört.

Übung: Den eigenen Rhythmustyp ermitteln

1. *Bevorzugte Uhrzeiten:* Beantworten Sie folgende Fragen:

   Welche Uhrzeit ist Ihre bevorzugte Zeit des Aufstehens?
   Zu welcher Uhrzeit verfügen Sie typischerweise über die meiste Energie?
   Welche Uhrzeit ist Ihre bevorzugte Zeit des Zubettgehens?

2. *Ermitteln der Primetime:* In Tabelle 9.3 finden Sie eine Übersicht über die fünf Chronotpyen. Welcher Typ entspricht Ihnen? Stimmt die angegebene Primetime? Beobachten Sie sich während der nächsten zwei Wochen, um das Ergebnis zu überprüfen. Hierzu ist hilfreich, die täglichen Energiekurven festzuhalten.

3. **Festhalten der persönlichen Leistungskurve:** Konsolidieren Sie die täglichen Energiekurven und bestimmen Sie Ihre typische Leistungskurve. Halten Sie diese visuell fest und bestimmen Sie die genauen Zeiten Ihrer Hochs und Tiefs.
4. **Berücksichtigen der Leistungskurve bei der Tagesgestaltung:** Berücksichtigen Sie Ihre Leistungskurve bei der Planung der Woche und des Tages, beispielsweise indem Sie Tätigkeiten, die eine hohe Konzentration erfordern, in Ihre Primetime legen.

Tabelle 9.3   Ermittlung der Chronotypen nach Östberg

Chronotyp	Bevorzugte Zeit des Aufstehens	Primetime – Zeit der höchsten Energie	Bevorzugte Bettzeit
1	05:00 – 06:30	05:00 – 08:00	20:00 – 21:00
2	06:30 – 07:45	08:00 – 10:00	21:00 – 22:15
3	07:45 – 09:45	10:00 – 16:00	22:15 – 00:30
4	09:45 – 11:00	16:00 – 21:00	00:30 – 01:45
5	11:00 – 12:00	21:00 – 05:00	01:45 – 03:00

1 = stark ausgeprägter Morgentyp
2 = schwach ausgeprägter Morgentyp
3 = Indifferenztyp
4 = schwach ausgeprägter Abendtyp
5 = stark ausgeprägter Abendtyp

Quelle: vgl. Östberg 1976 [463], zit. n. Steiner 2005, S. 20 [464]

Wenn eine Person weiß, welcher Rhythmustyp sie ist und wie ihre persönliche Leistungskurve verläuft, kann der (Arbeits-)Tag entsprechend gestaltet werden. So wird der innere Rhythmus, der durch seine Hochs und Tiefs eine natürliche Tagesstruktur bietet, optimal genutzt. Für Aufgaben, die eine hohe Konzentration erfordern (z. B. Projektantrag schreiben, Offerte zusammenstellen), werden Primetime-Zeiten genutzt; für Aufgaben, die wenig Konzentration erfordern (z. B. E-Mail-Bearbeitung), die übrigen Zeiten. Eine Herausforderung ist, Sitzungen und Besprechungen nach der eigenen Leistungskurve zu gestalten, wenn die anderen Personen andere Rhythmen haben. Zudem ist es oft so, dass nicht jeder Arbeits- und Lebensbereich nach dem eigenen Rhythmus gestaltet werden kann. Doch wenn Menschen ihre Tage und Wochen überdenken, dann lässt sich häufig doch einiges anpassen. Tabelle 9.4 zeigt als Zusammenfassung, was Menschen tun können, um ihren eigenen Rhythmus zu optimieren.

Tabelle 9.4   Möglichkeiten für die Optimierung des eigenen Rhythmus

Bereich	Beispiele
Rhythmus-unterstützende Gewohnheiten pflegen	Immer etwa zur selben Zeit aufstehen. Stets zur selben Tageszeit dieselben Dinge tun. Zu regelmäßigen Zeiten essen. Am Mittag nicht mehr durcharbeiten. Sich so oft wie möglich im Freien aufhalten. Mehrmals wöchentlich Sport treiben und generell für mehr Bewegung sorgen. Dem Wochenende ebenfalls einen regelmäßigen zeitlichen Rhythmus geben. Darauf achten, dass die Aufwachzeit am Wochenende nicht allzu stark von der Werktagszeit abweicht.
Die Hochs verstärken anstatt die Tiefs zu vermeiden	Die Primetime für intensive und fordernde Aktivitäten nutzen. Die Arbeit in Intervalle aufteilen: 25 Minuten Arbeit, 5 Minuten Pause nach der Pomodoro-Methode (vgl. Cirillo 2006 [465]), max. jedoch 60 bis 90-Minuten-Intervalle und dazwischen pausieren oder locker etwas Anspruchsloses tun. Höchstens zweimal täglich etwas Koffeinhaltiges trinken (jeweils vor den Hochs), auf den Espresso nach dem Mittagessen verzichten.
Der Erholung und dem Ausgleich genügend Beachtung schenken und regelmäßig Pause machen	Am Vormittag, in der Mittagspause, im Nachmittagstief oder nach Arbeitsschluss ganz bewusst entspannen, spazieren gehen, Sport treiben oder ein Power-Nap machen. Pausen für sich alleine schaffen. Die Abende und das Wochenende für Ausgleich und Erholung nutzen. Falls am Abend gearbeitet werden muss, dies erst nach einer ausgiebigen Pause und einem kleinen Essen tun.

Quelle: vgl. Steiner 2005, S. 47 f. [466]

9.6 Unterschiedliche Zeittypen

Menschen sind sehr unterschiedlich darin, wie sie mit ihrer Lebenszeit, ihrer Arbeitszeit und ihrer Freizeit umgehen, und haben einen individuellen Bezug zu Struktur und Planung. Eine Zeitmanagement-Methode kann für eine Person genau die richtige sein, für eine andere jedoch zu einengend wirken und demzufolge auf die Dauer nicht funktionieren. Der Umgang mit Zeit wird durch persönliche Merkmale, Erfahrungen und auch die kulturelle Einbettung einer Person beeinflusst. Es lassen sich *sechs Zeittypen* unterscheiden (vgl. Märchy 2001, S. 27 ff. [467]):

- *Chaotisch-kreativer Zeittyp:* Diese Personen sind grundsätzlich sehr flexibel und bevorzugen Situationen, in denen es ungeordnet zu- und hergeht. Zeitliche Einschränkungen können eine starke Belastung darstellen.

- *Ordnungsliebender Perfektionist:* Diese Menschen achten darauf, dass alles einen festen Platz hat. Sie planen intensiv und langfristig. Zeitmanagement ist für sie ein wichtiges Instrument, um die Ordnung sicherzustellen.
- *Tatkräftig-fleißiger Zeittyp:* Dieser Typ ist immer aktiv und möchte beschäftigt sein. Solche Menschen arbeiten lange und intensiv. Sie vertiefen sich vollkommen in eine bestimmte Aufgabe und vergessen dabei gelegentlich die Zeit.
- *Intellektueller Überflieger:* Solche Menschen erfassen Situationen schnell und erkennen besonders leicht mögliche Lösungsansätze. Allerdings nehmen sie sich häufig zu wenig Zeit für die konkrete Umsetzung von Lösungsansätzen.
- *Bescheiden-rücksichtsvoller Zeittyp:* Diese Menschen wollen niemandem zur Last fallen und delegieren daher nur wenige Aufgaben weiter. Sie nehmen Unterstützung von anderen Personen möglichst wenig in Anspruch. Diese selbst gewählte Eigenständigkeit führt jedoch bisweilen zu starken Zeitproblemen.
- *Zeitloser Zeittyp:* Dieser Zeittyp kümmert sich wenig um die Zeit. Solche Menschen orientieren sich zeitlich an der inneren Uhr und sind nur schwer von außen in einen vorgegebenen Arbeitszeitrhythmus zu integrieren.

Zwischen den verschiedenen Zeittypen gibt es unterschiedliche Ausprägungen und Mischformen. Führungskräfte können die **Effizienz ihres Teams** steigern, indem sie versuchen, auf das individuelle Zeitmanagement der Teammitglieder einzugehen und es entsprechend zu beeinflussen (vgl. Stock-Homburg 2010, S. 638 [468]). Tabelle 9.5 zeigt Empfehlungen für das Führen verschiedener Zeittypen.

Tabelle 9.5 Besonderheiten der Teamführung in Abhängigkeit vom Zeittyp der einzelnen Teammitglieder

Zeittyp	Zentrale Merkmale	Empfehlungen für die Teamführung
Der chaotisch-kreative Zeittyp	Fühlt sich bei Unordnung wohl. Hat viele Ideen. Ist begeisterungsfähig. Hat Probleme, Termine einzuhalten.	Regelmäßiges Feedback an das Teammitglied. Einführen von Projekt- und Zeitplänen. Arbeiten mit To-Do-Listen.
Der ordnungsliebende Perfektionist	Legt Wert auf Genauigkeit und fehlerfreies Arbeiten. Ist sehr gut organisiert. Ist pünktlich und hat ein ausgeprägtes Zeitgefühl (zumeist auch ohne Uhr). Ärgert sich über Unpünktlichkeit anderer.	Einbinden in die Erstellung von Projektplänen. Betrauen mit zeitkritischen bzw. inhaltlich anspruchsvollen Themen. Sicherstellen, dass der Perfektionismus nicht die Kreativität einschränkt.

Zeittyp	Zentrale Merkmale	Empfehlungen für die Teamführung
Der tatkräftig-fleißige Zeittyp	Hat ein hohes Bedürfnis nach permanenter Aktivität. Ist bereit, lange und intensiv zu arbeiten. Verfügt über eine hohe Begeisterungsfähigkeit für eine Aufgabe. Tendiert dazu, bei interessanten Aufgaben die Zeit zu vergessen.	Arbeiten mit Zeitplänen (insbesondere Zeitangaben für bestimmte Aufgaben). Setzen von Prioritäten – gemeinsam mit dem Teammitglied. Bewusstmachen von Teamnormen (z. B. Pünktlichkeit).
Der intellektuelle Überflieger	Analysiert Sachverhalte und entwickelt Lösungsansätze überdurchschnittlich schnell. Nimmt sich für die konkrete Umsetzung der Lösungsansätze zu wenig Zeit.	Arbeit mit Projekt- und Zeitplänen. Strukturieren der Aufgaben nach Wichtigkeit und Dringlichkeit.
Der bescheiden-rücksichtsvolle Zeittyp	Fordert selten Unterstützung anderer Teammitglieder ein. Engagiert sich in hohem Maße für die Aufgabe und das Team. Hat bei starker Arbeitsbelastung Probleme, Termine einzuhalten.	Arbeiten mit Projektplänen. Verdeutlichen des Nutzens von Delegation. Gemeinsames Identifizieren von Aufgaben, die delegiert werden können.
Der Zeitlose	Folgt am liebsten der eigenen inneren Uhr. Empfindet Zeitvorgaben als lästig und überflüssig. Legt keinen Wert auf Pünktlichkeit.	Vereinbaren klarer Termine mit dem Teammitglied. Hinweisen auf Bedeutung und Nutzen eines funktionierenden Zeitmanagements für das Team.

Quellen: vgl. Stock-Homburg 2010, S. 639 [468]

9.7 Verhaltensindikatoren und Entwicklungsmaßnahmen

9.7.1 Verhaltensindikatoren für Zeit- und Informationskompetenz

Die *Verhaltensindikatoren für Zeit- und Informationskompetenz* beinhalten insbesondere Fähigkeiten, die mit der bewussten Auseinandersetzung und gezielten Gestaltung von Zeit zusammenhängen. Es geht darum, die vorhandene Zeit so zu nutzen und zu gestalten, dass die wesentlichen Dinge im Leben und in der Zeitplanung entsprechend Priorität haben. In Tabelle 9.6 sind Verhaltensindikatoren von Zeit- und Informationskompetenz aufgeführt. In der rechten Spalte finden sich mögliche Reflexionsfragen, welche die Auseinandersetzung mit der eigenen Zeit- und Informationskompetenz stimulieren.

Tabelle 9.6 Baustein Zeit & Informationen – Verhaltensindikatoren und Fragen

Verhaltensindikatoren	Auswahl möglicher Reflexionsfragen
Qualität der eigenen Zeitgestaltung erkennen und bei Bedarf in die Richtung verändern, die mit dem persönlichen Leitbild und den persönlichen und beruflichen Zielen kongruent ist. Die wesentlichen Dinge im Leben bei der Zeitgestaltung konsequent berücksichtigen. Sich mit der Bedeutung und Qualität von Zeit und den eigenen Zeitressourcen aktiv auseinandersetzen. Zeiten für Erholung gezielt einplanen und einhalten, z. B. Pausen, Ferien, freie Abende. Hilfreiche Zeitmanagement-Methoden und -Werkzeuge erlernen und konsequent nutzen. Neue Kommunikations- und Informationstechnologien effektiv nutzen und effizient einsetzen. Zeitdiebe und Ablenkungen erkennen und Gegenmaßnahmen entwickeln, Unterbrechungen und Störungen minimieren, Multitasking reduzieren. Zeit und Abläufe gezielt selbst gestalten, innere Rhythmen bei der Zeitgestaltung berücksichtigen. Eigenen Zeittyp bei der Gestaltung von Zeit berücksichtigen.	Was bedeutet für mich das Kairos-Prinzip? In welchen Momenten lebe ich das Kairos-Prinzip? Lebe ich zurzeit eher das Chronos-Prinzip oder das Kairos-Prinzip? Was würde es brauchen, um das Kairos-Prinzip mehr in meinem Leben zu integrieren? Welches sind meine Stärken in der Gestaltung von Zeit? Wo liegen meine Schwächen? Welche Zeitmanagement-Methoden und -Werkzeuge könnten mich dabei unterstützen, meine Zeit effektiver und effizienter zu gestalten? Welcher Zeittyp bin ich (chaotisch-kreativer Zeittyp, ordnungsliebender Perfektionist, tatkräftig-fleißiger Zeittyp, intellektueller Überflieger, bescheiden-rücksichtsvoller Zeittyp, zeitloser Zeittyp)? Wie kommt dieser Zeittyp in meiner Zeitgestaltung zum Ausdruck? Wie konsequent plane ich Freiräume ein? Wo lasse ich mich verplanen? Wie könnte ich den Tag in Übereinstimmung mit meiner Leistungskurve gestalten?

Zeit- und Informationskompetenz umfasst die Fähigkeit und Bereitschaft von Menschen, sich mit der Bedeutung von Zeit und der Zeitqualität, die sie im Leben realisieren möchten, auseinanderzusetzen. Sie sind sich bewusst, ob sie den wesentlichen Dingen im Leben ausreichend Priorität einräumen, und sind in der Lage, die Zeitplanung so zu gestalten und umzusetzen, dass die wesentlichen Dinge Priorität haben. Sie kennen ihren Zeittyp und richten ihre Zeit- und Arbeitsgestaltung entsprechend darauf aus. Ausgewählte Zeit- und Informationsmanagement-Techniken und -Werkzeuge werden genutzt, um die eigene Effektivität und Effizienz gezielt und nachhaltig zu erhöhen. Zeit- und Informationskompetenz bedeutet weiter, die eigenen inneren Rhythmen zu kennen und den Tagesablauf – soweit möglich – in Übereinstimmung mit der eigenen Leistungskurve zu gestalten. Störungen und Unterbrechungen, welche die eigene Effizienz beeinträchtigen, werden kreativ und in Zusammenarbeit mit dem Team minimiert. Multitasking wird nur dort eingesetzt, wo die eigene Effizienz nicht beeinträchtigt wird. Die Relevanz von Pausen und Erholungszeiten ist erkannt und sie werden auch konsequent eingeplant und umgesetzt.

9.7.2 Selbst- und unternehmensgesteuerte Maßnahmen zur Förderung von Zeit- und Informationskompetenz

Die *selbstgesteuerten Maßnahmen* fokussieren insbesondere auf die Anwendung der zahlreichen Instrumente und Werkzeuge für die Zeitgestaltung und die optimale Nutzung der Kommunikations- und Informationstechnologien. Es gibt zahlreiche Bücher, Online-Kurse und Seminare für die Optimierung des Umgangs mit Zeit und Informationen. Wichtig ist, den eigenen Zeittyp ausreichend zu berücksichtigen. Ansonsten wird eine Vorstellung einer optimalen Zeitgestaltung geschaffen, die mit der eigenen Persönlichkeit nicht kongruent ist. Hilfreich kann eine spielerische und neugierige Herangehensweise an das Thema Zeitgestaltung sein, indem verschiedene neue Instrumente ausprobiert werden. Wenn sich innerer Widerstand bezogen auf die Veränderung der Zeitgestaltung oder die Anwendung einer bestimmten Zeit- oder Informationsmanagement-Technik zeigt, ist die vertiefte Auseinandersetzung mit dem Nutzen, der erzielt werden kann, wichtig. Innerer Widerstand wird ansonsten dazu führen, dass die entsprechende Maßnahme rasch wieder fallengelassen wird.

Mögliche *Maßnahmen seitens des Unternehmens* beziehen sich auf Seminarangebote, die Integration des Themas in die Führungsausbildung und kulturbezogene Aktivitäten und Leitlinien für den Umgang mit Zeit und Informationen.

Tabelle 9.7   Maßnahmen zur Förderung von Zeit- und Informationskompetenz

Selbstgesteuerte Maßnahmen	Maßnahmen seitens des Unternehmens
Einholen von Feedback zum eigenen Zeit- und Informationsmanagement – von der vorgesetzten Person, von Arbeitskolleg/innen, dem/der Partner/in. Erstellen eines Tätigkeitsprotokolls als Ausgangslage für die Optimierung der Zeitverwendung und -gestaltung. Lesen und Durcharbeiten von Büchern zum Thema Zeit und Zeitgestaltung. Durcharbeiten von Online-Zeitmanagement-Kursen. Besuch eines Zeitmanagement-Seminars (auch in Kombination mit Zielentwicklung). Besuch eines Coachings für die Evaluation und Optimierung des persönlichen Zeit- und Informationsmanagements. Ausprobieren neuer Zeitmanagement-Methoden und -Werkzeuge, z. B. Gestaltung des Tagesablaufs auf der Basis der Leistungskurve (jede neue Technik während mindestens 2 - 3 Wochen anwenden).	Angebot an Seminaren für den effektiven Umgang mit Zeit und Informationen. Fördern von Delegation. Integration des Themas Zeit & Informationen in die Führungsausbildung, z. B. Bedeutung von Zeit, Maßnahmen für die Reduktion von Störungen, Umgang mit der Informationsflut. Kulturentwicklungsprozess für den achtsamen Umgang mit neuen Kommunikations- und Informationstechnologien. Richtlinien für den Umgang mit E-Mails, z. B. keine E-Mails nach 20 Uhr intern verschicken, Regeln bei den Adressaten (cc:-Regeln). Verfügbarmachen von Räumen für störungsfreies Arbeiten. Coaching-Angebot für die optimale Nutzung der Kommunikations- und Informationstechnologien, z. B. Outlook-Coaching.

Selbstgesteuerte Maßnahmen	Maßnahmen seitens des Unternehmens
Unterstützung einholen, um die technischen Planungswerkzeuge optimal zu nutzen (z. B. Outlook-Coaching). Gezieltes Reduzieren von Unterbrechungen und Störungen, z. B. mittels Sprechzeiten, fixen Zeitfenstern für die E-Mail-Bearbeitung.	

Literatur

[439] Lenz, H. (2005): Universalgeschichte der Zeit, Wiesbaden.
[440] Covey, S. R./Merrill A. R./Merrill, R. R. (2007): Der Weg zum Wesentlichen. Der Klassiker des Zeitmanagements, 6. Aufl., Frankfurt/New York.
[441] Brockhaus (2012): Zeit, in: Brockhaus – Die Enzyklopädie in 30 Bänden, Online-Ausgabe, Leipzig/Mannheim.
[442] Lenz, H. (2005): Universalgeschichte der Zeit, Wiesbaden.
[443] Seiwert, L (2009): Noch mehr Zeit für das Wesentliche. Zeitmanagement neu entdecken, 3. Aufl., München.
[444] Covey, S. R./Merrill A. R./Merrill, R. R. (2007): Der Weg zum Wesentlichen. Der Klassiker des Zeitmanagements, 6. Aufl., Frankfurt/New York.
[445] Covey, S. R. (2008): Die 7 Wege zur Effektivität. Prinzipien für persönlichen und beruflichen Erfolg, 11. Aufl., Offenbach.
[446] Covey, S. R./Merrill A. R./Merrill, R. R. (2007): Der Weg zum Wesentlichen. Der Klassiker des Zeitmanagements, 6. Aufl., Frankfurt/New York.
[447] Seiwert, L (2009): Noch mehr Zeit für das Wesentliche. Zeitmanagement neu entdecken, 3. Aufl., München.
[448] Covey, S. R./Merrill A. R./Merrill, R. R. (2007): Der Weg zum Wesentlichen. Der Klassiker des Zeitmanagements, 6. Aufl., Frankfurt/New York.
[449] Rump, J./Biegel, I. (2011): Employability und Megatrends. Die Arbeitswelt im Wandel, in: Rump, J./Sattelberger, T. (2011): Employability Management 2.0, Sternenfels, 43-71.
[450] Just, M. A./Carpenter, P. A./Keller, T. A./Emery, L./Zajac, H./Thulborn, K. R. (2011): Interdependence of nonoverlapping cortical systems in dual cognitive tasks, in: NeuroImage, 14, 417-426.
[451] Meckel, M. (2009): Die Aufmerksamkeitskrise. Wie wir uns in einer Kultur der Zerstreuung wieder versammeln können, in: OrganisationsEntwicklung, 4, 38-42.
[452] Mark, G./Gonzales, V. M./Harris, J. (2005): No task left behind? Examining the nature of fragmented work, in: CHI, April 2-7, 321-300.
[453] Seiwert, L. (2008): 30 Minuten für optimales Zeitmanagement, 13. Aufl., Offenbach.
[454] Allen, D. (2009): Wie ich die Dinge geregelt kriege. Selbstmanagement für den Alltag. 9. Aufl., München/Zürich.
[455] Allen, D. (2008): So kriege ich alles in den Griff. Selbstmanagement im Alltag, München/ Zürich.
[456] Covey, S. R./Merrill A. R./Merrill, R. R. (2007): Der Weg zum Wesentlichen. Der Klassiker des Zeitmanagements, 6. Aufl., Frankfurt/New York.
[457] Knoblauch, J./Wöltje, H./Hausner, M. B./Kimmich, M./Lachmann, J. (2012): Zeitmanagement, Best of-Edition, 2. Aufl., Freiburg.
[458] Pifko, C. (2005): Zeitmanagement. Eine Anleitung zum sinnvollen Umgang mit der Zeit. Mit zahlreichen Beispielen und praktischen Übungen, Zürich.

[459] Seiwert, L (2009): Noch mehr Zeit für das Wesentliche. Zeitmanagement neu entdecken, 3. Aufl., München.
[460] Seiwert, L. (2008a): Das neue 1 x 1 des Zeitmanagement, 7. Aufl., München.
[461] Seiwert, L. (2008b): 30 Minuten für optimales Zeitmanagement, 13. Aufl., Offenbach.
[462] Seiwert, L. (2008a): Das neue 1 x 1 des Zeitmanagement, 7. Aufl., München.
[463] Östberg, O. (1976): Zur Typologie der circadianen Phasenlage, in: Biologische Rhythmen und Arbeit. Bausteine zur Chronobiologie und Chronohygiene der Arbeitsgestaltung, Wien/New York.
[464] Steiner, V. (2005): Energiekompetenz. Produktiver denken. Wirkungsvoller arbeiten. Entspannter leben, 4. Aufl., München/Zürich.
[465] Cirillo, F. (2006): The Pomodoro technique, in: http://www.pomodorotechnique.com/book.html (zuletzt besucht: 7.5.2012).
[466] Steiner, V. (2005): Energiekompetenz. Produktiver denken. Wirkungsvoller arbeiten. Entspannter leben, 4. Aufl., München/Zürich.
[467] Märchy, B. (2001): Zeit ist Leben. Individuelles Zeitmanagement, Kilchberg.
[468] Stock-Homburg, R. (2010): Personalmanagement. Theorien – Konzepte – Instrumente, 2. Aufl., Wiesbaden.

10 Baustein physische und psychische Gesundheit

„Gesundheit wird von den Menschen in ihrer alltäglichen Umwelt geschaffen und gelebt: dort, wo sie spielen, lernen, arbeiten und lieben." (WHO 1986 [469])

10.1 Begriff und Bedeutung von Gesundheit

Es gibt zahlreiche unterschiedliche theoretische Modelle und Herangehensweisen an das *Thema Gesundheit*. Die Mehrzahl der Modelle stellt Krankheit ins Zentrum, so beispielsweise biomedizinische, psychosomatische und soziokulturelle Modelle. Mit dem von Antonovsky (1997 [470]) entwickelten Konzept der Salutogenese wurde ein *Paradigmenwechsel von Pathogenese zu Salutogenese* initiiert. Im Zentrum des Konzepts der Salutogenese steht die Förderung von Gesundheit – im Gegensatz zur Vermeidung von Krankheit. Dieses Modell bildete den Ausgangspunkt für neuere Ansätze, die sich damit befassen, was Menschen brauchen, um gesund zu sein und gesund zu bleiben. Krankheit und Gesundheit sind jedoch keine klar voneinander abgrenzbaren Zustände. Vielmehr sind beide Anteile jederzeit in Menschen wirksam (vgl. Franke 2010, S. 15 ff. [471]).

In diesem Kapitel werden zuerst unterschiedliche Betrachtungsweisen von Gesundheit vorgestellt, bevor auf das Zusammenwirken von Krankheit und Gesundheit und die Bedeutung von Gesundheitsförderung im Sinne der Weltgesundheitsorganisation WHO eingegangen wird.

10.1.1 Unterschiedliche Betrachtungsweisen von Gesundheit

Das *Verständnis von Gesundheit* und damit zusammenhängend die Definitionen von Gesundheit in der Literatur zeigen die große Vielfalt der Herangehensweisen an das Thema auf. Nachfolgend findet sich ein Einteilungsversuch von Franke, die jedoch auch darauf hinweist, dass die einzelnen Dimensionen nicht unabhängig voneinander sind. Das breite Spektrum, das mit dem Begriff Gesundheit verbunden ist, wird dennoch deutlich (vgl. Franke 2010, 34 ff. [471], sofern keine anderen Quellen angegeben sind):

- *Gesundheit als Störungsfreiheit:* Gemäß diesem Begriffsverständnis sind Menschen dann gesund, wenn sie nicht krank sind. Gesundheit definiert sich über die Abwesenheit von Krankheit. Dieses Verständnis findet sich im westlich-industriellen Medizinsystem und der westlich ausgerichteten Medizinwissenschaft. Solange sich medizinische Messwerte innerhalb von definierten Grenzwerten bewegen, gelten Menschen als gesund. Werden ein oder mehrere bestimmte kritische Werte über- oder unterschritten, so liegt eine Erkrankung vor. Gemäß Franke wird bei dieser Betrachtungsweise zu wenig berücksichtigt, dass Gesundheit und Krankheit nicht zwei klar unterscheidbare, sich ausschließende Kategorien sind. Wann fängt eine körperliche Störung an? Sind Kopfschmerzen, die alle zwei Wochen auftreten, bereits eine körperliche Störung, die mit Krankheit gleichzusetzen ist, oder nicht? Zudem wird mit dieser Betrachtungsweise der Diskrepanz zwischen medizinischem Befund und Befinden nicht ausreichend Rechnung getragen.

- *Gesundheit als Wohlbefinden:* Dieses Begriffsverständnis bezieht sich auf die subjektive Ebene von Gesundheit und stellt die Befindlichkeit von Menschen ins Zentrum. Die WHO hatte dieses Verständnis im Jahre 1946 mit der folgenden Definition in die Begriffsdiskussion eingebracht:

Gesundheit ist ein Zustand, des „vollkommenen körperlichen, psychischen und sozialen Wohlbefindens und nicht allein das Fehlen von Krankheit und Gebrechen." (Schweizerische Eidgenossenschaft 2009, S. 1 [472])

Die Definition der WHO wurde seither immer wieder stark kritisiert. Sie beschreibt einen **Idealzustand**, der in dieser Form praktisch nicht zu erreichen ist. Trotz der Kritik ist es diejenige Definition, auf die sich weltweit die größte Expertengruppe jemals hat verständigen können. Die Definition der WHO findet sich auch heute noch in zahlreichen Publikationen zum Thema Gesundheit, was deren Bedeutung verdeutlicht (vgl. z. B. Ulich/Wülser 2010, S. 3 [473], Lippke/Renneberg 2006, S. 8 [474]). Die Definition der WHO entspricht zudem in weiten Teilen den Vorstellungen, die viele, meist gesunde Menschen von Gesundheit haben (vgl. Brockhaus 2012 [475]). Gemäß Ulich/Wülser (2010, S. 30 [476]) hat die WHO mit dieser Definitionen einen bedeutsamen Beitrag geleistet, da dem subjektiven **Wohlbefinden** eine erhebliche Bedeutung zukommt, wenn es darum geht, gesundheitliche Beeinträchtigungen möglichst früh zu erkennen.

- *Gesundheit als Leistungsfähigkeit und Rollenerfüllung:* Im Gegensatz zu den beiden vorangehenden Annäherungen ans Thema Gesundheit stehen bei diesem Verständnis eher funktionale Aspekte im Vordergrund. Die Leistungsfähigkeit und Rollenerfüllung bemessen sich an funktionalen Normen, d. h. inwieweit Menschen in der Lage sind, von ihnen erwartete und geforderte Leistungen zu erbringen und ihren verschiedenen sozialen Rollen gerecht zu werden.

„Gesundsein in diesem Sinne bedeutet, eigenen und fremden Anforderungen genügen zu können, stark und kräftig genug zu sein für die anliegenden Aufgaben und seine beruflichen und familiären Angelegenheiten erledigen zu können." (Franke 2010, S. 38 [477])

Bewertungsgrundlage für die Gesundheit einer Person ist deren Fähigkeit, ihren Anteil an der Gesamtheit der gesellschaftlichen Aufgaben zu leisten. Im Sinne einer funktionalen Norm wird Gesundheit als Übereinstimmung mit dem Leistungsstandard der Bezugsgruppe verstanden. Krankheit definiert sich entsprechend über die Unfähigkeit, diesen Normwert zu erfüllen. Dieses Verständnis von Gesundheit findet sich beispielsweise in der Rechtsprechung und im Versicherungswesen wieder (z. B. zur Bemessung der Erwerbsunfähigkeit).

- *Gesundheit als Gleichgewichtszustand (Homöostase):* Diese Sichtweise wurde in der westlichen Welt bereits um 500 v. Chr. im antiken Griechenland formuliert. Gesundheit ist ein Ausdruck dafür, dass sich ein Mensch sowohl im Zustand des inneren Gleichgewichts und der Harmonie als auch im Gleichgewicht mit der äußeren Welt befindet.

  „Gesundheit als ein Zustand von Ausgeglichenheit, Gleichgewicht, Ausgewogenheit zu betrachten, gehört zu den ältesten und dauerhaftesten Sichtweisen und wohl auch zu denen, die weltweit am meisten vertreten werden." (Franke 2010, S. 41 [477])

  In den letzten Jahren haben in der westlichen Welt östliche Gleichgewichtstheorien wie beispielsweise Yin-Yang und Ayurveda zunehmend Zuspruch gefunden. Moderne homöostatische Modelle betonen insbesondere die Ausgeglichenheit zwischen somatischen und psychischen Faktoren und zwischen dem Individuum und der Gesellschaft.

  „Gemeinsam ist allen Gleichgewichtstheorien, dass sie eine Person als gesund betrachten, die sich in einem ausgewogenen Zustand befindet und die sich nach jedem Angriff auf das Gleichgewicht wieder in kürzest möglicher Zeit auf dieses einpendelt." (Franke 2010, S. 42 [477])

- *Gesundheit als Flexibilität (Heterostase):* Dieses Verständnis von Gesundheit ist von der Vorstellung geprägt, dass ein gesunder Mensch in der Lage ist, Störungen, mit denen er konfrontiert ist, aktiv zu begegnen und diese zu überwinden. Im Gegensatz zu Homöostase-Modellen geht es jedoch nicht darum, sich wieder auf einen Ruhezustand einzupendeln, sondern im Fokus steht der Aspekt des dynamischen Sich-weiter-Veränderns.

  „Gesund sein ist damit nicht ein Zustand von Abwesenheit von Krankheit, sondern einer, in dem Krankheitsrisiken und Krankheitszustände als integraler Bestandteil Berücksichtigung finden. Mehr noch: sie erscheinen notwendig, da andernfalls Stagnation und Erstarrung eintreten – Zustände eben, die als nicht gesund gelten." (Franke 2010, S. 43 [477])

  Das Modell der Salutogenese ist ein Heterostase-Modell. Antonovsky (1997, S. 23 ff. [478]) betrachtet Krankheit, Leiden und Schmerzen als integrale Bestandteile menschlicher Existenz. Der menschliche Organismus ist ständig Belastungsfaktoren ausgesetzt, mit denen er umgehen muss. Der Regelfall ist somit nicht die Ausgeglichenheit, sondern das ständige Bemühen, sich diesen Belastungen zu widersetzen, um gesund zu bleiben. Antonovsky verwirft zudem die Dichotomie von gesund und krank und geht von einem flexiblen Kontinuum aus.

Das Verständnis von Gesundheit und der Gesundheitsbegriff haben sich im Verlauf der letzten Jahrzehnte gewandelt und die Mehrdimensionalität von Gesundheit wurde immer mehr berücksichtigt. In neueren Definitionsansätzen wird *Gesundheit als Prozess* verstanden, bei dem Körper, Seele und Geist in dynamischer Wechselwirkung miteinander verbunden sind. Heute ist die Bedeutung seelisch-geistiger und sozialer Aspekte für die Gesundheit weitgehend akzeptiert und stellt die konzeptionelle Grundlage für Theorie und Praxis der Gesundheitsförderung dar (vgl. Brockhaus 2009 [479]).

10.1.2 Kontinuum zwischen Gesundheit und Krankheit

Gängige *gesundheitsrechtliche sowie gesundheits- und sozialpolitische Praktiken* beruhen meist auf einer dichotomen Betrachtungsweise – entweder ist ein Individuum gesund oder es ist krank. Dies entspricht jedoch kaum einer differenzierten Selbstwahrnehmung oder dem Alltagserleben von Menschen. Realistischer erscheint ein Modell, das von einem *Kontinuum zwischen den zwei Polen Gesundheit und Krankheit* ausgeht (vgl. Antonovsky 1997, S. 23 ff. [480] und z. B. Kernen/Meier 2012, S. 33 f. [481], Franke 2010, S. 15 [482]).

Abbildung 10.1 Kontinuum zwischen Gesundheit und Krankheit

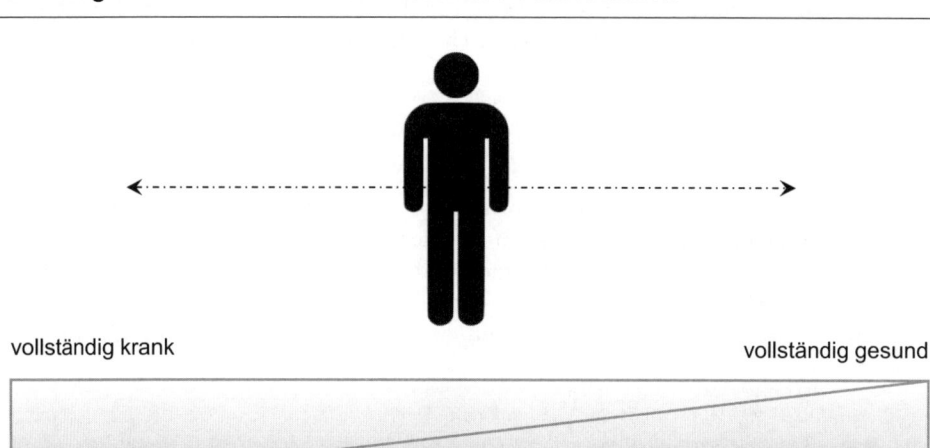

vollständig krank   vollständig gesund

Quelle: vgl. Kernen/Meier 2012, S. 34 [483]

So wird die störende Trennlinie zwischen „krank" und „gesund" aufgehoben und es werden Fragestellungen möglich, die sich mit dem Bewegungsverlauf auf diesem multidimensionalen Gesundheitskontinuum auseinandersetzen. So geht es beispielsweise um die Frage, welche Faktoren und (Arbeits-)Bedingungen krankheitsförderlich bzw. gesundheitsförderlich sind (vgl. Kernen/Meier 2012, S. 34 f. [483]). Dieses Verständnis beruht auf dem bereits erwähnten Konzept der Salutogenese, welches sich nicht primär mit der Entstehung von Krankheit beschäftigt, sondern mit der Frage, warum und wie ein Mensch trotz Bedingungen, die Krankheiten auslösen können, gesund bleiben kann. Im Zentrum des Konzepts steht demzufolge die Förderung von Gesundheit im Gegensatz zur Vermeidung von Krankheit. Es geht darum herauszufinden, welche Faktoren (Coping-Ressourcen) beteiligt sind, um die Position auf dem Kontinuum zu halten oder sich in Richtung des gesunden Pols zu bewegen (vgl. Antonovsky 1997, S. 23 ff. [484]).

Gesundheit ist das *Ergebnis eines lebenslangen Prozesses* der fortwährenden Auseinandersetzung zwischen einerseits gesundheitsförderlichen (salutogenen) und andererseits krank machenden (pathogenen) Kräften (vgl. Abbildung 10.2). In Menschen lassen sich jederzeit beide Kräfte finden. Für ein Individuum geht es somit um die Suche nach dem (positiven) Gesundheitsverlauf als eine lebenslange, persönliche Angelegenheit. Besonders bedeutsam ist, ob ein Mensch in der Lage ist, ein Gleichgewicht zwischen äußeren Anforderungen und inneren Bedürfnissen herzustellen (vgl. Kernen/Meier 2012, S. 35 [485]).

> *„Ich glaube, dass Krankheiten Schlüssel sind,*
> *die uns gewisse Tore öffnen können.*
> *Ich glaube, es gibt gewisse Tore,*
> *die einzig die Krankheit öffnen kann.*
> *Es gibt jedenfalls einen Gesundheitszustand,*
> *der es uns nicht erlaubt, alles zu verstehen.*
> *Vielleicht*
> *Verschließt uns die Krankheit einige Wahrheiten.*
> *Ebenso aber verschließt uns die Gesundheit andere,*
> *oder führt uns davon weg,*
> *so dass wir uns nicht mehr darum kümmern."*
>
> *(Auszug aus einem Gedicht von André Gide)*

Abbildung 10.2   Gesundheit als Prozess

Quelle: vgl. Kernen/Meier 2012, S. 35 [485]

Wird Gesundheit als lebenslanger Prozess verstanden, dann wird auch deutlich, dass im Rahmen der betrieblichen Gesundheitsförderung isolierte Einzelmaßnahmen oder -aktionen nicht genügen.

10.1.3 Gesundheit und soziale Schichtzugehörigkeit

Die Gesundheit ist eng an die physische und soziale Umwelt von Menschen gekoppelt. Die Resultate zahlreicher internationaler Forschungsstudien zeigen einen deutlichen **Zusammenhang zwischen sozialer Schichtzugehörigkeit und Gesundheit** auf. Ein höheres Krankheitsrisiko betrifft jedoch nicht nur die tiefste soziale Schicht, sondern die soziale Ungleichheit von Gesundheit und Krankheit durchzieht die gesamte Sozialstruktur einer Gesellschaft. Dieser Zusammenhang ist in der Regel linear, weshalb von einem *sozialen Gradienten* gesprochen wird. Mit jeder tieferen Stufe in der sozialen Hierarchie steigen das Risiko frühzeitiger Sterblichkeit und die Häufigkeit von Krankheiten und Behinderungen stufenweise an. Es gibt verschiedene Erklärungsansätze, die versuchen, die Gründe hierfür aufzuzeigen (vgl. Richter/Hurrelmann 2007, S. 7 ff. [486]):

- Der *materielle Erklärungsansatz* sieht den Zusammenhang darin, dass am unteren Ende der Statushierarchie nicht nur geringere finanzielle Ressourcen zur Verfügung stehen, sondern dass solche Menschen auch eher in gesundheitsschädigenden Umwelten leben und arbeiten.

- Der *kulturell-verhaltensbezogene* Erklärungsansatz zeigt die Bedeutung sozioökonomischer Unterschiede im gesundheitsbezogenen Risikoverhalten auf (z. B. Rauchen, Fehlernährung, Alkoholmissbrauch, Bewegungsmangel).

- Der *psychosoziale Erklärungsansatz*, der auf jüngere Forschungen zurückgeht, integriert Ansätze auf der Stress-, Bewältigungs- und sozialen Unterstützungsforschung. Es konnte aufgezeigt werden, dass nicht nur psychosoziale Belastungen, sondern auch die für die Bewältigung zur Verfügung stehenden Ressourcen sozial ungleich verteilt sind.

- Der *lebenslaufbezogene Erklärungsansatz* geht darauf ein, dass gesundheitliche Ungleichheiten auf eine Akkumulation von benachteiligten Lebensbedingungen über den Lebenslauf zurückzuführen sind. Einflüsse in den frühen Lebensjahren werden für die Erklärung gesundheitlicher Ungleichheit im Erwachsenenalter mit einbezogen. Im Kindes- und Jugendalter erfolgen zentrale Weichenstellungen für die gesundheitliche Entwicklung im weiteren Lebensverlauf. Diese sind maßgeblich durch die Lebensumstände geprägt. Es lässt sich zudem beobachten, dass sich gesundheitliche Ungleichheiten von Generation zu Generation reproduzieren.

Gemäß Richter/Hurrelmann (2007, S. 10 [486]) liefert der Lebenslaufansatz die umfassendste Erklärung. Er berücksichtigt sowohl die Exposition gegenüber materiellen, verhaltensbezogenen und psychosozialen Faktoren von der Geburt bis ins hohe Alter als auch intergenerationale Prozesse.

Hier stellt sich die Frage, ob Selbstmanagement-Kompetenz ebenfalls schichtbezogene Unterschiede zeigt. Wird gesundheitsförderliches Verhalten als ein wichtiger Aspekt von Selbstmanagement-Kompetenz betrachtet, dann ist davon auszugehen, dass sich solche Unterschiede finden lassen. Entsprechende Forschungsergebnisse sind jedoch nicht vorhanden.

10.1.4 Gesundheit für die Weltbevölkerung

Die WHO hat sich zum Ziel gesetzt, die Gesundheit von Menschen zu verbessern. In der *Ottawa-Charta der WHO,* welche bei der ersten internationalen Konferenz zur Gesundheitsförderung im Jahre 1986 verabschiedet wurde, wird zu aktivem Handeln für das *Ziel Gesundheitsförderung* aufgerufen. Diese Konferenz war insbesondere eine Antwort auf die wachsenden Erwartungen an eine neue Bewegung für die Gesundheit der gesamten Weltbevölkerung. Der folgende Auszug zeigt einige zentrale Anliegen auf.

Tabelle 10.1	Gesundheitsförderung in der Ottawa-Charta

„Gesundheitsförderung zielt auf einen Prozess, allen Menschen ein höheres Maß an Selbstbestimmung über ihre Gesundheit zu ermöglichen und sie damit zur Stärkung ihrer Gesundheit zu befähigen. [...]

Menschen können ihr Gesundheitspotential nur dann weitestgehend entfalten, wenn sie auf die Faktoren, die ihre Gesundheit beeinflussen, auch Einfluss nehmen können. [...]

Die Art und Weise, wie eine Gesellschaft die Arbeit, die Arbeitsbedingungen und die Freizeit organisiert, sollte eine Quelle der Gesundheit und nicht der Krankheit sein.

Gesundheitsförderung schafft sichere, anregende, befriedigende und angenehme Arbeits- und Lebensbedingungen. [...]

Gesundheitsförderung unterstützt die Entwicklung von Persönlichkeit und sozialen Fähigkeiten durch Information, gesundheitsbezogene Bildung sowie die Verbesserung sozialer Kompetenzen und lebenspraktischer Fertigkeiten. Sie will dadurch den Menschen helfen, mehr Einfluss auf ihre eigene Gesundheit und ihre Lebenswelt auszuüben, und will ihnen zugleich ermöglichen, Veränderungen in ihrem Lebensalltag zu treffen, die ihrer Gesundheit zugutekommen."

Quelle: WHO 1986 [487]

Im Rahmen der Gesundheitsförderung können zwei unterschiedliche Strategien zur Veränderung von Gesundheitsverhalten unterschieden werden: Gesundheitserziehung und Veränderung der Anreizstruktur (vgl. Jonas/Lebherz 2007, S. 573 ff. [488]):

- *Gesundheitserziehung:* Hier wird Wissen über gesundheitliche Konsequenzen von ungesunden Verhaltensweisen zur Verfügung gestellt und es werden die notwendigen Fertigkeiten gefördert, damit das entsprechende Verhalten auch verändert werden kann.

- *Veränderung der Anreizstruktur:* Hier werden die Kosten für ungesunde Verhaltensweisen erhöht bzw. die Kosten für gesunde Verhaltensweisen gesenkt, z. B. Rauchverbote in Restaurants, kostenlose Impfungen für gewisse Risikogruppen.

Auf individueller Ebene ist eine wichtige Voraussetzung, dass eine Person ausreichend Informationen darüber besitzt, welche Verhaltensweisen gesundheitsförderlich bzw. gesundheitsschädigend sind. Dieses Bewusstsein wird i. d. R. über Medien, Broschüren bei Ärzten, Informationsblätter von Krankenkassen etc. geschaffen (vgl. Jonas/Lebherz 2007,

S. 575 [488]). Wesentlich ist die Bereitschaft des Individuums, das eigene gesundheitsbezogene Verhalten kritisch zu reflektieren. Die Fähigkeit, handlungswirksame Gesundheitsziele zu setzen und sich selbst für gesundheitsförderliches Verhalten zu motivieren, sind entscheidende Faktoren. Gesundheit spielt bei der Erhaltung und Förderung von Leistungsfähigkeit, Leistungsbereitschaft, Wohlbefinden und Balance – den Zielsetzungen der Selbstmanagement-Kompetenz – eine zentrale Rolle. Gesundheit ist eine wichtige Basis, die es Menschen ermöglicht, im beruflichen und privaten Alltag ihre Bedürfnisse und Ziele zu verwirklichen und wirtschaftlich und sozial ein aktives Leben zu führen (vgl. hierzu auch Ulich/Wülser 2010, S. 3 [489]). Selbstmanagement sollte deshalb immer im Fokus haben, was es braucht, um kurz- und langfristig körperlich und psychisch gesund zu bleiben. Entscheidend ist, Belastungen abzubauen und Ressourcen gezielt zu aktivieren und zu nutzen. Gesundheit hat demnach viel mit einem umfassenden Ressourcenmanagement zu tun.

Im nächsten Abschnitt werden physische und psychische Belastungsfaktoren für die Gesundheit vorgestellt, bevor dann der Begriff Stress erörtert und das transaktionale Stressmodell nach Lazarus vorgestellt werden. Im Anschluss daran wird auf die Bedeutung von Ressourcen im Stressgeschehen eingegangen und es werden unterschiedliche Strategien für die Bewältigung von Stress bzw. für die Förderung von Gesundheit vorgestellt. Abschließend werden Verhaltensindikatoren für den Baustein Gesundheit sowie mögliche individuelle und unternehmensgesteuerte Maßnahmen für die Entwicklung von Gesundheitskompetenz aufgeführt.

10.2 Physische und psychische Belastungsfaktoren für die Gesundheit

In der Literatur werden die Begriffe *Belastung* und *Beanspruchung* unterschieden. Die nachfolgende Differenzierung wurde auf der Basis von Rohmer/Rutenfranz (1975, S. 8 [490]) und der DIN EN ISO 10075-1 vorgenommen (vgl. DIN 2000 [491]):

> *Belastungen* sind die Gesamtheit aller erfassbaren Einflüsse, die von außen auf den Menschen zukommen und physisch und psychisch auf ihn einwirken.
>
> *Beanspruchungen* sind die unmittelbaren (nicht die langfristigen) Auswirkungen physischer und psychischer Belastungen im Menschen und auf den Menschen – in Abhängigkeit von seinen jeweiligen überdauernden und augenblicklichen Voraussetzungen, einschließlich der individuellen Anpassungs- und Bewältigungsstrategien.
>
> *Belastungsfaktoren bzw. Stressoren* sind Ereignisse oder Bedingungen, welche die Auftretenswahrscheinlichkeit von Stresszuständen erhöhen (vgl. Zapf/Dormann 2006, S. 705 [492]).
>
> Die Begriffe Belastungen, Belastungsfaktoren und Stressoren werden hier synonym verwendet.

Starke Belastungen wirken sich – v. a. wenn sie über eine längere Zeit andauern oder kumuliert auftreten – negativ auf das Wohlbefinden und die Gesundheit von Menschen aus. In Tabelle 10.2 ist eine Übersicht über Belastungsfaktoren im Arbeitskontext, die insbesondere für das betriebliche Gesundheitsmanagement und die Arbeitsgestaltung wesentlich sind, aufgeführt. Die von Ulich/Wülser zusammengestellte Liste wurde um körperliche Belastungsfaktoren bei der Ausführung der Arbeitsaufgabe ergänzt.

Tabelle 10.2   Belastungsfaktoren in Organisationen

Quelle der Belastung	Beispiele
Physikalische Umgebung	Lärm
	Staub
	Hitze
	Schmutz
	Chemische Stoffe
Arbeitsaufgabe und Arbeitsorganisation	Quantitative und/oder qualitative Unterforderung
	Quantitative und/oder qualitative Überforderung
	Regulationsbehinderungen
	Zwangshaltungen des Körpers (Haltungs- und Haltearbeit)
	Daueranspannung einzelner Muskeln (statische Muskelarbeit)
	Rasche Bewegungswiederholungen über längere Zeit
	Hohe Muskelanspannungen (schwere dynamische Muskelarbeit)
Rolle	Rollenkonflikte
	Rollenambiguität
Zeitliche Dimension	Nacht- und Schichtarbeit
	Lange Arbeitszeiten
	Arbeit auf Abruf
Soziales Umfeld	Unfairness
	Belastendes Vorgesetztenverhalten
	Soziale Konflikte
	Mobbing
Gesamtbalance von Einsatz und Ertrag	Mangelnde Reziprozität
	Gratifikationskrisen
Kunden- und Klientenkontakt	Emotionale Dissonanz
	Umgang mit schwierigen Kund/innen und Klient/innen
Verhältnis zwischen Erwerbsarbeit und anderen Lebensbereichen	Work-Life-Konflikte

Quelle: vgl. Ulich/Wülser 2010, S. 65 [493], Inform 2003, S. 8 f. [494]

Wichtig ist, belastende Faktoren auf individueller und organisationaler Ebene zu erkennen und frühzeitig gesundheitsförderliche Maßnahmen einzuleiten (Abbau von Belastungen, Aufbau von Ressourcen), um so der Entstehung gesundheitlicher Probleme präventiv entgegenzuwirken. Untersuchungen ergaben, dass ein Zusammenhang zwischen gesundheitlichen Problemen und Unzufriedenheit bzw. der Beurteilung von Arbeitsanforderungen besteht.

Tabelle 10.3 Prozentuale Anteile unzufriedener Personen nach allgemeinem Gesundheitszustand

Weniger zufrieden oder unzufrieden mit ...	Allgemeiner Gesundheitszustand		
	weniger gut / schlecht	gut	ausgezeichnet / sehr gut
dem Einkommen	46,7	32,0	23,5
derzeitigen Aufstiegsmöglichkeiten	54,9	42,3	35,8
derzeitiger Arbeitszeit	31,8	20,1	14,7
dem Betriebsklima	28,2	14,2	8,5
direkten Vorgesetzten	28,8	16,0	11,2
Art und Inhalt der Tätigkeit	16,8	7,1	5,4
den räumlichen Gegebenheiten am Arbeitsplatz	28,0	19,8	15,6
den Möglichkeiten, eigene Fähigkeiten anzuwenden	23,8	12,3	9,9
den Möglichkeiten der Weiterbildung	39,0	29,6	23,7
den Arbeitsmitteln	27,0	18,9	15,6
den körperlichen Arbeitsbedingungen	39,7	16,9	8,6
der Arbeit insgesamt	21,9	7,7	4,0

Quelle: vgl. BMAS 2012, S. 46 [495]

Tabelle 10.3 und Tabelle 10.4 zeigen Ergebnisse der BiBB/BAuA-Erwerbstätigenbefragung[5] 2005/2006 (eine repräsentative Erhebung unter 20'000 Erwerbstätigen in Deutschland). Die Erhebung wurde computergestützt per Telefon durchgeführt. Es wurden differenzierte Informationen über die ausgeübten Tätigkeiten, die beruflichen Anforderungen, Arbeitsbedingungen und -belastungen, den Bildungsverlauf der Erwerbstätigen sowie über die Verwertung beruflicher Qualifikationen gewonnen (vgl. BMAS 2012, S. 46 [495], BAuA 2012 [496]).

---

[5] BiBB = Bundesamt für Berufsbildung, BAuA = Bundesanstalt für Arbeitsschutz und Arbeitsmedizin

Die Resultate in Tabelle 10.3 verdeutlichen, dass Befragte mit einem schlechteren Gesundheitszustand in allen erhobenen Kategorien durchweg unzufriedener sind als Beschäftigte mit einer guten bis ausgezeichneten Gesundheitseinschätzung. Dies auch bei der *Beurteilung der Zufriedenheit* mit der Arbeit insgesamt. Neben den körperlichen Arbeitsbedingungen werden insbesondere Faktoren wie Lohn, Aufstiegsmöglichkeiten und Möglichkeiten zur Weiterbildung kritisch bewertet. Dieses Resultat könnte darauf hindeuten, dass Beschäftigte mit einem schlechteren Gesundheitszustand karrierebezogen auf einem Karriereplateau angelangt sind, sich möglicherweise schon lange in der Reifephase einer Stelle befinden und auch wenig Perspektiven haben, einen Jobwechsel vorzunehmen, d. h. dass die Arbeitsmarktfähigkeit kritisch zu bewerten ist. Es stellt sich auch die Frage, ob hier altersbezogene Effekte vorhanden sind. Auf jeden Fall wären vertiefende Analysen wichtig, um nähere Anhaltspunkte zu gewinnen, was die ausschlaggebenden Faktoren für die Unzufriedenheit sind und inwiefern die Gesundheit einen Einfluss auf die Bewertung der Zufriedenheit hat oder die Unzufriedenheit auf die Gesundheit.

Tabelle 10.4 Arbeitsanforderungen nach allgemeinem Gesundheitszustand

Arbeitsanforderungen		Allgemeiner Gesundheitszustand		
		weniger gut / schlecht	gut	ausgezeichnet / sehr gut
Starker Termin-/Leistungsdruck	a	61,9	53,7	51,0
	b	81,4	62,5	47,8
Arbeitsdurchführung in allen Einzelheiten vorgeschrieben	a	32,5	23,6	19,4
	b	53,2	29,3	20,0
Ständig wiederkehrende Arbeitsvorgänge	a	62,6	52,6	46,8
	b	28,7	13,6	10,8
Konfrontation mit neuen Aufgaben	a	36,7	37,9	41,5
	b	26,3	15,8	8,0
Verfahren verbessern, etwas Neues ausprobieren	a	25,4	27,0	29,5
	b[1]			
Bei der Arbeit gestört, unterbrochen	a	50,7	45,8	45,2
	b	73,1	62,2	52,2
Stückzahl, Leistung oder Zeit vorgegeben	a	39,7	31,4	28,4
	b	66,9	47,8	32,5
Nicht Erlerntes / Beherrschtes wird verlangt	a	14,2	8,6	7,7
	b	61,3	40,8	26,8
Verschiedenartige Arbeiten gleichzeitig betreuen	a	59,2	57,8	59,7
	b	41,0	29,3	18,7
Kleine Fehler – große finanzielle Verlust	a	17,9	14,8	15,6
	b	60,7	46,7	36,9

Arbeitsanforderungen		Allgemeiner Gesundheitszustand		
Arbeiten an der Grenze der Leistungsfähigkeit	a	32,2	17,5	12,3
	b	87,1	71,3	52,6
Sehr schnell arbeiten	a	50,9	43,8	42,5
	b	68,0	45,4	29,1

a = Anteil in % der Erwerbstätigen (je Kategorie des Gesundheitszustands), die häufig von diesen Arbeitsanforderungen betroffen sind
b = Anteil in % der Erwerbstätigen (je Kategorie des Gesundheitszustands), die sich durch diese Arbeitsanforderungen belastet fühlen
1 = nicht erhoben

Quelle: vgl. BMAS 2012, S. 47 [497]

Personen mit einem schlechteren Gesundheitszustand geben deutlich häufiger an, *ungünstige Arbeitsbedingungen* zu haben und durch diese auch belastet zu sein. Tabelle 10.4 zeigt, dass Arbeit an der Grenze der Leistungsfähigkeit, starker Termin-/Leistungsdruck, Störungen/Unterbrechungen, sehr schnell arbeiten sowie vorgegebene Stückzahl, Leistung oder Zeit die Spitzenreiter bei den Belastungsfaktoren sind. Beschäftigte mit einem schlechteren Gesundheitszustand fühlen sich in diesen Kategorien stärker belastet als solche mit einem sehr guten bis ausgezeichneten Gesundheitszustand, obwohl die Belastungswerte auch hier relativ hoch sind. Zu beachten ist, dass die dargestellten Zahlen nichts darüber aussagen, ob die Einschätzung des allgemeinen Gesundheitszustands Ursache oder Folge der subjektiven Einschätzung der Arbeitsbedingungen etc. ist. Sie weisen aber auf deutliche Zusammenhänge hin (vgl. BMAS 2012, S. 46 [497]). Es zeigt sich, dass sich bei einem schlechteren Gesundheitszustand in vielen Kategorien hohe Belastungsanteile zeigen. Dies könnte auf die kumulative Wirkung von verschiedenen Belastungsfaktoren hindeuten. Diese Ergebnisse zu Belastungsfaktoren decken sich größtenteils mit *Ergebnissen* der folgenden Studien:

- *WIdO-Mitarbeitendenbefragung* des wissenschaftlichen Instituts der AOK in Deutschland (Auswertung verschiedener anonymisierter Befragungen mit rund 28'000 Beschäftigten). Spitzenreiter bei den psychischen Belastungen am Arbeitsplatz waren ständige Aufmerksamkeit/Konzentration, Termin- oder Leistungsdruck, Störungen oder Unterbrechungen bei der Arbeit, hohes Arbeitstempo sowie hohe Verantwortung (vgl. Zok 2010, S. 59 [498]).

- *Stressstudie 2010 „Stress bei Schweizer Erwerbstätigen"* der Fachhochschule Nordwestschweiz (im Auftrag des Staatssekretariats für Wirtschaft SECO; repräsentative Studie mit einer Stichprobengröße von rund 1'000 Beschäftigten). Hier waren Spitzenreiter bei chronisch (d. h. sehr häufig oder ziemlich häufig) auftretenden Belastungsfaktoren Unterbrechungen, Arbeiten mit hohem Tempo, Termindruck, Umstrukturierung/Neuorganisation und Effort-Reward Imbalance. Die Kategorien hohe Verantwortung sowie Aufmerksamkeit wurden nicht erhoben (vgl. Grebner et al. 2010 [499]).

Die WIdO-Mitarbeitendenbefragung hat Auswertungen der *Beurteilung der Gesundheit in Abhängigkeit vom Alter* vorgenommen. Bei der Altersverteilung waren 16,9% über 50 Jahre alt. Es zeigen sind u. a. folgende Ergebnisse (vgl. Zok 2010, S. 7 f. [500]):

- *Positive Gesundheitsbewertungen nehmen mit dem Alter ab:* Mit zunehmendem Alter werden durchwegs häufiger negative Bewertungen vorgenommen. Die Mehrheit der Beschäftigten über 50 Jahre (58,7%) beurteilt den eigenen Gesundheitszustand kritisch, d. h. als „teils, teils" (41,9%), „weniger gut" (14,1%) oder „schlecht" (2,7%). Lediglich zwei Fünftel der Älteren bewerten ihre Gesundheit somit positiv (37,0% als „gut" und 4,1% als „sehr gut"). Werden die Ergebnisse aller Altersgruppen betrachtet, dann sieht die Verteilung wie folgt aus: 8,3% „sehr gut", 49,4% „gut", 32,8% „teils, teils", 8,2% „weniger gut" und 1,3% „schlecht".

- *Gesunde Arbeitsbedingungen sind wichtiger geworden:* Die Beurteilung ist im Zeitvergleich wichtiger geworden. Als wichtige Faktoren für die Gesundheit werden genügend Schlaf (58,9% der Nennungen) und ausgewogene Ernährung (55,4% der Nennungen) genannt. Für jüngere Mitarbeitende sind insbesondere Schlaf, Bewegung und Entspannung wichtig, ältere Mitarbeitende priorisieren häufiger die Beteiligung an Früherkennungsuntersuchungen und gesunde Arbeitsbedingungen.

Die Erkenntnisse aus den verschiedenen Studien verdeutlichen – und es wird auch in der Literatur immer wieder darauf hingewiesen –, dass zwischen Belastungsfaktoren bei der Arbeit und gesundheitlichen Problemen ein Zusammenhang besteht (vgl. z. B. Ulich/Wiese 2011, S. 61 ff. [501], Badura 2010, S. 9 [502], Zok 2010, S. 11 [503], Ducki 2008, S. 6 [504], WHO 2004 [505]). Die Zunahme der psychosozialen Belastungen erhöht das Risiko von körperlichen Erkrankungen und Gesundheitsproblemen, aber auch von depressiven Verstimmungen. Darauf wurde bereits bei der Bedeutung von Selbstmanagement eingegangen (vgl. Kapitel 2.1.2).

Physische und psychische Belastungen und die damit verbundenen gesundheitlichen Probleme führen zu Arbeitsausfalltagen, die hohe Kosten verursachen – nicht nur für den einzelnen Menschen, sondern auch für die Unternehmen und die Volkswirtschaft insgesamt. Das *Bundesministerium für Arbeit und Soziales* publiziert jedes Jahr im Bericht „Sicherheit und Gesundheit bei der Arbeit" u. a. aktualisierte Daten über Arbeitsunfähigkeitstage, geschätzte Kosten für Produktionsausfälle sowie die hauptsächlichen Belastungsfaktoren in Verbindung mit der Einschätzung des Gesundheitszustands (vgl. BMAS 2012 [506]).

Tabelle 10.5 zeigt eine Schätzung der *Produktionsausfälle* (Lohnkosten) und der *Bruttowertschöpfungsausfälle* (Verlust an Arbeitsproduktivität durch Arbeitsunfähigkeit) in Deutschland für das Jahr 2010. Die Angaben beruhen auf Daten über Krankschreibungen von rund 34 Mio. Pflichtversicherten der gesetzlichen Krankenversicherungen aus dem Jahre 2010 sowie auf Daten der volkswirtschaftlichen Gesamtrechnung des deutschen Statistischen Bundesamtes. Die für die Auswertung genutzten Arbeitsunfähigkeitsdaten umfassen nur Krankschreibungen. Dadurch wird die Kurzzeit-Arbeitsunfähigkeit unterschätzt (diese Produktivitätsausfallkosten sind zudem nicht berücksichtigt und müssten noch dazugerechnet werden). Im Jahre 2010 ergibt sich mit einer durchschnittlichen Arbeitsunfähigkeitsdauer von 11,3 Tagen pro erwerbstätiger Person insgesamt eine Summe von rund 409 Mio. Arbeitsunfähigkeitstagen. Die Bundesanstalt für Arbeitsschutz und Arbeitsmedizin schätzt auf dieser Basis die Kosten der volkswirtschaftlichen Produktionsausfälle auf insgesamt 39 Mrd. Euro bzw. den Ausfall der Bruttowertschöpfung auf 68 Mrd. Euro (vgl.

BMAS 2012, S. 43 [506]). Dies sind enorm hohe Kosten, welche einerseits die Notwendigkeit eines umfassenden Selbstmanagements aufzeigen und andererseits die Bedeutung eines konsequenten betrieblichen Gesundheitsmanagements unterstreichen. Die Angaben in Tabelle 10.5 zeigen volkswirtschaftlich ein Präventionspotenzial und mögliches Nutzungspotenzial auf. Zudem gilt zu berücksichtigen, dass Produktionsausfallkosten infolge Präsentismus nicht berücksichtigt sind (vgl. Kapitel 2.1.2).

Tabelle 10.5 Produktionsausfallkosten und Ausfall an Bruttowertschöpfung nach Diagnosegruppe im Jahre 2010 in Deutschland

Diagnosegruppe	Arbeitsunfähigkeitstage		Produktionsausfallkosten		Ausfall an Bruttowertschöpfung	
	Mio.	%	Mrd. €	vom Bruttonationaleinkommen in %	Mrd. €	vom Bruttonationaleinkommen in %
Psychische und Verhaltensstörungen	53,5	13,1	5,1	0,2	9,0	0,4
Krankheiten des Kreislaufsystems	24,0	5,9	2,3	0,1	4,0	0,2
Krankheiten des Atmungssystems	54,0	13,2	5,2	0,2	9,0	0,4
Krankheiten des Verdauungssystems	22,6	5,5	2,2	0,1	3,8	0,2
Krankheiten des Muskel-Skelett-Systems und des Bindegewebes	95,4	23,3	9,1	0,4	16,0	0,7
Verletzungen, Vergiftungen	49,1	12,0	4,7	0,2	8,2	0,3
Übrige Krankheiten	110,3	27,0	10,6	0,4	18,4	0,8
Alle Diagnosegruppen	408,9	100,0	39,2	1,6	68,4	2,8

Quelle: vgl. BMAS 2012, S. 44 [506] (mit Rundungsfehlern aufgrund von Hochrechnungen)

Das Risiko für Arbeitsausfalltage kann durch ein umfassendes *betriebliches Gesundheitsmanagement* reduziert werden. Der *Prävention* kommt eine besondere Rolle zu. Für die physische und psychische Gesunderhaltung von Menschen ist entscheidend, dass Belastungsfaktoren in Organisationen gezielt abgebaut bzw. durch den gezielten Aufbau von Ressourcen abgefedert werden. Erkenntnisse aus der Whitehall II Studie – einer Langzeitstudie in England mit über 10'000 Staatsangestellten – belegen u. a., dass soziale Unterstützung und Kontrolle (Einflussmöglichkeiten bei der Arbeit) die psychische Gesundheit schützen, während hohe Leistungsanforderungen und Gratifikationskrisen (effort-reward imbalance) Risikofaktoren für zukünftige depressive Erkrankungen darstellen (vgl. Stansfeld et al. 1999, S. 302 [507]). Wichtig ist, eine genaue Analyse der vorhandenen Belastungsfaktoren vorzunehmen und dann entsprechend abgestimmte Maßnahmen zu definieren und zu implementieren. Das nachfolgende Praxisbeispiel zeigt auf, wie auf der Basis einer Gesundheitsbefragung im Unternehmen mittels Schulung der Mitarbeitenden und der Führungskräfte eine Reduzierung der Stress-Symptome erreicht werden konnte.

Praxisbeispiel AXA Winterthur, Schweiz
Programm IN BALANCE – Förderung von körperlicher Gesundheit und Wohlbefinden

Kurzvorstellung Unternehmen

Die AXA Winterthur gehört zur AXA Gruppe, einem der größten Versicherer weltweit. Sie bietet für Privat- und Unternehmenskunden Sach- und Haftpflichtversicherungslösungen, maßgeschneiderte Lebensversicherungs- und Pensionskassenlösungen sowie Bankprodukte in Kooperation mit Bankpartnern an. Das Unternehmen beschäftigt in der Schweiz über 4'000 Mitarbeitende plus rund 2'750 Mitarbeitende im Vertriebsnetz mit ca. 280 selbstständigen Generalagenturen und Agenturen. Der Hauptsitz ist in Winterthur.

Ausgangslage

Mit der Integration der Winterthur Versicherungen in die AXA Gruppe entstand Handlungsbedarf zur Gesundheitsförderung auf breiterer Ebene. Vor dem Hintergrund der Integration und den allgemein gestiegenen Anforderungen des Marktumfelds beschloss die AXA Winterthur, nicht nur zu reagieren (z. B. Erfassung von Absenzen, Case Management), sondern vorbeugend die Ressourcen der Mitarbeitenden durch ein umfassendes und nachhaltiges Programm zur Gesundheitsförderung zu stärken.

Unter der Leitung einer Expertin für Betriebliche Gesundheitsförderung wurde im Jahre 2006 die Abteilung Health Management aufgebaut. In enger Zusammenarbeit mit der Firma „fit im job AG" entstand ein mehrjähriges Gesamtprogramm, das im Jahre 2006 mit einem Pilot startete und im Jahre 2009 auf alle Unternehmensteile ausgedehnt wurde. Das Programm trägt den Namen IN BALANCE und ist bis heute (Stand 2012) fest integrierter Bestandteil der Unternehmensführung.

Das Programm IN BALANCE

Schritt 1: Befragung – gefährdete Bereiche identifizieren und Schwerpunkte setzen

Da nicht grenzenlos Mittel zur Verfügung standen, war die Identifikation von stark belasteten bzw. gefährdeten Bereichen innerhalb der Organisation ein wichtiges Anliegen. Der Fokus lag dabei auf Hilfestellung und Unterstützung dieser Bereiche. Zum Einsatz kam der *healthReport®*. Dieses Analyse-Tool wurde von Arbeitspsycholog/innen, Expert/innen der betrieblichen Gesundheitsförderung und verschiedenen Fachleuten aus dem Bereich Personalentwicklung, Gesundheitsmanagement und Informatik entwickelt. Der healthReport® basiert auf den Erkenntnissen wissenschaftlich erprobter und validierter Instrumente.

Die AXA Winterthur führte im März 2007 die erste Befragung in drei Unternehmensbereichen durch (IT, Leben und Human Resources). Der Online-Fragebogen wurde von 776 Mitarbeitenden beantwortet. Dimensionen waren dabei:

- *Gesundheitsverhalten:* Bewegung, Ernährung, Entspannung, Balance/Ausgleich.
- *Gesundheitszustand:* psychische Befindlichkeit, körperliche Beschwerden.
- *Psychische Beanspruchung:* Arbeitsbelastung, Stress, Burnout-Gefährdung.
- *Produktivität im Alltag:* Informationsverarbeitung, Zusammenarbeit, Präsentismus.

Die Analyse der Ergebnisse zeigte, dass in etlichen Abteilungen sehr hohe Belastungswerte vorhanden waren, v. a. bei den Dimensionen „Stressbewältigung/Regenerationsfähigkeit" (zu hoch empfundene Arbeitsbelastung) und „persönliches Befinden und massive körperliche Beschwerden" (v. a. von der Arbeit am Computer verursachte Beschwerden wie Nacken- und Schulter-Verspannungen, Rückenschmerzen oder Augenbrennen). Die eher stressbedingten Symptome wie innere Unruhe, Nervosität, Schlafstörungen, Gereiztheit und Müdigkeit etc. korrelierten mit der als hoch empfundenen Arbeitsbelastung und dem hohen Stressempfinden.

Schritt 2: Implementation gesundheitsförderlicher Maßnahmen

Aufgrund der gewonnenen Erkenntnisse beschloss die AXA Winterthur, auf diversen Ebenen zu intervenieren, und setzte folgende Elemente in Zusammenarbeit mit der Firma „fit im job AG" um:

- Einführung eines *interaktiven Gesundheitsportals* mit Kurzpausen für den Computer-Arbeitsplatz.

- *Teamworkshop-Reihe „fit & well"* – Angebot in vier Modulen für Teams: Bewegung, Ernährung, Entspannung, Follow-up (Dauer zwischen 4 und 5 Stunden, Module können auch einzeln gebucht werden, Follow-up gehört zum Modul 1).

- *Seminarangebote für Mitarbeitende:*

  Energie-Ressourcen richtig managen (2 Tage Seminar und ½ Tag Follow-up-Workshop nach 9 Monaten). Inhalte: Magisches Dreieck Beruf – Familie – Gesundheit, Verhaltensänderung – Motivation – Gesundheitsziel, Zusammenhang Bewegung – Stoffwechsel – Wohlbefinden, Bewegung und Berufsalltag, dauerhaft abnehmen, gesund und genussvoll essen, Zusammenhang Ernährung – Leistung, Zusammenhang Verdauung – Ernährungstypologie.

  Entspannungs- und Schlafmanagement (½ Tag Vorbereitungs-Workshop, 2 Tage Seminar). Inhalte: Bedeutung von Entspannung für den Körper, Stressoren ausfindig machen und analysieren, körperliche Stress-Symptome erkennen, positive Aspekte von Stress kennen lernen, von der Micro- bis zur Macropause.

- *Führungsausbildungsmodul für Teamleiter zum Thema „Führung und Gesundheit* (1 Tag, obligatorische Teilnahme). Inhalte: Wirksam an sich und den Mitarbeitenden arbeiten, um Anforderungen, Produktivität, Belastbarkeit und Erholung im gesamten Verantwortungsbereich in Einklang zu bringen (Energie-Management, Identifikation und Begleitung von Problemfällen, Führungskräfte als Vorbilder, gesunder Führungsstil).

Schritt 3: Evaluation des Erfolgs

Im Anschluss an das Führungsmodul führte die Mehrzahl der Vorgesetzten ein ausführliches Gespräch mit den Mitarbeitenden, in dem es um Wohlbefinden in der Arbeit und im Team ging.

Fragen zu Stress-Symptomen	„Permanent" bis „ab und zu" in %	„Permanent" bis „ab und zu" in %
	Februar 2007	November 2008
Konzentrationsschwierigkeiten	33.0	26.0
Innere Unruhe, Nervosität	43.5	32.5
Verdauungsprobleme	27.1	20.1
Augenbrennen	36.0	29.6
Gereiztheit, Genervt-Sein	42.9	31.7
Müdigkeit, Zerschlagenheit	51.8	39.4
Kopfschmerzen	34.6	27.2
Nacken-/Schulterverspannungen und/oder -schmerzen	51.5	41.5
Schlafstörungen	36.6	31.7
Rückenverspannungen / -schmerzen	41.5	35.4

Die Ergebnisse zeigen, dass die Stress-Symptome teilweise deutlich reduziert werden konnten. Insgesamt kann die Intervention zum Thema Gesundheitsförderung als erfolgreich beurteilt werden. Wichtig ist, dass die Seminare weiterhin Bestandteil des Entwicklungsangebots sind.

Autor: Ole Petersen, Geschäftsführer fit im job AG, Winterthur, Schweiz

10.3 Begriff und Verständnis von Stress

Der Begriff *Stress* wurde aus dem Englischen ins Deutsche übernommen („stress" = Beanspruchung, Belastung). Bereits im mittelalterlichen Englisch wurde das Wort mit der Bedeutung von äußerer Not und auferlegter Mühsal verwendet (vgl. Hillert/Marwitz 2006, S. 129 [508]). Im Jahre 1914 wurde der Begriff Stress durch den amerikanischen Forscher Cannon in die Fachliteratur eingeführt. Als Vater des modernen Stressbegriffs gilt jedoch der aus Österreich stammende und später in Kanada forschende Arzt Hans Selye (vgl. Burisch 2006, S. 85 [509]).

Der Ausdruck Stress dient als **Sammelbegriff** für eine Vielzahl unterschiedlicher Einzelphänomene, die durch einen Zustand erhöhter Aktivierung des Organismus – verbunden mit einer Steigerung des emotionalen Erregungsniveaus – gekennzeichnet sind. Im neutralen Sinne bezeichnet Stress die unspezifische Anpassung des Organismus an jede Anforderung und ist somit eine Anpassungsleistung (vgl. Brockhaus 2009 [510]).

"Die meisten Definitionen verstehen Stress als einen Zustand des Organismus, bei dem als Resultat einer inneren oder äußeren Bedrohung das Wohlbefinden als gefährdet wahrgenommen wird und deshalb der Organismus alle seine Kräfte konzentriert und zur Bewältigung der 'Gefährdung' schützend einsetzt." (Brockhaus 2009 [510])

Für Ulich/Wülser ist Stress mit einem tatsächlichen oder vermeintlichen **Kontrollverlust** verbunden. Damit gehen Gefühle der Bedrohung, des Ausgeliefertseins, der Hilflosigkeit und der Abhängigkeit einher. Ob Stress entsteht, hängt entscheidend davon ab, ob eine Person – tatsächlich oder vermeintlich – in der Lage ist, einen potenziellen Stressor (z. B. Zeitdruck, die unberechenbare Reaktion des Vorgesetzten) zu bewältigen (vgl. Ulich/Wülser 2010, S. 61 [511]). Stress stellt ein **Ungleichgewicht im Verhältnis von Mensch und Situation** dar. Stress entsteht immer dann, wenn die Bewältigung einer Anforderung für die Person wichtig ist, die Person die eigenen Bewältigungsvoraussetzungen jedoch nicht als ausreichend einschätzt. Dieses von der Person wahrgenommene Ungleichgewicht wird von ihr als unangenehm oder bedrohlich wahrgenommen und ist emotional mit Gefühlen von Angst bzw. Ängstlichkeit verbunden (vgl. Busch et al. 2009, S. 16 [512]). Eine kurze prägnante Definition von Stress findet sich bei Zapf/Semmer:

> **Stress** ist ein „subjektiv unangenehmer Spannungszustand, der aus der Befürchtung entsteht, eine aversive Situation nicht ausreichend bewältigen zu können." (Zapf/Semmer 2004, S. 1011 [513])

Eines der einflussreichsten psychologischen Stressmodelle ist das **transaktionale Stressmodell** nach Lazarus. Das Modell gibt einen guten Überblick über Belastungsfaktoren, wie diese bewertet werden, über individuelle Bewältigungsmöglichkeiten und kurz- und langfristige Stressreaktionen (für die nachfolgenden Ausführungen zum transaktionalen Stressmodell vgl. Zapf/Dormann 2006, S. 705 ff. [514]).

Abbildung 10.3 Transaktionales Stressmodell

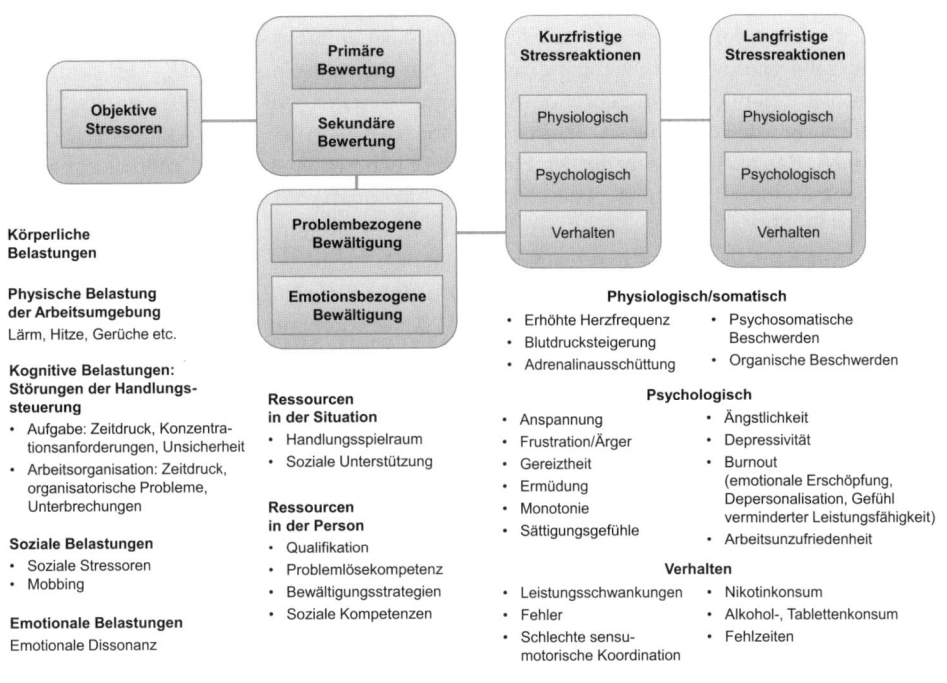

Quelle: vgl. Zapf/Dormann 2006, S. 706 [515], vgl. auch Lazarus 1999 [516], Lazarus/Folkmann 1984 [517], Lazarus/Launier 1981 [518]

Im transaktionalen Stressmodell werden fünf verschiedene **Belastungskategorien** unterschieden, die eine Stressreaktion auslösen können: körperliche, physische, kognitive, soziale und emotionale Belastungen. Die *psychischen Bewertungsprozesse* tragen entscheidend dazu bei, wieso sich Belastungen nicht auf alle Menschen gleich auswirken. Die ***primäre Bewertung*** bezieht sich auf die Bewertung eines Ereignisses hinsichtlich des Wohlbefindens einer Person. Das Ereignis kann als ***irrelevant, günstig/positiv oder stressend*** beurteilt werden. Stressende Bewertungen treten dabei in drei Formen auf: als Schädigung/Verlust, Bedrohung (Schädigung/Verlust ist noch nicht eingetroffen, sondern wird antizipiert) oder Herausforderung (Schädigung ist prinzipiell möglich, aber eine risikoreiche, mit positiven Folgen verbundene Meisterung ist machbar).

Die ***sekundäre Bewertung*** bezieht sich darauf, welche Bewältigungsfähigkeiten und -möglichkeiten eine Person für den Umgang mit den Stressoren besitzt. Dies sind interne und externe Ressourcen. Die sekundären Bewertungen müssen nicht notwendigerweise nach den primären stattfinden. Es ist davon auszugehen, dass primäre und sekundäre Bewertungen sich gegenseitig beeinflussen. So wird eine Situation, von der ausgegangen werden kann, dass sie gut zu bewältigen ist, normalerweise nicht als bedrohlich bewertet.

Nachdem die Bewertungen vorgenommen worden sind, kommt es zum **Bewältigungsverhalten,** welches sich auf zwei unterschiedliche Aspekte bezieht: auf das *Stress auslösende Problem* (z. B. Bewältigung einer zusätzlichen Aufgabe und damit verbunden Zeitdruck) und auf die **Stressemotionen** (z. B. Unsicherheit, Anspannung). Durch letztere wird eine Zusatzaufgabe erzeugt (z. B. Umgang mit der zusätzlichen Anspannung). Es kann zwischen problemorientierten und emotionsorientierten *Bewältigungsstrategien* unterschieden werden. Die *problemorientierten Strategien* beinhalten beispielsweise die Suche nach Informationen, das aktive Lösen des Problems, die Suche nach sozialer Unterstützung und kognitive Strategien der Umbewertung oder des Akzeptierens. *Emotionsorientierte Strategien* beziehen sich eher, aber nicht ausschließlich, auf die stressbedingte Zusatzaufgabe (z. B. Nervosität bei einer schwierigen Präsentation). Mögliche Strategien sind hier Entspannung, Ablenkung oder Verdrängung. Nun gibt es auch Verhalten, welches keinen sinnvollen Bewältigungsversuch darstellt (z. B. Alkoholkonsum, „Frustessen", „vor sich hinbrüten"). Obwohl möglicherweise kurzfristig Erleichterung geschaffen wird, sind die langfristigen Folgen negativ (deshalb wurde diese Art von Verhalten im Modell bei den langfristigen Stressreaktionen aufgeführt).

Nach einer erfolgreichen oder nicht erfolgreichen Bewältigung der Stress auslösenden Situation kann es zu einer *Neubewertung der Situation* kommen. Dabei wird eine erfolgreich bewältigte Situation in Zukunft i. d. R. als weniger bedrohlich bewertet. Die im Modell von Lazarus beschriebenen kognitiven Bewertungsprozesse hängen einerseits davon ab, *wie stark die vorhandenen Belastungen* sind. Andererseits spielen auch die *vorhandenen Ressourcen* (= Möglichkeiten) eine Rolle. Berufliche Qualifikationen und Problemlösefähigkeiten als interne Ressourcen sind beispielsweise besonders gefordert, wenn es um Stress durch qualitative Überforderung geht. Soziale Kompetenzen hingegen sind wichtig beim Umgang mit sozialen Belastungsfaktoren. Wesentliche externe Ressourcen sind Kontrolle (Synonyme sind Handlungsspielraum, Einflussmöglichkeiten, Freiheitsgrade, Autonomie) und soziale Unterstützung.

Diese beiden externen Ressourcen haben eine direkte und eine indirekte Pufferwirkung. Die *direkte Wirkung* zeigt sich durch eine direkt positive Wirkung auf das Wohlbefinden. Hier müssen jedoch auch Einschränkungen gemacht werden: Die mit dem zusätzlichen Handlungsspielraum oft verbundene zunehmende Verantwortung kann sich negativ auf das Befinden auswirken. Auch soziale Unterstützung ist nicht immer positiv (z. B. könnte eine Person dadurch als hilfsbedürftig gelten oder die Hilfe wird auf ungeschickte Weise angeboten). Die *indirekte Wirkung* zeigt sich darin, dass durch den vorhandenen Handlungsspielraum und die soziale Unterstützung Belastungen reduziert und dadurch positive Effekte auf das Befinden erzeugt werden. *Puffereffekte* schließlich ergeben sich dadurch, dass durch den größeren Handlungsspielraum und die soziale Unterstützung zwar nicht die Belastungen verändert, dadurch jedoch Bewältigungsmöglichkeiten verbessert und so Stresseffekte abgepuffert werden, beispielsweise wenn ein Arbeitsauftrag dann ausgeführt werden kann, wenn sich eine Person besonders leistungsfähig oder ungestört fühlt.

Wenn Stress das Wohlbefinden und bei lang anhaltenden Stresssituationen auch die Gesundheit belastet, ist es essenziell, Ressourcen zu aktivieren, Unterstützung zu suchen und notwendige entlastende Veränderungen einzuleiten. Darauf wurde bereits bei den Ausführungen zu den zunehmenden psychosozialen Belastungen hingewiesen (vgl. Kapitel 2.1.2). Nachfolgend wird noch kurz auf das Thema Burnout eingegangen, das in den letzten Jahren stark an Bedeutung gewonnen hat und als Folge von Stress betrachtet werden kann.

10.4 Burnout als Folge von Stress

Burnout ist ein komplexes, vielschichtiges und auch sehr aktuelles Thema. In der Literatur finden sich zahlreiche Bücher und Artikel, die sich eingehend mit Burnout – den Symptomen, den Ursachen und den Bewältigungsmöglichkeiten – auseinandersetzen. Darüber hinaus gibt es Websites von Institutionen, die Informationen über das Burnout-Syndrom zur Verfügung stellen. Solide Zahlen zu Burnout fehlen jedoch. Es gibt Studien zur Burnout-Prävalenz in einzelnen Berufsgruppen, die von 15 – 25% der Befragten ausgehen (vgl. Schulze 2009, S. 202 [519]). Nachfolgend werden einzelne relevante Aspekte zu Burnout vertieft. Für weiterführende Erkenntnisse vgl. z. B. Kernen/Meier 2012 [520], Burisch 2010 [521], Linneweh/Heufelder/ Flasnoecker 2010 [522], Bergner 2008 [523], Maslach/Leiter 2001 [524].

Das Burnout-Syndrom ist keine offiziell anerkannte Krankheit, sondern beschreibt eher einen Zustand, der sich aufgrund seiner hochkomplexen Entstehungsweise in unterschiedlichen Facetten zeigen kann. Es gibt keine einheitliche *Burnout-Definition* nach den Klassifikationen der WHO. Auch in der verbindlichen 10. Auflage der „Internationalen Klassifikation der Erkrankungen, ICD-10" wird Burnout nicht aufgeführt. Der Begriff wird jedoch in Abschnitt Z73.0 unter der Überschrift „Faktoren, die den Gesundheitszustand beeinflussen und zur Inanspruchnahme des Gesundheitswesens führen" erwähnt als „Ausgebranntsein, Burn-out, Zustand der totalen Erschöpfung" (vgl. Linneweh/Heufelder/Flasnoecker 2010, S. 15 [525]).

Die Schwierigkeit für eine eindeutige Begriffsdefinition liegt in der vielschichtigen Herangehensweise, mit der die verschiedenen Symptom-Komplexe betrachtet werden können. Burisch schlägt folgende *Arbeitsdefinition* von Schaufeli/Enzmann als Quintessenz vieler Definitionsversuche vor:

„Burnout ist ein dauerhafter, negativer, arbeitsbezogener Seelenzustand ‚normaler' Individuen. Er ist in erster Linie von Erschöpfung gekennzeichnet, begleitet von Unruhe und Anspannung (distress), einem Gefühl verringerter Effektivität, gesunkener Motivation und der Entwicklung dysfunktionaler Einstellungen und Verhaltensweisen bei der Arbeit. Diese psychische Verfassung entwickelt sich nach und nach, kann dem betroffenen Menschen aber lange unbemerkt bleiben. Sie resultiert aus einer Fehlpassung von Intentionen und Berufsrealität. Burnout erhält sich wegen ungünstiger Bewältigungsstrategien, die mit dem Syndrom zusammenhängen, oft selbst aufrecht." (Schaufeli/Enzmann 1998, S. 36 [526], deutsche Übersetzung von Burisch 2010, S. 19 [527])

Linneweh/Heufelder/Flasnoecker beschreiben Burnout und dessen Entstehung wie folgt:

"Burn-out ist ein komplexes Syndrom der inneren Leere, des Ausgebrannt- und Ausgepowert-Seins, der allgemeinen physischen und psychischen Erschöpfung. Leistungsträger, die sich pflichtbewusst für ihren Arbeitgeber oder ihre Familie aufopfern, die über lange Zeit alle an sie gestellten Anforderungen durch Kompromisse in ihrem Privatleben kompensieren, die ihre eigenen überzogenen Erwartungen irgendwann nicht mehr erfüllen können, sind besonders gefährdet. Burn-out ist Folge eines übermäßig hohen Engagements, einer chronischen Überforderung von Körper und Psyche, die den gesamten Organismus schleichend aus dem Gleichgewicht bringt und ihn nachhaltig schädigt." (Linneweh/Heufelder/Flasnoecker 2010, S. IX [528])

Risikofaktoren für Burnout lassen sich in der Persönlichkeit, den arbeitsbezogenen Einstellungen und den Jobmerkmalen finden. Tabelle 10.6 zeigt mögliche Merkmale auf, die das Risiko von Burnout erhöhen. Schulze (2011, S. 42 [529]) weist darauf hin, dass gerade diejenigen Persönlichkeitseigenschaften, die ein Burnout begünstigen, auch viele Menschen zu Höchstleistungen motivieren. Solange die Leistung stimmt, sind diese Persönlichkeitsmerkmale im Arbeitsumfeld durchaus erwünscht und werden gar gefördert – bis dann bei engagierten Mitarbeitenden die Batterien leer sind. Erst dann werden rückblickend die Risiken erkannt, die zum Ausbrennen geführt haben.

"Oft sind es die Engagiertesten, die Gefahr laufen, ein Burnout zu entwickeln. Hohe Ansprüche an sich selbst und eine starke Leistungsmotivation, gepaart mit einer selektiv negativen Wahrnehmung des Erreichten und mangelnder Unterstützung vonseiten der Vorgesetzten, scheinen weitere Risikofaktoren zu sein. Burnout entsteht somit im Wechselspiel zwischen ungünstigen Bedingungen auf der Organisationsebene und bestimmten personenbezogenen Faktoren." (Schulze 2011, S. 43 [529])

Die Konsequenzen von Burnout sind sowohl auf der physischen als auch auf der psychischen Ebene gravierend. Burnout kann die Funktions- und Leistungsfähigkeit des Körpers drastisch verringern und bis zu einem Zusammenbruch führen. Auch die psychischen Folgen sind schwerwiegend: Menschen verlieren ihre Lebensfreude, sie ziehen sich von ihren Mitmenschen zurück und es kann vermehrt zu Konflikten mit Lebenspartnern und Familienangehörigen kommen. Gefühle von Wertlosigkeit entstehen. Je weiter Burnout voranschreitet, desto mehr tauchen die Betroffenen in eine immer enger werdende Welt ohne Sinn und Hoffnung ein. Nicht selten entwickelt sich infolge Burnout auch eine unmittelbare persönliche Bedrohung. Wenn der Arbeitsplatz verloren geht oder es in der Beziehung kriselt, können auch Selbstmordgedanken entstehen (vgl. Linneweh/Heufelder/Flasnoecker 2010, S. IX [530]).

Tabelle 10.6   Merkmale, die das Risiko von Burnout erhöhen

Persönlichkeitsmerkmale	Arbeitsbezogene Einstellungen	Jobmerkmale
Attributionsstil: Ereignisse und Leistungen werden dem Einfluss anderer oder dem Zufall zugeschrieben, anstatt sie auf die eigenen Fähigkeiten und Anstrengungen zurückzuführen; schlechtere Bewertung der eigenen Leistungen „Typ-A-Verhalten"[6] (hat auch erhöhtes Risiko für Stresskrankheiten, besonders Herz-Kreislauf-Erkrankungen) Big Five: Personen mit Neigung zu Ängstlichkeit, Empfindlichkeit, Depression und Feindseligkeit (Zusammenhang könnte auch durch zusätzliche Einflüsse zustande gekommen sein, z. B. generelle Neigung, die Dinge negativ darzustellen)	Besonders hohe Leistungsbereitschaft und großer Energieeinsatz (z. B. infolge besonders hoher Erwartungen an die Organisation, das Arbeitsumfeld oder Klient/innen bzw. Kund/innen) Keine angemessene Würdigung besonderer Anstrengungen aus Sicht der betroffenen Person (dies führt zu Enttäuschungen und Frustration) Übermäßige Arbeit über längere Zeit, besonders wenn sich die Person zu wenig oder keine Erholungsphasen gönnt Arbeit ist zentraler bzw. ausschließlicher Lebensinhalt, Fehlen anderer Schwerpunkte im Leben (Arbeit muss dann Funktionen erfüllen, für die sie nicht primär geschaffen ist, z. B. Bestätigung der eigenen Person, Geborgenheit, Zuneigung, Persönlichkeitsentwicklung)	Hohe Arbeitsbelastung und hoher Zeitdruck Großes Arbeitsvolumen (emotionale Erschöpfung hängt stark mit der Menge der zu erledigenden Arbeit zusammen) Hohe Wochenarbeitszeiten Vielzahl von Auftraggebenden, Kund/innen, Patient/innen Häufigkeit und Dauer der direkten Arbeit mit Patient/innen und Klient/innen sowie Schweregrad der Probleme (je häufiger und länger die direkte Arbeit und je schwerwiegender die Probleme, desto höher ist die Wahrscheinlichkeit für Burnout) Rollenkonflikte und Rollenambiguität Mangelnde soziale Unterstützung am Arbeitsplatz Fehlendes Feedback über die Qualität der geleisteten Arbeit

Quelle: vgl. Schulze 2011, S. 42 f. [532]

In der Literatur finden sich zahlreiche Übersichten über die *Symptome von Burnout*. Burnout bedeutet eine ganzheitliche Erschöpfung in folgenden Bereichen (vgl. Linneweh/Heufelder/Flasnoecker 2010, S. 17 [533]):

---

[6] Typ-A-Verhaltensmuster sind: „Äußerst starkes Leistungsstreben, hohe körperliche und geistige Handlungs- und Anstrengungsbereitschaft, starker Wille, das eigene Leben aktiv zu beeinflussen und etwas bewirken zu wollen, ständiges Bedürfnis nach Anerkennung, Vorwärtskommen und Überlegenheit, extremes Konkurrenzdenken, innere Ruhe- und Rastlosigkeit, Ungeduld mit sich selbst und mit anderen, Unfähigkeit zu warten oder zuzuhören, eine Tendenz, die Ausführung aller Handlungen zu beschleunigen, ein starkes Bedürfnis, die eigene Umwelt unter Kontrolle zu bringen, alles „im Griff" zu haben, eine Tendenz, unter Zeitdruck mehrere unterschiedliche Dinge gleichzeitig zu erledigen (Multitasking), eine überdurchschnittlich hohe Aggressivität" (Linneweh/Heufelder/Flasnoecker 2010, S. 112 [531], andere Formatierung).

Körperliche Ebene: Ich kann nicht mehr.
Psychische Ebene: Ich freue mich über nichts mehr.
Geistige Ebene: Ich habe keine Einfälle mehr.
Soziale Ebene: Ich habe keine Freunde mehr.

Tabelle 10.7 zeigt exemplarisch die Einteilung von Litzcke/Schuh auf, welche die Symptome nach dem zentralen **Merkmal Erschöpfung** in drei Unterkategorien einteilen. Wichtig ist zu beachten, dass die Burnout-Symptomatik ein phasenweise verlaufender Prozess mit mehreren Stadien ist (vgl. z. B. Burisch 2010, S. 24 ff. [534], Bergner 2008, S. 10 f. [535]). Burnout im Sinne einer totalen Erschöpfung ist meist die letzte Phase eines mehr oder weniger lange andauernden Verlaufsprozesses.

Tabelle 10.7   Übersicht über die Symptome von Burnout

Kategorie 1: Körperliche Erschöpfung	
Energiemangel	Erhöhte Anfälligkeit für Erkältungen und Virusinfektionen
Chronische Müdigkeit	
Schwäche	Schlafstörungen
Unfallträchtigkeit	Albträume
Verspannungen der Hals- und Schultermuskulatur	Erhöhte Einnahme von Medikamenten oder Alkohol, um die körperliche Erschöpfung aufzufangen
Veränderung der Essgewohnheiten	
Veränderung des Körpergewichts	

Kategorie 2: Emotionale Erschöpfung	
Niedergeschlagenheit	Emotionales Ausgehöhlt-Sein
Hilflosigkeit	Reizbarkeit
Hoffnungslosigkeit	Leere und Verzweiflung
Unbeherrschtes Weinen	Vereinsamung
Versagen der Kontrollmechanismen gegenüber Emotionen	Entmutigung
Ernüchterung	Lustlosigkeit

Kategorie 3: Geistige Erschöpfung	
Negative Einstellung zum Selbst	Verlust der Selbstachtung
Negative Einstellung zur Arbeit	Gefühl der Unzulänglichkeit
Negative Einstellung zum Leben, Überdruss	Gefühl der Minderwertigkeit
Aufbau einer entwertenden Einstellung gegenüber anderen (Zynismus, Verachtung, Aggressivität)	Verlust der Kontaktbereitschaft gegenüber Klient/innen sowie Kolleg/innen

Quelle: vgl. Litzcke/Schuh 2007, S. 160 [536]

Es gibt zahlreiche Tests, die ausgefüllt werden können, um eine Einschätzung des eigenen Burnout-Risikos zu erhalten. Der bekannteste Test ist das MBI – Maslach Burn-out Inventory. Mithilfe von 22 Fragen werden drei Dimensionen des Burnout-Syndroms erfasst: Emotionale Erschöpfung, Depersonalisation und reduzierte persönliche Leistungsfähigkeit (vgl. Maslach/Jackson/Leiter 1996 [537]). Es gibt auch zahlreiche Websites, die Tests zu Stress-Signalen und -Ursachen anbieten (vgl. z. B. StressNoStress 2012 [538], BIND 2012 [539]).

Gemäss Schulze sind die größten **Risikofaktoren für ein Burnout** organisationsbezogen und somit durch Führung beeinflussbar. Der Führungskräfteentwicklung kommt für die Burnout-Prävention eine besondere Bedeutung zu (vgl. Schulze 2009, S. 207 [540]).

„Organisationsstrukturen entstehen durch das Handeln sozialer Akteure, und Führungskräfte haben diesbezüglich besondere Gestaltungskompetenz. Mit einem partizipativen Führungsstil, der Autonomie und Selbstständigkeit bei der Arbeitsgestaltung einräumt, Mitarbeitende an Entscheidungen beteiligt sowie Erwartungen klar und eindeutig formuliert, kann der Energieverbrauch durch Reibungsverluste, d. h. Hindernisse bei der optimalen Erledigung der Arbeitsaufgaben, und somit das Belastungserleben am Arbeitsplatz entscheidend reduziert werden. Darüber hinaus wirken persönliches, konstruktives Feedback, Wertschätzung und soziale Unterstützung durch Vorgesetzte als wirkungsvolle Stresspuffer." (Schulze 2009, S. 207 [540])

Führungskräfte haben insbesondere im Anfangsstadium eines sich abzeichnenden Burnouts einen hohen Einfluss auf den weiteren Verlauf. Ihr aufmerksames Beobachten ist essenziell, um Veränderungen bei den Mitarbeitenden wahrnehmen zu können. Wichtig ist, die Erkenntnisse in einem persönlichen Gespräch zu thematisieren und auch emotionale Aspekte mit einzubeziehen. Die Führungskraft sollte ein klares Bild davon bekommen, welche Belastungsfaktoren vorhanden sind, welches die Bedürfnisse der betreffenden Mitarbeitenden sind und diese zur Selbstreflexion und Selbstwahrnehmung anregen. Eine wichtige Rolle spielt, ob die Führungsperson ihrer Vorbildfunktion und ihrer Fürsorgepflicht gerecht wird. Je weiter Burnout voranschreitet, desto kleiner werden die Einflussmöglichkeiten der Vorgesetzten. Hier ist wichtig, frühzeitig externe Unterstützung beizuziehen wie z. B. den Personaldienst oder die Gesundheitsberatungsstelle (vgl. Nagpal 2011, S. V [541]).

„Je größer die Überforderung ist, desto weniger haben Mitarbeitende Zugriff zu eigenen Ressourcen, die es ihnen ermöglichen, Lösungen zu finden. Die Chance, aus eigener Kraft positive Veränderungen zu bewirken, wird dadurch immer geringer." (Kranz 2011, S. 68 [542])

10.5 Strategien zur Förderung von Gesundheit

Grundsätzlich geht es immer darum, Belastungen gezielt und umfassend abzubauen bzw. Ressourcen systematisch zu aktivieren und zu nutzen. Die Aktivierung und Nutzung von Ressourcen ist eine wichtige Grundlage für die Förderung sowie den langfristigen Erhalt von Leistungsfähigkeit, Leistungsbereitschaft, Wohlbefinden und Balance. Im transaktionalen Stressmodell nach Lazarus wurde auf die Pufferwirkung von Ressourcen hingewiesen (vgl. Kapitel 10.3). Ressourcen haben einen mehrfachen *Einfluss im gesamten Stressgeschehen* (vgl. Sonnentag/Frese 2003 [543]):

- *Wie die salutogenetischen Ansätze zeigen, wirken Ressourcen direkt auf die Gesundheit:* Es besteht beispielsweise eine positive Wirkung von Kohärenzvermögen (vgl. Kapitel 13.4) auf das Wohlbefinden.
- *Ressourcen haben eine direkte Wirkung auf Stressoren:* So können beispielsweise durch ausreichend Handlungsspielraum Belastungen reduziert werden.
- *Bewertungsprozesse werden durch das Wissen um verfügbare Ressourcen beeinflusst:* Situationen werden eher als Herausforderung anstatt als Bedrohung erlebt, wenn ausreichend Ressourcen zur Verfügung stehen.
- *Bewältigungsprozesse sind ganz wesentlich von Ressourcen abhängig:* Der Umgang mit Stress wird von der Selbstwirksamkeitserwartung, den Problemlösekompetenzen und dem Handlungsspielraum bestimmt.

Für den Menschen hängen Energie, Lebensfreude, Wille, Mut und auch die Belastbarkeit von den zur Verfügung stehenden und *aktiv genutzten Ressourcen* ab. Situative Ressourcen stehen im Umfeld der Person zur Verfügung. Personale Ressourcen sind an die Person gebunden (vgl. hierzu die Ausführungen in Kapitel 6.2.8). Im Rahmen der Selbstmanagement-Kompetenz ist ein umfassendes und konsequentes Ressourcenmanagement von entscheidender Bedeutung.

> *Ressourcenmanagement* beinhaltet den gezielten und umfassenden Abbau von Belastungen und die konsequente und systematische Aktivierung und Nutzung personaler und situativer Ressourcen – dies auf individueller und organisationaler Ebene.

In den nächsten Abschnitten werden nun verschiedene Methoden und Techniken zur Bewältigung von Stress und zur Gewinnung von Energie vorgestellt.

10.5.1 Bewältigung von Stress und Gewinnung von Energie

„Betrachte den Fluss deines Lebens und erkenne, wie viele Ströme in ihn münden, die dich nähren und unterstützen." (Thich Nhat Hanh)

10.5.1.1 Kurz- und langfristige Bewältigungsstrategien

Die meisten **präventiven Stressbewältigungsprogramme** unterscheiden zwischen kurz- und langfristigen Stressbewältigungsstrategien. Die *kurzfristigen Bewältigungsstrategien* haben einen unmittelbar entlastenden Effekt. Die *langfristigen Bewältigungsstrategien* zielen darauf ab, Fertigkeiten aufzubauen oder zu verbessern, welche die Auftretenshäufigkeit von Stressoren reduzieren. Der Betroffene wird für die Wahrnehmung von Stressoren sensibilisiert und erlernt die Fähigkeit, die richtige Bewältigungsstrategie anzuwenden. Bei Hillert/Marwitz findet sich eine Übersicht über eine Vielzahl von Strategien (vgl. Tabelle 10.8).

Tabelle 10.8 Kurz- und langfristige Bewältigungsstrategien

Kurzfristige Strategien	
Spontane Erleichterung	Tief durchatmen, Kurzentspannung, sich ausstrecken.
Wahrnehmungslenkung	Aus dem Fenster ins Grüne sehen etc.
Positive Selbstgespräche	„Das schaffe ich schon", „In der Ruhe liegt die Kraft".
Abreaktion	Auf den Tisch hauen etc.
Langfristige Strategien	
Entspannung	Entspannungsverfahren erlernen, z. B. Autogenes Training, progressive Muskelentspannung, Tai Qi, Qi Gong, Atemübungen.
Zufriedenheitserlebnisse	Genusserfahrung, Hobbies, Lesen etc.
Einstellungsänderungen	Perfektionismus reduzieren, überzogene idealistische Vorstellungen hinterfragen, sich erlauben, Hilfe anzunehmen.
Soziale Fertigkeiten verbessern	Kurse besuchen, an einer Supervision teilnehmen, soziale Kompetenz verbessern.
Soziale Unterstützung	Private und berufliche Kontakte pflegen, Hilfe suchen und annehmen, einem Verein beitreten.
Problemlösungsfertigkeiten verbessern	Mittel-Ziel-Analyse durchführen und Problemlösungen generieren, Pufferzeiten einplanen, „Zeitfresser" identifizieren, realistische Zeitpläne aufstellen.

Quelle: vgl. Hillert/Marwitz 2006, S. 239 [544]

10.5.1.2 Kognitives Stressmanagement

Kognitive Stressmanagement-Methoden helfen Menschen, Stressoren in bestimmten Situationen abzubauen. In Tabelle 10.9 sind mögliche Ansatzpunkte aufgeführt. Diese Fragen helfen dabei, in konkreten Stresssituationen mehr Stresstoleranz aufzubauen. Die Fragestellungen sind für die Rolle des Coachs gedacht, können jedoch auch so umformuliert werden, dass sich die Person diese Fragen selbst stellt.

Tabelle 10.9 Kognitive Stressmanagement-Techniken

Kognitive Technik	Mögliche Fragestellungen (in der Rolle als Coach)
Sinnorientierung	Was können Sie aus dieser Situation lernen? Welche Aufgaben stellen sich damit? Welchen Sinn finden Sie in dieser Situation?

Kognitive Technik	Mögliche Fragestellungen (in der Rolle als Coach)
Temporale Relativierung (Zeit heilt alle Wunden)	Stellen Sie sich vor, es ist zehn Jahre später: Wie werden Sie rückblickend Ihre heutige Situation betrachten? Wie werden Sie eher, vielleicht in einem Jahr, darüber denken?
Distanzierung	Was würden Sie Ihrer besten Freundin sagen oder raten, wenn sie sich in einer ähnlichen Situation befinden würde? Was würde ein guter Freund Ihnen raten? Kenn Sie jemanden, der mit Ihrer Situation leichter fertig werden würde, und was würde diese Person vielleicht zu sich selbst sagen?
Realitätstestung	Ist das wirklich so? Was konkret spricht für diese Sichtweise? Gibt es andere Möglichkeiten (selbst wenn sie Ihnen weit hergeholt erscheinen), die Situation zu erklären? Gibt es irgendeinen positiven Aspekt der Situation? Haben Sie vielleicht falsche oder zu hohe Erwartungen?
Gedankenkontrolle	Was macht der Gedanke mit Ihnen? Hilft Ihnen der Gedanke, sich so zu fühlen, wie Sie gerne möchten? Wenn nicht, welcher Gedanke täte dies? Was trägt der Gedanke dazu bei, die Situation gut zu meistern?
Entkatastrophisieren	Was würde im schlimmsten Fall geschehen? Wie schlimm wäre das dann für Sie? Wie hoch schätzen Sie die Wahrscheinlichkeit dafür ein? Gäbe es etwas, das noch schlimmer wäre als diese Situation?

Quelle: vgl. Bergner 2008, S. 191 [545]

10.5.1.3 Energiemanagement

Abschließend wird das Thema Energiemanagement aufgegriffen, bei dem der Zustand der *optimalen Leistungsfähigkeit* im Zentrum steht.

> *Energiemanagement* fokussiert auf den Teil des Ressourcenmanagements, der sich auf den Umgang mit dem eigenen Energiehaushalt bezieht. Im Zentrum stehen der Erhalt und die Gewinnung von Energie und Kraft bzw. die Vermeidung eines Energieverlusts. Ziel ist die Erreichung eines Zustands optimaler Leistungsfähigkeit.

Die größten Gegner der geistigen Leistungsfähigkeit sind Anspannung und Stress (vgl. für die Ausführungen in diesem Kapitel Steiner 2005, 105 ff. [546]). Verfügt ein Mensch über viel Energie – sind also Körper, Geist und Psyche angeregt – ist er optimistisch und proaktiv, mutig und voller Selbstvertrauen. Der Organismus ist *positiv aktiviert*. Er verfügt über hohe physische Energie, hohe mentale Energie und hohe emotionale Energie. Während des tagesrhythmischen Hochs verspürt ein Mensch am häufigsten die positive Aktivierung.

Verspürt ein Mensch hingegen Unsicherheit, Frust, Ärger oder Druck, dann ist der Organismus *negativ aktiviert* und es entsteht *Anspannung*. Dieser Zustand löst Unruhe und Nervosität aus. Auf der *physischen Ebene* kann Anspannung zu Schmerzen in der Nacken- oder Schulterregion führen. Auf der *mentalen Ebene* führt Anspannung zu geistiger Inflexibilität. Die Konzentrationsfähigkeit nimmt ab und das Abschalten fällt zunehmend schwer. Auf der *emotionalen Ebene* geht Anspannung mit Befürchtungen oder gar Angst einher. Probleme erscheinen größer und das Heitere, der Humor, die Leichtigkeit gehen verloren.

Der *Zustand der optimalen Leistungsfähigkeit* wird als *Calm Energy* bezeichnet (vgl. Abbildung 10.4). Eine Person ist entspannt und verfügt über viel Energie. Zu Beginn der - Primetime gelangen Menschen in diesen Zustand.

Abbildung 10.4 Energie- und Anpassungszustände

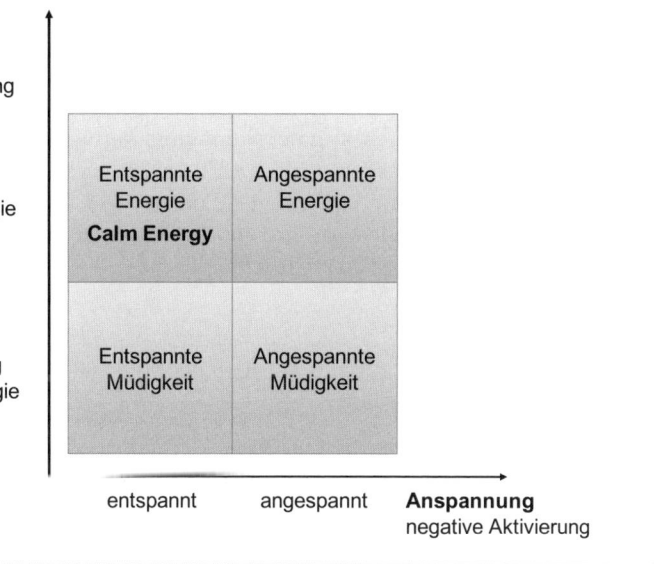

Quelle: vgl. Steiner 2005, S. 115 [546]

„In diesem Zustand sind wir geistig offen und flexibel, wir können gut denken, uns gut konzentrieren und Flow-Erfahrungen machen. Wir sind entspannt und motiviert und haben Mut und Selbstvertrauen. Steigt die Energie weiter, kommen wir in den Bereich, in dem wir tatkräftige Stimmung, Entscheidungsfreude und Willenskraft verspüren. […] Calm Energy ist der Zustand für geistige und sportliche Spitzenleistungen und nachhaltigen Erfolg. Wir sind konzentriert und gelassen zugleich, vertrauen auf unsere eigene Stärke und haben einen hohen Leistungswillen. Wir können nicht nur aktiv, sondern auch proaktiv handeln." (Steiner 2005, S. 116 [546])

Es ist wichtig, dass der Mensch die *Grenzen der optimalen Leistungsfähigkeit* erkennt, d. h. in welchem Quadranten er sich befindet. Anspannung beeinträchtigt die Konzentration, die geistige Flexibilität und das rechtshemisphärische Denken (Vorstellungskraft, schöpferisches, vorausschauendes Denken). Insbesondere bei sehr anspruchsvollen Aufgaben sollte immer wieder Zeit zum Reflektieren eingebaut und sorgfältig auf Zeichen von beginnender Müdigkeit, Anspannung und Abnahme der Leistungsfähigkeit geachtet werden.

Der Mensch kann sein intellektuelles Potenzial erweitern, wenn er sein Gehirn bewusst in noch entspanntere Energiezustände bringt. Im sogenannten *Alpha-Zustand* ist der Mensch am entspanntesten. Dieser Zustand findet sich im Schlaf, beim Erwachen, beim Einschlafen oder in Ruhephasen. Im Wachzustand erhöht sich der Alpha-Wellen-Anteil, wenn der Mensch sich immer weiter entspannen kann. Verschiedene Disziplinen nutzen dieses Wissen und bieten entsprechende Methoden und Techniken an (vgl. z. B. das Buch „Alphaskills" von Wenger (2005 [547]), oder die zahlreichen Angebote im Internet zu den Stichworten „Forschungserkenntnisse" + „Meditation" + „Alpha").

Wesentlich im Kontext von Energiemanagement ist auch der *Umgang mit Stimmungen (= Emotionsmanagement).* Die Stimmung eines Menschen hat einen wesentlichen Einfluss auf seinen Energie- und Anspannungszustand und somit auf die zur Verfügung stehende Energie bzw. das Erreichen eines Zustands von Calm Energy. Der Stimmungspegel gleicht dem Energiepegel. Ist ein Mensch in guter Stimmung, verfügt er i. d. R. auch über mehr Energie. Ist die Stimmung hingegen schlechter, dann ist auch der Energiepegel entsprechend geringer. Umgekehrt kann ein geringer Energiepegel auch die Stimmung negativ beeinflussen. Deshalb ist es so wichtig, einerseits die eigene Stimmung wahrzunehmen und andererseits den Energiepegel gezielt zu beeinflussen.

Tabelle 10.10   Methoden für rasches Anheben der Stimmung

Bereich	Nr.	Methoden
Physisch	1	Zehn Minuten Bewegung
	2	Kleine Zwischenmahlzeit
	3	Entspannungstechniken
Emotional	4	Energetisierender sozialer Kontakt
	5	Etwas Kleines erledigen
	6	Sich ablenken
Mental	7	Bewusstheit erhöhen
	8	Nahziele setzen
	9	Tun-als-ob-Methode

Quelle: vgl. Steiner 2005, S. 174 [548]

Die Stimmung eines Menschen kann als *Gradmesser für den Energiezustand* eingesetzt werden. Im Alltag nimmt der Mensch kleine Stimmungsabfälle kaum wahr, dennoch reagiert er unbewusst und automatisch darauf, beispielsweise durch den Konsum von Stimmungsaufhellern wie Koffein, Süßigkeiten, Alkohol oder Nikotin. Ein gezieltes Stimmungsmanagement kann hingegen helfen, im Alltag Gefährdungen für eine gute Stimmung auf eine gesunde Art und Weise entgegenzuwirken. Tabelle 10.10 gibt einige praktische Tipps, mit denen ein rasches Anheben der Stimmung erreicht werden kann.

In einem aktiven Leben lassen sich Stress und Anspannung nicht immer vermeiden. Hat der Mensch seine eigenen Rhythmen erkannt, seine Arbeits- und Lebensweise verstanden, kann er auch in intensiven Lebensphasen auf Entspannung schalten und so für die richtige Erholung sorgen. Es ist wesentlich, dass sich ein Mensch *immer wieder entspannt*, damit die eigene Leistungsfähigkeit langfristig erhalten werden kann. Es gibt zahlreiche Methoden, die helfen, eine körperliche Entspannung herbeizuführen (z. B. progressive Muskelentspannung nach Jacobson, Autogenes Training). Hierzu gehören auch *Urlaub und Erholung*. Darüber hinaus ist es hilfreich, wenn der Mensch sich mehr *körperliche Bewegung* verschafft. Um Anspannung zu verhindern oder abzubauen, ist körperliche Bewegung eines der wirkungsvollsten Mittel. Bewegung gibt dem Menschen zusätzliche Energie, sorgt für eine bessere Konzentration und erhöht die geistige Leistungsfähigkeit. Ausreichende körperliche Bewegung fördert zudem Gelassenheit, die sich wiederum positiv auf ansonsten für Menschen negativen Stress erzeugende Situationen auswirkt.

Da sich Stress in einem aktiven Leben nicht immer vermeiden lässt, hilft es zu erkennen, welcher Stress in welchen Situationen selbst erzeugt wird, beispielsweise durch gewisse Einstellungen oder Haltungen wie Ungeduld oder eine gewohnheitsmäßige negative Einstellung. Darüber hinaus kann es auch angezeigt sein, eine neue Einstellung zu ungeliebten Tätigkeiten zu gewinnen.

10.5.2 Bewegung und Ernährung

Ausreichend körperliche Aktivität und gesunde Ernährung sind wesentliche Prinzipien für den langfristigen Erhalt von Gesundheit. Im Kontext der Selbstmanagement-Kompetenz geht es insbesondere darum, mittels gesundheitsförderlichem Verhalten physische und psychische Gesundheit sowie körperliche und mentale Fitness zu fördern und zu erhalten. Dazu gehören beispielsweise eine gesunde und ausgewogene Ernährung, ausreichend Bewegung und Schlaf, ein achtsamer Umgang mit Genussmitteln und die Vermeidung gesundheitsschädigender Substanzen. Nachfolgend werden einige Aspekte im Kontext von Bewegung und Ernährung aufgegriffen (für weiterführende Ausführungen vgl. z. B. Petersen/Egger 2000 [549], Schwarzer 2004, S. 101 ff. [550], Linneweh/Heufelder/Falsnoecker 2010, S. 67 ff. [551] oder die zahlreichen weiteren Bücher, Informationsbroschüren, Dokumentarsendungen und Websites zum Thema).

10.5.2.1 Körperliche Aktivität als Gesundheitsverhalten

Die Zielsetzung der Selbstmanagement-Kompetenz integriert die Förderung und den Erhalt von Gesundheit, körperlicher und mentaler Fitness sowie von Balance. Ein wichtiger Aspekt, um dies zu unterstützen, ist körperliche Aktivität – sie ist ein wichtiger Aspekt von

Gesundheitsverhalten.

Mit *körperlicher Aktivität* ist „eigentlich jede Bewegung der Skelettmuskulatur gemeint, bei der Energie verbraucht wird" (Schwarzer 2004, S. 203 [552]). Hierzu gehören somit nicht nur sportlich-körperliche Aktivitäten, sondern auch Gartenarbeit, Treppenlaufen, Spazieren, Dehnungsübungen am Computer etc.

„Mit *Training* wird eine Serie von sich wiederholender körperlicher Aktivität bezeichnet, bei der es darum geht, über Wochen oder Monate hinweg die Fitness zu verbessern oder auf einem bestimmten Niveau zu halten. Die körperliche *Fitness* meint die Fähigkeit, Muskelarbeit in befriedigender Weise ausführen zu können; dazu gehören kardiovaskuläre Ausdauer, Muskelstärke und -ausdauer sowie Beweglichkeit. Daneben wird auch von physiologischer Fitness gesprochen, womit Blutdruck, Glukosetoleranz, Stresstoleranz, Blutfettwerte usw. gemeint sind. Fitness wird oft als Vermittler zwischen Aktivität und Gesundheit angesehen." (Schwarzer 2004, S. 203 [552], teilweise andere Formatierung)

Der angenommene Zusammenhang ist, dass Aktivität die Fitness verbessert, was sich begünstigend auf den Gesundheitszustand auswirkt. Ein Mensch muss über ein Mindestmaß an Gesundheit verfügen, um sich ausreichend fit zu fühlen und Sport zu betreiben. Es gibt demzufolge keinen kausalen Anfangs- und Endpunkt. Die drei Aspekte Gesundheit, Fitness und Aktivität hängen wechselseitig miteinander zusammen. Fitness kann dabei zwischen den beiden anderen Merkmalen vermitteln.

Es lassen sich *fünf Arten von Aktivität* unterscheiden (vgl. Schwarzer 2004, S. 204 f. [552]):

- *Isometrische Aktivität:* Bei isometrischen Übungen werden die Muskeln gegen ein unbewegliches Objekt angespannt, z. B. kräftig gegen die Wand gedrückt. Hier steht die Stärkung der Muskulatur im Vordergrund.

- *Isotonische Aktivität:* Diese erfolgt über eine Muskelanspannung in Verbindung mit einer Gelenkbewegung, z. B. Gewichtheben oder Liegestützen. Die Stärke und Ausdauer der Muskulatur wird so trainiert. Ziel ist insbesondere die Entwicklung einer attraktiven Figur.

- *Isokinetische Aktivität:* Hier erfolgt eine Bewegung mit Kraftaufwendung, z. B. mittels Kraftgeräten in Fitnesszentren. Im Zentrum steht, die Muskelkraft und -ausdauer zu verbessern.

- *Anaerobe Aktivität:* Die Schnelligkeit einer Bewegung spielt hier eine Rolle. Es wird kurzfristig und schnell Energie aufgewendet, z. B. bei einem Sprint. Der zusätzliche Sauerstoffbedarf ist relativ gering.

- *Aerobe Aktivität:* Bei dieser Aktivität werden über eine längere Zeit hinweg große Mengen an Sauerstoff verbraucht, z. B. durch Wandern, Laufen, Rudern, Schwimmen, Radfahren, Skilaufen, Tanzen. Es geht um Ausdauer und Intensität. Das Training muss intensiv genug sein, um die Herzfrequenz auf eine bestimmte Höhe zu bringen.

Ein effektives und zeitsparendes Gesundheitsprogramm muss der *Individualität* von Menschen Rechnung tragen. Das Herzkreislaufverhalten ist bei verschiedenen Menschen unterschiedlich. Zudem spielt der aktuelle Fitnesszustand eine Rolle. Faust- und Pauschalregeln berücksichtigen diesen Aspekt nicht ausreichend. Die benötigte Anzahl an Bewegungseinheiten ergibt sich aus dem angestrebten Gesundheitsziel und der individuellen Ausgangslage. Als Minimum gelten gemäß Petersen/Egger *zwei Bewegungseinheiten von mindestens 40 Minuten pro Woche mit gleichmäßiger Belastung im grünen Bereich.* Präventivmediziner empfehlen tägliches Bewegungstraining, welches primär über eine Umstellung der Lebensgewohnheiten realisiert wird, beispielsweise Treppensteigen statt Liftfahren, Auto etwas entfernt parkieren und laufen, Gartenarbeit. Für eine nachhaltige Bewusstseinsveränderung einer bisher inaktiven Person ist ein gezieltes Bewegungstraining jedoch oftmals motivierender und einfacher umzusetzen. Die Planung und Reservierung zweier wöchentlicher Bewegungseinheiten bedarf gemäß Petersen/Egger gesamthaft weniger Disziplin, als jeden Tag im Termindruck die vorgenommenen Bewegungsmöglichkeiten umzusetzen (vgl. Petersen/Egger 2000, S. 63 und 128 ff. [553]).

Studien zeigen, dass die Mehrheit der körperlich aktiven Menschen unmittelbar nach dem Sport *Wohlbefinden* erlebt und dass diese Wirkung bei regelmäßigem Sport anhält. Auf der physischen Ebene finden sich positive Auswirkungen von körperlicher Aktivität auf die *Gesamtsterblichkeit* (niedrigere Sterblichkeitsraten bei Personen, die sich regelmäßig körperlich bewegen), *Herz-Kreislauf-Erkrankungen* (es besteht z. B. ein umgekehrter Zusammenhang zwischen dem Niveau der körperlichen Aktivität und dem Herzinfarktrisiko), *Krebserkrankungen* (hier findet sich ein Zusammenhang mit Dickdarmkrebs), *funktioneller Abbau im Alter* (Bewegung kann den funktionellen Abbau der Organe sowie des Halte- und Bewegungsapparats im Alter verzögern) und auf *weitere körperliche Krankheiten* (z. B. Schutz gegen die Entstehung des nicht-insulin-abhängigen Diabetes, Schutz vor Osteoporose, d. h. dem schnellen Abbau der Knochenmasse nach der Menopause) (vgl. Schwarzer 2004, S. 207 ff. [554]).

„Fitnesstraining erhöht nicht nur die Lebenserwartung, sondern auch die Lebensqualität, vor allem, weil aktive Menschen weniger von degenerativen chronischen Leiden geplagt werden und über einen besseren Allgemeinzustand verfügen, der ihnen mehr Lebensgenuss ermöglicht." (Schwarzer 2004, S. 212 [554])

Die Erforschung der psychischen Effekte zeigt insbesondere bei vier Merkmalen wichtige Resultate: *Depression, Angst, Stress und Selbstkonzept.* Körperliche Aktivität wird zumeist als Intervention gegenüber psychischen Störungen eingesetzt, beispielsweise als Behandlungsmethode bei einer leichten Depression (vgl. Schwarzer 2004, S. 207 ff. [554]. Empirische Untersuchungen belegen zudem, dass körperliche Fitness eine der wichtigsten Voraussetzungen ist, um das Burnout-Risiko zu verringern (vgl. Linneweh/Heufelder/Flasnoecker 2010, S. 67 [555]).

"Wer fit in Belastungssituationen geht und auch in längeren Phasen der Höchstleistung seine körperliche Fitness nicht vernachlässigt, hat gute Chancen, die negativen Stressfolgen bereits im Anfangsstadium abzufangen und gar nicht erst in die Burn-out-Spirale zu geraten." (Linneweh/Heufelder/Flasnoecker 2010, S. 67 [555])

Mögliche Maßnahmen im Unternehmen, um körperliche Bewegungsaktivitäten von Mitarbeitenden zu unterstützen, zeigt Tabelle 10.11 auf.

Tabelle 10.11 Unterstützende Maßnahmen im Unternehmen für die Förderung körperlicher Aktivität

Angebot an Seminaren und Workshops für die Bedeutung von Bewegung
Informationsabende zu bestimmten Themen im Kontext von Bewegung (und Ernährung, Schlaf etc.)
Angebot an Fitness-Check-ups
Einbau sanitärer Einrichtungen: Duschen, Umkleideraum, abschließbare Kleiderschränke
Angebot an flexiblen Arbeitszeiten (ermöglicht längere Mittagspausen)
Anrechnung von Training an die Arbeitszeit (z. B. 50%)
Finanzielle Vergütung, wenn der Arbeitsweg zu Fuß oder mit dem Fahrrad zurückgelegt wird
Aufklärung: Information über gesunde Trainingsformen, z. B. in Kombination mit Check-up
Etablierung von unternehmensinternen Laufgruppen
Angebot an Fitnessräumen oder Fitness-Parcours
Unterstützung bei der Beschaffung von Material, z. B. vergünstigte Pulsmesser

Quelle: vgl. auch Petersen/Egger 2000, S. 150 ff. [556]

10.5.2.2 Ernährung als Gesundheitsverhalten

"Der Mensch ist, was er isst." (Linneweh/Heufelder/Flasnoecker 2010, S. 75 [557])

Wenn ein Mensch sich nicht gesund ernährt, besteht die Gefahr, dass seine körperlichen und geistigen Reserven, die für die erfolgreiche Bewältigung anstehender Aufgaben benötigt werden, vorzeitig verbraucht sind. Ernährung ist ein wirksames Instrument, um Gesundheit, Wohlbefinden, Balance und Leistungsfähigkeit zu erhalten. Deshalb ist es lohnenswert, lieb gewonnene Ernährungsgewohnheiten kritisch zu hinterfragen und je nach dem auch abzulegen (vgl. Linneweh/Heufelder/Flasnoecker 2010, S. 75 [557]).

Ernährung ist ein vielschichtiges Thema. In diesem Kapitel wird auf einige wenige ausgewählte Aspekte *gesundheitsgerechter Ernährung* eingegangen. Nicht aufgegriffen werden ebenfalls wichtige Themen wie die Menge der Nahrungszufuhr (Energieaufnahme, Übergewicht), Zusammenhang Gewicht und Lebensstil, Zusammenhang körperliche Aktivität und Ernährung, Einfluss von Nahrungsmittelallergien und -intoleranzen auf das Wohlbefinden und die Gesundheit, Belastung der Nahrungsmittel durch toxische Substanzen

(Konservierungsstoffe, Rückstände von Pestiziden, radioaktive Strahlung oder organische Schadstoffe), Essstörungen, Bedeutung von Makro- und Mikronährstoffen, detaillierter Zusammenhang Ernährung und Krankheit, kulturelle Unterschiede im Essverhalten, Kosten ernährungsbedingter Krankheiten und von Stoffwechselstörungen.

Eine ausgewogene Ernährung, verbunden mit einer gezielten Ausklammerung krankheitsbegünstigender Nahrungselemente, ist ein Gesundheitsverhalten, während die gedankenlose Hingabe an die gerade zur Verfügung stehende Nahrung oder die Bevorzugung von ausschließlich wohlschmeckenden Köstlichkeiten ein Risikoverhalten darstellt. Das *größte Ernährungsproblem* stellt in Industrienationen eine unausgewogene Ernährung dar, die sich dauerhaft auf der Überschussseite einpendelt. Die Energiebilanz ist nicht mehr ausgewogen. Menschen essen zu fett und zu süß, d. h. zu energiedicht und zu nährstoffarm. Die *Folgen einer Fehlernährung* machen sich erst mit Verzögerung bemerkbar. Dauerhafte Fehlernährung hat zahlreiche Gesundheitskonsequenzen auf physischer und auf psychischer Ebene. Übergewicht belastet beispielsweise die Wirbelsäule, Knochen und Gelenke. Auch viele Zivilisationskrankheiten wie Bluthochdruck, Schlaganfall, Diabetes, Rheuma, Gallensteine, Gicht hängen eng mit Übergewicht zusammen. Im psychischen Bereich führt Fehlernährung zu Konzentrationsstörungen und Lustlosigkeit (vgl. Linneweh/Heufelder/Flasnoecker 2010, S. 76 f. [557], Schwarzer 2004, S. 275 ff. [558]).

Menschen reagieren bei Stress, Ärger oder Ängsten im Berufsleben mit ganz unterschiedlichem Essverhalten. Bei manchen Menschen schlägt die Belastung auf den Magen, der Appetit lässt nach, Mahlzeiten gehen vergessen, dem Körper werden dringend benötigte Nährstoffe vorenthalten. Andere Menschen reagieren in vergleichbaren Situation gerade gegenteilig: Sie essen unkontrolliert, zu viel, zu süß und zu fett; Nahrung wird als tröstendes Element genutzt oder Ärger wird über die Nahrung kompensiert. Studien zeigen einen engen Zusammenhang zwischen Stresssituationen und Essverhalten: Menschen bevorzugen bei psychischer Belastung fettreiche und süße Speisen, zugleich wird Bewegung reduziert (vgl. Linneweh/Heufelder/Flasnoecker 2010, S. 76 f. [559]).

In Tabelle 10.12 sind exemplarisch die *zehn Regeln für gesundes Essen und Trinken* der deutschen Gesellschaft für Ernährung ausgeführt; die Lebensmittelpyramide der schweizerischen Gesundheitsförderung ist ähnlich (vgl. Gesundheitsförderung Schweiz 2012 [560]).

Tabelle 10.12 Zehn Regeln für gesundes Essen und Trinken

Regel	Erläuterung
Vielseitig essen	Lebensmittelvielfalt genießen. Merkmale einer ausgewogenen Ernährung sind abwechslungsreiche Auswahl, geeignete Kombination und angemessene Menge nährstoffreicher und energiearmer Lebensmittel.
Reichlich Getreideprodukte und Kartoffeln	Brot, Nudeln, Reis, Getreideflocken, am besten aus Vollkorn, sowie Kartoffeln enthalten kaum Fett, aber reichlich Vitamine, Mineralstoffe sowie Ballaststoffe und sekundäre Pflanzenstoffe. Diese Lebensmittel mit möglichst fettarmen Zutaten verzehren. Mindestens 30 Gramm Ballaststoffe,

Regel	Erläuterung
	vor allem aus Vollkornprodukten, täglich zuführen. Eine hohe Zufuhr senkt die Risiken für verschiedene „ernährungsmitbedingte" Krankheiten.
Gemüse und Obst - Nimm „5 am Tag"...	5 Portionen Gemüse und Obst am Tag genießen, möglichst frisch, nur kurz gegart, oder auch 1 Portion als Saft – idealerweise zu jeder Hauptmahlzeit und auch als Zwischenmahlzeit: Damit erfolgt eine reichliche Versorgung mit Vitaminen, Mineralstoffen sowie Ballaststoffen und sekundären Pflanzenstoffen (z. B. Carotinoiden, Flavonoiden).
Täglich Milch und Milchprodukte, ein- bis zweimal in der Woche Fisch, Fleisch, Wurstwaren sowie Eier in Maßen	Diese Lebensmittel enthalten wertvolle Nährstoffe, wie z. B. Calcium in Milch, Jod, Selen und Omega-3-Fettsäuren in Seefisch. Fleisch ist Lieferant von Mineralstoffen und Vitaminen (B_1, B_6 und B_{12}). Mehr als 300 – 600 Gramm Fleisch und Wurst pro Woche sollten es nicht sein. Fettarme Produkte bevorzugen, vor allem bei Fleischerzeugnissen und Milchprodukten.
Wenig Fett und fettreiche Lebensmittel	Fett liefert lebensnotwendige (essenzielle) Fettsäuren, fetthaltige Lebensmittel enthalten auch fettlösliche Vitamine. Fett ist besonders energiereich, daher kann zu viel Nahrungsfett Übergewicht fördern. Zu viele gesättigte Fettsäuren erhöhen das Risiko für Fettstoffwechselstörungen, mit der möglichen Folge von Herz-Kreislauf-Krankheiten. Pflanzliche Öle und Fette bevorzugen (z. B. Raps- und Sojaöl und daraus hergestellte Streichfette). Auf unsichtbares Fett achten, das in Fleischerzeugnissen, Milchprodukten, Gebäck und Süßwaren sowie in Fast-Food- und Fertigprodukten meist enthalten ist. Insgesamt 60 – 80 Gramm Fett pro Tag reichen aus.
Zucker und Salz in Maßen	Zucker und Lebensmittel bzw. Getränke, die mit verschiedenen Zuckerarten (z.B. Glucosesirup) hergestellt wurden, nur gelegentlich verzehren. Kreativ mit Kräutern und Gewürzen würzen und wenig Salz beifügen. Salz mit Jod und Fluorid verwenden.
Reichlich Flüssigkeit	Wasser ist absolut lebensnotwendig. Rund 1,5 Liter Flüssigkeit jeden Tag trinken. Wasser - ohne oder mit Kohlensäure - und andere energiearme Getränke bevorzugen. Alkoholische Getränke sollten nur gelegentlich und nur in kleinen Mengen konsumiert werden.
Schmackhaft und schonend zubereiten	Jeweilige Speisen bei möglichst niedrigen Temperaturen garen, soweit es geht kurz, mit wenig Wasser und wenig Fett – das erhält den natürlichen Geschmack, schont die Nährstoffe und verhindert die Bildung schädlicher Verbindungen.
Sich Zeit nehmen und genießen	Nicht nebenbei essen. Sich beim Essen Zeit lassen. Dies fördert das Sättigungsempfinden.
Auf das Gewicht achten und in Bewegung bleiben	Ausgewogene Ernährung, viel körperliche Bewegung und Sport (30 bis 60 Minuten pro Tag) gehören zusammen. Mit dem richtigen Körpergewicht fühlen sich Menschen wohl und die Gesundheit wird gefördert.

Quelle: vgl. DGE 2012 [561]

Viele Menschen sind motiviert, ihre Ernährungsgewohnheiten zu ändern. Das Wissen über Nahrung und über deren gesundheitliche Implikation ist eine Voraussetzung für gesundheitsbewusste Ernährung.

Tabelle 10.13 Unterstützende Maßnahmen im Unternehmen für die Förderung gesunder Ernährung

---

Angebot an Seminaren und Workshops für die Bedeutung von Ernährung
Informationsabende zu bestimmten Themen im Bereich von Ernährung (und Bewegung, Schlaf etc.)
Angebot an gesundem Essen in der Kantine oder kantineähnlichen Einrichtungen
Getränkeservice mit Mineralwasser
Angebot an frischem Obst (geeignet platziert und vielfältig)
Einrichtungen für Selbstverpflegung (Anrichte, Kühlschrank)

Quelle: vgl. auch Petersen/Egger 2000, S. 150 ff. [562]

Ernährung bedarf einer bewussten Steuerung. Es ist nicht damit getan, für einige Wochen ungesunde Lebensmittel wegzulassen. Gesunde Ernährung bedarf einer langfristigen, auf das ganze Leben bezogenen Modifikation (vgl. Schwarzer 2004, S. 291 ff. [563]). Dies macht das Thema Ernährung so anspruchsvoll. Ob ein Mensch die Intention entwickelt, sich gesünder ernähren zu wollen, hängt von einer Reihe psychologischer Determinanten ab. Im folgenden Kapitel sind exemplarisch zwei bekannte Modelle zur Entwicklung gesundheitsförderlichen Verhaltens beschrieben.

10.6 Entwicklung von gesundheitsförderlichem Verhalten

„Nur wenn Verhalten nachgewiesenermaßen Gesundheit oder einen ähnlichen erstrebenswerten Zustand wie Fitness oder Wohlbefinden fördert, wird von Gesundheitsverhalten gesprochen." (Lippke/Renneberg 2006, S. 2 [564])

Der positive Einfluss von gesundheitsförderlichen Verhaltensweisen wurde in vielen Untersuchungen nachgewiesen, beispielsweise ausreichend Schlaf, Halten des Idealgewichts, nicht rauchen, Alkohol in Maßen, regelmäßig Sport betreiben. Trotzdem stellt sich die Frage, wieso Menschen auch dann weiterhin gesundheitsschädigende Verhaltensweisen zeigen, wenn sie wissen, dass sie damit ihrer Gesundheit Schaden zufügen (vgl. Jonas/Lebherz 2007, S. 569 [565]). Einige Antworten geben die Schutzmotivationstheorie und das transtheoretische Modell.

10.6.1 Schutzmotivationstheorie

Die *Schutzmotivationstheorie* wurde ursprünglich von Rogers (1983 [566]) entwickelt und zeigt auf, aufgrund welcher kognitiven Prozesse gesundheitsförderliche Verhaltensänderungen erfolgen (vgl. Jonas/Lebherz 2007, S. 570 [567]). Durch eine Bedrohung der Gesundheit werden zwei kognitive Prozesse ausgelöst: Bedrohungseinschätzung und Bewältigungseinschätzung (diese sind in Abbildung 10.5 am Beispiel des gesundheitsförderlichen Verhaltens „Rauchen aufhören" dargestellt).

Abbildung 10.5 Schutzmotivationstheorie

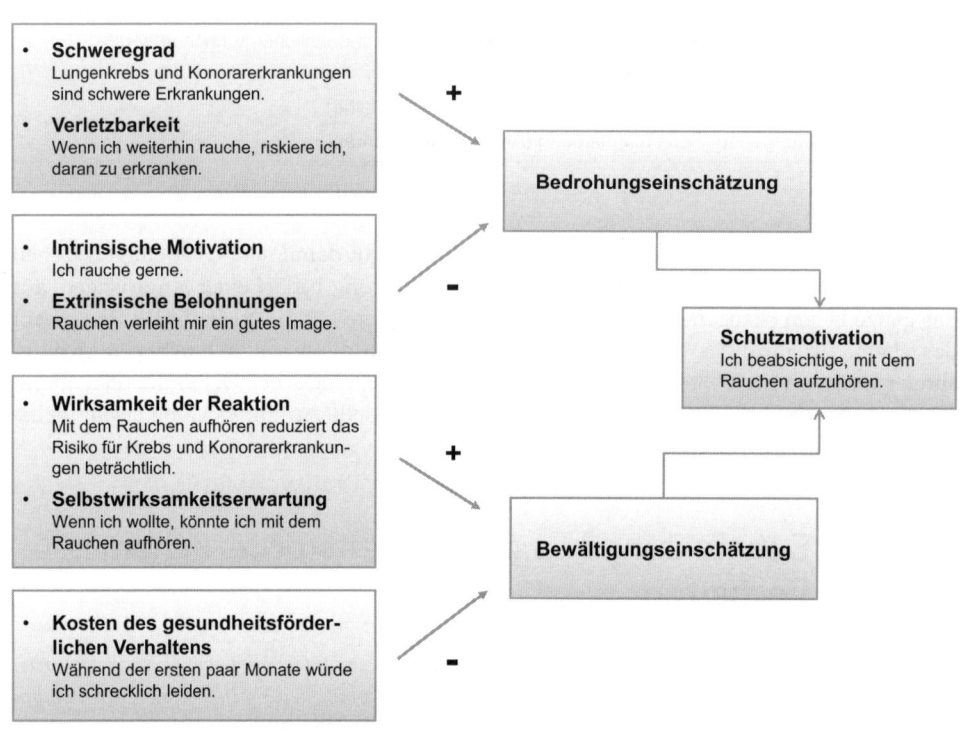

Quellen: vgl. Jonas/Lebherz 1007, S. 571 [567], auf der Basis von Rogers 1983 [568]

Die *Bedrohungseinschätzung* ist mit einer Einschätzung des Schweregrads einer Bedrohung sowie einer Bewertung der eigenen Verletzbarkeit verbunden. Darüber hinaus wird geprüft, welche Belohnungen sich durch das Weiterführen eines schädlichen Verhaltens ergeben (z. B. Pausen, Genussgefühl und soziale Kontakte durch Rauchen). Die *Bewältigungseinschätzung* (= Selbstwirksamkeitserwartung) hat mit der Wahrnehmung einer Person zu tun, inwiefern sie in der Lage ist, das entsprechende Verhalten auszuführen (= Fähigkeit zu Coping). Hier werden auch die Kosten des gesundheitsförderlichen Verhaltens (z. B. Verlust des Genussgefühls) geprüft und von der erwarteten Wirksamkeit und Selbstwirksamkeitserwartung abgezogen. Die Faktoren innerhalb eines Einschätzungsprozesses werden additiv verknüpft. Dies bedeutet, dass die Bedrohungseinschätzung die Summe aus Schweregrad und Verletzbarkeit abzüglich Belohnungen ist. Die Bewältigungseinschätzung ist die Summe aus Wirksamkeit der Empfehlungsumsetzung und Selbstwirksamkeitserwartung abzüglich der Kosten (vgl. Jonas/Lebherz 2007, S. 570 [569]).

Die Schutzmotivationstheorie nimmt an, dass die Motivation einer Person, sich vor einer Gefahr zu schützen, eine *positive Funktion von vier Überzeugungen* ist (vgl. Jonas/Lebherz 2007, S. 570 [570]):

- Die Bedrohung ist groß.
- Eine persönliche Gefährdung ist gegeben.
- Die Fähigkeit, die Coping-Reaktion zu zeigen, ist vorhanden.
- Die Coping-Reaktion ist dazu geeignet, die Bedrohung zu reduzieren.

Dieses Modell wurde in mehreren Studien untersucht. Zentrale Vorhersagen wurden dabei bestätigt wie (vgl. Milne/Sherran/Orbell 2000 [571], Norman/Boer/Seydel 2005 [572]):

- Gesundheitsbezogene Interventionen (= Schutzmotivation) korrelierten signifikant mit dem darauf folgenden Verhalten.
- Alle Variablen der Bedrohungs- und Bewältigungseinschätzung korrelierten signifikant mit der Intention.
- Variablen der Bewältigungseinschätzung korrelierten dabei stärker mit den Intentionen als Variablen der Bedrohungseinschätzung.
- Selbstwirksamkeit zeigte sich als guter Prädiktor von Intentionen.

Nicht empirisch geklärt sind bis anhin die Beziehungen der vier Modellvariablen.

Der *Nachteil von Modellen zum Gesundheitsverhalten* wie der Schutzmotivationstheorie ist, dass sie relativ statisch angelegt sind. Es wird implizit oder explizit davon ausgegangen, dass die Ursachen individueller Intentionen stabil sind. Es kann jedoch oft beobachtet werden, dass gewisse Bedrohungen so lange nicht ernst genommen werden, wie sich auch keine Symptome zeigen (z. B. bei Rauchern Husten oder bei hohem Gewicht Kurzatmigkeit). Stufenmodelle wie das nachfolgend erläuterte transtheoretische Modell berücksichtigen diesen Aspekt, indem sie eine längsschnittliche Dimension integrieren und betonen, dass sich die psychologische Grundlage für Intentionen, ein bestimmtes, die Gesundheit beeinträchtigendes Verhalten zu verändern, über die Zeit hinweg drastisch ändern kann (vgl. Sutton 2005, S. 225 ff. [573]), Jonas/Lebherz 2007, S. 571 [574]).

10.6.2 Transtheoretisches Modell

Eines der bekanntesten Stufen- oder Stadienmodelle ist das *transtheoretische Modell* von Prochaska/DiClemente/Norcross (1992 [575]). Die zentrale Annahme von Stufenmodellen ist, dass Menschen nicht immer mehr Intention entwickeln, sondern eine Entwicklung durchmachen, bei der die Stadien nacheinander durchlaufen werden (analog dem Schmetterling mit den Stadien Ei – Raupe – Puppe – Schmetterling). Auf den verschiedenen Stufen wirken unterschiedliche Einflüsse (vgl. Lippke/Renneberg 2006, S. 48 [576]). Im transtheoretischen Modell (vgl. Abbildung 10.6) werden fünf Stufen unterschieden, die alle erfolgreich absolviert werden müssen (vgl. Jonas/Lebherz 2007, S. 572 [577]):

1. **Präkontemplation:** Auf dieser Stufe ziehen Individuen nicht in Erwägung, ein bestimmtes problematisches Verhalten aufzugeben.

2. **Kontemplation:** Erst auf dieser Stufe erfolgt eine bewusste Auseinandersetzung mit problematischen Verhaltensweisen und deren möglichen negativen Folgen.

3. **Vorbereitung:** Hier wird die Verhaltensänderung mental vorbereitet, d. h. es werden Intentionen formuliert und die Handlung vorbereitet.

4. **Handlung:** Auf dieser Stufe wird explizit versucht, das problematische Verhalten zu verändern oder aufzugeben, wobei es auf dieser Stufe auch häufig zu Rückfällen kommt (deshalb sind in Abbildung 10.6 die ersten vier Stufen auch wiederholt dargestellt).

5. **Aufrechterhaltung:** Das veränderte Verhalten wird erfolgreich über eine längere Zeit aufrechterhalten. Häufig werden für eine rückfallfreie Periode sechs Monate operationalisiert.

Abbildung 10.6 Transtheoretisches Modell – Spiralmuster der Veränderungsstufen

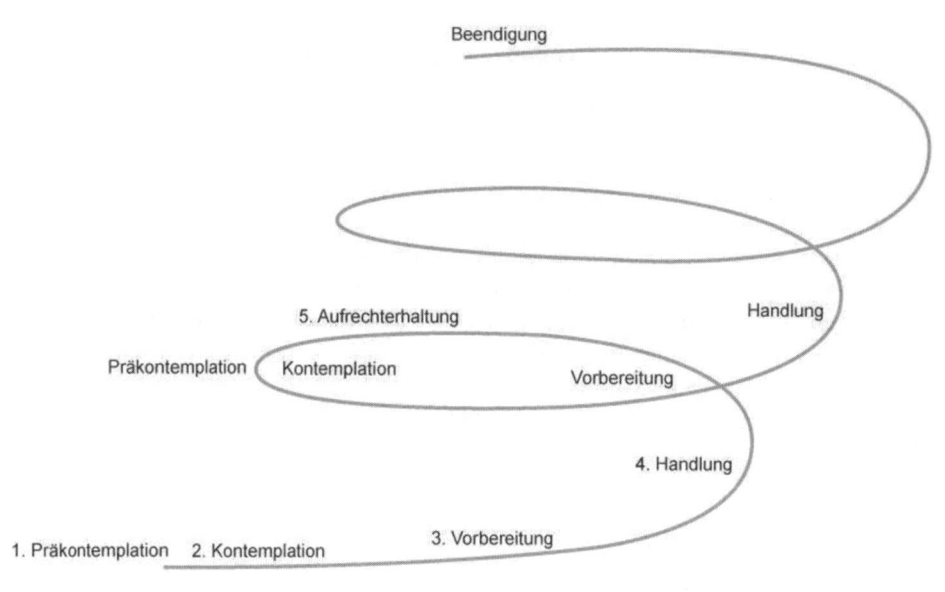

Quellen: vgl. Jonas/Lebherz 2007, S. 572 [577], auf der Basis von Prochaska/DiClemente/Norcross 1992 [578]

Das transtheoretische Modell geht von zwei wichtigen psychologischen Variablen aus. Die erste Variable ist die Selbstwirksamkeitserwartung und die zweite die sogenannte Entscheidungsbalance. Unter *Entscheidungsbalance* wird ein Konzept verstanden, im Rahmen dessen die positiven und negativen Konsequenzen eines bestimmten (negativen) Verhaltens abgewogen werden. *Selbstwirksamkeitserwartung* ist – wie bereits in vorangehenden Ausführungen erwähnt – die subjektive Erwartung, mit den eigenen Fähigkeiten bestimmte Bereiche der Umwelt kontrollieren und wichtige Ziele in einem bestimmen Bereich erreichen zu können (vgl. Jonas/Lebherz 2007, S. 572 [579]).

Das transtheoretische Modell hat eine große Bedeutung erlangt und wesentlich dazu beigetragen, dass die Sichtweise eines *stufenweisen Verlaufs von Verhaltensänderungen* populär wurde. Damit jedoch zuverlässig Interventionen zur Verhaltensänderung auf den verschiedenen Stufen generiert werden können, braucht es gemäß Sutton (2005, S. 247 [580]) noch weitere theoretische Spezifikationen zu den Variablen. Für die betriebliche Gesundheitsförderung wird deutlich, dass einmalige Maßnahmen in der Regel nicht weit genug greifen. Es braucht Konzepte, die langfristig ausgelegt sind. Impulse müssen wiederholt gesetzt werden.

10.7 Verhaltensindikatoren und Entwicklungsmaßnahmen

10.7.1 Verhaltensindikatoren für Gesundheitskompetenz

Die *Verhaltensindikatoren für Gesundheitskompetenz* beziehen sich auf das weite Feld von gesundheitsförderlichem Verhalten – und zwar bezogen auf die Erhaltung der physischen wie auch der psychischen Gesundheit. Wichtig ist, die grundlegenden Prinzipien für Gesundheit zu beachten, Belastungsfaktoren zu erkennen, Ressourcen konsequent zu nutzen und Balance auf allen Ebenen zu fördern. Mittels der Beantwortung der Fragen in der rechten Spalte von Tabelle 10.14 können wichtige Erkenntnisse hinsichtlich der eigenen Gesundheitskompetenz gewonnen werden.

Tabelle 10.14 Bausteine physische und psychische Gesundheit - Verhaltensindikatoren und Fragen

Verhaltensindikatoren	Auswahl möglicher Reflexionsfragen
Gesundheitsverhalten im Berufs- und Privatleben reflektieren und gesundheitsförderliches Verhalten realisieren.	Welches sind Belastungsfaktoren, die in meinem Leben wirken? Welches sind die drei Hauptbelastungsfaktoren?
Bewusstsein der Relevanz von Ressourcen für die eigene Gesundheit entwickeln, personale und situative Ressourcen gezielt aktivieren und umfassend nutzen.	Inwiefern kann ich die einzelnen Belastungsfaktoren beeinflussen? Ist/wäre der Belastungsfaktor …
Präventive Maßnahmen zum Aufbau von Energie/Kraft/Vitalität und zum Abbau von Belastungen/Stress konsequent im Alltag integrieren:	– … in meinem Einfluss-/Entscheidungsbereich? → Ich entscheide letztlich darüber, ob dieser Belastungsfaktor existiert oder belastend wirkt.

Verhaltensindikatoren	Auswahl möglicher Reflexionsfragen
– Balance zwischen Aktivierung/Anspannung und Entspannung/Regeneration herstellen: z. B. Momente von Entspannung im Alltag einbauen, Ferien so gestalten, dass Erholung möglich ist, Stressbewältigungsstrategien und -methoden nutzen (z. B. Entspannungstechniken), Inspiration suchen. – Balance auf körperlicher Ebene fördern: z. B. für gesunde Ernährung, regelmäßige Bewegung und ausreichend Schlaf sorgen. – Balance auf emotionaler Ebene fördern: z. B. innere Gelassenheit und Ausgeglichenheit entwickeln, Emotionsmanagement anwenden. – Balance auf geistiger Ebene fördern: z. B. mittels Energiemanagement, Konzentrations- und Meditationstechniken. Belastende Faktoren auf individueller und organisationaler Ebene frühzeitig erkennen und notwendige Schritte zum Abbau der Belastungen einleiten und umsetzen, z. B. Warnsignale des Körpers und des Umfelds zur gesundheitlichen Situation ernst nehmen (Anzeichen von Erschöpfung, Depression, Burnout), Belastungssituationen ansprechen und Unterstützung suchen. Realistische Erwartungen an die eigene Leistungsfähigkeit entwickeln, physische und psychische Grenzen respektieren. Gleichgewicht zwischen äußeren Anforderungen und inneren Bedürfnissen herstellen.	– … bei näherer Betrachtung eigentlich in meinem Einfluss-/Entscheidungsbereich? → Ich kann ihn beeinflussen, verändern, eliminieren, wenn ich z. B. eine Entscheidung treffen würde, etwas kommunizieren würde, eine Grenze setzen würde etc. – … ganz klar außerhalb meines Einflussbereichs? → Ich habe keinerlei Möglichkeit, diesen Belastungsfaktor zu beeinflussen. Welche Konsequenzen ergeben sich hieraus? Inwiefern ändert dies meine Einstellung zu den einzelnen Belastungsfaktoren? Welches sind meine Ressourcen? Nutze ich diese Ressourcen in meinem Privat- und Berufsleben ausreichend? Was hindert mich gegebenenfalls daran? Wie könnte ich für meine Gesundheit wichtige Ressourcen noch mehr in den Alltag integrieren? Wer könnte mir dabei helfen? Wie sieht meine Balance auf körperlicher, emotionaler und mentaler Ebene aus? Wie kann ich zusätzliche Regenerations-/Erholungsräume schaffen? Bewege ich mich mindestens 20 Minuten pro Tag aktiv? Schalte ich regelmäßig Mikropausen ein?

Gesundheitskompetenz umfasst die Fähigkeit und Bereitschaft von Menschen, die Bedeutung von physischer und psychischer Gesundheit für Leistungsfähigkeit, Leistungsbereitschaft, Wohlbefinden und Balance zu erkennen. Sie sind sich bewusst, welche Einstellungen und Handlungen zu gesundheitsförderlichem Verhalten gehören, und integrieren gesundheitsförderliche Prinzipien im Alltag. Sie erkennen belastende Faktoren im Privat- und Berufsleben und nehmen Warnsignale ihres Körpers und entsprechende Hinweise aus dem Umfeld ernst. Sie reflektieren, welche Belastungsfaktoren beeinflusst werden können und welche nicht, und sind bereit, notwendige Entscheidungen für den Abbau von Belastungen zu treffen und entsprechende Maßnahmen umzusetzen. Überlastung wird frühzeitig angesprochen und Unterstützung aus dem sozialen Umfeld oder von Fachpersonen gesucht. Personale und situative Ressourcen werden gezielt aktiviert und umfassend genutzt – insbesondere in anspruchsvollen Lebenssituationen und hektischen Zeiten. Präventive Maßnahmen zum Aufbau von Energie, Kraft und Vitalität sowie zum Abbau von Belastungen und Stress sind konsequent im Alltag integriert. Balance gehört zum Lebensprinzip und wird auf der körperlichen, emotionalen und geistigen Ebene immer wieder gesucht und hergestellt.

10.7.2 Selbst- und unternehmensgesteuerte Maßnahmen zur Förderung von Gesundheitskompetenz

Der Fokus der *selbstgesteuerten Maßnahmen* von Gesundheitskompetenz liegt auf einer gesundheitsbewussten Lebensführung, bei der wesentliche Prinzipien von physischer und psychischer Gesundheit umfassend berücksichtigt werden. Entwicklung gesundheitsförderlichen Verhaltens fängt mit dem Bewusstsein an, in welchen Bereichen Anpassungen in der Lebensführung vorgenommen werden sollten. Dies kann beispielsweise über das Lesen von Büchern und Websites, das Anschauen entsprechender Dokumentationen im Fernsehen oder mittels Rückmeldungen von Menschen, die im Gesundheitsbereich arbeiten, geschehen. Viele Maßnahmen haben damit zu tun, dass gesundheitsförderliches Verhalten regelmäßig und systematisch im Alltag integriert wird. Handlungswirksame Ziele und klare Intentionen bilden eine wichtige Grundlage, um Gesundheitsverhalten eine klare Ausrichtung zu geben. Die Fähigkeit zur Selbstkontrolle und Selbstregulation hilft, geeignete Strategien für die Umsetzung festzulegen und die notwendige Konsequenz in der Realisierung aufzubringen. Die Schutzmotivationstheorie und das transtheoretische Modell haben aufgezeigt, wie wichtig das Bewusstsein des Nutzens bzw. des Gefährdungspotenzials eines bestimmten Verhaltens ist und dass Entwicklungsschritte oftmals in Phasen verlaufen, in denen schrittweise das Ziel „gesundheitsförderliches Verhalten" realisiert wird. Bei psychosozialen Belastungen geht es insbesondere um Maßnahmen, die mit Stressmanagement zu tun haben.

Bei den *unternehmensgesteuerten Maßnahmen* zur Förderung von Gesundheitskompetenz gibt es zahlreiche Instrumente und Maßnahmen, welche Gegenstand eines betrieblichen Gesundheitsmanagements sind. In Tabelle 10.15 sind einige ausgewählte Maßnahmen aufgeführt. Im Anschluss findet sich eine Übersicht über Merkmale persönlichkeits- und gesundheitsförderlicher Aufgabengestaltung; diese ist insbesondere für Führungskräfte wichtig zu beachten. Für weitergehende Ausführungen zum Thema betriebliches Gesundheitsmanagement vgl. z. B. Bamberg/Ducki/Metz 2011 [581], Ulich/Wülser 2010 [582], Esslinger/Emmert/Schöffski 2010 [583], Meifert/Kesting 2004 [584]. Eine Sammlung von Beispielen guter Praxis für Klein- und Mittelunternehmen findet sich in der Broschure „Kriterien und Beispiele guter Praxis betrieblicher Gesundheitsförderung in Klein- und Mittelunternehmen (KMU)". Hier sind 48 Praxisbeispiele zur betrieblichen Gesundheitsförderung aus insgesamt 16 europäischen Ländern aufgeführt (vgl. BKK/Suva 1999).

Tabelle 10.15 Maßnahmen zur Förderung von Gesundheitskompetenz

Selbstgesteuerte Maßnahmen	Maßnahmen seitens des Unternehmens
Vertiefte Auseinandersetzung mit Informationen über Gesundheitsthemen, z. B. mittels Dokumentarsendungen, Websites, Büchern, Informations-	Verhaltenstrainings mit Fokus Gesundheitsverhalten, z. B. Bewegungstraining, Ernährungsmanagement, Gymnastik, Raucherentwöhnung.

Selbstgesteuerte Maßnahmen	Maßnahmen seitens des Unternehmens
veranstaltungen. Erarbeiten von Strategien und Zielen für die Förderung des eigenen Gesundheitsverhaltens, gesundheitsförderliche Verhaltensweisen im Alltag bewusst, gezielt und konsequent integrieren, Verbündete für die Umsetzung suchen. Gezielte Anwendung von Strategien und Techniken zum Abbau von Spannungen, z. B. mittels Sport, Gartenarbeit, Bewegung in der Natur, Haustieren, kognitiver Stressbewältigungstechniken. Gezielte Anwendung von Strategien und Techniken zum Aufbau von Energie und Vitalität, z. B. mittels Yoga-Übungen am Morgen, Treppensteigen. Besuch von Verhaltenstrainings und Workshops mit Fokus Gesundheitsverhalten, z. B.: – Bewegungsmanagement: Besuch von Kursen wie Gymnastik, Rückentraining, Yoga, Nordic Walking. – Ernährungsmanagement: Ernährungsberatung, Kochkurse für gesundes Essen, Mikronährstoffanalyse. Besuch von Verhaltenstrainings und Workshops mit Fokus psycho-emotionale Ebene, z. B.: – Umgang mit Belastungen und Stress, Ressourcenmanagement, Burnout-Prävention. – Erlernen und Anwenden von Entspannungstechniken (progressive Muskelentspannung, Autogenes Training). – Achtsamkeitsmeditation, Achtsamkeitsübungen und Meditation, Seminar Mindfulness Based Stress Reduction (MBSR). – Umgang mit Konflikten, Kommunikation. Verhaltenstraining mit Fokus konkrete Aufgabenerfüllung (zur Aktivierung von Ressourcen und Reduktion von Belastungen), z. B. kreatives Problemlösen, Zeit- und Zielmanagement.	Verhaltenstrainings mit Fokus psycho-emotionale Ebene, z. B. Stressmanagement, soziale Kompetenz, Entspannungstechniken, Emotionsmanagement, Konfliktmanagement, Work Life Balance. Verhaltenstrainings mit Fokus konkrete Aufgabenerfüllung, z. B. kreative Problemlösung. Medizinisch-psychologische Betreuung, z. B. medizinische Check-ups, Sprechstunden für Mobbing-Opfer. Sensibilisierung der Vorgesetzten für die Bedeutung gesundheitsförderlicher Arbeitsbedingungen (z. B. im Rahmen von Führungsschulungen), Führungskräfte als Promotoren des Gesundheitsmanagements gewinnen. (Obligatorisches) Training und/oder Coaching der Führungskräfte zur Förderung von gesundheitsförderlichem Führungsverhalten, Unterstützung der Vorgesetzten bei der Schaffung gesundheitsförderlicher Arbeitsbedingungen in ihrem Organisationsbereich. Einzelcoaching als Krisenintervention mit dem Ziel, einen für Gesundheit abträglichen Lebens- und Arbeitsstil in Intensivbetreuung zu verändern und die individuelle Work Life Balance herzustellen. Team- und Kulturentwicklungsmaßnahmen zur Förderung von gesundheitsförderlichem Verhalten bei den einzelnen Mitarbeitenden und in der Organisation insgesamt (z. B. Abbau von Belastungen, Aktivierung sozialer Ressourcen). Einflussnahme auf das Gesundheitsverhalten und Betriebsklima mittels Gesprächsrunden, Gesundheitszirkel, Supervisionsgruppen, Trainings, Beratung. Informationsveranstaltungen über gesundheitsförderliches Verhalten. Implementierung gesundheitsförderlicher Rahmenbedingungen wie Ergonomie-Beratung, gesundes Essen in der Kantine, sanitäre Einrichtungen zum Duschen.

Quelle: für die organisationalen Maßnahmen vgl. auch Kesting/Meifert 2004, S. 30 ff. [586]

Der Aufgabengestaltung kommt eine entscheidende Rolle zu, wenn es um die Berücksichtigung gesundheitsförderlicher Prinzipien geht. Tabelle 10.16 zeigt wesentliche Gestaltungsmerkmale persönlichkeits- und gesundheitsförderlicher Aufgabengestaltung auf.

Tabelle 10.16 Merkmale persönlichkeits- und gesundheitsförderlicher Aufgabengestaltung

Gestaltungsmerkmal	Angenommene Wirkung	Realisierung durch ...
Vollständigkeit	Mitarbeitende erkennen die Bedeutung und den Stellenwert ihrer Tätigkeit. Mitarbeitende erhalten Rückmeldungen über den eigenen Arbeitsfortschritt aus der Tätigkeit selbst.	... Aufgaben mit planenden, ausführenden und kontrollierenden Elementen und Möglichkeiten, Ergebnisse der eigenen Tätigkeit auf Übereinstimmung mit gestellten Anforderungen zu prüfen.
Anforderungsvielfalt	Unterschiedliche Kompetenzen (Fähigkeiten, Kenntnisse und Fertigkeiten) können eingesetzt werden. Einseitige Beanspruchungen können vermieden werden.	... Aufgaben mit unterschiedlichen Anforderungen an Körperfunktionen und Sinnesorgane.
Möglichkeiten der sozialen Interaktion	Schwierigkeiten können gemeinsam bewältigt werden. Gegenseitige Unterstützung hilft, Belastungen besser zu ertragen.	... Aufgaben, deren Bewältigung Kooperation nahe legt oder voraussetzt.
Autonomie	Stärkt das Selbstwertgefühl und die Bereitschaft zur Übernahme von Verantwortung. Vermittelt die Erfahrung, nicht einfluss- und bedeutungslos zu sein.	... Aufgaben mit Dispositions- und Entscheidungsmöglichkeiten.
Lern- und Entwicklungsmöglichkeiten	Allgemeine geistige Flexibilität bleibt erhalten. Berufliche Qualifikationen werden erhalten und weiter entwickelt.	... problemhaltige Aufgaben, zu deren Bewältigung vorhandene Kompetenzen eingesetzt und erweitert bzw. neue Kompetenzen angeeignet werden.
Zeitelastizität und stressfreie Regulierbarkeit	Wirkt unangemessener Arbeitsverdichtung entgegen. Schafft Freiräume für stressfreies Nachdenken und selbst gewählte Interaktionen.	... Schaffen von Zeitpuffern bei der Festlegung von Vorgabezeiten.
Sinnhaftigkeit	Vermittelt das Gefühl, an der Erstellung gesellschaftlich nützlicher Produkte beteiligt zu sein. Gibt Sicherheit der Übereinstimmung individueller und gesellschaftlicher Interessen.	... Produkte, deren gesellschaftlicher Nutzen nicht in Frage gestellt wird; Produkte und Produktionsprozesse, deren ökologische Unbedenklichkeit überprüft und sichergestellt werden kann.

Quelle: vgl. Ulich/Wülser 2010, S. 244 f. [587]

„Aufgaben, die nach den hier beschriebenen Merkmalen gestaltet sind, können die Motivation und die Gesundheit, die fachliche Qualifikation und die soziale Kompetenz, die Selbstwirksamkeit und die Flexibilität der Beschäftigten fördern und sind deshalb zugleich ein hervorragendes Mittel, die Qua-

lifikation und Kompetenz der Beschäftigten in – auch ökonomisch – sinnvoller Weise zu nutzen und zu ihrer Erweiterung beizutragen." (Ulich/Wülser 2010, S. 245 [587])

Führungskräfte sind somit einerseits verantwortlich für ihr persönliches Gesundheitsmanagement, andererseits haben sie auch eine Führungsverantwortung und können für ihre Mitarbeitenden gesundheitsförderliche Arbeits- und Lernbedingungen schaffen und die physische und psychische Gesundheit der Mitarbeitenden stärken und unterstützen.

In der Praxis zeigen sich verschiedene **Problembereiche und Herausforderungen im Kontext des betrieblichen Gesundheitsmanagements** (vgl. Badura 2010, S. 12 [588]):

- Geringe Priorität des Themas Gesundheit in der Unternehmens- oder Personalstrategie, die Bedeutung von Gesundheit wird nicht ausreichend erkannt, z. B. für die Motivation der Mitarbeitenden, die Servicequalität und die Effizienz von Arbeitsprozessen, nur unzureichende Unterstützung des betrieblichen Gesundheitsmanagements durch die Unternehmensleitung oder den Personalrat.

- Mit Gesundheitsmanagement werden primär kurzfristige Ziele verfolgt, längerfristige Ziele sind nicht vorhanden, explizite Standards zur Orientierung und Legitimation des betrieblichen Gesundheitsmanagements werden zu wenig berücksichtigt, valide Daten zur Bedarfsermittlung, Zielfindung und Projektevaluation werden nicht oder nur ungenügend erhoben.

- Gesundheitsexpertinnen und Gesundheitsexperten werden zu wenig mit einbezogen, sind nicht ausreichend qualifiziert oder haben zu wenig Einfluss.

- Zahlreiche Unternehmen haben immer noch ein kategoriales Verständnis von Gesundheit. Die Krankheitsquote wird als alleiniges Kriterium für den Gesundheitszustand der Belegschaft gesehen. Dieses Verständnis spiegelt eine versicherungsrechtliche Auffassung von Gesundheit wider – die Abwesenheit von Krankheit. Dies ist heute so jedoch nicht mehr angezeigt (Meifert/Kesting, 2004, S. 4 [589]).

„Solange Unternehmen einen Großteil ihrer sozialen Kosten für Frühberentung und Krankenversorgung externalisieren können, werden sie für das Thema Gesundheit wenig Interesse haben. Deshalb fehlt es häufig an Machtpromotoren, die die betriebliche Gesundheitspolitik im Interesse der Mitarbeiterinnen und Mitarbeiter und der Qualität und Wettbewerbsfähigkeit kontinuierlich vorantreiben." (Badura 2010, S. 11 [590])

Das nachfolgende Praxisbeispiel zeigt auf, wie sich betriebliche Stressprävention mit Kulturentwicklung koppeln lässt.

Praxisbeispiel Projekt SWiNG:
Programm zur betrieblichen Stressprävention bei Alstom Schweiz

Kurzvorstellung Projekt und Unternehmen

Im Jahre 2008 initiierten die Gesundheitsförderung Schweiz und der Schweizerische Versicherungsverband das Projekt SWiNG (Stressmanagement, Wirkung und Nutzen betrieblicher Gesundheitsförderung) mit dem Ziel, Stressursachen und deren negative Folgen zu identifizieren und zu reduzieren sowie Wirkungsweisen und den ökonomischen Nutzen von betrieblicher Stressprävention und -intervention aufzuzeigen. In den Jahren 2008 bis 2011 wurden acht Schweizer Großbetriebe mit insgesamt 5'000 Mitarbeitenden durch spezialisierte Beratungsunternehmen unterstützt und wissenschaftlich begleitet.

Alstom Schweiz hat sich im März 2008 dazu entschieden, am Pilotprojekt SWiNG teilzunehmen. Die Business Unit „Field Service Centre Schweiz" wurde ausgewählt, das Projekt umzusetzen. Field Service Centre Schweiz ist weltweit für den Service an Kraftwerksanlagen zuständig. Die Einheit entsendet weltweit erfahrene und qualifizierte Spezialisten in den Bereichen Montage, Inspektion, Inbetriebnahme und Tests. Die Arbeiten auf den Anlagen werden durch eine Innendienstorganisation unterstützt, um effiziente Prozesse zu gewährleisten und die entsprechende Infrastruktur und Werkzeuge für die Kunden und Kundinnen zur Verfügung zu stellen. Bei Field Service Centre Schweiz sind insgesamt 430 Personen beschäftigt, davon 280 im Außendienst. Die Mitarbeitenden des Field Service Centre Schweiz sind durch die sehr spezielle Aufgabenstellung im Außen- wie im Innendienst verschiedensten Stressoren während ihrer Arbeitszeit ausgesetzt. Ein Großteil von ihnen arbeitet unter unterschiedlichsten Bedingungen auf Kraftwerksanlagen weltweit. Sie müssen am Ende einer komplexen und langen Wertschöpfungskette mit entsprechenden Schnittstellen eine Leistung erbringen. Dadurch sind die Mitarbeitenden oftmals hohen Belastungen ausgesetzt, die zu Stress und Folgeerscheinungen führen können.

Schritt 1: Analyse und Feedback

Das Projekt SWiNG hatte zum Ziel, Aussagen über Ursachen-Wirkungszusammenhänge zu machen. Deswegen wurden über die Projektdauer insgesamt dreimal in einem Zeitintervall von jeweils einem Jahr genaue Analysen der betrieblichen Kennzahlen, der Befindlichkeit und subjektiven Einschätzung der Stressoren und Ressourcen der Mitarbeitenden mittels des Stressbefragungsinstrumentes S-TOOL, Interviews und Tätigkeitsbeobachtungen vorgenommen. Das S-TOOL beinhaltet ausgewählte, wissenschaftlich geprüfte Fragebögen, welche die subjektive Ausprägung von Stressoren, Ressourcen und Einstellungs- sowie Befindensparametern der Mitarbeitenden auf persönlicher Ebene, aber auch auf Team- und Unternehmensebene abbilden. Das Befragungsinstrument ist darauf ausgelegt, Längsschnittdaten zu erheben und einen Verlauf zu dokumentieren. Die Befragung ist online sowie in Papierform erhältlich und kann in verschiedenen Sprachen durchgeführt werden. Die Mitarbeitenden erhielten zudem aufgrund ihrer Antworten im S-TOOL unmittelbar ein individuelles Feedback über ihren momentanen Stresszustand.

Schritt 2: Interventionen

In der Auseinandersetzung mit den Analyseergebnissen erfolgte eine schrittweise Konkretisierung und Erarbeitung von Zielen und Maßnahmen. Ein Reflexionsprozess, in dem sich die Organisation selbst beobachtet und über sich selbst etwas lernt, wurde initiiert. Es wurden dabei folgende Instrumente genutzt:

- *Reflexionen der Resultate auf Teamebene*

    Hierbei ging es darum, mithilfe der Analyseergebnisse sowie des Expertenwissens der Mitarbeitenden arbeitsplatzbedingte Belastungen sowie verfügbare und fehlende Ressourcen zu diskutieren, zu priorisieren und Lösungen auf individueller, teamspezifischer und betrieblicher Ebene zu erarbeiten. Als Ergebnis entstand ein Katalog mit konkreten Maßnahmen, mit denen gesundheitsbelastende Faktoren am Arbeitsplatz behoben werden sollen.

    Die Teamreflexionsworkshops (1 Tag) wurden mit allen Abteilungen des Field Service Centre durchgeführt. Die Mitarbeitenden brachten ihr Wissen und ihre Erfahrungen ein, wie ihre Arbeitssituationen verbessert werden könnten. Die Führungskräfte nahmen das Feedback ihrer Mitarbeitenden entgegen und legten so die Basis für lösungsorientierte Diskussionen.

- *Führungsschulung „Stresspräventives Führen"*

    Führungspersonen haben in Organisationen eine Schlüsselposition inne, denn sie tragen maßgeblich zu einer positiven Betriebskultur bei. Das Management stand deshalb im Projekt SWiNG im Fokus der Aufmerksamkeit. Eine nachhaltige Veränderung der Unternehmenskultur geht mit einer nachhaltigen Veränderung des Führungsstils einher.

    Die obligatorische Schulung (1,5 Tage) für alle Führungskräfte vermittelte anhand von praxisorientierten Instrumenten, wie Führungskräfte auf Leistungsschwankungen, Frühanzeichen, häufige Absenzen etc. effizient reagieren können und wie sie ganz allgemein die Motivation und Arbeitsfreude ihrer Mitarbeitenden mit ihrem Führungsverhalten beeinflussen. Zudem ermöglichte die Schulung, anspruchsvolle Mitarbeitendengespräche praktisch zu üben, konkrete Fragen aus dem Führungsalltag zu bearbeiten und konkrete Handlungsziele zur Stressprävention im Führungsalltag auf der Basis der Analyseresultate zu diskutieren und zu definieren.

- *Situationsspezifische Managementworkshops*

    1. Jahr: Die Führungskräfte standen von Beginn an ganz besonders im Zentrum der Aufmerksamkeit des Projekts. Sie bekamen über die S-TOOL-Resultate sehr detailliertes Feedback zu ihrer Führungsarbeit. Dies hat auch zu Widerständen und Ängsten geführt. Den Projektleitenden war es jedoch wichtig, dass die Führungskräfte die Verantwortung für ihre Ergebnisse übernehmen konnten. Nach der zweiten Analysephase wurden die Führungskräfte deshalb aufgefordert, die Ergebnisse ihrer Abteilungen selbst zu interpretieren und erste Schritte daraus abzuleiten. Während eines eintägigen Managementworkshops wurden diese Analysen im Führungsgremium transparent diskutiert. Dies hat dazu geführt, dass die einzelnen Führungskräfte viel mehr „ownership" für die Ergebnisse ihrer Abteilung entwickelt haben. Auffallend war dabei auch, wie normal es in diesem ersten SWiNG-Jahr geworden war, sich über arbeitspsychologische Themen zu unterhalten und dabei Ursache-Wirkungs-Beziehungen zu diskutieren. Nach der dritten Befragung wurde die selbstständige Aufarbeitung der Analyseresultate durch die Führungskräfte, die anschließende transparente Diskussion im Managementgremium sowie die Maßnahmenableitung im Team zur Normalität – sie wurde ein Bestandteil der Unternehmenskultur.

2. Jahr: Im zweiten Jahr wurde auch Alstom Schweiz von der Wirtschaftskrise eingeholt und es wurden Stellen abgebaut. So fragten sich Mitarbeitende und Führungskräfte, ob es überhaupt noch Sinn mache, ein Stresspräventionsprogramm in einer Organisation durchzuführen, die die Auswirkungen der Krise deutlich zu spüren bekommt. Hierbei war es immer wieder von großer Wichtigkeit, das Bekenntnis des obersten Managements zum Projekt zu spüren und zu hören.

In einem weiteren Managementworkshop wurde daher auch die Thematik des Umgangs mit Veränderungen in einer Organisation angesprochen und mit der jetzigen Situation bei Field Service Centre in Verbindung gebracht. Zu erkennen, dass Phasen des Umbruchs immer auch mit Widerstand, Ängsten und Neuordnung einhergehen, war eine wichtige Intervention, auch wenn sie normalerweise nicht in eine unmittelbare Verbindung mit Stressmanagement gebracht wird. Der Projektleitung war es aber wichtig, Stressmanagement umfassend in den aktuellen Betriebsalltag zu integrieren und aktuelle Themen mit dem Fokus Stress zu reflektieren.

3. Jahr: In diesem Sinne wurde im dritten Jahr auch ein Managementworkshop durchgeführt, der die Stressthematik in Verbindung mit einer Strategieneuausrichtung thematisierte. Welche Auswirkungen hat die verstärke Lokalisierung des Field Service auf Mitarbeitende und Führungskräfte? Welche Belastungen können hieraus entstehen? Wie gehen wir im konkreten Fall damit um? Welche Unterstützung brauchen Führungskräfte, um hinter der Neuausrichtung zu stehen?

- *Integration von SWiNG in andere Entwicklungs- und Optimierungsprozesse*

Wo immer möglich, wurde das Projekt SWiNG mit anderen Entwicklungs- und Optimierungsprozessen und vorhandenen Gefäßen innerhalb des Alstom-Konzerns verbunden. Dies steigerte die Akzeptanz des Projekts und zeigte klar die Integration von SWiNG in die Organisation auf. Betriebliches Stressmanagement sollte in die DNA von Field Service Centre eingewebt werden und nicht einfach ein weiteres Projekt sein, welches nach 3 Jahren abgeschlossen und vergessen wurde. SWiNG sollte Normalität werden.

- *Stressmanagement für Mitarbeitende*

  Um die Eigenverantwortung der Mitarbeitenden im Stressprozess zu unterstützen, wurden individuelle Stressmanagementkurse (1,5 Tage) für alle Mitarbeitenden angeboten. Für Mitarbeitende aus Abteilungen mit einem besonders hohen Belastungsgrad war die Teilnahme obligatorisch. Mit Hilfe des persönlichen Feedbacks über die eigene Stresssituation, welches S-TOOL nach jeder Befragung generierte, konnten die Teilnehmenden am ganz persönlichen Umgang mit Stresssituationen arbeiten. Neben einem gezielten Aufbau von persönlichen Ressourcen wurde der Umgang mit unveränderbaren Stressoren genauso thematisiert wie mögliche Stolpersteine bei der Umsetzung im Alltag. Persönliches Stressmanagement im Außendienst bietet oft nur wenige Möglichkeiten, Belastungen aktiv abzubauen. Somit ging es vielmehr darum zu lernen, wie die eigene Einstellung bezüglich Stress verändert werden kann oder wie es möglich wird, sich mit unveränderlichen Stressoren zu arrangieren und somit auch in schwierigen Situationen gelassen zu bleiben.

Schritt 3: Nachhaltige Umsetzung - Stressprävention als Teil der Unternehmenskultur

Entscheidend für die nachhaltige Umsetzung von SWiNG war das stetige Bemühen, eine Unternehmenskultur zu etablieren, die optimale Rahmenbedingungen ermöglicht, gut mit Belastungen und Stress umzugehen. Oft konnten Belastungen nicht einfach abgebaut werden, viel eher ging es dann darum, Ressourcen aufzubauen, um mit vorhandenen, oft unveränderlichen Stressoren besser umzugehen.

Wichtig war, von Beginn an ein *gemeinsames Problembewusstsein* für das Thema betriebliches Stressmanagement zu schaffen. Dies konnte nur durch einen regelmäßigen Einbezug des Managements und der Mitarbeitenden in die Projektarbeit geschehen. Zum Einstiegsworkshop war daher auch der gesamte Führungsstab eingeladen, um mitzubestimmen, wie SWiNG umgesetzt werden sollte. Interviews und Tätigkeitsanalysen wurden auch mit Mitarbeitenden im Außendienst im Ausland durchgeführt, was von den Mitarbeitenden als große Wertschätzung erachtet wurde. Die *regelmäßigen, situationsspezifischen Managementworkshops* (Beschrieb oben) sollten die Führungskräfte in ihrem aktuellen arbeitsbezogenen Stressmanagement unterstützen und nicht einfach generelle Stresstipps geben. Die aktive Auseinandersetzung mit Stress und Gesundheit sollte genauso in die betriebsinterne Diskussion integriert werden, wie es finanzspezifische Themen schon lange sind.

Im Schlussbericht der Gesundheitsförderung Schweiz konnte u. a. aufgezeigt werden, dass Mitarbeitende mit hoher Stressbelastung durch SWiNG 1,7 Tage pro Jahr weniger fehlten. Mitarbeitende mit einem tiefen Stresslevel waren nach dem Projekt SWiNG 10% produktiver und generierten 2,6 Tage/Jahr weniger Absenzen. SWiNG ist es gelungen, das Ressourcen-Belastungsverhältnis bei Personen mit einer günstigen Ausgangssituation zu erhalten, während bei Personen mit schlechterem Ressourcen-Belastungsverhältnis eine positive Entwicklung beobachtet werden konnte.

Weitere Informationen:
www.nhconsulting.ch
www.gesundheitsfoerderung.ch/swing
www.s-tool.ch

Autorinen:
Nina Hottinger, Inhaberin von nhconsulting, Zürich, Schweiz
Sabine Wiederkehr, HR Project Manager, Alstom Schweiz, Business Unit Field Service Centre

Literatur

[469] WHO, World Health Organization (1986): Ottawa-Charta zur Gesundheitsförderung, Geneva.
[470] Antonovsky, A. (1997): Salutogenese. Zur Entmystifizierung der Gesundheit, Tübingen.
[471] Franke, A. (2010): Modelle von Gesundheit und Krankheit, 2. Aufl., Bern.
[472] Schweizerische Eidgenossenschaft (2009): Verfassung der Weltgesundheitsorganisation. Deutsche Übersetzung, Stand am 25. Juni 2009, in: URL: http://www.admin.ch/ch/d/sr/i8/0.810.1.de.pdf (zuletzt besucht: 7.5.2012).
[473] Ulich, E./Wülser, M. (2010): Gesundheitsmanagement in Unternehmen. Arbeitspsychologische Perspektiven, 4. Aufl., Wiesbaden.
[474] Lippke, S./Renneberg, B. (2006): Konzepte von Gesundheit und Krankheit, in: Renneberg, B./Hammelstein, P. (Hrsg.), Gesundheitspsychologie, Heidelberg, 2-12.
[475] Brockhaus (2012): Gesundheit, in: Brockhaus – Die Enzyklopädie in 30 Bänden, Online-Ausgabe, Leipzig/Mannheim.
[476] Ulich, E./Wülser, M. (2010): Gesundheitsmanagement in Unternehmen. Arbeitspsychologische Perspektiven, 4. Aufl., Wiesbaden.
[477] Franke, A. (2010): Modelle von Gesundheit und Krankheit, 2. Aufl., Bern.
[478] Antonovsky, A. (1997): Salutogenese. Zur Entmystifizierung der Gesundheit, Tübingen.
[479] Brockhaus (2009): Gesundheit, in: Der Brockhaus in Text und Bild 2009, Download-Version, Mannheim.
[480] Antonovsky, A. (1997): Salutogenese. Zur Entmystifizierung der Gesundheit, Tübingen.
[481] Kernen, H./Meier, G. (2012): Achtung Burn-out! Leistungsfähig und gesund durch Ressourcenmanagement, 2. Aufl., Bern et al.
[482] Franke, A. (2010): Modelle von Gesundheit und Krankheit, 2. Aufl., Bern.
[483] Kernen, H./Meier, G. (2012): Achtung Burn-out! Leistungsfähig und gesund durch Ressourcenmanagement, 2. Aufl., Bern et al.
[484] Antonovsky, A. (1997): Salutogenese. Zur Entmystifizierung der Gesundheit, Tübingen.
[485] Kernen, H./Meier, G. (2012): Achtung Burn-out! Leistungsfähig und gesund durch Ressourcenmanagement, 2. Aufl., Bern et al.
[486] Richter, M./Hurrelmann, K. (2007): Warum die gesellschaftlichen Verhältnisse krank machen, in: APuZ Aus Politik und Zeitgeschichte, 41, 3-9.
[487] WHO, World Health Organization (1986): Ottawa-Charta zur Gesundheitsförderung, Geneva.
[488] Jonas, K./Lebherz, C. (2007): Angewandte Sozialpsychologie, in: Jonas, K./Stroebe, W./Hewstone, M. (Hrsg.), Sozialpsychologie. Eine Einführung, 5. Aufl., Heidelberg, 533-584.
[489] Ulich, E./Wülser, M. (2010): Gesundheitsmanagement in Unternehmen. Arbeitspsychologische Perspektiven, 4. Aufl., Wiesbaden.
[490] Rohmert, W./Rutenfranz, J. (1975): Arbeitswissenschaftliche Beurteilung der Belastung und Beanspruchung an unterschiedlichen industriellen Arbeitsplätzen. Forschungsbericht, Bonn.
[491] Deutsches Institut für Normung (2000): DIN EN ISO 10075-1, Ausgabe 2000-11. Ergonomische Grundlagen bezüglich psychischer Arbeitsbelastung – Teil 1. Allgemeines und Begriffe (ISO 10075:1991), Deutsche Fassung EN ISO 10075-1:2000.

[492] Zapf, D./Dormann, C. (2006): Gesundheit und Arbeitsschutz, in: Schuler, H. (Hrsg.), Lehrbuch der Personalpsychologie, 2. Aufl., Göttingen et al., 699-728.
[493] Ulich, E./Wülser, M. (2010): Gesundheitsmanagement in Unternehmen. Arbeitspsychologische Perspektiven, 4. Aufl., Wiesbaden.
[494] Inform (2003): Gute Haltungen und Bewegungen bei der Arbeit. Muskel- und Skeletterkrankungen vorbeugen, 5. Aufl., in: URL: www.noe.arbeiterkammer.at/bilder/d21/Inform_neu.pdf (zuletzt besucht: 15.5.2012)
[495] BMAS, Bundesministerium für Arbeit und Soziales (2012) (Hrsg.): Sicherheit und Gesundheit bei der Arbeit 2010, Unfallverhütungsbericht Arbeit, Dortmund/Berlin/Dresden.
[496] BAuA, Bundesanstalt für Arbeitsschutz und Arbeitsmedizin (2012): Arbeitsbedingungen. Arbeitsbedingungen in Deutschland - Belastungen, Anforderungen und Gesundheit, in: URL: http://www.baua.de/de/Informationen-fuer-die-Praxis/Statistiken/Arbeitsbedingungen/ Arbeitsbedingungen.html (zuletzt besucht: 18.5.2012)
[497] BMAS, Bundesministerium für Arbeit und Soziales (2012) (Hrsg.): Sicherheit und Gesundheit bei der Arbeit 2010, Unfallverhütungsbericht Arbeit, Dortmund/Berlin/Dresden.
[498] Zok, K. (2010): Gesundheitliche Beschwerden und Belastungen am Arbeitsplatz. Ergebnisse aus Beschäftigtenbefragungen, Berlin.
[499] Grebner, S./Berlowitz, I/Alvarado, V./Cassina, M. (2010): Stress bei Schweizer Erwerbstätigen. Stressstudie 2010, im Auftrag des Staatssekretariats für Wirtschaft SECO (Hrsg.), Bern.
[500] Zok, K. (2010): Gesundheitliche Beschwerden und Belastungen am Arbeitsplatz. Ergebnisse aus Beschäftigtenbefragungen, Berlin.
[501] Ulich, E. /Wiese, B. S. (2011): Life Domain Balance. Konzepte zur Verbesserung der Lebensqualität, Wiesbaden.
[502] Badura, B. (2010): Wege aus der Krise, in: Badura, B./Schröder, H./Klose, J./Macco, K. (Hrsg.), Fehlzeiten-Report 2009. Arbeit und Psyche: Belastungen reduzieren – Wohlbefinden fördern, Heidelberg, 1-12.
[503] Zok, K. (2010): Gesundheitliche Beschwerden und Belastungen am Arbeitsplatz. Ergebnisse aus Beschäftigtenbefragungen, Berlin.
[504] Ducki, A. (2008): Weiche Faktoren, harte Folgen, in: Gesundheit und Gesellschaft, Spezial 10/08, 4-6.
[505] WHO, World Health Organization (2004): Psychische Gesundheit und Arbeitsleben. Info-Papier für die Europäische Ministerielle WHO-Konferenz Psychische Gesundheit in Helsinki, Kopenhagen.
[506] BMAS, Bundesministerium für Arbeit und Soziales (2012) (Hrsg.): Sicherheit und Gesundheit bei der Arbeit 2010, Unfallverhütungsbericht Arbeit, Dortmund/Berlin/Dresden.
[507] Stansfeld, S. A./Fuhrer, R./Shipley, M. J./Marmot, M. G. (1999): Work characteristics predict psychiatric disorder: prospective results from the Whitehall II study, in: Occup Environ Med, 56, 302-307.
[508] Hillert, A./Marwitz, M. (2006): Die Burnout-Epidemie oder Brennt die Leistungsgesellschaft aus? München.
[509] Burisch, M. (2006): Das Burnout-Syndrom. Theorie der inneren Erschöpfung. Zahlreiche Fallbeispiele. Hilfen zur Selbsthilfe, 3. Aufl., Heidelberg.
[510] Brockhaus (2009): Stress, in: Der Brockhaus in Text und Bild 2009, Download-Version, Mannheim.
[511] Ulich, E./Wülser, M. (2010): Gesundheitsmanagement in Unternehmen. Arbeitspsychologische Perspektiven, 4. Aufl., Wiesbaden.
[512] Busch, C./Roscher, S./Ducki, A./Kalytta, T. (2009): Stressmanagement für Teams in Service, Gewerbe und Produktion - ein ressourcenorientiertes Trainingsmanual, Heidelberg.
[513] Zapf, D./Semmer, N. (2004): Stress und Gesundheit in Organisationen, in: Schuler, H. (Hrsg.), Enzyklopädie der Psychologie: Organisationspsychologie I - Grundlagen und Personalpsychologie, Göttingen et al., 266-287.
[514] Zapf, D./Dormann, C. (2006): Gesundheit und Arbeitsschutz, in: Schuler, H. (Hrsg.), Lehrbuch der Personalpsychologie, 2. Aufl., Göttingen et al., 699-728.

[515] Zapf, D./Dormann, C. (2006): Gesundheit und Arbeitsschutz, in: Schuler, H. (Hrsg.), Lehrbuch der Personalpsychologie, 2. Aufl., Göttingen et al., 699-728.
[516] Lazarus, R. S. (1999): Stress and emotion. A New Synthesis, New York.
[517] Lazarus, R. S./Folkman, S. (1984): Stress, appraisal and coping, NewYork.
[518] Lazarus, R. S./Launier, R. (1981): Stressbezogene Transaktionen zwischen Person und Umwelt, in: Nitsch, J. R. (Hrsg.), Stress. Theorien, Untersuchungen, Maßnahmen, Bern, 213-259.
[519] Schulze, B. (2009): Energiekrise in der Arbeitswelt?, in: PID, 3, 201-208.
[520] Kernen, H./Meier, G. (2012): Achtung Burn-out! Leistungsfähig und gesund durch Ressourcenmanagement, 2. Aufl., Bern et al.
[521] Burisch, M. (2010): Das Burnout-Syndrom. Theorie der inneren Erschöpfung. Zahlreiche Fallbeispiele. Hilfen zur Selbsthilfe, 4. Aufl., Heidelberg.
[522] Linneweh, K./Heufelder, A./Flasnoecker, M. (2010): Balance statt Burn-out. Der erfolgreiche Umgang mit Stress und Belastungsfaktoren, München et al.
[523] Bergner, T. M. H. (2008): Burnout-Prävention. Das 9-Stufen-Programm zur Selbsthilfe, Stuttgart.
[524] Maslach, C./Leiter, M. P. (2001): Die Wahrheit über Burnout Stress am Arbeitsplatz und was Sie dagegen tun können, Wien/New York.
[525] Linneweh, K./Heufelder, A./Flasnoecker, M. (2010): Balance statt Burn-out. Der erfolgreiche Umgang mit Stress und Belastungsfaktoren, München et al.
[526] Schaufeli, W. B./Enzmann, D. (1998): The burnout companion to study & practice. A critical analysis, London.
[527] Burisch, M. (2010): Das Burnout-Syndrom. Theorie der inneren Erschöpfung. Zahlreiche Fallbeispiele. Hilfen zur Selbsthilfe, 4. Aufl., Heidelberg.
[528] Linneweh, K./Heufelder, A./Flasnoecker, M. (2010): Balance statt Burn-out. Der erfolgreiche Umgang mit Stress und Belastungsfaktoren, München et al.
[529] Schulze, B. (2011): Burnout: Was uns gefährdet. Was uns schützt, in: Psychologie Heute compact, 27, 41-43.
[530] Linneweh, K./Heufelder, A./Flasnoecker, M. (2010): Balance statt Burn-out. Der erfolgreiche Umgang mit Stress und Belastungsfaktoren, München et al.
[531] Linneweh, K./Heufelder, A./Flasnoecker, M. (2010): Balance statt Burn-out. Der erfolgreiche Umgang mit Stress und Belastungsfaktoren, München et al.
[532] Schulze, B. (2011): Burnout: Was uns gefährdet. Was uns schützt, in: Psychologie Heute compact, 27, 41-43.
[533] Linneweh, K./Heufelder, A./Flasnoecker, M. (2010): Balance statt Burn-out. Der erfolgreiche Umgang mit Stress und Belastungsfaktoren, München et al.
[534] Burisch, M. (2010): Das Burnout-Syndrom. Theorie der inneren Erschöpfung. Zahlreiche Fallbeispiele. Hilfen zur Selbsthilfe, 4. Aufl., Heidelberg.
[535] Bergner, T. M. H. (2008): Burnout-Prävention. Das 9-Stufen-Programm zur Selbsthilfe, Stuttgart.
[536] Litzcke, S./Schuh, H. (2007): Stress, Mobbing und Burn-out am Arbeitsplatz, 4. Aufl., Heidelberg.
[537] Maslach, C./Jackson, S. E./Leiter, M. P. (1996). The Maslach Burnout Inventory Manual, 2nd ed., Palo Alto, CA.
[538] StressNoStress (2012): Persönliche Checkliste. Stress am Arbeitsplatz. Signale und Ursachen, Online-Version, in: URL: http://www.stressnostress.ch/checklisten.html (zuletzt besucht am 16.5.2012).
[539] BIND Burnout Institut Norddeutschland (2012): Burnout-Test. Hamburger Burnout-Inventar (HBI40), in: URL: http://www.burnout-institut.eu/Burnout-Test.8.0.html (zuletzt besucht: 16.5.2012).
[540] Schulze, B. (2009): Energiekrise in der Arbeitswelt?, in: PID, 3, 201-208.
[541] Nagpal, S. (2011): Burnout-Prävention und -Begleitung. Handlungsempfehlungen für Vorgesetzte, Diplomarbeit an der Fachhochschule Nordwestschweiz, Olten.
[542] Kranz, C. (2011): Durch Selbstreflexion zum Erfolg. Potenziale erkennen. Persönlichkeit entwickeln. Ziele ereichen, 2. Aufl., Triesen.
[543] Sonnentag, S./Frese, M. (2003): Stress in organizations, in: Bormann, W. C./Ilgen, D. R./Klimoski, R. J. (Eds.), Comprehensive handbook of psychology, Vol. 12, Chichester, 453-491.

[544] Hillert, A./Marwitz, M. (2006): Die Burnout-Epidemie oder Brennt die Leistungsgesellschaft aus? München.
[545] Bergner, T. M. H. (2008): Burnout-Prävention. Das 9-Stufen-Programm zur Selbsthilfe, Stuttgart.
[546] Steiner, V. (2005): Energiekompetenz. Produktiver denken. Wirkungsvoller arbeiten. Entspannter leben, 4. Aufl., München/Zürich.
[547] Wenger, R. (2005): Alphaskills. Effizienter lesen. Besser zuhören. Entspannter arbeiten, Frankfurt.
[548] Steiner, V. (2005): Energiekompetenz. Produktiver denken. Wirkungsvoller arbeiten. Entspannter leben, 4. Aufl., München/Zürich.
[549] Petersen, O./Egger, H. (2000): Gesundheit ist Chefsache. Leistungssteigerung und Stressbewältigung im Unternehmen, 2. Aufl., Kilchberg.
[550] Schwarzer, R. (2004): Psychologie des Gesundheitsverhaltens, 3. Aufl., Göttingen et al.
[551] Linneweh, K./Heufelder, A./Flasnoecker, M. (2010): Balance statt Burn-out. Der erfolgreiche Umgang mit Stress und Belastungsfaktoren, München et al.
[552] Schwarzer, R. (2004): Psychologie des Gesundheitsverhaltens, 3. Aufl., Göttingen et al.
[553] Petersen, O./Egger, H. (2000): Gesundheit ist Chefsache. Leistungssteigerung und Stressbewältigung im Unternehmen, 2. Aufl., Kilchberg.
[554] Schwarzer, R. (2004): Psychologie des Gesundheitsverhaltens, 3. Aufl., Göttingen et al.
[555] Linneweh, K./Heufelder, A./Flasnoecker, M. (2010): Balance statt Burn-out. Der erfolgreiche Umgang mit Stress und Belastungsfaktoren, München et al.
[556] Petersen, O./Egger, H. (2000): Gesundheit ist Chefsache. Leistungssteigerung und Stressbewältigung im Unternehmen, 2. Aufl., Kilchberg.
[557] Linneweh, K./Heufelder, A./Flasnoecker, M. (2010): Balance statt Burn-out. Der erfolgreiche Umgang mit Stress und Belastungsfaktoren, München et al.
[558] Schwarzer, R. (2004): Psychologie des Gesundheitsverhaltens, 3. Aufl., Göttingen et al.
[559] Linneweh, K./Heufelder, A./Flasnoecker, M. (2010): Balance statt Burn-out. Der erfolgreiche Umgang mit Stress und Belastungsfaktoren, München et al.
[560] Gesundheitsförderung Schweiz (2012): Ernährungstipps für Erwachsene, in: URL: http://www.gesundheitsfoerderung.ch/pages/Gesundes_Koerpergewicht/Tipps_Tools/lebensmittelpyramide.php (zuletzt gesucht 9.6.2010).
[561] DGE Deutsche Gesellschaft für Ernährung (2012): Vollwertige essen und trinken nach den 10 Regeln der DGE, in: URL: http://www.dge.de/modules.php?name=Content&pa=showpage&pid=15 (zuletzt besucht: 9.6.2012).
[562] Petersen, O./Egger, H. (2000): Gesundheit ist Chefsache. Leistungssteigerung und Stressbewältigung im Unternehmen, 2. Aufl., Kilchberg.
[563] Schwarzer, R. (2004): Psychologie des Gesundheitsverhaltens, 3. Aufl., Göttingen et al.
[564] Lippke, S./Renneberg, B. (2006): Konzepte von Gesundheit und Krankheit, in: Renneberg, B./Hammelstein, P. (Hrsg.), Gesundheitspsychologie, Heidelberg, 2-12.
[565] Jonas, K./Lebherz, C. (2007): Angewandte Sozialpsychologie, in: Jonas, K./Stroebe, W./Hewstone, M. (Hrsg.), Sozialpsychologie. Eine Einführung, 5. Aufl., Heidelberg, 533-584.
[566] Rogers, R. W. (1983): Cognitive and physiological processes in fear appeals and attitude change. A revised theory of protection motivation, in: Cacioppo, J. T. & Petty, R. E. (Eds.), Social psychophysiology. A source book, New York, 153-176.
[567] Jonas, K./Lebherz, C. (2007): Angewandte Sozialpsychologie, in: Jonas, K./Stroebe, W./Hewstone, M. (Hrsg.), Sozialpsychologie. Eine Einführung, 5. Aufl., Heidelberg, 533-584.
[568] Rogers, R. W. (1983): Cognitive and physiological processes in fear appeals and attitude change. A revised theory of protection motivation, in: Cacioppo, J. T. & Petty, R. E. (Eds.), Social psychophysiology. A source book, New York, 153-176.
[569] Jonas, K./Lebherz, C. (2007): Angewandte Sozialpsychologie, in: Jonas, K./Stroebe, W./Hewstone, M. (Hrsg.), Sozialpsychologie. Eine Einführung, 5. Aufl., Heidelberg, 533-584.
[570] Jonas, K./Stroebe, W./Hewstone, M. (Hrsg.) (2007): Sozialpsychologie. Eine Einführung, 5. Aufl., Heidelberg.

[571] Milne, S./Sheeran, P./Orbell, S. (2000): Prediction and intervention in health-related behavior. A meta-analytic review of protection motivation theory, in: Journal of Applied Social Psychology, 30, 106-143.
[572] Norman, P./Boer, H./Seydel, E. R. (2005): Protection motivation theory, in: Conner, M./Norman, P. (Eds.): Predicting health behavior, 2nd ed., Maidenhead UK, 81-126.
[573] Sutton, S. (2005): Stage theories of health behaviour, in: Conner, M./Norman, P. (Eds.), Predicting health behavior, 2nd ed., Maidenhead UK, 223-275.
[574] Jonas, K./Lebherz, C. (2007): Angewandte Sozialpsychologie, in: Jonas, K./Stroebe, W./Hewstone, M. (Hrsg.), Sozialpsychologie. Eine Einführung, 5. Aufl., Heidelberg, 533-584.
[575] Prochaska, J. O./DiClemente, C. C./Norcross, J. C. (1992): In: search of how people change. Applications to addictive behaviors, in: American Psychology, 47, 1102-1114.
[576] Lippke, S./Renneberg, B. (2006): Konzepte von Gesundheit und Krankheit, in: Renneberg, B./Hammelstein, P. (Hrsg.), Gesundheitspsychologie, Heidelberg, 2-12.
[577] Jonas, K./Lebherz, C. (2007): Angewandte Sozialpsychologie, in: Jonas, K./Stroebe, W./Hewstone, M. (Hrsg.), Sozialpsychologie. Eine Einführung, 5. Aufl., Heidelberg, 533-584.
[578] Prochaska, J. O./DiClemente, C. C./Norcross, J. C. (1992): In: search of how people change. Applications to addictive behaviors, in: American Psychology, 47, 1102-1114.
[579] Jonas, K./Lebherz, C. (2007): Angewandte Sozialpsychologie, in: Jonas, K./Stroebe, W./Hewstone, M. (Hrsg.), Sozialpsychologie. Eine Einführung, 5. Aufl., Heidelberg, 533-584.
[580] Sutton, S. (2005): Stage theories of health behaviour, in: Conner, M./Norman, P. (Eds.), Predicting health behavior, 2nd ed., Maidenhead UK, 223-275.
[581] Bamberg, E./Ducki, A./Metz, A.-M. (2011): Gesundheitsförderung und Gesundheitsmanagement in der Arbeitswelt, Göttingen et al.
[582] Ulich, E./Wülser, M. (2010): Gesundheitsmanagement in Unternehmen. Arbeitspsychologische Perspektiven, 4. Aufl., Wiesbaden.
[583] Esslinger, A. S./Emmert, M., Schöffski, O. (2010) (Hrsg.): Betriebliches Gesundheitsmanagement. Mit gesunden Mitarbeitern zu unternehmerischem Erfolg.
[584] Meifert, M. T./Kesting, M. (2004) (Hrsg.): Gesundheitsmanagement im Unternehmen. Konzepte - Praxis - Perspektiven, Berlin et al.
[585] BKK/Suva (BKK Bundesverband, Europäisches Informationszentrum/Suva Schweizerischer Unfallversicherungsdienst) (1999) (Hrsg.): Beispiele guter Praxis. Gesunde Mitarbeiter in gesunden Unternehmen. Erfolgreiche Praxis betrieblicher Gesundheitsförderung.
[586] Kesting, M./Meifert, M. T. (2004): Strategien zur Implementierung des Gesundheitsmanagements im Unternehmen, in: Meifert, M. T./Kesting, M. (Hrsg.), Gesundheitsmanagement im Unternehmen. Konzepte, Praxis, Perspektiven. Berlin et al., 30-39.
[587] Ulich, E./Wülser, M. (2010): Gesundheitsmanagement in Unternehmen. Arbeitspsychologische Perspektiven, 4. Aufl., Wiesbaden.
[588] Badura, B. (2010): Unternehmerischer Erfolg durch betriebliches Sozialvermögen: Ein thematischer Einstieg, in: Faller, G. (Hrsg.), Lehrbuch Betriebliche Gesundheitsförderung, Bern, 11-12.
[589] Kesting, M./Meifert, M. T. (2004): Strategien zur Implementierung des Gesundheitsmanagements im Unternehmen, in: Meifert, M. T./Kesting, M. (Hrsg.), Gesundheitsmanagement im Unternehmen. Konzepte, Praxis, Perspektiven. Berlin et al., 30-39.
[590] Badura, B. (2010): Unternehmerischer Erfolg durch betriebliches Sozialvermögen: Ein thematischer Einstieg, in: Faller, G. (Hrsg.), Lehrbuch Betriebliche Gesundheitsförderung, Bern, 11-12.

11 Baustein soziale Beziehungen

„Den größten Teil ihres Lebens verbringen Menschen in Gesellschaft mit anderen und im Umgang mit ihnen." (Sokolowski/Heckhausen 2010, S. 193 [591])

11.1 Begriff und Bedeutung sozialer Beziehungen und sozialer Unterstützung

Menschen sind soziale Wesen. Sie leben und bewegen sich in sozialen Strukturen. Im Rahmen von Sozialisationsprozessen werden Menschen in diese Strukturen „eingepasst", sie leben sich in diese ein, erfüllen sie mit Leben und verändern sie (vgl. Vester 2009, S. 73 [592]). Mit den zahlreichen Phänomenen, die sich aus der Interaktion von Menschen in sozialen Systemen ergeben, beschäftigen sich insbesondere die Soziologie und die Sozialpsychologie. Die Gesundheitspsychologie befasst sich mit der Wirkung sozialen Rückhalts auf die Gesundheit.

> *Beziehung* wird in der Soziologie beschrieben als „Grad der Verbundenheit oder Distanz zwischen Individuen, die in einem sozialen Prozess vereint sind […]" (Brockhaus 2012 [593]).

Bindung hingegen fokussiert auf die Fähigkeit eines Menschen, sich einzulassen und sich zu binden.

> *Bindung* kann definiert werden als ein „Erlebnis der körperlichen, seelischen und geistigen Beziehung zu anderen Menschen, auch eine dauerhafte bejahende Beziehung zu bestimmten Normen, Werten oder Gegenständen. Die Fähigkeit eines Menschen, Bindungen einzugehen, ist entscheidend für die Persönlichkeitsentwicklung." (Brockhaus 2012 [594])

Im Rahmen von Selbstmanagement-Kompetenz sind beide Aspekte – Beziehung und Bindung – relevant.

> *Soziale Beziehungen* „sind auf der Verhaltensebene durch stabile Interaktionsmuster und auf kognitiver Ebene durch Beziehungsschemata der beiden Bezugspersonen charakterisiert. Ein solches Beziehungsschema besteht aus drei beziehungsspezifischen Bildern: Selbstbild, Bild der Bezugsperson und Interaktionsskript." (Asendorpf 2007, S. 290 [595])

„Die drei Komponenten, die zu einem Beziehungsschema gehören, unterliegen einer affektiven Bewertung, so dass Beziehungen von Präferenzen (A mag B lieber als C), aber auch von Emotionen wie Liebe, Hass, Verlustangst, Scham oder Schuld begleitet sind. Es gibt aber auch Beziehungen, die bei beiden Beteiligten nur minimale Affekte auslösen, z. B. manche Arbeitsbeziehungen." (Asendorpf 2007, S. 290 [595])

Beziehungen haben somit einen kognitiven, einen affektiven sowie einen Verhaltensaspekt. Die Beziehung zwischen zwei Bezugspersonen erzeugt eine Einstellung zu sich, zum anderen und zur Beziehung. Die **Qualität der Beziehung** hängt dabei von der **Persönlichkeit** der beiden Bezugspersonen ab. Die Persönlichkeit kann auf das Beziehungsschema und auf das Interaktionsmuster der Dyade Einfluss nehmen. Eine Beziehung zwischen zwei Menschen ist jedoch mehr als die Summe der Wirkungen zweier Persönlichkeiten, denn ihre Wirkungen sind in eine **kontinuierliche dynamische Wechselwirkung** eingebunden. Wenn beispielsweise die Person A dazu neigt, Konflikte zu negieren und auszusitzen, Person B aber die Einstellung hat, dass Konflikte sich nur dadurch lösen lassen, dass sie ausdiskutiert werden, ist es kaum möglich, dass beide Personen ihre so unterschiedlichen Stile beibehalten. Eine der beiden Personen wird sich mit ihrem Konfliktstil durchsetzen oder beide Personen werden zwischen den beiden Stilen einen Kompromiss finden, beispielsweise indem Diskussionen erst am Tag nach dem Streit geführt werden. Welcher Stil letztlich gefunden wird, hängt einerseits von der Persönlichkeit der beiden ab (z. B. Grad der Dominanz bzw. Kompromissbereitschaft) und andererseits von den konkreten Erfahrungen in bisherigen Konflikten zwischen ihnen (vgl. Asendorpf 2007, S. 290 f. [595]).

Die sozialen Beziehungen einer Person sind meist sehr vielfältig. Einige Beziehungen sind Teil sozialer Systeme, beispielsweise Familienbeziehungen, Beziehungen am Arbeitsplatz oder in einer Weiterbildungsklasse. Darüber hinaus gibt es noch viele weitere mögliche Beziehungen, beispielsweise zu Freund/innen, Nachbar/innen, Mitgliedern von Interessensgruppen. Um die soziale Umwelt einer Person zu erfassen, ist es sinnvoll, alle Beziehungen einer Person simultan zu betrachten. Hierfür hat sich in der Psychologie der etwas missverständliche Ausdruck *Netzwerkansatz* durchgesetzt (vgl. Asendorpf 2007, S. 291 [595]).

Der *Begriff des sozialen Netzwerks* stammt aus der Soziologie und bezeichnet die Vernetzung einer Gruppe von Personen durch ihre sozialen Beziehungen. Umgangssprachlich werden hierunter Beziehungsnetze verstanden, in die Menschen eingebunden sind und auf die sie sich verlassen können (vgl. Vester 2009, S. 87 [596]). In letzter Zeit gibt es vermehrt Studien zu individuellen Netzwerken, in denen alle persönlich bedeutsamen Bezugspersonen sowie die psychologisch relevanten Aspekte der Beziehung zu diesen Bezugspersonen erhoben werden. Hierzu wird eine Matrix verwendet, in der Personen und Beziehungsqualitäten im Zeitverlauf erhoben werden. Es zeigte sich, dass die Beziehungsqualität nicht so stabil ist wie die Persönlichkeit der Bezugspersonen, weil sie stärker situativ beeinflusst wird. Zudem verändern sich Personen im Netzwerk über die Zeit hinweg (vgl. Asendorpf 2007, S. 292 f. [597]).

Unter den sozialen Beziehungen eines Menschen gibt es einige wenige enge, emotional bedeutsame Beziehungen. Diese heben sich hierdurch von den anderen Beziehungen ab. Meist sind dies Beziehungen zu den Eltern und Geschwistern, teilweise auch zu den Großeltern. Später im Leben kommen zusätzliche Beziehungen hinzu, wie zu besonders guten Freund/innen, Geliebten, (Ehe-)Partnern und zu eigenen Kindern. Für die Qualität der Beziehung wird der Begriff der *sozialen Bindung* verwendet (vgl. Arpendorpf 2007, S. 297 ff. [597]). Es lassen sich verschiedene *Bindungsstile* unterscheiden. Eine bekannte Kategorisierung ist: sicherer, vermeidender und ängstlich-ambivalenter Bindungsstil (vgl. Ainsworth et al. 1978 [598]). Der Bindungsstil hat einen großen Einfluss darauf, wie Menschen sich in Bindungen verhalten.

> *Soziale Unterstützung* beinhaltet „Personen, Handlungen und Interaktionen sowie Erfahrungen und Erlebnisse, die der Person das Gefühl geben, geliebt, geachtet, anerkannt und umsorgt zu sein." (Baumann/Laireiter 1995, S. 612 [599] zit. n. Ulich/Wülser 2010, S. 40 [600])

Soziale Unterstützung kann auf unterschiedliche Art und Weise erfolgen. Es lassen sich *vier Formen sozialer Unterstützung* unterscheiden (vgl. Kaluza 2011, S. 41 [601]):

- *Informationelle Unterstützung:* z. B. über ein Problem sprechen, Hilfe beim Problemlösen, Informationen geben, Feedback.
- *Instrumentale Unterstützung:* z. B. Dinge oder Geld ausleihen, praktische Hilfen im Alltag wie z. B. Einkäufe erledigen, Blumen gießen, zum Flughafen fahren.
- *Emotionale Unterstützung:* z. B. gemeinsames Erleben positiver Gefühle von Nähe, Intimität, Vertrauen; Akzeptieren unangenehmer oder sozial unerwünschter Gefühle, Trost spenden, Ermutigen, Selbstwert stärken, „zu jemandem halten", Körperkontakt.
- *Geistige Unterstützung:* z. B. Teilen von Lebensvorstellungen, Werten und Normen oder politischen Anschauungen.

Die verschiedenen Formen sozialer Unterstützung können dabei hinsichtlich *quantitativer* (z. B. Häufigkeit und Dauer der Kontakte) und *qualitativer Aspekte* (Zufriedenheit) betrachtet werden. In einer Metaanalyse von Schwarzer/Leppin (1989 [602]), in der 80 Studien mit insgesamt 60'000 Personen integriert wurden, zeigte sich beispielsweise, dass Unterstützungszufriedenheit die höchsten korrelativen Zusammenhänge mit Gesundheits- und Krankheitsvariablen aufweist (vgl. Kaluza 2011, S. 41 [603]).

„Alltägliche Belastungen und kritische Lebensereignisse werden eher bewältigt, wenn die betroffenen Individuen ihre erlebte soziale Unterstützung als zufriedenstellend beschreiben. Nur sehr schwache Zusammenhänge ergaben sich dagegen mit objektiven Strukturmerkmalen des sozialen Netzwerks wie Größe oder Dichte. Für die Salutogenität sozialer Unterstützung erscheint somit wesentlich, wie die jeweilige Person die entsprechenden sozialen Kontakte wahrnimmt, einschätzt und erlebt, als weniger wichtig dagegen erweist sich die numerische Anzahl von Sozialkontakten." (Kaluza 2011, S. 41 [603])

Die *Bedeutung sozialer Beziehungen* im Kontext von Selbstmanagement-Kompetenz liegt insbesondere darin begründet, dass soziale Unterstützung als *Ressource* sehr bedeutsam ist. Soziale Unterstützung ist ein wesentlicher Faktor für den Schutz und die Förderung des individuellen Wohlbefindens und der Gesundheit. Darauf wird in der Literatur immer wieder eingegangen und es gibt auch zahlreiche Studien, welche dies belegen (vgl. z. B. Kaluza 2011, S. 40 f. [603], Linneweh/Heufelder/Flasnoecker 2010, S. 148 ff. [604], Ulich/Wülser 2010, S. 40 ff. [605]). Eine Metaanalyse von Viswesvaran/Sanchez/Fischer (1999 [606]) zeigte beispielsweise Evidenz für die direkte gesundheitsförderliche Wirkung sozialer Unterstützung: Personen, die soziale Unterstützung erhielten, berichteten über ein besseres Befinden und weniger physische und psychische Symptome und Krankheiten.

Dies wird auch in den Ergebnissen der BiBB/BAuA-Erwerbstätigenbefragung[7] 2005/2006 (eine repräsentative Erhebung unter 20'000 Erwerbstätigen in Deutschland) deutlich. Mitarbeitende, die ihren allgemeinen Gesundheitszustand als „weniger gut" bzw. „schlecht" beurteilen, geben auch deutlich häufiger an, dass Unterstützung fehlt (vgl. Tabelle 11.1). Es wird jedoch nicht deutlich, ob der schlechtere Gesundheitszustand mit der fehlenden Unterstützung zusammenhängt oder ob gerade bei einem schlechteren Gesundheitszustand Unterstützung umso wichtiger wäre und negativer beurteilt wird. Vermutlich dürften beide Punkte zutreffen. Fehlende Unterstützung kann auch auf belastende Beziehungen hindeuten, d. h. auf Spannungen in der Vorgesetztenbeziehung oder im Team.

Tabelle 11.1 Fehlende Unterstützung am Arbeitsplatz nach allgemeinem Gesundheitszustand

Fehlende Unterstützung		Allgemeiner Gesundheitszustand		
		weniger gut / schlecht	gut	ausgezeichnet / sehr gut
Am Arbeitsplatz Teil einer Gemeinschaft	a b	19,0 40,1	9,9 23,9	7,3 17,4
Gute Zusammenarbeit mit Kolleg/innen	a b	8,3 65,2	2,9 51,1	2,0 37,7
Hilfe / Unterstützung von Kolleg/innen	a b	12,4 55,9	6,7 36,8	5,7 28,0
Hilfe / Unterstützung vom direkten Vorgesetzten	a b	29,1 54,5	19,0 42,4	14,9 28,3

a = Anteil in % der Erwerbstätigen (je Kategorie des Gesundheitszustands), die selten oder nie auf Ressourcen bei der Arbeit zurückgreifen können

b = Anteil in % der Erwerbstätigen (je Kategorie des Gesundheitszustands), die sich durch mangelhafte Ressourcen belastet fühlen

Quelle: vgl. BMAS 2012, S. 49 [607]

Eine Burnout-Studie von Cherniss (1980a [608], 1980b [609]) zeigt zudem einen deutlichen Zusammenhang zwischen der Beurteilung der Qualität von Führung/Supervision bzw. dem Verhältnis zu Kolleg/innen und Burnout. Arbeitskolleg/innen können emotionale und strategische Rückendeckung bieten, Informationen, Rat und Feedback geben und eine Quelle intellektueller Anregung sein – oder eben auch nicht (vgl. Burisch 2010, S. 64 ff. [610]).

---

[7] BiBB = Bundesamt für Berufsbildung, BAuA = Bundesanstalt für Arbeitsschutz und Arbeitsmedizin, vgl. hierzu auch die Angaben zur Studie in Kapitel 10.2.

Die Studien zeigen, wie wichtig soziale Unterstützung ist. Neben den vielfältigen positiven Effekten kann soziale Unterstützung jedoch auch negative Folgen haben. Tabelle 11.2 zeigt mögliche *negative Effekte sozialer Unterstützung*.

Tabelle 11.2	Mögliche negative Effekte sozialer Unterstützung
	Inadäquate Unterstützung
	Enttäuschte Unterstützungserwartung
	Übermaß an Unterstützung (im Sinne von overprotection)
	Misslungene Hilfeleistungen
	Unbeabsichtigte Nebenwirkungen wie z. B. negative Auswirkungen auf das Selbstbewusstsein
	Verminderte Reziprozität (und evtl. ein Gefühl der Pflicht zur Gegenleistung)
	Vermehrte Abhängigkeit

Quelle: vgl. Ulich/Wülser 2010, S. 41 [611]

Protektive und belastende Wirkungen von sozialer Unterstützung liegen oft nahe beieinander (vgl. Fydrich/Sommer 2003 [612]). Soziale Unterstützung kann nur dann positiv wirksam werden, wenn sie als solche wahrgenommen wird.

„Für die Praxis der Gesundheitsförderung kommt es daher darauf an, den Einzelnen darin zu unterstützen, vorhandene Unterstützungspotenziale überhaupt wahrzunehmen, sie zu mobilisieren und für sich selbst zu akzeptieren. Dies erfordert soziale Kompetenzen, die es dem Einzelnen beispielsweise ermöglichen, Signale der Hilfsbedürftigkeit auszusenden oder direkt um Hilfe zu bitten." (Kaluza, 2011, S. 41 f. [613])

Nachfolgend wird auf einige wenige ausgewählte Aspekte im Kontext des Bausteins soziale Beziehungen eingegangen: auf die **Entstehung von sozialen Beziehungen** und **den Aufbau sozialer Beziehungen**. Weitere mögliche Themen, die hier nicht behandelt werden, sind Gleichwertigkeit und Abhängigkeit in Beziehungen, Bindungsstile, Partnerschaft/Ehe, Veränderung sozialer Beziehungen im Lebensverlauf, Beziehungen in sozialen Netzwerken wie Facebook oder Aufbau und Pflege von geschäftlichen Netzwerkkontakten.

11.2 Die Entstehung sozialer Beziehungen

Bei den nachfolgenden Ausführungen zur Entstehung sozialer Beziehungen oder Bindungen sind einige Grundlagen integriert, die einen wichtigen Einfluss auf die Entstehung sozialer Beziehungen haben: Emotionen und Verhalten im sozialen Kontakt sowie die Anschlussmotivation.

11.2.1 Emotionen und Verhalten im sozialen Kontakt

Emotionen spielen in der Regulation sozialer Beziehungen eine wichtige Rolle und können nach zwei Funktionen unterschieden werden (vgl. Sokolowski/Heckhausen 2010, S. 193 [614]):

- Signale in Form des *Emotionsausdrucks,* z. B. in der Wut: Vorsicht, komm mir nicht zu nahe.

- Signale des *Motivationszustands* im Emotionserleben, z. B. bei Furcht, dass die Bedrohung immer noch besteht.

Die meisten Emotionen entstehen im Umgang mit anderen Menschen und dienen der *Regulation des Miteinanders.* Durch den Emotionsausdruck wird anderen Menschen beispielsweise Hilfsbedürftigkeit, Sympathie–Antipathie, Dominanz–Unterwerfung, Gleichgültigkeit–Interesse oder Unabhängigkeit–Autonomie signalisiert (vgl. Sokolowski/ Heckhausen 2010, S. 193 [614]).

„Auch im beobachtbaren Verhalten lassen sich in […] sozialen Situationen […] Unterschiede nachweisen: Sie betreffen einfache Distanzveränderungen unter Berücksichtigung des Bewegungstempos, Hinwendungs- und Abwendungsgrade unterschiedlicher Stufen und Körperhaltung sowie den Ausdruck (Gestik, Mimik und Stimmführung). Insbesondere bei der Kontaktaufnahme und Interaktion mit fremden Personen sind feinmaschigere Formen der nonverbalen Kommunikation zu beobachten wie Dauer des Blickkontakts oder Häufigkeit des Kopfnickens. […] Auch im subjektiven Erleben eröffnet sich ein großes Spektrum an Unterschieden: in Gestalt der auftretenden Emotionen (wie Interesse und Neugier, Sympathie, Ekel, Überheblichkeit, Unsicherheit, Furcht, Wut, Sicherheit usw.) und Gedanken, die in den psychologischen Modellbildungen als Anreize und Erwartungen dargestellt werden. So gehen Personen eher optimistisch oder pessimistisch zu einem Treffen, fühlen sich sicher oder unsicher, interpretieren eine Gesprächsunterbrechung als Desinteresse oder Schüchternheit des Gegenübers und reagieren darauf beleidigt, hilflos oder unternehmenslustig." (Sokolowski/Heckhausen, 2010, S. 193 [614])

In der Motivationspsychologie wurde das **Konstrukt des Anschlussmotivs** eingeführt, um die verschiedenartigen Verhaltens- und Erlebnisweisen zu erklären.

„Mit Anschluss (Kontakt, Geselligkeit) ist eine Inhaltsklasse von sozialen Interaktionen gemeint, die alltäglich und zugleich fundamental ist mit dem Ziel, mit bisher fremden oder noch wenig bekannten Menschen Kontakt aufzunehmen und in einer Weise zu unterhalten, die beide Seiten als befriedigend, anregend und bereichernd erleben. Die Anregung des Motivs findet in Situationen statt, in denen mit fremden oder wenig bekannten Personen Kontakt aufgenommen und interagiert werden kann." (Sokolowski/Heckhausen 2010, S. 194 [614])

Das **Intimitätsmotiv** geht weiter und hat zum Ziel, eine eng vertraute, warme und sich gegenseitig austauschende Zweisamkeit mit einer anderen Person zu erfahren. Hier geht es auch um Liebe. Es gibt auch Ziele, die zum Knüpfen und Aufrechterhalten sozialer Beziehungen führen, die außerhalb des Anschlussmotivs liegen. Dies sind beispielsweise: auf andere Menschen Eindruck machen, andere beherrschen wollen, die eigenen Leistungen mit anderen messen, Hilfe suchen oder sie anbieten oder auch durch das Zusammensein mit anderen die eigene Unsicherheit oder Furcht mildern (vgl. Sokolowski/Heckhausen 2010, S. 207 [614]).

11.2.2 Anschlussmotivation

Es gibt zahlreiche Forschungen zu unterschiedlichen **Komponenten des Anschlussmotivs**. Nachfolgend sind einige Erkenntnisse ausgeführt (für die Ausführungen in diesem Kapitel vgl. Sokolowski/Heckhausen 2010, S. 196 ff. [614]).

Es können zwei Seiten des Anschlussmotivs unterschieden werden: Hoffnung auf Anschluss und Furcht vor Zurückweisung. Es gibt Personen, die ohne zu zögern auf andere zugehen, und Menschen, denen die Kontaktaufnahme schwerfällt und die eher in einer passiven Rolle bleiben. In jeder Situation lassen sich *drei Erwartungstypen* unterscheiden:

- *Situations-Ergebnis-Erwartungen:* Wie wahrscheinlich ist es, dass ohne das eigene Zutun das erwünschte Ergebnis entsteht?

- *Handlungs-Ergebnis-Erwartungen:* Wie wahrscheinlich ist es, dass das eigene Handeln zum erwünschten Ergebnis führt?

- *Ergebnis-Folge-Erwartungen:* Wie wahrscheinlich ist es, dass das Ergebnis zu den erwünschten Folgen führt?

Menschen mit *Hoffnung auf Anschluss* haben eine höhere Erwartung, dass eine Situation günstig für eine Kontaktaufnahme ist, sie fühlen sich in solchen Situationen grundsätzlich wohler und haben diese Einschätzung auch in einem größeren Situationsspektrum als Personen mit niedriger Hoffnung auf Anschluss. Hoch Anschlussmotivierte haben höhere Erwartungen, dass ihr eigenes Verhalten, eine andere Person kennenzulernen und sich mit ihr zu verstehen, zum Ziel führt. Diese höheren Erwartungen werden von positiven Emotionen wie Selbstsicherheit begleitet. Hoch Anschlussmotivierte zeigen auch zielangemesseneres Verhalten als Personen mit niedrigem Motiv.

Menschen mit *Furcht vor Zurückweisung* behalten in Kontaktsituationen eine vorsichtige Distanz. Sie verfügen über eine erhöhte Bereitschaft, mehrdeutige oder undeutliche Signale des Gegenübers als Zurückweisung zu interpretieren. Wenn beispielsweise ein Gesprächspartner das Gespräch abrupt unterbricht und sich einer anderen Person zuwendet, so wird dies wie eine tatsächliche explizite Ablehnung gesehen. Dies kann bei der Person Gefühle von Hilflosigkeit, lähmender Müdigkeit und Verzweiflung auslösen. Selbst eine vorher fröhliche Stimmung kann diesen emotionalen Absturz nicht bremsen. Problematisch ist, dass hier ein Teufelskreis beginnt: Durch das entstandene Gefühl von Hilflosigkeit wird das weitere Verhalten und die nonverbale Kommunikation beeinflusst, wenn sich der Gesprächspartner nach der Unterbrechung wieder zuwendet. Hier ist ein Selbstbekräftigungsmechanismus erkennbar, wodurch die vorhandene Furcht stabilisiert wird.

In Tabelle 11.3 sind Merkmale von hoch anschlussmotivierten Personen und solche mit hoher Furcht vor Zurückweisung aufgeführt.

Tabelle 11.3   Merkmale von hoch anschlussmotivierten Personen und Personen mit hoher Furcht vor Zurückweisung

Merkmale hoch anschlussmotivierter Personen	Merkmale von Personen mit hoher Furcht vor Zurückweisung
Diese Personen – sehen andere sich selbst ähnlicher. – sehen andere in einem besseren Licht. – mögen andere mehr. – werden mehr von anderen gemocht. – wirken durch ihre freundliche Art auch auf andere (Fremde) ansteckend. – haben mehr Zuversicht und angenehme Gefühle im Umgang mit anderen. – treffen im sozialen Kontext Verhaltensentscheidungen zielangemessen. – reagieren auf soziale Anerkennung und Zurückweisung sehr spezifisch.	Diese Personen – fühlen sich in sozialen Situationen überfordert und wirken in diesen Gefühlen auch auf andere ansteckend. – sind in sozialen Situationen weniger zuversichtlich, sondern angespannter und ängstlicher. – sehen sich selbst als unbeliebter und einsamer (obwohl sie de facto nicht weniger mit anderen interagieren). – haben wenig soziales Geschick und ihr Verhalten hinterlässt in ihnen ein Gefühl der Inadäquatheit und Unfähigkeit, mit sozialen Situationen umzugehen. – zeigen niedrige Handlungs-Ergebnis-Erwartungen im Umgang mit Fremden. – zeigen intensive emotionale Reaktionen (Hilflosigkeitssyndrom) auf Unterbrechungen der sozialen Interaktionen. – zeigen eine geringe Differenzierung in den emotionalen Reaktionen auf tatsächliche soziale Anerkennung oder Zurückweisung.

Quelle: vgl. Sokolowski/Heckhausen 2010, S. 199 f. [614]

Das Anschlussmotiv hat somit einen großen Einfluss darauf, wie sich Menschen in Kontaktsituationen verhalten. Dies ist ein wesentlicher Aspekt, wenn es darum geht, soziale Kontakte zu knüpfen und soziale Beziehungen und Netzwerke aufzubauen, beispielsweise im Rahmen von Networking-Anlässen. Eine hohe Furcht vor Zurückweisung kann dazu führen, dass soziale Kontakte und Netzwerke zu wenig aktiv aufgebaut werden.

Abschließend werden nun Maßnahmen zur Entwicklung von Beziehungskompetenz im Kontext von Selbstmanagement aufgezeigt.

11.3 Verhaltensindikatoren und Entwicklungsmaßnahmen

11.3.1 Verhaltensindikatoren für Beziehungskompetenz

Die *Verhaltensindikatoren von Beziehungskompetenz* konzentrieren sich darauf, nährende, aufbauende, unterstützende soziale Beziehungen aufzubauen und zu pflegen. Tabelle 11.4 zeigt die Verhaltensindikatoren sowie mögliche Fragen, um die eigene Beziehungskompetenz zu reflektieren.

Tabelle 11.4 Baustein soziale Beziehungen - Verhaltensindikatoren und Fragen

Verhaltensindikatoren	Auswahl möglicher Reflexionsfragen
Soziale Beziehungen aufbauen und pflegen, die Wohlbefinden und Balance fördern, z. B. Beziehungen, die nähren, aufbauen und inspirieren. Soziale Beziehungen suchen, die das Erleben von Verständnis und eine Beziehung auf persönlicher Ebene ermöglichen, d. h. Menschen, die einen ermutigen, in gute Laune versetzen – insbesondere dann, wenn gezeigt wird, dass etwas als schwierig oder unangenehm empfunden wird. Kontakte aktiv knüpfen, auf andere zugehen und sie ansprechen. Ausreichend Zeit für die Familie und für Menschen, die einem wichtig sind, einplanen. Soziale Beziehungen auch in intensiven Lebensphasen nicht vernachlässigen. Persönliches Supportsystem kennen und nutzen, frühzeitig um Unterstützung bitten. Gleichwertige Beziehungen suchen, auf ein Gleichgewicht von Geben und Nehmen achten, sich aus behindernden Abhängigkeiten befreien. Sich gegenüber Menschen, die dem eigenen Wohlbefinden schaden, ausreichend abgrenzen. Sich nicht ausnutzen lassen. Berufliche Netzwerke aktiv aufbauen und erhalten. Soziale Plattformen als in der Gesellschaft zunehmend verankerte Möglichkeit zum Aufbau und Erhalt sozialer Beziehungen erkennen und nutzen – unter Berücksichtigung der Grenzen und Risiken.	Welche sozialen Beziehungen nähren mich? Welche Menschen bringen Freude, Zufriedenheit, Ausgeglichenheit, Liebe in mein Leben? Widme ich diesen Menschen genügend Zeit? Wie könnte ich gegebenenfalls mein Leben anders gestalten, um mehr Zeit für mir wichtige Menschen zu haben? Wer unterstützt mich (beruflich/privat)? Wen unterstütze ich? Ist das Geben und Nehmen in meinen sozialen Beziehungen in Balance? Wo ja? Wo nein? Wo fühle ich mich nach einem Kontakt ausgelaugt und erschöpft? Mit wem fühle ich mich voller Kraft und Vitalität?

Beziehungskompetenz im Kontext von Selbstmanagement-Kompetenz bedeutet, dass Menschen die Fähigkeit und die Bereitschaft haben, soziale Beziehungen aufzubauen, die

Wohlbefinden und Balance fördern. Ihre sozialen Beziehungen sind nährend, aufbauend, unterstützend und inspirierend. Sie können auf andere Menschen zugehen und Kontakte aktiv knüpfen – dies sowohl im privaten als auch im beruflichen Bereich. Sie verbringen ausreichend Zeit mit ihrer Familie und mit Menschen, die ihnen wichtig sind. Soziale Beziehungen werden regelmäßig gepflegt und auch in intensiven Lebensphasen nicht vernachlässigt. Beziehungskompetenz heißt auch, dass Menschen ihr persönliches Supportsystem kennen und auch nutzen. In ihren Beziehungen besteht insgesamt ein Gleichgewicht zwischen Geben und Nehmen. Beziehungen, die dem eigenen Wohlbefinden schaden, werden aufgelöst oder zumindest auf ein Minimum beschränkt. Abgrenzung wird dort, wo notwendig, vorgenommen und durchgesetzt. Berufliche Netzwerke werden aktiv aufgebaut und gepflegt.

11.3.2 Selbst- und unternehmensgesteuerte Maßnahmen zur Förderung von Beziehungskompetenz

Selbstgesteuerte Maßnahmen zur Förderung von Beziehungskompetenz fokussieren insbesondere darauf, die Gestaltung eigener Beziehungen zu analysieren und kritisch zu reflektieren, soziale Beziehungen gezielt und konsequent aufzubauen und zu pflegen und sich von Menschen zu lösen, die sich negativ auf das eigene Wohlbefinden auswirken. Beziehungsgestaltung ist ein Thema, das tiefe innere Wesensaspekte berührt. Es kann sehr wichtig sein, für den Lernprozess externe Unterstützung beizuziehen, beispielsweise in Form eines Coachings oder einer Therapie. Myers hat in seinem Standardwerk „Psychologie" ein Kapitel dem Glücklichsein gewidmet und auf Forschung basierte Vorschläge aufgeführt, wie Menschen ihre eigene Stimmung verbessern und mehr Lebenszufriedenheit erreichen können. Ein Vorschlag bezieht sich auf Beziehungen.

„Geben Sie engen Beziehungen den Vorrang. Enge Freundschaften mit Menschen, die echtes Interesse an Ihnen haben, können Ihnen auch über schwere Zeiten hinweghelfen. Sich jemandem anvertrauen zu können, ist wichtig für Seele und Körper. Entschließen Sie sich, Ihre engsten Beziehungen zu pflegen: Nehmen Sie sie nicht als selbstverständlich hin, seien Sie zu Ihren Freunden so freundlich wie zu anderen Menschen, festigen Sie Ihre Beziehung zueinander, und machen Sie etwas gemeinsam mit ihnen." (Myers 2008, S. 584 [615])

Bei den **unternehmensgesteuerten Maßnahmen** steht die Förderung von sozialem Support im Zentrum – innerhalb des Teams, in der Beziehung zwischen der vorgesetzten Person und dem/der Mitarbeitenden oder in der Organisation insgesamt. Bei der Umsetzung der Maßnahmen kommt den Vorgesetzten eine entscheidende Rolle zu.

Tabelle 11.5 Maßnahmen zur Förderung von Beziehungskompetenz

Selbstgesteuerte Maßnahmen	Maßnahmen seitens des Unternehmens
Analyse des sozialen Beziehungs- und Supportsystems und Ableiten von Maßnahmen: Welche Beziehungen sind nährend und welche nicht? Wer ist im engeren Kreis? Wer ist eher an der Peripherie? Wie viel Zeit und Energie wird bei den jeweiligen Personen investiert? Wo wären Bewegungen in Richtung Zentrum bzw. Peripherie wichtig?	Entwickeln von Teamgeist und Teamfähigkeit im Unternehmen, Fördern einer Unternehmenskultur, die auf Kooperation ausgerichtet ist.
	Verankerung von Teamarbeit/Kooperation in den Leistungs- und Kompetenzbeurteilungen sowie in den Assessments (z. B. Teamziele, viel Gewicht auf Kooperation, starker Fokus auf sozialen Kompetenzen bei der Auswahl von Führungskräften).
Definieren von Zielen für die verschiedenen Lebensrollen, um wichtigen sozialen Beziehungen in der Zeitgestaltung Priorität einräumen zu können.	Analyse der Unternehmensprozesse und -instrumente, ob soziale Unterstützung und Kooperation gehemmt wird, z. B. Sicherstellen, dass durch einseitige/übermäßige Honorierung von individuellen Leistungen soziale Unterstützung nicht sabotiert wird.
Gezielter Aufbau oder gezielte Erweiterung des eigenen sozialen Netzwerks, z. B. Besuch interner Firmenanlässe oder Konferenzen, in firmeninternen Projekten mitarbeiten, Kurse besuchen, die mit eigenen Interessen verbunden sind.	Etablieren von Peer-Coachings, d. h. Integration von Gefäßen für gegenseitiges Coaching in betriebsinterne Weiterbildungen, z. B. Lernpartnerschaften.
Gezielte Pflege geschäftlicher Netzwerke, z. B. Plan erstellen, wer wann kontaktiert wird, Protokoll führen.	Kollegiale Fallberatung, d. h Schaffen von Gefäßen, in denen sich Führungskräfte regelmäßig gegenseitig zu Führungsfragestellungen beraten (z. B. 3 x pro Jahr während 2 Jahren).
Kurs besuchen für die Nutzung sozialer Plattformen.	Integration des Themas soziale Unterstützung in die Führungsausbildungen.
Kurs besuchen, der Beziehungsgestaltung zum Thema hat.	
Schritte einleiten, um sich aus belastenden, dysfunktionalen Beziehungen zu befreien.	Bei Gestaltung von Seminaren ausreichend Raum für den Austausch untereinander einbauen, z. B. Pausen, modularer Aufbau mit Treffen in Lerngruppen zwischen den Modulen.
Besuch einer Therapie, um am Thema Beziehung, Bindung zu arbeiten.	Fördern von Gefäßen, die sozialen Austausch ermöglichen, z. B. Teamfeiern, Wanderwochenende.

Literatur

[591] Sokolowski, K./Heckhausen, H. (2010): Soziale Bindung. Anschlussmotivation und Intimitätsmotivation, in: Heckhausen, J./Heckhausen, H. (Hrsg.), Motivation und Handeln, 4. Aufl., Heidelberg, 193-210.
[592] Vester, H. G. (2009): Kompendium der Soziologie I: Grundbegriffe, Wiesbaden.
[593] Brockhaus (2012): Beziehung, in: Brockhaus in 15 Bänden, Online-Auflage, Leipzig/Mannheim.
[594] Brockhaus (2012): Bindung, in: Brockhaus in 15 Bänden, Online-Auflage, Leipzig/Mannheim.
[595] Asendorpf, J. B. (2007): Psychologie der Persönlichkeit, 4. Aufl., Heidelberg.
[596] Vester, H. G. (2009): Kompendium der Soziologie I: Grundbegriffe, Wiesbaden.
[597] Asendorpf, J. B. (2007): Psychologie der Persönlichkeit, 4. Aufl., Heidelberg.
[598] Ainsworth, M. D. S./Blehar, M. C./Waters, E./Wall, S. (1978): Patterns of attachment: A psychological study of the strange situation, Hillsdale, NJ.

[599] Baumann, U./Laireiter, A. (1995): Individualdiagnostik interpersoneller Beziehungen, in: Pawlik, K./Amelang M. M. (Hrsg.), Grundlagen und Methoden der Differentiellen Psychologie. Enzyklopädie der Psychologie: Differentielle Psychologie und Persönlichkeitsforschung, Bd. I, Göttingen, 609-643.
[600] Ulich, E./Wülser, M. (2010): Gesundheitsmanagement in Unternehmen. Arbeitspsychologische Perspektiven, 4. Aufl., Wiesbaden.
[601] Kaluza, G. (2011): Stressbewältigung. Trainingsmanual zur psychologischen Gesundheitsförderung, 2. Aufl., Berlin/Heidelberg.
[602] Schwarzer, R./Leppin, A. (1989): Sozialer Rückhalt und Gesundheit. Eine Meta-Analyse, Göttingen.
[603] Kaluza, G. (2011): Stressbewältigung. Trainingsmanual zur psychologischen Gesundheitsförderung, 2. Aufl., Berlin/Heidelberg.
[604] Linneweh, K./Heufelder, A./Flasnoecker, M. (2010): Balance statt Burn-out. Der erfolgreiche Umgang mit Stress und Belastungsfaktoren, München et al.
[605] Ulich, E./Wülser, M. (2010): Gesundheitsmanagement in Unternehmen. Arbeitspsychologische Perspektiven, 4. Aufl., Wiesbaden.
[606] Viswesvaran, C./Sanchez, J. I./Fischer, J. (1999): The role of social support in the process of work stress. A meta-analysis, in: Journal of Vocational Behavior, 54, 314-334.
[607] BMAS, Bundesministerium für Arbeit und Soziales (2012) (Hrsg.): Sicherheit und Gesundheit bei der Arbeit 2010, Unfallverhütungsbericht Arbeit, Dortmund/Berlin/Dresden.
[608] Cherniss, C. (1980a): Professional burnout in human service organizations, New York.
[609] Cherniss, C. (1980b): Staff burnout. Job stress in the human service, Beverly Hills.
[610] Burisch, M. (2010): Das Burnout-Syndrom. Theorie der inneren Erschöpfung. Zahlreiche Fallbeispiele. Hilfen zur Selbsthilfe, 4. Aufl., Heidelberg.
[611] Ulich, E./Wülser, M. (2010): Gesundheitsmanagement in Unternehmen. Arbeitspsychologische Perspektiven, 4. Aufl., Wiesbaden.
[612] Fydrich, T./Sommer, G. (2003): Diagnostik sozialer Unterstützung, in: Jerusalem, M. & Weber, H. (Hrsg.), Psychologische Gesundheitsförderung, Göttingen, 79-104.
[613] Kaluza, G. (2011): Stressbewältigung. Trainingsmanual zur psychologischen Gesundheitsförderung, 2. Aufl., Berlin/Heidelberg.
[614] Sokolowski, K./Heckhausen, H. (2010): Soziale Bindung. Anschlussmotivation und Intimitätsmotivation, in: Heckhausen, J./Heckhausen, H. (Hrsg.), Motivation und Handeln, 4. Aufl., Heidelberg, 193-210.
[615] Myers, D. G. (2008): Psychologie, 2. Aufl., Heidelberg.

12 Baustein Selbstkontrolle und Selbstregulation

„Es ist nicht genug, zu wollen, man muss auch tun." (Johann Wolfgang von Goethe)

12.1 Begriff und Bedeutung von Selbstkontrolle und Selbstregulation

Selbstkontrolle und Selbstregulation sind beides Formen der Selbststeuerung und werden in der psychologischen Literatur unter dem Aspekt von Volition betrachtet – die Steuerung von Gedanken, Gefühlen und Verhalten.

Der bereits behandelte Baustein Selbstentwicklung und der hier diskutierte Baustein Selbstkontrolle und Selbstregulation sind eng miteinander verknüpft und von den theoretischen Konzepten her nicht klar voneinander abgrenzbar. Selbstkontrolle und Selbstregulation beinhalten Prozesse und Maßnahmen, die entscheidend dazu beitragen, dass Menschen Ziele realisieren und sich weiterentwickeln können. In selbstregulatorischen Prozessen wird deutlich, welche affektiven und kognitiven Einflussfaktoren hemmend oder unterstützend wirken, damit Menschen zielbezogenes Verhalten zeigen.

In der Alltagssprache können selbstregulatorische Prozesse unter dem Begriff **Wille** zusammengefasst werden. In der Psychologie wird hierfür der Begriff **Volition** verwendet (vgl. z. B. Kuhl 2001, S. 144 [616]).

> **Wille** umschreibt „Handlungen, die nicht durch externe (beobachtbare) Reize ausgelöst werden, sondern von dem Handelnden „selbst" herbeigeführt werden." (Kuhl 2010, S. 346 [617])

Die allen Willensakten gemeinsame Funktion ist, dass sie „die mit einem Vorsatz kompatiblen Reaktionstendenzen so deutlich verstärken, dass sie anstelle der zunächst stärkeren gewohnheitsmäßigen oder impulsiven Reaktionen ausführt werden können." (Kuhl 2001, S. 145 [618])

Der Mensch ist mit Hilfe des Willens in der Lage, entgegen innerer Impulse und Gewohnheiten (z. B. mit dem Auto zur Arbeit zu fahren) Ziele zu verfolgen und diese in Handlungen zu überführen (z. B. die öffentlichen Verkehrsmittel zu benutzen und einen Teil des Weges zu laufen). Der Wille ist entscheidend, wenn es darum geht, die im Rahmen des Bausteins Selbsterkenntnis gewonnenen Einsichten und definierten Ziele auch umzusetzen.

Der Wille besteht aus verschiedenen einzelnen Funktionen, obwohl er im Alltagserleben als etwas Einheitliches erlebt wird. Bei einem Willensakt sind mehr Prozesskomponenten beteiligt, als Menschen bewusst sind. Ein Teil dieser Willensprozesse läuft bewusst ab, ein Teil unbewusst (vgl. Kuhl 2010, S. 347 [619]).

„Man unterscheidet bewusste und unbewusste Selbst-Repräsentationen (z. B. bewusstes Ich oder Selbstkonzept vs. unbewusstes Selbstbild). Diese beiden Arten von Selbstrepräsentation haben unterschiedliche Auswirkungen auf das Verhalten [...], so dass man entsprechend dem bewussten Willen auch eine unbewusste Form des Willens annehmen muss." (Kuhl 2010, S. 347 [619])

Es lassen sich somit **zwei Formen des Willens** unterscheiden (vgl. Kuhl 2010a, S. 399 ff. [619], Kuhl 2010b, S. 405 ff. [620]):

- **Wille als Selbstdisziplin:** Diese Willensform repräsentiert die „bewusste", sprachnahe Selbstkontrolle, die sequentiell und analytisch arbeitet.

- **Wille als freies Selbstsein:** Diese Willensform entspricht der weitgehend unbewussten, nicht sprachpflichtigen Selbstregulation. Hier werden die vielen zu berücksichtigenden und zu koordinierenden Informationen aus den internen Systemen (z. B. Bedürfnisse, Gefühle) und der (sozialen) Umwelt weitgehend simultan verarbeitet und berücksichtigt.

Selbstkontrolle und Selbstregulation beschreiben demzufolge unterschiedliche Willensprozesse und Herangehensweisen in der Handlungssteuerung. Das hier zugrunde liegende Begriffsverständnis beruht auf dieser Unterscheidung.

Selbstkontrolle beschreibt die Willensstärke einer Person, mittels eigenkontrolliertem Verhalten das zu tun, was sie sich vorgenommen hat. Sie kann die Anstrengung aufbringen, den vorhandenen inneren und äußeren Ablenkungen von einer definierten Zielvorgabe entgegenzuwirken – auch wenn dabei andere Bedürfnisse oder beabsichtigte Handlungen zurückgestellt werden müssen. Bei Selbstkontrolle müssen positive Affekte, die spontane Handlungen auslösen, gehemmt werden. Dies ist wichtig, um schwierige und/oder langfristige Absichten verfolgen zu können und sich nicht von Umgebungsanreizen ablenken zu lassen (vgl. hierzu Storch 2009, S. 8 [621], Kuhl 2010, S. 348 f. [622]).

Selbstregulation entspricht einer weitgehend unbewussten Form des Willens. Es geht um die Steuerung unwillkürlicher, nicht bewusster Prozesse. Dabei werden nicht nur die für die eigenen Bedürfnisse relevanten Erfahrungsnetzwerke mit berücksichtigt, sondern alle autobiografischen Erfahrungen, die zur Bildung eines kohärenten Selbstbilds beigetragen haben (z. B. Bedürfnisse, Motive, Ziele, Normen und Werte einer Person). Es geht um die Einbindung möglichst vieler positiver Stimmen zur Unterstützung des Vorhabens (vgl. Kuhl 2010, S. 348 [622]).

„Metaphorisch ausgedrückt kann die Selbstregulation als eine Art „innere Demokratie" bezeichnet werden: Viele, auch widersprüchliche „Stimmen" werden gehört, z. B. eigene und fremde Gefühle, Einstellungen, Werte, und als Ergebnis dieser „Abstimmung" mit Stimmen aus dem Innern und aus dem äußeren sozialen Kontext wird eine Entscheidung getroffen, die von der „Regierung" dann auch umgesetzt wird, was durch verschiedene Maßnahmen gefördert werden kann, z. B. durch Überzeugungsarbeit, mit der auch widerstrebende Stimmen zur Unterstützung beschlossener Ziele bewegt werden können." (Kuhl 2010, S. 348 [622])

Schulz von Thun (2010 [623]) verwendet für diesen Prozess der Integration der inneren Stimmen das Bild des **Inneren Teams.** Unter Anleitung eines demokratischen „Oberhaupts" kommen viele Stimmen zu Wort und werden so eingebunden, dass sie gemeinsam eine für alle (oder die meisten) akzeptable Entscheidung finden. Durch die Integration aller relevanten Erfahrungen wird eine große **Flexibilität und Kreativität im Handeln** ermöglicht. Das Konzept der Selbstregulation ist gemäß Kuhl (2010, S. 348 [624]) mit dem Begriff des kreativen Willens (vgl. Rank 1945 [625]) und dem Konzept einer „resilienten" Form der Selbststeuerung (Block/Block 1980 [626]) vergleichbar, welche sich bei Belastungen als enorm anpassungsfähig und flexibel erwiesen haben.

Bei der Selbstkontrolle werden innere Stimmen, die für die Zielerreichung nicht unmittelbar hilfreich sind, „stummgeschaltet". Kuhl spricht hier von einer inneren Diktatur. Selbstkontrolle kommt auf der psychologischen Ebene einer **Unterdrückung des Selbst** gleich. Das Selbst ist nicht mehr Quelle, Urheber und Subjekt des Handelns, sondern es wird zu einem Objekt unterdrückender Maßnahmen. Dadurch soll verhindert werden, dass Ablenkungen die Umsetzung erschweren (vgl. Kuhl 2010, S. 349 [627]). Dies kann sehr hilfreich sein, wenn es darum geht, gegen innere Widerstände zum Zahnarzt zu gehen. Problematischer ist es, wenn langfristige Entwicklungsprozesse über die Selbstkontrolle gesteuert werden. Werden beispielsweise über eine längere Zeit Ziele verfolgt, die im Widerspruch mit inneren Bewertungsprozessen stehen, wird eine Person entweder scheitern oder dies mit einem dauerhaften Gefühl von Selbstentfremdung oder Missbehagen bezahlen. Dies kann dazu führen, dass Zielerreichung keineswegs Zufriedenheit auslöst und das Wohlbefinden steigert, sondern dass die Verfolgung durchaus „sinnvoller Ziele" krank machen kann (vgl. Kuhl/Koole 2005, S. 119 ff. [628]).

„Die Einbindung der eigenen (impliziten) Motive ist ein Beispiel für Selbstregulation im Sinne eines selbstkongruenten Handelns, das die eigenen Bedürfnisse mit den Anforderungen der Gesellschaft (Normen) und den Bedürfnissen anderer (Altruismus) verbindet statt sie als unvereinbare Gegensätze zu sehen. Wenn das „bewusste" (begrifflich-analytische) Selbstkonzept mit der unbewussten Motivstärke weitgehend übereinstimmt, ist das Wohlbefinden erhöht und das Risiko psychosomatischer Symptome verringert." (Kuhl 2010, S. 348 [629])

Selbstkontrolle und Selbstregulation sind mit einer Reihe von **Steuerungsmechanismen** verbunden. Im Kontext der Selbstmanagement-Kompetenz ist die Fähigkeit entscheidend, diese Steuerungsmechanismen, die sowohl kognitive als auch emotionale Prozesse umfassen, gezielt zu aktivieren und zu lenken. Einzelne Mikrokomponenten von Selbststeuerung werden in den nachfolgenden Ausführungen erläutert. Eine ausführliche Darstellung findet sich bei Kuhl (2001 [630]). Tabelle 12.1 zeigt als Übersicht wesentliche Prozesse auf, die Menschen für Selbststeuerung (Selbstkontrolle und Selbstregulation) brauchen.

Tabelle 12.1　　Komponenten der Selbststeuerung

Makrokomponenten	Mikrokomponenten
Selbstkontrolle (Zielverfolgung)	Absichtskontrolle (Beibehalten, Abschirmen)
	Planen
	Impulskontrolle
	Initiieren
Selbstregulation (Selbstbehauptung)	Aufmerksamkeitssteuerung
	Selbstmotivierung (Motivationskontrolle)
	Stimmungsmanagement (Emotionskontrolle)
	Aktivierungssteuerung
	Selbstaktivierung
	Selbstberuhigung
	Selbstbestimmtheit (Bildung selbstkongruenter Ziele)
	Entscheidungssteuerung (selbstkongruentes Entscheiden)
	Misserfolgskontrolle: Rückmeldungsverwertung (Leistungsoptimierung vs. Lähmung nach Misserfolg)

Quelle: vgl. Kuhl 2001, S. 702 [630]

In den nachfolgenden Ausführungen wird zuerst auf die bekannte Theorie der Persönlichkeits-System-Interaktionen von Kuhl eingegangen, bevor die beiden affektregulatorischen Kompetenzen Handlungsorientierung und Lageorientierung erläutert werden, die einen wesentlichen Einfluss darauf haben, wie Menschen auf Erfahrungen reagieren und ihr Leben gestalten.

12.2　Theorie der Persönlichkeits-System-Interaktionen (PSI-Theorie)

Die von Kuhl entwickelte Handlungskontrolltheorie (Kuhl 1992 [631]) bzw. die daraus weiterentwickelte PSI-Theorie (Kuhl 2001 [632]) ist eine der einflussreichsten Theorien, wenn es um die Frage geht, welche Bedingungen, Strategien und Mechanismen die Realisierung von gewählten Handlungszielen fördern (vgl. Brandstätter/Schnelle 2007, S. 56 [633]). Nachfolgend werden einige Elemente der PSI-Theorie, die für das Verständnis von Selbstkontrolle und Selbstregulation hilfreich sind, näher erläutert (für eine ausführliche Darstellung der umfassenden PSI-Theorie vgl. Kuhl 2001 [634]). Abbildung 12.1 zeigt schematisch die Grundelemente der PSI-Theorie auf. Die PSI-Theorie verfügt über *vier psychische Makrosysteme:* das Intentionsgedächtnis, das Extensionsgedächtnis, die Objekterkennung und die intuitive Verhaltenssteuerung. Es können zwei Modulationsannahmen unterschieden werden: Willensbahnung und Selbstwachstum. Entscheidend ist, ob positive Gefühle wiederhergestellt und negative Gefühle bewältigt werden können.

Abbildung 12.1 Grafische Darstellung der PSI-Theorie

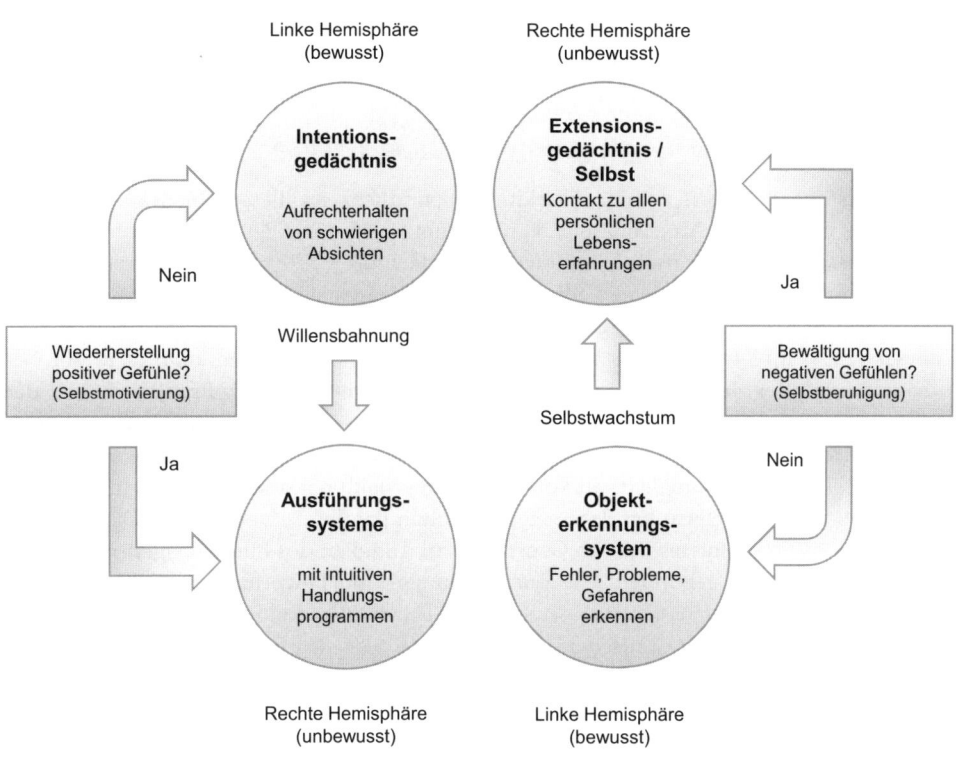

Quelle: vgl. Martens/Kuhl 2009, S. 78 [635]

„Die Ausführung bewusster Absichten aus dem Intentionsgedächtnis (Willensbahnung) erfordert die Wiederherstellung positiver Gefühle (Selbstmotivierung), die bei schwierigen Aufgaben verloren gehen können (Willensbahnung), während die Integration von Einzelerfahrungen (Objekten) in das persönliche Gedächtnis (Selbstwachstum) das abwechselnde Aushalten und Bewältigen von negativen Gefühlen erfordert (Selbstberuhigung)." (Martens/Kuhl 2009, S. 78 [635])

12.2.1 Psychische Makrosysteme der PSI-Theorie

Das *Intentions- oder auch Absichtsgedächtnis* ist das Gedächtnis für bewusste Absichten, die eine Person verfolgen will. Es ist sozusagen der Ort, an dem der bewusste Wille gespeichert ist (vgl. Martens/Kuhl 2009, S. 24 [635]). Bei der Aktivierung des Intentionsgedächtnisses müssen positive Affekte, die spontane Handlungen auslösen, gehemmt werden. Dies ist wichtig, um schwierige und/oder langfristige Absichten verfolgen zu können und sich nicht von Umgebungsanreizen ablenken zu lassen (vgl. Storch 2009, S. 8 [636]).

"Wenn man sich etwas vorgenommen hat, was der spontanen Reaktion widerspricht, was also „Schwierigkeiten" macht, dann muss man zunächst einmal eine Absicht bilden und im Gedächtnis aufrechterhalten, damit sie trotz der auftretenden Schwierigkeiten nicht aus dem Auge verloren wird [...]. Wenn ich morgens auf dem Weg zum Büro einen Umweg machen muss, um ein Paket an der Post aufzugeben, dann „lade" ich mein Absichtsgedächtnis mit der Instruktion: „Heute an der Ampel links zur Post statt rechts zum Büro abbiegen." (Martens/Kuhl 2009, S. 24 [637])

Das *Extensionsgedächtnis* enthält die aktuelle Befindlichkeit, alle autobiographischen Erfahrungen, Bedürfnisse, Motive, Ziele, Normen und Werte einer Person. Das Extensionsgedächtnis besitzt – im Gegensatz zum Intentionsgedächtnis – eine breite neuronale Ausdehnung in zahlreiche verschiedene Gehirnbereiche sowie eine enge Anbindung an das autonome Nervensystem. Aufgrund dieser Ausdehnungsbreite ist es möglich, dass ein einziger Geruch eine komplette autobiografische Episode in Erinnerung rufen kann (z. B. der Geruch von Lavendel die Erinnerung an erholsame Ferien im Süden von Frankreich oder der Geruch von Zimtsternen die Erinnerung ans gemeinsame Backen von Weihnachtsgebäck als Kind im Haus der Großmutter). Durch diese große Ausdehnungsbreite wird es dem Extensionsgedächtnis ermöglicht, in komplexen Entscheidungssituationen eine große Vielfalt an entscheidungsrelevanten Parametern simultan parallel zu verarbeiten. Die Tätigkeit des Extensionsgedächtnisses ist – im Gegensatz zur Tätigkeit des Intentionsgedächtnisses – nicht an Bewusstsein gebunden. Die Entscheidungs- und Bewertungsprozesse verlaufen unterhalb der Bewusstseinsschwelle – und dies in Bruchteilen von Sekunden. Im Gegensatz dazu verläuft die bewusste Entscheidung des Intentionsgedächtnisses langsam und ohne Affekt. Das Intentionsgedächtnis entspricht der linken Hirnhemisphäre und ist im präfrontalen Kortex des Gehirns angesiedelt. Der präfrontale Kortex, der beispielsweise beim Planen aktiviert ist, ist eher schwach mit den Teilen des Gehirns vernetzt, die Menschen handeln lassen. Dies kann ein Vorteil sein, denn dadurch ist das Intentionsgedächtnis in der Lage, Probleme bereits dann zu bearbeiten, wenn sie noch gar nicht aktuell bzw. nur „theoretisch" vorhanden sind (vgl. Storch 2009, S. 8 f. [638]). Oder es ist so möglich, Ziele auch dann aufrechtzuerhalten, wenn sie unangenehme Effekte auslösen (vgl. Kuhl/Koole 2005, S. 109 ff. [639]).

Das *Ausführungssystem mit intuitiven Handlungsprogrammen (= intuitives Verhaltenssteuerungssystem)* setzt dem Überlegen ein Ende und stellt spontan verfügbare Handlungsprogramme zur Verfügung. Dieses System wird benötigt, wenn ein guter Zeitpunkt für die Ausführung gekommen ist und ein geeignetes Verhaltensprogramm (d. h. eine Handlungsmöglichkeit) gefunden worden ist. Das *Objekterkennungssystem* löst Einzelheiten aus dem Gesamtfeld der Wahrnehmung heraus, so dass diese Einzelheiten besonders beachtet oder vielleicht auch benannt und später wieder erkannt werden können. Dieses System wird benötigt, wenn es darum geht, einzelne Risiko- und Gefahrenquellen aus dem Gesamtkontext herauszulösen oder Fehler und Problempunkte zu erkennen (vgl. Martens/Kuhl 2009, S. 76 f. [640]).

> Das Intentionsgedächtnis und das Objekterkennungssystem sind Systeme der **Selbstkontrolle**, das Extensionsgedächtnis und die intuitive Verhaltenssteuerung Systeme der **Selbstregulation** (vgl. Kuhl 2010, S. 359 [641]).

Keines dieser vier psychischen Makrosysteme kann garantieren, dass eine Person als Ganzes gut funktioniert. Ob eine Person die für sie und ihre Umgebung richtigen Ziele bildet und diese dann auch erfolgreich umsetzt, hängt von der Optimierung des Zusammenspiels zwischen den vier Systemen ab (vgl. Martens/Kuhl 2009, S. 77 [642]).

„Wer ständig das Intentionsgedächtnis einschaltet, denkt irgendwann nur noch über Schwierigkeiten oder nie realisierbare Ideale nach und kommt kaum noch zur Umsetzung seiner Intentionen. Wer nur das Ausführungssystem aktiviert, kann zwar sehr spontan und charmant sein (Charme wird weitgehend durch intuitiv verfügbare Verhaltensprogramme vermittelt, die weitgehend ohne bewusstes Planen, d. h. ohne Intentionsgedächtnis auskommen), aber er weicht Schwierigkeiten aus. Wer nur das Extensionsgedächtnis aktiviert hält, kann zwar gut aus seiner bisherigen Lebenserfahrung handeln, aber diese Erfahrung wächst nicht weiter, weil sie keine neuen Einzelerfahrungen („Objekte") integriert. Persönliches Wachstum erfordert, dass man sich selbst immer auch einmal wieder in Frage stellen und die damit verbundenen negativen Gefühle aushalten kann. Nur so kann man Neues (aus dem Objekterkennungssystem) ernst nehmen." (Martens/Kuhl 2009, S. 77 [642])

Damit Menschen aus dem Neuen etwas dazulernen können (d. h. um es in das System persönlicher Erfahrungen im Extensionsgedächtnis einzuspeisen), ist es notwendig, negative Gefühle auch wieder herabregulieren zu können. Ansonsten bleibt die Selbstwahrnehmung gehemmt und es werden nur unverbundene Einzelerfahrungen abgespeichert. Das „Sich-in-Frage-Stellen" bedeutet somit, dass das Selbstsystem zwar vorübergehend gehemmt wird, damit eine Person neue Einzelheiten (d. h. bis jetzt noch nicht ins Selbst integrierte Erfahrungen) genau betrachten kann. Dies sollte jedoch nicht dazu führen, dass nur noch das auf unstimmige Einzelheiten spezialisierte Objekterkennungssystem aktiviert ist und eine Person in den dazu passenden negativen Gefühlen gefangen bleibt (vgl. Martens/Kuhl 2009, S. 77 [642]).

12.2.2 Zwei Modulationsannahmen

In der PSI-Theorie stehen zwei Modulationsannahmen im Zentrum: **Willensbahnung und Selbstwachstum**. Affekte spielen in diesen Prozessen eine zentrale Rolle (in der Literatur wird teilweise von Affekten und teilweise von Gefühlen gesprochen).

> Die Begriffe **Gefühl, Emotion** und **Affekt** werden hier vereinfacht in Anlehnung an Martens synonym verwendet, um „Zustände und Abläufe des Erlebens zu beschreiben." (Martens 1998, S. 30 [643])

Affekte (oder Gefühle) entstehen durch Veränderungen von Ist-Sollwert-Diskrepanzen auf der Ebene von Bedürfnissen. Hinter jedem Affekt steht demzufolge direkt oder indirekt ein „Bedürfnisschicksal", d. h. eine positiv oder eine negativ verlaufende Bedürfnis-Befriedigungsepisode (vgl. Kuhl 2010, S. 358 f. [644], McClelland et al. 1953 [645]).

„Die bedürfniszentrierte Grundlage von Affekten liefert eine plausible Erklärung für die Rolle, die den Affekten in der PSI-Theorie zugeschrieben wird: Affekte installieren diejenige Konfiguration der psychischen Systeme, die zur Befriedigung des jeweils aktuellen Bedürfnisses bzw. zur Umsetzung des entsprechenden Motivs oder Ziels optimal ist." (Kuhl 2010, S. 359 [646])

12.2.2.1 Willensbahnung

Durch die **Herabregulierung des positiven Affekts** (z. B. des Impulses, das schöne Wetter draußen zu genießen und nicht für die Prüfung zu lernen) wird das Ausführungssystem gehemmt (welches sofort nach draußen gehen möchte). Es findet somit eine Hemmung zwischen dem Intentionsgedächtnis und dem Ausführungssystem (intuitives Verhaltenssteuerungssystem) statt. Damit wird die weitere Bearbeitung einer Handlungsabsicht im Intentionsgedächtnis und assoziierten Hilfssystemen (z. B. analytisches Denken) gebahnt (d. h. den Tag fürs Lernen einzusetzen). Die Umsetzung von Intentionen im Sinne explizit gewollter Handlungen wird durch fremd- oder selbstgenerierten positiven Affekt gebahnt (z. B. sich eine Belohnung ausdenken und ausmalen, die bei bestandener Prüfung gewährt wird, z. B. ein verlängertes Wochenende in Venedig). Diese Bahnung wird **Willensbahnung** genannt. Sie hebt die Herabregulierung von positivem Affekt wieder auf und deaktiviert das Intentionsgedächtnis samt assoziierter Hilfssysteme (vgl. Kuhl 2001, S. 164 [647]). So wird Handlung ermöglicht, die dem gesetzten Ziel (Prüfung bestehen) entspricht.

Damit ein System in einer Situation das schwierige, aber beabsichtigte Verhalten aktivieren und einen automatisierten Handlungsimpuls unterbinden kann, braucht es die **Aktivierung positiver Gefühle.** Wenn eine schwierige Absicht umgesetzt werden soll, muss somit erst einmal das Intentionsgedächtnis aufrechterhalten und dann im richtigen Moment ein positives Gefühl erzeugt werden (= Selbstmotivierung), damit die Absicht auch tatsächlich umgesetzt werden kann (vgl. Martens/Kuhl 2009, S. 24 [648]). Dieser Prozess entspricht der Willensbahnung (vgl. Abbildung 12.2).

Abbildung 12.2 Willensbahnung

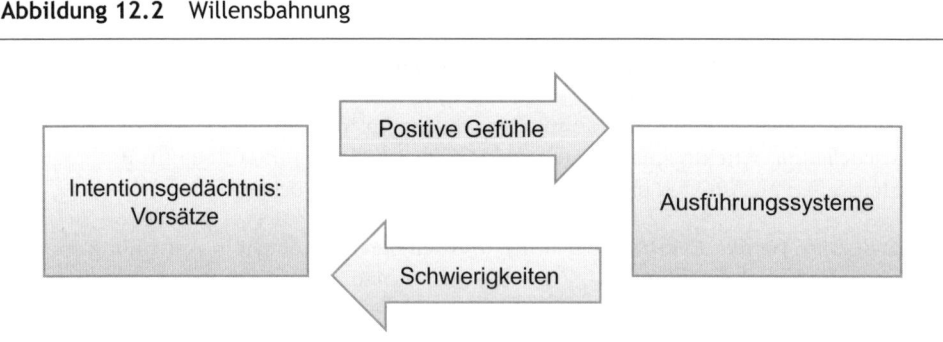

Quelle: vgl. Martens/Kuhl 2009, S. 24 [648]

"Dieser Effekt beruht nicht auf einer Überzeugung, sondern auf der Wirkung eines bestimmten Gefühls: Sobald ein positives Gefühl entsteht (das nicht einmal bewusst zu werden braucht), wird das Intentionsgedächtnis mit den verhaltenssteuernden Systemen verschaltet, unabhängig davon, was die Person gerade denkt oder welche Überzeugungen sie hat." (Martens/Kuhl 2009, S. 24 [648])

Wenn eine Person immer wieder erlebt, dass die Willensbahnung funktioniert, wenn sie einen Vorsatz umsetzen will, hat sie die Chance, dies auch zu bemerken. Mit der Zeit entwickelt sich so die Überzeugung, Vorsätze gut umsetzen zu können, was dem Konstrukt der Selbstwirksamkeitserwartung entspricht.

"Wer diese Fähigkeit entwickeln will, sollte aber nicht zuerst an der Überzeugung arbeiten, sondern an der zu erlernenden Fähigkeit, im richtigen Moment positive Gefühle zu entwickeln." (Martens/Kuhl, 2009, S. 24 [648])

Positive Gefühle helfen, einfaches Verhalten zu aktivieren, sie alleine reichen jedoch nicht aus, um die Energie zum Ausführen schwieriger Absichten bereitzustellen. Dazu muss eine Person in der Lage sein, Frustrationen auszuhalten und auftretenden Schwierigkeiten ins Auge zu sehen (vgl. unterer Pfeil in Abbildung 12.2). Dies kann die optimistische Stimmung einer nur spontan handelnden Person für eine Weile dämpfen (vgl. Martens/Kuhl 2009, S. 23 f. [648]). Dies zeigt sich beispielsweise beim Leistungsmotiv. Ein integraler Bestandteil des Leistungsmotivs ist die Fähigkeit, Phasen von gehemmtem positivem Affekt auszuhalten, die gerade dann auftreten, wenn Menschen mit schwierigen Aufgaben konfrontiert sind. Diese Fähigkeit entspricht der **Frustrationstoleranz**. Eltern können beispielsweise Frustrationstoleranz fördern, indem sie die Selbstständigkeit des Kindes immer wieder unterstützen. Konkret bedeutet dies, dass sie bei auftretenden Schwierigkeiten nicht sofort helfend eingreifen, sondern die auftretende Dämpfung des positiven Affekts zulassen. Sie sollten jedoch die auftretende Dämpfung auch nicht überhand nehmen lassen, was kontraproduktiv wäre (vgl. Kuhl 2010, S. 359 [649]).

Das **Umsetzen von Vorsätzen** wird durch positive Gefühle erleichtert, wenn sie mit entsprechenden Maßnahmen zum **Laden des Intentionsgedächtnisses** gekoppelt werden. Es gibt verschiedene Strategien, die helfen sollen, die Umsetzung schwieriger oder unangenehmer Ziele zu optimieren (vgl. Oettingen/Pak/Schnetter 2001, S. 736 ff. [650]):

- Positive Selbstmotivierung durch Zielerreichungsfantasien.
- Aktivierung des Intentionsgedächtnisses durch Reflexion der zu überwindenden Schwierigkeiten.
- Zwischen positiven Zielfantasien und der Reflexion über die zu überwindenden Schwierigkeiten pendeln.

Die dritte Strategie wies in den Studien die höchste Umsetzungsrate auf. Das Pendeln zwischen dem Laden des Intentionsgedächtnisses (welches u. a. durch das Denken an Probleme und Schwierigkeiten geladen wird) und positiven Gefühlen ist notwendig, damit Ziele erfolgreich umgesetzt werden können – dies unter der Voraussetzung, dass es sich um realistische Ziele handelt, also eine hinreichend hohe Beurteilung der subjektiven Erfolgschancen vorhanden ist (vgl. Oettingen/Pak/Schnetter 2001, S. 748 f. [650]).

12.2.2.2 Selbstwachstum

Selbstwachstum setzt voraus, dass immer wieder neue Erfahrungen (aus dem psychischen Makrosystem Objekterkennungssystem) in das wachsende Netzwerk persönlicher Erfahrungen (in das Selbstsystem als Teil des Extensionsgedächtnisses) integriert werden. Dieser Prozess wird durch den Wechsel von negativem Affekt und der darauf folgenden Herabregulierung von negativem Affekt (= Selbstberuhigung) erreicht. Ein negativer Affekt aktiviert Einzelerfahrungen, die von ihrem Kontext abstrahiert sind (d. h. Objekte aus dem Objekterkennungssystem). Solche negativen Affekte sind beispielsweise ein Misserfolg, ein Schmerz oder Ängstlichkeit). Negative Affekte hemmen nun den Zugang zu integrierten Selbstrepräsentationen, Motiven und anderen Inhalten des Extensionsgedächtnisses. Durch die Herabregulierung eines negativen Affekts wird der Zugang zum Extensionsgedächtnis wieder hergestellt (vgl. Kuhl 2010, S. 360 [651]).

"Während des Affektwechsels entsteht demnach ein Zeitfenster, in dem beide Hemisphären etwa mittelstark aktiviert sind und deshalb optimal Informationen austauschen können (z. B. um Einzelerfahrungen als linkshemisphärische „Objekte" in rechtshemisphärische ausgedehnte selbstreferenzielle Netzwerke integrieren zu können: Selbstwachstum)." (Kuhl 2010, S. 360 [651])

Die **Fähigkeit zur Selbstberuhigung** ermöglicht es einer Person, auch in bedrohlichen Situationen oder nach schmerzhaften Erfahrungen den Überblick zu behalten. Dies ist wichtig, weil gerade in solchen Situationen der Überblick über alle gespeicherten Lebenserfahrungen hilfreich ist. Selbstwachstum geschieht beispielsweise, wenn ein **schmerzhaftes Erlebnis** nicht verdrängt wird, sondern zuerst einmal als Einzelerlebnis (Objekt) wahrgenommen wird. Dies setzt Schmerztoleranz voraus. Später wird dieses Einzelerlebnis dann ins Selbst integriert, was Schmerzbewältigung erfordert. Einzelwahrnehmungen werden so zu integrierten Erfahrungslandschaften (vgl. Kuhl 2010, S. 361 [651]). Dadurch werden Entfremdung von eigenen Interessen oder eine übermäßige Sensibilisierung für selbst- oder erwartungsdiskrepante Objektwahrnehmungen verhindert (vgl. Kuhl 2001, S. 165 f. [652]).

Unkontrollierbares **Grübeln** ist ein Beispiel dafür, dass Menschen negative Affekte nicht herunterregulieren können. Dies zeigt sich beispielsweise bei übermäßigem Stress. Ein weiteres Phänomen, das sich bei einer Hemmung des Selbstzugangs bei übermäßigem negativen Affekt zeigen kann, ist **Selbstinfiltration.** Hier werden fremde Wünsche oder Entscheidungen mit eigenen Wünschen oder Entscheidungen verwechselt (vgl. Kuhl 2010, S. 361 [653]). Dies kommt dadurch zustande, dass die Verbindung zur eigenen Erfahrungslandschaft (Extensionsgedächtnis) nicht ausreichend hergestellt ist.

"Um mit negativen Erfahrungen, die erschrecken, Angst machen oder auch nur beunruhigen, nicht nur fertig zu werden, sondern aus ihnen lernen zu können, darf man sich ruhig für eine Weile beunruhigen lassen oder sogar heftige negative Gefühle spüren. Wer jedes negative Gefühl sofort abwehrt, kann aus beunruhigenden oder leidvollen Situationen nicht lernen. Wer aus der Beruhigung zeitig wieder herausfindet, kann die Erfahrung in seine gesammelte Lebenserfahrung integrieren (d. h. das Selbst), auf die man ja erst wieder zugreifen kann, wenn es gelingt, sich wieder zu beruhigen." (Martens/Kuhl 2009, S. 54 [654])

Die Basis für die erfolgreiche Gestaltung des eigenen Lebens liegt somit in beiden Formen der Affektregulation: Selbstmotivierung und Selbstberuhigung. Im Rahmen von Selbstmanagement-Kompetenz geht es einerseits darum, Bewusstsein über die Vorgänge zu haben und andererseits die Fähigkeit zu entwickeln, eigene Gefühle regulieren zu können. Einige Methoden und Techniken werden später im Kapitel des Bausteins Selbstkontrolle & Selbstregulation vorgestellt (vgl. Kapitel 12.3).

12.2.3 Affektregulatorische Kompetenzen - Handlungs- versus Lageorientierung

Im Kontext von Selbstmotivation ist es wichtig, die Unterschiedlichkeit von Menschen zu beachten, wie sie auf Erfahrungen reagieren und ihr Leben gestalten. Es lassen sich *zwei Grundhaltungen* unterscheiden (für die Ausführungen in diesem Kapitel vgl. Martens/Kuhl 2009, S. 41 ff. [654]):

- *Gestaltungsgrundhaltung:* Menschen mit dieser Grundhaltung sind überzeugt, Gestalter oder Gestalterin des eigenen Lebens zu sein. Sie glauben nicht nur daran, etwas bewirken zu können, sondern verfügen auch über die hierzu benötigten persönlichen Fähigkeiten. In schwierigen Situationen besinnen sie sich darauf, etwas zu tun, um ihre Situation zu verändern. Sie zögern nicht lange und werden aktiv (= Handlungsorientierung).

- *Opfer- oder Erduldungsgrundhaltung:* Solche Menschen sind der Überzeugung, Opfer der Umstände zu sein. Sie sind eher „lageorientiert". Es fällt ihnen schwer, an eine Handlung zu denken, wenn Schwierigkeiten auftauchen oder sie in Stress geraten. Sie fokussieren dann auf ihre derzeitige Lage und neigen zum Zaudern und Grübeln. Negative Bedingungen werden vorschnell akzeptiert. Diese Menschen reagieren oft passiv und finden sich mit dem ab, was geschieht oder ihnen begegnet.

Diese beiden Grundhaltungen beschreiben Extreme, die selten in Reinform vorkommen. Die meisten Menschen haben sowohl die Gestaltungsgrundhaltung wie auch die Erduldungsgrundhaltung in sich und reagieren situativ mehr aus der einen oder anderen Haltung heraus. Für eine Person ist wichtig zu erkennen, wann sie in einer Situation einseitig aus einer Grundhaltung heraus reagiert und sich Ziele besser aus der anderen Grundhaltung heraus erreichen ließen. Martens/Kuhl beschreiben in ihrem Buch ausführlich, wie die beiden Grundhaltungen funktionieren, und zeigen Ansatzpunkte für Veränderung auf der Basis der PSI-Theorie auf. Nachfolgend werden einige Aspekte aufgegriffen, die jedoch nicht als abschließend zu betrachten sind.

Die beiden Grundhaltungen haben einen Einfluss auf relevante Aspekte bezüglich Selbstmotivation. Sie zeigen sich u. a. in folgenden Verhaltensweisen bzw. haben folgende Auswirkungen:

- *Unterschiedliche Überzeugungen:* Lageorientierte Menschen verlieren ihre optimistischen Überzeugungen rasch, wenn etwas schiefgeht. Handlungsorientierte Menschen hingegen glauben, dass es auch in schwierigen Situationen Lösungswege gibt. Eine häufige Annahme ist, dass pessimistische oder optimistische Überzeugungen Ursache für die Erfolgs- oder Misserfolgsbilanz eines Menschen sind. Dies ist jedoch seltener der Fall, als dies gemeinhin angenommen wird. Eine systematische Erforschung der beiden Grundtypen Handlungsorientierte und Lageorientierte hat gezeigt, dass pessimistische bzw. optimistische Überzeugungen oft nicht die Ursache, sondern die Folge eines tiefer liegenden Mechanismus sind. Ratschläge, dass eine Person positiv denken solle, nützen somit oft nur wenig, wenn die eigentlichen Ursachen ungünstiger Überzeugungen nicht beseitigt werden (z. B. wenn eine Person eine geringe Fähigkeit besitzt, die für das Problemlösen und Handeln wichtigen Emotionen wiederherzustellen).

- *Unterschiedlicher Umgang mit negativen Gefühlen* (z. B. Entmutigung durch Verlust oder Misserfolg): Lageorientierte haben Schwierigkeiten, nach einem Misserfolg wieder ins Handeln zurückzufinden. Wie Forschungsergebnisse zeigen, beruht dies auch auf ihrem besonderen Realismus. So kann sich diese größere Objektivität nach einem Misserfolg sehr nachteilig auf die Leistungsfähigkeit auswirken. Handlungsorientierte hingegen erholen sich rascher von ihren negativen Gefühlen. Die rasche Wiederherstellung positiver Gefühle führt dazu, dass die Person einen verbesserten Überblick über persönliche Erfahrungen und Lösungsmöglichkeiten gewinnt und entsprechend rasch wieder handeln kann. Handlungsorientierte Menschen können ihre Ziele besser umsetzen, weil sie ihre Gefühle eigenständig regulieren können. Lageorientierte Menschen brauchen die Ermutigung oder Beruhigung von außen, um in eine Stimmung zu kommen, aus der heraus sie angemessen handeln können. Die Forschung hat jedoch gezeigt, dass dann auch Menschen mit einer Opfergrundhaltung zur Höchstform auflaufen können.

Abbildung 12.3 Unterschied zwischen Gestaltenden und Erduldenden bei oberflächlicher Betrachtung

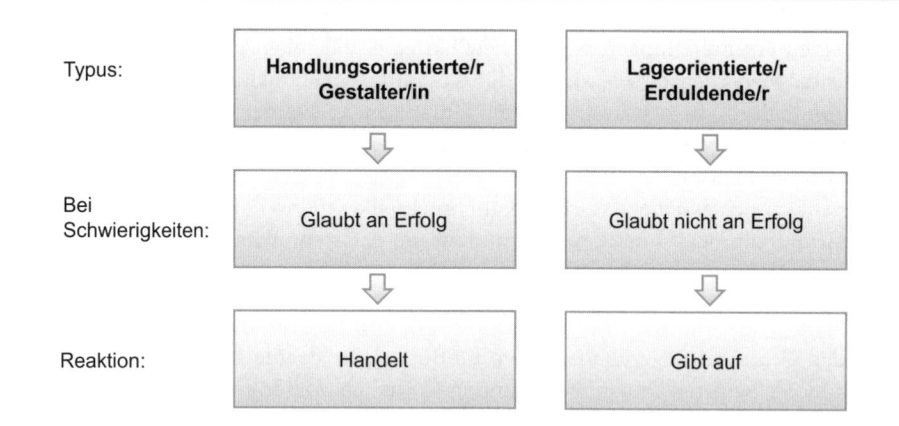

Quelle: vgl. Martens/Kuhl 2009, S. 21 [654]

Die vereinfachte Annahme, dass Handlungsorientierte an den Erfolg glauben und deswegen handeln und Lageorientierte nicht an den Erfolg glauben und deswegen aufgeben, wird durch Forschungen widerlegt. Überzeugungen sind seltener die eigentliche Ursache der Erfolgs- und Misserfolgsbilanz von Menschen, als gemeinhin angenommen wird. Der in Abbildung 12.3 dargelegte Mechanismus ist demzufolge zu vereinfacht.

Abbildung 12.4 zeigt hingegen differenziert auf, wie die unterschiedlichen Grundtypen auf Schwierigkeiten reagieren. Hier wird insbesondere die Wirkung von Emotionen mit einbezogen. Diese Betrachtungsweise beruht auf Erkenntnissen gründlicher Forschung.

Der wesentliche Unterschied lässt sich somit auf die folgende Formel bringen: „Menschen mit Opfergrundhaltung verwalten ihre Gefühle, sie nehmen sie so hin wie sie sind, Menschen mit Gestaltergrundhaltung gestalten Gefühle, sie übernehmen die Verantwortung für ihre Gefühle, sind ihren Gefühlen nicht ausgeliefert. Erstere fühlen sich also deshalb immer wieder in der Opferrolle, weil sie in negativen Gefühlen verharren, statt sie zu verändern." (Martens/Kuhl 2009, S. 44 [654])

Abbildung 12.4 Unterschied zwischen Gestaltenden und Erduldenden, Betrachtung nach gründlicher Forschung

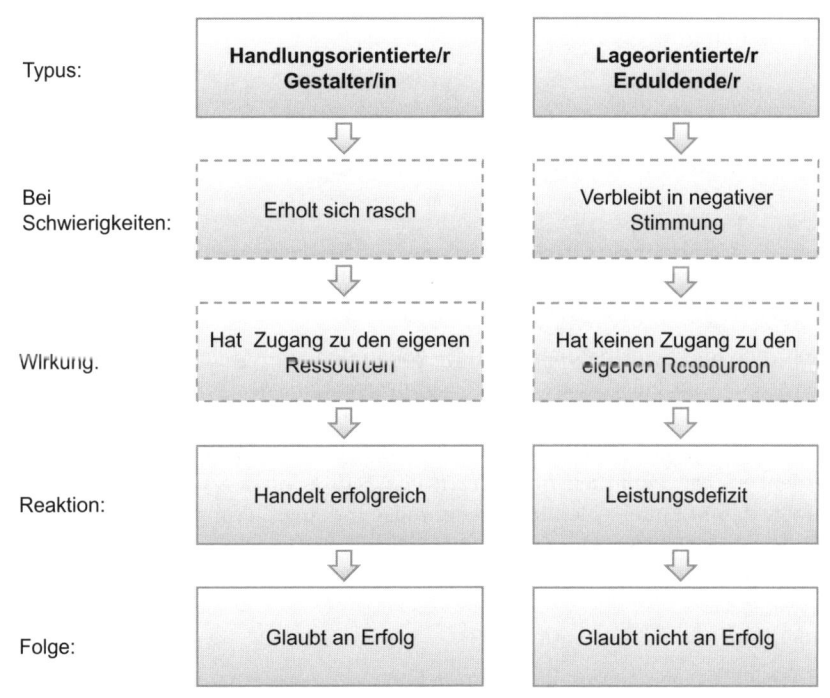

Quelle: vgl. Martens/Kuhl 2009, S. 22 [654]

Es wird auch deutlich, dass positive Erlebnisse einen wesentlichen Einfluss auf zukünftiges Verhalten haben: Positive Erfahrungen (z. B. Erreichen von Zielen) führen dazu, dass die *Selbstwirksamkeitserwartung* von Menschen gestärkt wird, was wiederum einen positiven Einfluss auf das Erreichen von Zielen in der Zukunft hat. Deshalb ist es so wichtig, dass Menschen lernen, Ziele zu setzen, die auch erreichbar sind.

Im vorangehenden Kapitel wurde deutlich, dass die Basis für eine erfolgreiche Gestaltung des eigenen Lebens in beiden Formen der Affektregulation, Selbstmotivierung und Selbstberuhigung, liegt. Menschen mit Handlungsorientierung können beides. Sie verfügen zudem über Frustrationstoleranz (nicht auf Optimismus und Dauerfreude festgelegt zu sein, sondern auch schwierige Phasen aushalten zu können) und Selbstmotivierungskompetenz (verhindern können, dass in schwierigen Phasen die Hemmung positiver Gefühle zum Dauerzustand wird, wodurch Negativismus, Antriebslosigkeit oder Depression erzeugt würden). Die Grundlage, um mit den eigenen Gefühlen umgehen zu können, ist *Selbstwahrnehmung.* Menschen müssen in der Lage sein, ihre Gefühle wahrzunehmen und sich ihrer bewusst zu sein, um genau analysieren zu können, was zu den negativen Gefühlen geführt hat. Menschen mit Gestaltungsorientierung haben den Mut, Gefühle zuzulassen, auch wenn sie unangenehm sind. Wichtig ist, negative Gefühle zu beachten, aber diese nicht passiv zu ertragen. Im Baustein Selbstentwicklung wurden einige Ansätze aufgezeigt, wie positive Emotionen erzeugt werden können (vgl. Kapitel 7.4.2).

12.3 Verhaltensindikatoren und Entwicklungsmaßnahmen

12.3.1 Verhaltensindikatoren für Selbststeuerungskompetenz (Selbstkontrolle und Selbstregulation)

Selbstkontrolle und Selbstregulation sind – wie in den vorangehenden Ausführungen aufgezeigt wurde – mit einer Reihe von *Steuerungsmechanismen* verbunden. Im Kontext der Selbstmanagement-Kompetenz ist die Fähigkeit entscheidend, diese Steuerungsmechanismen, die sowohl kognitive als auch emotionale Prozesse umfassen, gezielt zu aktivieren und zu lenken. Die *Verhaltensindikatoren von Selbststeuerungskompetenz* beziehen sich demzufolge darauf, unterschiedliche Steuerungs- und Regulierungsprozesse vornehmen zu können, um zielgerichtetes Handeln zu ermöglichen. In der rechten Spalte von Tabelle 12.2 finden sich Fragen, um die eigene Fähigkeit zur Selbstkontrolle und Selbstregulation zu reflektieren.

Tabelle 12.2 Baustein Selbstkontrolle und Selbstregulation - Verhaltensindikatoren und Fragen

Verhaltensindikatoren	Auswahl möglicher Reflexionsfragen
Verhalten so steuern, dass beabsichtigte Ziele erreicht werden, d. h. das eigene Verhalten entspricht dem, was man tun bzw. erreichen möchte. Strategien zur Steuerung und Regulierung von Verhalten gezielt einsetzen, z. B. Belohnungsstrategien, Selbstkonfrontation mit den negativen Konsequenzen, Erfolgserlebnisse ermöglichen. Eigene Grundhaltung (Gestaltungsorientierung oder Lageorientierung) kennen und bei der Regulierung von Verhalten und Emotionen entsprechend berücksichtigen, z. B. als lageorientierte Personen rasch und gezielt Unterstützung einer anderen Person für die Wiederherstellung positiver Gefühle suchen. Die Willensanstrengung aufbringen, inneren und äußeren Ablenkungen entgegenzuwirken, die der Zielerreichung entgegenstehen – auch wenn andere Bedürfnisse oder beabsichtigte Handlungen zurückgestellt werden müssen. Sich der Wirkung von Emotionen für die eigene Handlungssteuerung bewusst sein und diese regulieren können: – Positive Affekte (Impulse), welche spontane Handlungen auslösen, die der Zielerreichung entgegenwirken gezielt hemmen können, z. B. unmittelbare Bedürfnisse zugunsten von Handlungen, die längerfristig zu einer guten Balance führen, zurückstellen. – Frustrationstoleranz entwickeln, d. h." Phasen von gehemmtem positivem Affekt" aushalten, auftretenden Schwierigkeiten ins Auge sehen. – Techniken der Selbstmotivierung nutzen, d. h. im richtigen Moment (z. B. bei schwierigen Aufgaben) positive Gefühle (wieder) herstellen. – Techniken der Selbstberuhigung nutzen, um negative Gefühle herabzuregulieren (z. B. bei Misserfolg, Hindernissen): sich selbst gut zureden, soziale Unterstützung suchen etc. – Misserfolge nicht als persönliche Niederlage sehen, sondern als Lernchance erkennen und nutzen.	Welche Strategien nutze ich, um Ziele, die mir wichtig sind, zu erreichen? Gelingt es mir, positive Gefühle erzeugen, um Ziele zu erreichen? Welche Strategien nutze ich hierzu? Kann ich negative Gefühle regulieren, d. h. kann ich mich selbst beruhigen? Bin ich eher handlungsorientiert oder lageorientiert? In welchen Situationen agiere ich primär aus welcher Grundhaltung heraus? Was würde mir helfen, im Privat- oder Berufsleben (noch) mehr die Rolle als Gestalterin oder Gestalter zu übernehmen? Wie gehe ich mit Rückschlägen und Misserfolgen um? Kann ich diese als einen Teil von Selbstwachstum erkennen? Wie groß ist meine Frustrationstoleranz, wenn ich schwierige Aufgaben zu lösen habe oder Widerständen begegne? Welche der Methoden zur Selbstmotivierung nutze ich (vgl. die Übersicht in Kapitel 12.3.2)? – Nutzen von Belohnungsstrategien. – Erzeugen positiver Emotionen. – Selbstkonfrontation mit den negativen Konsequenzen. – Neue Einstellungen öffentlich vertreten. – Lohnende Ziele setzen und sich diese konkret vorstellen. – Pendeln zwischen bewusster und unbewusster Beschäftigung mit dem Ziel. – Erlebte Erfolgserlebnisse ermöglichen. – Ganzheitliche Verarbeitung von Misserfolgen. – Lernen, sich Erfolgserlebnisse selbst zu geben. – Lernen, durchzuhalten. – Kraft und Energie tanken. – Vorbilder nutzen. – Eine Umgebung haben, die fördert. – Einen persönlichen Entschluss haben. – Ein Programm wählen, das passt.

Verhaltensindikatoren	Auswahl möglicher Reflexionsfragen
Die verschiedenen inneren und teilweise widersprüchliche Persönlichkeitsanteile (oder Stimmen) werden so eingebunden, dass mittels eines Abstimmungsprozesses eine gemeinsame akzeptable Entscheidung getroffen werden kann (Arbeit mit dem inneren Team).	

Selbstkontroll- und Selbstregulationskompetenz (vereinfacht Selbststeuerungskompetenz) bedeutet, dass Menschen das eigene Verhalten so steuern können, dass die Ziele, die sie erreichen wollen, erreicht werden. Mögliche Strategien zur Steuerung und Regulierung von Verhalten sind bekannt und werden in Abstimmung mit den eigenen Möglichkeiten und den vorhandenen Rahmenbedingungen gezielt eingesetzt (z. B. Belohnungsstrategien, Selbstkonfrontation mit den negativen Konsequenzen, Erfolgserlebnisse ermöglichen). Selbststeuerungskompetenz heißt weiter, dass Menschen die Willensanstrengung aufbringen können, vorhandenen Ablenkungen im Innen und Außen entgegenzuwirken, auch wenn andere Bedürfnisse oder beabsichtigte Handlungen dabei zurückgestellt werden müssen. Sie sind sich der Wirkung von Emotionen für die eigene Handlungssteuerung bewusst und können diese gezielt regulieren (z. B. Selbstmotivierung und Selbstberuhigung). Sie wissen, ob sie eher gestaltungsorientiert oder lageorientiert sind, und können dies entsprechend berücksichtigen, um Emotionen zu regulieren und zielrealisierendes Verhalten zu ermöglichen. Misserfolge werden nicht als persönliche Niederlage angesehen, sondern als Lernchance erkannt und genutzt.

12.3.2 Selbst- und unternehmensgesteuerte Maßnahmen zur Förderung von Selbststeuerungskompetenz

Die Fähigkeit zur Selbstkontrolle und Selbstregulation kann durch verschiedene Maßnahmen gefördert werden. In den folgenden Ausführungen wird eine *Auswahl an selbstgesteuerten Maßnahmen,* die sich im Buch „Kunst der Selbstmotivierung" finden, aufgezeigt. Da sie nicht selbsterklärend sind, werden sie jeweils kurz erläutert (für weiterführende Erläuterungen vgl. Martens/Kuhl 2009, S. 199 ff. [654]):

- *Nutzen von Belohnungsstrategien:* Entscheidender als motiviert zu werden ist es, die Fähigkeit zu entwickeln, sich selbst zu motivieren. Ein erster wichtiger Schritt ist, sich selbst zu belohnen oder eine Belohnung vor dem geistigen Auge entstehen zu lassen. Damit eine Belohnungsstrategie eingesetzt werden kann, muss eine Person ihre eigenen Bedürfnisse genau kennen.

- *Erzeugen positiver Emotionen:* Positive Emotionen können beispielsweise erzeugt werden, indem die persönliche Einstellung verändert wird, oder durch Nachahmung von Menschen, die eine positive Haltung haben. Wichtig ist, nicht krampfhaft zu versuchen, glücklich zu sein. Paradoxerweise funktioniert es besser, wenn sich eine Person bewusst damit auseinandersetzt, wie sie unglücklich wird. Damit Menschen lernen, motivierende Emotionen zu generieren, ist es hilfreich, sich mit einer Person zusammenzutun, von der man sich verstanden fühlt und die einen ermutigen und in gute Laune versetzen kann – gerade dann, wenn etwas schwierig oder unangenehm ist. Hierdurch werden neue neuronale Verbindungen hergestellt.

- *Selbstkonfrontation mit den negativen Konsequenzen:* Es kann durchaus sinnvoll sein, sich vor Augen zu führen, was passiert, wenn die angestrebte Einstellung nicht erreicht wird. Die Selbstmotivierung durch negative Gefühle ist oft unverzichtbar, wenn es in erster Linie um die Vermeidung negativer Folgen geht (z. B. bei allen Verhaltensänderungen, die der Gesunderhaltung dienen, wie z. B. mit Rauchen aufhören). Wichtig ist jedoch, dabei nicht zu übertreiben, weil sonst die Gefahr besteht, dass sich die Person mit diesem so unangenehmen Thema gar nicht mehr auseinandersetzt.

- *Neue Einstellungen öffentlich vertreten:* Die öffentliche Bekanntgabe einer neuen Einstellung lässt oft eine stärkere und festere Verpflichtung entstehen als nur ein „privater" Entschluss. Wird die neue Einstellung öffentlich vertreten, so ist die spätere Änderung der Einstellung (Rückfall in die alten Einstellungen) weniger wahrscheinlich.

- *Lohnende Ziele setzen und sich diese konkret vorstellen:* „Starke Gründe bringen starke Handlungen hervor" (William Shakespeare). Ohne Ziele gibt es auch keine Motivation. Es ist essenziell, sich Ziele zu setzen, für die es sich wirklich lohnt, sich anzustrengen. Zielvorstellungen sollten so konkret wie möglich sein. Hier helfen z. B. Techniken wie sich das Ziel mittels aller sensorischen Ebenen vorzustellen (visuell, auditiv, olfaktorisch, gustatorisch, kinästhetisch). „Ein Bild sagt mehr als tausend Worte."

- *Pendeln zwischen bewusster und unbewusster Beschäftigung mit dem Ziel:* Das Pendeln vom Denken zum Fühlen ist hilfreich für die Zielerreichung. Dabei denkt eine Person ab und zu ganz bewusst an das Ziel und formuliert dieses sehr konkret (d. h. sie stellt sich genau vor, was sie als ersten Schritt tun wird und wann und wo die Handlung ausgeführt werden soll). Dann lässt die Person das Ziel wieder in den Hintergrund des Bewusstseins absinken (von dort aus lässt sich die Umsetzung viel wachsamer und wirksamer steuern als aus der Enge des verbalen Bewusstseins. Rationalität (Intention) und Irrationalität (Intuition) ergänzen sich.

- *Erlebte Erfolgserlebnisse ermöglichen:* Erfolgserlebnisse sollten auch dem ganzheitlichen Fühlen zugeführt werden, anstatt sie nur sachlich zu konstatieren. So werden alle Informationen, die mit dem Erfolg zusammenhängen, blitzartig verrechnet und gespeichert. Lageorientierte Menschen haben deshalb Schwierigkeiten, aus ihrer passiven Opferhaltung herauszukommen, weil sie Erfolge nicht ganzheitlich fühlen. Ein negatives Selbstbild ist dann gegenüber Erfolgserlebnissen resistent – auch wenn es noch so viele sind. Die Auseinandersetzung mit folgenden Fragen hilft, den Erfolg bewusst zu registrieren und so ins Extensionsgedächtnis einzuspeisen: Wie habe ich den Erfolg erreicht? Was habe ich in der Situation, die ich vorgefunden habe, alles versucht? Worin unterschied sich diese spezifische Situation von anderen Situationen? In welchen Situationen würde das von mir angewandte Erfolgsrezept nicht wirken? Wie habe ich mich in der Situation gefühlt? In welcher Stimmung müsste ich anders vorgehen, um erfolgreich zu sein? Welche Bedürfnisse und Werte werden durch diesen Erfolg tangiert?

- **Ganzheitliche Verarbeitung von Misserfolgen:** Misserfolge müssen ebenfalls ganzheitlich erfühlt werden, anstatt sie nur mit dem verengten Denken zu registrieren. Zum einen enthält ein Misserfolg viele verwertbare Informationen und zum anderen kann mit dem ganzheitlichen Fühlen verhindert werden, dass schon geringe Rückschläge einen Menschen aus der Bahn werfen oder dieselben Fehler immer wieder gemacht werden. Durch ganzheitliches Fühlen ist ein Mensch zudem in der Lage, das eigene Fortkommen unabhängig davon zu bewerten, welche Leistungen andere erzielen. So wird der Erfolg einer anderen Person nicht gleichzeitig als eigener Misserfolg angesehen.

> *„Ganzheitlich Fühlen heißt also konkret, dass man sich nicht nur mit einem Aspekt des Misserfolgs befasst, sondern ihn mit der eigenen Lebenserfahrung in Kontakt bringt: Warum ist gerade dieser Misserfolg so schmerzhaft für mich? […] Wenn wir auf diese Weise aus Misserfolgserlebnissen lernen, können wir sie entsprechend umdeuten, wir brauchen uns nicht mehr über jeden Misserfolg zu ärgern: Es gibt dann eigentlich keine „Misserfolge" mehr, sondern nur noch Gelegenheiten zu lernen, es noch einmal zu versuchen und bestimmt ein wenig besser zu machen."* (Martens/Kuhl, 2009, S. 133 f. [654])

- **Lernen, sich Erfolgserlebnisse selbst zu geben:** „Wenn du kein Kompliment bekommen kannst – mach dir selbst eines" (Mark Twain). Es ist wichtig zu lernen, sich selbst auf die Schulter zu klopfen und zu sagen: „Das hast du gut gemacht". Entscheidend ist hier, dass nicht nur eine sachliche Feststellung gemacht wird, sondern ein Gefühl von Zufriedenheit erzeugt wird.

- **Lernen, durchzuhalten:** Erfolg braucht Durchhaltekraft. Das Auskosten von Erfolgserlebnissen, so klein sie auch sein mögen, ist eine wichtige Voraussetzung, um auch dann durchzuhalten, wenn der Erfolg sich einmal nicht so rasch wie erhofft einstellt.

- **Kraft und Energie tanken:** Damit die geistigen Kräfte mobilisiert werden können, braucht der Mensch auch einen gut funktionierenden Körper (z. B. braucht das Gehirn genügend Sauerstoff und Nährwerte). So hängen die psychische und die physische Kraft bis zu einem gewissen Grad zusammen. Hier sind gesundheitsförderliche Maßnahmen wie ausreichend Bewegung und gesunde Ernährung wichtig.

- **Vorbilder nutzen:** Es ist hilfreich, Vorbilder zu haben, die das gewünschte Verhalten zeigen. Wichtig ist dabei, diejenigen Verhaltensweisen zu übernehmen, die auch passen.

- **Eine Umgebung haben, die fördert:** Dies bedeutet, den Rahmen und die Menschen zu suchen, die für das gewünschte Verhalten förderlich sind.

- **Einen persönlichen Entschluss haben:** Es braucht persönliche Entscheidungen (das „Ja", die Intention), wenn das, was erreicht werden soll, viel Kraft kostet. Nur aus einer persönlichen Entscheidung heraus ist ein Mensch in schwierigen Durchhaltesituationen in der Lage, die Motivation zu finden, weiterzumachen.

- **Ein Programm wählen, das passt:** Ein neues Lebensprogramm können Menschen nur dann durchhalten, wenn es gut zu ihnen passt.

- **Persönliche Intelligenz entwickeln:** Martens/Kuhl (2009, S. 140 ff. [654]) stellen in ihrem Buch sieben Methoden zur Selbstaktivierung vor. Auf diese wird hier nicht mehr im Detail eingegangen.

Zahlreiche weitere Anregungen und Übungen finden sich auch in den Büchern von Kehr (2009 [655]) „Authentisches Selbstmanagement" und Martens (2012 [656]) „Praxis der Selbstmotivierung".

Unternehmensgesteuerte Maßnahmen liegen primär im Handlungsbereich der Vorgesetzten und beinhalten insbesondere aufbauende und motivierende Unterstützung und den Einsatz motivationaler Strategien.

Tabelle 12.3 Maßnahmen zur Förderung von Selbstkontrolle und Selbstregulation

Selbstgesteuerte Maßnahmen	Maßnahmen seitens des Unternehmens
Durcharbeiten von Büchern mit Übungen zum Thema Selbstmotivation, Willensstärke, Veränderung von Einstellungen etc.	Fördern der Handlungsorientierung durch emotionale Unterstützung – durch die vorgesetzte Person oder im Team (Ermutigung und Beruhigung).
Ausprobieren und Anwenden von Strategien zur Selbstmotivierung, z. B. Belohnungsstrategien, Pendeln zwischen bewusster und unbewusster Beschäftigung mit dem Ziel, Selbstkonfrontation mit den negativen Konsequenzen, Fördern erlebter Erfolgserlebnisse, ganzheitliche Verarbeitung von Misserfolgen, Vorbilder suchen und hilfreiche Verhaltensweisen übernehmen, Einstellungen öffentlich vertreten.	Offenes und wertschätzendes Feedback bezüglich des Umgangs mit Widerständen, Hindernissen und Misserfolg.
	Nutzen von Belohnungsstrategien, die auf die Mitarbeitenden abgestimmt sind und positive Kräfte freisetzen.
Ausprobieren und Einsetzen effektiver Handlungsstrategien zur Bewältigung von Problemen (vgl. Martens/Kuhl 2009, S. 156 ff. [657]): Verantwortung übernehmen, Unterstützung suchen, Interessen aktivieren, sich Glücksmomente verschaffen, Ziele setzen und Fortschritte beachten, sich belohnen, Mittelweg finden, mit Rückschlägen rechnen.	Fördern und Nutzen positiver Emotionen im Gespräch mit Mitarbeitenden (grundsätzlich positive Kommunikation, Arbeit mit positiven Bildern), Fördern von positiven Erfahrungen und Erfolgserlebnissen.
	Motivation für den Abbau von Gewohnheiten und die Änderung von Einstellungen.
	Fördern von selbstkongruenten Leistungs- und Entwicklungszielen, grundsätzliches Akzeptieren von selbstkongruenten Entscheidungen (als Grundhaltung).
Coaching zur Reflexion des persönlichen Umgangs mit Selbststeuerung.	Integration des Themas Handlungssteuerung in Führungsausbildungs-Seminare und Workshops.
Coaching oder therapeutische Begleitung zur Förderung von Handlungsorientierung.	Angebot an Seminaren mit Themen im Kontext von Selbstkontrolle und Selbstregulation: Emotionsmanagement, Aufbau innerer Stärke, Förderung der Selbststeuerung.
Coaching oder therapeutische Begleitung zur Unterstützung des eigenen Emotionsmanagements: Generieren positiver Gefühle, Bewältigen negativer Gefühle.	Unterstützung bieten durch Coaching-Angebote, z. B. für die Veränderung von Einstellungen.
Arbeit mit dem inneren Team.	

Literatur

[616] Kuhl, J. (2001): Motivation und Persönlichkeit. Interaktionen psychischer Systeme, Göttingen et al.
[617] Kuhl, J. (2010): Individuelle Unterschiede in der Selbststeuerung, in: Heckhausen, J./Heckhausen, H. (Hrsg.), Motivation und Handeln, 4. Aufl., Heidelberg, 337-363.
[618] Kuhl, J. (2001): Motivation und Persönlichkeit. Interaktionen psychischer Systeme, Göttingen et al.
[619] Kuhl, J. (2010): Individuelle Unterschiede in der Selbststeuerung, in: Heckhausen, J./Heckhausen, H. (Hrsg.), Motivation und Handeln, 4. Aufl., Heidelberg, 337-363.
[620] Kuhl, J. (2010): Lehrbuch der Persönlichkeitspsychologie. Motivation, Emotion und Selbststeuerung, Göttingen et al.
[621] Storch, M. (2009): Motto-Ziele, S.M.A.R.T.-Ziele und Motivation, in: Birgmeier, B. (Hrsg.), Coachingwissen. Denn sie wissen nicht, was sie tun? Wiesbaden, 183-205.
[622] Kuhl, J. (2010): Individuelle Unterschiede in der Selbststeuerung, in: Heckhausen, J./Heckhausen, H. (Hrsg.), Motivation und Handeln, 4. Aufl., Heidelberg, 337-363.
[623] Schulz von Thun, F. (2010): Miteinander reden 3. Das „innere Team" und situationsgerechte Kommunikation, 20. Aufl., Reinbek bei Hamburg.
[624] Kuhl, J. (2010): Individuelle Unterschiede in der Selbststeuerung, in: Heckhausen, J./Heckhausen, H. (Hrsg.), Motivation und Handeln, 4. Aufl., Heidelberg, 337-363.
[625] Rank, O. (1945): Will therapy and truth and reality, New York.
[626] Block, J. H./Block, J. (1980): The role of ego-control and ego-resiliency in the organization of behavior, in Collins, W. A. (Ed.), Development of cognition, affect, and social relations, Vol. 13, Hillsdale, NJ, 39-101.
[627] Kuhl, J. (2010): Individuelle Unterschiede in der Selbststeuerung, in: Heckhausen, J./Heckhausen, H. (Hrsg.), Motivation und Handeln, 4. Aufl., Heidelberg, 337-363.
[628] Kuhl J./Koole, S. (2005): Wie gesund sind Ziele? Intrinsische Motivation, Affektregulation und das Selbst, in: Vollmeyer, R./Brunstein, J. C. (Hrsg.), Motivationspsychologie und ihre Anwendung, Stuttgart, 109-127.
[629] Kuhl, J. (2010): Individuelle Unterschiede in der Selbststeuerung, in: Heckhausen, J./Heckhausen, H. (Hrsg.), Motivation und Handeln, 4. Aufl., Heidelberg, 337-363.
[630] Kuhl, J. (2001): Motivation und Persönlichkeit. Interaktionen psychischer Systeme, Göttingen et al.
[631] Kuhl, J. (1992): A theory of self-regulation: Action versus state orientation, self-discrimination, and some applications, in: Applied Psychology, 41, 97-129.
[632] Kuhl, J. (2001): Motivation und Persönlichkeit. Interaktionen psychischer Systeme, Göttingen et al.
[633] Brandstätter, V./Schnelle, J. (2007): Motivationstheorien, in: Schuler, H./Sonntag, K. (Hrsg.), Handbuch der Arbeits- und Organisationspsychologie, Göttingen et al., 51-58.
[634] Kuhl, J. (2001): Motivation und Persönlichkeit. Interaktionen psychischer Systeme, Göttingen et al.
[635] Martens, J.-U./Kuhl, J. (2009): Die Kunst der Selbstmotivierung. Neue Erkenntnisse der Motivationsforschung praktisch nutzen, 3. Aufl., Stuttgart.
[636] Storch, M. (2009): Motto-Ziele, S.M.A.R.T.-Ziele und Motivation, in: Birgmeier, B. (Hrsg.), Coachingwissen. Denn sie wissen nicht, was sie tun? Wiesbaden, 183-205.
[637] Martens, J.-U./Kuhl, J. (2009): Die Kunst der Selbstmotivierung. Neue Erkenntnisse der Motivationsforschung praktisch nutzen, 3. Aufl., Stuttgart.
[638] Storch, M. (2009): Motto-Ziele, S.M.A.R.T.-Ziele und Motivation, in: Birgmeier, B. (Hrsg.), Coachingwissen. Denn sie wissen nicht, was sie tun? Wiesbaden, 183-205.
[639] Kuhl J./Koole, S. (2005): Wie gesund sind Ziele? Intrinsische Motivation, Affektregulation und das Selbst, in: Vollmeyer, R./Brunstein, J. C. (Hrsg.), Motivationspsychologie und ihre Anwendung, Stuttgart, 109-127.

[640] Martens, J.-U./Kuhl, J. (2009): Die Kunst der Selbstmotivierung. Neue Erkenntnisse der Motivationsforschung praktisch nutzen, 3. Aufl., Stuttgart.
[641] Kuhl, J. (2010): Individuelle Unterschiede in der Selbststeuerung, in: Heckhausen, J./Heckhausen, H. (Hrsg.), Motivation und Handeln, 4. Aufl., Heidelberg, 337-363.
[642] Martens, J.-U./Kuhl, J. (2009): Die Kunst der Selbstmotivierung. Neue Erkenntnisse der Motivationsforschung praktisch nutzen, 3. Aufl., Stuttgart.
[643] Martens, J.-U. (1998): Verhalten und Einstellungen ändern. Veränderung durch gezielte Ansprache des Gefühlsbereiches. Ein Lehrkonzept für Seminarleiter, 4. Aufl., Hamburg.
[644] Kuhl, J. (2010): Individuelle Unterschiede in der Selbststeuerung, in: Heckhausen, J./Heckhausen, H. (Hrsg.), Motivation und Handeln, 4. Aufl., Heidelberg, 337-363.
[645] McClelland, D. C./Atkinson, J. W./Clark, R. A./Lowell, E. L. (1953): The achievement motive, New York.
[646] Kuhl, J. (2010): Individuelle Unterschiede in der Selbststeuerung, in: Heckhausen, J./Heckhausen, H. (Hrsg.), Motivation und Handeln, 4. Aufl., Heidelberg, 337-363.
[647] Kuhl, J. (2001): Motivation und Persönlichkeit. Interaktionen psychischer Systeme, Göttingen et al.
[648] Martens, J.-U./Kuhl, J. (2009): Die Kunst der Selbstmotivierung. Neue Erkenntnisse der Motivationsforschung praktisch nutzen, 3. Aufl., Stuttgart.
[649] Kuhl, J. (2010): Individuelle Unterschiede in der Selbststeuerung, in: Heckhausen, J./Heckhausen, H. (Hrsg.), Motivation und Handeln, 4. Aufl., Heidelberg, 337-363.
[650] Oettingen, G./Pak, H. J./Schnetter, K. (2001): Self-regulation of goal-setting: Turning free fantasies about the future into binding goals, in: Journal of Personality and Social Psychology, 80, 736-753.
[651] Kuhl, J. (2010): Individuelle Unterschiede in der Selbststeuerung, in: Heckhausen, J./Heckhausen, H. (Hrsg.), Motivation und Handeln, 4. Aufl., Heidelberg, 337-363.
[652] Kuhl, J. (2001): Motivation und Persönlichkeit. Interaktionen psychischer Systeme, Göttingen et al.
[653] Kuhl, J. (2010): Individuelle Unterschiede in der Selbststeuerung, in: Heckhausen, J./Heckhausen, H. (Hrsg.), Motivation und Handeln, 4. Aufl., Heidelberg, 337-363.
[654] Martens, J.-U./Kuhl, J. (2009): Die Kunst der Selbstmotivierung. Neue Erkenntnisse der Motivationsforschung praktisch nutzen, 3. Aufl., Stuttgart.
[655] Kehr, H. M. (2012): Authentisches Selbstmanagement. Übungen zur Steigerung von Motivation und Willensstärke, Weinheim/Basel.
[656] Martens, J.-U. (2012): Praxis der Selbstmotivierung. Wie man erreichen kann, was man sich vornimmt, Stuttgart.
[657] Martens, J.-U./Kuhl, J. (2009): Die Kunst der Selbstmotivierung. Neue Erkenntnisse der Motivationsforschung praktisch nutzen, 3. Aufl., Stuttgart.

13 Baustein weitere relevante Aspekte der Persönlichkeit

13.1 Begriff und Bedeutung von Persönlichkeit und Persönlichkeitsentwicklung

Selbstmanagement-Kompetenz wird durch zahlreiche Persönlichkeitsaspekte beeinflusst. Um dies zu berücksichtigen, wurde der **Baustein „weitere relevante Aspekte der Persönlichkeit"** ins Modell integriert.

> *Persönlichkeit* ist „eine Bezeichnung für alle Eigenschaften, Erlebnis- und Verhaltensprozesse, welche die individuelle Eigenart eines Menschen ausmachen." (Lehr 2007, S. 134 [658])

Eine Forschungsrichtung reduziert das Studium dieser Eigenart auf die Wirksamkeit von vier bis fünf Gestaltungsmerkmalen wie Extraversion, Neurotizismus, Offenheit und Gewissenhaftigkeit. Andere Forschende persönlichkeitspsychologischer Fragestellungen integrieren affektive, emotionale, motivationale und soziale Prozesse, d. h. alles, was von der Person bleibt, wenn Intellekt, Gedächtnis und psychomotorische Anpassung abgehandelt sind. In Anlehnung an Lehr beruht das Verständnis hier auf der zweiten Konzeption (vgl. Lehr 2007, S. 134 [658]).

Im Kontext von Selbstmanagement-Kompetenz ist wichtig, dass Menschen Bewusstsein darüber haben, welche Persönlichkeitsaspekte sich förderlich bzw. hinderlich auf das persönliche Selbstmanagement und die Erreichung der Zielsetzung von Selbstmanagement-Kompetenz (= Leistungsfähigkeit, Leistungsbereitschaft, Wohlbefinden und Balance fördern und langfristig erhalten) auswirken. Dies geschieht mittels der Gewinnung von *Selbsterkenntnis* (= Reflexionsebene) hinsichtlich des Vorhandenseins und der Wirkung von Merkmalen der eigenen Persönlichkeit. Auf der Umsetzungsebene geht es dann darum, mittels Maßnahmen der *Persönlichkeitsentwicklung* Entwicklungsprozesse zu initiieren und zu steuern (= Selbstentwicklung).

Persönlichkeitsmerkmale sind tendenziell relativ stabil und lassen sich tendenziell auch nur bedingt verändern. Diese Aussage ist bewusst vorsichtig gehalten. Es gibt eine Reihe empirischer Untersuchungen, die sich mit der *Stabilität bzw. der Veränderbarkeit von Persönlichkeitseigenschaften* im Lebensverlauf befasst haben. Wie bereits im Baustein Selbstentwicklung aufgezeigt wurde, sind die Ergebnisse der Studien jedoch widersprüchlich (vgl. z. B. Krampen/Greve 2008, S. 657 ff. [659], Lehr 2007, S. 135 ff. [660], Brandstätter 2006, S. 61 ff. [661]). Untersuchungen der bekannten Big Five-Merkmale (emotionale Ansprechbarkeit bzw. Neurotizismus, Extraversion, Offenheit für Erfahrungen, Verträglichkeit, Gewissenhaftigkeit) zeigen, dass die Veränderungen im Lebensverlauf bei diesen Merkmalen im statistischen Mittel nicht besonders ausgeprägt sind (vgl. Hansch 2006, S. 202 [662]).

„Die Big Five beginnen etwa im Alter von drei Jahren in Erscheinung zu treten und sind um das zwölfte Lebensjahr herum komplett. Während sie sich bis etwa 16 Jahre uneinheitlich verändern, zeigen sich danach allgemeine Entwicklungstrends im Lebensverlauf: Die meisten Menschen werden mit den Jahren emotional stabiler, gewissenhafter, verträglicher und introvertierter. Die Offenheit steigt zumeist bis Anfang 20 an, um dann stetig wieder abzunehmen […]. Insgesamt sind diese Veränderungen aber nicht sehr groß – die Grundzüge des Charakters eines Menschen bleiben erhalten und werden auch durch einschneidende Lebensereignisse kaum nachhaltig verändert. Zumindest gilt dies im statistischen Mittel für die Mehrzahl der von den entsprechenden Studien erfassten Menschen." (Hansch 2006, S. 202 f. [662])

Die Schwierigkeit besteht darin, dass gründliche Längsschnittstudien, in denen dieselben Personen über viele Jahre oder Jahrzehnte beobachtet wurden, fehlen und dass bei Querschnittstudien, in denen Personen verschiedener Altersgruppen gleichzeitig untersucht werden, Kohorteneffekte auftreten (vgl. Krampen/Greve 2008, S. 657 ff. [663], Brandstätter 2006, S. 61 ff. [664]). Neuere Studien zeigen, dass die Unveränderlichkeit der Person im mittleren und höheren Erwachsenenalter nicht unbestritten ist. Es sind durchaus gewisse individuelle Unterschiede möglich. Zu beachten ist jedoch auch, dass Stabilität ein hervorragender Zug der Persönlichkeit ist. Dieser weist gleichzeitig jedoch auch ein deutliches Potenzial für Veränderungen auf (vgl. Lehr 2007, S. 135 [665]).

Erkenntnisse aus der Hirnforschung zeigen gemäß Hüther (2010, S. 92 [666]), dass Menschen sich zu jedem Zeitpunkt im Leben neu konstruieren können, indem sie eines der alten motorischen, sensorischen oder affektiven Muster verlassen, d. h. sie fangen an, anders zu sehen, zu fühlen oder zu handeln als bisher. Wenn es gelingt, auf einer dieser Ebenen ein neues Muster auszubilden, so werden alle anderen Ebenen dadurch „mitgezogen".

Ziel der **Persönlichkeitsentwicklung** kann nicht sein, die Persönlichkeit zu verändern, sondern es geht darum, auf der Basis von Erkenntnissen zur eigenen Persönlichkeit situativ einen anderen Umgang mit der vorhandenen Disposition zu finden und Einstellungen sowie Verhaltensmuster zu verändern.

„Es kommt darauf an, Auseinandersetzungsformen zu entwickeln, sich zunächst dem Problem zu stellen und es nicht zu verdrängen und es dann aktiv zu meistern versuchen." (Lehr 2007, S. 147 [667])

Wenn eine Person beispielsweise dazu neigt, die Welt eher pessimistisch zu betrachten, dann kann sie lernen, bewusst wahrzunehmen, dass sie die Dinge pessimistisch betrachtet (= Prinzip der Achtsamkeit), und dann mittels gezielter Steuerungsprozesse Gegensteuer geben, beispielsweise indem sie selbst die Aufmerksamkeit auf die Dinge lenkt, die positiv sind, oder soziale Unterstützung von Menschen aktiviert, die helfen, die Dinge positiv zu betrachten. Es kann hier auch wichtig sein, sich von Menschen, welche die eigene pessimistische Grundhaltung verstärken, fernzuhalten (= Prinzip gegenseitiger Verstärkung).

Es braucht manchmal viel Geduld, wirkungsvolle Maßnahmen zu finden. Oftmals ist die Unterstützung einer professionellen Fachperson hilfreich und wichtig, um nachhaltige Entwicklungsprozesse in Gang zu setzen und durchzuziehen (z. B. um gemeinsam zu entwickeln, was in welcher Situation am besten funktioniert, oder um Situationen durchzuspielen und Verhaltensweisen einzuüben).

Tabelle 13.1 zeigt auf, welche Persönlichkeitsaspekte für Selbstmanagement-Kompetenz relevant sein können. Die ersten sechs Aspekte werden anschließend kurz ausgeführt.

Tabelle 13.1 Relevante Aspekte der Persönlichkeit für Selbstmanagement-Kompetenz

Selbstwirksamkeitserwartung	Big Five: emotionale Ansprechbarkeit, Extraversion, Offenheit für Erfahrungen, Verträglichkeit, Gewissenhaftigkeit
Kontrollüberzeugungen	
Kohärenzvermögen	
Hardiness	Erwartung hinsichtlich Handlungsfolgen
Resilienz	Selbstvertrauen, Selbstwert, Selbstachtung
Optimismus	Mitgefühl
	Risikobereitschaft, Mut
	Harmoniebedürfnis, Konflikttoleranz
	Gelassenheit, Ausgeglichenheit
	Humor

13.2 Selbstwirksamkeitserwartung

Selbstwirksamkeit „äußert sich in Meinungen bzw. Überzeugungen über Art und Ausmaß der risikofreien Ausführbarkeit und des Erfolgs von Handlungsvorsätzen. Nach Bandura ist jedes Handeln von Erwartungen über seine mögliche Wirkung und von Überlegungen getragen, inwieweit unter den gegebenen Situationsbedingungen einzelne Verhaltensweisen ohne Risiken ausgeführt werden können." (Fröhlich 2010, S. 435 [668])

> **Selbstwirksamkeit** ist somit die Erwartung, ein bestimmtes Verhalten ausführen zu können. Sie bezieht sich auf die subjektive Einschätzung der persönlichen Handlungsfähigkeit.

Die tatsächlichen Handlungsressourcen müssen jedoch nicht zwingend den vorhandenen Erwartungen entsprechen (vgl. Bandura 1997 [669]). Auf *Selbstwirksamkeitserwartungen* wurde bereits bei der Diskussion der sozial-kognitiven Theorie der Selbstregulation eingegangen (vgl. Kapitel 3.3). Wesentliche Aspekte sind nachfolgend zusammengefasst:

- Es kann zwischen **allgemeiner und spezifischer Selbstwirksamkeitserwartung** unterschieden werden. Allgemeine Selbstwirksamkeitserwartung bezieht sich auf die Überzeugung, generell im Leben auftretende Schwierigkeiten und Herausforderungen gut zu meistern (z. B.: „Wenn eine neue Herausforderung auf mich zukommt, kann ich damit umgehen."). Spezifische Selbstwirksamkeitserwartungen beziehen sich auf spezifische Fähigkeiten (z. B.: „Ich bin sicher, dass ich mein Leben auf einen körperlich aktiven Lebensstil umstellen kann.") (vgl. Schwarzer 2004, S. 21 ff. [670]).

- Die Selbstwirksamkeit kann auch *durch Maßnahmen beeinflusst und verändert* werden, wie beispielsweise Erfahrung aus der erfolgreichen Bewältigung von schwierigen Anforderungen, Lernen am Modell, Überzeugungsversuche anderer Menschen, Kontrolle von physiologischen Reaktionen (vgl. Bandura 1997, S. 79 ff. [671]).

- *Motivationale, kognitive wie auch affektive Prozesse* werden durch die subjektive Einschätzung und Überzeugung der eigenen Kompetenz gesteuert. Menschen, die sich als selbstwirksam erleben, erachten neue oder schwierige Aufgaben als Herausforderung und können Probleme dadurch besser meistern. Selbstwirksamkeitserwartungen haben in der Folge eine positive Wirkung auf die Leistung, das Wohlbefinden und die Zufriedenheit (vgl. Tietjens/Ungerer-Röhrich 2007, S. 230 [672]).

- *Misserfolge und Erfolge* werden selbstwertförderlicher verarbeitet. Menschen mit hoher Selbstwirksamkeitserwartung stellen sich Erfolgsszenarien vor, bevor sie eine Aufgabe erledigen, haben ein höheres Anspruchsniveau und zeigen mehr Anstrengung und Ausdauer. Sie sind flexibler bei der Suche nach Lösungen und haben ein effektiveres Zeitmanagement (vgl. Bandura 1997 [673]).

„Nach Banduras Modell der Selbstwirksamkeit erhöhen positive Überzeugungen zur Wirksamkeit der eigenen Handlungen in einer Aufgabensituation die Anstrengungsbereitschaft, Persistenz und damit die Erfolgswahrscheinlichkeit. Die Vorhersagen dieses Modells zur Selbstwirksamkeit sind umso zutreffender, je spezifischer die Selbstwirksamkeitsüberzeugungen auf die jeweilige Leistungsaufgabe bezogen sind." (Heckhausen/Heckhausen 2010, S. 444 [674])

Positive Effekte von Selbstwirksamkeitsüberzeugungen für das Wohlbefinden und die Gesundheit sind relativ gut belegt. Auch eine puffernde Wirkung konnte teilweise gefunden werden (vgl. Ulich/Wülser 2010, S. 45 [675]). Zahlreiche Studien konnten wiederholt zeigen, dass eine hohe Selbstwirksamkeitserwartung die Bewältigung von Alltagsstress, den Umgang mit chronischen Leiden, das Ertragen von Schmerzen, die Entwöhnung von Abhängigkeiten sowie den Aufbau von Gesundheitsverhaltensweisen (z. B. regelmäßiges Training) erleichtert (vgl. Kaluza 2011, S. 45 [676]).

13.3 Kontrollüberzeugungen

Kontrollüberzeugungen beinhalten die allgemeine Überzeugung, ob Ereignisse im Leben beeinflusst werden können oder nicht (vgl. Ulich/Wülser 2010, S. 43 [677]).

Moderne Ansätze zu Kontrollüberzeugungen unterscheiden zwischen Überzeugungen über den Zusammenhang von Ursachefaktoren und Ergebnissen (z. B. Einfluss des Verhaltens von Lehrkräften auf die Schulnoten) und der individuellen Verfügbarkeit von Ursachefaktoren (z. B. gute Lernfähigkeiten). Damit *Chancen auf einen Erfolg* vorhanden sind, müssen zwei Bedingungen erfüllt sein (vgl. Heckhausen/Heckhausen 2010, S. 444 [678]):

- *Unter eigener Kontrolle:* Der Erfolg muss von Bedingungen oder Verhaltensweisen abhängig sein, die ein Mensch selbst kontrollieren kann.
- *Fähigkeit zur Kontrolle ist vorhanden:* Eine Person muss in der Lage sein, diese Verhaltensweisen (z. B. sich anzustrengen) oder das Eintreten der Bedingungen für Erfolg selbst kontrollieren zu können (z. B. eine Stelle zu finden oder Zusammenarbeit in einem Projekt).

Kausalitätsüberzeugungen spiegeln wider, wie und durch welche Einflüsse (z. B. Anstrengung, Fähigkeit, gute Beziehungen zu Personalvermittlungsunternehmen) Menschen bestimmte Ereignisse (z. B. interessante Arbeitsstelle zu bekommen) für kontrollierbar halten. Demgegenüber geht es bei den *Kapazitätsüberlegungen* darum, ob eine Person glaubt, auf die wirksamen Einflüsse Zugriff zu haben (z. B. selbst in der Lage zu sein, eine interessante Stelle zu finden). Forschungen im Schulbereich haben interessante Ergebnisse gezeigt: Kinder, die ihre eigene Kapazität im Hinblick auf die Fähigkeit und Anstrengung relativ zur eigenen Schultestleistung überschätzten, erbrachten über die Zeit bessere Schulleistungen. Optimistisch verzerrte Erwartungen zur eigenen Kontrolle (= Kombination von Kausalität und Kapazität) und zur eigenen Kapazität haben einen förderlichen Einfluss auf die Stimmung, die Persistenz und sogar auf den Leistungszuwachs in der Schule (vgl. Heckhausen/Heckhausen 2010, S. 444 f. [678]).

„In der Entwicklung der Erfolgserwartung kommt es darauf an zu lernen, Handlungsergebnisrückmeldungen so zu verarbeiten, dass grob realistische Einschätzungen mit optimistischem Trend generiert werden." (Heckhausen/Heckhausen 2010, S. 447 [678])

Studien haben zudem gezeigt, dass Personen mit internaler Kontrollüberzeugung (z. B. Gesundheit durch das eigene Verhalten beeinflussen zu können) bessere Gesundheitsindikatoren aufweisen als Personen mit externaler Kontrollüberzeugung (Gesundheit ist abhängig von äußeren Bedingungen oder anderen Menschen wie beispielsweise medizinischer Behandlung). Der positive Effekt von internalen Kontrollüberzeugungen konnte auch in Längsschnittstudien bestätigt werden. Internale Kontrollüberzeugungen haben zudem eine puffernde Wirkung hinsichtlich des Zusammenhangs zwischen Belastung und Arbeitszufriedenheit (vgl. Ulich/Wülser 2010, S. 44 [679]).

13.4 Kohärenzvermögen

Antonovsky, Begründer des Konzepts der Salutogenese, ging der Frage nach, was Menschen befähigt, trotz zahlreicher intensiv belastender und krankheitsfördernder Lebens- und Umwelteinflüsse gesund zu bleiben. Antonovsky entwickelte auf dieser Basis das Konzept des Kohärenzgefühls. Das *Kohärenzgefühl* ist eine generelle Lebenseinstellung, die ausdrückt, in welchem Ausmaß ein Mensch ein durchdringendes, andauerndes und dennoch dynamisches Gefühl des Vertrauens hat (vgl. Antonovsky 1997, S. 15 ff. [680]).

Das Vertrauen bezieht sich darauf, „dass die interne und externe Umwelt vorhersagbar ist und dass es eine hohe Wahrscheinlichkeit gibt, dass sich Dinge so entwickeln werden, wie vernünftigerweise erwartet werden kann." (Antonovsky 1997, S. 16 [680])

Durch das Kohärenzgefühl (vgl. Antonovsky 1997, S. 36 [680]):

- werden Stimuli, die sich im Verlauf des Lebens aus der inneren und äußeren Umgebung ergeben, strukturiert, vorhersehbar und erklärbar.
- stehen Menschen die Ressourcen zur Verfügung, um den Anforderungen, die diese Stimuli stellen, zu begegnen.
- sehen Menschen diese Anforderungen als Herausforderungen, für die sich Anstrengung und Engagement lohnen.

> **Kohärenzgefühl** bedeutet somit, dass Prozesse, Bedingungen und Ereignisse von einer Person als verstehbar, handhabbar und bedeutsam bewertet werden (vgl. Bamberg/Busch/Ducki 2003, S. 55 [681]).

„Menschen mit hohem Kohärenzerleben werden potenziell stressreiche Situationen eher als Herausforderung denn als Bedrohung empfinden. Ihr Vertrauen in sich selbst und in die Verfügbarkeit externer Ressourcen trägt dazu bei, dass sie nach Misserfolgen neue Versuche der Bewältigung initiieren und nicht resignieren. Die Überzeugung, dass ihre Bemühungen sinnvoll sind und sich lohnen, motiviert sie, auch bei Widerständen durchzuhalten." (Bartholdt/Schütz 2010, S. 100 [682])

Das Kohärenzerleben zeigt deutliche Zusammenhänge mit der Ausprägung von Wohlbefinden (vgl. Bartholdt/Schütz 2010, S. 100 [682]).

13.5 Hardiness

Hardiness ist ein relativ breites Konzept, welches von Kobasa (1979 [683]) entwickelt wurde. Es beinhaltet die Komponenten Kontrolle, Engagement und Herausforderung (vgl. Bartholdt/Schütz 2010, S. 101 [684]):

- *Engagement* beschreibt die Tendenz, dass ein Mensch an die Wichtigkeit und Bedeutsamkeit der eigenen Person und der eigenen Handlungen glaubt. Engagierte Menschen entdecken in vielen Aktivitäten einen Aspekt, der ihre Neugier weckt, und zeigen einen großen Einsatz im alltäglichen Leben.
- *Kontrolle* bezieht sich auf die Überzeugung, Dinge prinzipiell beeinflussen zu können. Menschen mit einem hohen Kontrollerleben glauben, dass es lediglich einer genügend großen Anstrengung bedarf, um diesen Einfluss ausüben zu können.
- *Herausforderung* beschreibt die Auffassung, dass Weiterentwicklung ein wesentlicher Aspekt und zentrales Merkmal des Lebens ist, dass durch immer neue Lernprozesse persönliches Wachstum erfahren wird und das Leben sich dadurch verbessert. Veränderungen werden nicht als Bedrohung, sondern als Herausforderung betrachtet.

Forschungsresultate zeigen insgesamt direkte Zusammenhänge zwischen Hardiness und physischen bzw. psychischen Gesundheitsmerkmalen. Eine Längsschnittstudie mit 325 Personen verschiedener Berufsgruppen zeigte beispielsweise bedeutsame Zusammenhänge zwischen Hardiness und emotionaler Erschöpfung. Belastungspuffernde Wirkungen wurden weniger konsistent gefunden (vgl. Ulich/Wülser 2010, S. 45 [685]). Hardiness wirkt zudem als schützender Faktor gegenüber Burnout (vgl. Schulze 2011, S. 42 [686]).

„Die Forschung zeigt übereinstimmend auf, dass Personen, die engagiert ihren Alltagsaktivitäten nachgehen, überzeugt sind, die Dinge im Griff zu haben, und Veränderungen gegenüber offen sind, weniger Gefahr laufen, Burnoutsymptome zu entwickeln. Sie sind weniger erschöpft, haben eine positivere Einstellung zur Arbeit und bewerten ihre Leistungsfähigkeit günstiger." (Schulze 2011, S. 42 [686])

13.6 Resilienz

Resilienz bezeichnet „die psychische Widerstandsfähigkeit von Menschen, die es ermöglicht, selbst widrigste Lebenssituationen und hohe Belastungen ohne nachhaltige psychische Schäden zu bewältigen." (Brockhaus 2012 [687])

Zander definiert *Resilienz* als „seelische Widerstandsfähigkeit" – und Resilienzförderung zielt darauf ab, die „Widerstandsfähigkeit" von Kindern (und Erwachsenen) in belastenden und risikobehafteten Lebenssituationen durch schützende Faktoren zu entwickeln, zu ermutigen und zu stärken." (Zander 2010, S. 9 [688])

Der überwiegende Teil der Resilienzforschung konzentriert sich auf Kinder und Jugendlich, die unter widrigen Bedingungen aufwachsen mussten und schwere Traumata erlebten. In letzter Zeit wurde das Thema Resilienz jedoch immer mehr auf Erwachsene ausgeweitet (vgl. Franke 2010, S. 179 [689]). Im Kontext von Selbstmanagement-Kompetenz geht es darum, inwiefern Menschen mit belastenden Lebenssituationen und Krisensituationen konstruktiv umgehen können.

Auf der Basis einer Analyse von Studienergebnissen bezüglich *protektiver Faktoren*, welche die Widerstandskraft von Kindern gegenüber Belastungen stärken und die Bewältigungsfähigkeit von Krisensituationen verbessern, konnten *sechs übergeordnete Faktoren* identifiziert werden. Tabelle 13.2 zeigt die sechs Faktoren auf, die sich als grundlegend für die Entwicklung von Resilienz erweisen (vgl. Fröhlich-Gildhoff/Rönnau-Böse 2011, S. 40 ff. [690]).

Tabelle 13.2   Resilienzfaktoren

Resilienzfaktoren	Beschreibung
Selbst- und Fremdwahrnehmung	Angemessene Selbsteinschätzung und Informationsverarbeitung
Selbststeuerung	Regulation von Gefühlen und Erregung: Aktivierung oder Beruhigung
Selbstwirksamkeitserwartung	Überzeugung, Anforderungen bewältigen zu können
Soziale Kompetenzen	Unterstützung holen, Selbstbehauptung, Konfliktlösung
Umgang mit Stress	Fähigkeit zur Realisierung vorhandener Kompetenzen in der Situation
Problemlösen	Allgemeine Strategien zur Analyse und Bearbeitung von Problemen

Quelle: vgl. Fröhlich-Gildhoff/Rönnau-Böse 2011, S. 42 [690]

Der Verband amerikanischer Psychologen hat unter dem Titel „The Road to Resilience" zehn Punkte erarbeitet, wie Resilienz aufgebaut werden kann (vgl. Tabelle 13.3).

Tabelle 13.3   Maßnahmen zur Entwicklung von Resilienz

Maßnahmen	Beschreibung
Soziale Beziehungen aufbauen.	Enge Beziehungen mit nahestehenden Menschen aufbauen – mit Familienmitgliedern, Freunden oder weiteren Personen. Hilfe und Unterstützung annehmen von Menschen, die sich um uns sorgen und uns zuhören. Die Zugehörigkeit zu einer Gemeinschaft kann helfen, Hoffnung wiederzuerlangen. Anderen Menschen, die sich in Krisen befinden, zu helfen, wirkt sich stärkend aus.
Krisen nicht als unüberwindbares Problem betrachten.	Krisen nicht als unüberwindbares Problem betrachten. Es lässt sich im Leben nicht ändern, dass äußerst belastende Ereignisse geschehen, aber die Art und Weise, wie diese Ereignisse interpretiert werden und wie darauf reagiert wird, lässt sich beeinflussen. Versuchen, über die Gegenwart hinauszublicken und zu sehen, dass zukünftige Gegebenheiten oder Umstände etwas besser sein könnten. Feine Veränderungen bemerken, wie der Umgang mit schwierigen Situationen schon etwas leichter fällt.
Veränderungen als Teil des Lebens akzeptieren.	Einige Ziele sind vielleicht aufgrund von ungünstigen Bedingungen nicht mehr erreichbar. Umstände zu akzeptieren, die nicht verändert werden können, hilft, sich auf diejenigen Gegebenheiten zu konzentrieren, die sich ändern lassen.
Sich auf die eigenen Ziele zubewegen.	Realistische Ziele entwickeln. Etwas regelmäßig zu tun, auch wenn es nur ein kleiner Erfolg zu sein scheint, hilft, die eigenen Ziele zu verfolgen. Anstatt sich auf das zu konzentrieren, was unerreichbar scheint, sich selbst fragen: Gibt es eine Sache, die ich kenne, die ich heute machen kann, die mir hilft, mich in Richtung meines Ziels zu bewegen?

Maßnahmen	Beschreibung
Handlungen mit Bestimmtheit ausführen.	Schwierigen Situationen ins Auge sehen und mit Bestimmtheit begegnen, diese nicht negieren und warten, bis sie vorbeigehen.
Nach Möglichkeiten für Selbstentdeckung Ausschau halten.	In Krisen lernen Menschen oft etwas über sich selbst und bemerken, dass sie persönlich daran gewachsen sind. Viele Menschen, die Tragödien erlebt haben, berichten, dass ihre Beziehungen besser geworden sind, dass sie sich stärker fühlen (auch wenn sie gleichzeitig verletzlich sind), dass sie über ein größeres Selbstwertgefühl verfügen, ihre Spiritualität mehr entwickelt ist und sie eine größere Wertschätzung dem Leben gegenüber haben.
Ein positives Selbstbild stärken.	Vertrauen in die eigenen Problemlösefähigkeiten und Instinkte zu entwickeln, hilft, Resilienz aufzubauen.
Realistische und längerfristige Perspektive bewahren.	Auch wenn man mit sehr schmerzhaften Situationen und Ereignissen konfrontiert ist, versuchen, die Krisen- oder Stresssituation in einen größeren Kontext zu stellen und unter einer längerfristigen Perspektive zu betrachten. Vermeiden, dass Ereignisse stärker gewichtet werden als nötig.
Hoffnung bewahren.	Eine optimistische Perspektive befähigt dazu, in der Zukunft positive Dinge zu erwarten, die im Leben geschehen. Visualisieren, was man möchte, anstatt sich Sorgen über das zu machen, was befürchtet wird.
Für sich Sorge tragen.	Den eigenen Bedürfnissen und Gefühlen Aufmerksamkeit schenken. Aktivitäten ausüben, die Freude bereiten und entspannend wirken. Regelmäßige Bewegung. Für sich selbst Sorge zu tragen hilft, Körper und Geist fit zu halten, um mit Situationen besser umgehen zu können, die Resilienz erfordern. Techniken anwenden, die helfen, Hoffnung zu stärken, z. B. Schreiben, Meditation.

Quelle: vgl. APA 2012 [691]

13.7 Optimismus

Optimismus beschreibt die relativ stabile und konsistente Überzeugung einer Person, dass im Leben wünschenswerte Ereignisse eintreten und Dinge letztlich gut ausgehen werden (vgl. Bartholdt/Schütz 2010, S. 99 [692], Ulich/Wülser 2010, S. 46 [693]).

Im Gegensatz zu Kontrollüberzeugungen wird der positive Ausgang der Situation jedoch nicht notwendigerweise mit dem eigenen Handeln in Verbindung gebracht (vgl. Bartholdt/Schutz 2010, S. 99 [694]). Der Handlungsaspekt ist jedoch bei Optimismus nicht ausgeschlossen. Optimismus kann durchaus zu aktiven Versuchen einer Einflussnahme führen (vgl. Ulich/Wülser 2010, S. 46 [695]).

Studien zeigen, dass optimistische Menschen insgesamt effektivere Coping-Strategien zeigen als Personen mit niedrigen Optimismuswerten. Sie setzen zudem problemorientierte Bewältigungsstrategien ein, wenn sie eine Situation bzw. Belastungsfaktoren beeinflussen können. Wenn sie keine Einflussmöglichkeiten haben, können sie die Situation besser akzeptieren oder neu interpretieren, beispielsweise indem sie positive Seiten einer vermeintlich negativen Situation hervorheben. Einige Befunde zeigen jedoch auch, dass Optimismus bei lange andauernden Belastungen mit einer stärkeren physischen und psychischen Verausgabung und dadurch bedingten Beeinträchtigungen gekoppelt ist. Dies hängt vermutlich mit dem aktiven Bewältigungsstil von optimistischen Personen zusammen (vgl. Bartholdt/Schütz 2010, S. 99 f. [696]). Es lassen sich starke Zusammenhänge mit verschiedenen Formen des Bewältigungsverhaltens beobachten. Optimistische Menschen tendieren eher dazu, positive Ereignisse und positive Ergebnisse zu erwarten (vgl. Ulich/Wülser 2010, S. 46 [697]).

Die salutogene Wirkung optimistischer Ergebniserwartungen konnte in einer ganzen Reihe prospektiver Studien – insbesondere bei Personen mit chronischen Erkrankungen – gezeigt werden. Bezogen auf subjektive Gesundheitsindikatoren (z. B. psychisches Befinden und körperliche Beschwerden) zeigten sich starke bis sehr starke positive Optimismuseffekte. Einschränkend muss jedoch erwähnt werden, dass sich die Effekte ausschließlich auf Selbstbeschreibungen des Gesundheitszustands beziehen (vgl. Kaluza 2011, S. 42 f. [698]).

13.8 Verhaltensindikatoren und Entwicklungsmaßnahmen

13.8.1 Verhaltensindikatoren für den bewussten Umgang mit der eigenen Persönlichkeit

Das Thema Persönlichkeit und Persönlichkeitsentwicklung ist ausgesprochen vielfältig und komplex; hier können nur einige wenige Aspekte aufgegriffen werden. Die *Verhaltensindikatoren für einen bewussten Umgang mit Persönlichkeitsaspekten* finden sich in Tabelle 13.4. In der rechten Spalte sind Fragen integriert, die helfen können, mehr Bewusstsein zu eigenen Persönlichkeitsaspekten, die im Kontext von Selbstmanagement-Kompetenz relevant sind, zu gewinnen.

Tabelle 13.4   Baustein „weitere relevante Aspekte von Persönlichkeit - Verhaltensindikatoren und Fragen

Verhaltensindikatoren	Auswahl möglicher Reflexionsfragen
Wirkung der Persönlichkeit auf die Selbstmanagement-Kompetenz erkennen, sich eigener Haltungen und Muster bewusst sein. Gezielte Regulationsmechanismen nutzen, um negative Wirkungen von Persönlichkeitsaspekten situativ zu verändern bzw. abzufedern, z. B. bewusst Gegenposition einnehmen, soziale Unterstützung suchen, Einstellung verändern.	Welche Aspekte der Persönlichkeit wirken sich positiv auf meine Selbstmanagement-Kompetenz aus, sind also wichtige Ressourcen? Welche Aspekte der Persönlichkeit wirken sich negativ auf meine Selbstmanagement-Kompetenz aus?

Persönlichkeitsbezogene Ressourcen gezielt nutzen und als Puffer einsetzen, z. B. Humor. Sich auf einen langfristigen Prozess von Persönlichkeitsentwicklung einlassen. Bewusstsein haben, dass professionelle Unterstützung den Entwicklungsprozess wesentlich begünstigen kann.	

13.8.2 Selbst- und unternehmensgesteuerte Maßnahmen zur Persönlichkeitsentwicklung

Die *selbstgesteuerten Maßnahmen* beziehen sich insbesondere darauf, Bewusstsein bezüglich des Vorhandenseins und der Wirkung von Persönlichkeitsaspekten zu erlangen und geeignete Maßnahmen für Persönlichkeitsentwicklung zu suchen. Bei den *unternehmensgesteuerten Maßnahmen* steht die Reflexion im Vordergrund. Die vorhandenen Möglichkeiten seitens des Unternehmens sind begrenzt und würden zu stark in die Privatsphäre von Mitarbeitenden eingreifen.

Tabelle 13.5   Maßnahmen zur Persönlichkeitsentwicklung

Selbstgesteuerte Maßnahmen	Maßnahmen seitens des Unternehmens
Die eigenen Persönlichkeitsaspekte und ihre Wirkung auf die Selbstmanagement-Kompetenz umfassend reflektieren, Feedback einholen. Handlungsstrategien für den situativen Umgang mit den negativen Wirkungen eigener Persönlichkeitsaspekte entwickeln und dann im Alltag umsetzen, Führen eines Reflexionsprotokolls (vgl. auch Maßnahmen zur Förderung von Resilienz in Tabelle 13.3). Professionelle Begleitung für den Persönlichkeitsentwicklungsprozess suchen. Besuch von Weiterbildungen mit Fokus Persönlichkeitsentwicklung. Besuch einer Therapie, um Persönlichkeitsaspekte zu erkennen und zu entwickeln, z. B. durch die Aktivierung von Ressourcen.	Einbau von Reflexionsgefäßen in Persönlichkeitsentwicklungsseminare. Übungen zur Veränderung von Einstellungen und Betrachtungsweisen in Seminaren mit Fokus Persönlichkeitsentwicklung einbauen.

Literatur

[658] Lehr, U. (2007): Psychologie des Alterns, 11. Aufl., Wiebelsheim.
[659] Krampen, G./Greve, W. (2008): Persönlichkeits- und Selbstkonzeptentwicklung über die Lebensspanne, in: Oerter, R./Montada, L. (Hrsg.), Entwicklungspsychologie, 6. Aufl., Weinheim/Basel, 652-686.
[660] Lehr, U. (2007): Psychologie des Alterns, 11. Aufl., Wiebelsheim.
[661] Brandstätter, H. (2006): Veränderbarkeit von Persönlichkeitsmerkmalen aus sozial- und differenzialpsychologischer Sicht, in: Sonntag, K. (Hrsg.), Personalentwicklung in Organisationen, 3. Aufl., Göttingen et al., 57-83.
[662] Hansch, D. (2006): Erfolgsprinzip Persönlichkeit. Selbstmanagement mit Psychosynergetik. Probleme meistern, die Zukunft gestalten. Eigene Potenziale entwickeln und ausschöpfen, Heidelberg.
[663] Krampen, G./Greve, W. (2008): Persönlichkeits- und Selbstkonzeptentwicklung über die Lebensspanne, in: Oerter, R./Montada, L. (Hrsg.), Entwicklungspsychologie, 6. Aufl., Weinheim/Basel, 652-686.
[664] Brandstätter, H. (2006): Veränderbarkeit von Persönlichkeitsmerkmalen aus sozial- und differenzialpsychologischer Sicht, in: Sonntag, K. (Hrsg.), Personalentwicklung in Organisationen, 3. Aufl., Göttingen et al., 57-83.
[665] Lehr, U. (2007): Psychologie des Alterns, 11. Aufl., Wiebelsheim.
[666] Hüther, G. (2011): Wie Embodiment neurobiologisch erklärt werden kann, in: Storch, M./Cantieni, B./Hüther, G./Tschacher, W., Embodiment. Die Wechselwirkung von Körper und Psyche verstehen und nutzen, 1. Nachdruck der 2. Aufl., Bern, 73-97.
[667] Lehr, U. (2007): Psychologie des Alterns, 11. Aufl., Wiebelsheim.
[668] Fröhlich, W. D. (2010): Wörterbuch Psychologie, 27. Aufl., München.
[669] Bandura, A. (1977): Social learning theory, Englewood Cliffs, NJ.
[670] Schwarzer, R. (2004): Psychologie des Gesundheitsverhaltens, 3. Aufl., Göttingen et al.
[671] Bandura, A. (1977): Social learning theory, Englewood Cliffs, NJ.
[672] Tietjens, M./Ungerer-Röhrich, U./Strauß, B. (2007): Sportwissenschaft und Schulsport. Trends und Orientierungen (6). Sportpsychologie, in: Sportunterricht, 8, 227-233.
[673] Bandura, A. (1977): Social learning theory, Englewood Cliffs, NJ.
[674] Heckhausen, J./Heckhausen, H. (2010): Motivation und Entwicklung, in: Heckhausen, J./Heckhausen, H. (Hrsg.), Motivation und Handeln, 4. Aufl., Heidelberg, 427-488.
[675] Ulich, E./Wülser, M. (2010): Gesundheitsmanagement in Unternehmen. Arbeitspsychologische Perspektiven, 4. Aufl., Wiesbaden.
[676] Kaluza, G. (2011): Stressbewältigung. Trainingsmanual zur psychologischen Gesundheitsförderung, 2. Aufl., Berlin/Heidelberg.
[677] Ulich, E./Wülser, M. (2010): Gesundheitsmanagement in Unternehmen. Arbeitspsychologische Perspektiven, 4. Aufl., Wiesbaden.
[678] Heckhausen, J./Heckhausen, H. (2010): Motivation und Entwicklung, in: Heckhausen, J./Heckhausen, H. (Hrsg.), Motivation und Handeln, 4. Aufl., Heidelberg, 427-488.
[679] Ulich, E./Wülser, M. (2010): Gesundheitsmanagement in Unternehmen. Arbeitspsychologische Perspektiven, 4. Aufl., Wiesbaden.
[680] Antonovsky, A. (1997): Salutogenese. Zur Entmystifizierung der Gesundheit, Tübingen.
[681] Bamberg, E./Busch, C./Ducki, A. (2003): Stress- und Ressourcenmanagement. Strategien und Methoden für die neue Arbeitswelt, Bern et al.
[682] Bartholdt, L./Schütz, A. (2010): Stress im Arbeitskontext. Ursachen, Bewältigung und Prävention, Weinheim/Basel.
[683] Kobasa, S. C. (1979): Stressful life events, personality, and health: An inquiry into hardiness, in: Journal of Personality and Social Psychology, 37, 1-11.

[684] Bartholdt, L./Schütz, A. (2010): Stress im Arbeitskontext. Ursachen, Bewältigung und Prävention, Weinheim/Basel.
[685] Ulich, E./Wülser, M. (2010): Gesundheitsmanagement in Unternehmen. Arbeitspsychologische Perspektiven, 4. Aufl., Wiesbaden.
[686] Schulze, B. (2011): Burnout: Was uns gefährdet. Was uns schützt, in: Psychologie Heute compact, 27, 41-43.
[687] Brockhaus (2012): Resilienz, in: Brockhaus – Die Enzyklopädie in 30 Bänden, Online-Ausgabe, Leipzig/Mannheim.
[688] Zander, M. (2010): Armes Kind – starkes Kind? Die Chance der Resilienz, 3. Aufl., Wiesbaden.
[689] Franke, A. (2010): Modelle von Gesundheit und Krankheit, 2. Aufl., Bern.
[690] Fröhlich-Gildhoff, K./Rönnau-Böse, M. (2011): Resilienz, 2. Aufl., München/Basel.
[691] APA American Psychological Association (2012): The road to resilience, in: URL: http://www.apa.org/helpcenter/road-resilience.aspx (zuletzt besucht: 9. Juni 2012).
[692] Bartholdt, L./Schütz, A. (2010): Stress im Arbeitskontext. Ursachen, Bewältigung und Prävention, Weinheim/Basel.
[693] Ulich, E./Wülser, M. (2010): Gesundheitsmanagement in Unternehmen. Arbeitspsychologische Perspektiven, 4. Aufl., Wiesbaden.
[694] Bartholdt, L./Schütz, A. (2010): Stress im Arbeitskontext. Ursachen, Bewältigung und Prävention, Weinheim/Basel.
[695] Ulich, E./Wülser, M. (2010): Gesundheitsmanagement in Unternehmen. Arbeitspsychologische Perspektiven, 4. Aufl., Wiesbaden.
[696] Bartholdt, L./Schütz, A. (2010): Stress im Arbeitskontext. Ursachen, Bewältigung und Prävention, Weinheim/Basel.
[697] Ulich, E./Wülser, M. (2010): Gesundheitsmanagement in Unternehmen. Arbeitspsychologische Perspektiven, 4. Aufl., Wiesbaden.
[698] Kaluza, G. (2011): Stressbewältigung. Trainingsmanual zur psychologischen Gesundheitsförderung, 2. Aufl., Berlin/Heidelberg.

14 Modell der Selbstmanagement-Kompetenz in der Anwendung

Das letzte Kapitel bezieht sich auf die Anwendung des Modells der Selbstmanagement-Kompetenz in der Praxis. Zuerst findet sich eine Übersicht über alle Verhaltensindikatoren der Selbstmanagement-Kompetenz und es werden einige Ideen für die Nutzung des Portfolios der Verhaltensindikatoren ausgeführt. Anschließend wird auf die Verantwortungsbereiche für die Förderung und Entwicklung von Selbstmanagement-Kompetenz eingegangen.

14.1 Verhaltensindikatoren der Selbstmanagement-Kompetenz

Die Summe aller Verhaltensindikatoren aus den neun Bausteinen ergibt ein *idealtypisches Portfolio an Verhaltensweisen, die für Selbstmanagement-Kompetenz* relevant sind (vgl. Tabelle 14.1). Das Modell der Selbstmanagement-Kompetenz kann so als Instrument genutzt werden, um systematisch alle Bausteine hinsichtlich Stärken, Schwächen und Potenzialen zu analysieren und zu reflektieren. Dies hilft, mehr Klarheit darüber zu gewinnen, in welchen Bereichen wesentliche Ansatzpunkte für die Förderung und Entwicklung von Selbstmanagement-Kompetenz zu finden sind.

> Das Portfolio an Verhaltensindikatoren erhebt nicht den Anspruch, ein Kompetenzmodell zu sein. Hierfür müsste die Abgrenzung zwischen den Bausteinen noch deutlicher geschärft werden.

Auch im Modell der Selbstmanagement-Kompetenz ist die Trennschärfe zwischen den neun Bausteinen nicht vollumfänglich gegeben. Ziel des Modells der Selbstmanagement-Kompetenz ist nicht die Trennschärfe, sondern wesentliche Aspekte von Selbstmanagement möglichst umfassend zu integrieren und zu strukturieren. Im Zentrum stehen somit bedeutsame thematische Schwerpunkte. Dadurch werden verschiedene Zugänge zum Thema Selbstmanagement ermöglicht und die Vielfalt relevanter Themen wird verdeutlicht. Es gibt Bausteine, die für verschiedene andere Bausteine relevant sind. Neben den Bausteinen des dynamischen Kernmodells (Selbstverantwortung, Selbsterkenntnis und Selbstentwicklung) sind dies insbesondere die Bausteine Ziele sowie Selbstkontrolle & Selbstregulation. Handlungen beruhen auf Zielen und inneren Steuerungsprozessen. Diese sind letztlich für jede Handlung und jeden Entwicklungsprozess im Kontext von Selbstmanagement-Kompetenz in der einen oder anderen Form bedeutsam.

> Beim Portfolio der Verhaltensindikatoren darf nicht die Erwartung gestellt werden, dass alle Verhaltensindikatoren bei einem Menschen entwickelt und realisiert sein müssen, damit Selbstmanagement-Kompetenz vorhanden ist bzw. gelebt wird. Die eigentliche

Messgröße ist, inwiefern die Ziele von Selbstmanagement-Kompetenz erreicht sind: Leistungsfähigkeit, Leistungsbereitschaft, Wohlbefinden und Balance fördern und langfristig erhalten. Der aktuelle Status dieser vier Komponenten lässt sich mittels Selbst- und Fremdeinschätzung beurteilen, der langfristige Status beruht auf einer Prognose, wie sich die vier Komponenten entwickeln, wenn die aktuelle Lebensführung beibehalten wird.

Das Portfolio der Verhaltensindikatoren dient als Instrument, um **konkrete Vorstellungen** davon zu entwickeln, worauf Selbstmanagement-Kompetenz fußt. Das Portfolio an Verhaltensindikatoren zeigt zahlreiche **Anknüpfungspunkte**, wie die persönliche Selbstmanagement-Kompetenz erweitert und entwickelt werden kann. Die Empfehlung ist, die verschiedenen Verhaltensindikatoren durchzugehen und eine Selbsteinschätzung vorzunehmen, inwiefern das entsprechende Verhalten entwickelt ist und sich im Leben konkret manifestiert. Die Übung, welche im Anschluss an Tabelle 14.1 eingebaut ist, zeigt exemplarisch auf, wie sich das Portfolio als Basis für die Beurteilung der persönlichen Selbstmanagement-Kompetenz nutzen lässt.

Eine Möglichkeit ist auch, dass sich eine Person auf der Basis des vorhandenen Portfolios an Verhaltensindikatoren selbst ein idealtypisches Portfolio zusammenstellt. Darin können diejenigen Verhaltensindikatoren integriert werden, die besonders wichtig für das eigene Selbstmanagement sind. Die Beurteilung wird dann auf dieser Grundlage vorgenommen.

Eine Beurteilung der Selbstmanagement-Kompetenz kann auch mittels der in den Bausteinen eingebauten **Reflexionsfragen** geschehen. Auf der Basis der Antworten ist eine persönliche Einschätzung möglich, in welchen Bausteinen Stärken hinsichtlich Selbstmanagement-Kompetenz vorhanden sind und wo sich Veränderungs- und Entwicklungspotenziale zeigen. Wichtig ist, sich dann auf einige wenige Bereiche zu konzentrieren und die entsprechenden Verhaltensweisen konsequent – auf der Basis von Zielen und klaren Intentionen – im Alltag zu entwickeln.

Das Portfolio der Verhaltensindikatoren der Selbstmanagement-Kompetenz soll Erkenntnisse und Einsichten ermöglichen sowie Anregungen und Impulse geben, um die persönliche Selbstmanagement-Kompetenz zu fördern, zu stärken und zu entwickeln. Es wird ein flexibler und kreativer Umgang mit dem Portfolio der Verhaltensindikatoren empfohlen.

Tabelle 14.1 Portfolio der Verhaltensindikatoren für Selbstmanagement-Kompetenz

Baustein	Verhaltensindikatoren
Selbst-verantwortung	Sinn im Leben finden bzw. sinnvoll leben.
	Persönliches Leitbild (Lebensphilosophie, Lebensvision) definieren und Leben auf dieser Basis gestalten.
	Verantwortung für das eigene Leben und die eigene Lebensführung übernehmen, Gestalter/Gestalterin des Lebens sein: – Lebensgestaltung auf die eigenen Werte und grundsätzliche Prinzipien ausrichten (z. B. das säen, was man ernten möchte). – Verantwortung für die eigenen Gedanken, Einstellungen, Emotionen und Verhaltensweisen übernehmen – auch für das, was nicht gesagt und getan wird. – Die Schuld für die jetzige Lebenssituation und die Umstände nicht externalisieren, sondern Einflussmöglichkeiten schaffen und Einflussbereiche ausnutzen. – Gedanklich nicht in der Vergangenheit verhaftet bleiben, loslassen können, Ist-Situation bewusst als Ausgangslage akzeptieren.
	Den wesentlichen Dingen im Leben Raum und Priorität einräumen, physische, soziale, mentale und geistige/spirituelle Bedürfnisse bei der Lebensgestaltung gleichermaßen berücksichtigen, für eine stimmige Work Life Balance sorgen.
	Für sich und die eigenen Bedürfnisse, Ziele, Werte und Grenzen im Spannungsfeld von Selbstbestimmung und Fremdbestimmung einstehen
	Raum für Selbstbestimmung erweitern, bei Überlastungen frühzeitig Unterstützung suchen, Selbstfürsorglichkeit leben.
	Sinnkrisen durchstehen, allfällige Sinnzweifel nicht vorschnell durch Zugriff auf irgendein „Sinnangebot" beseitigen.
	Leben so steuern, dass Leistungsfähigkeit, Leistungsbereitschaft, Wohlbefinden und Balance gefördert und langfristig erhalten werden.
Selbsterkenntnis	Fähigkeit und Bereitschaft zeigen, Erkenntnisse über das eigene Selbst zu gewinnen, regelmäßig Standortbestimmungen durchführen.
	Unterschiedliche Quellen für die Gewinnung von Selbsterkenntnis nutzen: Introspektion, Selbstreflexion, Beobachten des eigenen Verhaltens, Beobachten anderer Menschen, Rückmeldung anderer Menschen (Feedback), meditative Praktiken, körperorientierte Methoden.
	Aus Informationen sinnvolle Zusammenhänge bilden (Verständnis für Beziehungen, Muster und Prinzipien haben), Grundlage für weise Entscheidungen schaffen.
	Unbefriedigende Situationen frühzeitig erkennen, Problembewusstsein entwickeln.
	Bewusstsein über die eigenen Werte, Haltungen, Bedürfnisse, Überzeugungen, Emotionen und Verhaltensmuster haben.
	Eigene Kompetenzen (Fähigkeiten, Fertigkeiten, Wissen) kennen, ungenutzte Potenziale erkennen.
	Stärken und Schwächen realistisch einschätzen.
	Erkennen, in welchen Bereichen die Selbstmanagement-Kompetenz entwickelt werden sollte.

Baustein	Verhaltensindikatoren
Selbstentwicklung	Fähigkeit besitzen, die für Selbstmanagement-Kompetenz notwendigen Handlungen und Entwicklungsschritte einzuleiten und umzusetzen.
	Lebenslanges Lernen und persönliches Wachstum als wichtige Leitsätze verinnerlichen.
	Eigenverantwortliche Steuerung der beruflichen Entwicklung und Laufbahn, Arbeitsmarktfähigkeit gezielt erhalten, frühzeitig geforderte Kompetenzen entwickeln und neue Laufbahn- und Entwicklungswege suchen.
	Klare Intentionen für die persönliche Entwicklung herausbilden (d. h. realistische und motivierende Entwicklungsziele setzen), Lernprozess selbstgesteuert gestalten.
	Bereitschaft haben, Neues auszuprobieren, persönliche Grenzen zu erweitern und Möglichkeitsspiel(t)räume zu vergrößern, z. B. größer denken, Blickwinkel verändern.
	Mut aufbringen, etwas zu riskieren, um dem Leben eine positive Wende zu geben.
	Lebenspläne flexibel umgestalten und sich von Zielen lösen, die unerreichbar geworden sind, Ansprüche und Lebensorganisation flexibel an die Lebensumstände anpassen.
	Eigene Einstellungen verändern können.
	Den Körper als Werkzeug für Selbstentwicklung nutzen (z. B. Körperhaltung), somatische Marker als Kriterien für das Treffen von Entscheidungen hinzuziehen.
	Unterstützung suchen, um Selbstentwicklung optimal zu realisieren.
Ziele	Die wesentlichen Dinge im Leben mittels Entwicklung von Zielen für die verschiedenen Rollen erkennen und so die Voraussetzung schaffen, dass den wesentlichen Dingen Priorität eingeräumt wird.
	Handlungswirksame persönliche und berufliche Ziele definieren.
	Ziele konsequent bezogen auf ihre Realisierbarkeit und intrinsische Motivationswirkung analysieren (mittels somatischer Marker).
	Ziele hinsichtlich Kongruenz mit dem persönlichen Leitbild (Lebensphilosophie, Lebensvision) und den eigenen Werten überprüfen.
	Eine weitgehende Harmonie zwischen persönlichen und beruflichen Zielen schaffen und so die Work Life Balance fördern, Zielkonflikte erkennen und auflösen, reduzieren oder mittels Ressourcen abfedern.
	Ziele ausreichend strukturieren, Zielniveau auf der Basis der vorhandenen Kompetenzen und Ressourcen optimal festlegen, Ziele nach Bedeutung priorisieren.
	Den geeigneten Zieltyp wählen (Handlungsziel, Ergebnisziel oder Verhaltensziel), das Erreichen von Handlungs- und Ergebniszielen mit Wenn-Dann-Plänen unterstützen.
	Umsetzungsstrategie festlegen, konkrete Handlungspläne für die Zielerreichung umfassend ausgestalten, z. B. unterstützende Maßnahmen und Ressourcen für die Umsetzung.
	Prozess der Zielrealisierung überprüfen, Sicherstellen der Zielerreichung bei Hindernissen und Schwierigkeiten.

Baustein	Verhaltensindikatoren
Zeit & Informationen	Qualität der eigenen Zeitgestaltung erkennen und bei Bedarf in die Richtung verändern, die mit dem persönlichen Leitbild und den persönlichen und beruflichen Zielen kongruent ist.
	Die wesentlichen Dinge im Leben bei der Zeitgestaltung konsequent berücksichtigen.
	Sich mit der Bedeutung und Qualität von Zeit und den eigenen Zeitressourcen aktiv auseinandersetzen.
	Zeiten für Erholung gezielt einplanen und einhalten, z. B. Pausen, Ferien, freie Abende.
	Hilfreiche Zeitmanagement-Methoden und -Werkzeuge erlernen und konsequent nutzen.
	Neue Kommunikations- und Informationstechnologien effektiv nutzen und effizient einsetzen.
	Zeitdiebe und Ablenkungen erkennen und Gegenmaßnahmen entwickeln, Unterbrechungen und Störungen minimieren, Multitasking reduzieren.
	Zeit und Abläufe gezielt selbst gestalten, innere Rhythmen bei der Zeitgestaltung berücksichtigen.
	Eigenen Zeittyp bei der Gestaltung von Zeit berücksichtigen.
Physische & psychische Gesundheit	Gesundheitsverhalten im Berufs- und Privatleben reflektieren und gesundheitsförderliches Verhalten realisieren.
	Bewusstsein der Relevanz von Ressourcen für die eigene Gesundheit entwickeln, personale und situative Ressourcen gezielt aktivieren und umfassend nutzen.
	Präventive Maßnahmen zum Aufbau von Energie/Kraft/Vitalität und zum Abbau von Belastungen/Stress konsequent im Alltag integrieren: – Balance zwischen Aktivierung/Anspannung und Entspannung/Regeneration herstellen: z. B. Momente von Entspannung im Alltag einbauen, Ferien so gestalten, dass tatsächliche Erholung möglich ist, Stressbewältigungsstrategien und -methoden nutzen (z. B. Entspannungstechniken), Inspiration suchen. – Balance auf körperlicher Ebene fördern: z. B. für gesunde Ernährung, regelmäßige Bewegung und ausreichend Schlaf sorgen. – Balance auf emotionaler Ebene fördern: z. B. innere Gelassenheit und Ausgeglichenheit entwickeln, Emotionsmanagement anwenden. – Balance auf geistiger Ebene fördern: z. B. mittels Energiemanagement, Konzentrations- und Meditationstechniken.
	Belastende Faktoren auf individueller und organisationaler Ebene frühzeitig erkennen und notwendige Schritte zum Abbau der Belastungen einleiten und umsetzen, z. B. Warnsignale des Körpers und des Umfelds zur gesundheitlichen Situation ernst nehmen (Anzeichen von Erschöpfung, Depression, Burnout), Belastungssituationen ansprechen und Unterstützung suchen.
	Realistische Erwartungen an die eigene Leistungsfähigkeit entwickeln, physische und psychische Grenzen respektieren.
	Gleichgewicht zwischen äußeren Anforderungen und inneren Bedürfnissen herstellen.

Baustein	Verhaltensindikatoren
Soziale Beziehungen	Soziale Beziehungen aufbauen und pflegen, die Wohlbefinden und Balance fördern, z. B. Beziehungen, die nähren, aufbauen und inspirieren.
	Soziale Beziehungen suchen, die das Erleben von Verständnis und eine Beziehung auf persönlicher Ebene ermöglichen, d. h. Menschen, die einen ermutigen, in gute Laune versetzen – insbesondere dann, wenn gezeigt wird, dass etwas als schwierig oder unangenehm empfunden wird.
	Kontakte aktiv knüpfen, auf andere zugehen und sie ansprechen.
	Ausreichend Zeit für die Familie und für Menschen, die einem wichtig sind, einplanen.
	Soziale Beziehungen auch in intensiven Lebensphasen nicht vernachlässigen.
	Persönliches Supportsystem kennen und nutzen, frühzeitig um Unterstützung bitten.
	Gleichwertige Beziehungen suchen, auf ein Gleichgewicht von Geben und Nehmen achten, sich aus behindernden Abhängigkeiten befreien.
	Sich gegenüber Menschen, die dem eigenen Wohlbefinden schaden, ausreichend abgrenzen. Sich nicht ausnutzen lassen.
	Berufliche Netzwerke aktiv aufbauen und erhalten.
	Soziale Plattformen als in der Gesellschaft zunehmend verankerte Möglichkeit zum Aufbau und Erhalt sozialer Beziehungen erkennen und nutzen – unter Berücksichtigung der Grenzen und Risiken.
Selbstkontrolle & Selbstregulation	Verhalten so steuern, dass beabsichtigte Ziele erreicht werden, d. h. das eigene Verhalten entspricht dem, was man tun bzw. erreichen möchte.
	Strategien zur Steuerung und Regulierung von Verhalten gezielt einsetzen, z. B. Belohnungsstrategien, Selbstkonfrontation mit den negativen Konsequenzen, Erfolgserlebnisse ermöglichen.
	Eigene Grundhaltung (Gestaltungsorientierung oder Lageorientierung) kennen und bei der Regulierung von Verhalten und Emotionen entsprechend berücksichtigen, z. B. als lageorientierte Personen rasch und gezielt Unterstützung einer anderen Person für die Wiederherstellung positiver Gefühle suchen.
	Die Willensanstrengung aufbringen, inneren und äußeren Ablenkungen entgegenzuwirken, die der Zielerreichung entgegenstehen – auch wenn andere Bedürfnisse oder beabsichtigte Handlungen zurückgestellt werden müssen.
	Sich der Wirkung von Emotionen für die eigene Handlungssteuerung bewusst sein und diese regulieren können: – Positive Affekte (Impulse), welche spontane Handlungen auslösen, die der Zielerreichung entgegenwirken gezielt hemmen können, z. B. unmittelbare Bedürfnisse zugunsten von Handlungen, die längerfristig zu einer guten Balance führen, zurückstellen. – Frustrationstoleranz entwickeln, d. h." Phasen von gehemmtem positivem Affekt" aushalten, auftretenden Schwierigkeiten ins Auge sehen. – Techniken der Selbstmotivierung nutzen, d. h. im richtigen Moment (z. B. bei schwierigen Aufgaben) positive Gefühle (wieder) herstellen. – Techniken der Selbstberuhigung nutzen, um negative Gefühle herabzuregulieren (z. B. bei Misserfolg, Hindernissen): sich selbst gut zureden, soziale Unterstützung suchen etc. – Misserfolge nicht als persönliche Niederlage sehen, sondern als Lernchance erkennen und nutzen

Baustein	Verhaltensindikatoren
	Die verschiedenen inneren und teilweise widersprüchliche Persönlichkeitsanteile (oder Stimmen) werden so eingebunden, dass mittels eines Abstimmungsprozesses eine gemeinsame akzeptable Entscheidung getroffen werden kann (Arbeit mit dem inneren Team).
Weitere relevante Aspekte der Persönlichkeit	Wirkung der Persönlichkeit auf die Selbstmanagement-Kompetenz erkennen, sich eigener Haltungen und Muster bewusst sein.
	Gezielte Regulationsmechanismen nutzen, um negative Wirkungen von Persönlichkeitsaspekten situativ zu verändern bzw. abzufedern, z. B. bewusst Gegenposition einnehmen, soziale Unterstützung suchen, Einstellung verändern.
	Persönlichkeitsbezogene Ressourcen gezielt nutzen und als Puffer einsetzen, z. B. Humor.
	Sich auf einen langfristigen Prozess von Persönlichkeitsentwicklung einlassen.
	Bewusstsein haben, dass professionelle Unterstützung den Entwicklungsprozess wesentlich begünstigen kann.

Das Portfolio der Verhaltensindikatoren von Selbstmanagement-Kompetenz kann als Basis für eine umfassende *Einschätzung der persönlichen Selbstmanagement-Kompetenz* genutzt werden. Eine Möglichkeit ist, die folgende Übung durchzuarbeiten.

Übung: Einschätzung der persönlichen Selbstmanagement-Kompetenz

1. *Beurteilung der einzelnen Verhaltensindikatoren (Selbsteinschätzung):* Gehen Sie alle Verhaltensindikatoren durch und beurteilen Sie, inwiefern Sie das entsprechende Verhalten zeigen. Sie können dies z. B. mittels einer der folgenden Skalen vornehmen (oder selbst eine für Sie geeignete Skala entwickeln):

   - „+", „+/-", „-"

   - Zahlen von 0 bis 10 (10 = sehr ausgeprägt vorhanden, 0 = gar nicht vorhanden)

   - Mit Farben arbeiten und die Indikatoren anmalen (grün = ausgeprägt vorhanden, gelb = mittelstark vorhanden, blau = zu wenig ausgeprägt vorhanden).

2. *Analyse der neun Bausteine (Selbsteinschätzung):* Beurteilen Sie dann, inwiefern die einzelnen Bausteine eine Stärke, ein Entwicklungsbereich oder eine Mischform (Stärken und Schwächen vorhanden) darstellen. Sie können wiederum mit den oben erwähnten Skalenvorschlägen arbeiten. Beschreiben Sie anschließend in Ihren Worten, wie sich die entsprechende Ausprägung Ihrer Beurteilung im beruflichen und privaten Alltag zeigt. Versuchen Sie, so präzise wie möglich zu sein.

3. *Fremdeinschätzung einbauen:* Eine Möglichkeit ist, dass Sie von einer oder mehreren Personen eine Fremdeinschätzung vornehmen lassen. Hierzu kann es sinnvoll sein, das Portfolio an Verhaltensindikatoren auf die für Sie wesentlichen Punkte zu reduzieren sowie Punkte, die ohne die Kenntnis der Inhalte dieses Buchs nur schwierig zu verstehen sind, auszulassen.

4. *Entwicklungsfokus auswählen und Entwicklungsziele definieren:* Wählen Sie anschließend 1 – 2 Bausteine aus, in denen eine Veränderung eine große positive Wirkung auf Ihre Selbstmanagement-Kompetenz und/oder Ihr Leben hätte. Schreiben Sie auf, welche Entscheidungen, Maßnahmen, Handlungen Sie realisieren müssten, um diese positive Veränderung herbeiführen zu können. Formulieren Sie auf dieser Basis 1 – 3 Entwicklungs- oder Veränderungsziele, die Sie erreichen möchten.

5. *Entwicklungs-/Veränderungsziele verifizieren:* Überprüfen Sie, ob jedes Ziel handlungswirksam ist. Besonders wichtig ist zu prüfen, ob es vollumfänglich realistisch ist und ob Sie ausreichend motiviert sind, dieses Ziel zu verfolgen, d. h. dass der Schritt über den Rubikon erfolgt ist. Versuchen Sie, dies mittels somatischer Marker festzustellen (z. B. ein Gefühl von Weite, Wärme im Körper oder ein Lächeln auf Ihrem Gesicht, wenn Sie an dieses Ziel denken oder sich dieses Ziel vorstellen). Wenn dies nicht der Fall ist, definieren Sie das Ziel so lange um, bis die Handlungswirksamkeit voll gegeben ist. Prüfen Sie zudem, ob sich Zielkonflikte mit bestehenden Zielen oder zwischen den definierten Zielen ergeben. Suchen Sie nach Möglichkeiten, die Zielkonflikte zu reduzieren oder Ihre Einstellung so zu verändern, dass keine Belastungswirkung erfolgt.

6. *Handlungsplan erstellen:* Definieren Sie geeignete Maßnahmen, um Ihre Ziele erreichen zu können (zahlreiche Anregungen für mögliche Entwicklungsmaßnahmen finden sich im jeweils letzten Kapitel der verschiedenen Bausteine). Erarbeiten Sie einen konkreten Handlungsplan, wie Sie die definierten Ziele erreichen wollen. Welche Schritte sind erforderlich? Welche Hindernisse können auftauchen (im Innen und Außen)? Welche Ressourcen sind vorhanden und welche könnten noch zusätzlich aktiviert werden? Welche Lernaktivitäten werden benötigt? Welche Meilensteine wären sinnvoll? Woran erkennen Sie, dass das Ziel erreicht ist?

7. *Zielvorstellung verstärken:* Es kann hilfreich, den Zielzustand mittels aller Sinne durchzugehen: Was sehen Sie (visuell)? Was hören Sie (auditiv)? Was riechen Sie (olfaktorisch)? Was schmecken Sie (gustatorisch)? Was spüren Sie (kinästhetisch)?

8. *Entwicklungsprozess überprüfen:* Legen Sie Zeitpunkte fest, an denen Sie den Entwicklungsprozess überprüfen wollen. Wenn die Entwicklung nicht wie gewünscht vorangeht, müsste die Handlungswirksamkeit des Ziels nochmals überprüft und das Ziel gegebenenfalls umdefiniert werden. Oder es kann wichtig sein, zusätzliche Ressourcen zu aktivieren, z. B. soziale Unterstützung.

9. *Erfolge feiern:* Feiern Sie Ihre Erfolge, wenn Sie die Entwicklung oder wichtige Zwischenschritte vollzogen haben.

Im *Beratungskontext* lassen sich das Modell der Selbstmanagement-Kompetenz und das Portfolio der Verhaltensindikatoren für die Analyse nutzen, indem untersucht und konkretisiert wird, in welchen Bausteinen primär Handlungsbedarf besteht. Das Portfolio gibt eine umfassende Übersicht über mögliche Problembereiche und Ressourcen. Auf dieser Grundlage kann der Beratungsprozess entwickelt und strukturiert werden. Das Modell dient somit der Strukturierung und Fokussierung auf zentrale Entwicklungsbereiche. Die aufgeführten möglichen selbstgesteuerten Entwicklungsmaßnahmen dienen als Ideenkorb, um die geeignete Maßnahme zu finden.

Im *Unternehmenskontext* kann das Modell der Selbstmanagement-Kompetenz beispielsweise in Seminaren und Trainings eingesetzt werden, um relevante Aspekte von Selbstmanagement-Kompetenz aufzuzeigen und auf dieser Basis das Thema dann weiter zu vertiefen (z. B. mittels Übungen und Austausch in Gruppen). Das Portfolio der Verhaltensindikatoren eignet sich einerseits dafür, Inhalte von Selbstmanagement-Seminaren zu konzipieren. Andererseits lässt sich auf dieser Basis eine Selbsteinschätzung von Selbstmanagement-Kompetenz im Seminar unter Anleitung vornehmen. Hier sollte darauf geachtet werden, dass die Liste der Verhaltensindikatoren entsprechend des Kenntnisstands der Teilnehmenden angepasst und vereinfacht wird. Es wäre auch eine Möglichkeit, die Teilnehmenden auf der Basis des Modells der Selbstmanagement-Kompetenz selbst Verhaltensindikatoren entwickeln zu lassen und dann noch einige wesentliche Indikatoren zu ergänzen. Der Austausch unter den Teilnehmenden ist oftmals sehr hilfreich, um Ideen zu generieren und soziale Unterstützung zu verankern.

Für Unternehmen gibt die Liste mit den möglichen unternehmensgesteuerten Entwicklungsmaßnahmen zahlreiche Ideen (im letzten Kapitel bei den Bausteinen), wie sich die Selbstmanagement-Kompetenz der Mitarbeitenden seitens des Unternehmens stärken und entwickeln lässt. Zudem wird deutlich, welche Strukturen, Prozesse, kulturellen und arbeitsbezogenen Rahmenbedingungen die Umsetzung von Selbstmanagement-Kompetenz im Unternehmen erschweren.

14.2 Verantwortungsbereiche

Um dem Anspruch einer Organisation, die Selbstmanagement-Kompetenz von Mitarbeitenden zu fördern und zu erhalten, näher zu kommen, ist es erforderlich, dass die Förderung von Selbstmanagement-Kompetenz als *Gemeinschaftsaufgabe im Unternehmen* verstanden wird. Dies bedeutet, dass das Thema auf oberster Ebene verankert ist und auf allen Ebenen gelebt werden muss.

Selbstmanagement-Kompetenz zu leben ist in erster Linie Aufgabe jedes einzelnen *Individuums*. Wesentliche Aspekte hierfür wurden bereits bei der Diskussion der Herausforderung Selbstmanagement aufgegriffen (vgl. Kapitel 5.5.2). Menschen sind Gestaltende ihres Lebens. Selbstverantwortung ist nicht delegierbar – niemand sonst kann die Verantwortung für die eigene Lebensgestaltung übernehmen. Selbstmanagement ist gelebte Selbstverantwortung. Im Kontext von Selbstmanagement-Kompetenz bedeutet dies, dass Menschen die Bereitschaft zeigen und die notwendigen Fähigkeiten entwickeln, um ihre Leistungsfähigkeit, ihre Leistungsbereitschaft, ihr Wohlbefinden und ihre Balance selbstverantwortlich zu fördern und langfristig zu erhalten (vgl. Kapitel 2.3):

- Leistungsfähigkeit beinhaltet die gezielte und umfassende Förderung von Wissen, Kompetenzen, Arbeitsmarktfähigkeit, Gesundheit, mentaler und körperlicher Fitness.

- Leistungsbereitschaft beinhaltet die Stärkung von Identifikation und Engagement im Berufs- und Privatleben.

- Wohlbefinden entsteht durch die Förderung und Stärkung positiver Gefühle (z. B. Zufriedenheit), positiver Beziehungen, von Sinn, Engagement und Zielerreichung bzw. Erfolg im Leben.

- Balance entsteht durch einen regelmäßigen Wechsel zwischen Aktivierung/Anspannung und Entspannung/Regeneration; es geht darum, Balance auf körperlicher, emotionaler, geistiger Ebene zu fördern und Work Life Balance im Leben zu integrieren.

Es ist von essenzieller Bedeutung, dass Menschen für sich einstehen – für ihre Bedürfnisse, Werte, Ziele und Grenzen – und für sich Sorge tragen.

Unternehmen haben die Verantwortung, umfassende, die Selbstmanagement-Kompetenz stärkende Rahmenbedingungen im Unternehmen zu schaffen und zu sichern. Dazu gehören das entsprechende Commitment und Vorbildverhalten der **Unternehmensleitung**. Ein wichtiger Schritt ist die Etablierung gesundheitsförderlicher Arbeits- und Rahmenbedingungen als Ausdruck der Unternehmenskultur. Im Vordergrund sollte dabei nicht die Frage nach der Vermeidung von schädigenden Arbeitseinflüssen stehen. Noch wichtiger ist – im Sinne des Konzepts der Salutogenese – die Frage nach ressourcen- und gesundheitsförderlichen Arbeitsfaktoren. Dies erfolgt auf der Basis des Modells der Selbstmanagement-Kompetenz. Wenn diese Denkweise ernst genommen wird, ist Selbstmanagement-Kompetenz Bestandteil der Unternehmenskultur und manifestiert sich in der Personal- und Ausbildungspolitik, der Arbeitsorganisation, der innerbetrieblichen Kommunikation, der Art der Kooperation und Zusammenarbeit, der Gestaltung von Produktionsabläufen und den darin enthaltenen Partizipationsmöglichen. Sie zeigt sich darin, in welchem Ausmaß im Unternehmen bei den Mitarbeitenden Identifikation, Engagement, Kreativität, Innovation, Leistungsverhalten, Arbeitsqualität und Entwicklung im Sinne von Wachstum vorhanden sind (vgl. hierzu auch Kuhn 2010, S. 22 [699]).

Die **Organisationseinheiten**, welche für die im Modell der Selbstmanagement-Kompetenz integrierten Bausteine bzw. Themenbereiche zuständig sind (i. d. R. betriebliches Gesundheitsmanagement, Personal- und Organisationsentwicklung, Personalabteilung) nehmen eine Analyse der für Selbstmanagement-Kompetenz förderlichen bzw. hinderlichen Arbeits- und Rahmenbedingungen vor und entwickeln auf dieser Basis gezielt systematische und nachhaltige Maßnahmen für die Förderung und Stärkung von Selbstmanagement-Kompetenz im Unternehmen. Maßnahmen sollten dabei die Verhaltens- und Verhältnisebene gleichermaßen mit einbeziehen. Wichtig ist, ein klares Bild davon zu haben, was mit den Maßnahmen erreicht werden soll, und den Erfolg der Umsetzung mittels vorgängig bestimmter Messkriterien zu evaluieren. Seitens der Unternehmen können zahlreiche Rahmenbedingungen geschaffen und Instrumente implementiert werden, welche die Entwicklung der Selbstmanagement-Kompetenz im Arbeitskontext erleichtern und fördern. Eine wichtige Aufgabe ist die Sensibilisierung der Geschäftsleitung und der Führungskräfte für die Bedeutung der Förderung von Selbstmanagement-Kompetenz im Unternehmen.

Folgende Leitfragen können helfen, wichtige Erkenntnisse hinsichtlich der Förderung von Selbstmanagement-Kompetenz im Unternehmen zu erhalten:

- Wie kann die Leistungsfähigkeit der Mitarbeitenden im Unternehmen kurz- und langfristig erhalten und gefördert werden?
- Was braucht es, um das Wohlbefinden und die Balance der Mitarbeitenden im Unternehmen zu erhalten bzw. zu fördern?
- Welches sind förderliche (unterstützende, aufbauende, motivierende, ressourcierende) bzw. hinderliche (schädigende, kontraproduktive, krankmachende, demotivierende) Elemente in der Strategie – Struktur – Kultur, den Prozessen, den Arbeits- und Lernbedingungen, in der Zusammenarbeit und der Kommunikation, in der Führung etc.? Wie können personale und organisationale Ressourcen aktiviert und verankert bzw. vorhandene Belastungen abgebaut werden?

Den **Vorgesetzten** kommt eine Schlüsselrolle bei der Stärkung der Selbstmanagement-Kompetenz der Mitarbeitenden zu. Sie sind es, welche direkt mit den Mitarbeitenden zusammenarbeiten und Verantwortung für persönlichkeits- und gesundheitsförderliche Arbeits- und Lernbedingungen tragen. Vorgesetzte haben einen entscheidenden Einfluss darauf, wenn es um die Steuerung von Belastungen im Team und die Aktivierung von Teamressourcen geht. Sie sind am Hebel, um förderliche Prozesse und Rahmenbedingungen für Selbstmanagement-Kompetenz zu schaffen. Vorgesetzte haben eine wichtige Vorbildfunktion. Die Art und Weise, wie sie ihre persönliche Selbstmanagement-Kompetenz realisieren, hat einen Einfluss auf das Team und das Umfeld.

„Nur wer sich selbst erfolgreich führen kann, kann auch andere verantwortungsbewusst führen."
(Linneweh/Heufelder/Flasnoecker 2010, S. 147 [700])

Wichtig ist, dass Führungskräfte das Bewusstsein und die Klarheit darüber haben, wie sie führen wollen (= Führungsverständnis), wie sie effektiv führen (= Führungskompetenz, Führungsstil, Führungsverhalten etc.) und inwiefern diese beiden Aspekte übereinstimmen.

„Als Führungskraft kommt es darauf an, seine Wirkung auf andere Menschen zu kennen und anderen ein Vorbild zu sein. Auf die Frage: „Was bedeutet es für mich persönlich, die Führungsrolle mit personaler Autorität glaubwürdig im Leben zu erfüllen?", eine ehrliche Antwort zu finden, gehört zu den schwierigsten Bereichen des Selbstmanagements." (Linneweh/Heufelder/Flasnoecker 2010, S. 145 [701])

Tabelle 14.2 zeigt im Überblick Verantwortungsbereiche und mögliche Ansatzpunkte zur Entwicklung der Selbstmanagement-Kompetenz im Unternehmen auf (vgl. hierzu auch das jeweils letzte Kapitel bei den Bausteinen mit den „Entwicklungsmaßnahmen").

Tabelle 14.2 Verantwortungsbereiche für die Entwicklung von Selbstmanagement-Kompetenz im Unternehmen

Ebene	Verantwortungsbereiche
Mitarbeitende	Verantwortung für das eigene Leben und die eigene Lebensführung übernehmen, Gestalter oder Gestalterin des eigenen Lebens sein.
	Arbeits- und Privatleben so steuern und gestalten, dass Leistungsfähigkeit, Leistungsbereitschaft, Wohlbefinden und Balance gefördert und langfristig erhalten werden.
	Den wesentlichen Dingen im Leben Raum und Priorität einräumen, physische, soziale, mentale und geistige/spirituelle Bedürfnisse bei der Lebensgestaltung gleichermaßen berücksichtigen, für eine stimmige Work Life Balance sorgen.
	Persönliche und berufliche Ziele handlungswirksam definieren, realistische Erwartungen an die eigene Leistungsfähigkeit entwickeln, physische und psychische Grenzen respektieren.
	Verhalten so steuern, dass beabsichtigte Ziele erreicht werden, d. h. das eigene Verhalten entspricht dem, was man tun bzw. erreichen möchte, Strategien zur Steuerung und Regulierung von Verhalten gezielt einsetzen.
	Für sich und die eigenen Bedürfnisse, Ziele, Werte und Grenzen im Spannungsfeld von Selbstbestimmung und Fremdbestimmung einstehen, Raum für Selbstbestimmung erweitern, Überlastungen frühzeitig signalisieren, Selbstfürsorglichkeit leben.
	Durchführen regelmäßiger Reflexionssequenzen bzw. Standortbestimmungen zur Gewinnung von Selbsterkenntnis bezogen auf die eigene Selbstmanagement-Kompetenz, Ableiten von Handlungsfeldern, Initiierung und Umsetzung entsprechender Entwicklungsmaßnahmen.
	Lebenslanges Lernen und persönliches Wachstum als Leitsatz verinnerlichen, eigenverantwortliche Steuerung der beruflichen Entwicklung und Laufbahn, Arbeitsmarktfähigkeit gezielt erhalten, frühzeitig geforderte Kompetenzen erweitern und neue Laufbahn- und Entwicklungswege suchen.
	Qualität der eigenen Zeitgestaltung erkennen und bei Bedarf in die Richtung verändern, die mit dem persönlichen Leitbild und den persönlichen und beruflichen Zielen kongruent ist.
	Gesundheitsförderliches Verhalten im Berufs- und Privatleben reflektieren und realisieren, präventive Maßnahmen zum Aufbau von Energie/Kraft/Vitalität und zum Abbau von Belastungen/Stress konsequent im Alltag integrieren.
	Soziale Beziehungen aufbauen und pflegen, die Wohlbefinden und Balance fördern, z. B. Beziehungen, die nähren, aufbauen, inspirieren, persönliches Supportsystem kennen und nutzen, frühzeitig um Unterstützung bitten.
	Geeignete Unterstützung für die Entwicklung von Selbstmanagement-Kompetenz suchen.

Ebene	Verantwortungsbereiche
Unternehmensleitung	Rollenmodell sein für die Stärkung der persönlichen Selbstmanagement-Kompetenz.
	Commitment zeigen für die Etablierung von Strukturen, Prozessen, kulturellen Rahmenbedingungen und Leitlinien, welche im Unternehmen Selbstmanagement-Kompetenz der Mitarbeitenden in einem umfassenden Sinne stärken bzw. für den Abbau entsprechender Hemmnisse, Fokus auf Prävention.
	Commitment haben für die Unterstützung eines betrieblichen Gesundheitsmanagements, insbesondere für den gezielten und systematischen Abbau von Belastungsfaktoren und die Aktivierung von Ressourcen auf allen Ebenen – im Sinne einer auf Gesundheit und Nachhaltigkeit ausgerichteten Organisation.
	Ermöglichen eines angemessenen Verhältnisses von Ressourcen-Einsatz und Output, Abbau von Prozessen, welche interessierte Selbstgefährdung fördern.
	Verankern von Werten und Grundsätzen, die das gemeinschaftliche Denken und Handeln fördern, z. B. Förderung von sozialer Unterstützung und Wertschätzung im Unternehmen.
	Abkehr von einer Kultur des Leistungsdrucks bzw. von einer Leistungskultur, welche primär auf Jüngere ausgerichtet ist, z. B. keine jugendzentrierte Personalpolitik.
Fachstelle für betriebliche Gesundheitsförderung, Personal- und Organisationsentwicklungsabteilung, Personalabteilung – in Zusammenarbeit mit externen Fachstellen und Fachpersonen	Evaluation, Konzeption und Steuerung von Prozessen, Instrumenten und Rahmenbedingungen für die Etablierung von Selbstmanagement-Kompetenz-förderlichen Arbeits- und Rahmenbedingungen (z. B. Konzepte für eine ganzheitliche oder innovative Arbeitsgestaltung oder den Aufbau einer gesunden Organisation) – unter Einbezug der Mitarbeitenden, Führungskräfte und der Geschäftsleitung.
	Konzeption und Steuerung eines umfassenden, systematischen und auf Nachhaltigkeit ausgelegten betrieblichen Gesundheitsmanagements), z. B.:
	– Umfassende Analyse der Ressourcen und Belastungsfaktoren im Unternehmen
	– Konzeption, Implementation und Evaluation von Maßnahmen auf der Verhältnisebene, z. B. gesundheitsförderliche Aufgabengestaltung.
	– Konzeption, Implementation und Evaluation von Maßnahmen auf der Verhaltensebene, z. B. Seminare zu Stressmanagement.
	– Steuerung von Kulturentwicklungsprozessen für die Schaffung selbstmanagementförderlicher Haltungen und Rahmenbedingungen.
	Sensibilisierung der Geschäftsleitung und der Führungskräfte für die Relevanz von Selbstmanagement-Kompetenz und Aufzeigen, mittels welcher Maßnahmen diese gefördert werden kann bzw. welche Bedingungen im Unternehmen diese hemmen.
	Schulung und Unterstützung der Vorgesetzten für die Schaffung Selbstmanagement-Kompetenz-förderlicher Arbeits- und Lernbedingungen, z. B. Entwicklung handlungswirksamer Ziele, die realistisch und intrinsisch motivierend sind.
	Integration des Themas Selbstmanagement-Kompetenz in die Führungsausbildung.

Ebene	Verantwortungsbereiche
	Angebote an Seminaren, Workshops, Trainings, Coachings, Standortbestimmungen zu Themen der Bausteine von Selbstmanagement-Kompetenz und zur Stärkung der Selbstmanagement-Kompetenz der Mitarbeitenden.
	Etablierung von Lernzirkeln und Peer-Coachings der Führungskräfte.
	Abstimmung der Personalentwicklungsmaßnahmen auf den Lebenszyklus der Mitarbeitenden.
	Implementation von Prozessen und Instrumenten zur Förderung von lebenslangem Lernen bzw. zum langfristigen Erhalt von Arbeitsmarktfähigkeit, Schaffen entsprechender Anreizsysteme.
	Sicherstellen einer umfassenden Kooperation der verschiedenen unternehmensinternen involvierten Organisationseinheiten und Fachstellen.
Vorgesetzte	Vorleben von Selbstmanagement-Kompetenz.
	Führen der Mitarbeitenden im Sinne von „Fordern und Fördern" – bezogen auf Aufgabenerfüllung und berufliche Entwicklung.
	Unterstützung der Mitarbeitenden für die Realisierung des Prinzips des lebenslangen Lernens, entwicklungsorientierte Gestaltung von Prozessen.
	Stärkung des selbstverantwortlichen Denkens und Handelns der Mitarbeitenden.
	Selbstmanagement-Kompetenz förderliche Aufgabengestaltung: Vollständigkeit, Anforderungsvielfalt, Möglichkeiten der sozialen Interaktion, Autonomie, Lern- und Entwicklungsmöglichkeiten, Zeitelastizität und freie Regulierbarkeit, Sinnhaftigkeit.
	Wertschätzung fördern und leben, z. B. Etablierung einer wertschätzenden Feedback-Kultur im Team.
	Umfassende Förderung sozialer Unterstützung im Team und in der Organisation insgesamt.
	Sicherstellen von handlungswirksamen Zielen im Rahmen von Zielvereinbarungsprozessen, d. h. Ziele, die realistisch und intrinsisch motivierend sind.
	Aufmerksames Wahrnehmen der Befindlichkeit der Mitarbeitenden, Führen regelmäßiger Gespräche mit Mitarbeitenden.
	Monitoring und Abbau von Belastungsfaktoren im Team, Förderung von Team-Ressourcen, Maßnahmen zur Burnout-Prävention.
	Frühzeitiges und konsequentes Ansprechen von Schwächen der Mitarbeitenden hinsichtlich ihrer Selbstmanagement-Kompetenz, Unterstützung bei der Definition effektiver Entwicklungsziele und -maßnahmen, unterstützende Begleitung im Entwicklungsprozess.

14.3 Abschließende Bemerkungen

Das Ziel dieses Buchs war, Menschen und Organisationen für die Bedeutung eines umfassenden und gezielten Selbstmanagements zu sensibilisieren und ein Modell vorzustellen, das wesentliche Aspekte der Selbstmanagement-Kompetenz integriert und Ansatzpunkte aufzeigt, wie die Selbstmanagement-Kompetenz auf den Ebenen Individuum und Organisation erweitert und gefördert werden kann.

Die vorangehenden Ausführungen haben verdeutlicht, wie vielfältig und komplex das Thema der Selbstmanagement-Kompetenz ist. Selbstmanagement-Kompetenz beruht auf einer Vielzahl effektiver Verhaltensweisen. Diese unterstützen Menschen dabei, ihr Leben so zu steuern und zu gestalten, dass die Ziele der Selbstmanagement-Kompetenz erreicht werden können: Leistungsfähigkeit, Leistungsbereitschaft, Wohlbefinden und Balance im Leben zu fördern und langfristig zu erhalten.

Selbstmanagement-Kompetenz beruht auf dem dynamischen Kernmodell mit den drei Bausteinen Selbstverantwortung, Selbsterkenntnis und Selbstentwicklung und der integrativen Berücksichtigung sechs weiterer relevanter Bausteine: Ziele, Zeit & Informationen, physische und psychische Gesundheit, soziale Beziehungen, Selbstkontrolle & Selbstregulation sowie weitere relevante Aspekte der Persönlichkeit. *Selbstverantwortliches Denken und Handeln* ist Voraussetzung, um das Ziel der Selbstmanagement-Kompetenz erreichen zu können. Selbstverantwortung bedeutet, für sich und die eigenen Bedürfnisse, Ziele und Werte im Spannungsfeld von Selbstbestimmung und Fremdbestimmung einzustehen und Verantwortung für die eigene Lebensgestaltung in all ihren Facetten zu übernehmen. Darin ist ein umfassendes Management der eigenen Lebensgestaltung auf der Basis von Werten und einem persönlichen Leitbild enthalten. *Selbsterkenntnis* liefert wichtige Einsichten, um Stärken und Veränderungspotenziale bezogen auf die eigene Selbstmanagement-Kompetenz sowie grundlegende Bedürfnisse, Werte, Kompetenzen und Potenziale zu erkennen, die es im Leben zu verwirklichen gilt. Selbsterkenntnis erfordert den Mut, sich selbst zu begegnen, und die Fähigkeit und Bereitschaft, verschiedene Quellen zur Gewinnung von Selbsterkenntnis umfassend zu nutzen. *Selbstentwicklung* beruht auf der Fähigkeit und der Bereitschaft, Neues auszuprobieren, Einstellungen und persönliche Grenzen zu verändern, sich neue Verhaltensweisen anzueignen, Kompetenzen zu erweitern, neue Laufbahn- und Entwicklungswege zu suchen, Lebenspläne umzugestalten und letztlich als Mensch zu wachsen und ein gelingendes Leben zu führen. Menschliche Entwicklung vollzieht sich in einem weiten Spielraum von Möglichkeiten. Hiervon kann der Mensch nur einen geringen Teil realisieren – teils aufgrund von heteronom gesetzten Bedingungen und teils aufgrund von Bedingungen, die sich aus eigenen Handlungen und Entscheidungen ergeben. Es geht um die bestmögliche Auswahl unter den gegebenen Optionen. Lebenslanges Lernen ist Voraussetzung für Selbstverwirklichung und den Erhalt der Arbeitsmarktfähigkeit.

Ziele haben eine handlungsregulierende Funktion, d. h. das Handeln von Menschen richtet sich stark darauf aus, Zielvorstellungen zu verwirklichen, die sie von sich selbst und von ihrer Zukunft haben. Diese Vorstellungen und die damit verbundenen Aktivitäten der Selbstgestaltung und Lebensplanung sind für ein Individuum wesentliche Antriebsmomente der persönlichen Entwicklung. Eine wichtige Grundlage bildet die Formulierung handlungswirksamer Ziele, d. h. Ziele, die vollumfänglich realistisch und intrinsisch motivierend sind. Es braucht im Leben weiter die Balance zwischen hartnäckiger Zielverfolgung und flexibler Zielanpassung, um über die Lebensspanne hinweg eine positive Selbst- und Lebensperspektive zu bewahren – dies nicht zuletzt auch, um alterstypische Beschränkungen und Verluste zu bewältigen. Die Herausforderung besteht somit nicht nur darin, angestrebte Ziele zu erreichen, sondern auch den jeweils optimalen Zeitpunkt zu finden, bis zu dem an Zielen und eingeschlagenen Wegen festgehalten werden soll bzw. ab wann diese revidiert oder gegebenenfalls aufgegeben werden müssen.

Menschen treffen fortwährend Entscheidungen über ihre Zeiteinteilung. *Zeit* hat eine objektive und eine subjektive Dimension. Objektiv lässt sich Zeit messen – am einfachsten mit einer Uhr. Zeit verrinnt Sekunde um Sekunde. Subjektiv erleben Menschen Zeit ganz unterschiedlich; das Erleben von Zeitqualität ist etwas ganz Individuelles und Persönliches. Wichtig ist, sich damit auseinanderzusetzen, wie die zur Verfügung stehende Zeit eingesetzt wird und welche Qualität im Zeiterleben realisiert werden soll. Im Kontext der technologischen Entwicklungen wird das umsichtige Management von *Informationen* immer wichtiger, um Zeit effektiv zu nutzen und Informationsüberflutung zu vermeiden. Zeit- und Informationsmanagement hilft, die zur Verfügung stehende Zeit so zu nutzen, dass die im Baustein Ziele definierten persönlichen und beruflichen Ziele erreicht werden können. Zeit- und Informationsmanagement ist zu vergleichen mit einer Toolbox mit vielen verschiedenen hilfreichen Werkzeugen, die Menschen dabei unterstützen, ihre Zeit so einzusetzen und zu planen, dass sie effektiv und sinnvoll eingesetzt und genutzt und ein stetiger Wechsel von Aktivität und Regeneration ermöglicht wird.

Der Erhalt und die Förderung der *physischen und psychischen Gesundheit* beruht auf der Fähigkeit und Bereitschaft von Menschen, präventive Maßnahmen zum Aufbau von Energie, Kraft und Vitalität sowie zum Abbau von Belastungen und Stress konsequent im Alltag zu integrieren. Gesundheitsförderliches Verhalten zeigt sich darin, dass belastende Faktoren im Privat- und Berufsleben erkannt, Warnsignale des Körpers und des Umfelds ernst genommen und Belastungsfaktoren gezielt abgebaut werden. Entscheidend ist, personale und situative Ressourcen konsequent zu aktivieren und umfassend zu nutzen – auch in hektischen und anspruchsvollen Lebenssituationen. Balance gehört zum Lebensprinzip und wird auf der körperlichen, emotionalen und geistigen Ebene immer wieder gesucht und hergestellt.

Menschen sind soziale Wesen. *Soziale Beziehungen* gehören zu den wichtigsten Ressourcen überhaupt. Selbstmanagement-Kompetenz beinhaltet, soziale Beziehungen gezielt aufzubauen und zu pflegen, die Wohlbefinden und Balance fördern, d. h. Beziehungen, die nährend, unterstützend und inspirierend sind. Eine ausgewogene Work Life Balance ermöglicht, ausreichend Zeit mit Menschen, die wichtig sind, zu verbringen. Beziehungen, die dem eigenen Wohlbefinden schaden, werden aufgelöst oder zumindest auf ein Minimum beschränkt. Abgrenzung wird dort, wo sie notwendig ist, vorgenommen und durchgesetzt. Berufliche Netzwerke werden aktiv aufgebaut und gepflegt.

Im Kontext von Selbstmanagement-Kompetenz ist wichtig, dass Menschen das eigene Verhalten so steuern können, dass die Ziele, die sie erreichen wollen, auch erreicht werden. Selbststeuerung *(Selbstkontrolle & Selbstregulation)* bedeutet einerseits, dass Menschen die Willensanstrengung aufbringen, vorhandenen Ablenkungen im Innen und Außen entgegenzuwirken, auch wenn andere Bedürfnisse oder beabsichtigte Handlungen dabei zurückgestellt werden müssen. Sie sind sich andererseits der Wirkung von Emotionen für die eigene Handlungssteuerung bewusst und können diese gezielt regulieren (z. B. Selbstmotivierung und Selbstberuhigung). Sie sind in der Lage, handlungsorientierte Strategien zur Steuerung und Regulierung von Verhalten – in Abstimmung mit den eigenen Möglichkeiten und vorhandenen Rahmenbedingungen – gezielt einzusetzen. Misserfolge werden nicht als persönliche Niederlage angesehen, sondern als Lernchance erkannt und genutzt.

Es gibt zahlreiche *relevante Aspekte der Persönlichkeit,* die einen Einfluss darauf haben, wie Selbstmanagement-Kompetenz im Alltag gelebt wird. Wichtig ist, die Wirkung dieser Persönlichkeitsaspekte zu erkennen und mittels Persönlichkeitsentwicklung gezielt Regulationsmechanismen zu entwickeln, um negative Wirkungen von Persönlichkeitsaspekten situativ zu verändern bzw. abzufedern. Auf der anderen Seite geht es darum, persönlichkeitsbezogene Ressourcen konsequent zu nutzen und als Puffer einzusetzen, z. B. Humor.

Die Entwicklung von Selbstmanagement-Kompetenz ist ein kontinuierlicher, anspruchsvoller und letztlich lebenslanger Prozess. Für Menschen geht es darum, Schritt für Schritt die eigenen Muster und Verhaltensweisen zu erkennen und auf der Basis ihrer Bedürfnisse, Werte, Kompetenzen und Potenziale handlungswirksame persönliche und berufliche Ziele zu entwickeln und effektive Handlungsstrategien umzusetzen … und somit das Leben in die Richtung zu lenken, die sie wollen und die ihnen auch entspricht. Jeder noch so kleine Schritt in die richtige Richtung ist wertvoll und verdient Anerkennung. Dabei ist entscheidend, während des gesamten Lebens immer wieder anstehende und notwendige (und manchmal auch schmerzvolle) Entscheidungen zu treffen. Je besser Menschen wissen, was sie „wollen" und „können", desto eher sind sie in der Lage, ihr privates und arbeitsbezogenes Leben darauf abzustimmen und dahingehend zu steuern. Dann wird beispielsweise ein Karriereweg verfolgt, der mit den eigenen Potenzialen und den persönlichen Werten übereinstimmt. Oder es werden Tätigkeiten und Funktionen gewählt, die den eigenen Fähigkeiten entsprechen. Auf diese Weise können Selbstbewusstsein und Wertschätzung sich selbst gegenüber entwickelt werden.

Unternehmen sind gefordert, förderliche Rahmenbedingungen für Selbstmanagement-Kompetenz zu schaffen. Grundlage hierzu sind einerseits die gezielte und umsichtige Aktivierung von Ressourcen im Unternehmen und andererseits der gezielte Abbau von Belastungsfaktoren auf allen Ebenen. Es braucht die Unterstützung der Unternehmensleitung, der zuständigen Organisationseinheiten und der Führungskräfte, um Mitarbeitende bei der Erreichung der Zielsetzung der Selbstmanagement-Kompetenz zu unterstützen. Die Stärkung von Selbstmanagement-Kompetenz in Organisationen ist eine gemeinsame Aufgabe. Es gilt, gemeinsam die zahlreichen Dilemma-Situationen, die im Kontext von Selbstmanagement entstehen können, zu entschärfen und die Voraussetzung zu schaffen, damit Menschen ihre Kompetenzen, ihr Engagement und ihre Innovationskraft in Organisationen einbringen können.

Ich wünsche Ihnen gutes Gelingen bei der Stärkung Ihrer persönlichen Selbstmanagement-Kompetenz und hoffe, mit diesem Buch zahlreiche handlungsleitende Impulse gegeben zu haben, wie die Selbstmanagement-Kompetenz von Menschen in Organisationen nachhaltig unterstützt und gestärkt werden kann.

Literatur

[699] Kuhn, K. (2010): Der Betrieb als gesundheitsförderndes Setting. Historische Entwicklung der Betrieblichen Gesundheitsförderung, in: Faller, G. (Hrsg.), Lehrbuch Betriebliche Gesundheitsförderung, Bern, 15-22.
[700] Linneweh, K./Heufelder, A./Flasnoecker, M. (2010): Balance statt Burn-out. Der erfolgreiche Umgang mit Stress und Belastungsfaktoren, München et al.
[701] Linneweh, K./Heufelder, A./Flasnoecker, M. (2010): Balance statt Burn-out. Der erfolgreiche Umgang mit Stress und Belastungsfaktoren, München et al.

Schweizerische Gesellschaft für Organisation und Management

Wilhelm Backhausen / Jean-Paul Thommen
Coaching
Durch systemisches Denken zu innovativer Personalentwicklung
3., akt. u. erw. Aufl. 2006.
ISBN 978-3-8349-0105-7

Heike Bruch / Florian Kunze / Stephan Böhm
Generationen erfolgreich führen
Konzepte und Praxiserfahrungen zum Management des demographischen Wandels
2010. ISBN 978-3-8349-1042-4

Heike Bruch / Sumantra Ghoshal
Entschlossen führen und handeln
Wie erfolgreiche Manager ihre Willenskraft nutzen und Dinge bewegen
2006. ISBN 978-3-8349-0234-4

Heike Bruch / Bernd Vogel
Organisationale Energie
Wie Sie das Potenzial Ihres Unternehmens ausschöpfen
2., akt. Aufl. 2009.
ISBN 978-3-8349-0344-0

Manfred Bruhn
Integrierte Kundenorientierung
Implementierung der kundenorientierten Unternehmensführung
2002. ISBN 978-3-409-12004-3

Bruno S. Frey / Margit Osterloh
Managing Motivation
Wie Sie die neue Motivationsforschung für Ihr Unternehmen nutzen können
2., akt. u. erw. Aufl. 2002.
ISBN 978-3-409-21631-9

Jetta Frost / Michèle Morner
Konzernmanagement
Strategien für Mehrwert
2010. 333 S. mit 66 Abb. Geb. EUR 44,90
ISBN 978-3-8349-0749-3

José-Carlos Jarillo
Strategische Logik
Die Quellen der langfristigen Unternehmensrentabilität
2., akt. Aufl. 2005.
ISBN 978-3-8349-0081-4

Andreas Krause / Heinz Schüpbach / Eberhard Ulich / Marc Wülser
Arbeitsort Schule
Organisations- und arbeitspsychologische Perspektiven
2008. 392 S. mit 35 Abb. u. 23 Tab. Geb.
EUR 54,95 ISBN 978-3-8349-0640-3

Wilfried Krüger (Hrsg.)
Excellence in Change
Wege zur strategischen Erneuerung
4., überarb. u. erw. Aufl. 2009.
ISBN 978-3-8349-1253-4

Markus Menz / Torsten Schmid / Günter Müller-Stewens / Christoph Lechner
Strategische Initiativen und Programme
Unternehmen gezielt transformieren
2011. 308 S. mit 54 Abb. u. 17 Tab. Geb.
EUR 42,95 ISBN 978-3-8349-3122-1

Werner R. Müller / Erik Nagel / Michael Zirkler
Organisationsberatung
Heimliche Bilder und ihre praktischen Konsequenzen
2006. ISBN 978-3-8349-0230-6

Stand: Januar 2012. Änderungen vorbehalten.
Erhältlich im Buchhandel oder beim Verlag.

Abraham-Lincoln-Straße 46. D-65189 Wiesbaden
Tel. +49 (0)6221 / 3 45 - 4301 . springer-gabler.de

Schweizerische Gesellschaft für Organisation und Management

Daniel F. Oriesek / Jan Oliver Schwarz
Business Wargaming
Unternehmenswert schaffen und schützen
2009.
ISBN 978-3-8349-1879-6

Margit Osterloh / Jetta Frost
Prozessmanagement als Kernkompetenz
Wie Sie Business Reengineering strategisch nutzen können
5., überarb. Aufl. 2006.
ISBN 978-3-8349-0232-0

Margit Osterloh / Antoinette Weibel
Investition Vertrauen
Prozesse der Vertrauensentwicklung in Organisationen
2006. ISBN 978-3-409-12665-6

Sebastian Raisch / Gilbert Probst / Peter Gomez
Wege zum Wachstum
Wie Sie nachhaltigen Unternehmenserfolg erzielen
2., überarb. Aufl. 2010.
ISBN 978-3-8349-1810-9

Boris Ricken / David Seidl
Unsichtbare Netzwerke
Wie sich die soziale Netzwerkanalyse für Unternehmen nutzen lässt
2010. ISBN 978-3-8349-2233-5

Gerhard Schewe / Stefan Becker
Innovationen für den Mittelstand
Ein prozessorientierter Leitfaden für KMU
2009. ISBN 978-3-8349-1237-4

Norbert Thom / Adrian Ritz
Public Management
Innovative Konzepte zur Führung im öffentlichen Sektor
4., akt. Aufl. 2008.
ISBN 978-3-8349-0730-1

Norbert Thom / Andreas P. Wenger
Die optimale Organisationsform
Grundlagen und Handlungsanleitung
2010. ISBN 978-3-8349-2015-7

Eberhard Ulich / Marc Wülser
Gesundheitsmanagement in Unternehmen
Arbeitspsychologische Perspektiven
4., überarb. u. erw. Aufl. 2010.
ISBN 978-3-8349-2545-9

Hans A. Wüthrich / Dirk Osmetz / Stefan Kaduk
Musterbrecher
Führung neu leben
3., überarb. u. erw. Aufl. 2009.
ISBN 978-3-8349-1031-8

Rolf Wunderer
„Der gestiefelte Kater" als Unternehmer
Lehren aus Management und Märchen
2008. ISBN 978-3-8349-0772-1

Rolf Wunderer / Sabina von Arx
Personalmanagement als Wertschöpfungs-Center
Unternehmerische Organisationskonzepte für interne Dienstleister
3., akt. Aufl. 2002.
ISBN 978-3-409-38966-2

Stand: Januar 2012. Änderungen vorbehalten.
Erhältlich im Buchhandel oder beim Verlag.

Abraham-Lincoln-Straße 46. D-65189 Wiesbaden
Tel. +49 (0)6221 / 3 45 - 4301 . springer-gabler.de